現代物理学の基礎 5

統計物理学

現代物理学の基礎 5

統計物理学

戸田盛和
斎藤信彦
久保亮五
橋爪夏樹

岩波書店

初版への序

物質の成立ちを追求すれば，分子から原子，原子核と電子，核子，さらにさまざまの素粒子へと進んでゆく．窮極の謎はいまだ深い闇に閉ざされているとはいえ，物理的世界の根元をさぐるこの努力は，今世紀初頭から今日まで真に驚嘆すべき自然の整序をわれわれに示した．その成果の華々しさにおおわれがちではあるが，近代物理学におけるもう1つの力強い流れを見逃してはならない．それは根元へと溯る方向とは逆の方向を目指し，分析された要素を組み立て，現実に，日常にわれわれが直面する世界の物理を再び構築しようとするものである．分析と綜合の2つの過程は，科学の発展の両面であり，科学のどの分野でも絶えず錯綜しているから，単純にこれを分けることは必ずしも適当ではないが，この巻で取り扱う主題である統計物理学を一言にして特徴づければ，それは上に述べた第2の方向の物理学の方法論である．

ミクロのレベルでの分析を踏まえて，ミクロからマクロを再構成することは何も物理学には限らない．ミクロな構造，ミクロな動力学からマクロなものがつくり出されるといえば，生物学でも，社会科学でも，心理学でも同じようなことはあるであろうし，それがすべてではないにしても科学的認識の最も有効な方法にちがいない．しかしそれが最もよく組織化され，最も豊かに，精細に，かつ広汎に発展しているのはやはり物理学であろう．それはもちろん，物理学の対象がほかの科学におけるものよりも具体的かつ明確であり，理論的な分析と実験によるその検証に耐えるものであるからである．ミクロからマクロへの綜合は，単にミクロのかけらを寄せ集めることではない．マクロの世界には，ミクロの世界とは異質の統一があり，異なるレベルでの法則が存在する．その代表的な例は熱力学の第2法則であろう．ミクロの力学は可逆であるのに，マクロの現象は不可逆であり，エントロピーはつねに増大する．

よく知られているように，エントロピー増大の法則は確率的に解釈される．極めて多数のミクロの要素の集りであるマクロの体系を，マクロのレベルで把握するには，複雑きわまるミクロの動きを少数のマクロの変数に投影しなければならない．この投影は必然的に確率的，統計的な性格をもつ．この意味で，ミクロをマクロに綜合するものが統計物理学である．熱力学を統計物理学的に構成する統計熱力学，もしくは狭い意味の統計力学，その拡張としての不可逆過程の統計力学，また気体分子運動論の流れを汲む分子運動論などをも含めて，統計物理学のおおう範囲は非常に広い．この1巻の限られた紙数でこれを説きつくすことはもとより不可能であるが，幸いこの講座には『物性 I, II』の2巻があり，そのかなりの部分はいわば統計物理学の具体的な問題を取り扱うことになる．さらに『量子力学 II』，『生命の物理』の巻などにも統計物理学と接触するところがあるであろう．その意味でこの巻は具体的な問題をそれじたいとして取り扱うよりも，方法論的な面に主眼をおくことになる．

本年は L. Boltzmann がかの Boltzmann 方程式を提出してからちょうど100年になる．希薄な気体の分子の速度分布関数が，分子間の衝突のために時間とともにどのように変化するか，その変化を規定するのがこの方程式である．その定常解として Maxwell-Boltzmann の速度分布則が導かれ，気体の統計熱力学がこれで基礎づけられるわけではあるが，この方程式の価値は，それよりも，非平衡の気体の性状，挙動を決定する方法を提供するところにある．ミクロの対象に関する確率分布関数の時間変化を考えてゆく方法を一般に運動論的方法(kinetic method)というが，Boltzmann 方程式はその原型である．

運動論的方法はきわめて有力ではあるが，密度が小さい粒子系以外へのその一般化はむつかしい問題であって，これを統計熱力学の一般的基礎とすることはできない．Boltzmann はここでも偉大な貢献をなし，統計力学の創始者となった．すなわち，熱平衡状態とは力学系のミクロ状態がいわば公平にすべて実現されるものであるとすれば，統計熱力学の一般的体系がその上に築かれることを彼は見抜いた．ウィーンの郊外，中央墓地にある Boltzmann の墓碑に刻まれた1行の式 $S=k\log W$ は，Boltzmann 自身のやや晦渋な表現を M. Planck が集約したものであるが，統計力学はこの1行から生まれたといってもよかろう．統計力学の論理体系は，少しくおくれた W. Gibbs によって美事に整理し直された．両者の考え方に相違はあるが，今日から見ればそれはさほどの問題ではない．

ミクロの世界の力学は正しくは量子力学であるから，古典力学の上に立った

Boltzmann, Gibbs の統計力学が実際の物理的問題で矛盾を露呈したのは当然である．本講座『量子力学 I』にも述べられているように，輻射の古典統計力学の破綻が量子の発見に導いたことは周知であるが，そればかりでなく，そもそも熱力学の基本的な構成にさえ自然の量子的構造は反映しているのである．たとえば示量変数の存在は，Gibbs のパラドックスに見るように古典的自然像では解し難いであろう．仮に自然が違った構造をもっていたならば，熱力学はまったく違ったものであったろう．量子力学の誕生とともに，統計力学は量子統計力学に発展したが，統計力学の論理構造は，あたかも量子力学を予期していたかのようにそのままの形で新しい酒を受け入れたのである．ミクロとマクロの間の架橋じたいは，ミクロの力学にはよらない．ここにも統計物理学の方法の一般性がうかがえよう．

量子統計力学は，少なくとも熱力学的性質に関する限り，実際のマクロの物質をそのミクロの構造から出発して解明する一般的な処方箋である．1930 年ごろから現在に至る近代的な物性物理学の発展は，その理論的な柱としては，量子力学と量子統計力学によって支えられている．この巻でも，当然その基礎的な諸問題に触れるが，物性物理学としての面はこの講座の『物性 I, II』の 2 巻にゆだねなければならない．しかし物性物理学と統計物理学は実際分かち難く，方法論も具体的な物理とからみ合って発展してきた．統計力学が統計熱力学の範囲を越えて非平衡の状態を含む量子統計物理学に脱皮したのはここ十数年来のことであるが，それもまた固体物理学やそれに関連する諸分野の著しい進歩と相俟つものであった．

この巻では，そのような最近の発展を含めて統計物理学の基礎を説く．その全般をおおうことはもとより望むべくもないが，一方では初学者のための入門の手引とし，他方では現在の問題ばかりでなく将来の発展の方向を指し示すものとしたいと考えた．その意図は満足に果たされてはいないが，数多い現存の教科書のリストに敢えて本書を加えるだけの多少の特色はもたせえたと思う．

第 1 章から第 3 章までは，統計熱力学すなわち熱平衡系の統計力学の入門で，初学者が取り付きやすいよう心掛けたつもりである．古典力学としては Hamilton の運動方程式，量子力学としては量子状態というものの基礎概念はもちろんであるが，ごく基本的な知識を前提としているだけである．第 1 章にはそのような力学の多少の準備とともに統計力学への序説として単に平均という考え方で導かれるマクロな問題の例を述べる．これらは，平均の内容にかかわらない一般性をもつもので，その意味ではなはだ教訓的である．第2章は，統計力学の骨組を概観する．さきに述べたように，統計力学はミクロの状態についてのある確率の仮定，すなわちこの章で述べる等重率の原理の上に導かれる．この原理そのものの基礎づけについては最後の第10章で振り返ることとし，ここではこの原理を要請として受け取り，その上に熱力学に対応する統計熱力学の体系がどう構成されるかを見る．このような立場は，統計力学の教科書のほとんどがとっているわけであるから，ここの叙述にはさほど変わったものはないが，初めて統計力学を学ぶ読者はこの章を十分に理解して頂きたい．

第2章を受けて第3章には統計熱力学の具体的な応用の例を述べる．統計力学として，また物性物理学，あるいは化学として興味がある問題はそれこそ数限りないが，紙数も限られているし，この章の入門的な性格からしても，ここではごく基本的なふつうの問題に限らなければならなかった．さらにいろいろの方面の具体的な問題に進む準備としては一応足りることと思う．

第4章は相転移の問題を取り扱う．ここに述べるのは統計熱力学の範囲で，相転移の動的な側面には触れないが，統計物理学の現在および将来の問題として，相転移は動的なものを含めて解明しなければならない．しかし，ここに述べる範囲に限っても，相転移は統計物理学の最大の難問題である．いわゆる秩序無秩序転移の最初の理論は，強磁性体に関する Weiss の理論であり，それから多くの近似理論が生まれたが，1次元，2次元のいくつかのモデルを除いては，相転移の厳密な理論は存在しない．この章では格子気体，Ising モデルをおもな例として，これらの厳密解を説明し，さらに3次元の近似論をも述べる．厳密解の例はここに述べたもののほかにも最近いくつか見出されている一方，それらを統一的に取り扱う理論も発展した．これらは高度に数学的である．ここに述べた例題もかなり数学的であって，初学者には多少困難があるであろうから，必ずしも最初から本章を読破する必要はない．2次相転移点付近の特異性は，最近数年，統計力学の中心問題となっていて非常に興味があり，かつ統計物理学のいろいろな問題に関係する重要性をもっている．臨界指数の問題としてこれに触れたがあまり深入りすることはできなかった．

第5章，第6章は物理現象を確率過程として把握する見方を説く．第5章は最も簡単なBrown運動を例とした確率過程論の入門である．確率過程論は数学の重要な1部門であるが，ここでは物理的な見方を主とし，数学的な構成にはほとんど触れない．Brown運動は，単に花粉の運動ではなく，広くいえばマクロの系のマクロな変数の確率的な行動である．実際の気体を理想気体として単純化するのと同様に，それらを理想化したのがいわゆるBrown運動であり，その意味でこの章は統計物理学全体に関係している．特に揺動散逸定理は物理としてのBrown運動論の核心であり第7章以下への布石ともなる．

物理的過程を確率的にとらえるとき，根元的なミクロのレベルから出発して，マクロのレベルに到達するには，ものの見方の粗さ(coarse graining)のさまざまの段階がある．それぞれの段階でインフォメーションが失われ，それに応じた確率化が行なわれる．これはまさに統計物理学の基本的な問題であるが，このプログラムを一般的に遂行することは容易ではないから，第6章では簡単な例についてこのような考え方を進め，マスター方程式の導出までを論じた．Boltzmann方程式はこの章の線からやや外れるところがあるが，ごく基本的なことがらをここに含めた．Boltzmann方程式じたいはさきにも述べたように統計物理学として歴史的にも重要であり，新しい発展としてはその導出と一般化という難問題があるが，そうとう複雑な問題なのでそこまで立ち入ることはできなかった．

第7章から第9章までは非平衡系の統計力学であってここ十数年の間の発展を説く．第7章はその導入で，物理的な系がその平衡状態から少しずらされた場合，平衡に近づく緩和過程と，平衡状態にある系に弱い外力が働いたときにその系が示す応答に関する現象論を述べる．これらは線形不可逆過程とよばれるが，熱平衡ではない系の一般論としてまず最初に近づきうるカテゴリーの物理である．そのような緩和過程の緩和関数，外力への応答を記述する応答関数，またはアドミッタンスを統計力学として系のミクロな構造からどうして導くのか，という理論的方法が第8章の線形応答の統計力学である．

第9章は第8章を受けて量子統計力学の新しい発展を述べる．これは場の量子力学において用いられたGreen関数とその摂動法の応用であって，この10年ほどの間のめざましい進歩の1つである．この方法は，限られた範囲ではあるが運動論的方法と熱平衡の統計力学を巧みに接合することができる．これにはミクロの力学が量子力学であることが本質的に幸いしている．この章の内容はかなりに高度であり，叙述も圧縮されているので，これだけでその全貌をつかむことはむつかしいが，量子統計力学の新しい発展への入門としては十分であろう．

第2章で述べるように，統計力学の確率論的な基礎は等重率の原理であるが，これをミクロの力学の段階で考えるのが第10章の課題である．しかし，これを量子力学として実行することは大へんむつかしいので，ここでは古典力学をミクロの力学とする古典的なエルゴード理論の範囲を主とし，量子力学的な系の問題はその簡単なスケッチに止めた．本当の物理の問題としてはそれだけではすまないが，古典論にはそれなりの意義があり，エルゴード論の意味もつかみ易い．ここでもその物理的な面にかなりの重点をおいた．統計物理学の土台そのものが，あまりすっきりしないままに残されているのは情けないといえばそのとおりである．将来この読者の中からこの難問を解決する人がでるかも知れない，という期待がこの章を設けた理由の1つでもある．

この巻の第1, 第2, 第3章は戸田，第4章は戸田と斎藤，第5, 第6章は久保，第7, 第8, 第9章は橋爪，第10章は斎藤が執筆した．全体の編集には戸田，久保が当たったが，必ずしも全体としての統一は十分ではない．それぞれの分担の部分は，相互に関連しあいながらも，一応かなりの独立性をもっているので，結果としてそれぞれの持味が出ている，という面を見ていただければ幸いである．

巻末には参考書，参考文献を掲げた．不十分ながら解題をも兼ね，かつ，本文に関連して参照すべきものをも示した．この巻は全体として予定ページ数をはるかに越えたが，出版者の寛容には著者として感謝に堪えない．にもかかわらず，意をつくさなかったところ，割愛した問題はあまりにも多い．読者が，これらの文献によってさらに好学の志を伸べられることを望みたい．

1972年初夏

久 保 亮 五

第2版への序

この巻の初版の執筆に当たっては，予定の紙数を大幅に越えたため，多くの事項を割愛し，あるいは叙述を圧縮せざるを得なかった．今回の改版に際し，多少の余裕を得たので，気になるところを少しく書き加えることとした．すなわち，§4.6の臨界現象の節を改め，§6.7には量子的なBrown運動を，§9.10にはGreen関数の応用例を加え，また，§10.5, §10.6もかなり書き改めた．

特に臨界現象について一言述べておきたい．この数年間における統計力学の最大の収穫の一つは，K. G. Wilsonによるくりこみ群の方法の成功である．2次相転移が示す数学的異常性が，物質によらない一般性をもつことは極めて注目に値する．完全な解決は未だし，ともいえるが，それ以前のスケーリング理論の上に発展されたこのアプローチは，基本的な理解をめざましく前進させた．この考え方は，元来，場の理論から生まれたものであるが，相転移理論での成功はまた，物理学の種々の分野に大きな影響を与えるかもしれない．この新発展を詳述するには別に一冊を要するので，ここに書き加えたものはほんの序説にすぎない．志ある読者は巻末にあげた参考文献をお読みいただきたい．

1978年1月

久 保 亮 五

目　　次

第1章　一般的な予備的考察

この章では，まず統計力学で扱う対象を概観する．平衡状態に関しては第2章で述べる統計力学の原理が確立されている．一方で，分子の運動，衝突を追求して，そこから物質の巨視的な性質を導こうとする分子運動論があった．この章では分子運動論には触れない．しかし，統計力学の原理に立ち入る前に，分子の配置，運動に関する平均だけを用いることによって導かれる関係式を明らかにしておこう．

§1.1　はじめに

a）統計力学の対象

物質の巨視的(マクロ的)状態は，これを構成する分子・原子・電子・原子核などの粒子，あるいは電磁場など一般に微視的(ミクロ的)な要素の性質と運動とによるものである．これらの要素の運動は力学(電磁気学を含む)の法則に従うわけであるが，要素の数あるいは自由度はきわめて大きく，力学の法則は物質の性質にそのままでは現われていない．この微視的世界とそれを反映する巨視的世界とを結ぶのが統計力学の観点である．

一方において，巨視的な物質の熱的な性質に対する考察から前世紀の後半に熱現象の一般的な法則を体系化した熱力学がたてられた．熱力学においては物質の微視的な構造は何も考慮されていない．しかし，統計力学は実際上物質の熱的な性質を問題にするのが普通であり，この場合には対象が同じであるから，熱力学における取扱いは統計力学にそのままで移すことができる．このように物質の構造を取り入れて熱力学的な一般論を扱う場合，これを**統計熱力学**(statistical thermodynamics)ということがある．

微視的には力学的な対象であるにしても，要素の数が莫大であるため，力学的に完全に記述することは不可能である．古典力学にたよるならば，要素の数の程度の多数の運動方程式があり，これを積分して運動を決定することはとてもできないことである．もし仮にできたとしても要素の速度と座標に関する初期条件を一般解の中に入れなければ運動は定まらない．しかし，実際の巨視的な物質が含む極めて多数の構成要素について初期条件を測定によって知ることは不可能であろう．量子力学においても極めて多数の要素に関する Schrödinger 方程式を解くことは実際不可能であり，またもし仮にこの方程式の一般解を見つけることができたとしても，その中のパラメタを具体的な条件の下に観測によって定めることは不可能であろう．

いわゆる熱的な平衡状態にある体系についても，その量子論的状態を完全に決定することは不可能である．これにはなお次のような理由がある．多くの要素を含む巨視的な体系の量子論的な固有状態は一般に極めて接近している．実際に巨視的な物体の固有状態の数は理想気体などでは求めることができるが，与えられた有限のエネルギー範囲に含まれる固有状態の数は，物質中に含まれる要素の数の増大につれて指数関数的に増大する．理想気体を例にとると，要素の数を N とすれば固有状態のエネルギー間隔は $10^{-\alpha N}$ (α は1の程度)の形で表わされる．したがって体系を大きくすればどうしても固有状態のエネルギー間隔は，その体系と外界との相互作用に比べて小さくなってしまう．どんなに孤立しているように見える体系でも，外界との相互作用が完全にゼロであることはありえない．どこでも電磁波や宇宙線，あるいは重力などの変動がある．どのような巨視的な体系でも，外界との相互作用は固有状態のエネルギー間隔よりもはるかに大きいであろう．しかも統計力学では $N\to\infty$ の極限を問題にしようとするのであるから，外界の影響を含めれば巨視的な物質は厳密な意味での固有状態をもちえない．

さらに量子力学的な完全な記述を不可能にする事情がある．実際に量子状態について何らかの知識を得るには観測を行なわなければならないが，観測の結果生ずるエネルギーの不確かさ ΔE を小さくするためには，観測装置との相互作用の継続時間 Δt を大きくしなければならない．不確定性原理によれば $\Delta E\approx\hbar/\Delta t$ である．巨視的な物質では，固有状態があるとしても，そのエネルギー間隔は $10^{-\alpha N}$ の程度で小さくなるが，これに対応する時間は宇宙の寿命よりも長い．したがって巨視的な物質系の量子力学的状態を測定によって確定することは本質的に不可能である.

要素の数 N が有限 $(N\approx 1)$ で力学的記述のできる体系すなわち力学的体系と, N の極めて大きい $(N\to\infty)$ 体系すなわち統計力学の対象とする体系との間には, 以上のような質的な相違があるものと思わなければならない. そして巨視的な体系の大きさ複雑さは, かえって確率論的な単純さを生むことを期待させる. こうして力学的法則とは質的に異なった統計力学的法則が得られることになる.

現実の物体はその周囲との交渉が常に行なわれている. 空間に放置された物体は, その“温度”が周囲より高ければ赤外線などを出して冷却するし, 温度が低ければ周囲から赤外線などを吸収して暖められる. そのような電磁場を通しての接触は外界との間に常に存在するわけである. Dewar びんのように鏡を用いても完全に遮断することはできないし, また壁面において容器の分子からの作用が絶えず加えられる. 熱力学でいう熱的に孤立した体系といえども完全に孤立しているわけではない. 体系の状態を変化させたりするときは, その体系を常に平衡状態に保つような攪拌作用が外界との接触によって絶えず起こっていることをむしろ期待するのが普通である. このような外界との接触はきわめて不規則なものであるから, どうしても確率論的な考えを採用しなければならない.

対象がもしも少数の要素からなるものであったならば, その確率的振舞は, 外界との接触の仕方によって大いに左右されるであろう. しかし統計力学の対象とする巨視的な体系は要素の数が極めて大きく複雑であるために, 外界との接触の仕方によらない確率的振舞が可能になるであろう. その根拠は先に述べたように微視的状態間のエネルギー間隔が外界とのどのような小さな相互作用よりも小さいという事情にある. いわば外界とのどのように小さな相互作用も微視的状態間の遷移を十分に起こさせ, 体系をごちゃまぜにして全く確率的にしてしまうわけである. 実際に外界は必ずしも体系の外にあると考える必要はない. 巨視的な体系の一部を考えれば, その他の部分はこれに対して外界の役目をする. その一部の巨視的な振舞を調べるためには, その体系全体を1つの大きな力学系としてその運動を追求することができる.

体系の巨視的な量は一般に時間につれて変動する. 例えば気体の圧力は器壁に衝突する分子の速さや個数の変動につれて絶えずゆらいでいる. 実際には計器の慣性やその他の効果がきいて, 完全にくわしい記録はできないとしてもある時間平均が測定される．どのような瞬間からはじめても，極めて長い間にわたって平均をとれば，初期条件によらない一定の量が測定されることになる．比較的短い時間の測定において得られる値が長時間平均と実際上同じであるならば，その体系は平衡状態にあるというわけである．平衡からはずれた状態から出発すると放置された体系はある緩和時間の間に平衡状態へ移っていく．

b) 平衡への近接

平衡状態への移行を論じるのは運動論である．気体分子運動論にみられるように，この理論には分子衝突などのくわしい解析が必要である．しかもその根拠は今日でも完全に明らかにされたとはいえない．これに対して平衡状態の統計力学が個々の分子衝突のくわしい解析などと無関係に定式化できたということは大変おもしろいことである．平衡状態がどうしてできるかという議論は別にのけておいて，平衡状態だけを論じるのが狭義の統計力学の立場であり，これからもしばらくこれを述べるわけである．これは平衡状態からはずれた状態から出発して，緩和時間内に体系がどのように移行するかという比較的短い時間内の振舞を議論しないで，緩和時間よりもはるかに長い時間における平均的振舞を問題にすることである．このため体系の確率論的な性質が前面に出て，各瞬間の力学的振舞はそのうしろにかくれてしまうのである．

次章以下において平衡状態の統計力学について述べるが，統計力学の基礎についてはいろいろの問題がある．つまり，基礎として導入される確率論的仮定は現在でも完全に明白ではない．しかしここでは原理としてこの仮定を受け入れて出発することにする．混乱が起こらないようにできるだけ簡潔に定式化しておこう．後にまた基礎について反省しようというのである．

第2章ではまずほとんど孤立した体系について述べ，その後に，その一部分としての部分系について考察しようと思う．この2つの体系の違いの1つは，例えば前者はエネルギーのゆらぎなどがない体系であり，後者はゆらぎのある体系であるということである．部分系を大きくとれば，両者の違いはほとんどなくなるが，部分系は小さくとることもでき，個々の分子を部分系と考えることもできる．そこでこの2つを分けて考察するのが便利なのである．

統計力学の基礎となる確率論的な仮定は，体系のとりうる可能な量子力学的固有状態(微視的状態)はすべて同じ確率で実現される(**等重率の原理**とよばれる)ということである．その満足な証明はないので，ここではこれを原理として受け入れることにするが，なお少し付け加えておきたい．

運動論においては，この仮定は放置された体系の最終状態として導かれるはずのものである．分子の位置・速度に関する分布関数の時間変化を表わす運動論的な式はマスター方程式といわれるが，気体分子運動論における Boltzmann 方程式やこれを半量子論的に修正した Uhlenbeck 方程式などがある．これらは直観的に立てられたもので，近似的なものと考えられる．分子衝突の頻度などに関する狭い仮定や近似とは無関係に体系の平衡状態は実現されるものであるから，途中の過程を制限しないでも平衡状態が等重率の原理をみたすものであることを納得させる方法があるかもしれない．Pauli 方程式といわれるのは大まかではあるが，この点でわかりやすい話であるからこれを述べておこう．

ほとんど孤立した体系の量子状態のそれぞれを添字 i, k などで表わす．体系が外界と何らかの相互作用をしていて，そのため各状態間の遷移があるとし，その遷移確率を $p_{ki}\ (k\to i)$ などとすると確率論的な式としていわゆる **Pauli 方程式**

$$\frac{dw_i}{dt}=\sum_k w_k p_{ki}-\sum_k w_i p_{ik} \qquad (1.1.1)$$

が考えられる(§6.6参照)．ここに w_i は体系が量子状態 i にある確率である．遷移確率がすべての量子状態を直接あるいは間接に連絡し，かつ

$$p_{ki}=p_{ik} \qquad (1.1.2)$$

を満足するとする．もしもすべての w_k が等しければ，(1.1.1)の右辺は0になるから体系は変化しない．それだけでなく，初期条件として任意の w_k の分布から出発しても，時間が十分たった後にはすべての w_k は等しくなることが容易に証明できる．$w_1=w_2=\cdots=w_i=\cdots$ となるのである(§6.3参照)．ある状態に遷移することが不可能な場合(非エルゴード的)であっては困るが，そのようなことがなければ，平衡状態は遷移確率 p_{ki} の値がどうであるかということには関係がないということと，等重率の原理が最終的に成り立つことをこの考えは示している．等重率の原理の本質的な証明ではないが，理解する上での根拠になる考え方である．

§1.2 平　均

a) 確率分布

(1) 1つの容器に気体を入れた場合，はじめに気体が一様でなかったとしても，時間がたつにつれて一様化して，密度が全く一様になったときにこの変化は停止するであろう(図1.1)．しかし気体の分子は互いに独立に運動しているから，密度のゆらぎは絶えずあるわけであるが，経験的にいって，このゆらぎは極めて小さいものと思われる．密度が一様な状態が最も確からしいということであるが，これを少し調べてみよう．

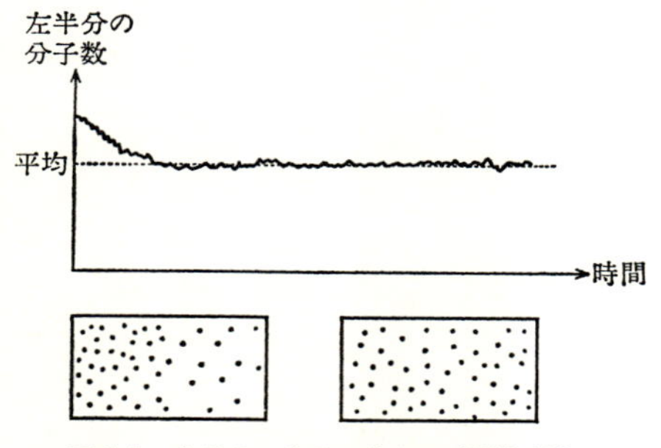

図1.1　容器中の分子の分布の時間的変化

気体の占める体積 V を2つの部分 V_1 と V_2 とに分け，$V=V_1+V_2$ であるとする．1つの分子が各部屋に入る確率は

$$p=\frac{V_1}{V},\qquad q=\frac{V_2}{V}=1-p$$

である．この際分子の運動が独立であるとしているが，量子統計の場合には考え直さなければならない．この事情については後にふれることにする．さて，N個の分子の中で V_1 に入る N_1 個の分子を選ぶ方法の数は $N!/N_1!(N-N_1)!$ であるが，N_1 個の分子を体積 V_1 内のどこかにおき，N_2 個の分子を V_2 内のどこかにおく方法の数は ${V_1}^{N_1}{V_2}^{N_2}$ あるいは $p^{N_1}(1-p)^{N_2}$ に比例する．全確率を1に規格化したとき，結局 N_1 個の分子が V_1 にあり，残る分子が V_2 にある確率は

$$W(N_1)=\frac{N!}{N_1!(N-N_1)!}p^{N_1}(1-p)^{N-N_1} \tag{1.2.1}$$

で与えられる．これは2項分布といわれる．$N\gg 1$ のときこの分布は釣鐘形の

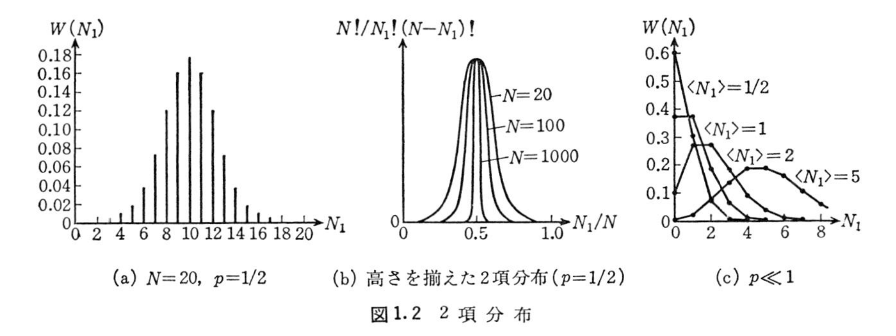

(a) $N=20,\ p=1/2$　(b) 高さを揃えた2項分布($p=1/2$)　(c) $p\ll 1$

図1.2　2 項 分 布

Gauss 曲線である(図1.2). その最大値はちょうど N_1 の平均値を与える. $p\ll 1$ のとき2項分布は Poisson 分布

$$W(N_1) = \frac{\langle N_1\rangle^{N_1}}{N_1!}e^{-\langle N_1\rangle} \tag{1.2.1'}$$

で近似できる($\langle N_1\rangle$ は N_1 の平均値). 図1.2(c) はこの分布を示す. 2項分布における平均値は

$$\langle N_1\rangle = Np, \qquad \langle N_2\rangle = N(1-p)$$

にあって, これらはそれぞれ V_1, V_2 にある分子数の平均値, あるいは期待値である. 平均値からのずれの2乗の平均を求めると, (1.2.1) を用いて計算して

$$\langle (N_1-\langle N_1\rangle)^2\rangle = \sum_{N_1}(N_1-\langle N_1\rangle)^2 W(N_1)$$
$$= Np(1-p)$$

となる. したがって

$$\frac{\langle (N_1-\langle N_1\rangle)^2\rangle}{\langle N_1\rangle^2} = \frac{1-p}{\langle N_1\rangle} \tag{1.2.2}$$

この値の平方根は**相対的なゆらぎ**で, これは $1/\sqrt{\langle N_1\rangle}$ に比例する. 分子数 $\langle N_1\rangle$ が大きければ, ゆらぎは無視できるほど小さくなる. 一般に多数の分子を含む巨視的な量のゆらぎは小さく, その部分の大きさの平方根に反比例するということができる.

互いに独立なスピンの集りについても上の結果はそのままあてはまる(図1.3). 外部磁場があるとき, スピンが上向きである確率を p, 下向きである確率を $q=$

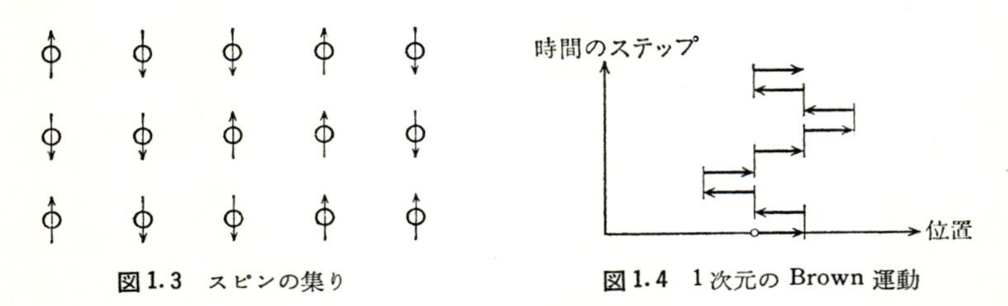

図1.3　スピンの集り　　　　図1.4　1次元の Brown 運動

$1-p$ とすると，N 個の独立なスピンの中で N_1 個が上向き，$N-N_1$ 個が下向きである確率は(*1.2.1*)の $W(N_1)$ で与えられる．

同じ式は1次元の Brown 運動についてもあてはまる(図1.4)．右向きと左向きのステップの回数をそれぞれ p, $q=1-p$ とすると，$W(N_1)$ は N 歩のステップの後に $N_1-N_2=2N_1-N$ 歩だけ右へ移動している確率を表わす．もちろんステップ間の相関のない場合，すなわち Markov 過程(第5章参照)の場合である．粒子の拡散や，高分子の広がり，ゴム弾性の計算などにも同じ考えが適用できる．

(2)　配置に相関のある場合を考察しよう．例として，粒子系の密度を考える．古典的な分子でも分子間力のある場合には配置に相関が生じる．量子統計に従う粒子ではがんらい空間的な配置と運動量空間における配置とは無関係ではないから，空間的な配置という射影では粒子間に相関があることになる．このような場合に適用される一般的な関係式を求めておこう．

N 個の同種粒子からなる体系を考える．粒子の座標を $\boldsymbol{r}_j$ $(j=1,2,\cdots,N)$ とすれば，場所 $\boldsymbol{r}$ における**粒子数密度**は

$$n^{(1)}(\boldsymbol{r})=\langle n(\boldsymbol{r})\rangle,\qquad n(\boldsymbol{r})=\sum_{j=1}^{N}\delta(\boldsymbol{r}_j-\boldsymbol{r}) \tag{1.2.3}$$

と書ける．ここに〈　〉は適当な平均値あるいは期待値を表わす．これが量子力学的な期待値であるか，時間的あるいは集団的な平均であるかは今は問題にしなくてよい．**1体分布密度** $n^{(1)}(\boldsymbol{r})$ に対し，**2体分布密度**は

$$n^{(2)}(\boldsymbol{r},\boldsymbol{r}')=\left\langle\sum_{j\neq k}\delta(\boldsymbol{r}_j-\boldsymbol{r})\,\delta(\boldsymbol{r}_k-\boldsymbol{r}')\right\rangle \tag{1.2.4}$$

で与えられる．これは位置 $\boldsymbol{r}$ と $\boldsymbol{r}'$ とにおける**密度の相関**を表わす(図1.5(a))．

$$n^{(2)}(\boldsymbol{r},\boldsymbol{r}')=n^{(1)}(\boldsymbol{r})\,n^{(1)}(\boldsymbol{r}')\,g(\boldsymbol{r},\boldsymbol{r}'-\boldsymbol{r})$$

と書き，$g(\boldsymbol{r},\boldsymbol{r}'-\boldsymbol{r})$ を**分子対分布関数**という．気体や液体のように方向性のな

い一様な物質では $\langle n\rangle=n^{(1)}(\boldsymbol{r})$ は場所によらず，容器の壁の近くを除けば

$$n^{(2)}(\mathbf{r},\mathbf{r}')=\langle n\rangle^2 g(R),\qquad R=|\mathbf{r}'-\mathbf{r}| \tag{1.2.5}$$

と書ける．$g(R)$ を**動径分布関数**といい，これはX線散乱の実験により知ることができる．体系が十分大きく十分多数の粒子を含む場合，$R\to\infty$ ではふつう相関がなくなるので $g(R)\to 1$ となる(図1.5(b))．

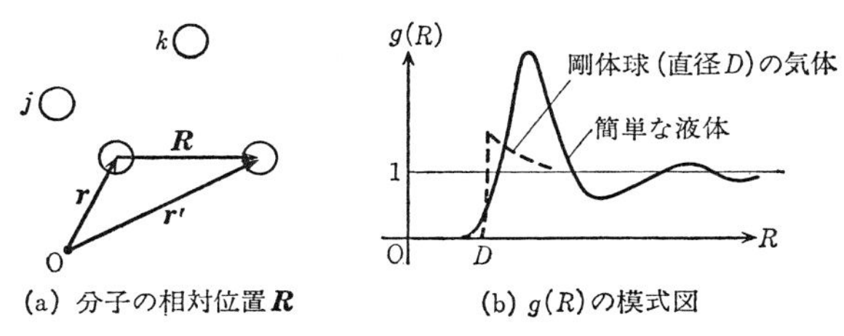

(a) 分子の相対位置$\boldsymbol{R}$　(b) $g(R)$の模式図

図1.5 動径分布関数

さて，2体分布密度を $\boldsymbol{r},\boldsymbol{r}'$ について積分してみよう．$j\neq k$ の制限のついた和は，この制限のない2重の和と $j=k$ の1重の和との差である．部分体積 v の中で積分を行なう．この体積の中の粒子数を N_v と書くと

$$\int\!\!\int_v n^{(2)}(\mathbf{r},\mathbf{r}')\,d\boldsymbol{r}d\boldsymbol{r}'=\langle N_v^2\rangle-\langle N_v\rangle \tag{1.2.6}$$

である．ここに

$$N_v=\int_v\sum_{j=1}^{N}\delta(\boldsymbol{r}_j-\boldsymbol{r})\,d\boldsymbol{r}$$

であり，その平均は体積 v が容器の壁から遠いとすると

$$\langle N_v\rangle=\langle n\rangle v$$

である．

一方で，気体や液体では，体積 v を容器の壁から遠いところにとるとき

$$\begin{aligned}\int\!\!\int_v \{n^{(2)}(\mathbf{r},\mathbf{r}')-\langle n\rangle^2\}\,d\boldsymbol{r}d\boldsymbol{r}'&=\langle n\rangle^2 v\int_v\{g(R)-1\}\,d\boldsymbol{R}\\&=\langle N_v^2\rangle-\langle N_v\rangle-\langle N_v\rangle^2\end{aligned}$$

となる．したがって $\langle(N_v-\langle N_v\rangle)^2\rangle=\langle N_v^2\rangle-\langle N_v\rangle^2$ を用いれば

$$\frac{\langle(N_v-\langle N_v\rangle)^2\rangle}{\langle N_v\rangle^2}=\frac{1}{\langle N_v\rangle}\left[1+\langle n\rangle\int_v\{g(R)-1\}\,d\boldsymbol{R}\right] \tag{1.2.7}$$

上式の右辺において $g(R)$ は R の増加と共に急激に1に近づくのが普通である．体系の体積 V が十分大きく，体積 v がその小さな部分であれば，v が分子の大きさに比べてはるかに大きい限り，右辺の積分は v に無関係と考えることができる．

しかし v が全体積と比較できる程度に大きいときには，この積分は v に関係する．実際 v が V に等しくなれば N_v は N に等しくなって，ゆらぎはなくなるから右辺も0にならなければならない．$g(R)$ の定義を考えると，$\boldsymbol{n}^{(2)}(\boldsymbol{r},\boldsymbol{r}')$ の項の1つ $\langle\delta(\boldsymbol{r}_1-\boldsymbol{r})\sum_{k(\neq 1)}\delta(\boldsymbol{r}_k-\boldsymbol{r}')\rangle$ は粒子 $j=1$ が $\boldsymbol{r}$ にあったときの $\boldsymbol{r}'$ における密度である．したがって $\boldsymbol{n}^{(1)}(\boldsymbol{r}')g(R)$ は $\boldsymbol{r}$ に粒子があるという条件つきの $\boldsymbol{r}'$ における密度である．例えば，互いに独立な古典的粒子の場合，$\boldsymbol{r}$ に粒子があったとき，残る $N-1$ 個の粒子は全体積 V の中にあるので，

$$\langle n\rangle g(R)=\frac{N-1}{V}$$

したがって

$$\langle n\rangle\int_v\{g(R)-1\}d\boldsymbol{R}=-\frac{v}{V}$$

である．$v/V=p$ は各粒子が v にある確率であり，(*1. 2. 7*) によりゆらぎは $(1-p)/\langle N_v\rangle$ で与えられる．これはすでに述べた (*1. 2. 2*) にほかならない．

別の極限的な例として，剛体球がほとんどぎっちりつまった体系では密度のゆらぎはほとんどないわけであるから $\langle n\rangle\int\{g(R)-1\}d\boldsymbol{R}\approx-1$ となるはずである．

密度のゆらぎの Fourier 成分を求めることもできる．位置 $\boldsymbol{r}$ における局所的な密度 $n(\boldsymbol{r})$ の平均値からの偏り（(*1. 2. 3*) 参照）$n(\boldsymbol{r})-\langle n\rangle$ を部分体積 v の中で Fourier 成分に分解すると，その成分の2乗の平均は

$$\left\langle\left|\int_v(n(\boldsymbol{r})-\langle n\rangle)e^{-i\boldsymbol{f}\cdot\boldsymbol{r}}d\boldsymbol{r}\right|^2\right\rangle=\langle n\rangle v\left[1+\langle n\rangle\int_v\{g(R)-1\}e^{-i\boldsymbol{f}\cdot\boldsymbol{R}}d\boldsymbol{R}\right] \tag{1. 2. 8}$$

で与えられる．

体積 v が巨視的なものであれば，(*1. 2. 7*) あるいは小さな $\boldsymbol{f}$ に対する (*1. 2. 8*) の左辺は巨視的な量であり，これに対して右辺は微視的な動径分布関数 $g(R)$ を含んでいる．このような考察によって巨視的な量と微視的な量とを結ぶ1つの関

係式が得られたわけである.

(3) 不規則な波の強さのゆらぎを考察しておこう．例として古典的な電磁波を考える．非常に多数の N 個の光源で照らされた光の強さを I としよう．簡単のため光源の振動数はほとんど同じで，照らしている強さも同じであるとする．電場を古典的に考えるから，交換関係を問題にしないで，j 番目の光源による電場を $ae^{i\varphi_j}$ とおこう．光の強さ I は電場 $\mathcal{E}$ の2乗に比例し

$$I \propto \mathcal{E}^2 = a^2\left(\sum_{k=1}^{N} e^{i\varphi_k}\right)^*\left(\sum_{j=1}^{N} e^{i\varphi_j}\right)$$

$$= a^2\left\{N+2\sum_{j>k}\cos(\varphi_j-\varphi_k)\right\}$$

である．各光源からの光の位相 φ_j は独立であるから，平均は

$$\langle I\rangle \propto Na^2 \tag{1.2.9}$$

となり，光源の数に比例した明るさになるわけである．ゆらぎを求めるには I^2 あるいは $\mathcal{E}^4$ を計算しなければならないが，

$$\left\langle\left\{2\sum_{j>k}\cos(\varphi_j-\varphi_k)\right\}^2\right\rangle = 4\frac{N(N-1)}{2}\langle\cos^2(\varphi_j-\varphi_k)\rangle = N(N-1)$$

であるから

$$\langle I^2\rangle \propto (2N^2-N)a^4$$

ここで $\langle(I-\langle I\rangle)^2\rangle=\langle I^2\rangle-\langle I\rangle^2$ を用いて，$N\gg 1$ とすると

$$\frac{\langle(I-\langle I\rangle)^2\rangle}{\langle I\rangle^2} = 1 \tag{1.2.10}$$

を得る．これを独立な粒子の集りのゆらぎ $\langle(n-\langle n\rangle)^2\rangle/\langle n\rangle^2=1/\langle n\rangle$ に比べると，光の強さのゆらぎの方が著しいことになる．これは光に限らず，一般に波についていえることである．光を光子の集りと考えると，光子は古典的な物質粒子に比べてゆらぎが著しく，束になって運動する傾向があるわけである．ここでは古典的な電磁場について考えたのであるが，量子論的に光子と考えても同様な結果が得られる(§3.1(a)参照)．一般に量子統計において Bose 粒子はこのように集まろうとする傾向がある.

なお上の扱いは(1)で触れた Brown 運動の2次元の場合になっている．電場の振動はここでは複素平面で位相 φ_j を用いて $ae^{i\varphi_j}$ の形に書いて，これを不規

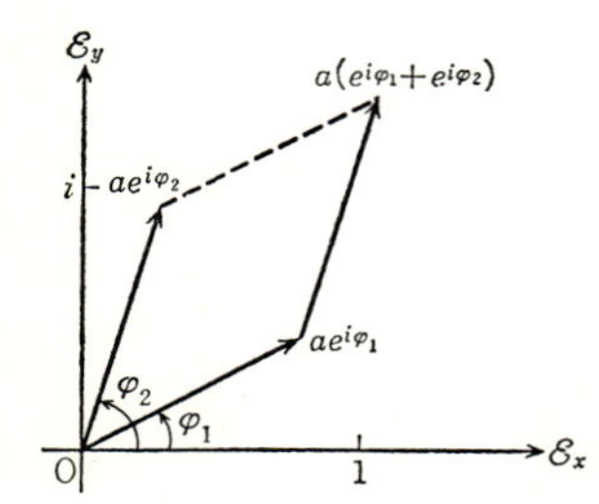

図 1.6 光の電場の合成と2次元の Brown 運動の関係

則に合成したわけである(図 1.6 参照). φ_j が 0 と π とに限られれば1次元の Brown 運動になり, (1) で $p=q=1/2$ の場合に相当する.

b) 平均と熱力学的なゆらぎ

前項では微視的な観点に立って, 密度や密度のゆらぎなどのような巨視的な量を含む関係式を導いた. この巨視的な量を熱力学的なゆらぎの式でおきかえれば, 新しい関係式が得られる. 熱力学でゆらぎの式を出すときは, エントロピーとゆらぎの確率との関係を用いている. これは統計力学の考えを援用している(第2章参照). しかしここではゆらぎの熱力学的表式, すなわち熱力学的量との関係を既知のものとしておく.

例えば, 平衡状態にある大きな体系の一部 $v\,(\ll V)$ を考えると, そこの密度のゆらぎは熱力学において等温圧縮率(T: 温度, P: 圧力)

$$\kappa_T = -\frac{1}{v}\left(\frac{\partial v}{\partial P}\right)_{T,\langle N_v\rangle} \tag{1.2.11}$$

と結びつけられる. ゆらぎを κ_T で書くと熱力学的関係式は k を Boltzmann 定数として

$$\frac{\langle(N_v-\langle N_v\rangle)^2\rangle}{\langle N_v\rangle^2} = \frac{kT}{v}\kappa_T \tag{1.2.12}$$

である. これと(*1.2.7*)から Ornstein-Zernike の関係式(**圧縮率方程式**)

$$kT\kappa_T = \frac{1}{\langle n\rangle}+\int\{g(R)-1\}\,d\boldsymbol{R} \tag{1.2.13}$$

が得られる. この関係式は量子力学的な対象についても通用するものである. 通常の液体では圧縮率が小さく $kT\kappa_T\langle n\rangle\ll 1$ であるが, これが $\langle n\rangle\int\{g(R)-1\}\,d\boldsymbol{R}\approx -1$ を意味することは前に述べたとおりである. 古典的な気体では Boyle-

Charles の方程式 $P=\langle n\rangle kT$ が成り立つものとすれば $kT\kappa_T\langle n\rangle\approx 1$ であり，$\langle n\rangle\int\{g(R)-1\}d\boldsymbol{R}\approx 0$ である．臨界温度では圧縮率は無限大になるから，その付近では分子対の相関は非常に遠くまで及んでいるわけである．

前項で注意したように粒子の位置に相関がない場合，考える体積が全体積に比べて十分小さく $v/V\approx 0$ であれば $\int\{g(R)-1\}d\boldsymbol{R}$ は $1/\langle n\rangle$ に対して無視できる．したがって(*1. 2. 13*)から $kT\kappa_T=1/\langle n\rangle$，あるいは $\langle n\rangle=\langle N_v\rangle/v$ を考慮して

$$-\frac{kT}{v^2}\left(\frac{\partial v}{\partial P}\right)_{T,\langle N_v\rangle}=\frac{1}{\langle N_v\rangle}$$

を得る．左辺の偏微分は，T と $\langle N_v\rangle$ とを一定にして行なわれる．したがってこの関係式を積分して $v=\infty$ で $P=0$ とおけば

$$P=\frac{\langle N_v\rangle kT}{v}$$

すなわち，粒子の位置相関がないという仮定からは必然的に古典的な Boyle-Charles の式が導かれる．しかし粒子間の相互作用がなくても量子統計としては位置相関があり，したがって Boyle-Charles の式は成り立たない(第3章参照)．

古典的な気体でも，分子が剛体球であるため，その直径 D よりも近いところに他の分子がくることはできないとすると，希薄なため相関が弱いときは

$$g(R)=\begin{cases}0 & (R<D)\\ 1 & (R>D)\end{cases}$$

としてよいだろう．この近似では

$$-\frac{kT}{v^2}\left(\frac{\partial v}{\partial P}\right)_{T,\langle N_v\rangle}=\frac{1}{\langle N_v\rangle}-\frac{4\pi}{3}\frac{D^3}{v}$$

となる．これを積分して $v=\infty$ で $P=0$ とおくと

$$\begin{aligned}P&=\frac{kT}{(4\pi/3)D^3}\ln\frac{v}{v-\langle N_v\rangle(4\pi/3)D^3}\\&\approx\frac{\langle N_v\rangle kT}{v}\left(1+\frac{\langle N_v\rangle}{v}\frac{2\pi}{3}D^3\right)\approx\frac{\langle N_v\rangle kT}{v-b}\end{aligned}$$

を得る．ここで $b=\langle N_v\rangle\dfrac{2\pi}{3}D^3\ll v$ とした．最後の式は有名な van der Waals の状態方程式で圧力に対する分子の大きさの効果を表わすものとしてよく知られた式である．

このような古典的な気体の状態方程式は，気体分子の運動の力学には無関係に得られたことを注意しなければならない．Boyle-Charles の方程式についていえば，この方程式は分子間に相関がない限り（したがって分子間力は当然ないが），分子の運動が Newton 力学に従おうと，相対論的力学に従おうと成り立ち，いいかえれば，ハミルトニアンが各粒子について分離できて運動量だけの関数であれば成り立つのである．このことについては次項でも考察する．

磁化についても同じような考察が可能である．磁化のゆらぎを与える熱力学的関係式は，χ を磁化率として

$$\langle (M-\langle M\rangle)^2\rangle = kT\chi \tag{1.2.14}$$

と書ける．スピン j の磁気モーメントを μ_j とするとき，

$$M = \sum_{j=1}^{N} \mu_j$$

$$\langle M^2\rangle = \sum_j \langle \mu_j^2\rangle + \sum_{j\neq k} \langle \mu_j \mu_k\rangle$$

である．もしもスピンが互いに独立で相関がないとすれば磁場が 0 の極限で $\langle M\rangle = 0$ であるから

$$\langle \mu_j \mu_k\rangle = \langle \mu_j\rangle\langle \mu_k\rangle = 0 \qquad (j\neq k)$$

したがって $\langle M^2\rangle = N\langle \mu_j^2\rangle$ であり，磁化率は

$$\chi = \frac{C}{T}, \qquad C = \frac{N\langle \mu_j^2\rangle}{k} \tag{1.2.15}$$

となる．理想的な常磁性体では磁化率は $1/T$ に比例することになるが，これは **Curie の法則**である．強磁性体では，Curie 点で χ は発散するが，これは相関 $\langle \mu_j \mu_k\rangle$ が遠くへ及ぶことを意味している．

c）力学系の平均——ビリアル定理

体系を構成する粒子の空間的な分布，すなわち幾何学的な平均に対する考察，これに熱力学の関係式を適用する考察などによって体系の一般的な性質が明らかにされる場合があることがわかった．理想気体と理想的な常磁性体の場合には状態方程式や磁化率がこのような考察から直ちに求められたのであるが，これは空間的な配置に制限がない場合であり，いいかえれば空間的な相関のない場合である．古典的にはエネルギーが空間的な座標を含まない場合であるが，量子統計で

はこのような理想的な場合でも運動量の相関を通して空間的にも相関が生じ，例えば動径分布関数にこれが現われる．

統計力学の主な目標はハミルトニアンが与えられたとき，その体系の熱的性質を導く一般的方法をたてることである．したがってエネルギーが空間的な座標を含む場合にも，その体系の粒子の空間的配置に関する知識を与えるものでなければならない．平衡状態の問題に対しては第2章で述べる Gibbs の集団によるものが最も一般的な分配を規定するほとんど唯一の有効な方法であるように思われる．しかし，これを述べる前にもう少し別の考察を重ねておこう．

いままでは体系の粒子の空間的な分布に対する平均を考えたが，これに時間を入れて，体系を力学的に考察して平均値に関する定理を導こう．

前に空間的分布の平均定理と熱力学的関係式とを結び合わせて，相関のない粒子からなる体系では Boyle-Charles の方程式が導かれること，これは粒子のハミルトニアンが運動量に関係する仕方にはよらないで，したがって Newton 力学でも相対論的力学でもこの状態方程式があてはまるはずのものであることを注意しておいた．そこで力学系として最初に理想気体を考察しておこう．

理想気体では，圧力は気体を入れてある容器の壁に分子が衝突してはねかえるときに壁に与える力によるものである．壁が x 軸に垂直であるとすると，その単位面積によって気体分子の x 方向の運動量が単位時間に変化する割合を調べればこれが圧力である(図 1.7 参照)．これは x 軸の正の向きの運動量の流れの2倍である．速度の x 成分が $\dot{x}$ であるような分子の運動量を p_x とし，その単位体積内の数を $n(\dot{x})$ とすると，圧力 P は

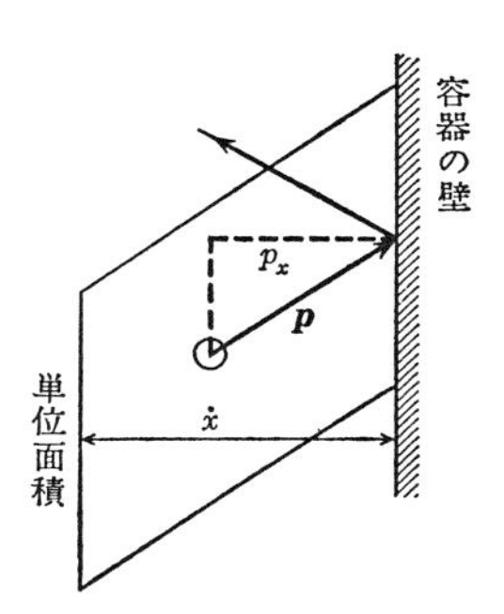

図 1.7　気体の圧力の計算

$$P=\sum_{\dot{x}>0}2p_x\dot{x}n(\dot{x})=\sum_{\dot{x}\gtreqless 0}p_x\dot{x}n(\dot{x})$$
$$=\langle n\rangle\langle p_x\dot{x}\rangle$$

である．ここで第3式では分子の平均密度を$\langle n\rangle$とし，$p_x\dot{x}$の平均を$\langle p_x\dot{x}\rangle$としてある．座標を一般に$q=(x,y,z)$とし，$j$番目の分子の座標を$q_j$とする．ハミルトニアンを$\mathcal{H}$とすると

$$\dot{q}_j=\frac{\partial\mathcal{H}}{\partial p_j}$$

である．したがって容器Vの中の気体全体の自由度($3N$個)についての和を$\sum_j$で表わすとき(x方向以外にy,z方向も和に含めるので3で割って)

$$PV=\frac{1}{3}\left\langle\sum_{j=1}^{3N}p_j\frac{\partial\mathcal{H}}{\partial p_j}\right\rangle$$

となる．これをすでに得たBoyle-Charlesの方程式と比べると，各自由度の役割は同じであるから，

$$\left\langle p_j\frac{\partial\mathcal{H}}{\partial p_j}\right\rangle=kT$$

でなければならない．熱力学的絶対温度Tの微視的な意味はこの式で与えられる．これはNewton力学でも相対論的力学でも通用する．ふつう上式は**エネルギー等分配の法則**として知られているものであるが，それは古典統計の場合，あらゆる運動量に関して成り立つ法則である．ただ，この運動量に共役な座標，すなわち分子の重心座標に対してはただちに拡張できる．これを調べよう．

一般にハミルトニアン$\mathcal{H}$が運動量pと共に座標qを含むとすると，正準運動方程式は古典力学でも量子力学でも

$$\dot{q}=(q,\mathcal{H}),\qquad \dot{p}=(p,\mathcal{H})$$

と書ける．ここで(A,B)は古典的あるいは量子論的なPoisson括弧式を意味する．積pqの微分を作ると

$$\frac{d}{dt}(pq)=p(q,\mathcal{H})+(p,\mathcal{H})q$$

となる．$\mathcal{H}$がqを含むポテンシャルによって運動が一定の範囲に制限されているとする．古典力学では$(q,\mathcal{H})=+\partial\mathcal{H}/\partial p$，$(p,\mathcal{H})=-\partial\mathcal{H}/\partial q$であるから，十分

長い時間にわたって時間平均をとれば，各自由度について

$$\left\langle \frac{\partial \mathcal{H}}{\partial q} q \right\rangle = \left\langle p \frac{\partial \mathcal{H}}{\partial p} \right\rangle \tag{1.2.16}$$

であることがわかる．理想気体では，器壁と分子との相互作用 U_w を $\mathcal{H}$ の中に含ませれば，$\partial U_w/\partial q_{xj}$ は分子 j に対して x 軸に垂直な壁が及ぼす力であり，このような力の和が圧力であることを考慮して，1 辺 L の立方体について(1.2.16)左辺の和を作ると $3PL^2\cdot L=\sum_j \langle p_j\partial\mathcal{H}/\partial p_j\rangle$ が得られる．量子力学においても形式的には同じことがいえる．

粒子間の相互作用がある場合，(1.2.16)の左辺を U_w による部分と相互作用を含むハミルトニアン $\mathcal{H}$ による部分とに分けて書くと

$$3PV+\sum_j \left\langle \frac{\partial \mathcal{H}}{\partial q_j} q_j \right\rangle = \sum_j \left\langle p_j \frac{\partial \mathcal{H}}{\partial p_j} \right\rangle \tag{1.2.17}$$

を得る．相互作用を粒子対に関するポテンシャル $\phi(r_{jk})$ の和として書けるとすると

$$\sum_l \frac{\partial \mathcal{H}}{\partial q_l} q_l = \sum_{j>k=1}^{N} r_{jk} \frac{\partial \phi(r_{jk})}{\partial r_{jk}}$$

となる．したがって圧力の式として

$$pV = \frac{1}{3}\left\langle \sum_{j=1}^{N} \boldsymbol{p}_j \cdot \frac{\partial \mathcal{H}}{\partial \boldsymbol{p}_j} \right\rangle - \frac{1}{3}\left\langle \sum_{j>k=1}^{N} r_{jk} \frac{\partial \phi(r_{jk})}{\partial r_{jk}} \right\rangle \tag{1.2.18}$$

が得られる．これを**ビリアル定理**(virial theorem)という．古典統計でも量子統計でも成立する定理である．$(1/2)\sum r_{jk}\partial\phi(r_{jk})/\partial r_{jk}$ を内部ビリアルといい，$(3/2)PV$ を外部ビリアルということがある．そして内部ビリアルと外部ビリアルの和は $(1/2)\sum \boldsymbol{p}_j\cdot\partial\mathcal{H}/\partial\boldsymbol{p}_j$ に等しく，Newton 力学の場合では，これは運動のエネルギーに等しい．圧力が 0 の場合でも，定常運動に対してビリアル定理が成り立つ．

古典力学の場合はビリアル定理は Hamilton 原理から導かれる．すなわち，$\mathcal{L}$ を Lagrange 関数として，この原理は

$$\delta\int \mathcal{L}dt = \int\left(\frac{\partial \mathcal{L}}{\partial q}\delta q + \frac{\partial \mathcal{L}}{\partial \dot{q}}\delta\dot{q}\right)dt = 0 \tag{1.2.19}$$

と書ける．簡単な場合として周期的な運動で q が原点へ戻る場合は変分 δq を座

標 q に比例してとることができる.

$$\delta q = \varepsilon q, \qquad \delta\dot{q} = \varepsilon\dot{q}$$

また，位置エネルギーを U とすると，Lagrange 関数の性質により

$$\frac{\partial\mathcal{L}}{\partial q} = -\frac{\partial U}{\partial q}, \qquad \frac{\partial\mathcal{L}}{\partial\dot{q}} = p$$

であるから

$$\varepsilon\int\left(-\frac{\partial U}{\partial q}q+p\dot{q}\right)dt = 0$$

したがって時間平均に対して $\langle(\partial U/\partial q)\,q\rangle=\langle p\dot{q}\rangle$ となる．これは各自由度に対するビリアル定理(*1. 2. 16*)である．すべての座標について和をとれば普通のビリアル定理が得られる．この場合

$$\int\left(-\frac{\partial U}{\partial q}q+p\dot{q}\right)dt = \int\left(p\frac{\partial\mathcal{H}}{\partial p}-q\frac{\partial\mathcal{H}}{\partial q}\right)dt = \int\frac{d}{dt}(pq)\,dt \qquad (1.\,2.\,20)$$

である．そこで，時間平均をとるかわりに pq 空間での(集団)平均を考えると，この集団が時間的に定常であれば再びビリアル定理が導かれることになる．このような集団をとることができるというのは次節に述べる Liouville の定理によって保証されることである.

上述の古典力学の変分原理に相当して，量子力学の変分原理(内積を $(\psi,\varphi)=\int\psi^*\varphi dx$ と書く)

$$\delta(\psi,\mathcal{H}\psi) = 0, \qquad (\psi,\psi) = 1$$

を考えよう．変分は波動関数 ψ に対する変分であるが，これを座標 q に比例した拡大収縮によるものとする．例えば x_1 について

$$x_1 \longrightarrow y_1 = (1+\varepsilon)\,x_1 \qquad (|\varepsilon| \ll 1)$$

という置き換えをする．このとき変数の書き換えによって

$$\delta(\psi,\mathcal{H}\psi) = \int\psi^*(y_1, x_2, \cdots)\,\delta\mathcal{H}\cdot\psi(y_1, x_2, \cdots)\,dy_1dx_2\cdots = 0$$

ただし

$$\delta\mathcal{H} = \mathcal{H}\left(\frac{y_1}{1+\varepsilon_1}, x_2, \cdots\right)-\mathcal{H}(y_1, x_2, \cdots)$$

例えばハミルトニアンが

$$\mathcal{H} = -\frac{1}{2m_1}\frac{\partial^2}{\partial x_1{}^2} - \cdots + U(x_1, x_2, \cdots)$$

の形のときには ε の1次までをとると

$$\delta\mathcal{H} = -\varepsilon\left\{\frac{1}{m_1}\frac{\partial^2}{\partial y_1{}^2} + y_1\frac{\partial U}{\partial y_1}\right\}$$

となる．したがって y_1 を改めて x_1 と書くと

$$\int \psi^*(x_1, x_2, \cdots)\left\{\frac{1}{m_1}\frac{\partial^2}{\partial x_1{}^2} + x_1\frac{\partial U}{\partial x_1}\right\}\psi(x_1, x_2, \cdots)\,dx_1dx_2\cdots = 0$$

あるいはビリアル定理

$$\left\langle -\frac{1}{m_1}\frac{\partial^2}{\partial x_1{}^2}\right\rangle = \left\langle x_1\frac{\partial U}{\partial x_1}\right\rangle$$

を得る．

このような変換によって実際に体系の大きさを変化させる操作を考えることができる．体系が一定の境界条件によって体積 V に限られているとしよう．簡単のため体系が立方体であるとし，その1辺を L とする．粒子の座標を x で代表させると $0<x<L$, $L^3=V$ である．E をエネルギー固有値とし，Schrödinger 方程式を

$$\left\{-\frac{1}{2}\sum\frac{\partial^2}{\partial x^2} + U(x)\right\}\psi(x) = E\psi(x) \qquad (0 < x < L)$$

とする．x を λx に変えると，ψ は

$$\left\{-\frac{1}{2\lambda^2}\sum\frac{\partial^2}{\partial x^2} + U(\lambda x)\right\}\psi(\lambda x) = E\psi(\lambda x) \qquad \left(0 < x < \frac{L}{\lambda}\right)$$

を満足する．$\lambda=1+\varepsilon$ とおき $|\varepsilon|\ll1$ とすると，これは

$$\left[-\frac{1}{2}\sum\frac{\partial^2}{\partial x^2} + U(x) + \varepsilon\left\{\sum\frac{\partial^2}{\partial x^2} + \sum x\frac{\partial U}{\partial x}\right\}\right]\psi(\lambda x) = E\psi(\lambda x)$$

であり，[　]がハミルトニアンで，体積が V/λ^3 の体系の固有値が E であるとみることができる．実際の体系では体積を

$$\frac{V}{\lambda^3} = V + dV \qquad (dV = -3\varepsilon V)$$

に変えてもハミルトニアン自身は変化しないから[　]内の{　}の符号を変え

た項を摂動項として加えて｛　｝を消去させると，そのためのエネルギー固有値の変化は ε の1次までで

$$dE = -\varepsilon\int\psi^*(\lambda x)\left\{\sum\frac{\partial^2}{\partial x^2}+\sum x\frac{\partial U}{\partial x}\right\}\psi(\lambda x)\,dx\bigg/\int\psi^*(\lambda x)\,\psi(\lambda x)\,dx$$
$$= -\varepsilon\int\psi^*(x)\left\{\sum\frac{\partial^2}{\partial x^2}+\sum x\frac{\partial U}{\partial x}\right\}\psi(x)\,dx\bigg/\int\psi^*(x)\,\psi(x)\,dx$$

と書ける．したがって，各エネルギー準位に対してその体積変化を

$$-\frac{dE}{dV}=\frac{2}{3V}\left\{\left\langle-\frac{1}{2}\sum\frac{\partial^2}{\partial {x_j}^2}\right\rangle-\left\langle\frac{1}{2}\sum x_j\frac{\partial U}{\partial x_j}\right\rangle\right\} \tag{1.2.21}$$

と書くことができる．この場合〈　〉は量子力学的な期待値を表わす．右辺の｛　｝内の第1項は運動エネルギー，第2項はビリアルである．左辺はこの準位にあるときの体系の圧力である．

各準位にある確率を重みとして $-dE/dV$ を平均すると熱力学的な圧力が得られるであろう(第2章の断熱定理参照)．圧力を与える式は(量子力学的な期待値の平均を〈　〉で表わすと)

$$PV=\frac{2}{3}\left\{\left\langle-\frac{1}{2}\sum\frac{\partial^2}{\partial {x_j}^2}\right\rangle-\left\langle\frac{1}{2}\sum x_j\frac{\partial U}{\partial x_j}\right\rangle\right\} \tag{1.2.22}$$

である．このような議論はハミルトニアンがどのような形でも形式的にはそのまま通用することはもちろんである．

§1.3　Liouville の定理

a)　密 度 行 列

量子力学においては物理量 A は一般に Hermite 演算子で表わされる．状態が波動関数 $\psi(x,t)$ であるとき，A の期待値は

$$\langle A\rangle=\int\psi^*A\psi\,dx$$

で与えられる．ψ を規格化された直交関数系 $\{\varphi_n(x)\}$ で展開し

$$\psi(x,t)=\sum_n c_n(t)\,\varphi_n(x) \tag{1.3.1}$$

とする．A の行列表示を

$$A_{mn} = \int \varphi_m{}^* A \varphi_n dx$$

とすると，その期待値は

$$\langle A \rangle = \sum_{m,n} A_{mn} c_n c_m{}^*$$

と書ける．

体系のハミルトニアンを $\mathcal{H}$ とすると ψ の時間変化は

$$i\hbar \frac{\partial \psi}{\partial t} = \mathcal{H} \psi$$

である．したがって c_n の時間変化は

$$i\hbar \frac{\partial c_n}{\partial t} = \sum_l H_{nl} c_l$$

で与えられる．ただし $H_{nl} = \int \varphi_n{}^* \mathcal{H} \varphi_l dx$ である．積 $c_n c_m{}^*$ の時間変化は，したがって

$$i\hbar \frac{\partial}{\partial t} c_n c_m{}^* = \sum_l (H_{nl} c_l c_m{}^* - c_n c_l{}^* H_{lm}) \tag{1.3.2}$$

で与えられる．ここで $\mathcal{H}$ の Hermite 性 $H_{ml}{}^* = H_{lm}$ を用いた．

さて，同じ構造をもち，同じ巨視的な条件の下にある多数の体系を考え，これを統計的集団(統計集合)，あるいは単に集団と呼ぶ．この集団に対する A の平均値は

$$\langle A \rangle = \sum_{m,n} A_{mn} \langle c_n c_m{}^* \rangle = \sum_{m,n} A_{mn} \rho_{nm}$$

で与えられる．ここで $c_n c_m{}^*$ の集団平均を

$$\rho_{nm} = \langle c_n c_m{}^* \rangle \tag{1.3.3}$$

と定義した．$\rho = (\rho_{nm})$ を**密度行列**という．一般に行列 M の対角要素の和を対角和(trace)あるいは跡といい，$\mathrm{tr}\, M = \sum_j M_{jj}$ で表わす．この記号を用いると A の平均値は

$$\langle A \rangle = \mathrm{tr}\, A\rho \tag{1.3.4}$$

と書ける．A および ρ の x 表示をそれぞれ

$$\left.\begin{aligned} A(x, x') &= \sum_{m,n} \varphi_m(x) A_{mn} \varphi_n{}^*(x') \\ \rho(x, x') &= \sum_{m,n} \varphi_n(x) \rho_{nm} \varphi_m{}^*(x') \end{aligned}\right\} \tag{1.3.5}$$

とすると

$$\langle A \rangle = \iint A(x', x) \rho(x, x') dx dx' \tag{1.3.6}$$

である．また，密度行列は(*1. 3. 1*)，(*1. 3. 3*)から

$$\rho(x, x') = \langle \psi(x, t) \psi^*(x', t) \rangle \tag{1.3.7}$$

と書くこともできる．

密度行列の時間変化は(*1. 3. 2*)の平均，すなわち

$$i\hbar \frac{\partial \rho}{\partial t} = \mathcal{H}\rho - \rho\mathcal{H} \tag{1.3.8}$$

で与えられる．量子力学的 Poisson 括弧式 $(A, B) = (AB - BA)/i\hbar$ を用いれば

$$\frac{\partial \rho}{\partial t} = (\mathcal{H}, \rho) \tag{1.3.9}$$

である．(*1. 3. 8*)あるいは(*1. 3. 9*)を量子力学における **Liouville 方程式**という．

密度行列がエネルギーの関数である場合，すなわち $\rho = f(\mathcal{H})$ の場合には $\partial\rho/\partial t = 0$ となり，集団は定常である．これは後に述べる古典力学の **Liouville の定理**に対応する事柄である．

定常な集団では，$\mathcal{H}$ を対角線的にする表示で密度行列も対角線的である：

$$\rho_{nm} = w_n \delta_{nm} \tag{1.3.10}$$

この場合には $w_n = \langle |c_n|^2 \rangle$ が集団を規定することになる．ケット $|n\rangle$，ブラ $\langle n|$ を用いて定常状態の密度演算子

$$\rho = \sum_n |n\rangle w_n \langle n|$$

を定義することもできる．その x 表現は

$$\begin{aligned} \langle x'|\rho|x\rangle &= \sum_n \langle x'|n\rangle w_n \langle n|x\rangle \\ &= \sum_n \varphi_n(x) w_n \varphi_n{}^*(x') \end{aligned}$$

b) 古典力学の Liouville の定理

われわれは主に量子力学に沿って考えているが，古典力学に沿う取扱いにも独特の美しさがある．原子や分子の構造のように量子力学を待たなければ全く説明のできないこともあるが，統計力学の基礎には量子力学でも解決のつかないことがある．エルゴードの問題，平衡状態への近接の問題などでは古典力学と量子力学とでそうとう違った観点がとられているが，それがこれらの問題にどれくらい本質的なものであるかなお疑問である．古典統計力学と量子力学との関係を明らかにする上で手掛りになる事柄に少しふれておこう．

古典力学で運動を一般的に扱うには Hamilton の正準方程式がよい．この方程式は自由度 s の力学系に対して s 個の一般化された座標 $q_1, q_2, \cdots, q_s$ と，これらにそれぞれ共役な s 個の運動量 $p_1, p_2, \cdots, p_s$ とからなる空間において運動を記述する．この空間を qp 空間とか，**位相空間**とかいう．

体系の微視的状態の 1 つは位相空間内の 1 つの点によって表わされる．これを**代表点**といい，その運動する道を**軌道**，あるいは**トラジェクトリー**という．運動は一義的にきまるはずのものであるから，トラジェクトリーは交わることはない．無限に続くか，閉曲線となる．

全く同じ構造を有する力学系の集り，すなわち集団を考えると，ある瞬間における集団の状態は集団に属する各体系の代表点の集りによって表わされる．これは同じ物質のいろいろの微視的状態を示すものである．集団に属する体系の数を極めて多くとれば，位相空間の中の代表点の密度を考えることができる．時間がたつと代表点の集りは流体のように位相空間内で移動する．この流れについていくと代表点の密度は時間がたっても変化しないことが証明される．これが古典的な Liouville の定理である．代表点の集りは圧縮されない流体のように運動するわけである．この定理のいちばん簡単な例として，直線上の自由粒子の集りの場合を示せば図 1.8(a) のようになる．この場合，位相空間の面積が変わらず，代表点の密度が変化しないのは明らかである．

これを古典力学の立場から直接一般的に証明するために，位相空間内に微小体積 $\Delta q_1 \Delta q_2 \cdots \Delta q_s \cdot \Delta p_1 \Delta p_2 \cdots \Delta p_s$ をとり，$f(q, p, t)$ を代表点の密度とする．この小さな素体積の中には

$$f \Delta q_1 \Delta q_2 \cdots \Delta q_s \cdot \Delta p_1 \Delta p_2 \cdots \Delta p_s$$

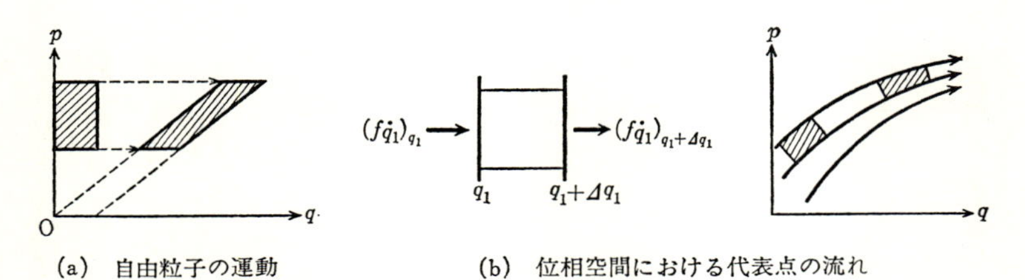

図1.8　位相空間における運動

個の代表点がある．そしてこの素体積の q_1 軸に垂直な2つの面 $q=q_1$ と $q=q_1+\Delta q_1$ を通して単位時間にそれぞれ

$$f\dot{q}_1\Delta q_2\cdots\Delta p_s$$

$$(f\dot{q}_1)_{q_1+\Delta q_1}\Delta q_2\cdots\Delta p_s=\left(f\dot{q}_1+\frac{\partial f\dot{q}_1}{\partial q_1}\Delta q_1\right)\Delta q_2\cdots\Delta p_s$$

個の代表点が通過する(図1.8(b)参照)．ここに $\Delta q_2\cdots\Delta p_s$ はこの2つの面の面積である．このため考えている素体積内の代表点の数は上の2つの量の差

$$\frac{\partial(f\dot{q}_1)}{\partial q_1}\Delta q_1\Delta q_2\cdots\Delta p_s$$

だけ減少する．同様なことはほかの面についても成り立つ．したがってこの点における密度の時間変化は

$$\frac{\partial f}{\partial t}=-\sum_{j=1}^{s}\left\{\frac{\partial(f\dot{q}_j)}{\partial q_j}+\frac{\partial(f\dot{p}_j)}{\partial p_j}\right\}$$

で与えられる．一方で $\mathcal{H}(q,p)$ をハミルトニアンとして，正準運動方程式は

$$\dot{q}_j=\frac{\partial\mathcal{H}}{\partial p_j},\qquad \dot{p}_j=-\frac{\partial\mathcal{H}}{\partial q_j}\qquad (j=1,2,\cdots,s)$$

で与えられる．したがって $\partial\dot{q}_j/\partial q_j=\partial^2\mathcal{H}/\partial q_j\partial p_j$ などを用いて

$$\frac{Df}{Dt}\equiv\frac{\partial f}{\partial t}+\sum_{j=1}^{s}\left(\dot{q}_j\frac{\partial f}{\partial q_j}+\dot{p}_j\frac{\partial f}{\partial p_j}\right)=0 \qquad (1.3.11)$$

を得る．これを**Liouville 方程式**という．一般に時間と位置とを移すとき f の変化は $\Delta f=\dfrac{\partial f}{\partial t}\Delta t+\dfrac{\partial f}{\partial q_1}\Delta q_1+\cdots$ で与えられ，流れについていくとき $\Delta q_1=\dot{q}_1\Delta t$ などであるから，Df/Dt は流れについていったときの f の時間変化を表わしている．これが0となることが証明されたわけで，これが古典力学の Liouville の定

理である.

座標 q として xyz 軸を用いれば, 粒子の質量を m_j として, $\dot{q}=p_j/m_j$ であり, 磁場がないとき, U をポテンシャルとして

$$\dot{p}_j = -\frac{\partial \mathcal{H}}{\partial q_j} = -\frac{\partial U}{\partial q_j}$$

であるから, Liouville 方程式は

$$\frac{\partial f}{\partial t}+\sum_j\left(\frac{p_j}{m_j}\frac{\partial f}{\partial q_j}-\frac{\partial U}{\partial q_j}\frac{\partial f}{\partial p_j}\right)=0$$

と書ける. 第2項に現われた演算子を **Liouville 演算子**ということがある.

体系が完全に孤立しているか, 変化しない力の場の中にあるときは系のエネルギーを表わすハミルトニアンは一定に保たれるから, 1つの代表点は位相空間内のエネルギー一定の面

$$\mathcal{H}(q,p) = \text{const}$$

の上を動く. 統計力学の対象とする体系では自由度が極めて大きいので, その中の代表点の運動を実際に描くことはむずかしい.

2次元の運動でも位相空間は4次元である. 例えば, 2つの振動の組合せ(Lissajou 図形(図1.9))や, 正方形の中の球撞きの球の運動(Weyl の撞球(図1.10))はその運動の空間座標面への投影である. これらは往復運動, あるいは周期的な運動の組合せで, 1つ1つの周期運動に関してはそれぞれ軌道は閉曲線になっているわけである. 周期的な運動に対する古典力学と量子力学の対応関係については本節(d)項で考察しよう.

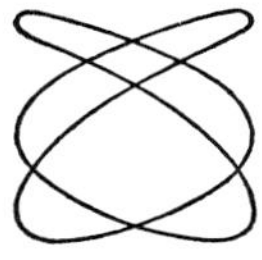

図1.9 Lissajou 図形の例

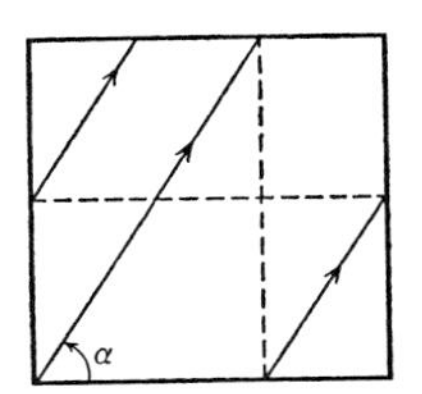

図1.10 Weyl の撞球. $\tan\alpha$ が無理数のとき正方形(周期的)の中を球は一様に通過する

c) Wigner 分布関数

古典力学は量子力学において Planck 定数 h を0に近づけたときの極限である．この対応を見る1つの方法は Wigner 表示であるが，ここでは簡単のために1自由度の粒子についてこれを説明する．一般的な系への拡張はここに現われる積分などを多次元変数に書き直すだけである．任意の力学量 A (その演算子を $\hat{A}$ とする)の座標表示を $\langle x|A|x'\rangle$ としたとき，これに対応する Wigner 表示 $A_{\mathrm{W}}(p,q)$ を

$$A_{\mathrm{W}}(p,q)=\int_{-\infty}^{\infty}dre^{-ipr/\hbar}\langle x|A|x'\rangle \tag{1.3.12}$$

として定義する．ただし

$$q=\frac{x+x'}{2},\qquad r=x-x'$$

すなわち

$$x=q+\frac{r}{2},\qquad x'=q-\frac{r}{2}$$

とおく．すなわち，座標表示の2つの脚 x, x' の重心を位置座標 q に，その差 r についての Fourier 変換のパラメタを運動量 p に対応させる．$A_{\mathrm{W}}(p,q)$ は単に位相空間での関数で演算子ではない．特に A が座標 x だけの関数 $U(x)$ であれば，演算子 $\hat{U}$ の座標表示は

$$\langle x|U|x'\rangle=U(x)\delta(x-x')=U\left(q+\frac{r}{2}\right)\delta(r)$$

であるから，(1.3.12)は単に

$$U_{\mathrm{W}}(p,q)=U(q) \tag{1.3.13}$$

を与える．また，A が運動量 p だけの関数 $K(p)$ であれば，演算子 $\hat{K}$ の座標表示は

$$\langle x|K|x'\rangle=K\left(\frac{\hbar}{i}\frac{\partial}{\partial x}\right)\delta(x-x')$$

であるが，(x,x') を (q,r) に変換すると(1.3.12)は

$$K_{\mathrm{W}}=\int_{-\infty}^{\infty}dre^{-ipr/\hbar}K\left(\frac{\hbar}{i}\left(\frac{1}{2}\frac{\partial}{\partial q}+\frac{\partial}{\partial r}\right)\right)\delta(r)$$

$$= \int_{-\infty}^{\infty} dre^{-ipr/\hbar} K\left(\frac{\hbar}{i}\frac{d}{dr}\right)\delta(r) = K(p) \tag{1.3.14}$$

となる．この証明には $K(p)$ が p のベキ級数で表わされるとして，各項について部分積分を繰り返して行なえばよい．(*1.3.13*)，(*1.3.14*)はいわば当然で，古典的な力学量と量子力学的な力学量との対応を示している．一般に座標 x と運動量 p が混じっている場合には，量子力学的にそれらが可換ではないから，演算子としての p, q で表わした $\hat{A}$ と A_{W} の関数形は互いに違ってくる．

密度行列 ρ の Wigner 表示

$$f_{\mathrm{W}}(p, q) = \int_{-\infty}^{\infty} dre^{-ipr/\hbar}\langle x|\rho|x'\rangle \tag{1.3.15}$$

は特に **Wigner 分布関数**とよばれる．この逆変換は

$$\langle x|\rho|x'\rangle = \frac{1}{h}\int_{-\infty}^{\infty} dpe^{ipr/\hbar} f_{\mathrm{W}}(p, q)$$
$$= \frac{1}{h}\int_{-\infty}^{\infty} dpe^{ip(x-x')/\hbar} f_{\mathrm{W}}\left(p, \frac{x+x'}{2}\right)$$

である．密度行列 ρ に関する力学量 A の平均値の表式(*1.3.6*)にこれを入れると，

$$\langle A\rangle = \frac{1}{h}\int\int\int dxdx'dp\langle x'|A|x\rangle e^{ip(x-x')/\hbar} f(p, q)$$
$$= \frac{1}{h}\int\int dpdqA_{\mathrm{W}}(p, q) f_{\mathrm{W}}(p, q) \tag{1.3.16}$$

という公式が得られる．ここではただ，積分変数 (x, x') を (x', x) に変え，さらに (q, r) に変えて，定義(*1.3.12*)を用いただけである．この公式は，

$$\hat{A} \Longleftrightarrow A_{\mathrm{W}} \longleftrightarrow A,\ \ \rho \Longleftrightarrow f_{\mathrm{W}} \longleftrightarrow f,\ \ \mathrm{tr} \longleftrightarrow \frac{1}{h}\int\int dpdq \tag{1.3.17}$$

という対応関係を示す．ここで $\Longleftrightarrow$ は量子力学の中の対応である．すなわち，量子統計力学的な期待値は，Wigner 表示ではいわば古典的な位相空間での Wigner 分布関数による平均値として表わされる．離散的な状態を基底に選べば量子力学における tr の演算はそれらについての和であるから，tr と積分の対応関係は 1 自由度あたり位相空間の体積 h が 1 つの量子状態に対応することを意

味している．

以上のことは，しかしながら，量子力学と古典力学とが単純につながっていることを意味するものではない．量子力学は h が小さいとき古典力学に近づくといっても，元々 $h=0$ では特異的である．(1. 3. 12)をみてもわかる．これは特異的極限(singular limit)の一例である．ある現象を二つの異なる階層で理解しようとするときによくみられる．h を小さくしたときの量子力学と古典力学、波長を小さくしたときの波動光学と幾何光学、時間を無限大にしたとき（永年系）の力学と熱力学などである．いずれも対応する2つの分野での法則が異なっていることが重要である．

古典力学では分布関数は確率の意味をもっていて正であるが，Wigner 分布関数は負の値を取ることもある．(1, 3, 15)を p または q で積分すると

$$
\begin{aligned}
F(q) &= \frac{1}{h}\int_{-\infty}^{\infty}dp\int_{-\infty}^{\infty}dr\ e^{-pr/\hbar}\ \langle x|\rho|x'\rangle \\
&= \langle q|\rho|q\rangle = |\phi(q)|^2 \\
G(p) &= \frac{1}{h}\int_{-\infty}^{\infty}dq\int_{-\infty}^{\infty}dr\ e^{-ipr/\hbar}\ \langle x|\rho|x'\rangle \\
&= \frac{1}{h}\left|\int_{-\infty}^{\infty}dx\ e^{-ipx/\hbar}\phi(x)\right|^2 = |\psi(p)|^2
\end{aligned}
\tag{1. 3. 18}
$$

が得られる．いずれも正であってそれぞれ (1, 3, 13)，(1, 3, 14) に対応し確率の意味をもっている．ここで $\phi(q)$ は q 表示での波動関数であり，

$$
\psi(p) = \frac{1}{\sqrt{h}}\int_{-\infty}^{\infty}dq\ e^{-ipq/\hbar}\phi(q) \tag{1. 3. 19}
$$

は p 表示での波動関数である．量子力学では，p と q を同時に測定できないから，Wigner の分布関数は古典力学のそれのように位相空間の全域にわたって，確率に完全に対応する必要はない，量子力学の論理では，不都合はないのである．

古典力学系の分布関数 $f(p, q)$ は Liouville の式に従う．一方，量子系の，密度マトリックス $\langle x|\rho(t)|x'\rangle$ も同じ名前の式(1, 3, 9)に従う．では Wigner 分布関数はどうだろうか．

特異的極限として Wigner 分布関数と古典力学の分布関数の関係がしらべられ

ている．エネルギーが高かったり h が小さいとき，量子力学にもカオスが現れる．Wigner 分布関数も揺らぐので，局所的平均を取らなければならない．この意味の平均が特異的極限の処理に必要である．こうして，Wigner 分布関数が古典的分布関数と同じ式に従うことが示される．

d)　古典力学と量子力学の対応

古典力学と量子力学との対応関係を調べる1つの方法は，量子力学が生まれる前に考えられた前期量子論の対応原理であろう．周期的運動に限れば，位相空間と量子力学的な運動との対応が前期量子論を用いて明らかにできる．1次元の運動を位相空間で考える．この場合はむしろ位相面といった方がよい．

1次元の自由質点をとり，その座標を q とし，運動範囲を $q=0$ から $q=L$ までとする．この両端には壁があり，質点はここで完全弾性衝突をしてはね返るとする(図1.11(a)参照)．壁に衝突すると運動量 p の符号が変わる．壁が剛体でなく，少しやわらかければ，運動量は p から減少して $-p$ に変わってから壁を離れるだろう(図1.11(a′)参照)．いずれにしても位相空間においてトラジェクトリーはほぼ矩形を描く．一般に周期運動の閉曲線の囲む面積は

$$J=\oint pdq \tag{1.3.20}$$

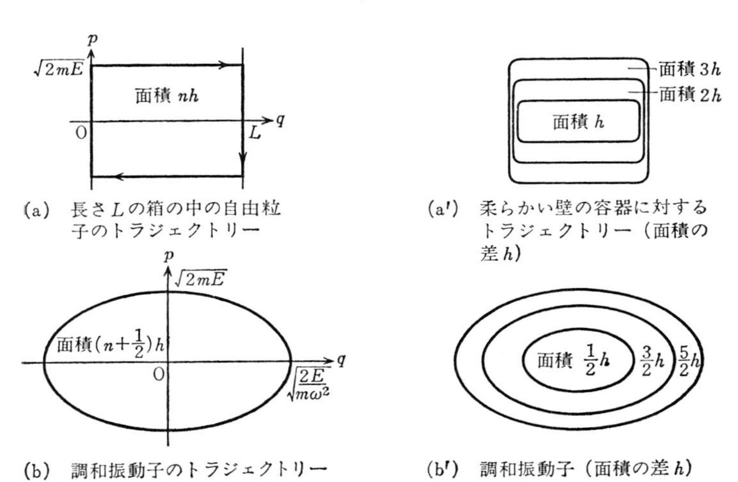

(a)　長さ L の箱の中の自由粒子のトラジェクトリー

(a′)　柔らかい壁の容器に対するトラジェクトリー（面積の差 h）

(b)　調和振動子のトラジェクトリー

(b′)　調和振動子（面積の差 h）

図1.11　トラジェクトリーの例

で与えられる．これは**作用変数**と呼ばれる量である．いまの場合，質点の質量を m とし，そのエネルギーを E とすると運動量の大きさは $\sqrt{2mE}$ であるから壁が剛体であるとすると

$$J(E) = 2\sqrt{2mE}L$$

である．

量子力学ではよく知られているように，この質点のエネルギー固有値は

$$E_n = \frac{h^2}{8mL^2}n^2 \qquad (n = 1, 2, 3, \cdots)$$

で与えられる．したがって

$$J(E_n) = nh$$

の関係がある(本講座第3巻『量子力学 I』参照)．したがっていろいろのエネルギーの運動を考えたとき，トラジェクトリーが囲む位相空間の面積が h だけ増すごとに量子力学で許される状態が1つ現われることになる．いいかえれば qp 空間の大きさ h の中に1個の微視的状態があるわけである(図1.11(a′)参照)．

ほかの例として1次元の調和振動子を考えよう．この場合エネルギーは

$$\mathcal{H}(q, p) = \frac{p^2}{2m} + \frac{m}{2}\omega^2 q^2$$

で与えられる．エネルギーが一定で E である運動は位相空間で楕円であり，その q 軸半径は $\sqrt{2E/m\omega^2}$，p 軸半径は $\sqrt{2mE}$ である(図1.11(b)参照)．作用変数はこの楕円の面積で

$$J(E) = 2\pi\frac{E}{\omega} = \frac{E}{\nu}$$

で与えられる．ここに $\nu = \omega/2\pi$ は振動数である．

一方，量子力学ではこの振動子のエネルギーは

$$E_n = \left(n + \frac{1}{2}\right)h\nu$$

であり，したがってこの場合は

$$J(E_n) = \left(n + \frac{1}{2}\right)h$$

の関係がある．したがってこの場合にも qp 空間の大きさ h の中に1個の微視的

状態がある．この場合のトラジェクトリーは楕円であって，その上を代表点は時計の針の向きにまわるわけであるが，その囲む面積が $(n+1/2)h$ になるようなトラジェクトリーがそれぞれ1個の量子力学的状態に対応することになる(図1.11(b′)参照)．

前項のように位相空間を素体積 $dqdp$ に分けてしまうとわかりにくくなるが，この位相空間は量子力学的状態を表わすうどんのようなトラジェクトリーを束ねたものであると考えることができる．量子力学で状態について和をとったり平均をつくったりすることは古典力学ではトラジェクトリーについて和や平均をつくることであるが，それは qp 空間での積分でおきかえることができるということである．

第2章　統計力学のアウトライン

この章では統計力学の原理から出発し，一般的方法を展開する．すべての量子状態(微視的状態)は等しい重率をもつこと(等重率の原理)を仮定すれば，力学法則と確率論とを結合した立場が確立される．考える体系を大きな体系と接触させて扱うことにより，温度の与えられた体系，圧力の与えられた体系などを取り扱うことができる．ここで展開されるのは平衡状態の統計力学(狭義の統計力学)であり，熱力学の法則の微視的な解釈も与えられる．

§2.1　統計力学の原理

a)　等重率の原理

もしも完全に外界から切り離された体系，すなわち孤立した体系があったとすると，これを完全に記述するにはその量子状態を厳密に決定しなければならない．もしも体系がこれらの厳密な量子状態の1つにあれば，体系は永久にこの状態にとどまるであろう．しかしこのように完全に孤立した体系を考えることは実際上は無意味であり，これはすでに§1.1で注意したところである．どのような体系でも完全に外界から絶縁されるということはありえない．例えば体系を囲む容器の壁の分子の不規則な運動，体系のまわりから電磁場が常にもちこむ擾乱は完全に遮断できない．また体系について何らかの巨視的情報を得ようとするときに観測が体系に予期できない影響を必ず与える．外界との相互作用による擾乱は完全に0ではありえない．これに対して統計力学の対象としてはその中の粒子などの数が極めて莫大な体系を問題にしているのであって，実際この数が無限に大きくなった極限において統計的法則が完全になると思われる．小さな体系では力学的記述が統計的記述に対して優位に立つが，多数の要素からなる体系では量子状態の間のエネルギー差が擾乱のエネルギーよりも小さくなるため完全な力学的記述は不可能になるからである.

われわれは体系の構造がわかっていることを前提であるかのように考えてきた.すなわち孤立した体系のハミルトニアンが知られていて,これに外界からの摂動が加わるかのように話を進めてきた.この方法自身にも問題がある.それは物理学の方法の土台に触れることであるが,ここでは体系のハミルトニアンが完全に知られているとするのはそうとう思い切った理想化であるということを注意するにとどめたい.

われわれは対象とする体系についてそのモデルを想定し,それに従ってハミルトニアンを作る.しかしモデルは対象自身ではありえない.体系の完全なハミルトニアンはおそらくわれわれの知りうるところではありえないだろう.分かっているのは近似的なハミルトニアンにすぎないに違いない.どのような場合でも体系の構造について完全な知識はもちえないからである.理想気体では分子間の相互作用を全く無視し,常磁性体ではスピン間の相互作用,結晶格子の振動では非調和項を無視するのが普通である.不完全気体や液体の取扱いでは分子間力として近似的なものしか知りえないし,イオン結晶でもイオン間力,イオンの分極を簡単化したモデルを用いうるだけである.しかし,すべての相互作用を厳密に考慮することは実際不可能であるし,また本当に有意義なことでもない.体系を記述するのに用いられる量子状態は厳密な意味では常に近似的な量子状態である.そこで体系がもしも完全に孤立していたとしても,このような近似的な量子状態の1つに永久にとどまることはない.無視していた複雑な相互作用のために1つの状態から他の状態へ,そこからまた他の状態へと遷移してやまないであろう.

その上,体系はもともと完全に孤立していることはできないのである.したがってそのためにも遷移が繰り返される.体系のエネルギーもこれにつれてある幅の中で変動するであろう.外界からの摂動を考えると,体系の構造,ハミルトニアンが完全な厳密さで与えられているかのように仮想することはほとんど意味がないわけである.むしろ体系の特徴をうまく表現できて,その上,できるだけ簡単なハミルトニアンを想定することが望ましく,これがモデルの選び方の基準でなければならない.

前章においては,完全に孤立した体系を仮想して Liouville の定理を導いた.現実の体系の集団はこのような理想的な定理にしたがって運動するものでないことは確かである．この定理が統計力学の最も基礎の部分に触れるものであることを認めるとしても，この役割をどのように評価するかで統計力学の基礎を論じる立場がいくらか変わったものになってくる．この点についてはさらに第10章でエルゴードの問題として振り返ることにしたい．

ここではほとんど孤立した体系について，ある時間の範囲内で，あるエネルギーの不確定さを許して，Liouville の定理が成立することを容認しておこう．また巨視的な平衡状態にある体系の力学量の時間平均は集団平均に等しいということ(エルゴード仮説)を承認しよう．この統計集団はもはや時間によらないもの，いいかえれば定常でなければならない．量子力学においても古典力学においても，集団が定常であるのは，その密度がエネルギーの関数である場合であることがLiouville の定理から導かれた．このような統計集団をはじめて明確化したのはGibbs であり，これを **Gibbs 集合**という．Gibbs 集合は，統計集団と力学が共存するものでなければならないという統計力学の基本的な要請を満たしている．

ここでエネルギーが特別な役目をもって登場してきたのであるが，統計力学では一般的にエネルギー以外の不変量，いいかえればエネルギー以外の積分はないものとする．力学系で運動量と角運動量の積分が考えられるが，体系が容器の中に入っていれば運動量積分は存在しない．また対称性があるときにだけ全角運動量は保存されるが，少しでも容器の形を非対称にすれば，この積分も存在しないといってよい．

古典的な Liouville の定理からは，定常な統計集団については，位相空間の素体積がその体積に比例する重みをもつことがわかる．これと量子力学との対応を考えれば，エネルギーの等しい1つ1つの量子状態はすべて同じ重率 $w(E)$ をもつと考えられよう．これを基本的原理として仮定して，**等重率の原理**という(**アプリオリ確率の仮定**ということもある)．いわば量子状態のおのおのに同じ資格を与えるということである．統計集団としては量子状態の1個に体系1個を対応させた体系の集りを母集団にとることである．いいかえれば体系を観測したときに，エネルギー一定の条件のほかに特別な制限がなければ，各量子状態に見出される確率はすべて相等しいということである．

時間平均が集団平均に等しいということと，等重率の原理との2つの原理が統計力学の基本原理である．これらを要請したあとは単に確率論的に理論を構成する．

この2つの原理を力学的に証明しようとするのがエルゴードの問題である．体系をどのような測定条件の下に規定するか，ということがこの問題の物理的な面として重要である．エルゴードの問題は今までむしろ数学的に扱われてきた．そのため物理的な面に対する考慮が必ずしも十分でなかったといえるようである．これについてはさらに第10章で論じよう．ここでは上の2つの原理を厳密に証明されてはいないが，十分確実なものとして統計力学の基礎におくことで満足しておくものとする．

b) ミクロカノニカル集合

体系のエネルギーが狭い範囲 E と $E+\delta E$ の間にあるとしよう．δE はエネルギーの不確定幅の程度であるが，この間のエネルギーをもつ量子状態はすべて等しい確率をもって実現されると考える．そこで等重率の原理をそのままで表わす集団として，各状態 n の重率 w_n が等しい集団，すなわち

$$w_n = w = \text{const}, \qquad E < E_n < E+\delta E \tag{2.1.1}$$

を考える．これを**一定エネルギー集合**あるいは**ミクロカノニカル集合**(microcanonical ensemble)という．これは狭い幅 δE の間だけで一定の値をもつ⊥型の分布である(図2.1参照)．もちろん一定エネルギー集団として誤差曲線のような分布を考えることもできるが，これは問題を複雑にするだけで利益がないので簡単な⊥型の分布を採用する．このエネルギー範囲の量子状態を φ_n，その数を s とすると密度行列は

$$\rho(x, x') = w \sum_{n=1}^{s} \varphi_n(x) \varphi_n{}^*(x') \tag{2.1.2}$$

と書ける．関数系 $\{\varphi_n\}$ にユニタリー変換をほどこして

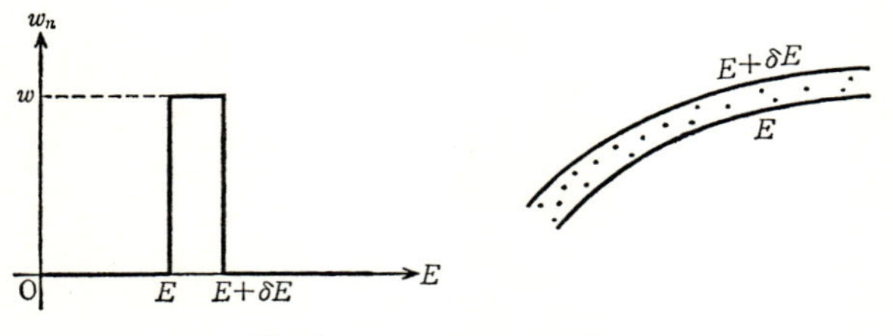

図2.1　ミクロカノニカル集合

$$\chi_k = \sum_{n=1}^{s} u_{kn}\varphi_n$$

に移れば

$$\sum_{n=1}^{s} \varphi_n(x)\varphi_n{}^*(x') = \sum_{k=1}^{s} \chi_k(x)\chi_k{}^*(x')$$

となる．したがって $\rho(x, x')$ はこの s 次元の部分空間によってきまるもので，これを張る基底の取り方には無関係である．

巨視的な体系ではエネルギー固有値は連続であるとみなせる（準連続的な）場合が多い．このとき，形式的に $\delta E \to 0$ とすると，エネルギー $\mathcal{E}$ の任意の状態がミクロカノニカル集合においてもつ確率は，例えば

$$dw = (\mathrm{const})\cdot\delta(\mathcal{E}-E)\,d\mathcal{E} \qquad (2.1.3)$$

のように書くこともできる．ここに δ は Dirac の δ 関数である．

等重率の原理を採用することにより，状態の数が本質的なものになる．そこで体系のエネルギーが E よりも小さい状態の数を $j(E)$ とする．エネルギー固有値が準連続であると考えて，E と $E+dE$ の間の状態の数を

$$dj = \frac{dj(E)}{dE}dE = \Omega(E)\,dE \qquad (2.1.4)$$

と書くことができる．$j(E)$ は実は階段関数であるが，右辺では E について微分可能な関数のように表わしてある．$\Omega(E)$ を**状態密度**という（図 2.2 参照）．

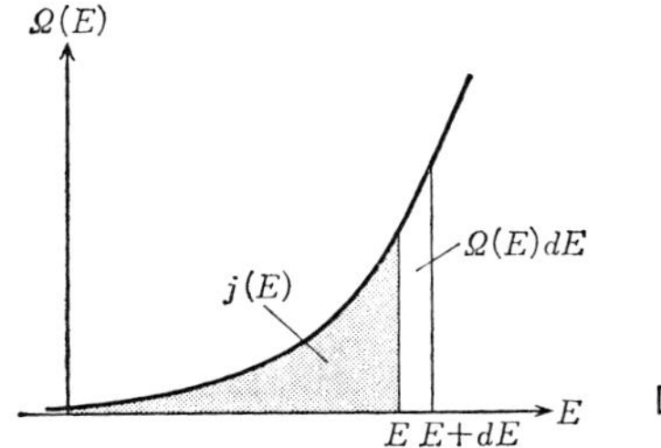

図 2.2 状態密度

c) Boltzmann の原理

巨視的な体系のとりうる微視的状態の数を**統計的重率**（あるいは**熱力学的重率**）という．体系の体積などの外的条件が決められているとき，エネルギーが E と $E+\delta E$ の間に限定されている体系の統計的重率 W は次式で与えられる．

$$W = \Omega(E)\,\delta E \tag{2.1.5}$$

統計力学の観点に立って熱力学的な関係式を見通しよく整備する形式的な方法は，ここで統計的重率 W を用いて**エントロピー**

$$S = k \ln W \tag{2.1.6}$$

を定義することである．これが熱力学のエントロピーと一致することは後に分かるのであるが，この式によって，熱力学のエントロピーが統計力学的な微視的状態の数 W と関係づけられることを **Boltzmann の原理**という．定数 k は任意であってよいが，S を熱力学のエントロピーと一致させれば定められるもので，**Boltzmann 定数**といい，しばしば k_{B} とも書かれる．

ここで Boltzmann をこの原理に導いた考察について述べることは形式的な議論からはずれることになるが，少し述べておこう．平衡状態からはずれた状態までエントロピーの概念を拡張して考えると，熱力学の定理として，断熱系のエントロピーは減少することはなく非可逆変化では増大するというエントロピー増大の定理がある．一方で，例えば気体が真空中へ広がる場合のように，一般に非可逆変化は微視的状態の数の大きい方へ進行する．そこでエントロピーと微視的状態の数とは一方が増大すれば他方も増大する関数関係にある(これは上の関係式が成り立てば $k>0$ ということである)．

また外部条件にかなう巨視的状態に仮想的な制限をつけたものをいろいろ考えると，その中でエントロピーあるいは統計的重率の最大のものが平衡状態として実現されることになる．気体が真空中の途中まで広がって止まるというようなことはないということである．

2個の独立な体系の重率をそれぞれ W_1, W_2 とすると，これらを合わせた系の重率は $W=W_1W_2$ (積) になるが，エントロピーは $S=S_1+S_2$ (和) になる．これを満足する関係は対数をとることである．体系をいくつか合わせればエントロピーは和になる．したがって，この関係式には付加定数がない．こうして上記の関係式(2.1.6)が想定される．ただ上の考察で，非平衡状態あるいは非可逆変化に対するエントロピーもこの関係式で表わされるとするのは，いまの議論には不必要な拡張である．非平衡状態のエントロピーの微視的な解釈にはなお議論の余地が残されている．

(2.1.5)によれば(2.1.6)のエントロピーはエネルギー幅 δE に関係する気持

の悪い不定性をもつようにみえる．しかし，実際の巨視的な体系では，自由度または粒子の数 N (例えば $1\,\mathrm{cm}^3$ の常温の気体では 10^{22} の程度)は極めて大きく，不定性を除けばエントロピーは N に比例するが，これに比べれば不定性は問題にならないほど小さい．(2.1.6)を

$$S = k\left\{\ln \Omega(E)\,\varepsilon + \ln\left(\frac{\delta E}{\varepsilon}\right)\right\} \tag{2.1.7}$$

と書いてみよう．ε として，例えば1粒子あたりのエネルギー E/N をとる．δE として最大の幅 E をとっても右辺の第2項は $\ln N$ の程度で，N に対しては(N が大きい限り)極めて小さい．逆に δE を小さくして $|\ln(\delta E/\varepsilon)|$ を大きくする可能性を考えると，δE の最小の値は不確定性原理により $\delta E = h/t$ (t は観測時間)であるが，$|\ln(h/\varepsilon t)|$ が $N \approx 10^{22}$ の程度であるとすれば，t は宇宙の寿命よりもはるかに長くなってしまう．この意味で第2項は無視される．また第1項で ε は実際上何であってもよい．さらにまた，次節に述べるように，粒子が運動エネルギーをもつ体系では

$$j(E) \approx \left(\frac{E}{N}\right)^{\alpha N}$$

(α は1の程度の数)であり，(2.1.5)のかわりに

$$S = k \ln j(E) \tag{2.1.8}$$

としても，S の数値には変わりはない．$j(E)$，$\Omega(E)$ がこのように E と共に極めて急激に増加する場合，(2.1.8)はしばしば(2.1.5)に代用される．しかし，次節のスピン系の例のように，系のエネルギーが上から限られている場合には(2.1.8)のような代用は許されない．

d) 微視的状態の数，熱力学的極限

微視的状態の数 $j(E)$ と状態密度 $\Omega(E) = dj/dE$ を簡単な例について示す．

(1) **1個の粒子**　まず1個の自由粒子について考えよう．そのエネルギーは

$$\mathcal{H} = \frac{1}{2m}(p_x{}^2 + p_y{}^2 + p_z{}^2) \tag{2.1.9}$$

の形に書かれる．周期を L (体積は $V = L^3$)とすると，運動量の固有値は

$$p_x = \frac{h}{L}n_1, \quad p_y = \frac{h}{L}n_2, \quad p_z = \frac{h}{L}n_3 \tag{2.1.10}$$

で与えられる(§3.2(a)参照). ここでhはPlanck定数, $n_1, n_2, n_3=0, \pm1, \pm2, \pm3, \cdots$ は量子数である. Lが十分大きいとき, エネルギーがEを越えないような量子状態の数$j(E)$は半径$p=\sqrt{2mE}$の球の体積を$(h/L)^3$の単位で測ったもので与えられることは容易に示される(図2.3参照). したがって$V=L^3$が体積であることを考慮すれば

$$j(E)=\frac{4\pi}{3}(2mE)^{3/2}\frac{V}{h^3} \tag{2.1.11}$$

を得る.

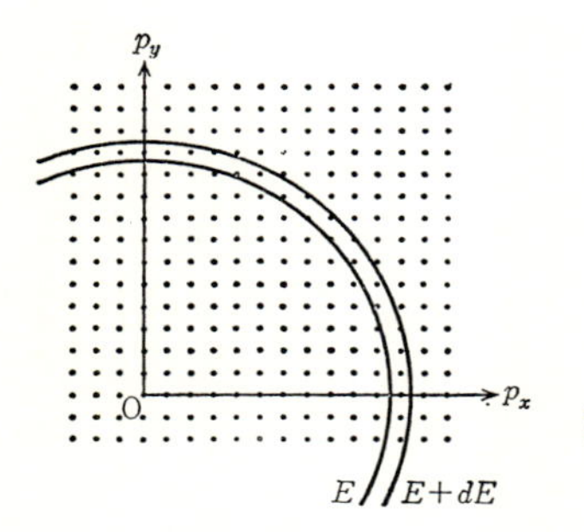

図2.3 自由粒子の量子状態

(2) **理想気体** 次にN個の自由粒子からなる体系を考えよう. 粒子間に相互作用はないとする. これは理想気体の模型である.

$$\mathcal{H}=\frac{1}{2m}\sum_{j=1}^{N}(p_{xj}{}^2+p_{yj}{}^2+p_{zj}{}^2) \tag{2.1.12}$$

であり, これは$3N$個の量子数によって規定される. はじめに, 粒子を区別できる古典粒子として扱おう. すると$3N$個の量子数のつくる多次元空間の整数格子点がそれぞれ1つの微視的状態を表わすことになる. 周期条件を用い, 量子数を$n_1, n_2, \cdots, n_{3N}$とすると

$$\mathcal{H}=\frac{h^2}{2mL^2}\sum_{j=1}^{3N}n_j{}^2\leqq E \tag{2.1.13}$$

なる量子状態の数が$j(E)$である. これは半径$p=\sqrt{2mE}$の$3N$次元の球の体積を$(h/L)^3$の単位で測った値に等しい. この球の体積は

$$\frac{\pi^{3N/2}}{\Gamma(3N/2+1)}p^{3N}\approx\left(\frac{2e}{3N}\right)^{3N/2}\pi^{3N/2}p^{3N} \tag{2.1.14}$$

で与えられる．ここに $\Gamma(\alpha)$ は α 次の Γ 関数である．右辺は $N \gg 1$ として漸近値を表わしている．したがって E 以下の状態の数は

$$j'(E, V) = \left(\frac{2e}{3} 2\pi m \frac{E}{N}\right)^{3N/2} \frac{V^N}{h^{3N}} \qquad (2.1.15)$$

で与えられるようにみえる．しかしこれは正しくない．それは次のような考察からも分かる．

この $j'(E, V)$ を用いてエントロピー $S' = k \ln j'(E, V)$ をつくったとしよう．E/N, V/N を一定にして N を変えるとき，S' は N に比例して変化しない．それは $kN \ln V$ の項があるため N に比例する項のほかに $kN \ln N$ という項も含むからである．このためもしも 2 つの同じ体系を結合すれば結合系の S' は 2 倍にならないで

$$2kN \ln 2N - 2kN \ln N = 2kN \ln 2$$

だけ余分に増えてしまう．これは **Gibbs のパラドックス**と呼ばれている．もしも 2 つの体系がちがう種類の分子からなるものならば，結合によって分子が混合され，混合の過程でエントロピーが増大するのは自然であるが，同種の分子からなる等温，等圧の気体が 2 ついっしょになっても混合のためにエントロピーが増すわけはないから，上の議論はたしかにおかしい．

図 2.4 の各点は 2 個の粒子の量子状態を表わしているというよりもむしろ同一のものと見るべきである．例えば b は a における粒子の役目を取りかえたもので，a と b とは同等である．このように，粒子 1 と 2 の量子状態が違うところは位相空間は 2 つの同等な部分が重複しているが，N 個の粒子では，もしも粒子の役目がすべて異なれば，役目をとりかえる方法の数は $N!$ で，位相空間は $N!$ 重に重複している．体系が大きければ各粒子のとりうる状態は密集している．そこで気体が十分希薄ならば，各粒子の個々の状態はすべて異なるとしてもよいであろう（気体が濃厚ならば同じ状態の粒子があるかどうかが問題になる．次章の量子統計ではこれを厳密に扱う）．したがって粒子が同種類のものである場合は，状態の数は j' を $N!$ で割って

$$j(E, V) = \frac{j'(E, V)}{N!}$$

で与えられる（次章の Bose 気体や Fermi 気体で希薄な極限をとればこの正しい

ことが確かめられる). この近似を**古典統計**あるいは **Boltzmann 統計**という. Stirling の公式 $N!\approx(N/e)^N$ を用いると

$$j(E,V)=\left(\frac{4\pi}{3}m\frac{E}{N}\right)^{3N/2}\left(\frac{V}{N}\right)^N\frac{e^{5N/2}}{h^{3N}} \tag{2.1.16}$$

を得る. $S=k\ln j(E,V)$ は E/N, V/N を一定にしたとき N に比例するので, Gibbs のパラドックスは解消する.

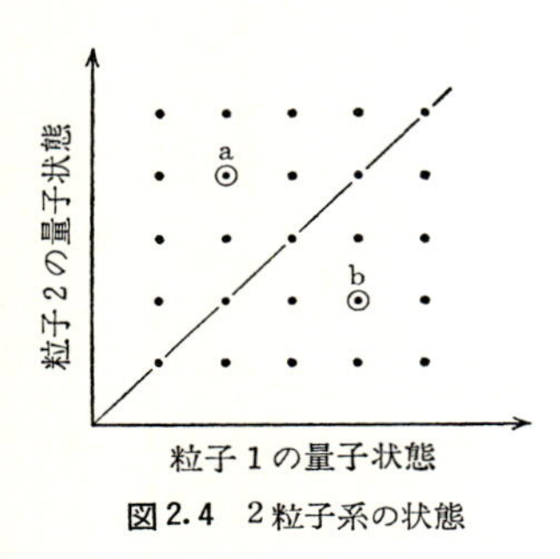

図 2.4 2粒子系の状態

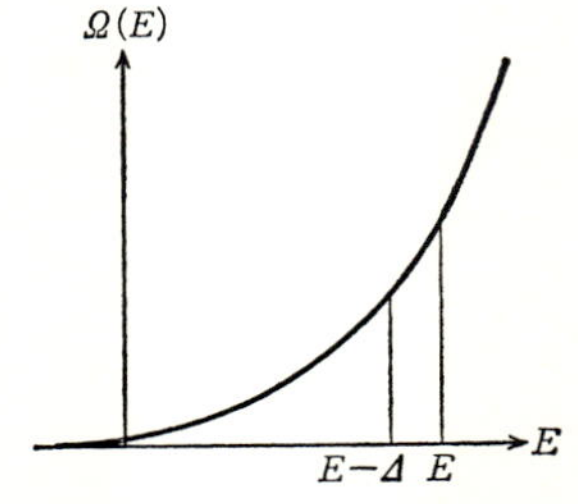

図 2.5 理想気体の状態密度 $\Omega(E)$

状態密度はこの場合

$$\Omega(E,V)=\frac{\partial j(E,V)}{\partial E}=\frac{3N}{2E}j(E,V) \tag{2.1.17}$$

と書くことができる. したがって N に比例しない小さな項 $\ln(N/E)$ を除けば $\ln j$ は $\ln\Omega$ と実際上等しいことになる. また E を少し(Δ だけ)減少させるときの Ω の変化をみると(図 2.5 参照),

$$\frac{\Omega(E-\Delta)}{\Omega(E)}=\left(1-\frac{\Delta}{E}\right)^{3N/2-1}\approx e^{-\beta\Delta} \tag{2.1.18}$$

となる(ただし $\beta=3N/2E$). $1/\beta$ は分子1個の平均のエネルギー E/N の程度である. したがって全エネルギーを E/N 程度減少させると $\Omega(E)$ は $1/e$ に小さくなることがわかる. いいかえれば, 巨視的エネルギー E に対しては, $\Omega(E)$ は E とともに圧倒的に急激に増加する関数である.

(3) **スピン系** N 個の独立なスピンからなる体系を考えよう. スピンは上向きか下向きの配向をとるものとし, 磁気モーメントを μ とし, これが外部磁場 H の中にあるとする. 上向きのスピンのエネルギーは $-\mu H$, 下向きのスピンのエネルギーは $+\mu H$ である. そこで n 個が上向き, $n'=N-n$ 個が下向きのとき

のエネルギーは

$$E=-(n-n')\mu H=-(2n-N)\mu H \qquad (2.1.19)$$

である．この場合 N 個のスピンは局在しているものとする．そこで N 個のスピンの中で上向きのもの n 個と下向きの $N-n$ 個の配列を指定すれば微視的状態は定まる．巨視的状態は磁気モーメント $(n-n')\mu$ によって与えられる．

したがって微視的状態の数は1つの巨視的状態に対して

$$W(n)=\frac{N!}{n!(N-n)!}\approx\left(\frac{N}{n}\right)^n\left(\frac{N}{N-n}\right)^{N-n} \qquad (2.1.20)$$

で与えられる．

$$n=\frac{N}{2}+\frac{E}{2\mu H}, \qquad n'=\frac{N}{2}-\frac{E}{2\mu H} \qquad (2.1.21)$$

であるから

$$\ln W=N\ln 2-\frac{N}{2}\left(1+\frac{E}{\mu HN}\right)\ln\left(1+\frac{E}{\mu HN}\right)$$
$$-\frac{N}{2}\left(1-\frac{E}{\mu HN}\right)\ln\left(1-\frac{E}{\mu HN}\right) \qquad (2.1.22)$$

を得る．$\delta E=2\mu H\delta n$, $\ln(\Omega\delta E)=\ln W$ である．$\ln W$, あるいはエントロピー $S=k\ln W$ は E/N の関数として必ずしも増加関数ではない．

実際，スピン系の最低エネルギー $E=-\mu HN$ と最高エネルギー $E=+\mu HN$ とにおいて $\ln W=0$ になり，その中間の $E=0$ で $S=k\ln W$ は最大になる（図2.6参照）．熱力学ではエントロピーをエネルギーで微分したものの逆数 $T=$

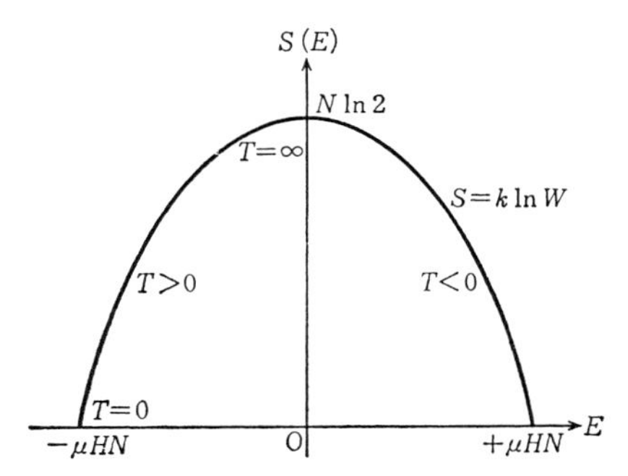

図2.6 自由なスピン系のエントロピー

$(\partial S/\partial E)^{-1}$ を**絶対温度**と定義している．統計力学でもこの式で与えられる T を絶対温度という(次節参照)．$E<0$ では $\partial S/\partial E>0$ すなわち $T>0$ であるが，E を増加させて $E=0$ よりも大きくするときは $\partial S/\partial E<0$ すなわち $T<0$ である．負の温度は $T=\infty$ の温度よりも高いエネルギーをもつ状態である．

(4) **熱力学的極限**　粒子系においてもスピン系においても E/N, V/N を一定にして N を大きくするときエントロピーあるいは $\ln W$ は粒子数 N に比例して増大した．すなわち物質の量に比例して増大した．このような量を**示量変数**という．エネルギー，体積なども示量変数である．これに対して，温度，圧力などを**示強変数**という．

普通の物質の熱力学的状態は，十分大きな N に対しては容器の形，体系の大きさなどによらないで，$n=N/V$, $\varepsilon=E/N$ などの少数のパラメタで指定されることをわれわれの経験は教えている．このように

$$n=\frac{N}{V}=\text{const},\quad \varepsilon=\frac{E}{N}=\text{const}\quad \text{のもとに}\qquad N\longrightarrow\infty \tag{2.1.23}$$

の極限を考えうるとき，これを**熱力学的極限**という．このような極限が存在するときに，示量変数としてのエントロピーが存在することになる．統計力学ではこの極限の存在を仮定している．

§2.2　温　　度

a) 温 度 平 衡

2つの体系が接触していて，エネルギーをやりとりしている場合，経験的には2つの体系の温度が等しいときにこれらは平衡するわけである．統計力学的に考えて温度平衡はどのような条件で達成されるのか，温度という概念はどのようなものであるかをここでは問題にする．

2つの体系を I, II とし，体系 I のエネルギーを $E_{\rm I}$，体系 II のエネルギーを $E_{\rm II}$ としよう．これらは小さな相互作用によってエネルギーを交換しているが，相互作用そのもののエネルギーは無視できるものとすれば，全エネルギーは

$$E_{\rm I}+E_{\rm II}=E=\text{const} \tag{2.2.1}$$

である．各体系の状態密度をそれぞれ $\Omega_{\rm I}(E_{\rm I})$, $\Omega_{\rm II}(E_{\rm II})$ とすると，体系 I のエネ

ルギーが $E_{\rm I}$ と $E_{\rm I}+dE_{\rm I}$ の間にあり，体系IIのエネルギーが $E_{\rm II}$ と $E_{\rm II}+dE_{\rm II}$ の間にあるような結合系の量子状態の数(微視的状態の数)は

$$\Omega_{\rm I}(E_{\rm I})\,dE_{\rm I}\Omega_{\rm II}(E_{\rm II})\,dE_{\rm II} \tag{2.2.2}$$

である．そこで全系のエネルギーが E と $E+\delta E$ の間にあるような結合状態の数は

$$\iint_{E<E_{\rm I}+E_{\rm II}<E+\delta E}\Omega_{\rm I}(E_{\rm I})\,\Omega_{\rm II}(E_{\rm II})\,dE_{\rm I}dE_{\rm II}=\delta E\int\Omega_{\rm I}(E_{\rm I})\,\Omega_{\rm II}(E-E_{\rm I})\,dE_{\rm I} \tag{2.2.3}$$

によって与えられる(図2.7参照)．この右辺の被積分に含まれる各結合状態の確率は等重率の原理により互いに相等しい．δE はこのミクロカノニカル集合のエネルギー幅である．

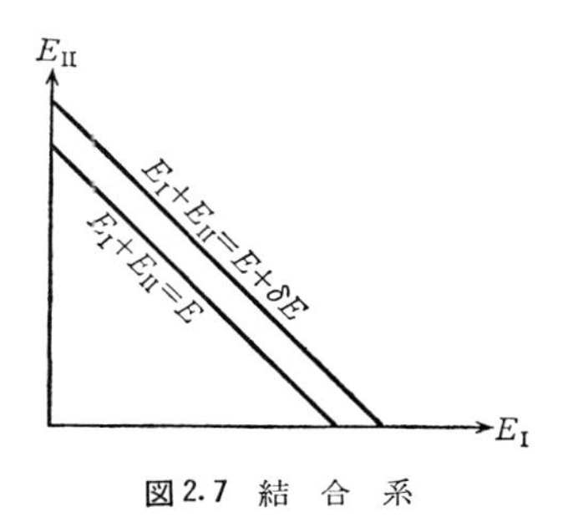

図2.7　結　合　系

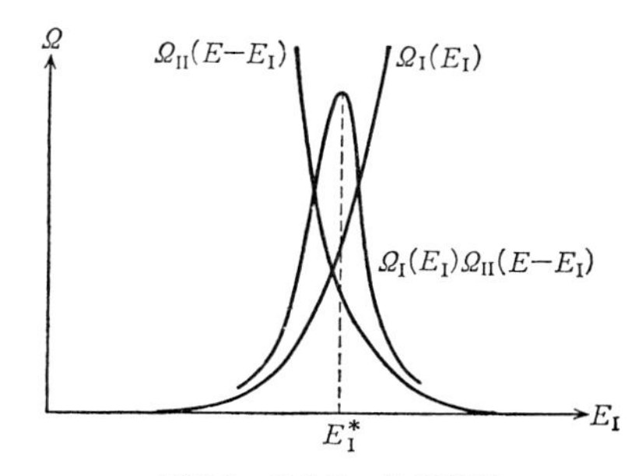

図2.8　結合系の状態密度

ここで $E_{\rm I}$ は巨視的状態を指定する変数である．平衡状態では，最も多数の微視的状態を含む巨視的状態が最も大きな確率で現われるから，微視的状態の数 $\Omega_{\rm I}\Omega_{\rm II}$ を最大にする $E_{\rm I}$ の値は $E_{\rm I}$ の最も確からしい値を与える．$\Omega_{\rm I}$, $\Omega_{\rm II}$ がそれぞれエネルギーの急激な増加関数であるとすると，$\Omega_{\rm I}(E_{\rm I})\,\Omega_{\rm II}(E-E_{\rm I})$ は $E_{\rm I}$ のある値で圧倒的な最大値をとることが期待される．これは圧倒的に確からしい $E_{\rm I}$ の値を与えるわけである(図2.8参照)．この値は $E_{\rm I}+E_{\rm II}=E=\mathrm{const}$ の下で

$$\ln\Omega_{\rm I}(E_{\rm I})+\ln\Omega_{\rm II}(E_{\rm II})=(\text{最大}) \tag{2.2.4}$$

にさせるものである．この条件は一般に

$$\frac{\partial\ln\Omega_{\rm I}(E_{\rm I}{}^*)}{\partial E_{\rm I}{}^*}=\frac{\partial\ln\Omega_{\rm II}(E_{\rm II}{}^*)}{\partial E_{\rm II}{}^*} \tag{2.2.5}$$

と書ける．ここに $E_{\mathrm{I}}{}^*, E_{\mathrm{II}}{}^*$ は最も確からしい値である．各体系について

$$\frac{\partial \ln \Omega(E)}{\partial E} = \frac{1}{kT} \tag{2.2.6}$$

とおき，T を**絶対温度**という．k は Boltzmann 定数である．平衡条件は絶対温度が相等しいことで，すなわち

$$T_{\mathrm{I}}(E_{\mathrm{I}}{}^*) = T_{\mathrm{II}}(E_{\mathrm{II}}{}^*) \tag{2.2.7}$$

と書ける．

これが真に結合系 $\Omega_{\mathrm{I}}\Omega_{\mathrm{II}}$ の極大の条件を満たすためには(以下では * を省略)，

$$\frac{\partial^2 \ln \Omega_{\mathrm{I}}(E_{\mathrm{I}})}{\partial E_{\mathrm{I}}{}^2} + \frac{\partial^2 \ln \Omega_{\mathrm{II}}(E_{\mathrm{II}})}{\partial E_{\mathrm{II}}{}^2} < 0 \tag{2.2.8}$$

であることが必要である．これは

$$\frac{\partial T_{\mathrm{I}}(E_{\mathrm{I}})}{\partial E_{\mathrm{I}}} + \frac{\partial T_{\mathrm{II}}(E_{\mathrm{II}})}{\partial E_{\mathrm{II}}} > 0$$

と書くこともできる．理想気体では $T=(2/3)E/Nk$ であり，$\partial T/\partial E \propto 1/N$ である．したがって，例えば体系IIを理想気体とし，体系Iに比べて分子数を圧倒的に大きくすれば，$\partial T_{\mathrm{II}}/\partial E_{\mathrm{II}} \to 0$ となるので，これと平衡する体系Iについて，$\partial T_{\mathrm{I}}/\partial E_{\mathrm{I}}>0$ でなければならない．このように，体系I, IIの相対的な大きさにかかわりない平衡が成り立つためには，いずれの体系においても，

$$\frac{\partial T}{\partial E} > 0 \tag{2.2.9}$$

である必要がある．すなわち絶対温度はエネルギーの増加関数である．これが満足されている場合，もしも温度の違う2つの系が接触すると一方はエネルギーを失って温度が下がり，他方はエネルギーを得て温度が上がって，その中間の温度になって平衡するわけである．またエネルギーを失う方はこれを得る方よりも高い温度のものであることも結論される．これらは広く経験されることで，上の条件は満足されているわけである．

3つの系 I, II, III の平衡についても同様なことがいえる．これらの系のそれぞれについて，Ω が E の増加関数で $\partial T/\partial E>0$ の条件を満足するならば，I, II が平衡で，II, III も平衡するような $E_{\mathrm{I}}, E_{\mathrm{II}}, E_{\mathrm{III}}$ を考えることができるが，この場合 II, III がこのエネルギー $E_{\mathrm{II}}, E_{\mathrm{III}}$ においてやはり平衡することがこれから導

かれる．逆に II と平衡するような I および III がそのままで平衡するためには(また I, II, III の役割をかえてもこのことが成り立つためには)一般に $\partial T/\partial E>0$ でなければならないことが導かれる．

$\partial T/\partial E>0$ あるいは $\partial^2 \ln \Omega/\partial E^2<0$ はそうとうきつい条件のようにみえるが，熱的平衡を達成するような普通の体系ではこれが成り立っているはずである．理想気体や独立なスピンから成る体系についてこれを確かめるのは容易である．しかしこの条件は結合系 $\Omega_{\mathrm{I}}\Omega_{\mathrm{II}}$ がただ1つの極大をもつとして得られたことを注意しなければならない．例えば極大を与える E_{I}^*, E_{II}^* の組が一義的でなく，2つ以上存在することもありうる．しかしこのような場合に，その1つの極大の方が他方に比べて圧倒的に大きいとすれば，その極大だけに注目すればよい．しかし極大が広い高原のように広がっていることがありうる．これは $\partial T/\partial E=0$ の場合，すなわち，体系にエネルギーを与えても温度が上がらない場合であって，凝縮，融解のようないわゆる1次の相変化をしている物体系を厳密に扱えば，このようになるはずである．

b) 温　度

前項で定義した絶対温度が，気体温度計の絶対温度と一致するものであることを示すには，結合する体系の I あるいは II を理想気体で置き換えてみればよい．体系 II を理想気体とすれば，体系 I に接触して平衡にあるとき，T_{II} はこの理想気体の示す気体温度，すなわち Boyle-Charles の方程式に現われる絶対温度にほかならないからである．これを別の体系 III に接触させたとき，T_{II} が変わらないならば I と III とは同じ温度にあり，これらを接触させても熱の移動は起こらない．理想気体では明らかに絶対温度は正である．したがって理想気体と平衡しうる普通の物体では

$$T>0 \tag{2.2.10}$$

であると考えられる．

しかし外部磁場の下にある理想的なスピン系のように，エネルギーの上限を限られた体系だけがあるような場合には，その温度は負でありうる．スピン $\pm1/2$ のように2つの準位だけが可能なとき，低温($T\gtrsim0$)ではすべてが下の準位にある．温度を上げるにつれて上の準位にも上がる．$T\to\infty$ になれば下の準位と上の準位にあるものが同数になる．さらに全系のエネルギーを上げるには下の準位に

あるものよりも上の準位にあるものを増さなければならない．そしてできるだけ全系のエネルギーを大きくした状況では下の準位は空になり，すべてが上の準位に励起される．しかしこの状態は微視的状態としてただ1つの状態である．そこまで励起するには当然 $d\Omega/dE<0$ すなわち $T<0$ の範囲へ移るわけである．このように負の温度は $T=\infty$ よりも高い温度である．これは理想的なスピン系に限らずエネルギーの上限が限られた体系で一般にいえることである．

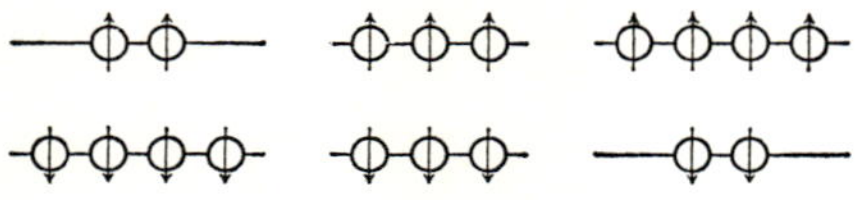

上の準位
下の準位
$T>0$　$T=\infty$　$T<0$

図 2.9　スピン系の温度

このような体系だけがあるならば負の温度で平衡が成り立つこともあるわけである．しかしスピン系といえども，実はそれが同時に動きまわる電子であり，また格子振動や外界の気体と熱接触が行なわれているのが普通である．これらのエネルギーの上限を切られない運動形態では，その温度は正であり，有限である．そこで $T<0$ の体系が $T>0$ の体系に接していると，$T<0$ の体系から $T>0$ の体系へエネルギーが流れ，全系が $T>0$ の状態に落ちつくようになる．この意味でも $T<0$ の状態は $T=\infty$ よりも温度が高いのである．このようなわけで実際には負の温度は本当の平衡状態でありえない．しかし，平衡状態ではない定常状態ではこれに相当する状態をつくりだすことができる．最もよい例はレーザーの現象に見られるが，このような場合，負の温度という考えは役に立つ．

§2.3　外　力

a) 圧力平衡

2つの体系 I, II が，動きうる境界をへだてて接している場合，釣合の条件は力学的にいって当然圧力が相等しいことである．前節の温度平衡と同じように圧力平衡を扱うため，ピストンをへだてて2つの体系がそれぞれ $V_{\rm I}$, $V_{\rm II}$ の体積をもつとし，全体の体積を一定に保つとする(図 2.10(a) 参照)．すなわち

$$V_{\rm I}+V_{\rm II}=V=\text{const} \tag{2.3.1}$$

とする．状態密度はエネルギーと体積との関数とみられるから，これをそれぞれ

の体系について $\Omega_{\rm I}(E_{\rm I}, V_{\rm I})$, $\Omega_{\rm II}(E_{\rm II}, V_{\rm II})$ とすると，$V_{\rm I}$ の変化に対して $\Omega_{\rm I}\Omega_{\rm II}$ を最大ならしめる条件は，前節の場合と同様にして(図 2. 10(b) 参照)，

$$\frac{\partial \ln \Omega_{\rm I}}{\partial V_{\rm I}^*} = \frac{\partial \ln \Omega_{\rm II}}{\partial V_{\rm II}^*} \tag{2.3.2}$$

と書ける(以下では * を省略)．k を Boltzmann 定数として

$$\frac{\partial \ln \Omega}{\partial V} = \frac{P}{kT} \tag{2.3.3}$$

とおけば，すぐ後に示すように P は実は圧力である．両体系はピストンを動かしてエネルギーをやりとりするから，温度平衡はこの場合当然成り立つので，平衡条件として $P_{\rm I}=P_{\rm II}$，すなわち圧力の等しいことが結論される．

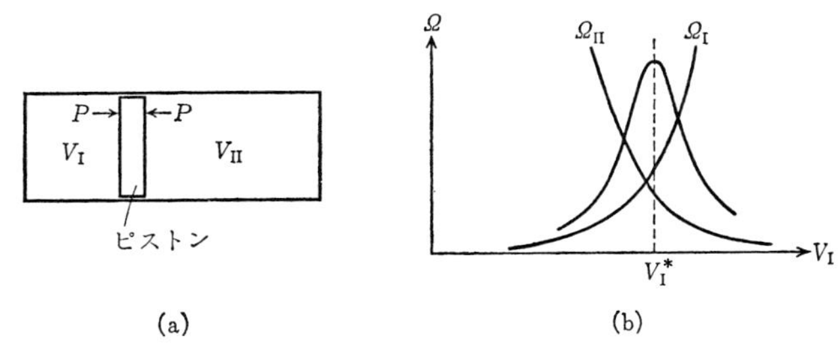

図 2. 10　圧力平衡

上式の圧力が力学的な圧力に等しいことを示すには，例えば体系 I をシリンダーに入れてピストンでふたをし，その上におもりをのせたものを考えるとよい(図 2. 11 参照)．シリンダーもピストンも熱を通さないとしておこう．このとき全系のエネルギーは一定に保たれる．

$$E_{\rm I}+wx = E = \text{const} \tag{2.3.4}$$

ただし w はおもりの重さ，x はその高さで，wx はその位置エネルギーである．

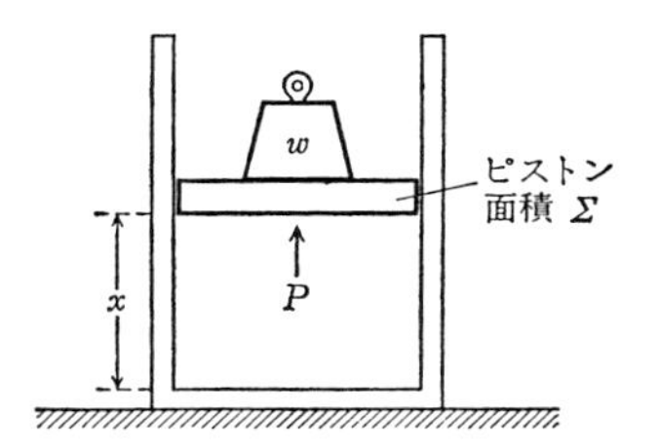

図 2. 11　おもりを含めた体系

x としてシリンダーの中の体系の長さをとろう．その断面積を Σ とすると体系の体積は

$$V_{\mathrm{I}} = x\Sigma \tag{2.3.5}$$

である．体系のエネルギーは $E_{\mathrm{I}}=E-wx$ であるから，状態密度は

$$\Omega_{\mathrm{I}} = \Omega_{\mathrm{I}}(E-wx, x\Sigma) \tag{2.3.6}$$

と書かれる．

平衡状態では状態密度 Ω_{I} の最も大きい巨視的状態 x が実現されるから，x の最も確からしい値は $\partial \ln \Omega_{\mathrm{I}}/\partial x=0$，あるいは

$$-w\frac{\partial \ln \Omega_{\mathrm{I}}}{\partial E_{\mathrm{I}}}+\Sigma\frac{\partial \ln \Omega_{\mathrm{I}}}{\partial V_{\mathrm{I}}} = 0 \tag{2.3.7}$$

を満足するものである．圧力 P_{I} は単位面積あたりの重さの力 w/Σ に等しく，また $\partial \ln \Omega_{\mathrm{I}}/\partial E_{\mathrm{I}}=1/kT_{\mathrm{I}}$ である．したがって

$$\frac{\partial \ln \Omega_{\mathrm{I}}}{\partial V_{\mathrm{I}}} = \frac{w}{\Sigma}\frac{\partial \ln \Omega_{\mathrm{I}}}{\partial E_{\mathrm{I}}} = \frac{P_{\mathrm{I}}}{kT_{\mathrm{I}}} \tag{2.3.8}$$

である．したがって(2.3.3)の P は力学的な圧力を表わすことが示された．

エントロピー $S=k\ln\Omega$ を用いれば圧力 P との関係は

$$\frac{\partial S}{\partial V} = \frac{P}{T} \tag{2.3.9}$$

で与えられる．(2.3.7)の条件が真に極大を与えるのは

$$w^2\frac{\partial^2 S}{\partial E^2}-2w\Sigma\frac{\partial^2 S}{\partial E\partial V}+\Sigma^2\frac{\partial^2 S}{\partial V^2} < 0 \tag{2.3.10}$$

が成り立つときである．熱力学における書直しと同じように変換していくと，これから極大を与える条件として

$$\left(\frac{\partial P}{\partial V}\right)_S < 0 \tag{2.3.11}$$

が導かれる．添字の S はエントロピーを一定にした微係数であることを示すものである．これは断熱変化(次項参照)である．したがって体系が平衡にあるときは断熱変化によって体積を増大させれば圧力は低下する．これを変形していくと，等温変化に直して $(\partial P/\partial V)_T<0$ も導かれる．

おもりを用いて P が実際に圧力であることを示したが，この方法を用いない

でも，圧力平衡にある体系 I, II の中，II を理想気体で置き換えれば，理想気体の圧力 P_{II} は気体分子の衝突による力によるものであるから，たしかにこれと釣り合う体系 I の P_{I} も圧力の意味をもつものであることが分かる．これは統計力学的に導いた絶対温度 T が気体温度計の温度と一致することを示すのに用いた方法と同様なものである．ただ温度の場合と違って，負の圧力を排斥しなければならない理由はない．気体やおもりを用いたのでは負の圧力の場合は具合が悪いが，シリンダーの下にピストンをつけておもりを逆にぶらさげるとか，縮もうとするゴムやばねを使うとかすれば，おもりを用いた方法を負の圧力の場合にも適用できることは明らかである．

b) 断熱定理

(1) **断熱変化**　体系は体積 V，外部磁場 $\boldsymbol{H}$ などの外部変数をもっている．簡単のため外部変数の1つが変わる場合を考えよう．多数の外部変数がある場合への拡張は容易である．外部変数を変えれば量子力学的な準位は変化するから，エネルギーが E 以下である状態 j は外部変数 a にも依存する．これを

$$j = j(E, a) \qquad (2.3.12)$$

と書こう．

体系のエネルギーが E 以下であるような集団を考え，外部変数 a を変えると，各体系にはそれに応じた変化が起こるが，もしも a の変化が急激に起これば，体系はある準位から別の準位へと遷移することがありうる．その結果，集団は状態空間の中で散らばる．これは，一般にエントロピーは急激な変化によって増大するという熱力学の法則に対応するものであろう．急激な変化では a の変化の仕方によって遷移が異なるから，集団は a で規定できなくなってしまう．

もしもこのような熱力学的な推論が許されるならば，もう少し先へ進むことができる．すなわちエントロピー S の時間的変化は a の変化速度 $\dot{a}$ で展開したとき2次の項から始まるであろう．なぜなら S は $\dot{a}$ の符号にかかわらず常に増大するからである．したがって $dS/dt \propto \dot{a}^2$，あるいは $dS/da \propto \dot{a}$ である．したがって変化速度 $\dot{a}$ が0に近づけば a に相応する S の変化 dS/da も0になる．そのため $\dot{a}$ が0の極限の過程(熱力学でいう準静的過程)では a の有限の変化に対してエントロピーの変化はなく，過程は可逆的である．この推論において体系は外部変数の変化以外には他のいかなる作用も受けていないとしている．熱的な擾乱に

よって遷移が起こってはならないのである．このような条件，すなわち体系が熱的に絶縁されていて外部変数が十分にゆっくり変化する過程は，熱力学で断熱変化と呼ばれる．断熱過程ではエントロピーは不変である．

量子力学においては，外部変数がきわめてゆっくり変化する場合，体系は遷移を起こさずに同じ量子状態にとどまっていることが証明される．これは量子力学の断熱定理である(第3巻『量子力学 I』§6.3(a)参照)．

一般にハミルトニアンの期待値 $\langle\mathcal{H}\rangle$ の時間変化は

$$\frac{d}{dt}\langle\mathcal{H}\rangle=\frac{d}{dt}(\psi,\mathcal{H}\psi)$$
$$=\frac{i}{\hbar}\{(\mathcal{H}\psi,\mathcal{H}\psi)-(\psi,\mathcal{H}^2\psi)\}+\left(\psi,\frac{\partial\mathcal{H}}{\partial t}\psi\right)$$

と書けるが，ψ の変化による右辺第1項は $\mathcal{H}$ の Hermite 性によって打ち消し合う．$\mathcal{H}$ が外部変数 a を通して時間の関数であるとすると，したがって

$$\frac{d}{dt}\langle\mathcal{H}\rangle=\left\langle\frac{\partial\mathcal{H}}{\partial a}\dot{a}\right\rangle \tag{2.3.13}$$

である．

初めに $t=0$ で状態 k にあったとすると，a が十分ゆっくり変わる場合，体系は常に k にとどまるから状態 k について平均をとればよい．そこで $\partial\mathcal{H}/\partial a$ を求めるため $\mathcal{H}\psi_k=E_k\psi_k$ を a で微分すると

$$\left(\frac{\partial\mathcal{H}}{\partial a}-\frac{\partial E_k}{\partial a}\right)\psi_k=(E_k-\mathcal{H})\frac{\partial\psi_k}{\partial a}$$

を得るが，これと $\psi_k{}^*$ との積をつくると $\psi_k{}^*\mathcal{H}=E_k\psi_k{}^*$ によって右辺は消え，したがって

$$\left\langle\frac{\partial\mathcal{H}}{\partial a}\right\rangle_k=\frac{\partial E_k}{\partial a} \tag{2.3.14}$$

が証明される．a がゆっくり変わるときは(2.3.13)において $\dot{a}$ をほぼ一定とみて〈 〉の外へ出してよいから，体系のエネルギーの変化は $\Delta\langle\mathcal{H}\rangle$，あるいは

$$\Delta E=\frac{\partial E_k}{\partial a}\Delta a \tag{2.3.15}$$

で与えられる．変位 Δa を加えたときの体系のエネルギー変化が ΔE であること

を考えると

$$A_k = -\frac{\partial E_k}{\partial a} \tag{2.3.16}$$

は体系が状態 k にあるときに外へ及ぼす力であると考えられる．a が体積 V ならば A は圧力 P に相当する．

ミクロカノニカル集合について考えると，外部からの擾乱，あるいは上の議論で無視していた複雑な体系内の相互作用の項のために遷移が起こり，各体系はこの集合の中の各状態を経めぐる(エルゴード仮説)．そこで実際に観測される力は A_k の平均値

$$A = \langle A_k \rangle = -\left\langle \frac{\partial E_k}{\partial a} \right\rangle \tag{2.3.17}$$

である．平均はミクロカノニカル集合についてとればよい．しかし状態の数はエネルギーの増加とともに圧倒的に増大するから，体系のエネルギーが E 以下のすべての状態について平均をとってもよい．このゆっくりした変化の間に起こる遷移によって体系は常に平衡状態に保たれる(このように平衡状態の保たれるゆっくりした変化を**準静的変化**という)．

(2) **統計力学の断熱定理**　体系のエネルギーの変化は，平均値(外力 A による仕事)

$$\Delta E = \left\langle \frac{\partial E_k}{\partial a} \right\rangle \Delta a = -A\Delta a \tag{2.3.18}$$

で与えられる．この ΔE の値に対して

$$j(E+\Delta E, a+\Delta a) = j(E, a) \tag{2.3.19}$$

あるいは

$$\int_0^{E+\Delta E} \Omega(E, a+\Delta a)\, dE = \int_0^E \Omega(E, a)\, dE \tag{2.3.20}$$

が成り立つ．これはすぐ後で示すが，統計力学ではこれを断熱定理という．外部変数のゆっくりした変化による仕事 ΔE だけエネルギーをずらして考えれば，E 以下の状態の数は変わらない．あるいは断熱変化をするとき体系のエントロピー $S=k \ln j$ は変化しないということである．

これを示すには上の関係を微分形式で書いた式

$$\Delta j = \frac{\partial j}{\partial E}\Delta E + \frac{\partial j}{\partial a}\Delta a = 0 \tag{2.3.21}$$

を証明すればよい．$\Delta j/\Delta E = \Omega$ であるから，第1項は

$$\frac{\partial j}{\partial E}\Delta E = \Omega(E, a)\left\langle\frac{\partial E_k}{\partial a}\right\rangle\Delta a \tag{2.3.22}$$

と書ける．

第2項は a を変化させたときにエネルギー面 $\mathscr{H}=E$ 以下の状態の数が増える割合で，エネルギー固有値が E を越えて増えた状態の数だけ減少するわけである．そこでこの変化を考えるため，$\mathscr{H}=E$ のすぐ下における単位エネルギー内の状態(状態密度) Ω 個を $\partial E_k/\partial a$ の大きさに従って並べてその番号づけを r とし，この微係数の値が $\partial E_r/\partial a$ の付近にあるものを1まとめにしてその数を $\Omega^{(r)}$ とする．ここで

$$\sum_r \Omega^{(r)} = \Omega \tag{2.3.23}$$

である．そこで a が Δa だけ変化すると，各区間では $\Omega^{(r)}(\partial E_r/\partial a)\Delta a$ だけの状態のエネルギー固有値が $\mathscr{H}=E$ を越えて増大するから，上の第2項は

$$\frac{\partial j}{\partial a}\Delta a = -\sum_r \Omega^{(r)}\frac{\partial E_r}{\partial a}\Delta a \tag{2.3.24}$$

である(図2.12参照)．しかるに $\partial E_k/\partial a$ の平均値は

$$\left\langle\frac{\partial E_k}{\partial a}\right\rangle = \frac{1}{\Omega}\sum_r \Omega^{(r)}\frac{\partial E_r}{\partial a} \tag{2.3.25}$$

と書けるので，第2項はちょうど第1項を打ち消して $\Delta j=0$ となることが分かる．これで定理は証明された．

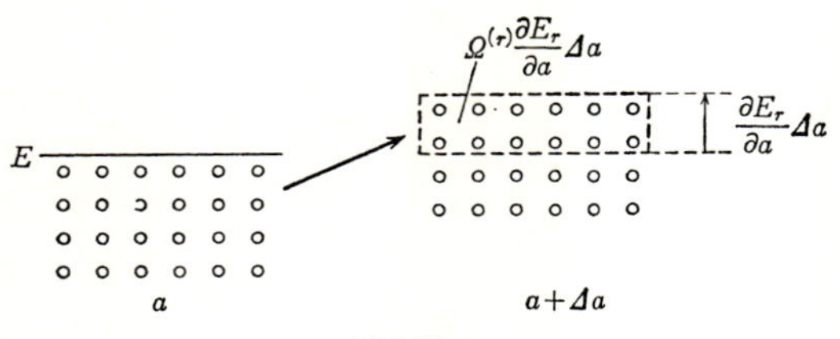

図2.12

(3) **古典力学の断熱定理**　古典力学においては量子力学の定常状態に対応するものはトラジェクトリーであった．外部変数 a がゆっくり変わっているとき，トラジェクトリーは閉じなくなる(図2.13参照)．しかし $a(t)$ がある時刻に a になったとし，この値 a に固定したときのトラジェクトリーを仮想すると，これは閉じる．このときのエネルギーを E とすれば $E=\mathscr{H}(q,p,a)$ であり，これを p について解けば，トラジェクトリーの囲む面積は作用変数

$$J(E,a)=\oint p(q,E,a)\,dq \tag{2.3.26}$$

で与えられる．ハミルトニアンの形は $\mathscr{H}=p^2/2m+U(q,a)$ のように p の符号を変えても変わらないからトラジェクトリーは $p=0$ の線に対して対称である．q については往復運動をしているので，運動の引き返す点($p=0$)を q_1, q_2 とすれば

$$J(E,a)=2\int_{q_1}^{q_2} p(q,E,a)\,dq \tag{2.3.27}$$

と書ける．ここに q_1, q_2 は E, a の関数であるが $p=0$ の根であるから，a の時間変化 $a\to a+\varDelta a$ に対する J の時間変化をとるとき，$\varDelta q_1, \varDelta q_2$ に対する項は要らない．そして

$$\frac{1}{2}\varDelta J=\int_{q_1}^{q_2}\left(\frac{\partial p}{\partial E}\varDelta E+\frac{\partial p}{\partial a}\varDelta a\right)dq$$

となる．しかるに正準方程式から

$$\frac{dq}{dt}=\frac{\partial\mathscr{H}}{\partial p}=\frac{1}{\partial p/\partial E}$$

さらに $\mathscr{H}(q,p,a)=E$ から E を一定にした微分 $\partial p/\partial a$ に対して

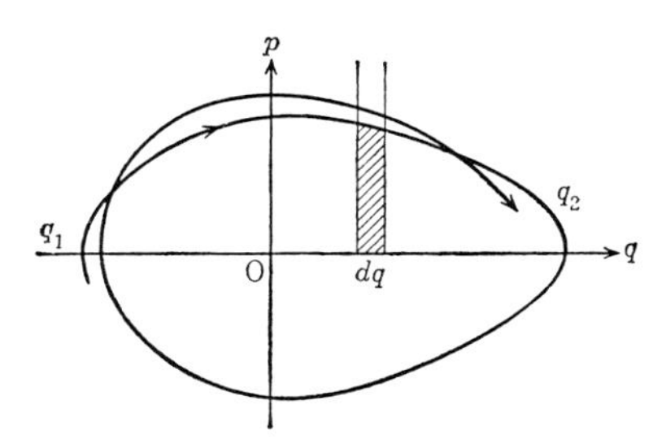

図2.13　断熱変化とトラジェクトリー

$$\frac{\partial \mathcal{H}}{\partial p}\frac{\partial p}{\partial a}+\frac{\partial \mathcal{H}}{\partial a}=0 \qquad \text{あるいは} \qquad \frac{dq}{dt}\frac{\partial p}{\partial a}=-\frac{\partial \mathcal{H}}{\partial a}$$

を得るから，書き直して

$$\frac{1}{2}\Delta J=\int\left(\Delta E-\frac{\partial \mathcal{H}}{\partial a}\Delta a\right)dt \tag{2.3.28}$$

となる．

さて，J は a を止めた仮想的な運動について定義されたが，実際の運動に対しては $E=\mathcal{H}(q,p,a(t))$ であるから，その変化では各点で

$$dE=\left(\frac{\partial \mathcal{H}}{\partial q}\dot{q}+\frac{\partial \mathcal{H}}{\partial p}\dot{p}\right)dt+\frac{\partial \mathcal{H}}{\partial a}da$$

であるが，$\mathcal{H}$ が a を通して時間を含んでも正準方程式は成り立つから，右辺の（　）の中は常に0である．したがって

$$dE=\frac{\partial \mathcal{H}}{\partial a}da$$

が成り立つ．a の変化がゆっくりした変化であれば，仮想的な運動は実際の運動にきわめて近い．1周期の間の a の変化が無視できるようなゆっくりした変化では，$\Delta E, \Delta a$ をそれぞれ実際の dE, da で置き換えてよい．したがってゆっくりした外部変数の変化に対して

$$\frac{dJ}{dt}=0 \tag{2.3.29}$$

すなわち外部変数のゆっくりした変化に対して周期運動のトラジェクトリーが位相空間で囲む面積は不変である．これが古典力学の断熱定理である．

上の証明は体系が1次元であるということに頼っている．実際の位相空間が多次元であることを考えて，もっと一般的に証明しておこう．古典統計の立場では，(2.3.20) はエネルギーが E を越えない位相空間の体積 $\tau(E,a)$ が $E+\Delta E$ 以下の位相空間の体積 $\tau(E+\Delta E, a+\Delta a)$ に等しいことを意味する．そこで連続空間としての位相空間について直接これを証明しよう．もちろん，証明は前節(2)と本質的には同じである．位相空間の体積 $\tau(E)$ の変化が0であるということである．この変化は2つに分けて考えることができる．

第1の変化は a の変化によりエネルギー面 $\mathcal{H}=E$ の形が変化するという幾何

学的な変化によるものである．この変化では一般に

$$\Delta\mathcal{H} = \sum_j \left(\frac{\partial\mathcal{H}}{\partial q_j}\Delta q_j + \frac{\partial\mathcal{H}}{\partial p_j}\Delta p_j\right) + \frac{\partial\mathcal{H}}{\partial a}\Delta a = 0 \tag{2.3.30}$$

である．エネルギー面の法線を考え，$\mathcal{H}(a)=E$ と $\mathcal{H}(a+\Delta a)=E$ との間の距離を $\Delta\nu$ とし，qp 空間における $\mathcal{H}$ の勾配を $|\mathrm{grad}\,\mathcal{H}|=\sqrt{(\partial\mathcal{H}/\partial\boldsymbol{q})^2+(\partial\mathcal{H}/\partial\boldsymbol{p})^2}$ とすると，上式の第1項は $|\mathrm{grad}\,\mathcal{H}|\Delta\nu$ と書けるから

$$|\mathrm{grad}\,\mathcal{H}|\Delta\nu = -\frac{\partial\mathcal{H}}{\partial a}\Delta a \tag{2.3.31}$$

したがってこの変化 $a\rightarrow a+\Delta a$ による体積 $\tau(E)$ の変化は

$$(\Delta\tau)_1 = \int \Delta\nu d\sigma = -\Delta a\int\frac{\partial\mathcal{H}/\partial a}{|\mathrm{grad}\,\mathcal{H}|}d\sigma \tag{2.3.32}$$

で与えられる(図2.14(a)参照)．ここに $d\sigma$ はエネルギー面の面積素片である．

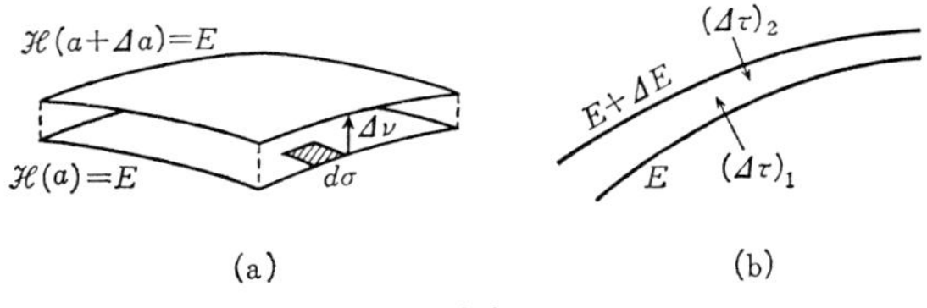

図2.14

第2の変化はエネルギー E の変化によるもので，これは直ちに

$$(\Delta\tau)_2 = \frac{d\tau}{dE}\Delta E \tag{2.3.33}$$

であるが，

$$\frac{d\tau}{dE} = \int_{\mathcal{H}=E}\frac{d\sigma}{|\mathrm{grad}\,\mathcal{H}|}$$

したがって ΔE が $(\partial\mathcal{H}/\partial a)\Delta a$ の平均値

$$\Delta a\int\frac{\partial\mathcal{H}/\partial a}{|\mathrm{grad}\,\mathcal{H}|}d\sigma\Bigg/\int\frac{d\sigma}{|\mathrm{grad}\,\mathcal{H}|} = -\langle A\rangle_E\Delta a \tag{2.3.34}$$

に等しければ，これらの変化は打ち消しあう(図2.14(b)参照)．

$$\Delta\tau = (\Delta\tau)_1 + (\Delta\tau)_2 = 0 \tag{2.3.35}$$

ところで，$\langle A\rangle_E$ はミクロカノニカル集合についての力の平均であるが，集団平

均と時間平均が等しいとするエルゴード仮説によって，これは a が断熱的かつ準静的に変化しつつある過程で系に実際にはたらいている力 A である．すなわちこの過程で起こる系のエネルギー変化 $\Delta E=-A\Delta a$ について

$$\tau(E+\Delta E, a+\Delta a) = \tau(E, a) \qquad (2.3.36)$$

が成り立ち，位相空間の体積は変化しないのである．

c) 熱力学的関係式

体系の自由度を f とすれば，状態の数 j は $j=\tau/h^f$ で与えられる．準静的な断熱変化では $\tau(E,a)$ が変化しないことを前項で知った．これはこの変化でエントロピー $S=k\ln j$ が変化しないことを意味する．したがって準静的断熱変化ではエントロピーは不変である．

エネルギー面 $\mathcal{H}=E$ と $\mathcal{H}=E-\delta E$ とを考えると，どちらの面でもその下の量子状態の数は準静的断熱変化で不変であるから，これらの間にはさまれる状態数 $\Omega(E,a)\delta E$ もこの際不変で，エントロピーを $S=k\ln(\Omega\delta E)$ で定義しても，やはりこれは準静的断熱変化の際に一定にとどまるわけである．これはどちらでエントロピーを定義してもよいわけであるから当然なことである．

j を用いても $\Omega=\partial j/\partial E$ を用いてもよいが，いま(2.3.20)を形式的に E で微分して，準静的な断熱変化に対して

$$\Omega(E+\Delta E, a+\Delta a) = \Omega(E, a) \qquad (2.3.37)$$

を用いることができる．外部変数 a の代表として体積 V を考察しよう．$\Delta a=\Delta V$ と ΔE が小さいとして

$$\frac{\partial \ln \Omega}{\partial E}\Delta E = \frac{\partial \ln \Omega}{\partial V}\Delta V \qquad (2.3.38)$$

と書ける．$\partial\ln\Omega/\partial E=1/kT$ を用い，また(2.3.3)により右辺を $(P/kT)\Delta V$ と書くと

$$-\Delta E = P\Delta V$$

となる．そこで(2.3.18)の ΔE を用いると

$$P = -\left\langle \frac{\partial E_k}{\partial V} \right\rangle \qquad (2.3.39)$$

と書けることがわかる．したがって(2.3.17)で定義した外力は，(2.3.3)で定義した圧力と同じものであることが分かる．

体系のエネルギー E は E_k の平均値

$$E = \langle E_k \rangle \tag{2. 3. 40}$$

で与えられる．断熱変化では体系は同じ量子状態にのったままで体積変化が行なわれるから，平均〈 〉をとる集団は変化していない．またこれはエントロピー一定の変化として特徴づけることができる．したがって(2. 3. 39)は

$$P = -\left(\frac{\partial E}{\partial V}\right)_S \tag{2. 3. 41}$$

と書くことができる．これも圧力に対する表わし方の1つである．

Eは熱力学でいう**内部エネルギー**である．これは体系の巨視的状態を決めれば定まる量，いわゆる**状態量**であって，エントロピー，体積などの巨視的な量の関係である．外部変数として圧力を代表的に扱うと $E=E(S, V)$．これを微分して

$$dE = \left(\frac{\partial E}{\partial S}\right)_V dS + \left(\frac{\partial E}{\partial V}\right)_S dV$$

を得る．$dV=0$ とおくと

$$\left(\frac{\partial E}{\partial S}\right)_V = 1\bigg/\left(\frac{\partial S}{\partial E}\right)_V = T$$

であることが分かる．(2. 3. 41)を用いて

$$dE = TdS - PdV \tag{2. 3. 42}$$

を得る．dE は体系のエネルギー変化であり，$-PdV$ は体系に加えられた仕事に等しい．したがってエネルギー保存の法則により TdS は体系に熱量として与えられたエネルギーに他ならないことが分かる．これは熱力学の第1法則とよばれるものの内容であるが，熱力学では絶対温度とエントロピーとは第2法則を用いて導かれる．このように熱力学の基本法則が統計力学によって導かれたので，熱力学的な諸関係はこれをもとにしてすべて導出されるわけである．

§2. 4 部分系(1) —— 温度が与えられた体系

a) カノニカル集合

ある体系の温度を一定に保つ実際的方法は，少しぐらいエネルギーを与えられたりとられたりしても温度が変わらないような，いわゆる大きな熱容量(恒温槽)の中にこの物体を浸すことである．このような問題に対して前節までの考察を適

用するには，極めて大きな閉じた系を考え，これに比べて小さな体系をこれに熱接触させた場合を考えればよい．いいかえれば，大きな閉じた系の小部分を構成している任意の巨視的物体を考えることである．この小部分としての体系を**部分系**という．

部分系をⅠとし，残りの大きな系をⅡとすると(図2.15)，§2.2の結果がこの場合にも適用できる．全体のエネルギーを E とすれば，体系Ⅰがエネルギー E_{I} をもつ確率は

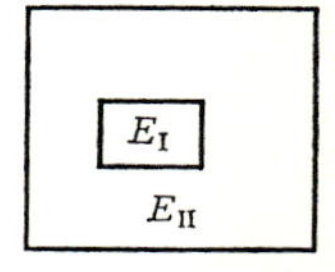

図2.15 部分系

$$\Omega_{\mathrm{I}}(E_{\mathrm{I}})\,\Omega_{\mathrm{II}}(E-E_{\mathrm{I}})\,dE_{\mathrm{I}} \tag{2.4.1}$$

に比例する．もしもⅡとして理想気体をとると，E_{I} の関数として $\Omega_{\mathrm{II}}(E-E_{\mathrm{I}}) \propto \exp(-\beta E_{\mathrm{I}})$ である((2.1.18)参照)．一般に $\Omega_{\mathrm{II}}(E_{\mathrm{II}})$ が E_{II} の急激な増加関数であるとして，体系Ⅱのエントロピーを

$$\begin{aligned} k \ln \Omega_{\mathrm{II}}(E-E_{\mathrm{I}}) &= S_{\mathrm{II}}(E-E_{\mathrm{I}}) \\ &= S_{\mathrm{II}}(E) - \frac{\partial S_{\mathrm{II}}(E)}{\partial E}E_{\mathrm{I}} + \frac{1}{2}\frac{\partial^2 S_{\mathrm{II}}(E)}{\partial E^2}E_{\mathrm{I}}^2 + \cdots \end{aligned} \tag{2.4.2}$$

のように展開する．体系Ⅱの大きさをその分子の数 N で表わすと，$S_{\mathrm{II}} \propto N$, $E \propto N$ で，これらは示量変数である．これに比べて $\partial S_{\mathrm{II}}/\partial E \sim 1$, $\partial^2 S_{\mathrm{II}}/\partial E^2 \sim 1/N$, … の程度となる．したがって恒温槽Ⅱの1分子あたりのエネルギー E_{II}/N を一定にしてこの体系を大きくした極限では，上の展開で第2項でとめてよい．そこで

$$\frac{\partial S_{\mathrm{II}}(E)}{\partial E} = \frac{1}{T} = k\beta \tag{2.4.3}$$

とおくと，T はこの恒温槽の温度，β は逆温度の意味をもつ．これを用いれば $E_{\mathrm{I}} \ll E$ の場合，体系Ⅱの状態密度の漸近的な形として

$$\Omega_{\mathrm{II}}(E-E_{\mathrm{I}}) \propto \exp(-\beta E_{\mathrm{I}}) \tag{2.4.4}$$

を得る．

量子状態はすべて等しいアプリオリ確率をもつ(等重率の原理)から，全系が平衡にあるとき体系Ⅰがエネルギー E_{I} の1つの量子状態にある確率は $\exp(-\beta E_{\mathrm{I}})$ に比例し，E_{I} と $E_{\mathrm{I}}+dE_{\mathrm{I}}$ との間にある確率は

$$\Omega_{\mathrm{I}}(E_{\mathrm{I}})\exp(-\beta E_{\mathrm{I}})\,dE_{\mathrm{I}} \tag{2.4.5}$$

に比例することになる．したがって体系Iの状態空間では代表点は $\exp(-\beta E_{\mathrm{I}})$ に比例する密度で分布する．この集団を**カノニカル集合**(正準集合あるいは標準集合)といい，この分布を**カノニカル分布(Gibbs 分布)**あるいは**恒温分布**という．$\exp(-\beta E)$ を **Boltzmann 因子**ということがある．

各量子状態 j には，$e^{-\beta E_j}$ の確率をもたせればよいから，任意の物理量 A_j の平均は

$$\langle A\rangle = \frac{\sum_j A_j e^{-\beta E_j}}{\sum_j e^{-\beta E_j}} \tag{2.4.6}$$

と書ける．例えばエネルギーの平均は

$$E = \frac{\sum E_j e^{-\beta E_j}}{\sum e^{-\beta E_j}} \tag{2.4.7}$$

で(E は熱力学的な量なので〈　〉はつけない)，また圧力は $-\partial E_j/\partial V$ の平均で

$$P = -\frac{\sum (\partial E_j/\partial V) e^{-\beta E_j}}{\sum e^{-\beta E_j}} \tag{2.4.8}$$

で与えられる．

体系の一般的な変化において $-PdV$ は体系に加えられた仕事であり，エネルギーの変化 dE からこれを引いた量

$$dQ = dE + PdV$$

は体系に加えられた熱量を意味する．上の E と P を用いて計算すると，dQ に $k\beta = 1/T$ を掛けたものは

$$S = k\beta E + k \ln \sum_j e^{-\beta E_j} \tag{2.4.9}$$

の完全微分になっていることが分かる．すなわち

$$k\beta dQ = dS$$

である．熱力学では dQ に掛けたとき，これを完全微分にするような因子(積分因子)の逆数を絶対温度といい，完全微分になる状態量をエントロピーという．したがって $1/k\beta$ が絶対温度であり，S がエントロピーであることになる．これはまた次のようにしてミクロカノニカル集合で定義したエントロピーと同等のものであることが示される．

まず，各量子状態の実現される確率を

$$w_n = \frac{e^{-\beta E_n}}{\sum_j e^{-\beta E_j}} \tag{2.4.10}$$

と書こう．するとカノニカル集合のエントロピー(2.4.9)は

$$S = -k\langle \ln w_n \rangle = -k \sum_n w_n \ln w_n \tag{2.4.11}$$

と書けることに注目する．

一方でミクロカノニカル集合のエントロピーは可能な微視的状態の数 W を用いて(2.1.6)の形，すなわち

$$S_{\mathrm{mc}} = k \ln W$$

と書かれた．微視的状態の数は W であるから等重率の原理により各状態が実現される確率はこの場合すべて相等しく

$$p_1 = p_2 = \cdots = p_W = \frac{1}{W} = p$$

である．したがって

$$S_{\mathrm{mc}} = -k \ln p = -k \sum_{k=1}^{W} p_k \ln p_k \tag{2.4.12}$$

である．

したがっていずれの場合でも，各状態が実現される確率の対数を平均したもの(に負号をつけたもの)がエントロピーなのである．

エネルギー幅 dE の中には $\Omega(E)dE$ だけの量子状態があるから，カノニカル集合に対するエントロピーは(2.4.11)から

$$S = -k\int \{w(E) \ln w(E)\}\Omega(E)dE$$

と書くこともできる．ここに

$$w(E) = e^{-\beta E}\Big/\int e^{-\beta E}\Omega(E)dE$$

である．

b) Boltzmann-Planck の方法

カノニカル分布の1つの特徴はそれが独立事象に対する確率論の要求を満たす

唯一の解であることである．2つの体系 I, II が温度 T の外界と接触しているとし，体系 I がエネルギー $E_{\mathrm{I}j}$ の量子状態にある確率を $Pr^{(\mathrm{I})}(E_{\mathrm{I}j})$ とし，体系 II がエネルギー $E_{\mathrm{II}\alpha}$ の量子状態にある確率を $Pr^{(\mathrm{II})}(E_{\mathrm{II}\alpha})$ とすると，これらの系が独立であるという設定により，この2つが同時に j, α の状態にある確率は

$$Pr^{(\mathrm{I})}(E_{\mathrm{I}j})Pr^{(\mathrm{II})}(E_{\mathrm{II}\alpha}) = Pr(E_{j\alpha})$$

で与えられる．ここで

$$E_{j\alpha} = E_{\mathrm{I}j} + E_{\mathrm{II}\alpha}$$

であり，Pr は結合系の存在確率である．分布法則はエネルギーだけに依存しているものとする．また分布法則は系の性質によって変わるものでなく，一般的なものでなければならない．すなわち $Pr^{(\mathrm{I})}, Pr^{(\mathrm{II})}, Pr$ はエネルギーの関数として同じ形の関数でなければならない．統計力学の法則としてこのような性質を一般に要求してよいものと思われる．この要求を満たすためには，一般に

$$Pr \propto e^{-\beta E}$$

の形でなければならない．ここに β は環境すなわち温度によって定まる係数である．この確率分布がカノニカル分布である．

この考えを同種の体系が結合した大きな体系に適用すれば，その中の1つの体系に対しては，他の多数の体系が恒温槽の役を演じることになる．Boltzmann-Planck の方法では，総数 N の体系を各体系のエネルギー固有値 E_j に分配することを考える．E_j にある体系の数を N_j とする(図 2.16 参照)．また体系同士の相互作用のエネルギーは無視できるとし，全エネルギーを E とすると

$$\left.\begin{aligned} N_1 + N_2 + \cdots &= N \\ N_1E_1 + N_2E_2 + \cdots &= E \end{aligned}\right\} \qquad (2.4.13)$$

である．N 個の体系の中で N_1 個を E_1 におき，N_2 個を E_2 におくという分配

N_1	N_2	N_3	N_4	$\cdots$
○				
○				
○		○		
○	○	○		
○	○	○	○	
○	○	○	○	
E_1	E_2	E_3	E_4	$\cdots$

図 2.16 分配の方法

の方法の数は

$$W(N_1, N_2, \cdots) = \frac{N!}{N_1!\,N_2!\cdots} \tag{2.4.14}$$

で与えられる．$W = W(N_1, N_2, \cdots)$ は $N_1, N_2, \cdots$ によって指定される巨視的状態の統計的事象である．N と E を一定にして，$N_1, N_2, \cdots$ を変えた和

$$W(E) = \sum_{N_1, N_2, \cdots} W(N_1, N_2, \cdots)$$

が全系のとりうる微視的状態の総数であり，この対数がエントロピーを与えるわけである．しかしこの和は $N_1, N_2, \cdots$ を変えたときの最大の $W(N_1, N_2, \cdots)$ で置き換えても差し支えない．N が十分大きく，そのためすべての N_j が大きいとすると，これらに対して Stirling の公式

$$\ln N! = N \ln N - N + \frac{1}{2} \ln(2\pi N) + O\left(\frac{1}{N}\right) \tag{2.4.15}$$

を用いて

$$\ln W = -N \sum_n w_n \ln w_n \tag{2.4.16}$$

の形に書ける．ただし

$$w_n = \frac{N_n}{N} \tag{2.4.17}$$

である．分布 w_n は副条件

$$\left.\begin{aligned} &\sum_n w_n = 1 \\ &\sum_n w_n E_n = \frac{E}{N} = \text{const} \end{aligned}\right\} \tag{2.4.17'}$$

を満たさなければならない．N が十分大きいため w_n はすべて連続変数とみてよいとすると，変分の方法を使って

$$\delta\left(\frac{1}{N} \ln W + \lambda \sum w_n + \mu \sum w_n E_n\right) = 0$$

を満たす w_n を求めればよい．λ, μ は Lagrange の未定係数である．これから最大確率をもつ分布として

$$\ln w_n = \lambda + \mu E_n$$

すなわち

$$w_n = Ce^{-\beta E_n} \qquad (2.\ 4.\ 18)$$

が得られる．β, C は λ, μ の代りの係数であって，E_n が無限に大きくなりうるときには必然的に β は正でなければならない．副条件(2. 4. 17′)によって C は β の関数として定まるが，これはもちろん正である．

この分布 w_n を用いて

$$S_N = k \ln W = -Nk \sum_n w_n \ln w_n \qquad (2.\ 4.\ 19)$$

を全系のエントロピーと考えてよい．したがって1個の体系の平均のエントロピーは(2. 4. 11)のように $-k\sum w_n \ln w_n$ としてよいわけである．ここの取扱いでは N 個の体系を結合した系のエネルギーを一定にしたミクロカノニカルなエントロピーの最も確からしい値を求め，これを N で割って1個の体系のカノニカルなエントロピーが得られることを示したわけである．

この場合厳密にいうと，ミクロカノニカルな系として，結合系のエネルギーは一定値 E に固定しないで幅をもたせ，E と $E+\delta E$ との間にあるというようにしなければならない．そうでないと副条件(2. 4. 13)を満足するような N_j の組は偶然的な少数の組だけになってしまうであろう．例えば E を有理数とするとき，E_j が無理数であれば，一般に副条件を満足する整数の N_j はないわけである．$N_1, N_2, \cdots$ を座標軸とする空間を考えると，2つの副条件は2つの超平面を形成する．この交線の上で $N_1, N_2, \cdots$ を動かすことができるわけであるが，これは副条件を満たす N_j が一般に整数点ではないことを示している．この交線上で $W(N_1, N_2, \cdots)$ を最大ならしめる N_j の組を求めたわけで，必ずしも整数ではない．しかし，この組と，E に対する副条件を E と $E+\delta E$ の間の幅があるようにしてその範囲内で W を最大ならしめる整数 N_j の組との差は，δE を整数格子点の幅になおした程度であろう．実際この差の絶対値は N に無関係なある定数よりも小さいことが示される．このようにして上の取扱いが結果的には正しいことが保証されるのである．エネルギーの非常に高い状態の j に対しては N_j は0あるいは1の程度でありうるわけであるが，これに対して形式上 Stirling の公式を用いたことも特に困難を引き起こすものではない．

c) 状態和

体系のとりうる状態を j, そのエネルギーを E_j で表わしたとき

$$Z(\beta, V) = \sum_j e^{-\beta E_j} \tag{2.4.20}$$

を**状態和**あるいは**分配関数**と呼ぶ. E_j が体積 V の関数なので Z は V の関数でもある. その他の外部変数が E_j に含まれれば, Z はやはりこれらの関数になるわけであるが省略する.

状態和を用いると, エネルギー, 圧力はそれぞれ

$$E = -\frac{\partial}{\partial \beta} \ln Z(\beta, V) \tag{2.4.21}$$

$$P = k\frac{\partial}{\partial V} \ln Z(\beta, V) \tag{2.4.22}$$

と書かれる. またエントロピーは

$$S = k\beta E + k \ln Z(\beta, V) \tag{2.4.23}$$

で与えられる. このように熱力学的諸量はすべて状態和を用いて表わされるので, 状態和を知ることができれば体系の巨視的性質に対する知識がすべて得られるわけである. したがって平衡状態に関する限り統計力学の応用としては状態和を求めることがすべてである.

統計熱力学においては **Planck の特性関数**

$$\Psi = k \ln Z(\beta, V)$$

を使うことがある. しかし普通は **Helmholtz の自由エネルギー**

$$F = E - TS = -kT \ln Z(\beta, V) \tag{2.4.24}$$

が広く用いられる. これを使うと

$$e^{-\beta F} = Z(\beta, V) = \sum_j e^{-\beta E_j} \tag{2.4.25}$$

となる. また, 状態密度を用いて

$$e^{-\beta F} = Z(\beta, V) = \int_0^\infty \Omega(E, V) e^{-\beta E} dE \tag{2.4.26}$$

と書ける. エネルギーの下限は $E=0$ においた. これでみると状態和は

$$\Omega(E, V) = e^{S/k}$$

の Laplace 変換である．$\Omega(E, V)$ は E の急激な増加関数であるから $\Omega(E, V)\cdot e^{-\beta E}$ は E のある値で鋭い極大をもつ(p. 45 参照)．この E の値を E^* とし，そのときの S の値を S^* とすると，積分を最大値におきかえて

$$e^{-\beta F} \approx e^{-\beta(E^*-TS^*)}$$

と書いても対数をとって体系の大きさに比例する項をとることを約束しておけば差し支えないわけである．これからも $F=E-TS$ と書けることが導かれる．

d) 密度行列と Bloch 方程式

カノニカル分布に対する密度演算子は

$$\rho = Z^{-1}e^{-\beta\mathcal{H}} \tag{2.4.27}$$

と書ける．ここに $Z=e^{-\beta F}$ は状態和である．x 表示をとれば

$$\rho(x, x') = \sum_n \varphi_n{}^*(x')\, e^{\beta(F-\mathcal{H})}\varphi_n(x) \tag{2.4.28}$$

である．任意の量 A の平均は(1.3.4), (1.3.6)から

$$\langle A\rangle = \mathrm{tr}\ A\rho = \iint A(x', x)\,\rho(x, x')\,dxdx' \tag{2.4.29}$$

で与えられる．

$$\sum_n \varphi_n{}^*(x')\,\varphi_n(x) = \delta(x-x') \tag{2.4.30}$$

であるから

$$\mathcal{H}(p, x) = \mathcal{H}\left(\frac{\hbar}{i}\frac{\partial}{\partial x}, x\right) \tag{2.4.31}$$

を x に働く演算子として

$$\rho(x, x') = e^{\beta(F-\mathcal{H})}\delta(x-x') \tag{2.4.32}$$

と書くこともできる．これから分かるように，基底にとる $\{\varphi_n\}$ は $\mathcal{H}$ の固有関数系でなくてもよく，完全系であればよい．例えば基底 $\{\varphi_n\}$ は平面波であってもよい．上の密度行列は

$$\mathrm{tr}\ \rho = 1$$

であるから，これは規格化されたものである．

規格化されていない密度行列

$$\rho = e^{-\beta\mathcal{H}} \tag{2.4.33}$$

もよく用いられている．これを用いると状態和は

$$Z = \mathrm{tr}\,\rho \qquad (2.4.34)$$

と書かれる．

$$\rho(x, x') = \langle x'|e^{-\beta\mathcal{H}}|x\rangle = \sum_n \varphi_n{}^*(x')\,e^{-\beta\mathcal{H}}\varphi_n(x)$$

であり，特に $\{\varphi_n\}$ を $\mathcal{H}$ の固有関数にとると

$$\rho(x, x') = \sum e^{-\beta E_n}\varphi_n(x)\,\varphi_n{}^*(x') \qquad (2.4.35)$$

となる．この密度行列に対して

$$\rho(x, x') = e^{-\beta\mathcal{H}}\delta(x-x') \qquad (2.4.36)$$

である．

多粒子系に対しては右辺の δ 関数は多粒子に関するものでなければならない．そして粒子の従う統計によってスピン座標も同時に考慮して対称化あるいは反対称化されていなければならない．そこで，同種の N 個の粒子からなる体系において，各粒子の座標とスピン座標とを合わせて $\boldsymbol{q}$ で表わし，粒子の置換を P で表わすと(§3.1の波動関数を用いて導かれるが，証明は大変やっかいである)，

$$\rho(\boldsymbol{q}, \boldsymbol{q}') = e^{-\beta\mathcal{H}}\frac{1}{N!}\sum_P (\pm)^P\delta(\boldsymbol{q}'-P\boldsymbol{q}) \qquad (2.4.37)$$

と書くことができる．密度行列は **Bloch 方程式**

$$\frac{\partial}{\partial\beta}\rho = -\mathcal{H}\rho \qquad (2.4.38)$$

を初期条件

$$\lim_{\beta\to 0}\rho = \frac{1}{N!}\sum(\pm)^P\delta(\boldsymbol{q}'-P\boldsymbol{q}) \qquad (2.4.39)$$

の下で解いて求めることもできる．

古典的極限　密度行列を用いて量子力学から古典力学へ移る対応関係を示そう．簡単のため1個の粒子の1次元の問題について述べるが，3次元，多体系への拡張は容易である．密度行列の表示を求める際の完全系として領域 L について規格化された平面波(周期条件)

$$\varphi_n(x) = \frac{1}{\sqrt{L}}e^{ip_nx/\hbar} \qquad (2.4.40)$$

を用いよう. p_n は運動量 $(\hbar/i)\partial/\partial x$ の固有値

$$p_n = \frac{2\pi\hbar}{L}n \qquad (n = 0, \pm 1, \pm 2, \cdots) \tag{2.4.41}$$

である. ハミルトニアンを

$$\mathcal{H} = -\frac{\hbar^2}{2m}\frac{d^2}{dx^2} + U(x) \tag{2.4.42}$$

とする.

$$e^{-\beta\mathcal{H}} e^{ipx/\hbar} = \sum_{s=0}^{\infty} \frac{1}{s!}(-\beta\mathcal{H})^s e^{ipx/\hbar}$$

を計算するのであるが, ここで

$$\mathcal{H} e^{ipx/\hbar} = \left\{\frac{p^2}{2m} + U(x)\right\} e^{ipx/\hbar}$$

一般に

$$\mathcal{H} e^{ipx/\hbar}\phi(x) = e^{ipx/\hbar}\left\{\frac{1}{2m}\left(p + \frac{\hbar}{i}\frac{d}{dx}\right)^2 + U(x)\right\}\phi(x)$$

である. ただし $\phi(x)$ が定数のときはこれに d/dx が作用したものは 0 とする. こうすると一般に

$$\mathcal{H}^s e^{ipx/\hbar} = e^{ipx/\hbar}\left\{\frac{1}{2m}\left(p + \frac{\hbar}{i}\frac{d}{dx}\right)^2 + U(x)\right\}^s$$

となるので

$$e^{-\beta\mathcal{H}} e^{ipx/\hbar} = e^{ipx/\hbar}\exp\left[-\beta\left\{\frac{1}{2m}\left(p + \frac{\hbar}{i}\frac{d}{dx}\right)^2 + U(x)\right\}\right]$$

である. したがって

$$\rho(x, x') = \frac{1}{L}\sum_n e^{ip_n(x-x')/\hbar}\exp\left[-\beta\left\{\frac{1}{2m}\left(p_n + \frac{\hbar}{i}\frac{d}{dx}\right)^2 + U(x)\right\}\right] \tag{2.4.43}$$

また状態和は

$$Z = \int_0^L \rho(x, x)\,dx = \frac{1}{L}\sum_n \int_0^L \exp\left[-\beta\left\{\frac{1}{2m}\left(p_n + \frac{\hbar}{i}\frac{d}{dx}\right)^2 + U(x)\right\}\right]dx \tag{2.4.44}$$

となる．ここまでは厳密である．L が十分大きいとすると p_n に関する和は積分で置き換えられる．

$$\frac{1}{L}\sum_n \longrightarrow \int\frac{dp}{2\pi\hbar} \tag{2.4.45}$$

古典的極限は形式的に $\hbar\to 0$ の極限として得られる．すなわち

$$\mathscr{H}(x,p)=\frac{p^2}{2m}+U(x) \tag{2.4.46}$$

として，古典的な状態和は位相空間における積分(相積分)

$$Z=\frac{1}{2\pi\hbar}\int\int dxdpe^{-\beta\mathscr{H}(x,p)} \tag{2.4.47}$$

で与えられる．これは一般的な事柄である．

一方，N 個の同種の粒子からなる体系における古典的な状態和は，粒子の相異なる配置に対して qp 空間の積分を行なったもので与えられる．あるいは各粒子について独立に積分するならば，これを粒子の交換の数 $N!$ で割って(§2.1(d) 参照)

$$Z=\frac{1}{(2\pi\hbar)^f N!}\int\int d^f\boldsymbol{q}d^f\boldsymbol{p}e^{-\beta\mathscr{H}(\boldsymbol{q},\boldsymbol{p})} \tag{2.4.47'}$$

ここに f は自由度で，N 個の質点については $f=3N$ である．また一般に座標を $\boldsymbol{q}$，運動量を $\boldsymbol{p}$ と書いた．古典近似は位相空間の素体積 $2\pi\hbar$ を形式的に 0 にした極限で得られるもので，これはこの粒子の密度がきわめて小さい極限である．このような希薄な極限では粒子を置換した項 $\delta(\boldsymbol{q}'-P\boldsymbol{q})$ の影響は現われないのである．

§2.5　部分系(2) ── 圧力が与えられた体系

前節で考察したカノニカル分布 $e^{-\beta E_j}$ は大きな体系に熱接触してエネルギーをやりとりすることのできる部分系の確率分布であった．この部分系が，動きうる境界面を隔てて大きな体系と圧力平衡にあるならば(図2.17参照)，部分系の分布確率は

$$e^{-\beta(E_j+PV)} \tag{2.5.1}$$

で与えられることが，前節の考察と同様にして導かれる．$e^{-\beta PV}$ の項は大きな体

系の方が体積 V を部分系に与えたときの状態数の減りを表わすものである．いわば大きな体系の反作用である．上の分布は拡張されたカノニカル分布の1つであるが，T と P とを与えられているという意味で ***T-P* 分布**とでもいうべきものである．

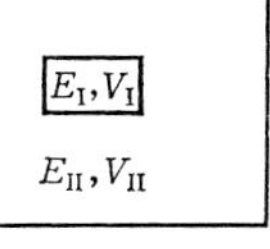

図 2.17 体積の変わりうる体系

T-P 分布に対する状態和は

$$Y(\beta, P) = \int_0^\infty dV \sum_j e^{-\beta(E_j+PV)} \tag{2.5.2}$$

あるいは

$$Y(\beta, P) = e^{-\beta G} = \int_0^\infty dV e^{-\beta PV} Z(\beta, V) \tag{2.5.3}$$

である．これは状態和の V に関する Laplace 変換と考えることができる．この分布における体積 V の平均値は

$$\begin{aligned}\langle V \rangle &= \int_0^\infty V dV e^{-\beta PV} Z(\beta, V) \Big/ \int_0^\infty dV e^{-\beta PV} Z(\beta, V) \\ &= -\frac{1}{\beta}\frac{\partial \ln Y(\beta, P)}{\partial P}\end{aligned} \tag{2.5.4}$$

である．$Z(\beta, V)$ は V とともに急激に増大するから，$e^{-\beta PV}Z(\beta, V)$ は V に対して鋭い極大をもつ曲線で，その最大になるところ V^* は $\langle V \rangle$ に一致すると考えてよい．

$\langle V \rangle$ を改めて V と書き，E_j の平均を E と書くと

$$E+PV = -\frac{\partial \ln Y(\beta, P)}{\partial \beta} \tag{2.5.5}$$

したがって

$$V = \frac{\partial G}{\partial P}, \qquad E+PV = \frac{\partial G}{\partial \beta} \tag{2.5.6}$$

である．G は熱力学で **Gibbs の自由エネルギー**，あるいは**熱力学的ポテンシャル**と呼ばれる特性関数である．

$$Y(\beta, P) = e^{-\beta G} = \int_0^\infty dV e^{-\beta PV} \int_0^\infty dE e^{-\beta E} \Omega(E, V)$$

と書ける．この被積分関数は E と V とのある値に対して鋭い極大をもつので，これを E^*, V^* とし，$\Omega(E^*, V^*) = e^{S^*/k}$ とすると

$$e^{-\beta G} = e^{-\beta(E^* - TS^* + PV^*)}$$

としてよいことが分かる．したがって，熱力学的ポテンシャルと自由エネルギー $F = E - TS$ との関係は

$$G = F + PV \tag{2.5.7}$$

で与えられることがわかる．

§2.3において注意したように，圧力の与えられた体系は，おもりをのせたピストンに押えられた体系にたとえることができる．おもりを含めた体系のエネルギーの平均が $E+PV$ である．これが(2.5.5)に現われている．

§2.6　部分系(3)——化学ポテンシャルが与えられた体系

a）化学ポテンシャル

2つの体系 I, II の境界を通して，これらを構成する粒子のやりとりが行なわれる場合を考えよう．前にはエネルギーのやりとり，体積のやりとりを考えたが，今度はエネルギーのやりとりと粒子のやりとりとが行なわれる場合である．境界面も動くとしたのでは事実上境界はないことになってしまうから，この場合は境界は動かないものとする．したがって I, II の体積 $V_{\rm I}$, $V_{\rm II}$ は一定であるので，体積を記すのは省略することにする．簡単のため初めは I, II は共に単一の分子からなるとし，その数をそれぞれ $N_{\rm I}$, $N_{\rm II}$ とする(図2.18参照)．平衡状態は

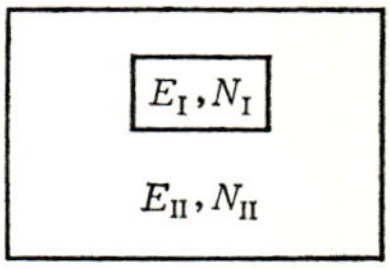

$E_{\rm I}, N_{\rm I}$

$E_{\rm II}, N_{\rm II}$

図2.18　粒子数の変わりうる体系

$$N_{\rm I} + N_{\rm II} = N = \text{const} \tag{2.6.1}$$

の下に $\Omega_{\rm I}(E_{\rm I}, N_{\rm I})\Omega_{\rm II}(E_{\rm II}, N_{\rm II})$ を最大ならしめるものである($E_{\rm I}+E_{\rm II}=E$ も一定である)．この条件は $N_{\rm I}$, $N_{\rm II}$ を連続変数と考えれば

$$\frac{\partial \ln \Omega_{\rm I}(E_{\rm I}, N_{\rm I})}{\partial N_{\rm I}} = \frac{\partial \ln \Omega_{\rm II}(E_{\rm II}, N_{\rm II})}{\partial N_{\rm II}} \tag{2.6.2}$$

となる．エントロピー $S=k\ln\Omega$ を用い

$$\left(\frac{\partial S}{\partial N}\right)_{E,V} = -\frac{\mu}{T} \tag{2.6.3}$$

とおいて**化学ポテンシャル** μ を定義する．I, II が粒子の交換に対して平衡する条件は

$$\mu_{\mathrm{I}}(E_{\mathrm{I}}, V_{\mathrm{I}}, N_{\mathrm{I}}) = \mu_{\mathrm{II}}(E_{\mathrm{II}}, V_{\mathrm{II}}, N_{\mathrm{II}}) \tag{2.6.4}$$

と書ける．

$\partial S/\partial E=1/T$, $\partial S/\partial V=P/T$ はこの場合にも使えるから，まとめて

$$dS = \frac{dE}{T}+\frac{P}{T}dV-\frac{\mu}{T}dN$$

と書くことができる．書き直すと

$$dE = TdS-PdV+\mu dN$$
$$dF = -SdT-PdV+\mu dN$$

となるから

$$\mu = \frac{\partial E(S, V, N)}{\partial N} = \frac{\partial F(T, V, N)}{\partial N}$$

のように変数 S, V, N あるいは T, V, N の関数として与えることができる．同様にして

$$dG = -SdT+VdP+\mu dN$$

から

$$\mu(T, P, N) = \frac{\partial G(T, P, N)}{\partial N} \tag{2.6.5}$$

を得るが，T, P を共に一定にして N を変化させれば，体系は N と共に増大するだけであるから

$$G(T, P, N) = N\mu(T, P) \tag{2.6.6}$$

であって，μ は N によらない T と P の関数である．

多数の成分を含む系では，それぞれの成分について化学ポテンシャルが上と同様にして定義できる．成分 k の分子の数を N_k とすれば，この成分の化学ポテンシャル μ_k を用いて

$$G(T, P, N_1, N_2, \cdots) = \sum_k N_k\mu_k \tag{2.6.7}$$

となる．G は示量変数であるから，$N_1, N_2, \cdots$ を同時に a 倍すれば G も a 倍になり，いわゆる Euler の1次の同次式である．したがって μ_k は濃度と T, P という示強変数だけを含むものである．

濃度を $c_k = N_k / \sum_l N_l$ で表わせば

$$\mu_k = \mu_k(T, P, c_1, c_2, \cdots) = \left(\frac{\partial G}{\partial N_k}\right)_{T,P,N_l(l\neq k)} \tag{2.6.8}$$

である．

b）大きな状態和

小さな体系 II が大きな体系 I に接触し，エネルギーと粒子とをそれぞれやりとりするとする．エネルギーのやりとりの場合と同様の計算により

$$S_{\rm I}(E-E_{\rm II}, N-N_{\rm II}) = S_{\rm I}(E, N) - E_{\rm II}\frac{\partial S_{\rm I}}{\partial E} - N_{\rm II}\frac{\partial S_{\rm I}}{\partial N}$$

として高次の項は無視できる．$\partial S/\partial E = 1/T$, $\partial S/\partial N = -\mu/T$ は大きな体系が定める示強変数であり，部分系 II の粒子数が N でエネルギーが E_j である確率は

$$e^{-\beta(E_j-\mu N)} \tag{2.6.9}$$

に比例することになる．これも拡張されたカノニカル分布（**T-μ 分布**）であるが，ふつうは**大きなカノニカル集合**(grand canonical ensemble) という．

大きな状態和はまた大きな分配関数と呼ばれ，

$$\Xi(\beta, V, \mu) = \sum_{N=0}^{\infty} Z(\beta, V, N)\lambda^N, \qquad \lambda = e^{\beta\mu} \tag{2.6.10}$$

によって与えられる．部分系の N の平均値は

$$\langle N\rangle = \sum_{N=0}^{\infty} NZe^{\beta\mu N} \Big/ \sum_{N=0}^{\infty} Ze^{\beta\mu N}$$
$$= \frac{1}{\beta}\frac{\partial \ln \Xi}{\partial \mu} \tag{2.6.11}$$

で与えられる．

$Y(\beta, P)$ の場合と同じように $Ze^{\beta\mu N}$ が最大になる N の値を N^* などとすることによって

$$\Xi = e^{-\beta(F^*-\mu N^*)}$$

となるが，μN は熱力学的ポテンシャル $G=F+PV$ であるから

$$\Xi = e^{\beta PV}, \qquad PV = \frac{1}{\beta} \ln \Xi \tag{2.6.12}$$

を得る．この熱力学的特性関数については

$$d(\beta PV) = -Ed\beta + \beta PdV + N\beta d\mu$$

である．

$$\lambda = e^{\beta\mu} \tag{2.6.13}$$

を絶対的活動度ということがある．多数の成分があるときは大きな状態和は

$$\Xi = \sum_{N_1} \sum_{N_2} \cdots Z(\beta, V, N_1, N_2, \cdots) \lambda_1{}^{N_1} \lambda_2{}^{N_2} \cdots \tag{2.6.14}$$

である．

§2.7　ゆらぎと相関

エネルギーのゆらぎと比熱との間に一般的な関係がある．これは次のようにして直接に示される．

エネルギーの平均値は

$$\langle E \rangle = \frac{\sum E\Omega(E)\, e^{-\beta E}}{\sum \Omega(E)\, e^{-\beta E}} = -\frac{Z'}{Z} \tag{2.7.1}$$

と書ける．ここに $Z = \sum \Omega(E)\, e^{-\beta E}$ は状態和，$Z' = \partial Z/\partial\beta$ である．同様に $Z'' = \partial^2 Z/\partial\beta^2$ と書くと，エネルギーの2乗の平均は

$$\langle E^2 \rangle = \frac{\sum E^2 \Omega(E)\, e^{-\beta E}}{\sum \Omega(E)\, e^{-\beta E}} = \frac{Z''}{Z} \tag{2.7.2}$$

である．これから

$$\langle E^2 \rangle - \langle E \rangle^2 = \frac{ZZ'' - (Z')^2}{Z^2} = \frac{\partial}{\partial\beta} \frac{Z'}{Z} \tag{2.7.3}$$

を得る．この左辺はゆらぎ $\langle (E - \langle E \rangle)^2 \rangle$ に等しい．また定積比熱は $C_v = \partial\langle E \rangle/\partial T$ である．したがって

$$\langle (E - \langle E \rangle)^2 \rangle = kT^2 C_v \tag{2.7.4}$$

を得る．したがって比熱はエネルギーのゆらぎに比例する．

この結果は次のようにしても求められる．恒温槽の温度 T_0 と体積とが与えられたとき，エネルギーの平均値 $\langle E \rangle$ は自由エネルギー $F = E - T_0 S$ を最小にす

る値 E^* (p. 67) に等しい．F をこの付近で展開すると

$$F(E)=F(\langle E\rangle)+\frac{(E-\langle E\rangle)^2}{2C_vT_0}+\cdots \tag{2.7.5}$$

を得る．ただし展開係数は

$$\frac{\partial S}{\partial E}=\frac{1}{T(E,V)},\qquad \frac{\partial^2 S}{\partial E^2}=\frac{\partial}{\partial E}\left(\frac{1}{T}\right)=-\frac{1}{C_vT^2}$$

であることを考慮した．エネルギーが E である確率は

$$Pr(E)\,dE\propto e^{-F(E)/kT_0}dE \tag{2.7.6}$$

で与えられるから，$(E-\langle E\rangle)^2$ の平均値はこれから直ちに求められて，T_0 を改めて T と書けば(2.7.4)と一致する．

なお，場所 $\mathbf{r}$ における単位体積を考え，そのエネルギーすなわちエネルギー密度を $E(\mathbf{r})$ とし，その平均値からの偏差を $\Delta E(\mathbf{r})=E(\mathbf{r})-\langle E\rangle$ としよう．すると単位体積内のエネルギーのゆらぎは

$$\langle(\Delta E(\mathbf{r}))^2\rangle=\left\langle\left(\int\Delta E(\mathbf{r})\,d\mathbf{r}\right)^2\right\rangle=\int\langle\Delta E(\mathbf{r})\,\Delta E(\mathbf{r}')\rangle d\mathbf{r}' \tag{2.7.7}$$

となる．したがって単位体積の比熱を C_v とすると

$$C_v=\frac{1}{kT^2}\int\langle\Delta E(\mathbf{r})\,\Delta E(\mathbf{r}')\rangle d\mathbf{r}' \tag{2.7.8}$$

と書くことができる．

同様なことはいろいろの量についていえることである．もう1つの例として単位体積の磁化 M を考えよう．外部磁場 H が加わっているとき，磁化は $F(M)-MH$ が最小の条件で与えられる．すなわち，

$$F(M)-MH=(\text{最小}),\qquad \frac{\partial F}{\partial M}=H \tag{2.7.9}$$

である．自由エネルギー $F(M)$ は M の偶関数で

$$F(M)=F_0+\frac{(M-\langle M\rangle)^2}{2\chi}+\cdots \tag{2.7.10}$$

と展開できる．ここに $\langle M\rangle$ は自発磁化であり，χ は磁化率である．$\Delta M=M-\langle M\rangle$ とすると ΔE の場合と同様にして

$$\chi = \frac{1}{kT}\langle(\varDelta M)^2\rangle$$
$$= \frac{1}{kT}\int\langle\varDelta M(\boldsymbol{r})\,\varDelta M(\boldsymbol{r}')\rangle d\boldsymbol{r}' \qquad (2.7.11)$$

を得る．

臨界点や Curie 点の近くではゆらぎが異常に大きくなる．この場合にはさらに高次の項まで考える必要がある．

§2.8　熱力学の第3法則，Nernst の定理

絶対零度においては，体系はエネルギー最低の状態に落ちつくわけである．エネルギー最低の準位の縮退度，すなわち量子状態の数を g_0 とすれば，絶対零度において，体系のエントロピーは

$$S_0 = k \ln g_0 \qquad (2.8.1)$$

となる．

純粋な物質では，一般にいくつかの量子状態が同じエネルギー値をもつのはむしろ偶然であって，体系の対称性が少し破れているとか無視されていた弱い外場，あるいは体系内の相互作用などによって，厳密にいえば縮退はないと考えられる．最低エネルギー準位は唯一であり，$S_0=0$ と考えられるわけである．少なくとも S_0 は体系の大きさに比例しない量であり，示量変数ではない．したがって純粋物質では

$$\lim_{T\to 0} S = 0 \qquad (2.8.2)$$

と考えられる．これを**熱力学の第3法則**，あるいは **Nernst-Planck の法則**という．g_0 は1でなくても，Aa^N (A, a はそれぞれある定数，N は分子数) の形でなければ，この法則は成り立つ．しかし g_0 が一般にこの形でないという厳密な証明はないようである．したがって第3法則は経験法則とみなされる．

もともと H. Nernst は多数の化学反応の研究から，絶対零度における凝縮系の状態変化はエントロピーの変化なしに行なわれるという仮説を提唱した．これは1906年のことである．M. Planck はこれを補足して，絶対零度においてはいかなる体系のエントロピーも有限であること，したがって，この値を0としてよいと

述べている．

しかし実際上はこの法則が成り立たないこともまれではない．ことに核スピンはその相互作用が小さいため 10^{-3} K 程度まで温度を下げても乱雑であり，そのためのエントロピーをもちうる．核スピンに秩序的な配向を起こさせるには 10^{-6} K よりも低い温度にする必要があると考えられる．簡単な場合には超極低温においても残る核スピンによるエントロピーを除いて第3法則を適用するのが実際的である．

分子の回転状態の対称性が核スピンの影響を受けるための効果もある．例えば水素分子 H_2 において2つの原子核(陽子)のスピンが平行なオルト水素と反平行なパラ水素とがある．高温では濃度比 3:1 で混じっているが，低温になればパラ水素が多くなり，熱平衡に保てば絶対零度に近づくにつれて全部がパラ水素になってエントロピーは0になるはずである．しかし磁気的な触媒がないときはオルト・パラ転移は極めて遅く，温度を下げていくときに平衡状態は保たれないで，オルト水素がそうとうの濃度で残ってしまう．そのためオルト水素のもつ核のエントロピーと，オルトとパラの水素分子が結晶格子上に乱雑に配置されるためのエントロピーが残る．

氷においては水素原子の位置が乱雑なままで冷却されて極低温でもエントロピーが残る．ガラス状のものを冷却していく際もエントロピーが残ることが多い．

絶対零度において残ったエントロピーを**残留エントロピー**という．これを知るには，気体の状態から出発するのが普通である．理想気体の状態では核や電子のスピンのためのエントロピーを含めて，エントロピーの絶対値が理論的に求められる．これを基準にして，比熱，潜熱の測定によってエントロピー変化の測定を低温へのばしていき，絶対零度へ外挿すれば残留エントロピーが分かるのである．

熱力学を用いると熱力学の第3法則からいくつかの重要な結論が導かれる．これらは熱力学関係式であるから，ここでは結果だけを記す．

(i) 比熱は絶対零度で0になる．

$$\lim_{T\to 0} C_v = 0, \qquad \lim_{T\to 0} C_p = 0 \tag{2.8.3}$$

(ii) 膨張率は絶対零度で0になる．

$$\lim_{T\to 0}\left(\frac{\partial V}{\partial p}\right)_T = 0, \qquad \lim_{T\to 0}\left(\frac{\partial p}{\partial T}\right)_V = 0 \tag{2.8.4}$$

(iii) 磁化 M の温度変化について，H を磁場として $(\partial S/\partial H)_T=(\partial M/\partial T)_H$ から

$$\lim_{T\to 0}\left(\frac{\partial M}{\partial T}\right)_H = 0 \tag{2.8.5}$$

(iv) 一般に絶対零度における相変化は潜熱 L を伴わない.

$$\lim_{T\to 0} L = \lim_{T\to 0} T\varDelta S = 0 \tag{2.8.6}$$

(v) 固体ヘリウムのように絶対零度において有限の体積変化で融解が起こるときは，融解圧の温度変化について

$$\lim_{T\to 0}\frac{dP}{dT} = 0 \tag{2.8.7}$$

(vi) 液体ヘリウムの表面張力の温度勾配も 0 になる.

$$\lim_{T\to 0}\frac{d\sigma}{dT} = 0 \tag{2.8.8}$$

適当な方法があれば，絶対零度にいくらでも近づくことができるであろう．しかし Nernst の定理によれば，どんな理想的な方法を用いても，有限回の操作によって絶対零度に達することはできないことが証明できる.

低温を得る方法 気体を圧縮すると温度が上がるのでこれを冷却し，さらに膨張させると断熱変化によって温度が下がる．これは普通の冷却法であるが，こうして多くの気体が液化された．極低温では真空中，あるいは低圧部へ気体を噴出させることにより冷却する効果が有効である．これは **Joule-Thomson** 効果といわれ，分子間の引力にさからって膨張するための冷却である．こうして液体ヘリウムの温度，約 4 K まで達する．さらに液体ヘリウムを急激に蒸発させて気化熱を奪うと 1 K くらいまで達するが，事実上これ以下に下げるのは困難である. 1 K 以下の温度を得るには**断熱消磁法**が用いられる.

これは常磁性体を用いる方法で，例えばマンガンアンモニウムタットン塩 $Mn(NH_4)_2(SO_4)_2\cdot 6H_2O$ などの常磁性塩が用いられる．イオン間の相互作用が小さく，そのため電子スピンの配向が自由でエントロピーの大きいものがよい.

希土類の塩では約0.005 K が得られている．それ以下は原子核の断熱消磁(**核断熱消磁**)があり，10^{-6} K にも達している．しかしこれは核の温度であって電子や結晶格子の温度は下がらない．核の緩和時間が長くて，電子や格子と熱平衡に近づく前に装置に熱が侵入して温度が上がってしまう．

断熱消磁の方法では，最初に磁場を加えて，塩類のスピンをそろえ，その際の発熱を取り去る．ついで急に磁場を取り除くと温度が低下するのである．この原理は断熱膨張に似たものであって，この際には膨張によってピストンに対して仕事をするのでエネルギーを失って冷却するのである．断熱消磁の場合は磁場を弱くしていくとスピンが逆転するが，その際磁場に対して仕事をするのでエネルギーを磁場に与えて分子運動が衰えて冷却するのである．もしも磁場が本当に突然なくなったのでは冷却は起こらない．

1980年代の半ばからレーザー光の衝撃で気体原子の運動を減衰させる技術が発達した．このレーザー冷却法により1995年には10^{-7} K の程度の極低温に到達している．

第3章　具体的応用

第2章においては，多数の粒子からなる体系を扱う統計力学の一般的原理と方法について述べたが，その粒子がどのような粒子であるかは問題にしなかった．しかし量子力学においては，同種粒子の個別性は否定され，粒子系の波動関数の対称性によって，粒子はBose粒子とFermi粒子の2種類に大別される．量子状態としては粒子の対称性を満たすものだけが存在するわけで，これは量子状態の数が対称性によって異なることを意味する．この事情を取り入れた統計は量子統計といわれる．この章では量子統計の方法，これを量子論的な理想気体に対して適用した例を述べ，また量子統計のある極限として考えられる古典統計の成立する条件と古典統計力学におけるいくつかの適用例を考察する．

§3.1　量子統計

a)　多粒子系

理想気体という概念をすこし拡張して，独立な同種粒子 N 個の集りを考えよう．j 番目の粒子のハミルトニアンを $\mathcal{H}^{(j)}$ とすると，全系に対して

$$\mathcal{H}=\mathcal{H}^{(1)}+\mathcal{H}^{(2)}+\cdots+\mathcal{H}^{(N)} \tag{3.1.1}$$

となる．固有値方程式 $\mathcal{H}\varphi=E\varphi$ の解として

$$\varphi(1,2,\cdots,N)=\varphi_{r_1}(1)\varphi_{r_2}(2)\cdots\varphi_{r_N}(N) \tag{3.1.2}$$

$$E=\varepsilon_{r_1}+\varepsilon_{r_2}+\cdots+\varepsilon_{r_N} \tag{3.1.3}$$

を得る．ただし，ε_r は $\mathcal{H}^{(j)}\varphi(j)=\varepsilon_r\varphi(j)$ を満たす準位 r のエネルギーである．

上記の状態は1番目の粒子が準位 r_1 に，2番目の粒子が準位 r_2 に，…，それぞれ入っていることを示しているので，これは粒子の個別性を認めたことになっている．

しかし量子力学ではこのような個別性は否定される．また，量子力学的な粒子

は一般に座標 x のほかにスピン座標をもっている．粒子の運動が運動量によって表わされるように，スピンの状態は角運動量で表わされるが，その大きさは $\hbar$ を単位として，粒子の種類によって0, 1/2, 1, 3/2 という値をもつ．例えば電子ではこの単位でスピンの大きさは 1/2 であり，z 方向の成分が $+1/2$ と $-1/2$ の2つの状態がある．一般にスピン s の粒子の状態は外部磁場がなければ $2s+1$ 重に縮退している．

粒子が独立な場合に限らず，同種粒子からなる体系においては，粒子を交換しても全系の状態は変わらないわけである．いま，座標 x_j とスピン座標 s_j とを一緒にして j と書くことにし，全系の波動関数を $\psi(1, 2, \cdots, N)$ と書こう．例えば粒子 1, 2 を交換しても全系の状態が変わらないということは量子力学的には

$$\psi(2, 1, 3, \cdots, N) = c\psi(1, 2, 3, \cdots, N) \tag{3.1.4}$$

であることを意味する．c はある定数である．そこでもういちど 1, 2 を交換すると元の ψ に戻るはずであるから $c^2=1$，したがって $c=1$，あるいは $c=-1$ である．$c=1$ の場合，その粒子は **Bose 粒子**，$c=-1$ の場合は **Fermi 粒子**という．一般に $(1, 2, \cdots, N)$ を $(j_1, j_2, \cdots, j_N)$ に置き換える演算を P とすれば，Bose 粒子系では波動関数は対称で

$$P\psi(1, 2, \cdots, N) = \psi(1, 2, \cdots, N) \tag{3.1.5}$$

である．また Fermi 粒子系では波動関数は反対称で

$$P\psi(1, 2, \cdots, N) = (-1)^{\delta(P)}\psi(1, 2, \cdots, N) \tag{3.1.6}$$

である．ただし，$\delta(P)$ は P が偶置換ならば0，奇置換ならば1である．

スピンの大きさが整数(0, 1, 2, …)の粒子は Bose 粒子であり，これが半整数(1/2, 3/2, …)の粒子は Fermi 粒子である．電子，陽子，中性子およびこれらの粒子の反粒子はスピン 1/2 で Fermi 粒子である．一般に奇数個の Fermi 粒子からできている原子(あるいは分子)は Fermi 粒子であり，偶数個の Fermi 粒子からできているものは Bose 粒子である．例えば ^{3}He は Fermi 粒子であり，^{4}He は Bose 粒子である．

独立な同種粒子の集りに戻ろう．軌道運動とスピンが独立な場合，1粒子の波動関数 $\psi(j)$ は座標 x_j の関数 $\varphi_k(x_j)$ とスピン座標 s_j の関数 $\theta_\sigma(s_j)$ との積

$$\psi_r(j) = \varphi_k(x_j)\theta_\sigma(s_j) \tag{3.1.7}$$

で表わされる．電子ではスピン関数 θ は $\sigma=1/2$ の状態 α と $\sigma=-1/2$ の状態 β

とであり，$\alpha(1)=\beta(-1)=1$，$\alpha(-1)=\beta(1)=0$ が $s_j=\pm 1$ に対する値である．添字 $r=r(k,\sigma)$ は軌道運動の状態 k とスピン状態 σ とを合わせて表わす．

Bose 粒子の場合はいくつもの粒子が同じ状態 r にあってもよく，状態 r にある粒子の数を n_r とすると，n_r のとり得る値は

$$n_r = 0, 1, 2, \cdots$$

である．この場合，N 個粒子の規格化された波動関数として

$$\psi_{r_1,r_2,\cdots,r_N}(1,2,\cdots,N) = \frac{1}{\sqrt{N!n_1!n_2!\cdots}}\sum_P P\psi_{r_1}(1)\psi_{r_2}(2)\cdots\psi_{r_N}(N)$$

$$= \frac{1}{\sqrt{N!n_1!n_2!\cdots}}\begin{vmatrix} \psi_{r_1}(1) & \psi_{r_1}(2) & \cdots & \psi_{r_1}(N) \\ \psi_{r_2}(1) & \psi_{r_2}(2) & \cdots & \psi_{r_2}(N) \\ \cdots & \cdots & \cdots & \cdots \\ \psi_{r_N}(1) & \psi_{r_N}(2) & \cdots & \psi_{r_N}(N) \end{vmatrix}_+ \tag{3.1.8}$$

を用いることができる．ここで $|\quad|_+$ は行列式の中の符号をすべて $+1$ に置き換えたものでパーマネントと呼ばれる．上記の波動関数は状態の組 $(r_1, r_2, \cdots, r_N)$ を指定した全系の状態を表わし，この状態の組の違うものは互いに直交する．

Fermi 粒子の場合は

$$\psi_{r_1,r_2,\cdots,r_N}(1,2,\cdots,N) = \frac{1}{\sqrt{N!}}\sum_P (-1)^{\delta(P)} P\psi_{r_1}(1)\psi_{r_2}(2)\cdots\psi_{r_N}(N)$$

$$= \frac{1}{\sqrt{N!}}\begin{vmatrix} \psi_{r_1}(1) & \psi_{r_1}(2) & \cdots & \psi_{r_1}(N) \\ \psi_{r_2}(1) & \psi_{r_2}(2) & \cdots & \psi_{r_2}(N) \\ \cdots & \cdots & \cdots & \cdots \\ \psi_{r_N}(1) & \psi_{r_N}(2) & \cdots & \psi_{r_N}(N) \end{vmatrix} \tag{3.1.9}$$

を用いることができる．最後の式は行列式であって，**Slater 行列式**という．行列式の性質から，$r_1, r_2, \cdots, r_N$ の中に同じものがあると ψ は 0 になる．したがって 1 つの量子状態 r には 2 個以上の粒子は入りえない．すなわち

$$n_r = 0, 1$$

である．これを **Pauli の原理(排他律)**という．

b) 振動子系(光子とフォノン)

独立な粒子からなる Bose 系の簡単な例として，光子(フォトン)の集りを考え

ることができる．光子は輻射場の量子である．同様な系として，完全な結晶格子の振動の量子であるフォノンの集りを考えることもできる．

真空の電磁場を考えると，その状態は電磁波の集りとして記述できるが，振動数 ν の電磁波は，振動数 ν の調和振動子と同等であることが力学によって示される．電磁波の振幅はこれと同等な調和振動子の振幅に対応する．そして調和振動子の n 番目の励起状態は，エネルギー $\varepsilon=h\nu$ の光子が n 個ある状態に電磁波が励起されたことに対応する．これは，第2量子化の観点である．各準位 $\varepsilon_j=h\nu_j$ に入る光子の数には制限がない．この数を n_j としよう．これは調和振動子の励起と考えてよいから，n_j 番目の励起の確率は $e^{-\beta n_j\varepsilon_j}$ に比例し，n_j の平均値は

$$\langle n_j\rangle = \sum_{n_j=0}^{\infty} n_j e^{-\beta n_j \varepsilon_j} \Big/ \sum_{n_j=0}^{\infty} e^{-\beta n_j \varepsilon_j}$$

$$= \frac{1}{e^{\beta\varepsilon_j}-1} \tag{3.1.10}$$

で与えられる．これが，この場合の逆温度 β における Bose 分布である(本節(c)項参照)．

電磁場の振動を調べると，体積 V の輻射場における光波の固有振動の中で，振動数が ν と $\nu+d\nu$ の間にあるものの数を $g(\nu)d\nu$ とするとき，$g(\nu)$ は振動数スペクトルで，c を光速度として

$$g(\nu) = 2\frac{4\pi V}{c^3}\nu^2 \tag{3.1.11}$$

であることが示される((3.2.8)参照)．右辺の係数2は，電磁波が横波であるために2つの偏りをもつことによるものである．したがって輻射の場の単位体積内のエネルギーで，振動数が ν と $\nu+d\nu$ の間にあるものは

$$u(\nu, T)d\nu = \frac{8\pi}{c^3}\frac{h\nu^3}{e^{h\nu/kT}-1}d\nu \tag{3.1.12}$$

である．これを波長 $\lambda(=c/\nu)$ について書き直すと

$$u(\lambda, T)d\lambda = \frac{8\pi hc}{\lambda^5}\frac{1}{e^{ch/k\lambda T}-1}d\lambda \tag{3.1.12$'$}$$

となる．これらが **Planck の輻射式**である(図3.1参照)．また全エネルギー密度は

$$u(T) = \int_0^\infty u(\nu, T)\, d\nu = \frac{8\pi^5 k^4}{15c^3 h^3} T^4 \tag{3.1.13}$$

となり，T^4 に比例する．これは **Stefan-Boltzmann の法則**である．また，真空の比熱は単位体積につき

$$c_v = \frac{du(T)}{dT} = \frac{32\pi^5 k^4}{15c^3 h^3} T^3 \tag{3.1.14}$$

となって，T^3 に比例する．

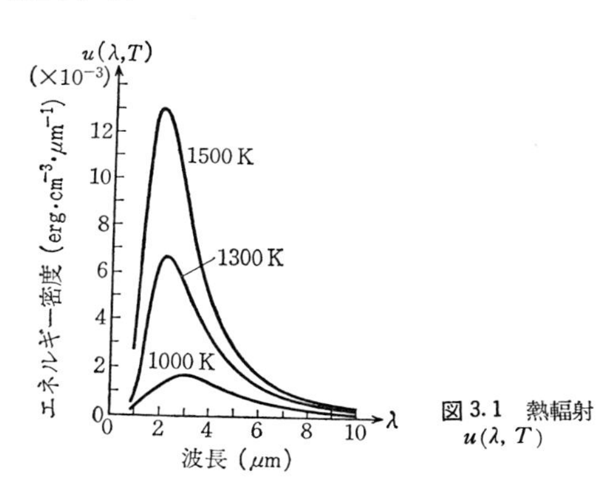

図 3.1 熱輻射 $u(\lambda, T)$

結晶格子の振動についても輻射場に似た扱いができる．格子振動の波の量子はフォノンであり，その準位 $\varepsilon_j = h\nu_j$ について(3.1.10)と同じ Bose 分布が適用される．温度が低いときは，振動数の小さい波，結晶格子の原子間隔に比べて波長の長い波だけが励起されているとしてよいから，格子は連続体と考えてよいだろう．そこで，輻射場との類推により，固体の比熱は T^3 に比例することになる．これは実験的にも知られていて，**Debye の T^3 法則**という．この法則が得られるのは，振動数スペクトルが ν^2 に比例するからである．しかし結晶格子ではこれは長い波長に対してだけ正しい．振動数スペクトルの正しい形は，結晶格子の固有振動数をくわしく計算しなければ得られない．この方面の研究もなされているが，スペクトルは原子間の力，結晶の格子の形によるもので，一般にかなり複雑である．固有振動数には最大値 ν_{m} があり，これは結晶が大きいとき，振動の境界条件にはよらない値である．一般に振動数スペクトル $g(\nu)$ はいくつかの山をもち，ν_{m} の近くで急激に 0 になる．

小さな ν に対しては $g(\nu)$ は ν^2 に比例し，固体が2つの偏りの横波と1つの縦波とをもつことを考慮すれば

$$g(\nu) = 4\pi V\left(\frac{2}{{c_\mathrm{t}}^3}+\frac{1}{{c_\mathrm{l}}^3}\right)\nu^2 \tag{3.1.15}$$

であることがわかる．ここに c_t は横波の速さ，c_l は縦波の速さである．P. Debye はこの式が ν の最大値 ν_m まで成り立つとする近似を用いた．原子の総数が N であれば固有振動の総数は $3N$ とみてよいから

$$\int_0^{\nu_\mathrm{m}} g(\nu)\,d\nu = 3N \tag{3.1.16}$$

である．この近似では，結晶の格子振動のエネルギーは

$$E = \int_0^{\nu_\mathrm{m}} g(\nu)\frac{h\nu d\nu}{e^{h\nu/kT}-1} \tag{3.1.17}$$

であり，これを用いて比熱を計算すると

$$C_v = 3NkD\left(\frac{\Theta_\mathrm{D}}{T}\right) \tag{3.1.18}$$

と計算される．ここに Debye 関数 D は

$$D(x) = \frac{3}{x^3}\int_0^x \frac{\xi^4 e^\xi d\xi}{(e^\xi-1)^2} \tag{3.1.19}$$

であり，Θ_D は

$$\Theta_\mathrm{D} = \frac{h\nu_\mathrm{m}}{k} \tag{3.1.20}$$

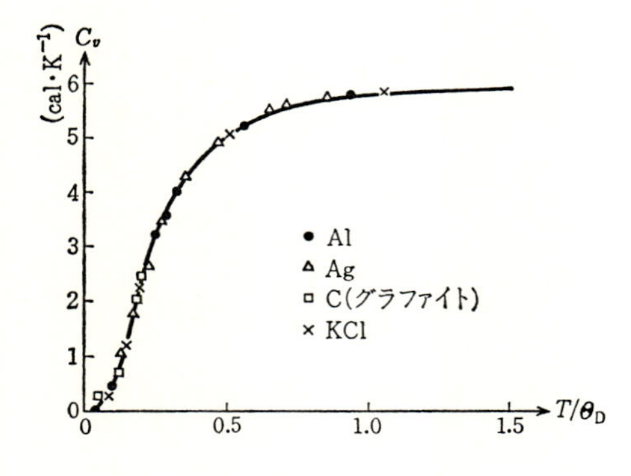

図3.2　固体のモル比熱

によって定義される **Debye 温度**である．上式を **Debye の比熱式**という(図 3.2 参照)．

A. Einstein はこれより以前に，固体の原子の振動数がすべて同じであるとする近似式を得ている．この **Einstein の比熱式**は低温で T^3 法則を与えず，実験と一致しない．

温度が十分高いときは，格子振動のすべてが十分励起され，$\langle n_j \rangle$ はすべて $kT/h\nu_j$ になる．そのため，格子振動の全エネルギーは $3NkT$ になり比熱は古典値

$$C_v \approx 3Nk \qquad (kT \gg h\nu_\mathrm{m}) \tag{3.1.21}$$

になる．これは **Dulong-Petit の法則**である．

c) Bose 分布と Fermi 分布

前項においては粒子が生まれたり消えたりして，そのため全粒子数一定という制限がない場合の Bose 粒子の統計(Bose 統計)を調べた．粒子の生滅が起こらず，全粒子数が一定に保たれる物質粒子の場合には，粒子をたくさんためている粒子槽があるとして，これから考えている系へ粒子が出入りすると考えることができる．粒子槽における粒子 1 個の化学ポテンシャルを μ とすれば，この値から測って各準位のエネルギーを $\varepsilon_j - \mu$ とみなし，(3.1.10) の代りに各準位にある粒子数の分布として

$$\langle n_j \rangle = \sum_{n_j=0}^{\infty} n_j \exp\{-\beta n_j(\varepsilon_j - \mu)\} \Big/ \sum_{n_j=0}^{\infty} \exp\{-\beta n_j(\varepsilon_j - \mu)\}$$

$$= \frac{1}{\exp\{\beta(\varepsilon_j - \mu)\} - 1} \tag{3.1.22}$$

が得られる．これがこの場合の **Bose 分布(Bose-Einstein 分布)**である．Fermi 粒子(Fermi 統計)についても全く同様な扱いができる．

次にこの結果を標準的な方法にしたがって証明しよう．独立な粒子の集りにおいて，各準位のエネルギーを ε_r とし，この準位にある粒子の数を n_r とする．全粒子数は $N = \sum n_r$，全エネルギーは

$$E = \sum \varepsilon_r n_r \tag{3.1.23}$$

である．状態和は

$$Z_N = \sum_{\sum n_r = N} \exp(-\beta \sum_r \varepsilon_r n_r) \tag{3.1.24}$$

で与えられる．制限 $\sum n_r = N$ があるため，この和は計算しにくい．そこで大きな状態和を考えると

$$\Xi = \sum_{N=0}^{\infty} \lambda^N Z_N$$
$$= \prod_r \sum_{n_r=0}^{\infty} \{\lambda \exp(-\beta\varepsilon_r)\}^{n_r} \tag{3.1.25}$$

となる．これは各準位 r に対する大きな状態和

$$\xi_r = \sum_{n=0}^{\infty} \lambda^n \exp(-\beta\varepsilon_r n) \tag{3.1.26}$$

を独立に計算したものの積になっている．すなわち，

$$\lambda = e^{\beta\mu} \tag{3.1.27}$$

で与えられる化学ポテンシャル μ から測って，エネルギー $\varepsilon_j - \mu$ の各準位に独立に粒子が出入りできると考えてよいわけである．

Bose 粒子では $n_r = 0, 1, 2, \cdots$ であるから

$$\xi_r = \frac{1}{1-\lambda \exp(-\beta\varepsilon_r)} \tag{3.1.28}$$

$$\Xi = \prod \frac{1}{1-\lambda \exp(-\beta\varepsilon_r)} \tag{3.1.29}$$

n_r の平均値は

$$\langle n_r \rangle = \sum_n n\lambda^n \exp(-\beta\varepsilon_r n) \Big/ \sum_n \lambda^n \exp(-\beta\varepsilon_r n)$$
$$= \frac{1}{\lambda^{-1} \exp(\beta\varepsilon_r) - 1} \tag{3.1.30}$$

である．これが Bose 分布を表わす．

Fermi 粒子では $n_r = 0, 1$ であるから

$$\xi_r = 1 + \exp(-\beta\varepsilon_r) \tag{3.1.31}$$

$$\Xi = \prod \{1 + \exp(-\beta\varepsilon_r)\} \tag{3.1.32}$$

$$\langle n_r \rangle = \frac{1}{\lambda^{-1} \exp(\beta\varepsilon_r) + 1} \tag{3.1.33}$$

となる．これが **Fermi 分布(Fermi-Dirac 分布)** である．

λ あるいは化学ポテンシャル μ は全粒子数の条件

$$N=\sum_r \langle n_r \rangle = \sum_r \frac{1}{\lambda^{-1}\exp(\beta\varepsilon_r)\mp 1} \tag{3.1.34}$$

によって与えられる．以下で複号は上が Bose 統計，下が Fermi 統計の場合を表わすと約束しておく．

粒子密度が希薄で $\langle n_r \rangle \ll 1$ のときは(3.1.30)の分母は1に比べて大きいからその中の ∓ 1 をはぶいてよい．このときの分布

$$\langle n_r \rangle = \lambda \exp(-\beta\varepsilon_r)$$

は**古典分布(Maxwell-Boltzmann 分布)**である．

統計による状態密度の差違 Bose 統計と Fermi 統計との差違を一般的に考察しよう．独立な粒子からなる体系において，全エネルギーが E である状態の縮退度を $\Omega(E)$ としよう．Bose 体系では各準位にある粒子の個数に制限はない．この体系の縮退度を $\Omega_{\mathrm{B}}(E)$ とする．Fermi 体系ではこの状態の中で各準位を占める粒子の個数が2以上のものは許されないから，その縮退度を $\Omega_{\mathrm{F}}(E)$ とすれば，$\Omega_{\mathrm{B}}(E) \geqq \Omega_{\mathrm{F}}(E)$ である．古典統計(Boltzmann 統計)では一応各粒子の差別を認めて各準位に粒子を配分し，その縮退度を粒子の交換の数 $N!$ で割る．各準位にたかだか1個だけ粒子がある状態は量子統計と同じ縮退度を与えるが，1つの準位に2個以上入った状態はその準位内の粒子の交換はもともと別の状態と考えていないのに $N!$ で割るから Bose 体系の場合よりも一般に縮退度が小さいわけである．したがって古典統計の縮退度 $\Omega_{古}(E)$ は中間にくる．

$$\Omega_{\mathrm{B}}(E) \geqq \Omega_{古}(E) \geqq \Omega_{\mathrm{F}}(E)$$

状態和 $Z=\sum \Omega(E)e^{-\beta E}$ についても

$$Z_{\mathrm{B}} \geqq Z_{古} \geqq Z_{\mathrm{F}}$$

が成り立つことになる．低温では Fermi 体系は大きな零点エネルギーのために状態和は小さな(自由エネルギーは大きな)値をとる．これに対し高温ではエネルギーの高い状態の寄与が主になるが，このときは1つの準位に2個以上の粒子が入った状態は大した寄与をしないから，すべての統計はほとんど同じ結果を与えることになる．

これは縮退度や状態和，あるいは自由エネルギーについてのことで，すべての性質において古典統計が Bose 統計と Fermi 統計の中間の性質を示すというわ

けではない．熱力学的性質は状態和の対数微分で与えられるものが多く，対数微分の大小は状態和の大小から直ちにいえることではないからである．

高温を除いては，Bose 統計は一般に同じ準位に多数の粒子をいれようとし，Fermi 統計では逆の傾向がある．いちばん大きな差違は最低エネルギーの状態，すなわち絶対零度の状態のエネルギー(零点エネルギー)に現われる(§3.2)．また，3次元の Bose 粒子系は Bose 凝縮を起こす(§3.2)など統計に特徴的な現象がいろいろある．

特別な例 しかし，最低状態からの励起について，Bose 統計と Fermi 統計とが全く同じであるような体系が存在する．それは準位間の間隔が一定であるような独立粒子の集りである．具体的には，1次元の放物線型ポテンシャルの中にある独立な粒子の体系である．また，2次元の理想気体の準位密度はエネルギーによらないので，等間隔準位の体系で，その間隔が面積に反比例して非常に小さくなった場合として同様に考えることができる．すなわち，2次元の理想気体の比熱などの励起状態に関する性質には Bose 気体と Fermi 気体の区別がなく，エネルギー，自由エネルギー，状態方程式などに対しては全系の零点エネルギーによる寄与を除けば，やはり差違がない．

放物線型のポテンシャルの場合にこれを示しておこう．エネルギーの単位を $\hbar\omega=1$ になるようにとると最低エネルギーから測った準位は $\varepsilon_n=n$ で与えられる．

Bose 体系の1つの状態として，下から $n_1^{\mathrm{B}}, n_2^{\mathrm{B}}, \cdots, n_N^{\mathrm{B}}$ の準位が占められているとする．この場合，同じ準位に2個以上入りうるから

$$0 \leqq n_1^{\mathrm{B}} \leqq n_2^{\mathrm{B}} \leqq \cdots \leqq n_N^{\mathrm{B}}$$

である．Fermi 体系では同じ準位に2個以上入れないので等号は許されないから

$$0 \leqq n_1^{\mathrm{F}} < n_2^{\mathrm{F}} < \cdots < n_N^{\mathrm{F}}$$

である．そこで

$$n_j^{\mathrm{B}} = n_j^{\mathrm{F}} - j + 1$$

とすれば，Bose 体系と Fermi 体系とは1対1の対応関係が作られる．全エネルギーはそれぞれ

$$E^{\mathrm{B}} = n_1^{\mathrm{B}} + n_2^{\mathrm{B}} + \cdots + n_N^{\mathrm{B}}$$

$$E^{\mathrm{F}} = n_1^{\mathrm{F}} + n_2^{\mathrm{F}} + \cdots + n_N^{\mathrm{F}} = E^{\mathrm{B}} + E_0^{\mathrm{F}}(N)$$

ただし

$$E_0{}^{\mathrm{F}}(N) = 0+1+2+\cdots+N-1 = \frac{N(N-1)}{2}$$

であり，その間の対応関係はこのときやはり1対1の関係であって，その差は定数 $E_0{}^{\mathrm{F}}(N)$ である．これは Fermi 体系の零点エネルギーである．したがって零点エネルギーを除けば両体系の縮退度は相等しい．そこで Bose 体系の状態和を $Z_{\mathrm{B}}(N)$ とすると，これに対応する Fermi 体系の状態和は

$$Z_{\mathrm{F}}(N) = \exp\{-\beta E_0{}^{\mathrm{F}}(N)\} Z_{\mathrm{B}}(N)$$

がこの場合成り立つことになる．なおこの場合

$$Z_{\mathrm{B}}(N) = \frac{1}{(1-x)(1-x^2)\cdots(1-x^N)}, \qquad x = e^{-\beta\hbar\omega}$$

であることを示すことができる．

共通なポテンシャルの場がなくて，各粒子間に $1/N$ に比例する調和力がはたらく1次元の体系は，上述のように独立な粒子が共通の放物線型ポテンシャル内に入っている体系と同等であることが示されている．この場合にも Bose 体系と Fermi 体系とは同じになるわけである．

このような等間隔準位 $\varepsilon_n = n$ がほとんど連続(準連続)であるとして扱えば，Bose 統計をとったときの λ を λ_{B}，Fermi 統計をとったときの λ を λ_{F} とするとき

$$\lambda_{\mathrm{B}}{}^{-1} = \lambda_{\mathrm{F}}{}^{-1}+1 = (1-e^{-\beta N})^{-1}$$

であることが直ちに示される．下から数えて j 番目の粒子 $(j \gg 1)$ がある準位を Bose 統計の場合は ε_{B}，Fermi 統計の場合は ε_{F} とすると

$$\varepsilon_{\mathrm{B}} = \varepsilon_{\mathrm{F}} - j$$

$$j = \int_0^{\varepsilon_{\mathrm{B}}} \frac{d\varepsilon}{\lambda_{\mathrm{B}}{}^{-1}e^{\beta\varepsilon}-1} = \int_0^{\varepsilon_{\mathrm{F}}} \frac{d\varepsilon}{\lambda_{\mathrm{F}}{}^{-1}e^{\beta\varepsilon}+1}$$

であることが示される．これらを用いると

$$\frac{d\varepsilon_{\mathrm{B}}}{\lambda_{\mathrm{B}}{}^{-1}\exp(\beta\varepsilon_{\mathrm{B}})-1} = \frac{d\varepsilon_{\mathrm{F}}}{\lambda_{\mathrm{F}}{}^{-1}\exp(\beta\varepsilon_{\mathrm{F}})+1}$$

が得られる．したがって，この体系ではこれらの統計が零点エネルギーを除けば同等であることが再び示された．

d) 詳細釣合と平衡分布

独立な粒子の集りといっても，実際に完全な独立粒子というのはありえないだろう．粒子間の弱い相互作用のためにまれな衝突が起こり，粒子は各準位間に遷移すると考えよう．このような想定のもとにも Bose 分布や Fermi 分布は成り立つ．すなわち，これらの分布は摂動に対して安定でなければならない．これはすでに見たようにエントロピーが停留値をとるという要請と考えることもできる．しかしここでは**遷移確率**を用いてこれを調べてみよう．

各準位 r にある粒子の数を n_r とする．体系の状態は $\{n_r\}$ によって定められると考える．一般に摂動 H_1 によって状態 i から状態 f へ単位時間に遷移する確率は量子力学により

$$P_{fi}=\frac{2\pi}{\hbar}|\langle f|H_1|i\rangle|^2\delta(E_f-E_i) \tag{3.1.35}$$

によって与えられる．ここで H_1 は粒子間の相互作用を表わし

$$H_1=\sum_{k>l=1}^{N}v(k,l) \tag{3.1.36}$$

とする．準位 r と r' の粒子が相互作用をして準位 s と s' とに移るとすると

$$\left.\begin{aligned}|i\rangle&=|\cdots,n_r,\cdots,n_{r'},\cdots,n_s,\cdots,n_{s'},\cdots\rangle\\ |f\rangle&=|\cdots,n_r-1,\cdots,n_{r'}-1,\cdots,n_s+1,\cdots,n_{s'}+1,\cdots\rangle\end{aligned}\right\} \tag{3.1.37}$$

である．波動関数(3.1.8)あるいは(3.1.9)を Bose 体系あるいは Fermi 体系に用いると，この遷移確率は

$$P_{ss',rr'}=A_{ss',rr'}(1\pm n_s)(1\pm n_{s'})n_rn_{r'} \tag{3.1.38}$$

と書けることが示される．ここで＋符号は Bose 体系，－符号は Fermi 体系の場合である．$A_{ss',rr'}$ は v の要素の2乗 $|v_{ss',rr'}|^2$ に比例し，(rr') と (ss') とについて対称である．

$$A_{rr',ss'}=A_{ss',rr'} \tag{3.1.39}$$

以上は1つの体系について Ψ_i から Ψ_f への遷移を求めたのであった．ここで，このような体系の集りを考え，n_r の平均を $\langle n_r\rangle$ としよう．そして，平均衝突数の仮定として，遷移は $(rr')\rightarrow(ss')$ の場合

$$(1\pm\langle n_s\rangle)(1\pm\langle n_{s'}\rangle)\langle n_r\rangle\langle n_{r'}\rangle \tag{3.1.40}$$

に比例すると仮定する．逆の遷移は $(ss')\rightarrow(rr')$ であって

$$(1\pm\langle n_r\rangle)(1\pm\langle n_{r'}\rangle)\langle n_s\rangle\langle n_{s'}\rangle \tag{3.1.41}$$

に比例する．平衡状態では遷移が**詳細釣合**によって互いに平衡するとすると，この両者は等しくなければならない．この条件を書き直すと

$$\frac{\langle n_s\rangle}{1\pm\langle n_s\rangle}\frac{\langle n_{s'}\rangle}{1\pm\langle n_{s'}\rangle}=\frac{\langle n_r\rangle}{1\pm\langle n_r\rangle}\frac{\langle n_{r'}\rangle}{1\pm\langle n_{r'}\rangle} \tag{3.1.42}$$

となる．また，この衝突ではエネルギーは保存されるから

$$\varepsilon_s+\varepsilon_{s'}=\varepsilon_r+\varepsilon_{r'} \tag{3.1.43}$$

である．したがって，α, β をそれぞれある定数として

$$\frac{\langle n_r\rangle}{1\pm\langle n_r\rangle}=\exp(-\beta\varepsilon_r-\alpha) \tag{3.1.44}$$

の形をもたなければならない．そこで

$$\langle n_r\rangle=\frac{1}{\exp(\alpha+\beta\varepsilon_r)\mp 1} \tag{3.1.45}$$

となる．これはすでに知った Bose 分布と Fermi 分布を表わしている．このような扱いは違う種類の粒子についても適用できる．

Einstein は輻射についてこれに似た扱いをしている．輻射の場に同一種類の原子がいくつか存在しているとする．原子は固定されていると考えておく．簡単のため，原子がただ 1 つの励起状態をもつとし，基底状態を 0，励起状態を 1 とする．また，基底状態にある原子の個数を N_0，励起状態にある原子の個数を N_1 とする．輻射を吸収して基底状態から励起状態へ単位時間に移る遷移の数 $P_{0\to 1}$ は N_0 に比例し，輻射の場のエネルギー密度 $u=u(T,\nu)$ に比例するであろう．ここで $\varepsilon=h\nu$ は原子の励起エネルギーである．そこで

$$P_{0\to 1}=N_0B_{01}u(T,\nu) \tag{3.1.46}$$

と書ける．逆に励起状態から基底状態へ単位時間に移る遷移の数 $P_{1\to 0}$ は

$$P_{1\to 0}=N_1A_{10}+N_1B_{10}u(T,\nu) \tag{3.1.47}$$

と書けるであろう．ここに第 1 項の A_{10} は励起状態からの自発的な遷移確率であり，第 2 項は輻射による誘導遷移である．詳細釣合が成り立つためには $P_{0\to 1}=P_{1\to 0}$ であり，すなわち

$$N_1[A_{10}+B_{10}u]=N_0B_{01}u \tag{3.1.48}$$

でなければならない．しかも原子の励起確率については

$$\frac{N_1}{N_0} = e^{-\beta\varepsilon} \tag{3.1.49}$$

が成り立つ．量子力学によれば遷移確率について

$$B_{01} = B_{10} \tag{3.1.50}$$

$$A_{10} = \frac{8\pi h\nu^3}{c^3} B_{10} \tag{3.1.51}$$

であることが分かる．したがって

$$u = \frac{N_1 A_{10}}{(N_0 - N_1) B_{10}} = \frac{8\pi h\nu^3}{c^3} \frac{1}{e^{\beta\varepsilon} - 1} \tag{3.1.52}$$

となる．これは Planck の輻射式(*3. 1. 12*)にほかならない．

e) エントロピーとゆらぎ

状態和 Z_N は Cauchy の積分定理により(*2. 6. 10*)から

$$Z_N = \frac{1}{2\pi i} \oint \frac{d\lambda}{\lambda^{N+1}} \Xi(\lambda) \tag{3.1.53}$$

となる．積分路は複素 λ 面で原点を1周するようにとる．$\lambda = |\lambda| e^{i\varphi}$ とおき φ について0から 2π まで積分すればよいが，実軸上で $\lambda^{-N}\Xi$ が最小になるように半径 $|\lambda|$ を選べば，$\varphi = 0$ の両側で $\lambda^{-N}\Xi$ は急激に0になることが証明される．$\lambda^{-N}\Xi$ は鞍部点であり，積分はこの点における被積分の値で評価できる．したがって

$$Z_N \sim \lambda^{-N} \Xi(\lambda) \tag{3.1.54}$$

ただし

$$\frac{\partial}{\partial\lambda} \ln [\lambda^{-N} \Xi(\lambda)] = 0 \tag{3.1.55}$$

あるいは

$$N = \lambda \frac{\partial}{\partial\lambda} \ln \Xi(\lambda) = \sum_r \frac{1}{\lambda^{-1} \exp(\beta\varepsilon_r) \mp 1} \tag{3.1.56}$$

である．

したがって自由エネルギーは

$$\begin{aligned} F &= -kT \ln Z_N = NkT \ln \lambda - kT \ln \Xi \\ &= NkT \ln \lambda \mp kT \sum_r \ln\left(1 \mp \lambda \exp\left(\frac{-\varepsilon_r}{kT}\right)\right) \end{aligned} \tag{3.1.57}$$

である．ここで λ は(3. 1. 56)によって N と T の関数として与えられる．

エネルギーは一般式 $E=\partial(F/T)/\partial(1/T)$，あるいは独立粒子に対する式 $E=\sum\varepsilon_r\langle n_r\rangle$ から求められ

$$E=\sum_r\frac{\varepsilon_r}{\lambda^{-1}\exp(\beta\varepsilon_r)\mp1}\tag{3. 1. 58}$$

である．そこで $S=(E-F)/T$ によってエントロピー S を求めることができるが，これを各準位にある粒子の数

$$\langle n_r\rangle=\frac{1}{\lambda^{-1}\exp(\beta\varepsilon_r)\mp1}\tag{3. 1. 59}$$

を用いて書き直すと

$$S=k\sum_r\{\pm(1\pm\langle n_r\rangle)\ln(1\pm\langle n_r\rangle)-\langle n_r\rangle\ln\langle n_r\rangle\}\tag{3. 1. 60}$$

を得る(複号の上は Bose 系，下は Fermi 系)．大きな体系では一般に準位は密集していると考えられる．縮退している場合もありうる．そこで，接近した準位をまとめて同じエネルギー $\varepsilon_{(r)}$ をもつと考え，その準位の数を $g_{(r)}$(縮退度)とする．このようにまとめたときの準位(グループと呼ぼう) $\varepsilon_{(r)}$ には $g_{(r)}\langle n_r\rangle$ 個の粒子が入る．そこでこれを改めて $\langle N_{(r)}\rangle$ と書こう(図 3. 3 参照)．

$$g_{(r)}\langle n_r\rangle=\langle N_{(r)}\rangle\tag{3. 1. 61}$$

すると上式は

$$S=k\sum_{(r)}\left\{\pm g_{(r)}\ln\left(1\pm\frac{\langle N_{(r)}\rangle}{g_{(r)}}\right)+\langle N_{(r)}\rangle\ln\left(\frac{g_{(r)}}{\langle N_{(r)}\rangle}\pm1\right)\right\}\tag{3. 1. 62}$$

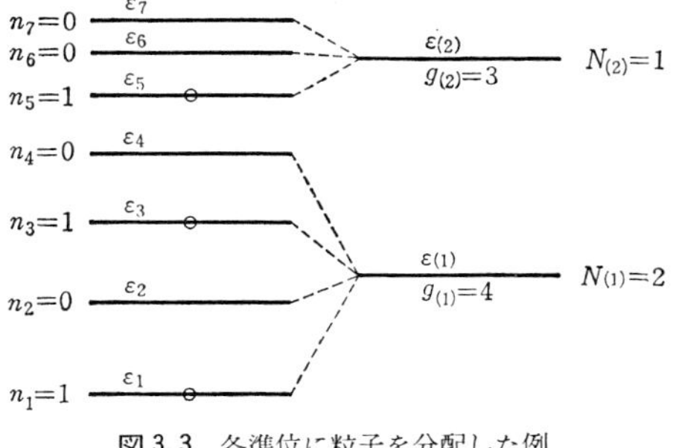

図 3. 3 各準位に粒子を分配した例

となる．ここで $\sum$ の添字 (r) は各グループ $\varepsilon_{(r)}$ を表わすものとする．

このエントロピーが粒子を各準位に配分する方法の数 W と Boltzmann の関係 $S=k\ln W$ によって関係づけられることを示そう．

1つのグループに含まれる $g_{(r)}$ 個の準位を考え，これらに $N_{(r)}$ 個の粒子を配分する方法の数を $W_{(r)}$ とする．それぞれの準位を別々の箱と考えて，その中に粒子を入れるように考えて，組合せの計算を行なうことにする．

まず，Bose 系で考えよう．$g_{(r)}$ 個の箱の中の1つを置き，その右にこれに入れる粒子を1列に並べて置く．次に別の箱を置き，その右にはこれに入れる粒子を置くということを $g_{(r)}$ 個の箱について行なう(図3.4参照)．結局，箱と粒子と合わせて $g_{(r)}+N_{(r)}$ のものを並べて置くのであるが，初めに置く箱を除けば $g_{(r)}+N_{(r)}-1$ 個のものを並べることになり，その方法の数は $(g_{(r)}+N_{(r)}-1)!$ 通りある．しかし粒子は区別しないから $N_{(r)}!$ で割り，また箱を区別しないために $(g_{(r)}-1)!$ で割らなければならない．したがって

$$W_{(r)}=\frac{(g_{(r)}+N_{(r)}-1)!}{(g_{(r)}-1)!N_{(r)}!} \qquad (3.1.63)$$

である．

□ ○ ○ □ □ ○ □ ○ ○ ○ □ …

図3.4 $g_{(r)}$ 個の箱□と $N_{(r)}$ 個の粒子○の並べ方

Fermi 系では $g_{(r)}$ 個の箱に $N_{(r)}$ 個の粒子をつぎつぎに入れていくと考えると都合がよい．初めの粒子を入れる箱は $g_{(r)}$ 個ある．ここにはもう粒子は入れられないから2番目の粒子を入れる箱は $g_{(r)}-1$ 個ある．このようにしていくと，最後の $N_{(r)}$ 番目の粒子は $g_{(r)}-N_{(r)}+1$ 個の箱のどれかに入れることができる．したがって粒子を入れる方法の数は $g_{(r)}(g_{(r)}-1)\cdots(g_{(r)}-N_{(r)}+1)=g_{(r)}!/(g_{(r)}-N_{(r)})!$ であるが，粒子は区別しないから $N_{(r)}!$ で割らなければならない．そこで

$$W_{(r)}=\frac{g_{(r)}!}{(g_{(r)}-N_{(r)})!N_{(r)}!} \qquad (3.1.64)$$

となる．

いずれの場合でも，粒子を分配する方法の数は

$$W = W(N_{(1)}, N_{(2)}, \cdots) = \prod_{(r)} W_{(r)} \tag{3.1.65}$$

によって与えられる．そこで，$g_{(r)}$ や $N_{(r)}$ がすべて1に比べて大きいとして Stirling の公式 $\ln n! = n(\ln n - 1)\ (n \gg 1)$ を用いると

$$\ln W = \sum_{(r)} \left\{ \pm g_{(r)} \ln\left(1 \pm \frac{N_{(r)}}{g_{(r)}}\right) + N_{(r)} \ln\left(\frac{g_{(r)}}{N_{(r)}} \pm 1\right) \right\} \tag{3.1.66}$$

を得る．$N_{(r)}$ の最も確からしい値は，エネルギー E と粒子数 N が一定であるという条件の下で $\ln W$ を極大にすることによって与えられるので

$$\frac{\partial}{\partial N_{(r)}} (\ln W - \beta E - \alpha N) = 0 \tag{3.1.67}$$

を解けばよい（α, β は未定係数）．これは最も確からしい $N_{(r)}$ の値としてすでに知っている $\langle N_{(r)} \rangle$ を与える（$\lambda = e^{-\alpha}$）．したがって，$k \ln W$ の最も確からしい値はエントロピーの式(3.1.62)と一致することになる．

$\langle N_{(r)} \rangle$ の付近の分布 W は Gauss 分布とみなされる．したがって，ゆらぎは $\ln W$ の2階の微分係数を用いて表わせる．これは

$$\left(\frac{\partial^2}{\partial N_{(r)}{}^2} \ln W \right)_{N_{(r)} = \langle N_{(r)} \rangle} = - \frac{1}{\langle N_{(r)} \rangle \left(1 \pm \dfrac{\langle N_{(r)} \rangle}{g_{(r)}}\right)} \tag{3.1.68}$$

となる．これを用いれば，ゆらぎの平均値として

$$\begin{aligned} \langle (N_{(r)} - \langle N_{(r)} \rangle)^2 \rangle &= \frac{\sum (N_{(r)} - \langle N_{(r)} \rangle)^2 W(N_{(1)}, N_{(2)}, \cdots)}{\sum W(N_{(1)}, N_{(2)}, \cdots)} \\ &\approx \langle N_{(r)} \rangle \left(1 \pm \frac{\langle N_{(r)} \rangle}{g_{(r)}}\right) \\ &= g_{(r)} \frac{\exp(\alpha + \beta \varepsilon_{(r)})}{(\exp(\alpha + \beta \varepsilon_{(r)}) \pm 1)^2} \end{aligned} \tag{3.1.69}$$

が得られる．

ゆらぎを直接に大きな状態和

$$\Xi = \sum_N e^{-\alpha N} \sum_{\substack{n_r \\ \sum n_r = N}} \exp\left(-\beta \sum_r n_r \varepsilon_r\right) \tag{3.1.70}$$

から求めると，次のようになる．

$$\langle n_r \rangle = -\frac{1}{\beta}\frac{\partial}{\partial \varepsilon_r}\ln \Xi = \frac{1}{\exp(\alpha+\beta\varepsilon_r)\mp 1} \tag{3.1.71}$$

$$\langle (n_r-\langle n_r \rangle)^2 \rangle = \frac{1}{\beta^2}\frac{\partial^2}{\partial \varepsilon_r{}^2}\ln \Xi = \langle n_r \rangle \pm \langle n_r \rangle^2 \tag{3.1.72}$$

各準位にある粒子数は独立であるから，この式を同じグループにある $g_{(r)}$ 個の準位について加えれば(3.1.69)を得る．また，すべての準位について加えれば，

$$\langle (N-\langle N \rangle)^2 \rangle = \sum_r \frac{\exp(\alpha+\beta\varepsilon_r)}{(\exp(\alpha+\beta\varepsilon_r)\mp 1)^2} \tag{3.1.73}$$

を得る．これは $\partial^2 \ln \Xi/\partial\alpha^2$ を計算して求めることもできる．

なお，Fermi 粒子に対しては n_r は 0 か 1 であるから $\langle n_r{}^2 \rangle = \langle n_r \rangle$ が成立する．また，Bose 系では

$$\frac{\langle (n_r-\langle n_r \rangle)^2 \rangle}{\langle n_r \rangle^2} = \frac{1}{\langle n_r \rangle}+1 \tag{3.1.74}$$

である．§1.2 で述べたところによればこの右辺の第1項は古典的な粒子としての性質を，第2項は波動的な性質を表わすものと考えられる．

§3.2 理想気体

a) 理想気体の準位密度

理想気体を考える手始めとして，1個の自由質点の固有状態を調べよう．ここではスピンは考えないでおく．固有値 E_n に対する Schrödinger 方程式は

$$-\frac{\hbar^2}{2m}\nabla^2\varphi_n = E_n\varphi_n \tag{3.2.1}$$

である．便宜上，1辺の長さ L の立方体の箱に対する周期条件を採用すると，固有状態は

$$\varphi_n(x, y, z) = \frac{1}{\sqrt{V}}\exp\left\{\frac{i}{\hbar}(p_x x+p_y y+p_z z)\right\} \tag{3.2.2}$$

ただし，$V=L^3$ は体積であり，また $h=2\pi\hbar$ として

$$\left.\begin{array}{l} p_x = \dfrac{n_1}{L}h, \quad p_y = \dfrac{n_2}{L}h, \quad p_z = \dfrac{n_3}{L}h \\ n_1, n_2, n_3 = 0, \pm 1, \pm 2, \pm 3, \cdots \end{array}\right\} \tag{3.2.3}$$

である．エネルギー固有値は

$$E_n = \frac{1}{2m}({p_x}^2+{p_y}^2+{p_z}^2) \tag{3.2.4}$$

である．量子数は $n=(n_1, n_2, n_3)$ で与えられ，p_x, p_y, p_z は粒子の運動量を意味する．L が十分大きいときをふつう考えるが，そのときは運動量は準連続である．そこで運動量空間 (p_x, p_y, p_z) を考えると，整数値 n_1, n_2, n_3 に対応して，固有値は $\varDelta p_x=\varDelta p_y=\varDelta p_z=h/L$ の間隔でこの空間の中に並ぶことになる(図 3.5 参照)．したがって $p_x \sim p_x+dp_x$ などの小さな領域にある固有状態の数は

$$\frac{V dp_x dp_y dp_z}{h^3} \tag{3.2.5}$$

である(スピン状態は別にした)．エネルギーが E 以下の状態の数は

$$j(E) = \frac{V}{h^3}4\pi\int_0^{\sqrt{2mE}} p^2 dp = \frac{V}{h^3}\frac{4\pi}{3}(2mE)^{3/2}$$

状態密度 $g(E)=dj/dE$ は

$$g(E) = V\cdot 2\pi\left(\frac{2m}{h^2}\right)^{3/2}\sqrt{E} \tag{3.2.6}$$

となる．状態密度は V に比例し $\sqrt{E}$ に比例する(図 3.6 参照)．

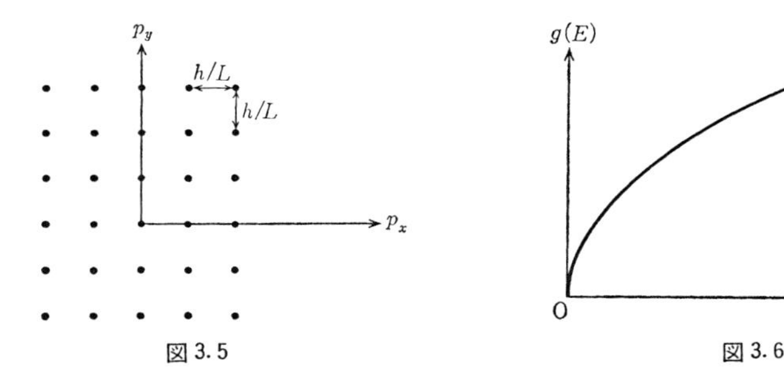

図 3.5　　図 3.6

相対論的な粒子の場合は，準位密度はもちろん違ってくる．しかし光速度を c，静止質量を m，運動量を $\boldsymbol{p}$，エネルギーを E とすると，相対論的な場合

$$E^2 = c^2p^2+m^2c^4 \tag{3.2.7}$$

であるから，状態は $\boldsymbol{p}$ によって規定される．その $\boldsymbol{p}$ について $p_x=n_1h/L$ などが成り立つから，固有状態の数について(3.2.5)はやはり成立する．例えば $m\to 0$

の光子の場合は $E=cp\,(=h\nu)$ であるから，固有状態の数は

$$2V\frac{d\boldsymbol{p}}{h^3}=2V\frac{4\pi p^2dp}{h^3}=2V\frac{4\pi\nu^2}{c^3}d\nu \tag{3.2.8}$$

で与えられる．ここで係数2は電磁波が横波で2つの偏りをもつことを考慮したための因子である．

b) 理想気体

理想気体では，準位密度は

$$g(\varepsilon)=AV\sqrt{\varepsilon} \tag{3.2.9}$$

と書ける．ここに V は全体積であり，g_s をスピンによる重率として

$$A=g_s\cdot 2\pi\frac{(2m)^{3/2}}{h^3} \tag{3.2.9'}$$

である．独立な粒子の集りの体系に対して求めた諸式において，和 $\sum_r$ を積分でおきかえ

$$\sum_r f_r \longrightarrow \int g(\varepsilon)\,d\varepsilon f(\varepsilon) \tag{3.2.9''}$$

とすれば，F, E, N, S などの式を直ちに求められる．

状態方程式を求めるには，圧力の式 $P=-(\partial F/\partial V)_{T,N}$ を計算してもよく，また

$$PV=kT\ln\Xi \tag{3.2.10}$$

を用いてもよい．以下の式で複号は上が Bose 系，下が Fermi 系に対するものと約束する．圧力は

$$\frac{P}{kT}=\mp A\int_0^\infty \ln(1\mp e^{-\alpha-\varepsilon/kT})\sqrt{\varepsilon}\,d\varepsilon \tag{3.2.11}$$

となる $(\lambda=e^{-\alpha})$．部分積分によって $\sqrt{\varepsilon}$ を積分し，対数関数を微分すれば

$$PV=\frac{2}{3}E \tag{3.2.12}$$

を得るが，これはビリアル定理(*1.2.18*)からも直接導かれる関係式で，非相対論的な理想気体について常に成立する **Bernoulli の式**である．ここに E は運動エネルギー

$$E = VA\int_0^\infty \frac{\varepsilon^{3/2}d\varepsilon}{e^{\alpha+\varepsilon/kT}\mp 1} \tag{3. 2. 13}$$

である．また全粒子数は次式で与えられる．

$$N = VA\int_0^\infty \frac{\sqrt{\varepsilon}\,d\varepsilon}{e^{\alpha+\varepsilon/kT}\mp 1} \tag{3. 2. 13'}$$

断熱変化　$\alpha=-\mu/kT$ であるから，理想気体において

$$PV = kT\ln\Xi = VT^{5/2}f\left(\frac{\mu}{T}\right) \tag{3. 2. 14}$$

と書くことができる．ここで f は V を含まない μ/T だけの関数である．したがってまた

$$S = \left(\frac{\partial PV}{\partial T}\right)_{V,\mu} = VT^{3/2}f_S\left(\frac{\mu}{T}\right) \tag{3. 2. 14'}$$

$$N = \left(\frac{\partial PV}{\partial \mu}\right)_{T,V} = VT^{3/2}f_N\left(\frac{\mu}{T}\right) \tag{3. 2. 14''}$$

である．ここに f_S, f_N は V を含まない μ/T だけの関数である．そこで $S/N=\varphi(\mu/T)$ に V によらないことになるから，エントロピー一定で体積を変化させる場合，すなわち断熱変化において μ/T は一定であることになる．ゆえに断熱変化においては

$$VT^{3/2} = \text{const},\qquad \frac{P}{T^{5/2}} = \text{const},\qquad PV^{5/3} = \text{const} \tag{3. 2. 15}$$

であることが分かる．これらの関係式は古典的な Poisson の断熱方程式($PV^\gamma=$ const, $\gamma=C_p/C_v$ は比熱比)と似た形であるが，縮退した量子気体の場合は比熱比は 5/3 ではない．その断熱方程式 $PV^{5/3}=$const の指数 5/3 は内部自由度がない単原子分子であることによるものである．

高温展開　$\alpha>0$ として，(3. 2. 11), (3. 2. 13) の各被積分関数を $\exp(-\alpha-\varepsilon/kT)$ のベキ級数に展開し，各項を積分すれば

$$\frac{P}{kT} = g_s\frac{(2\pi mkT)^{3/2}}{h^3}\sum_{n=1}^{\infty}\frac{(\pm 1)^{n-1}}{n^{5/2}}e^{-n\alpha} \tag{3. 2. 16}$$

$$\frac{N}{V} = g_s\frac{(2\pi mkT)^{3/2}}{h^3}\sum_{n=1}^{\infty}\frac{(\pm 1)^{n-1}}{n^{3/2}}e^{-n\alpha} \tag{3. 2. 16'}$$

を得る．Bose 気体では最低状態の粒子数 $\langle n_0\rangle=1/(e^{\alpha}-1)$ が有限であることから，常に $\alpha>0$ であることになり，この展開はいつでも用いることができる．しかし，濃厚な Fermi 気体では後に述べるように α は一般に負であるので，この展開は気体が希薄なところに限って使用できることになる．

いずれにしても N/V が小さく，T が大きければ $e^{-\alpha}$ は十分小さくなるであろう．この仮定の下に逐次近似で $e^{-\alpha}$ を消去すれば

$$\frac{PV}{NkT}=1\mp\frac{1}{2^{5/2}g_s}\frac{h^3}{(2\pi mkT)^{3/2}}\frac{N}{V}+\cdots \tag{3.2.17}$$

となる．第1項は Boyle-Charles の法則を表わし，第2項以下は量子力学的補正である．第2項の効果をみるため，$g_s=1$ として，分子量 M の気体を考えると，P で気圧を表わし

$$\frac{h^3}{(2\pi mkT)^{3/2}}\frac{N}{V}\approx 38\frac{P}{M^{3/2}T^{5/2}}$$

を得る．例えばヘリウムで，1気圧，4.7 K のとき，右辺の値は約 0.13 になる．このように第2項は軽い分子で温度が低い場合でもあまり大きくはなく，ヘリウムより重い気体では量子効果は無視できるほど小さい．しかし，金属内の電子ガスでは，m が非常に小さく密度が大きいため，常温でも量子効果は著しく，上述の展開は使用できない．電子でも半導体のキャリヤーや金属外の電子のように希薄な場合は量子効果を考えなくてもよい場合が多い．

密度のゆらぎ　理想気体の密度のゆらぎを求めるには，すでに独立な粒子の集りに対して得た式を利用すればよい．また，ゆらぎの一般式(*1.2.12*)を用いても同じ結果を得る．なお，理想気体の2体分布関数 $g(R)$ に触れておこう(この章では，混乱を避けるため動径分布関数を $g(R)$ で表わす)．計算は省略するが，密度を表わす演算子 $n(\mathbf{r})=\Psi^*\Psi$ (Ψ は量子化された波動関数)を用いると

$$\langle(n(\mathbf{r}_1)-\langle n\rangle)(n(\mathbf{r}_2)-\langle n\rangle)\rangle=\langle n\rangle\delta(\mathbf{r}_2-\mathbf{r}_1)+\langle n\rangle^2\{g(\mathbf{r}_2-\mathbf{r}_1)-1\} \tag{3.2.18}$$

を比較的簡単に計算することができて，理想気体に対して

$$\langle n\rangle^2\{g(R)-1\}=\frac{\pm g_s}{h^6}\left|\int\frac{e^{i\mathbf{p}\cdot\mathbf{R}/\hbar}}{e^{\alpha+\beta\varepsilon}\mp 1}d\mathbf{p}\right|^2 \tag{3.2.19}$$

が得られる．Bose 気体では $g(R)-1>0$，Fermi 気体では $g(R)-1<0$ である．

いいかえれば，Bose 気体ではある点に粒子が存在すると，その近くに他の粒子がくる確率が大きくなるわけで，Bose 粒子間には引力のような相関があることになる．逆に Fermi 気体では粒子はスピンの同じ粒子間に反発が働くことになり，これは Pauli 原理によるものである．スピンの違う粒子間には，量子統計によるこのような相関は存在しない．

c) Bose 気体

Bose 気体を考えよう．最低のグループは $\varepsilon_{(0)}=0$ と考えてよいが，ここに入る粒子の数は

$$\langle N_{(0)}\rangle = \frac{g_{(0)}}{e^{\alpha}-1} \tag{3. 2. 20}$$

である．したがって必然的に $\alpha>0$ でなければならない．希薄な場合はすべてのグループに対し $\langle N_{(r)}\rangle \ll 1$ であり，$\alpha \gg 1$ と考えてよいが，気体が濃厚になると α は 1 に近づくであろう．α は N, T を与えたとき (3. 2. 16′) によって定められる．この式の右辺の和は，$\alpha\to 0$ にしても有限な値

$$\sum_{n=1}^{\infty}\frac{1}{n^{3/2}} = 2.612$$

にとどまる．したがって，もしも V あるいは T が小さくて

$$\frac{N}{V}\Big/ g_{\mathrm{s}}\left(\frac{2\pi mkT}{h^2}\right)^{3/2} > 2.612$$

であれば (3. 2. 16) は成り立たないようにみえる．しかしこれは元来，各準位に関する和であったものを (3. 2. 9″) のように積分で置き換えたときに，$\varepsilon=0$ の準位の重みが 0 になってしまったからである．このときは $\alpha=O(1/N)\approx 0$ で，最低レベル $\varepsilon_{(0)}=0$ に N と同程度の粒子があり，残りの $N-\langle N_{(0)}\rangle$ が $\varepsilon>0$ の準位に入る．そこでスピンのない場合を考えると，励起された粒子の数は

$$N^* = N-\langle N_{(0)}\rangle = V\frac{(2\pi mkT)^{3/2}}{h^3}\sum_{n=1}^{\infty}\frac{e^{-n\alpha}}{n^{3/2}} \tag{3. 2. 21}$$

で与えられる．

そこで気体が大きな体積をもっているとき，例えば温度を下げると

$$\frac{N}{V} = 2.612\frac{(2\pi mkT_0)^{3/2}}{h^3} \tag{3. 2. 22}$$

で与えられる温度 T_0 以上では $N^* \gg N_{(0)} \approx 0$ としてよい．実際 $T > T_0$ では $V \to \infty$ に対して $N_{(0)}/N = 0$ である．したがって，体積 V が十分大きいときは T_0 以上では $\alpha > 0$ であり，T_0 以下では $\alpha \approx 0$ である．温度を一定にして圧縮した場合もある体積 V_0 以下で $\alpha \approx 0$ になる．すなわち V_0 を

$$\frac{N}{V_0} = 2.612 \frac{(2\pi mkT)^{3/2}}{h^3} \tag{3.2.23}$$

で与えられるものとすると，$V > V_0$ では圧力は等温変化の場合

$$P = kT \frac{(2\pi mkT)^{3/2}}{h^3} \sum_{n=1}^{\infty} \frac{e^{-n\alpha}}{n^{5/2}} \tag{3.2.24}$$

によって変化するが，$V < V_0$ になると一定値になる(図 3.7(a) 参照)．これは $\alpha = 0$ の値

$$\sum_{n=1}^{\infty} \frac{1}{n^{5/2}} = 1.341$$

によって与えられる．この限界で dP/dV は連続である．

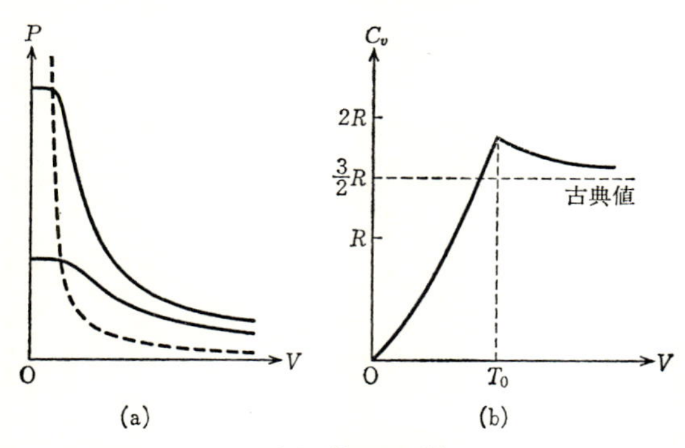

図 3.7　Bose 凝縮

$V < V_0$ (あるいは $T < T_0$) では粒子が最低グループへ落ち込むので，これは運動量空間での凝縮であるということもできる．この凝縮を **Bose 凝縮**という．転移温度 T_0 において比熱 C_v は折れ曲がり，T_0 以下で $C_v \propto T^{3/2}$ となる(図 3.7(b) 参照)．

転移温度は実際の気体の領域にはない．すべての気体は，Bose 凝縮の起こるような条件の下では，液体か固体になってしまうからである．しかし液体ヘリウ

ム(^{4}He)は He I と He II といわれる2つの相をもち，He II は熱的，力学的に異常な性質をもつ．^{4}He は Bose 統計に従うので，液体ヘリウムの密度 $N/V=2.3\times10^{22}\,\mathrm{cm}^{-3}$ を用いて理想気体としての転移温度を計算すると $T_0=3.14\,\mathrm{K}$ となる．実際の He I と He II の移り変わる温度は 2.19 K であり，この点で比熱は鋭い山をもつので，この転移は **λ 転移**と呼ばれる．He II は ^{4}He が Bose 凝縮を起こした液体であると考えられる．^{3}He はこれに相当する転移を起こさない．

d) Fermi 気体

Fermi 気体を考えよう．$\alpha=-\mu/kT$ とおくと Fermi 分布は

$$f(\varepsilon)=\frac{1}{e^{(\varepsilon-\mu)/kT}+1} \tag{3.2.25}$$

で与えられる．μ は化学ポテンシャルであり，温度と粒子の密度の関数である．温度が十分低いときは $\varepsilon<\mu$ のとき $f\approx1$ であり，$\varepsilon>\mu$ で $f\approx0$ である(図 3.8 参照)．これは Pauli の原理により，エネルギーの低い準位に粒子が満員になっていることに相当する．μ はまた **Fermi エネルギー**(**Fermi 準位**)と呼ばれる．非常に低い温度に対する μ を ε_{F} としよう．準位は ε_{F} までつまっているから，E_0 を非常に低い温度におけるエネルギー(**零点エネルギー**)として

$$N=\int_0^{\varepsilon_{\mathrm{F}}} g(\varepsilon)\,d\varepsilon, \qquad E_0=\int_0^{\varepsilon_{\mathrm{F}}} \varepsilon g(\varepsilon)\,d\varepsilon$$

である．電子を考え，スピンによる重率を $g_{\mathrm{s}}=2$ とすると，

$$\varepsilon_{\mathrm{F}}=\frac{\hbar^2\pi^2}{2m}\left(\frac{3N}{\pi V}\right)^{2/3} \tag{3.2.26}$$

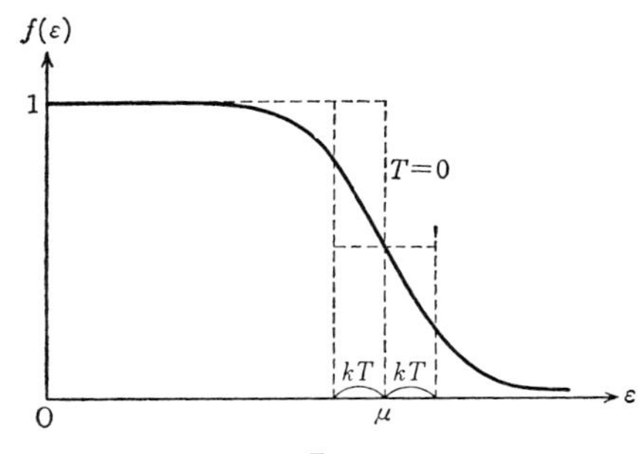

図 3.8 Fermi 分布

$$E_0=\frac{3}{5}N\varepsilon_{\mathrm{F}} \tag{3.2.27}$$

となる．このとき，電子ガスは**完全縮退**をしているという．

$$T_{\mathrm{F}}=\frac{\varepsilon_{\mathrm{F}}}{k}$$

を **Fermi 温度**という．金属の**自由電子**では T_{F} は数万度の程度である．したがって，金属の自由電子は室温程度の温度ではほとんど完全に縮退している．

しかし，温度 T においては $\varepsilon=\mu$ の近く $\varepsilon=\mu\pm kT$ の程度の範囲で $f(\varepsilon)$ は1から0へ移る．このような分布 f のぼやけはエネルギー幅が kT の中の電子を kT の程度だけ高いエネルギーへ励起させるので，そのためエネルギーは T^2 に比例する増加をもつであろう．したがって少し温度が上がると

$$E=E_0+\frac{\gamma}{2}T^2 \tag{3.2.28}$$

のようになる．したがって電子による比熱は

$$C_{\mathrm{e}}=\gamma T \tag{3.2.29}$$

となり，T に比例する．係数 γ を **Sommerfeld の定数**という．上の考察から分かるように γ は $g(\varepsilon_{\mathrm{F}})k^2$ の程度である．ただし，ここで $g(\varepsilon_{\mathrm{F}})$ は Fermi エネルギーにおける準位密度であり，1の程度の係数を問題にしなければ $\varepsilon_{\mathrm{F}}g(\varepsilon_{\mathrm{F}})\approx N$ である．

もっとくわしく計算するには

$$N=\int_0^\infty\frac{g(\varepsilon)\,d\varepsilon}{e^{(\varepsilon-\mu)/kT}+1},\qquad E=\int_0^\infty\frac{\varepsilon g(\varepsilon)\,d\varepsilon}{e^{(\varepsilon-\mu)/kT}+1}$$

を求めなければならない．そこで一般に

$$I=\int_0^\infty\frac{F(\varepsilon)\,d\varepsilon}{e^{(\varepsilon-\mu)/kT}+1} \tag{3.2.30}$$

の形の積分を計算しよう．ここで $F(\varepsilon)$ は積分が収束するような関数であるとする．簡単な書き換えによって

$$I=\int_0^\mu F(\varepsilon)\,d\varepsilon-kT\int_0^{\mu/kT}\frac{F(\mu-kTz)\,dz}{e^z+1}+kT\int_0^\infty\frac{F(\mu+kTz)\,dz}{e^z+1}$$

を得る．$\mu/kT\gg1$ とすると，第2項で積分上限を ∞ でおきかえてよい．ただし，

このとき $\exp(-\mu/kT)$ 程度の項を無視するので，こうして得られる近似式は漸近級数であることを注意しなければならない．そこで

$$I=\int_0^\mu F(\varepsilon)\,d\varepsilon+kT\int_0^\infty\frac{F(\mu+kTz)-F(\mu-kTz)}{e^z+1}dz$$

において第2項の被積分の分子を z について Taylor 展開して各項ごとに積分値を求めると

$$I=\int_0^\mu F(\varepsilon)\,d\varepsilon+\frac{\pi^2}{6}(kT)^2F'(\mu)+\frac{7\pi^4}{360}(kT)^4F'''(\mu)+\cdots \tag{3.2.31}$$

を得る．したがって

$$N=\int_0^\mu g(\varepsilon)\,d\varepsilon+\frac{\pi^2}{6}(kT)^2g'(\mu)+\cdots$$

であるが，絶対零度では $N=\int_0^{\varepsilon_F}g(\varepsilon)\,d\varepsilon$ である．そこで $(kT)^2$ までとると，$(\varepsilon_F-\mu)g'(\varepsilon_F)$ は上式の第2項に等しいことがわかる．すなわち

$$\mu=\varepsilon_F-\frac{\pi^2}{6}\frac{g'(\varepsilon_F)}{g(\varepsilon_F)}(kT)^2+\cdots$$

これを用いて

$$E=\int_0^\mu \varepsilon g(\varepsilon)\,d\varepsilon+\frac{\pi^2}{6}(kT)^2\{g(\mu)+\mu g'(\mu)\}+\cdots$$

ここで

$$\int_0^\mu \varepsilon g(\varepsilon)\,d\varepsilon=\int_0^{\varepsilon_F}\varepsilon g(\varepsilon)\,d\varepsilon+(\mu-\varepsilon_F)\varepsilon_F g(\varepsilon_F)+\cdots$$

を書き直すと，$g'(\mu)$ の項は打ち消されて次式を得る．

$$E=E_0+\frac{\pi^2}{6}(kT)^2g(\varepsilon_F)+\cdots \tag{3.2.32}$$

ここに $E_0=\int_0^{\varepsilon_F}\varepsilon g(\varepsilon)\,d\varepsilon$ は絶対零度におけるエネルギーである．こうして

$$C_e=\frac{\pi^2}{3}g(\varepsilon_F)k^2T \tag{3.2.33}$$

となる．理想気体では(3.2.9)を用いて $g(\varepsilon_F)$ を書き直して

$$C_e=Nk\frac{\pi^2}{2}\frac{kT}{\varepsilon_F} \tag{3.2.33'}$$

が得られる．

金属電子では $kT \ll \varepsilon_{\mathrm{F}}$ であるから，C_{e} は古典的な気体の比熱 $(3/2)Nk$ に比べて非常に小さい．低い温度における金属の比熱は，T^3 に比例する結晶格子の振動の比熱と T に比例する**電子比熱**との和として与えられる．この2つの項は測定値において分離できるので，電子比熱が求められる．これは上述の理論で予期される程度のものであることが確かめられている(図3.9参照)．

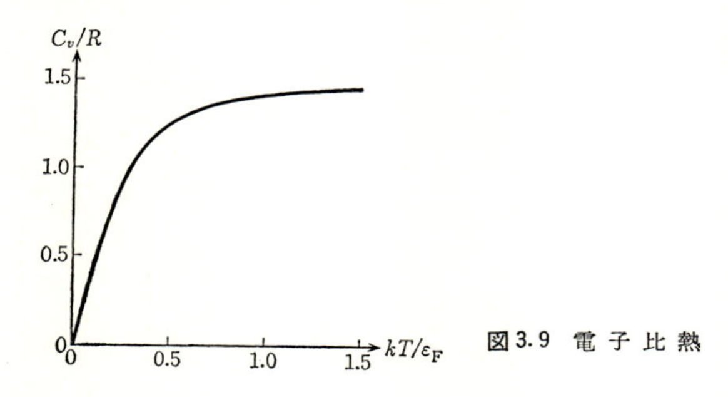

図3.9 電子比熱

e) 相対論的気体

相対論的な量子気体に対しても，今まで述べてきたことはほとんど成り立つ．ただエネルギーの式は(3.2.7)で置き換え，準位密度は $Vg_{\mathrm{s}}\cdot 4\pi p^2 dp/h^3$ ((3.2.5)参照)で置き換えなければならない．スピンによる重率 g_{s} を1とおくと，

$$N = \frac{4\pi}{h^3}V\int_0^\infty \frac{p^2dp}{e^{\alpha+\beta\varepsilon}\mp 1}, \qquad E = \frac{4\pi}{h^3}V\int_0^\infty \frac{\varepsilon p^2 dp}{e^{\alpha+\beta\varepsilon}\mp 1} \tag{3.2.34}$$

ただし p は運動量，c は光速度で

$$\varepsilon = c\sqrt{p^2+m^2c^4}, \qquad \beta = \frac{1}{kT} \tag{3.2.35}$$

である．大きな状態和 Ξ は

$$\frac{PV}{kT} = \ln \Xi = \mp\frac{4\pi}{h^3}V\int_0^\infty \ln(1\mp e^{-\alpha-\beta\varepsilon})\,p^2dp$$
$$= \mp\frac{4\pi}{h^3c^3}V\int_{mc^2}^\infty \varepsilon(\varepsilon^2-m^2c^4)^{1/2}\ln(1\mp e^{-\alpha-\beta\varepsilon})\,d\varepsilon \tag{3.2.36}$$

となる．ここで $p^2dp = \varepsilon(\varepsilon^2-m^2c^4)^{1/2}d\varepsilon/c^3$ を用いた．

静止エネルギー mc^2 に比べて kT が十分大きく，$\varepsilon = cp$ と考えてよい場合を**超**

相対論的であるという．この場合には明らかに

$$PV=\frac{E}{3} \tag{3.2.37}$$

が成立する．またこの場合，関数形は

$$PV=VT^4 f\left(\frac{\mu}{T}\right) \tag{3.2.38}$$

と書けるので，(3.2.14)の議論と同様にして，断熱過程における超相対論的な式として

$$VT^3=\text{const},\qquad \frac{P}{T^4}=\text{const},\qquad PV^{4/3}=\text{const} \tag{3.2.39}$$

が得られる．

光子気体　超相対論的な Bose 気体の例として輻射場の光子を考えよう．光子の場合は，粒子数が一定しているわけではないから，(3.1.67)の α は0である．また，この場合は $m=0$ であり，光波の偏りによる因子2を考慮し

$$u\equiv\frac{E}{V}=\frac{8\pi}{h^3c^3}\int_0^\infty\frac{\varepsilon^3 d\varepsilon}{e^{\varepsilon/kT}-1}=\frac{8\pi^5}{15h^3c^3}(kT)^4 \tag{3.2.40}$$

を得る((3.1.13)参照)．光子による圧力方程式は次のようになる．

$$\begin{aligned}P&=-\frac{8\pi kT}{h^3c^3}\int_0^\infty\varepsilon^2\ln(1-e^{-\alpha-\beta\varepsilon})\,d\varepsilon\\&=\frac{8\pi}{3h^3c^3}\int_0^\infty\frac{\varepsilon^3 d\varepsilon}{e^{\varepsilon/kT}-1}=\frac{E}{3V}\end{aligned} \tag{3.2.41}$$

Fermi 気体　超相対論的な Fermi 気体の1例として完全縮退の場合を考えておこう．最高のエネルギーを $\varepsilon_0=cp_0$ とする．

$$N=g_s\frac{V}{h^3}\int_0^{p_0}4\pi p^2dp,\qquad E=g_s\frac{V}{h^3}\int_0^{p_0}4\pi cp^3dp$$

また，$PV=E/3$ が成り立つ．したがって

$$P=\frac{E}{3V}=\frac{1}{4}\left(\frac{3}{4\pi g_s}\right)^{1/3}hc\left(\frac{N}{V}\right)^{4/3} \tag{3.2.42}$$

である．

超相対論的でない場合は $PV\neq E/3$ である．完全に縮退した相対論的な Fermi

気体の場合は

$$\left.\begin{aligned}\frac{E}{V} &= \frac{g_s\pi}{8h^3}m^4c^5(\sinh\xi-\xi)\\ P &= \frac{g_s\pi}{8h^3}m^4c^5\left(\frac{1}{3}\sinh\xi-\frac{8}{3}\sinh\frac{\xi}{2}+\xi\right)\end{aligned}\right\} \tag{3. 2. 43}$$

($\xi=4\sinh^{-1}(p_0/mc)$) となる．超相対論的な場合は $p_0\gg mc$, $\sinh\xi\approx 8(p_0/mc)^4$ として得られる．

古典気体 縮退のない場合，いいかえれば古典統計の場合は，$e^{\alpha}\gg 1$ として得られる．したがって相対論的な希薄な気体では，

$$N = \frac{4\pi}{h^3c^3}Ve^{-\alpha}\int_{mc^2}^{\infty}e^{-\beta\varepsilon}\varepsilon\sqrt{\varepsilon^2-m^2c^4}\,d\varepsilon \tag{3. 2. 44}$$

$$E = \frac{4\pi}{h^3c^3}Ve^{-\alpha}\int_{mc^2}^{\infty}e^{-\beta\varepsilon}\varepsilon^2\sqrt{\varepsilon^2-m^2c^4}\,d\varepsilon \tag{3. 2. 44'}$$

$$\frac{PV}{kT} = \frac{4\pi}{h^3c^3}Ve^{-\alpha}\int_{mc^2}^{\infty}e^{-\beta\varepsilon}\varepsilon\sqrt{\varepsilon^2-m^2c^4}\,d\varepsilon \tag{3. 2. 44''}$$

である．これから分かるように，相対論的な古典気体では

$$PV = NkT \tag{3. 2. 45}$$

が成り立つ．しかし，エネルギー E は $(3/2)NkT$ に等しくはない．

§3.3 古典的体系

a) 量子効果と古典統計

ヘリウムやアルゴンのような分子(原子)は球形である．ここではこのような簡単な分子からなる物質を，主に液体を中心として考えよう．分子は近距離において働く反発力とやや遠くに及ぶ引力とが働く．2分子間の引力の位置エネルギーの主要項は距離 r の6乗に反比例する．これはいわゆる **van der Waals 引力**である．反発力は分子の外殻電子の波動関数が重なるために生じるもので，r の指数関数で大体与えられる．しかし便宜上 r の逆ベキで表わすことが多い．2分子間の相互作用の位置エネルギーは，例えば

$$\phi(r) = \frac{\lambda}{r^{12}}-\frac{\mu}{r^6} \qquad (\lambda,\mu>0) \tag{3. 3. 1}$$

の形で与えられる．この形を **Lennard-Jones のポテンシャル**という．これを仮定すると，反発力の係数 λ と引力の係数 μ とは，気体の状態式の理想気体からのずれ，すなわち**第2ビリアル係数**が実験と合うように決めることができる．

分子の相互作用による全位置エネルギーが，2分子ずつの対の相互作用の位置エネルギーの和としてよいという加算性を仮定しよう．この仮定は液体や固体では数パーセントの誤差を生じる可能性はあるが，ここではこれを無視することにする．N 個の同種類の分子からなる体系のエネルギー固有値 E_n は Schrödinger 方程式

$$\left\{-\frac{\hbar^2}{2m}\sum_{j=1}^{N}\nabla_j{}^2+\sum_{j>k}\phi(r_{jk})\right\}\psi_n = E_n\psi_n \tag{3.3.2}$$

で与えられるものである．ヘリウム，アルゴンなどの分子の相互作用が，すべて(3.3.1)のような形で2つの係数を用いて表わされるとすると，違う物質の分子間力は互いに相似であることになる．2つの係数 λ, μ のかわりに，例えば，$\phi=0$ になる r の値 σ と ϕ の極小値 $-\phi_0$ とを用いてもよい(図3.10参照)．そこで

$$\phi(r) = \phi_0\varphi\left(\frac{r}{\sigma}\right) \tag{3.3.3}$$

と書き，関数 φ はいろいろの物質で共通であるとしよう．長さを σ，エネルギーを ϕ_0 で測った値を * で表わすと固有値方程式は次のようになる．

$$\left\{-\frac{\Lambda^2}{8\pi^2}\sum_{j}\nabla_j{}^{*2}+\sum_{j>k}\varphi(r_{jk}{}^*)-NE_n{}^*\right\}\psi(\boldsymbol{r}_1{}^*, \boldsymbol{r}_2{}^*, \cdots, \boldsymbol{r}_N{}^*) = 0 \tag{3.3.4}$$

ただし

$$\Lambda = \frac{h}{\sigma\sqrt{m\phi_0}} \tag{3.3.5}$$

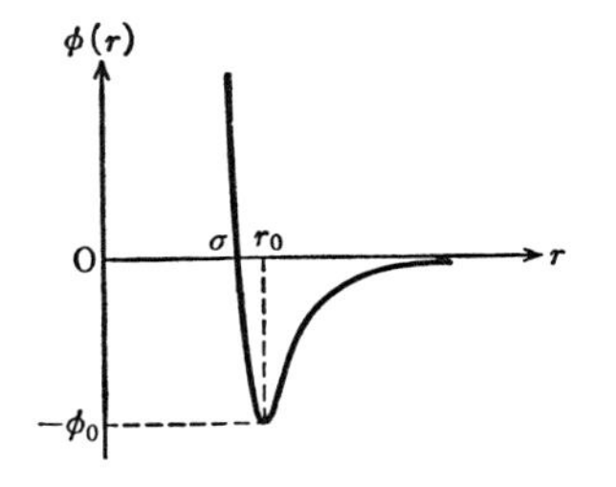

図3.10 分子間力のポテンシャル

$$E_n{}^* = \frac{E_n}{N\phi_0}, \qquad V^* = \frac{V}{N\sigma^3} \tag{3.3.6}$$

において，$E_n{}^*$ は V^* の関数である．そこで状態和は還元温度

$$T^* = \frac{kT}{\phi_0} \tag{3.3.6'}$$

と還元体積 V^* との関数で，Λ をパラメタとして含む．Λ はエネルギーが ϕ_0 に等しい分子の de Broglie 波長を分子の大きさ σ で割ったもので，Λ が大きいほど量子効果は大きいと考えられる．Λ を **de Boer のパラメタ**という．相似な物質の熱的性質は σ, ϕ_0 によって還元された量で比較するとき，Λ だけの関数として表わされることになる．

液体の臨界温度，融解温度，蒸気圧などの量についてこのような **de Boer の対応状態の原理**が成り立つことが認められる．図 3.11 は還元した臨界温度 $T_c{}^* = kT_c/\phi_0$ と Λ との関係を示したものである．

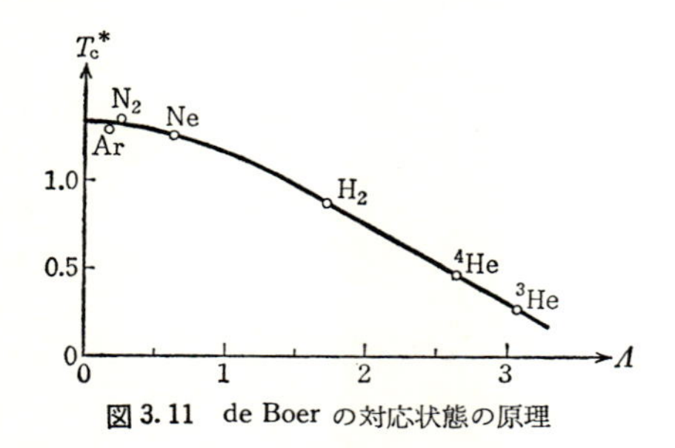

図 3.11 de Boer の対応状態の原理

このような比較には分子の従う統計の差違が現われないように見える．しかし液体ヘリウムの λ 転移などでは明らかにこの差違が現われるので，十分低温では統計の効果が顕著になると考えなければならない．最低のエネルギー固有値に近い固有値には統計効果が著しいが，融点付近で主要な役割を演じるやや高いエネルギーでは，波動関数の波数が大きく，分子の運動は局在されているため，固有値密度はほとんど統計の差違によって影響されないのであろう．

ネオン($\Lambda=0.591$)ではわずかに量子効果が認められるが，アルゴン($\Lambda=0.187$)では認められないようである．古典統計は $\Lambda \ll 1$ に対して成立し，対応状態は $\Lambda=0$ としたものになるから，Λ を含まないことになる．このことは固有値方程式

からも想像できる．すなわち $\Lambda\to 0$ にしたとき運動エネルギーの寄与が残るのは極めて波長の短い固有関数であり，したがって位置エネルギーの変動が波長の程度の範囲では無視できる状態である．これは古典力学の成立する条件にほかならない．このため状態空間は素体積に分割でき，位相空間の概念が成立することになる．この極限については§2.4で扱っておいた．

古典統計　分子を内部自由度をもたない粒子と考え得る場合には，古典統計の状態和に運動量 p に関する部分 J と空間部分 Q との積になる．

$$Z=\frac{1}{N!h^{3N}}\int\int d^N\boldsymbol{p}d^N\boldsymbol{q}e^{-\mathscr{H}(\boldsymbol{p},\boldsymbol{q})/kT}$$
$$=J(T)Q(T,V) \qquad (3.3.7)$$

ただし

$$J(T)=\frac{1}{h^{3N}}\left(\int_{-\infty}^{\infty}e^{-p^2/2mkT}dp\right)^{3N}=\left(\frac{2\pi mkT}{h^2}\right)^{3N/2} \qquad (3.3.7')$$

$$Q(T,V)=\frac{1}{N!}\int_{(V)}\cdots\int e^{-U/kT}dx_1dy_1dz_1\cdots dz_N \qquad (3.3.7'')$$

である．ここで

$$\mathscr{H}(p,q)=\frac{1}{2m}\sum(p_{x_j}{}^2+p_{y_j}{}^2+p_{z_j}{}^2)+U(q) \qquad (3.3.7''')$$

において U は位置エネルギーであり，分子の配置 $q=(x_1,y_1,z_1,\cdots,z_N)$ の関数である．因子 $1/N!$ は分子の入れ替えの方法の数で割ったことを意味し，空間部分 Q においては分子は別々のものとして積分範囲に制限を加えずに積分してよい．この因子は§2.1の説明にも明らかなように，気体において量子統計の古典統計的極限をとるときに自然に導かれるものであり，気体以外でも必要な因子である．古典的状態和は相積分，分配関数とも呼ばれている．

古典統計においては物理量 $A(p,q)$ の平均値は

$$\langle A\rangle=\frac{\displaystyle\int\int A(p,q)e^{-\mathscr{H}(p,q)/kT}dpdq}{\displaystyle\int\int e^{-\mathscr{H}(p,q)/kT}dpdq} \qquad (3.3.8)$$

で与えられる．ここで位相空間の素体積を簡単に $dpdq$ と書いた．

エネルギー等分配の法則　簡単な計算により

$$\left\langle\frac{1}{2m}p_{x_j}{}^2\right\rangle=\left\langle\frac{1}{2m}p_{y_j}{}^2\right\rangle=\left\langle\frac{1}{2m}p_{z_j}{}^2\right\rangle=\frac{kT}{2} \tag{3.3.9}$$

が示される．座標 q_l が U の中に $cq_l{}^2$ (c は定数) の形で含まれていれば

$$\langle cq_l{}^2\rangle=\frac{kT}{2} \tag{3.3.10}$$

となる．一般にハミルトニアンが p_n, q_l を含めば

$$\left\langle p_n\frac{\partial\mathscr{H}}{\partial p_n}\right\rangle=\left\langle q_l\frac{\partial\mathscr{H}}{\partial q_l}\right\rangle=kT \tag{3.3.11}$$

が示される．これを**エネルギー等分配の法則**といい，古典統計力学で最も重要な帰結の1つである．量子力学においてはこれは成立しない．

b) 圧　　力

位相空間における集団の分布密度は $\exp\{-\mathscr{H}(p,q)/kT\}$ であるから，分子の配置の確率は $\exp\{-U/kT\}$ で与えられる．この因子を Boltzmann 因子という．

特に分子が $\boldsymbol{r}, \boldsymbol{r}'$ にある確率は2体分布密度

$$n^{(2)}(\boldsymbol{r},\boldsymbol{r}')=\frac{N(N-1)\int\int\cdots\int\exp\{-U(\boldsymbol{r},\boldsymbol{r}',\boldsymbol{r}_3,\cdots,\boldsymbol{r}_N)/kT\}d\boldsymbol{r}_3\cdots d\boldsymbol{r}_N}{\int\int\cdots\int\exp\{-U(\boldsymbol{r}_1,\boldsymbol{r}_2,\boldsymbol{r}_3,\cdots,\boldsymbol{r}_N)/kT\}d\boldsymbol{r}_1d\boldsymbol{r}_2d\boldsymbol{r}_3\cdots d\boldsymbol{r}_N} \tag{3.3.12}$$

で与えられる．分子の分布が場所によらない気体や液体では，平均の分子密度を $n=N/V$ とするとき，$n^{(2)}(\boldsymbol{r},\boldsymbol{r}')=n^2g(|\boldsymbol{r}-\boldsymbol{r}'|)$ と書けば，$g(R)$ は動径分布関数である．

分子間の相互作用による位置エネルギーが各分子対の相互作用のポテンシャル $\phi(R)$ の和として(加算性)

$$U=\sum_{j<k}\phi(r_{jk})\qquad (r_{jk}=|\boldsymbol{r}_j-\boldsymbol{r}_k|) \tag{3.3.13}$$

と書けるとしよう．このとき，全エネルギー

$$E=-\frac{\partial\ln Z}{\partial(1/kT)}=\frac{3}{2}NkT+\frac{2\pi N^2}{V}\int_0^\infty\phi(r)g(r)r^2dr \tag{3.3.14}$$

が導かれる．右辺第1項は運動エネルギー，第2項は相互作用である．

状態方程式は $P=kT\partial \ln Q/\partial V$ で与えられるが，この微分を行なうには，体系が1辺の長さ l の立方体の中にあるとすれば都合がよい．$V=l^3$ である．変数を $x_1, y_1, z_1, \cdots, x_N, y_N, z_N$ から

$$\xi_1=\frac{x_1}{l},\quad \eta_1=\frac{y_1}{l},\quad \zeta_1=\frac{z_1}{l},\quad \cdots,\quad \xi_N=\frac{x_N}{l},\quad \eta_N=\frac{y_N}{l},\quad \zeta_N=\frac{z_N}{l} \tag{3. 3. 15}$$

に変える．同時に r_{jk} に対して

$$\rho_{jk}=\frac{r_{jk}}{l} \tag{3. 3. 15'}$$

を用いる．この変換により

$$Q(T, V)=\frac{l^{3N}}{N!}\int_0^1\cdots\int_0^1 \exp\left\{-\frac{1}{kT}\sum\phi(l\rho_{jk})\right\}d\xi_1 d\eta_1\cdots d\zeta_N \tag{3. 3. 16}$$

となる．これから

$$\begin{aligned}l\frac{\partial \ln Q}{\partial l}&\\ &=3N-\frac{1}{kT}\sum_{j<k}\frac{\displaystyle\iint\cdots\int l\rho_{jk}\phi'(l\rho_{jk})\exp\left\{-\frac{1}{kT}\sum\phi(l\rho_{jk})\right\}d\xi_1 d\eta_1\cdots d\zeta_N}{\displaystyle\iint\cdots\int \exp\left\{-\frac{1}{kT}\sum\phi(l\rho_{jk})\right\}d\xi_1 d\eta_1\cdots d\zeta_N}\\ &=3N-\frac{N(N-1)}{2kT}\frac{\displaystyle\iint\cdots\int r_{12}\phi'(r_{12})e^{-U/kT}dx_1 dy_1\cdots dz_N}{\displaystyle\iint\cdots\int e^{-U/kT}dx_1 dy_1\cdots dz_N}\end{aligned}$$

そこで $\partial/\partial V=(1/3V)\,l\partial/\partial l$ を考慮し，$n^{(2)}=n^2g(r)$ の定義(*1. 2. 5*)を用いれば(以下で，簡単のため $n=N/V$ と書く)，状態方程式(圧力方程式)として

$$PV=NkT-\frac{2\pi N^2}{3V}\int_0^\infty r^3\phi'(r)g(r)\,dr \tag{3. 3. 17}$$

を得る．これは第1章でビリアル定理(*1. 2. 18*)にほかならない．ただし古典統計であるから運動エネルギーは $(3/2)NkT$ である．

このように，圧力は $\ln Q$ の体積微分によって与えられるが，力としては容器の壁と体系との相互作用として考えた方が直接的である．この力を求めるには，たとえば，容器が x 軸に垂直な $x=l$ の面をもつとして，この壁が分子と相互作用する位置エネルギー $\sum_j u(l-x_j)$ を考えるとよい．分子1が壁に及ぼす力は $+du(l-x_1)/dx_1$ の平均である．壁のポテンシャル u を U に含ませれば

$$P = N\frac{\dfrac{1}{l^2}\displaystyle\int\!\!\int\cdots\int\frac{du(l-x_1)}{dx_1}e^{-U/kT}dx_1dy_1\cdots dz_N}{\displaystyle\int\!\!\int\cdots\int e^{-U/kT}dx_1dy_1\cdots dz_N}$$

と書ける．容器を $V=l^3$ の立方体とすれば部分積分により

$$\begin{aligned}
&\int\!\!\int\cdots\int e^{-U/kT}dx_1dy_1\cdots dz_N \\
&\quad=\int\cdots\int dx_2\cdots dz_N\left[\int\!\!\int dy_1dz_1x_1e^{-U/kT}\right]_{x_1=0}^{l} \\
&\qquad+\frac{1}{kT}\int\cdots\int dx_2\cdots dz_N\int\!\!\int\!\!\int dx_1dy_1dz_1 \\
&\qquad\times x_1\left\{\sum_j\frac{\partial\phi(r_{1j})}{\partial x_1}+\frac{du(l-x_1)}{dx_1}\right\}e^{-U/kT}
\end{aligned}$$

を得る．左辺の第1項では，下限 $x_1=0$ は被積分の x_1 のために寄与がなく，上限は $x_1=l$ において壁のポテンシャル u のために U が ∞ になるので消える．第2項の中で $\partial\phi(r_{1j})/\partial x_1$ の項は分子間力のビリアルのための項である．また，$\{du(l-x_1)/dx_1\}e^{-u(l-x_1)/kT}$ は $x_1=l$ の付近でするどい山をもつので，これを含む第2項の被積分では x_1 を l で置き換えてよく，これは圧力 P の項を与える．したがって上式は

$$\begin{aligned}
&\int\!\!\int\cdots\int e^{-U/kT}dx_1dy_1\cdots dz_N \\
&\quad=\frac{N-1}{6kT}\int\!\!\int\cdots\int r_{12}\frac{d\phi_{12}}{dr_{12}}e^{-U/kT}dx_1dy_1\cdots dz_N \\
&\qquad+\frac{PV}{NkT}\int\!\!\int\cdots\int e^{-U/kT}dx_1dy_1\cdots dz_N
\end{aligned}$$

と書けるが，これはすでに求めた状態方程式(3. 3. 17)と同じである．このよう

に圧力は分子が壁に及ぼす力であることが直接示されたわけである.

c) 表面張力

液体の表面張力は単位表面積あたりの余剰な自由エネルギーである. これに対する統計力学的な式を求めるには, 液体が気相に移動しないように, 全体積を一定にして, 表面積が変化するような体系の変形を考えればよい. 表面に垂直に z 軸をとる. 表面は平面であるとしているが, 分子の集合状態は数分子層にわたる領域内で気相から液相へ変化しているわけで, この領域の中に原点をとれば次の式は原点のとり方に無関係である. 1つの分子が z_1 にあるとき, これから $\boldsymbol{r}_{12}$ だけ離れた点における分子密度を $n_2 g(z_1, \boldsymbol{r}_{12})$ とする. n_2 は点2における平均密度であり, 同様に点1における密度を n_1 とすると, 表面張力の厳密な式は

$$\gamma = \frac{1}{2}\int\int \frac{x_{12}^2 - z_{12}^2}{2r_{12}} \frac{d\phi}{dr_{12}} n_1 n_2 g(z_1, \boldsymbol{r}_{12})\, d\boldsymbol{r}_1 d\boldsymbol{r}_2 \qquad (3.3.18)$$

となる. x, y に関する積分は原点を中心とする単位面積について行なう. 液体ヘリウムや液体水素などでは表面張力に対する量子効果がある. ρ を密度行列とするとき, 量子効果として

$$\gamma' = \frac{1}{A}\mathrm{tr}\left\{-\frac{\hbar^2}{2m}\sum_{j=1}^{N}\left(\frac{\partial^2}{\partial z_j^2} - \frac{\partial^2}{\partial x_j^2}\right)\rho\right\}\Big/ \mathrm{tr}\,\rho \qquad (3.3.19)$$

が(3.3.18)に加わる. この式で $\sum$ は分子 $j=1, 2, \cdots, N$ についての和であり, A は表面積である. γ' は z 方向の運動エネルギーと x 方向の運動エネルギーの差であって, 古典統計では当然打ち消し合う.

表面が幾何学的な面であるとする近似を用いれば(3.3.18)から

$$\gamma = \frac{\pi}{8} n^2 \int_0^\infty r^4 \frac{d\phi(r)}{dr} g(r)\, dr$$

が導かれる.

表面エネルギーは $u = \gamma - T d\gamma/dT$ によって表面張力の測定値から求められ, 単位面積あたりの過剰なエネルギーを意味する. これに対して表面張力は等温的に表面積を広げるに要する仕事を意味する.

d) 不完全気体

古典的な不完全気体の状態和を導くには, 状態和の空間部分 Q あるいは $e^{-\beta U}$ の配置空間での積分を計算すればよい. 分子 j と k の相互作用を ϕ_{jk} とすると

$$e^{-\beta U} = \prod_{i>j} e^{-\beta\phi_{ij}} = \prod_{i>j}(1+f_{ij}) \tag{3.3.20}$$

と書ける．ただし $\beta=1/k_{\mathrm{B}}T$ (本節では Boltzmann 定数を k_{B} と書く)．

$$f_{ij} = e^{-\beta\phi_{ij}}-1 \tag{3.3.21}$$

は **Mayer 関数**とよばれ，遠方で $\phi\to 0$ であるため，f_{jk} も r_{jk} の大きいとき急激に 0 になる(図 3.12 参照)．引力の $\phi<0$ のところで $f>0$ である．

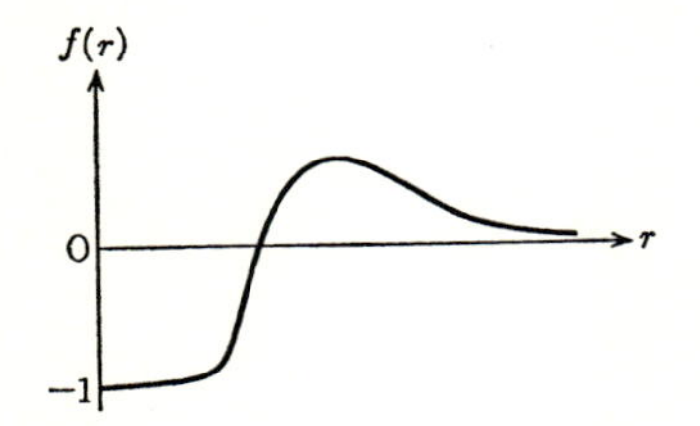

図 3.12 Mayer の f 関数

統計力学で問題になるのは，状態和 Q の対数，あるいは

$$e^{NW} = \left\langle \prod_{i>j}(1+f_{ij}) \right\rangle = \frac{1}{V^N}\int\int\cdots\int \prod_{i>j}(1+f_{ij})\, d\boldsymbol{r}_1 d\boldsymbol{r}_2 \cdots d\boldsymbol{r}_N \tag{3.3.22}$$

で与えられる関数 W である．ここに〈 〉は配置空間での平均値を意味する．このような平均値の対数はキュムラント展開(第5章)として計算することができる．しかし，ここでは初等的な方法でいくつかの結果を示しておこう．

(3.3.20) の積を展開すると

$$\prod_{N\geqq i>j\geqq 1}(1+f_{ij}) = 1+\sum_{i>j} f_{ij}+\sum\sum f_{ij}f_{kl}+\cdots$$

のようになる．ここで添字 ij で直接あるいは間接に結ばれる分子の集りに対する積分を

$$\left.\begin{aligned} b_1 &= \frac{1}{V}\int d\boldsymbol{r}_1 = 1 \\ b_2 &= \frac{1}{2V}\int\int f(r_{12})\, d\boldsymbol{r}_1 d\boldsymbol{r}_2 = \frac{1}{2}\int_0^\infty 4\pi r^2 f(r)\, dr \\ b_3 &= \frac{1}{3!\,V}\int\int\int (f_{31}f_{21}+f_{32}f_{31}+f_{32}f_{21}+f_{32}f_{31}f_{21})\, d\boldsymbol{r}_1 d\boldsymbol{r}_2 d\boldsymbol{r}_3 \end{aligned}\right\} \tag{3.3.23}$$

と書く．b_l は一般に l 個の分子が直接あるいは間接に結ばれた図形に関する積分で，**クラスター積分**(cluster integral)とよばれ，

$$b_l = \frac{1}{l!\,V}\int\int\cdots\int \sum_{l \geqq i > j \geqq 1} \prod f_{ij} d\boldsymbol{r}_1 d\boldsymbol{r}_2 \cdots d\boldsymbol{r}_l \qquad (3.3.24)$$

で定義される．ここで $\sum$ は添字によって結ばれた図形に対する和を表わしている．もしもこのような扱いで液体が体積 V を満たしている場合を取り扱おうとすれば，l の大きいとき b_l は体積に関係する．しかし不完全気体では，l 個の分子の中の1個 $j=1$ をはじめ固定して分子 $j=2, 3, \cdots, l$ で積分すれば，その結果は $j=1$ の場所によらないから，b_l は体積 V に無関係である．

N 個の分子を孤立した分子 m_1 個，2分子の集り m_2 個，3分子の集り m_3 個，…，l 分子の集り m_l 個，… に分割する方法の数は

$$N! \Big/ \prod_{l=1}^{N} (l!)^{m_l} m_l! \qquad (3.3.25)$$

で与えられる．なぜなら，$m_1, m_2, \cdots, m_l, \cdots$ 個の箱をそれぞれ用意し，それぞれに1分子，2分子，…，l 分子，… を入れる方法の数は $N!$ で，その中，箱をとりかえる方法の数 $m_l!$ は同じ分配を与え，また各箱の中で l 個の分子をとりかえる方法の数 $l!$ がそれぞれ同じ分配を与えるからである．したがって状態和は

$$\begin{aligned} Q_N(T, V) &= \frac{1}{N!} \sum_{\substack{m_l \\ \sum l m_l = N}} \frac{N!}{\prod_l (l!)^{m_l} m_l!} \prod_l (l!\,V b_l)^{m_l} \\ &= \sum_{\substack{m_l \\ \sum l m_l = N}} \prod_l \frac{(V b_l)^{m_l}}{m_l!} \qquad (3.3.26) \end{aligned}$$

と書ける．

これに $\xi^N = \prod (\xi^l)^{m_l}$ を掛けて N について和をとると，大きな状態和として

$$\Xi(T, V, \xi) = \sum_{N=0}^{\infty} \xi^N Q_N = \exp\left(\sum_{l=1}^{\infty} V b_l \xi^l\right) \qquad (3.3.27)$$

を得る．したがって圧力 P は

$$P = k_{\mathrm{B}} T \sum_{l=1}^{\infty} b_l \xi^l \qquad (3.3.28)$$

で与えられる．気体の密度が小さくなると ξ は平均分子密度 $n=N/V$ に近づく

ことが，理想気体との比較で分かる．ξ を**逃散能**(fugacity) という．ξ と分子数との関係は

$$N = V\sum_{l=1}^{\infty} lb_l\xi^l \tag{3.3.29}$$

によって与えられる．実際の計算は b_1, b_2, b_3 を除いて，積分の困難さのために実行されていない．

b_l は l 個の分子の集りに関する積分であるから，l が大きいとき，集りの表面積 $l^{2/3}$ に比例する部分と分子数 l に比例する部分とからなり

$$b_l \propto \exp(-\alpha_s l^{2/3} - \alpha_1 l) \tag{3.3.30}$$

のように近似できるであろう．α_s は表面張力を $k_B T$ で割ったものにだいたい等しい．また，分子の集りは液粒のようなものであるから，α_1 は液体の化学ポテンシャルを $k_B T$ で割ったものと考えてよいであろう．一方，$\xi = e^\alpha$ とおくと $\mu = \alpha k_B T$ は気体の化学ポテンシャルを表わす．そこで，たとえば温度を一定にして ξ を増大させると $N/V = \sum lb_l\xi^l$ に従って V は縮小し(温度はあまり高くなく，b_l は正と考えられるとしている)，$\exp(-\alpha_1)\xi = \exp(\alpha - \alpha_1)$ が増大して1に近づくと，$\sum lb_l\xi^l \approx \sum l\exp\{(\alpha - \alpha_1)l\}\exp(-\alpha_s l^{2/3})$ は急激に大きくなるので，V の変化は非常に急激になる．しかしこのとき $P \propto \sum \exp\{(\alpha - \alpha_1)l\}\exp(-\alpha_s l^{2/3})$ はほとんど一定に保たれるであろう．これは気体が圧縮されて液化する場合である．したがって，凝縮の際は $\alpha = \alpha_1$ で，液相と気相の化学ポテンシャルは相等しい．

さて，積分 b_l は分子のいろいろの結ばれ方の図形を含む．例えば b_4 の中には $f_{21}f_{31}f_{41}$ の積分があるが，これは分子1を止めて2, 3, 4で独立に積分できるので Vb_2^3 に帰着させられる．このように分解できるクラスターを**可約クラスター**(reducible cluster) という．これに対し，例えば $f_{21}f_{32}f_{31}$ の積分は小さな l の b_l に直せない．このようなものを**既約クラスター**(irreducible cluster) といい，$k+1$ 個の分子で作られるあらゆる図形による積分を**既約積分**とよび，これを

$$\beta_k = \frac{1}{k!\,V}\int\int\cdots\int \sum{}^{\text{既}} \prod_{k+1 \geqq j > k \geqq 1} f_{jk}\,d\boldsymbol{r}_1 d\boldsymbol{r}_2 \cdots d\boldsymbol{r}_{k+1} \tag{3.3.31}$$

と書く．$\sum^{\text{既}}$ は既約クラスターを集めることを意味する．具体的に b_l を β_k で書き直すと

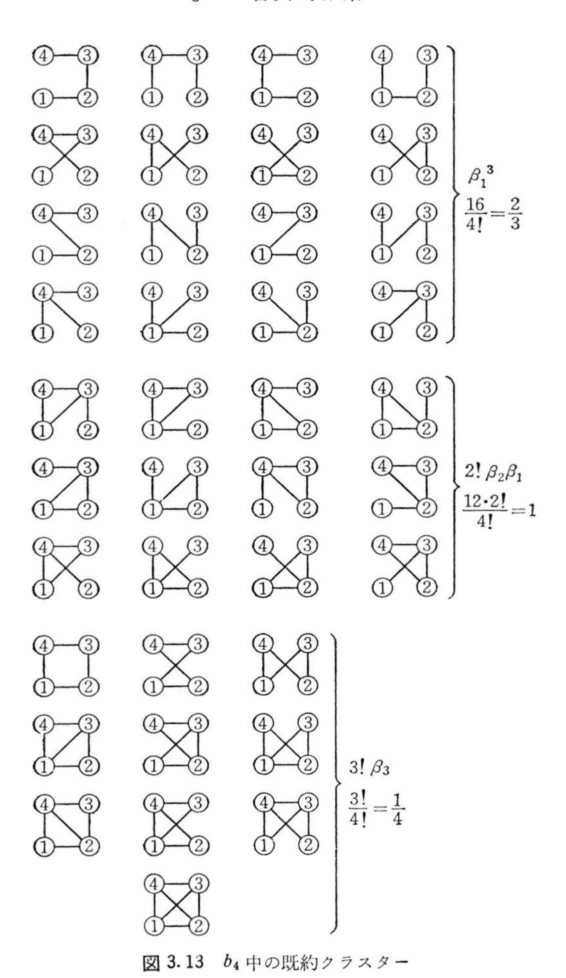

図 3.13 b_4 中の既約クラスター

$$b_1 = \frac{1}{V}\int d\boldsymbol{r}_1 = \beta_0 \tag{3.3.32a}$$

$$b_2 = \frac{1}{2V}\int\int f_{12}d\boldsymbol{r}_1 d\boldsymbol{r}_2 = \frac{1}{2}\beta_1 \tag{3.3.32b}$$

$$b_3 = \frac{1}{6V}\left(3\int\int\int f_{12}f_{23}d\boldsymbol{r}_1 d\boldsymbol{r}_2 d\boldsymbol{r}_3 + \int\int\int f_{12}f_{23}f_{13}d\boldsymbol{r}_1 d\boldsymbol{r}_2 d\boldsymbol{r}_3\right)$$

$$= \frac{1}{2}\beta_1{}^2 + \frac{1}{3}\beta_2 \tag{3.3.32c}$$

$$b_4 = \frac{2}{3}\beta_1{}^3 + \beta_1\beta_2 + \frac{1}{4}\beta_3 \tag{3.3.32d}$$

などとなる(図3.13参照)．一般に

$$l^2 b_l = \sum_{m_k}\prod_k \frac{(l\beta_k)^{m_k}}{m_k!} \tag{3.3.33}$$

であることを証明することができる(証明は略す)．ただし $\sum_{m_k}$ は $\sum_k km_k = l-1$ であるような m_k の組のすべてについての和を意味する．

$v=V/N$ を用いると ξ は

$$v\sum_{l\geqq 1} lb_l\xi^l = 1 \tag{3.3.34}$$

で与えられる．そこで

$$\xi = \frac{a_1}{v} + \frac{a_2}{v^2} + \frac{a_3}{v^3} + \frac{a_4}{v^4} + \cdots \tag{3.3.35}$$

とおいて，これを上式に代入して 1, $1/v$, $1/v^2$, $1/v^3$ の係数を両辺で等しいとおくと a_1, a_2, a_3, a_4 が b_1, b_2, b_3, b_4 によって与えられる．これをさらに β_k で書き直すと

$$a_1 = 1 \tag{3.3.36a}$$

$$a_2 = -2b_2 = -\beta_1 \tag{3.3.36b}$$

$$a_3 = 8b_2{}^2 - 3b_3 = -\left(\beta_2 - \frac{1}{2}\beta_1{}^2\right) \tag{3.3.36c}$$

$$\begin{aligned} a_4 &= -40b_2{}^3 + 30b_2b_3 - 4b_4 \\ &= -\left(\beta_3 - \beta_1\beta_2 + \frac{1}{6}\beta_1{}^3\right) \end{aligned} \tag{3.3.36d}$$

となる．こうして得られた ξ を圧力の式(3.3.28)の $\sum b_l\xi^l$ に代入すると

$$\frac{P}{k_{\mathrm{B}}T} = \sum b_l\xi^l = \frac{1}{v}\left(1 - \frac{\beta_1}{2v} - \frac{2}{3}\frac{\beta_2}{v^2} - \frac{3}{4}\frac{\beta_3}{v^3}\right) \tag{3.3.37}$$

を得る．これをさらに高次まで求めた式として

$$PV = Nk_{\mathrm{B}}T\left\{1 - \sum_{k=1}^{\infty}\frac{k}{k+1}\beta_k\left(\frac{N}{V}\right)^k\right\} \tag{3.3.38}$$

が証明されている．これは不完全気体の状態式の**ビリアル展開**であり，V^{-k} の係数，$B_k(T)=\dfrac{k}{k+1}\beta_k N^k$ は k 次の**ビリアル係数**とよばれている．

(3.3.22) で定義される W を用いると

$$\frac{PV}{Nk_{\mathrm{B}}T}=1-n\frac{\partial W}{\partial n}\qquad \left(n=\frac{N}{V}\right) \tag{3.3.39}$$

である．したがって上の状態式から

$$W=\sum_{k=1}^{\infty}\frac{\beta_k}{k+1}n^k \tag{3.3.40}$$

であることが分かる．形式的な展開

$$f=e^{-\beta\phi}-1=\sum_{\nu=1}^{\infty}\frac{1}{\nu!}(-\beta\phi)^{\nu} \tag{3.3.41}$$

を用いて W を書き表わすと

$$W=\sum_{k=1}^{\infty}\frac{n^k}{(k+1)!}\sum^{\text{既}}\int\int\cdots\int\prod_{k+1\geqq i>j\geqq 1}\sum_{\nu_{ij}=1}^{\infty}\frac{(-\beta\phi_{ij})^{\nu_{ij}}}{\nu_{ij}!}d\boldsymbol{r}_2 d\boldsymbol{r}_3\cdots d\boldsymbol{r}_{k+1} \tag{3.3.42}$$

を得る．

e) 電子ガス

相互作用が Coulomb 力の場合は，$r=0$ は困難にならないが，$r\to\infty$ で積分が発散する．このような場合も形式的な計算を行なってみよう．

電子の集りを考え，その電荷を平均としては打ち消すような正電荷は一様にぬりつぶされているものと考える．この電子ガス模型において，電子間の相互作用は

$$\phi(\boldsymbol{r})=\frac{e^2}{r}\qquad (r=|\boldsymbol{r}|) \tag{3.3.43}$$

である．電子の電荷を $-e$ としている．周期的な境界条件を用い，$\phi(\boldsymbol{r})$ を Fourier 分解すると

$$\phi(\boldsymbol{r})=\frac{1}{V}\sum v(\boldsymbol{q})e^{i\boldsymbol{q}\cdot\boldsymbol{r}} \tag{3.3.44}$$

となる．ここに

$$v(\boldsymbol{q})=\begin{cases}\dfrac{4\pi e^2}{q^2} & (\boldsymbol{q}\neq 0)\\ 0 & (\boldsymbol{q}=0)\end{cases} \tag{3.3.45}$$

である．

(3.3.42)に現われている積分$\int\cdots\int\prod\phi_{ij}d\boldsymbol{r}_2\cdots d\boldsymbol{r}_{k+1}$を実行しようとすると$\boldsymbol{r}_{ij}$などの大きいところで発散する．Fourier 分解を用いても q の小さいところで q に関する和が発散する．しかしこの積分には $\Pi(-\beta\phi_{ij})$ の形の因子があり，全体には因子 $1/(k+1)!$ が掛かっている．したがって適当な項を寄せ集めれば収束するかも知れないと期待される．

しかし，すべてのクラスター積分項を計算することは実際上不可能である．そこで，$\phi_{12}\phi_{23}\phi_{34}\phi_{41}$ のように電子の番号 (ij) の組が輪を作るクラスターを考えると

$$\iint\cdots\int\phi_{12}\phi_{23}\cdots\phi_{l1}d\boldsymbol{r}_2d\boldsymbol{r}_3\cdots d\boldsymbol{r}_l=\frac{1}{V}\sum_{\boldsymbol{q}}v^l(\boldsymbol{q}) \tag{3.3.46}$$

と求められる．クラスターでは電子の番号を入れかえたものは別の図形として勘定するが，輪の裏表は同一視するから，l 個の電子で作られる輪クラスターの数は $(l-1)!/2$ 個ある．したがって，輪クラスターだけを寄せ集めた近似を $W_{輪}$ と書くと，(3.3.42)で $k+1=l$ として

$$\begin{aligned}W_{輪}&=\frac{1}{2V}\sum_{l=2}^{\infty}\frac{(-1)^l\beta^l n^{l-1}}{l}\sum_{\boldsymbol{q}}v^l(\boldsymbol{q})\\&=\frac{1}{2nV}\sum_{\boldsymbol{q}}[-\ln\{1+\beta nv(\boldsymbol{q})\}+\beta nv(\boldsymbol{q})]\end{aligned} \tag{3.3.47}$$

$\boldsymbol{q}$ に対する和は$\int d\boldsymbol{q}/(2\pi)^3$ で置き換えられるので積分を実行すると

$$W_{輪}=\frac{\kappa^3}{12\pi n} \tag{3.3.48}$$

となる．ここで

$$\kappa^2=4\pi e^2\beta n \tag{3.3.49}$$

とおいた．κ^{-1} は長さの次元をもち，**Debye の長さ**とよばれ，次項に述べるように実は電荷による Coulomb 力の遮蔽を特徴づける量である．輪の近似では状態方程式として $W_{輪}$ から

$$\frac{PV}{Nk_{\mathrm{B}}T}=1-\frac{\sqrt{\pi}}{3}e^3\beta^{3/2}n^{1/2} \qquad (3.3.50)$$

を得る．理想気体からのずれは n に比例せず，$n^{1/2}$ に比例していることが注目される．この状態方程式は実は Debye-Hückel の理論によって知られたものである．

f) 電解質

Debye と Hückel は強電解質におけるイオンの相互作用の効果を巧みに取り入れる理論をたてた．この方法は Coulomb 力に対してだけ使えるものであり，また直観的なものであるが，現象の物理的面を明白にしてくれる特徴がある．

同種のイオンは互いに反発し，異種のイオンは互いに引き合うから，平均的にみて各イオンの周囲はおもに反対の符号をもつイオンによって囲まれ，同種のイオンは遠ざけられているであろう．イオンの周囲のこのような分布を**イオン雰囲気**という(図 3.14 参照)．ここでは正のイオンもぬりつぶさないで，負のイオンと共に考慮しておこう．前節と比較するには，正イオンの関係する項を取り除けばよい．

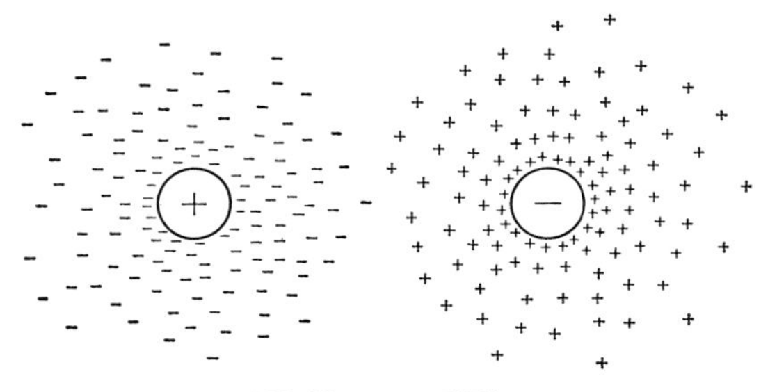

図 3.14　イオン雰囲気

さて，種類 j の特定のイオンに着目すると，このイオンとその雰囲気とによる電位 ψ_j がそのまわりにできている．外から電場がかかっていなければ，イオンが球対称のとき，平均としての電位 ψ_j も球対称である．イオン雰囲気による電荷密度を ρ_j とすれば，Poisson 方程式は種類 j のイオンの周囲で

$$\nabla^2\psi_j=-\frac{4\pi\rho_j}{\varepsilon} \qquad (3.3.51)$$

である．ただし溶液は誘電体であるから，その誘電率を ε とした．単位体積内に

平均として電荷 e_j のイオンが n_j 個あるとしよう．電位 ψ_j のところにおける種類 i のイオンの密度は Boltzmann 分布

$$n_i \exp\left(-\frac{e_i\psi_j}{k_B T}\right) \tag{3.3.52}$$

としてよいから，全電荷密度は

$$\rho_j = \sum_i e_i n_i \exp\left(-\frac{e_i\psi_j}{k_B T}\right) \tag{3.3.53}$$

で与えられる．前節のように正イオンをぬりつぶしたければ正イオンのまわりの ψ_j は0とし，負イオンに対しては上式の和 $\sum_i$ は負イオンだけについて加えればよい．

平均として電荷が打ち消し合うとすると

$$\sum_i e_i n_i = 0 \tag{3.3.54}$$

である．着目するイオンから少し離れたところで

$$\frac{e_i\psi_j}{k_B T} \ll 1 \tag{3.3.55}$$

とすると Poisson 方程式を線形化して

$$\frac{1}{r}\frac{d^2(r\psi_j)}{dr^2} = \kappa^2\psi_j \tag{3.3.56}$$

ただし

$$\kappa^2 = \frac{4\pi}{\varepsilon k_B T}\sum_i n_i e_i^{\,2} \tag{3.3.57}$$

を得る．$r\to\infty$ で $\psi_j=0$．また簡単のためイオンはすべて直径 σ の剛体球であるとし，$r\to\sigma$ で Coulomb 力の場

$$-\frac{d}{dr}\psi_j \longrightarrow \frac{e_j}{\varepsilon r^2} \qquad (r \longrightarrow \sigma) \tag{3.3.58}$$

になるとすると，

$$\psi_j = \frac{e_j}{\varepsilon(1+\kappa\sigma)}\frac{e^{-\kappa(r-\sigma)}}{r} \tag{3.3.59}$$

となる(図3.15参照)．

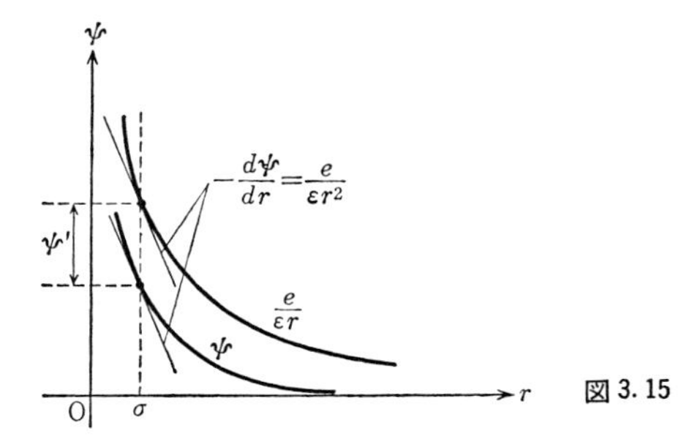

図 3.15

正イオンはぬりつぶして考えるならば，κ の式(3.3.57)における和は負イオンについてだけ加えればよく，負イオンが電子だけならば，κ は前項のものと一致している($\varepsilon=1$ として)．κ^{-1} は上式の ψ_j の表現でわかるようにイオン雰囲気により Coulomb 力が遮蔽される距離を与える Debye の長さである．

着目するイオンとそのまわりの雰囲気との相互作用による熱力学ポテンシャルを G_e としよう．これを求めるには，イオンを電荷のない仮想的な状態から帯電させていくと考えて，雰囲気との相互作用に対する仕事を計算すればよい．イオンの電荷が λe_j ($\lambda=0\sim1$) のとき，さらに微小電荷 $d(\lambda e_j)$ を添加するとする．雰囲気によってイオンの場所に作られる電位は，ψ_j からイオン自身による電位を引き去った

$$\psi'(e_j)=\lim_{r\to\sigma}\left(\psi(e_j)-\frac{e_j}{r}\right)=-\frac{e_j\kappa}{\varepsilon(1+\kappa\sigma)} \qquad (3.3.60)$$

で与えられる(図 3.15 参照)．しかし，すべての e_j が λe_j のときには κ も λ 倍されるから，電荷を添加していく仕事は

$$\begin{aligned} G_e &= \sum_j N_j\int_0^1 \psi'(\lambda e_j)\,d(\lambda e_j) \\ &= -\sum_j \frac{N_j e_j^2\kappa}{\varepsilon}\int_0^1 \frac{\lambda^2 d\lambda}{1+\kappa\sigma\lambda} \end{aligned}$$

十分希薄なとき($\kappa\sigma\ll1$)は，

$$G_e=-\sum_j \frac{N_j e_j^2\kappa}{3\varepsilon} \qquad (3.3.61)$$

となる．ここに $N_j=n_jV$ は種類 j のイオンの総数である．

前項の NW は $-G_e/k_BT$ に相当するものである．したがって Debye-Hückel の理論では，

$$W_{DH}=\frac{e_j{}^2\kappa}{3\varepsilon k_BT} \tag{3.3.62}$$

である．ここで，正イオンはぬりつぶして考えて $\sum_j$ は負イオンだけ残し，負イオンは1種類だけとして，$N=N_j$ とおいた．$\varepsilon=1$ とおくと W_{DH} は明らかに輪の近似の $W_{輪}$ と一致する．

そこで輪の近似は Debye-Hückel の近似に相当するということができる．あるいは逆にいうこともできる．いずれにしても，Debye-Hückel の理論の結果をさらによいものにしたいと思うときには，相互作用の図形において輪以外のものも取り入れればよいであろうと思われる．どのような図形をさらに取り入れたらよいかということは必ずしも明確ではない．

なお前項で述べた Debye-Hückel の方程式(3.3.50)は，電解質の場合は浸透圧の式に相当する．

第4章　相　　転　　移

Boyle-Charles の法則に従う気体や Curie の法則に従う常磁性体などは，一般に**理想体系**とよばれる．これらは相互作用が無視できる要素からできていて，本質的には1個の要素の取扱いでよい．調和振動子系は粒子間に強い相互作用をもっているが，規準振動またはフォノンの立場からすれば理想体系である．これに反して相互作用の無視できない系がある．特にこれらの系では**相転移**とよばれる特異な現象がおこる．例えば，気体は圧縮，冷却によって凝縮をおこし，常磁性体のあるものは Curie 点以下に温度を下げると強磁性体になるというような事柄である．相転移を経由することによってそれまでになかった新しい構造や物性が生まれる．生体の機能も相転移という立場でみられることが多い．

熱平衡に関する限りは Gibbs の統計力学によって，状態和(分配関数)をつくる処方箋が与えられており，具体的に解を出すために，モデルや数学的手段が必要になる．相転移をおこす系は一般に構成要素間に相互作用のある系であり，**協力系**ともいわれ，相転移は**協力現象**といわれることもある．理想 Bose 気体でも，波動関数の対称性から，実効的には粒子間に引力のある系と考えることができ，Bose 凝縮という相転移をおこすことになる．

この章では具体的な物質について相転移を論ずることはやらない．むしろ基本的なモデルによって，相転移をおこすメカニズムを統計力学の立場から明らかにするのが目的である．そこで次に代表的ないくつかのモデルを書いておこう．

§4.1　相転移の模型

a)　強磁性の模型

結晶の格子点の上にスピンがのっているとする．i 番目の格子点のスピンを $\boldsymbol{s}_i$ で表わすと，この系のハミルトニアンは

$$\mathcal{H} = -2\sum_{\langle ij\rangle} J_{ij}\boldsymbol{s}_i\cdot\boldsymbol{s}_j - g\mu_{\rm B}H\sum_i s_i^z \qquad (4.1.1)$$

とかかれる．ただし $\sum_{\langle ij\rangle}$ は i と j の対についての和である．磁場 H は z 方向にかかっていて s^z はスピン演算子の z 成分である．$g, \mu_{\rm B}$ はそれぞれ Landé の因子，Bohr の磁子である．J_{ij} は交換積分で i, j のスピン間の距離のみに依存し，普通は隣接するスピンの組に対してだけ0でない．J_{ij} は強磁性相互作用なら正，反強磁性相互作用なら負である．$\boldsymbol{s}_i\cdot\boldsymbol{s}_j$ はスピンの成分を用いるか，または

$$s_i^{\pm} = s_i^x \pm i s_i^y \qquad (4.1.2)$$

を定義すると

$$\begin{aligned}\boldsymbol{s}_i\cdot\boldsymbol{s}_j &= s_i^x s_j^x + s_i^y s_j^y + s_i^z s_j^z \\ &= \frac{1}{2}(s_i^+ s_j^- + s_i^- s_j^+) + s_i^z s_j^z \end{aligned} \qquad (4.1.3)$$

とかくことができる．スピンの大きさは1/2であるとすると，Pauli の行列 σ_x, σ_y, σ_z によって

$$\left.\begin{aligned} s_j^x &= \frac{1}{2}(\sigma_x)_j = \frac{1}{2}\begin{bmatrix}0 & 1\\ 1 & 0\end{bmatrix}_j \\ s_j^y &= \frac{1}{2}(\sigma_y)_j = \frac{1}{2}\begin{bmatrix}0 & -i\\ i & 0\end{bmatrix}_j \\ s_j^z &= \frac{1}{2}(\sigma_z)_j = \frac{1}{2}\begin{bmatrix}1 & 0\\ 0 & -1\end{bmatrix}_j \end{aligned}\right\} \qquad (4.1.4)$$

とかかれる．ハミルトニアンがこのようにかかれる磁性体の模型を **Heisenberg 模型**という．この模型では(*4.1.3*)の示すように x, y, z の成分は一様にハミルトニアンに寄与をしていると仮定されている．もし磁気異方性があれば，x, y, z それぞれの寄与が一様でないはずである．特に z 方向だけの寄与が圧倒的に大きく，x, y 方向の寄与を無視できるときは

$$\mathcal{H} = -2\sum_{\langle ij\rangle} J_{ij}s_i^z s_j^z - g\mu_{\rm B}H\sum_i s_i^z \qquad (4.1.5)$$

とかかれる．このときは(*4.1.4*)から s_i^z は1/2または $-1/2$ の値だけをとり，(*4.1.1*)のハミルトニアンがもっている演算子の交換性といった量子力学的効果を考えなくてよいという便宜がある．このようなモデルを **Ising 模型**という(図

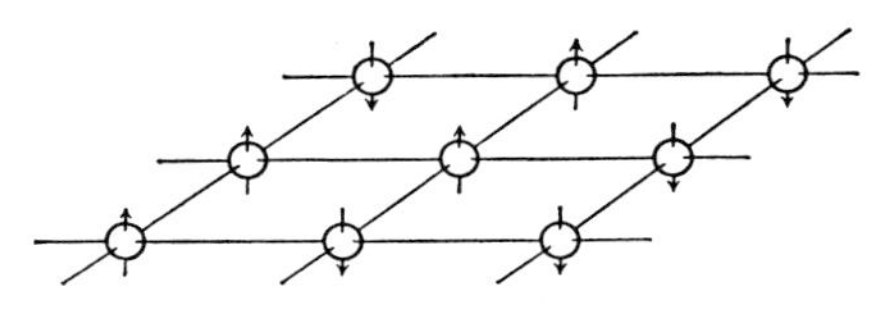

図 4.1 2次元の Ising 模型

4.1参照).

一方, z 方向の成分が無視できるとした模型がある. それは(*4.1.3*)の x および y 成分の項に異方性を入れて

$$\mathscr{H} = -2\sum_{\langle ij\rangle} J_{ij}[(1+\eta_{ij})s_i{}^x s_j{}^x + (1-\eta_{ij})s_i{}^y s_j{}^y] - g\mu_B H\sum_i s_i{}^z \quad (4.1.6)$$

としたものである(η_{ij} は ij 間の距離できまる定数). この模型を **XY 模型**という. Ising 模型は1方向に強い異方性をもった磁性体として近いものが現実にある. しかし XY 模型ではそれに対応する現実の物質はまだ知られていない. しかし Heisenberg 模型の特別な場合であり, かつ1次元系では厳密解が得られていて理論的な興味がある.

b) 格子気体

格子(または細胞)からできている系の格子点の上(または細胞の中心)に分子がのることができるとする. i 番目の格子点の状態を p_i で表わし, $p_i=1,0$ はそれぞれ分子がいる状態といない状態とする. $2\varepsilon_{ij}$ を i と j の格子に分子がいるときその間のポテンシャル・エネルギーとすると, この系の相互作用のエネルギーは

$$E_p = -\sum_{\langle ij\rangle} 2\varepsilon_{ij} p_i p_j \quad (4.1.7)$$

である. これを**格子気体**という(図4.2参照). 格子点の2つの状態を2種類の分子あるいは原子 A, B のどれかが占めている状態とみなすこともできる. これは溶液あるいは合金の格子模型である. ij の距離が一定の組に対し AA, AB, BA, BB 同士の相互作用を $2\varepsilon_{ij}(\mathrm{AA})$, $2\varepsilon_{ij}(\mathrm{AB})=2\varepsilon_{ij}(\mathrm{BA})$, $2\varepsilon_{ij}(\mathrm{BB})$ とし,

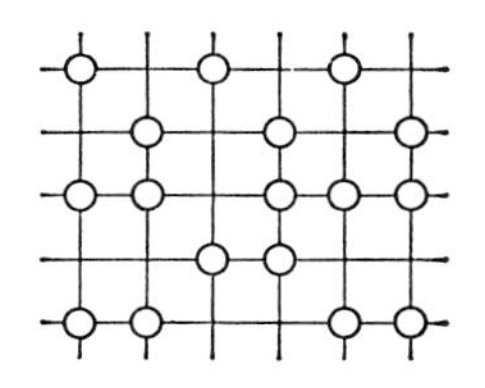

図 4.2 2次元の格子気体. 分子を細胞の中心に並べるようにしてもよい

その数を $N_{AA}, N_{AB}, N_{BA}, N_{BB}$ とすれば

$$E_p = -2\sum_{|i,j|}\{\varepsilon_{ij}(AA)N_{AA}+\varepsilon_{ij}(AB)N_{AB}+\varepsilon_{ij}(BA)N_{BA}+\varepsilon_{ij}(BB)N_{BB}\} \tag{4.1.8}$$

である．和は ij の距離 $|i,j|$ のすべてに対してとる．1つの格子点 i を決めたとき，i との距離が同じになる j の数を z_{ij} とすると

$$\left.\begin{aligned} N_{AA}+N_{AB} &= z_{ij}N_A \\ N_{AB}+N_{BB} &= z_{ij}N_B \end{aligned}\right\} \tag{4.1.9}$$

ここで N_A, N_B は A および B 分子の総数である†．これを使って N_{AA}, N_{BB} を消去すると，$N_{AB}=N_{BA}$ とおいて

$$E_p = -2\sum_{|i,j|}\{(\varepsilon_{ij}(AA)z_{ij}N_A+\varepsilon_{ij}(BB)z_{ij}N_B)+N_{AB}(2\varepsilon_{ij}(AB)-\varepsilon_{ij}(AA)-\varepsilon_{ij}(BB))\} \tag{4.1.10}$$

と書き直される．溶液や合金では，N_A と N_B を一定にして，配置だけを問題にすることができる．この場合，{　} の中の第1項は格子上の A, B の配置には無関係な定数であり，第2項だけが問題である．これは AB の対が1つ増えると $\varepsilon_{ij}\equiv 2\varepsilon_{ij}(AB)-\varepsilon_{ij}(AA)-\varepsilon_{ij}(BB)$ に比例してエネルギーが増すことを意味する．したがって溶液または合金でも (4.1.7) をとって議論すれば十分であり，以下の議論は適当な注意をすれば，これらの場合にも適用できる．

c) 格子気体と Ising 系との対応

格子気体の格子点の数を N とし，分子の数を n とすると

$$\sum_{i=1}^{N} p_i = n \tag{4.1.11}$$

の条件がある．この系の状態和 Z_p および大きな状態和(大分配関数) Ξ_p は

$$Z_p = j_p{}^n \sum_{\sum p_i = n}\exp(-\beta E_p) \tag{4.1.12}$$

$$\Xi_p = \sum_{n=0}^{N}\exp(-\beta\mu_p n)j_p{}^n\sum_{\sum p_i=n}\exp(-\beta E_p)$$

† $N_{AA}, N_{BB}, \cdots, z_{ij}$ などは距離 $|i,j|$ を指定したときの量であるから，肩に $|i,j|$ をつけた方がはっきりするが，煩雑になるので (4.1.8)～(4.1.10) の式にはかいていない．

$$= \sum_{\{p_i\}} \exp[-\beta\{E_{\rm p}-(\mu_{\rm p}+kT\ln j_{\rm p})\sum_i p_i\}] \tag{4.1.13}$$

とかける．ここで $\mu_{\rm p}$ は化学ポテンシャル，$j_{\rm p}$ は1つの格子点の上での分子の振動状態などを表わす状態和で，まわりの格子点の状態にはよらないとする．(4. 1. 13) の和は p_i $(i=1, 2, \cdots, N)$ について0または1をとることを意味する．

次に Ising 系を考える．格子気体と対比するために $2s_i^z=\mu_i$ とすると，そのエネルギーは(4. 1. 5)から

$$\left.\begin{aligned} E_{\rm s} &= -\sum_{\langle ij\rangle}\frac{J_{ij}}{2}\mu_i\mu_j - mH\sum_i \mu_i \\ m &= \frac{g\mu_{\rm B}}{2} \end{aligned}\right\} \tag{4.1.14}$$

であるから，この系の状態和は

$$\Xi_{\rm s} = \sum_{\{\mu_i\}} \exp(-\beta E_{\rm s}) \tag{4.1.15}$$

とかける．ここでは格子気体の大きな状態和と対応させるために $Z_{\rm s}$ とかかないで $\Xi_{\rm s}$ とかくことにする．磁気モーメント(磁化) M は

$$M = \sum_i m\mu_i \tag{4.1.16}$$

である．(4. 1. 16) は格子気体における条件 (4. 1. 11) に相当するものであるが，(4. 1. 15) の $\mu_i=\pm1$ についての和は (4. 1. 16) の条件を考えないから，スピン系の $\Xi_{\rm s}$ は格子気体の大きな状態和 $\Xi_{\rm p}$ に対応する．この関係をさらによく調べるために

$$p_i = \frac{1}{2}(\mu_i+1) \tag{4.1.17}$$

とおくと $\mu_i=\pm1$ に対応して $p_i=1$ または0であって

$$\begin{aligned} &E_{\rm p}-(\mu_{\rm p}+kT\ln j_{\rm p})\sum_i p_i \\ &\quad = -\frac{1}{2}\sum_{\langle ij\rangle}\varepsilon_{ij}\mu_i\mu_j - \frac{1}{2}(\varepsilon_0+\mu_{\rm p}+kT\ln j_{\rm p})\sum_i \mu_i - \frac{N}{2}\left(\frac{\varepsilon_0}{2}+\mu_{\rm p}+kT\ln j_{\rm p}\right) \end{aligned} \tag{4.1.18}$$

となる．ここで

$$\varepsilon_0 = \sum_{j=1}^{N} \varepsilon_{ij} \tag{4.1.19}$$

であって j の和は i を除いたものであり，十分大きな系では ε_0 は i によらないと見なされる．もちろん互いに離れた i と j の間の ε_{ij} は十分小さくなると仮定してある．(4.1.18) を用いると (4.1.13) は

$$\left.\begin{aligned} \Xi_{\mathrm{p}} &= \exp\left[\frac{\beta N}{2}\left(\frac{\varepsilon_0}{2}+\mu_{\mathrm{p}}+kT\ln j_{\mathrm{p}}\right)\right]\cdot \Xi_{\mathrm{p}}' \\ \Xi_{\mathrm{p}}' &= \sum_{\{\mu_i\}} \exp\left(-\frac{E_{\mathrm{p}}'}{kT}\right) \end{aligned}\right\} \tag{4.1.20}$$

$$E_{\mathrm{p}}' = -\left\{\sum_{\langle ij\rangle} \frac{\varepsilon_{ij}}{2}\mu_i\mu_j + \frac{1}{2}(\varepsilon_0+\mu_{\mathrm{p}}+kT\ln j_{\mathrm{p}})\sum_i \mu_i\right\} \tag{4.1.21}$$

と書き直される．

一方 Ising 系の状態和 Ξ_{s} は，H を一定に保っているから，Gibbs の自由エネルギー G_{s} を与える状態和であって，化学ポテンシャルを μ_{s} とすると

$$\left.\begin{aligned} G_{\mathrm{s}} &= E_{\mathrm{s}} - TS - HM = \mu_{\mathrm{s}} N \\ \Xi_{\mathrm{s}} &= \exp\left(-\frac{G_{\mathrm{s}}}{kT}\right) = \exp\left(-\frac{\mu_{\mathrm{s}} N}{kT}\right) \end{aligned}\right\} \tag{4.1.22}$$

であり，格子気体の大きな状態和は圧力を P とすると

$$\Xi_{\mathrm{p}} = \exp\left(\frac{PN}{kT}\right) \tag{4.1.23}$$

である．ただし1つの格子点あたりの体積は1としてある．またこの $\Xi_{\mathrm{s}}, \Xi_{\mathrm{p}}'$ を使うと磁化 M および分子数 n はそれぞれ

$$kT\frac{\partial \ln \Xi_{\mathrm{s}}}{\partial H} = m\langle \sum_i \mu_i \rangle = M \tag{4.1.24}$$

$$kT\frac{\partial \ln \Xi_{\mathrm{p}}'}{\partial \mu_{\mathrm{p}}} = \frac{1}{2}\langle \sum_i \mu_i \rangle = n - \frac{N}{2} \tag{4.1.25}$$

で求められる†.

† (4.1.24) または (4.1.25) の M または n は大きな状態和をつかっているので正確には $\langle M\rangle$ または $\langle n\rangle$ とかくべきである．一方カノニカル集合では n は一定であるので，スピン系と格子系の比較では $\langle M\rangle$ と n の比較になる．しかし煩雑になるので以下では n と $\langle n\rangle$ の区別をしないことにする．

これらのことから Ising 系と格子気体との間に次のような対応がつけられる．すなわち，Ξ_s と Ξ_p' を対応させ(4.1.14)と(4.1.21)とを比べると相互作用 J_{ij} と ε_{ij} が対応し，(4.1.24)と(4.1.25)とから表4.1の第3行目，(4.1.14)と(4.1.21)の $\sum \mu_i$ の係数を比較して第4行目，(4.1.20)，(4.1.22)と(4.1.23)とから第5行目の対応が得られる．また，第2行目は(4.1.24)と(4.1.25)を比べたものである．

表 4.1 Ising 系と格子気体との対比

	Ising 系	格子気体
相互作用	J_{ij}	ε_{ij}
磁化と分子数	$\dfrac{M}{m}$	$2n-N$
磁場と化学ポテンシャル	mH	$\dfrac{1}{2}(\varepsilon_0+\mu_p+kT\ln j_p)$
化学ポテンシャルと圧力	$-\mu_s$ $mH-\mu_s$	$P-\dfrac{1}{2}\left(\dfrac{\varepsilon_0}{2}+\mu_p+kT\ln j_p\right)$ $P+\dfrac{\varepsilon_0}{4}$

この対応を使って1つの系から他の系に移ることができる．これから明らかなように，格子気体の問題を知るためには磁場のあるときの Ising 模型の答えを知らなければならない．

Ξ_s が分かっていれば H/kT を通して圧力と密度との関係が求められる．しかし，1次元を除けば，2次元の Ising 系で $H=0$ の Ξ_s と M が厳密に分かっているだけである．それでも，これらを用いれば2次元の格子気体について，気相と液相の共存曲線を求めることができる．

スピン1つあたりの磁化 $I=M/mN$ は Curie 点以上では $H\to 0$ で0であるが，この温度以下では H を正から0に近づけた場合に磁化が I_0 になるとすると，H を負で0に近づけた場合の磁化は $-I_0$ になる．すなわち $H=0$ は I の不連続点である．これに対応して密度 $v^{-1}=n/N$ も $H=0$ で2つの値

$$v_g^{-1}=\frac{1}{2}(1-I_0),\qquad v_l^{-1}=\frac{1}{2}(1+I_0)$$

となる．したがってこの格子気体では気相の密度とこれと共存する液相の密度の

和は厳密に一定である．すなわち

$$v_g^{-1}+v_l^{-1}=1$$

最隣接スピンだけが相互作用 J によって結ばれている2次元正方 Ising 系では，C. N. Yang の解(*4. 4. 55*)によれば $I_0=(1-1/\sinh^4 2L)^{1/8}$ であり ($L=J/2kT$)，これを通して各温度における気相あるいは液相の密度は L の関数である．そして L. Onsager の解(*4. 4. 46*)を用いれば，その温度における圧力 P は

$$\frac{P}{kT}=-2L+\ln(2\cosh 2L)+\frac{1}{2\pi}\int_0^\pi \ln\frac{1}{2}(1+\sqrt{1-\kappa_1{}^2\sin^2\varphi})\,d\varphi$$

ただし

$$\kappa_1=\frac{2\sinh 2L}{\cosh^2 2L}$$

で与えられる．この共存曲線を図4.3に示した(T_c は臨界温度)．等温線(破線)は求められないが近似計算を参照して記してある．

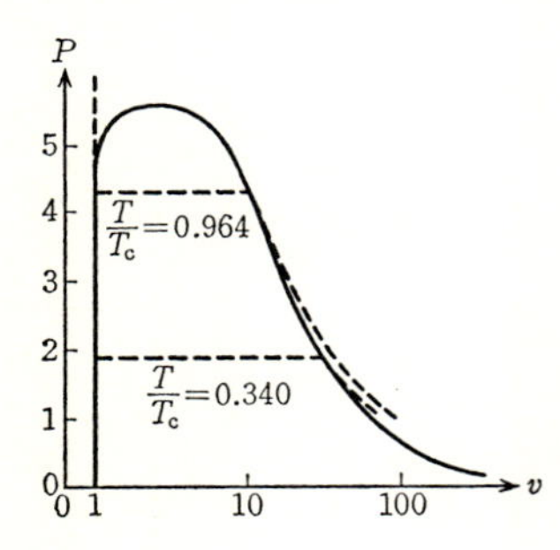

図 4.3　2次元格子気体の蒸気圧と比体積(T. D. Lee, C. N. Yang による)

d）格子気体の対称性

(*4. 1. 13*)において

$$\exp\{\beta(\mu_p+kT\ln j_p)\}=\xi \qquad (4.1.26)$$

とおく．ξ は**逃散能**である．すると(*4. 1. 20*)で定義した Ξ_p' は

$$\Xi_p'(y_p)=\sum_{\{\mu_i\}=\pm 1}\exp\left[\frac{\beta}{2}\sum_{\langle ij\rangle}\varepsilon_{ij}\mu_i\mu_j\right]y_p{}^{\Sigma\mu_i} \qquad (4.1.27)$$

$$y_p=\exp\left(\frac{\beta}{2}\varepsilon_0\right)\xi^{1/2} \qquad (4.1.28)$$

とかくことができる．(*4. 1. 27*)はすべての μ_i を $-\mu_i$ にしても変わらないから

$$\Xi_{\mathrm{p}}'(y_{\mathrm{p}}) = \Xi_{\mathrm{p}}'\left(\frac{1}{y_{\mathrm{p}}}\right) \tag{4.1.29}$$

の関係にある．また(*4. 1. 25*)から

$$2\left(n-\frac{N}{2}\right) = \langle\sum_i \mu_i\rangle = 2kT\frac{\partial \ln \Xi_{\mathrm{p}}'}{\partial \mu_{\mathrm{p}}} = \frac{\partial \ln \Xi_{\mathrm{p}}'}{\partial \ln y_{\mathrm{p}}} \tag{4.1.30}$$

(*4. 1. 30*)をさらに微分すると

$$\begin{aligned}\frac{1}{\Xi_{\mathrm{p}}'}\frac{\partial^2 \Xi_{\mathrm{p}}'}{\partial \ln y_{\mathrm{p}}{}^2} &= \frac{1}{\Xi_{\mathrm{p}}'}\sum(\sum \mu_i)^2 \exp\left(-\frac{E_{\mathrm{p}}'}{kT}\right) \\ &= \langle(\sum \mu_i)^2\rangle \end{aligned} \tag{4.1.31}$$

を考慮して

$$\begin{aligned} 2\frac{\partial(n-N/2)}{\partial \ln y_{\mathrm{p}}} &= \frac{1}{\Xi_{\mathrm{p}}'}\frac{\partial^2 \Xi_{\mathrm{p}}'}{\partial \ln y_{\mathrm{p}}{}^2} - \left(\frac{1}{\Xi_{\mathrm{p}}'}\frac{\partial \Xi_{\mathrm{p}}'}{\partial \ln y_{\mathrm{p}}}\right)^2 \\ &= \langle(\sum \mu_i)^2\rangle - (\langle\sum \mu_i\rangle)^2 \\ &= \langle(\sum \mu_i - \langle\sum \mu_i\rangle)^2\rangle \end{aligned} \tag{4.1.32}$$

となり，これは常に正である．これらの関係から次のようにいうことができる．(*4. 1. 29*)および(*4. 1. 30*)から Ξ_{p}' と $n-N/2$ はそれぞれ $\ln y_{\mathrm{p}}$ の偶関数および奇関数である．一方(*4. 1. 32*)から $n-N/2$ は $\ln y_{\mathrm{p}}$ の増加関数であるから n/N と $\ln y_{\mathrm{p}}$ の関係は図4. 4のようになる．図中の(イ)は n/N が $\ln y_{\mathrm{p}}$ の全域にわたって解析的であるとしたときである．もしどこかに特異点をもつとすれば $y_{\mathrm{p}}=1$ ($\ln y_{\mathrm{p}}=0$) のところであることは後に述べる Lee-Yang の定理からわかり(ロ)の形になる．また，十分高温ならば(*4. 1. 27*)から

$$\Xi_{\mathrm{p}}'(y_{\mathrm{p}}) = \left(y_{\mathrm{p}}+\frac{1}{y_{\mathrm{p}}}\right)^N$$

となって $y_{\mathrm{p}}>0$ のすべてにわたって n/N の特異点はない．これは自由スピンに

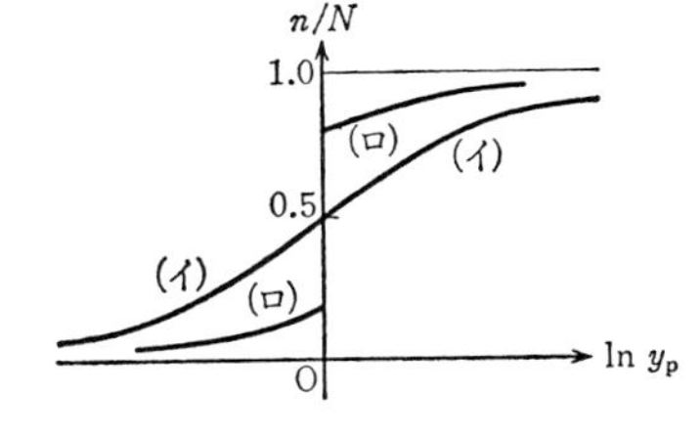

図 4.4 格子気体の n/N と $\ln y_{\mathrm{p}}$ の関係

対する式である.

格子気体の特別な場合として $H=0$ の Ising 系では別の対称性がある. $H=0$ は表4.1と(4.1.26), (4.1.28)から $y_{\mathrm{p}}=1$ に相当する. さらに最隣接格子点間にだけ相互作用があるとし, 格子点は α と β の2つに分けられ J_{ij} とかくときは i が α 格子, j が β 格子にいるものとする. このとき α 格子のスピンを全部符号を変えたとすると(4.1.14)で $H=0$ としたときのエネルギーは符号を変える. この状態は J_{ij} の符号を変えたものと同一である. したがって $J_{ij}>0$ の強磁性体と $-J_{ij}$ の相互作用の反強磁性体とは, 状態和が同一となり, したがって比熱と温度との関係も同一で, 一方に異常があれば同じ点で他方にも異常があることになる. また α 格子の上の $+1$ または -1 のスピンの数を $N_+{}^\alpha, N_-{}^\alpha$, β 格子上で同様に $N_+{}^\beta, N_-{}^\beta$ を定義すると, 強磁性体では磁化の大きさは

$$\langle\sum_i \mu_i\rangle = (N_+{}^\alpha+N_+{}^\beta)-(N_-{}^\alpha+N_-{}^\beta) \tag{4.1.33}$$

に比例するが, 反強磁性体ではこれに対応するものは

$$(-N_+{}^\alpha+N_+{}^\beta)-(-N_-{}^\alpha+N_-{}^\beta) = (N_+{}^\beta+N_-{}^\alpha)-(N_+{}^\alpha+N_-{}^\beta) \tag{4.1.34}$$

であってこの両者は同じ関数形になるはずである. α 格子に -1 のスピンが, β 格子に $+1$ のスピンが並ぶ状態はエネルギーが最も低く, これを秩序状態とすると, 高温になるとこれがしだいにくずれる. (4.1.34)はこの様子を表わす量であって, これを格子点の総数 N で割ったものは長距離秩序度を表わす.

$$S=\frac{1}{N}\langle(N_+{}^\beta+N_-{}^\alpha)-(N_+{}^\alpha+N_-{}^\beta)\rangle$$

それゆえ図4.5のように強磁性体が自発磁気 M/Nm をもてば反強磁性体の S は同じ曲線に重なることになる. T_{c} は Curie 温度または Néel 温度である.

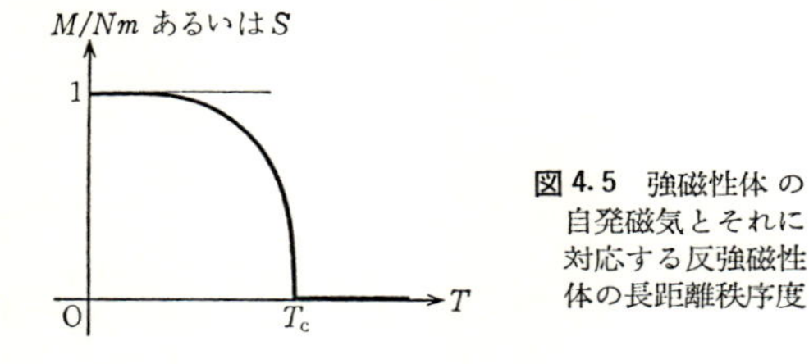

図 4.5 強磁性体の自発磁気とそれに対応する反強磁性体の長距離秩序度

§4.2　状態和の解析性と熱力学的極限

a)　熱力学的極限

熱平衡にある系はふつう少数の熱力学的変数で記述される．熱力学的関数のもつべき条件の1つは，温度，圧力などの示強変数を一定に保っておくと，体積，エントロピー，自由エネルギーなどの示量変数はその系に含まれる分子数 N に比例するということである(系の均一性)．また熱力学的関数は，その変数について断片的に解析的であり，解析性を失うところすなわち特異点は相転移点に相当する．

一方，統計力学では，すでに述べたようにいろいろな集団を導入して，熱力学的関数を決めることができる．そうして得られた熱力学的関数は集団の選び方によらないで同一でなければならない．

これらのことは，要素間の相互作用にある制限が存在していることと，系の大きさを十分大きくする必要があることを示している．系の大きさを十分に大きくするという意味は，分子数 N と体積 V をその比(密度)を一定に保ちながら無限に大きくするという意味である．これを熱力学的極限という．実は上の定義だけでは十分でない．体積を大きくするのに，いろいろな方法がありうるからである．たとえば稜の長さが t, t^2, t^3 の直方体で $t\to\infty$ にするやり方と，長さ t の立方体のまま大きくするのとでは，数学的な極限が違うことがあるからである．われわれはどの方向にも等方的に大きくするような後者の意味で考えておけばよい．

熱力学的極限をとる必要性は，1つには系の均一性，いいかえれば系の性質が境界または系の表面によらないということであって，それは熱力学的極限をとることによって保証される．また，熱力学的関数に特異点が現われて，それによって相転移を理解するためにも必要である．

このことを見るために，簡単な例を考えよう．この例は後に述べる Ising 系であって，格子点 i の上にスピン μ_i が乗っていてその値は1または -1 をとるとし，最隣接スピン i, j の間に $-(J/2)\mu_i\mu_j$ のエネルギーがあるとする．N 個のスピンがあるとすると状態和は

$$Z=\sum_{\mu_1=\pm1}\cdots\sum_{\mu_N=\pm1}\exp\left\{\frac{J}{2kT}\left(\sum_{\langle ij\rangle}\mu_i\mu_j\right)\right\} \tag{4.2.1}$$

とかける．この Z は多項式であって exp の中は最隣接格子の数が有限であるか

ぎり有限である．したがって Z を T の関数とみれば，$T=0$ を除いてあらゆる $T>0$ に対し解析的である．相転移点は解析性の失われるところであるとすると，N が有限である限りそれは存在しないことになる．現実の系は有限系であるから相転移点は厳密な意味で数学的な特異点ではないが，そこで熱力学的関数が異常な挙動をすることは，$N\to\infty$ という極限をとったときに生まれる特異点と理解することができる．現実は有限系であるけれども，無限系で生ずる特異性を相転移と結びつけることがむしろ現実を正しく理解することになるのである．

要素間の相互作用に対する制限は，系の均一性を保証する別の表現である．物質の内部では十分遠くの表面からの影響が消えなければならない．いいかえると，1つの系の分子を2つに分けて I, II とし，その系のエネルギーを

$$U(\mathrm{I},\mathrm{II}) = U(\mathrm{I}) + U(\mathrm{II}) + W \tag{4.2.2}$$

としたとき，W は I と II の相互作用を表わすものであるが，I と II との分子の最短距離を r とすると，r を十分大きくしたときに

$$|W| \leqq An_1n_2r^{-q} \tag{4.2.3}$$

でなければならない(図4.6参照)．ここで n_1, n_2 はそれぞれ I, II の中の分子の数であり，$A\geqq 0$, q はこの系の次元数 ν より大きい($q>\nu$)．

さらに，空間の一部にいくらでも多くの数の分子が入ってしまうということがあってはいけない．そのためには n 個の分子を含む系のポテンシャル・エネルギー $U(n)$ が $B\geqq 0$ として

$$U(n) \geqq -nB \tag{4.2.4}$$

であればよい．相互作用のエネルギーに下限があれば(剛体芯も含めて)，この条件をみたしている．この条件があれば大きな状態和が収束することが分かる．分子の種類は1つだけで，その数を n とすれば(3.3.7)から，カノニカル集合の状態和 $Z(\beta, V, n)$ は

$$Z = \frac{1}{n!}\left(\frac{2\pi mkT}{h^2}\right)^{3n/2}\int_V e^{-\beta U(n)}d\tau_n \tag{4.2.5}$$

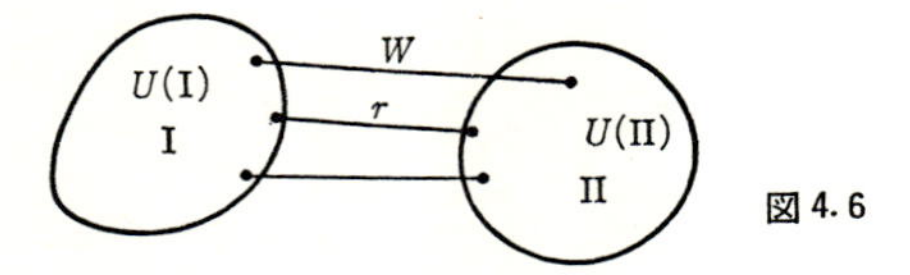

図4.6

ただし

$$d\tau_n = dx_1 dy_1 dz_1 \cdots dz_n$$

であって，大きな状態和は，

$$\Xi = 1 + \sum_{n=1}^{\infty} \frac{\xi^n}{n!} \int e^{-\beta U(n)} d\tau_n \tag{4.2.6}$$

となる．ここで ξ は逃散能で，λ を絶対的活動度とすると

$$\xi = \left(\frac{2\pi mkT}{h^2}\right)^{3/2} \lambda \tag{4.2.7}$$

で定義され，$\int \cdots d\tau_n$ は n 個の分子のそれぞれの位置座標についての体積 V にわたる積分である．不等式(4.2.4)によって

$$\begin{aligned} \Xi &\leqq 1 + \sum \frac{\xi^n}{n!} V^n \exp(n\beta B) \\ &= \exp\{\xi V \exp(\beta B)\} \end{aligned} \tag{4.2.8}$$

となるから収束性はこれで証明されたことになる．

圧力，エネルギー，エントロピーなどの熱力学的関数は，熱力学的極限をとらなければならない．たとえばカノニカル集合では

$$\frac{P}{kT} = \lim \frac{1}{V} \frac{\partial \ln Z}{\partial V} \tag{4.2.9}$$

大きなカノニカル集合では

$$\frac{P}{kT} = \lim \frac{1}{V} \ln \Xi \tag{4.2.10}$$

である．分子間の相互作用に上述の性質を与えると熱力学的極限が存在し，これらの熱力学的関数は本節の初めに述べた熱力学的条件を満足することが示される．また熱力学的な安定性，たとえば圧力は温度を一定に保つとき体積の減少関数であることなども示される．いろいろな統計集団によって導かれる熱力学的関数は同一である．たとえば(4.2.9)および(4.2.10)で与えられる圧力は同一であって，T, V の同じ関数形であることが分かっている．しかしこれらの数学的な証明はここでは立ち入らない(巻末文献(34)参照)．

上にのべたように統計集合が異なっても結果が同一になるのはもちろん熱力学的極限をとるからであり，本質的に有限な系では異なる結果を与えることもある．

鎖状分子の両端間に働く力 K と伸び x の間には L を Langevin 関数として

$$\frac{x}{nb} = L\left(\frac{Kb}{kT}\right) \tag{4.2.11}$$

という関係がある．ここで鎖状分子は長さ b のボンド n 個がランダムな配位をとると仮定している．上の関係は両端間に一定の力 K がかかっているとした定張力集合(気体では定圧力集合(T-P 集合)に相当する)を使って導くことができる．もし両端間距離を x に保つ集合(気体では T-V 集合に相当する)を使えば，熱力学的極限においてのみ上式と一致する結果が得られる．

b) クラスター展開

§3.3(d) では不完全気体のクラスター展開が論ぜられた．(3.3.28) は圧力を (4.2.7) で導入した逃散能 ξ で展開した式

$$\frac{P}{kT} = \sum_{l=1}^{\infty} b_l \xi^l \tag{4.2.12}$$

である．ここで b_l はクラスター積分であって，(4.2.12) は無限級数になっている．b_l は分子間のポテンシャルと温度だけで決まる関数と考えているが，これは極限をとるときにまず $V\to\infty$，次に $N\to\infty$ としているからである．このようにしてできた級数 (4.2.12) を解析接続して得られる関数の特異点を相転移点とみる立場がある．J. E. Mayer らはそれによって気体の凝縮を調べた．しかし $V\to\infty$ を先にとって次に $N\to\infty$ とする極限は，正しい熱力学的極限であるかどうかという点には疑問がある．この点は現実のポテンシャルについて具体的には調べられていないが，これに反する例が知られていて，(4.2.12) の特異点に相当する点は凝縮点ではなく，過飽和の終点であるという考えが有力である．

c) 大きな状態和の零点

(4.2.6) の大きな状態和にかえろう．座標空間に対する積分を Q_n とかくことにする．もし粒子間のポテンシャルに剛体芯があるとすると，体積 V を一定にしておけば，その中に入りうる粒子の数には上限がある．それを $N(V)$ とすると，一般に V を決めておくと (4.2.6) は

$$\Xi(V) = 1 + \sum_{n=1}^{N(V)} \frac{\xi^n}{n!} Q_n \tag{4.2.13}$$

という多項式である．圧力 P は (4.2.10) で与えられる．

ξ を複素数にまで拡張すると，(4.2.13)の根は N 個ある．それを ξ_i とすると，$\Xi(V)$ は

$$\Xi(V)=\prod_{i=1}^{N}\left(1-\frac{\xi}{\xi_i}\right) \tag{4.2.14}$$

と書くことができる．ξ_i は(4.2.13)の多項式の各係数が正であるから正の実軸上にはありえない．(4.2.10)によって

$$\frac{P}{kT}=\lim_{V\to\infty}\frac{1}{V}\sum_{i=1}^{N(V)}\ln\left(1-\frac{\xi}{\xi_i}\right) \tag{4.2.15}$$

とする．$V\to\infty$ の極限をとらないかぎり，ξ を実軸上で 0 から $+\infty$ まで変化させたとき，P には特異点は現われない．これは本節(a)項で説明したことの別の例である．V を大きくすると ξ_i の数は増え，ξ 平面上にある分布をすることになるだろう．もしも $V\to\infty$ としたときその分布が極限として ξ の正の実軸上に乗れば，その点 ξ_0 が特異点になるだろう．これは C. N. Yang と T. D. Lee の考えである．

一般的な系でこの零点の極限分布がどうなるか，あるいは極限分布が存在するのかどうかということは分かっていない．しかし格子気体についてはいくつかのことが分かっている．Lee と Yang によれば，(4.1.5)または(4.1.14)の J_{ij} が正すなわち強磁性相互作用のときは(4.1.28)で定義された y_{p} の複素平面を考えると，大きな状態和の零点は N が有限であるときも常に $y_{\mathrm{p}}=1$ の円周上にあり，したがって $N\to\infty$ の極限でも同じ円周上にある．しかも根の数は N と共に増大するから，もし $N\to\infty$ で連続的に分布しそれが正の実軸を切ればそこが転移点を与えることになる．§4.1(d)で述べたことは，この事実と関連がある．

異方性のある強磁性的 Heisenberg 模型でも Ising 模型と同様に $|y_{\mathrm{p}}|=1$ の円周上に零点が乗っていることが証明されている．

反強磁性的相互作用のあるときの零点の分布に対する一般的な定理はまだ知られていない．しかし有限な N に対してはその零点の分布を計算機で調べることができる．それらの結果によれば分布は場合によって異なり単純でない．

再び(4.2.14)または(4.2.15)にかえろう．ξ は実軸上の値で実とし，一般に ξ_k は複素数であるから $\xi_k=r_k\exp(i\theta_k)$ とすると(図 4.7 参照)

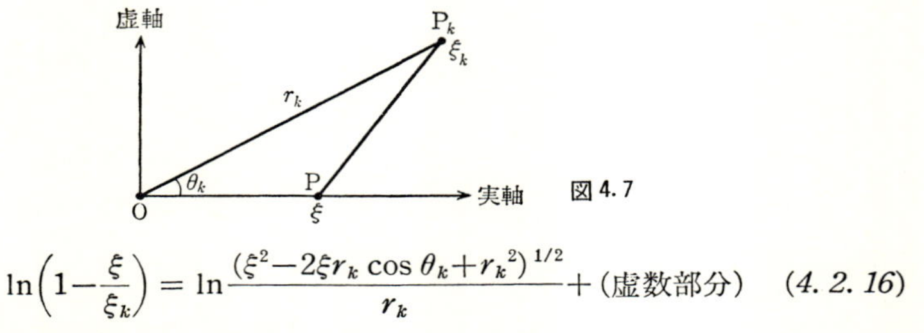

図 4.7

$$\ln\left(1-\frac{\xi}{\xi_k}\right)=\ln\frac{(\xi^2-2\xi r_k\cos\theta_k+r_k{}^2)^{1/2}}{r_k}+(\text{虚数部分}) \qquad (4.2.16)$$

とかける．図 4.7 で P, P_k の距離は $(\xi^2-2\xi r_k\cos\theta_k+r_k{}^2)^{1/2}$ に等しく，(*4.2.16*) の実数部分は P_k に 1/2 の電荷をおいたときの P における対数ポテンシャル (紙面に垂直な線密度 1/2 の線状の電荷を P_k においたときの P におけるポテンシャル) に等しい．実軸上 ξ で表わされる点 P の圧力は複素平面上にすべての根の位置に 1/2 の電荷をおいたときの対数ポテンシャルに比例することになる．もし熱力学的極限でこの電荷がある線上に連続分布したとし，それが実軸上正の位置 ξ_0 で切るとすると，P がこの線の左から右へ横切ると，ポテンシャルは連続的に変わるが，電場は大きさが変わって不連続的な変化をする．電場はポテンシャルを ξ で微分したものであるが，この量は物理的には密度に比例する．

$$\rho=\xi\frac{\partial}{\partial\xi}\left(\frac{P}{kT}\right)$$

したがって ξ_0 を越えると密度は不連続的に変化することになる．このことはここで相変化が起こったということを直観的に理解させてくれる．

なお，根が連続的にある曲線の上に分布したとしても，それは P あるいは (*4.2.15*) の右辺で定義される関数の自然境界 (natural boundary) であるとはかぎらない．実軸上で $\xi<\xi_0$ または $\xi>\xi_0$ の領域で解析接続をしたときに，ξ_0 を越えて解析接続可能なこともあるからである．$\xi<\xi_0$ ならばこうしてできた解析関数

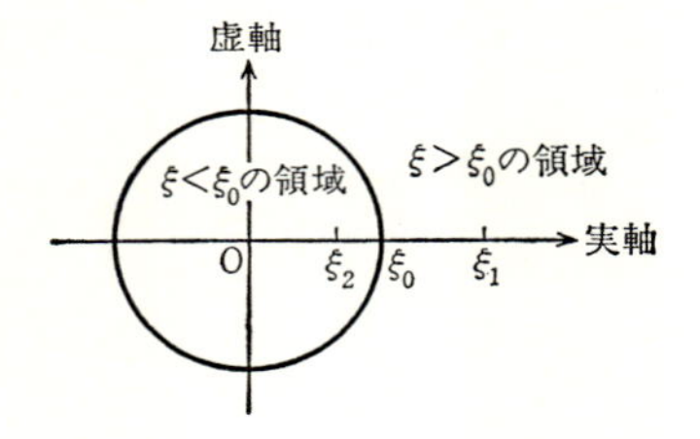

図 4.8

の $\xi>\xi_0$ ではじめて現われる特異点 ξ_1 や，$\xi>\xi_0$ の領域で解析接続をして得られる関数の $\xi<\xi_0$ ではじめて現われる特異点 ξ_2 は，それぞれ準安定領域の極限と考えられる(図 4.9).

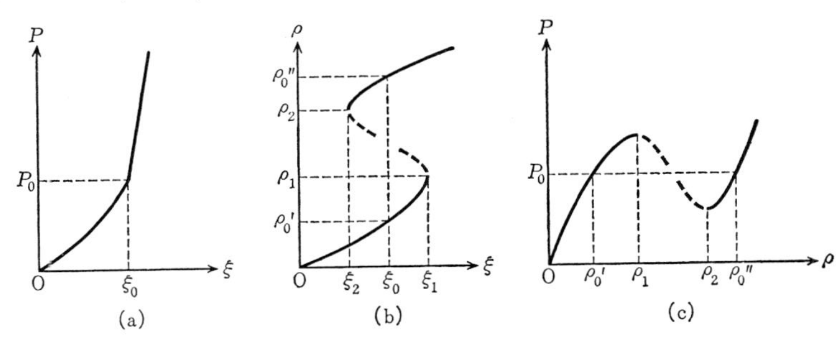

図 4.9　P-ξ, ρ-ξ, P-ρ の関係

磁場のない系では $y_p=1$ であるので y 平面上の大きな状態和の零点分布の議論は適用できない．これに対しては温度をパラメタとして含んだ別の量の複素平面を考えるのが便利である．これについては§4.4(c) に述べる．

§4.3　1 次 元 系

1 次元系では厳密に解ける模型がいくつかある．その代表的なものをあげよう．

a）最隣接相互作用の 1 次元系

直線上に順次に分子 i ($i=1, 2, \cdots, N$) が x_i の位置にいて，隣り合う分子間にのみ力が作用するとする†．運動量空間の積分を行なうと，その系の状態和は

$$Z(T, L, N)$$
$$=\left(\frac{2\pi mkT}{h^2}\right)^{N/2}\int\cdots\int\exp\left[-\beta\sum_{1\leq i\leq N-1}u(x_{i+1}-x_i)\right]dx_1\cdots dx_N \tag{4.3.1}$$

と表わされる．m は分子の質量，u は分子間のポテンシャル，積分は例えば x_i は x_{i-1} と x_{i+1} の間にだけ行なう．L は N 個の分子のいる区間の長さである．

† 分子間の力が長距離力であればたとえ(4.3.4)の積分が存在しても隣り合う分子間にだけ作用するというのは不自然だろう．隣り合う分子間にのみ力がはたらくとするためには分子には半径 a の剛体芯があり，$u(x)$ は $x\geqq 2a$ で消える短距離力であるとすればよい．

T-P 集合に移るとその状態和は

$$\begin{aligned}
&Y(T, P, N)\\
&=\int_0^\infty Z(T, L, N)e^{-\beta PL}dL\\
&=\left(\frac{2\pi mkT}{h^2}\right)^{N/2}\int\cdots\int \exp[-\beta P\{x_1+(x_2-x_1)+\cdots+(L-x_N)\}]\\
&\quad\times\exp[-\beta\{u(x_2-x_1)+u(x_3-x_2)+\cdots+u(x_N-x_{N-1})\}]dx_1\cdots dx_N dL\\
&=\left(\frac{2\pi mkT}{h^2}\right)^{N/2}\frac{1}{(\beta P)^2}\left\{\int_0^\infty e^{-\beta(u(x)+Px)}dx\right\}^{N-1}
\end{aligned}\tag{4. 3. 2}$$

それゆえ P と L との関係は(2. 5. 4)から N が十分大きいときは

$$L=-kT\frac{\partial \ln Y(T, P, N)}{\partial P}=-NkT\frac{\partial}{\partial P}\ln F(P)\tag{4. 3. 3}$$

ただし

$$F(P)=\int_0^\infty e^{-\beta(u(x)+Px)}dx\tag{4. 3. 4}$$

これより先に計算を進めるには $u(x)$ の形を与えなければならない．x が小さいところで斥力 $(u(x)>0)$ で，かつ x が十分大きいところで十分はやく $u(x)\to 0$ となれば $F(P)$ は存在し，P の連続関数である．したがって L と P の関係に特異点はなく，相転移はない．

b) 格 子 気 体

上のモデルで，分子は格子点にだけ存在するとすれば1次元の格子気体になる．§4. 1(c) で説明したように，格子気体は Ising 模型と等価である．最隣接スピン間にだけ相互作用のある Ising 系に対してはまとめて§4. 4 に説明するが，1次元では相転移は起こらないことが証明される．したがって格子気体でも同様である．

さらに最隣接分子間だけでなく，隣接する有限個の分子間に相互作用のある系を考えよう(図4. 10 参照)．たとえば3つ先の格子点まで相互作用が及ぶとして，エネルギーは

$$E=u(p_1, p_2, p_3, p_4)+u(p_2, p_3, p_4, p_5)+u(p_3, p_4, p_5, p_6)+\cdots\tag{4. 3. 5}$$

の形に書けるとする．ここで $p_1, p_2, p_3, \cdots$ は格子点 1, 2, 3, … に存在する分子の

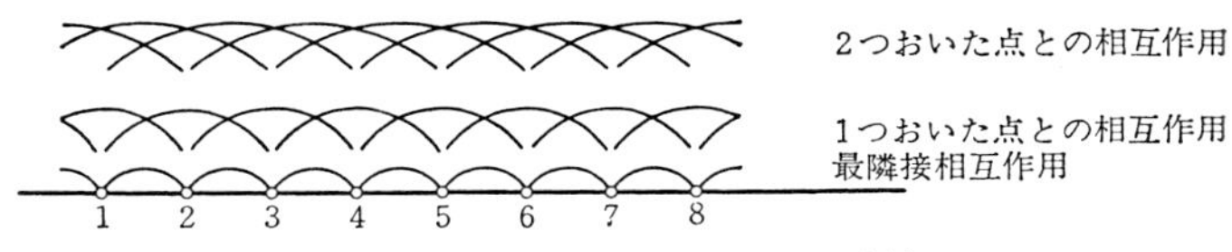

図 4.10 直線上に並んだ分子の相互作用

状態(存在するときは1, しなければ0)を表わし, $u(p_1, p_2, p_3, p_4)$ は 1, 2, 3, 4 の格子の状態に与えるエネルギーである. ここでは大きな状態和に対し, §4.4(b) で述べる行列の方法を使うことにして

$$e^{-\beta u(p_1,p_2,p_3,p_4)}\xi^{p_1} = w(p_1, p_2, p_3|p_2, p_3, p_4) \tag{4.3.6}$$

と書き, 並んだ3つの格子点の状態は $2^3=8$ あるからこれを $i=1, 2, \cdots, 8$ とする. たとえば

$$\left.\begin{aligned} i = 1:000, \quad & 2:001, \quad 3:010, \quad 4:011, \\ 5:100, \quad & 6:101, \quad 7:110, \quad 8:111 \end{aligned}\right\} \tag{4.3.7}$$

とすると (4.3.6) は次の行列 W の1つの成分とみなされる.

$$W = \begin{bmatrix} \times & \times & 0 & 0 & 0 & 0 & 0 & 0 \\ 0 & 0 & \times & \times & 0 & 0 & 0 & 0 \\ 0 & 0 & 0 & 0 & \times & \times & 0 & 0 \\ 0 & 0 & 0 & 0 & 0 & 0 & \times & \times \\ \times & \times & 0 & 0 & 0 & 0 & 0 & 0 \\ 0 & 0 & \times & \times & 0 & 0 & 0 & 0 \\ 0 & 0 & 0 & 0 & \times & \times & 0 & 0 \\ 0 & 0 & 0 & 0 & 0 & 0 & \times & \times \end{bmatrix} \tag{4.3.8}$$

ここで × と書いたところは成分が正の値をもつものである. 成分が0となるものがあるのは (4.3.6) で 123 の組の 2, 3 の状態が 234 の組の 2, 3 の状態と異なるものは0と置くべきだからである. この系の初めと終りをむすんで輪をつくると, 大きな状態和 Ξ は W の積の対角和となり

$$\Xi = \mathrm{tr}\, W^N = \sum_{i=1}^{8} \lambda_i{}^N \tag{4.3.9}$$

と表わすことができる. λ_i は W の固有値である. 絶対値が最大の固有値を λ_1 とし, それが縮重していなければ

$$\lim_{N\to\infty}\frac{1}{N}\ln \Xi = \ln \lambda_1 \tag{4.3.10}$$

であって，λ_1 は β の解析関数であるから，転移現象は起こらないことになる．

(4.3.8)の行列 W の，絶対値が最大の固有値は縮重しないことを証明するには Frobenius の定理を使えばよい．ただし Frobenius の定理は，すべての要素が正の行列の最大固有値は実で単純であることをいうのであって，(4.3.8)の行列は要素が0のものもあるから，この定理をそのまま使うことはできない．しかし W^4 をつくると，それはすべての要素が正となることが分かる．したがって，W の固有値の絶対値が最大のものは縮重しないのである．以上のことは，相互作用が有限の距離に及ぶものについて一般に成立するものである．

c) 長距離相互作用

格子系でもし分子間の相互作用が格子間の距離に関係なく一定の値 2ε をとるとすると，相互作用は(4.1.7)から

$$E_{\mathrm{p}} = -2\varepsilon\sum_{\langle ij\rangle} p_i p_j = -\varepsilon N(N-1) \tag{4.3.11}$$

となる．これではエネルギーが N^2 に比例して熱力学的条件を満足しないから ε を ε/N と変えておけばこの点が救われる．この例は後に示すように(§4.5(a))，Weiss 近似または Bragg-Williams 近似と同じことになる．したがってこの系は相転移を示す．熱力学的極限をとるのであるから $N\to\infty$ とすると無限に広がった長距離力であるが，その大きさは無限小というものである．

この例よりもう少し現実的な模型が M. Kac らによって工夫された．それは直径 δ の剛体芯とその外側に指数関数的に減少するポテンシャルをもったものである．式で書くと

$$u(x) = \begin{cases} \infty & (x < \delta) \\ -\alpha e^{-\gamma x} & (x \geqq \delta) \end{cases} \tag{4.3.12}$$

とする．γ が有限であればこの引力のきく範囲は事実上限られていて，相転移は起こさない．しかし $\alpha=\alpha_0\gamma$ で $\gamma\to 0$ とすれば，すなわち無限大の遠距離力と無

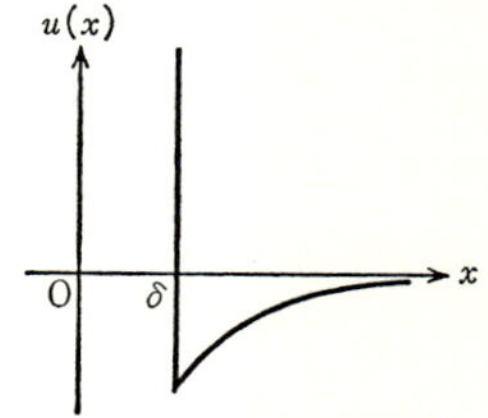

図 4.11 剛体芯と長距離の引力をもった分子間力

限小のポテンシャルの極限では相転移を起こし，その状態方程式は van der Waals の状態式

$$P = \frac{kT}{l-\delta} - \frac{\alpha_0}{l^2} \tag{4.3.13}$$

になることが示された.

Kac の模型は分子間の距離 x が連続であるが，格子気体または Ising 系で(4.3.5)の相互作用にもっと多数の格子を入れ，その間に(4.3.12)のような長距離相互作用をもつものの取扱いが G. Baker によってなされた.

もっと一般に2つのスピン間の距離を $|i-j|=n$ $(n=1, 2, \cdots)$ とすると，$J_{ij}=J(n)$ は n が大きくなると0になるが，どのような速さで消えるときに相転移が起こるかということを調べた仕事もある. (4.1.5)の形の Ising 模型で強磁性的 $J>0$ とし，

$$M_0 = \sum_{n=1}^{\infty} J(n)$$

とおく. もしこれが無限大であれば，エネルギーの最低状態(すべての $\mu_i=1$)とその上の状態(1つの μ_i だけが反転したとき)とのエネルギーの差は無限大になり，このときは系はつねに最低状態だけにあって，転移は当然起こらない. したがって M_0 は有限でなければならない. さらに R. Ruelle は

$$M_1 = \sum_{n=1}^{\infty} nJ(n)$$

が有限であればいつでも無秩序状態で相転移は起こらないことを示した. 0を含めて正の j の格子点には＋スピンが，負の j には－スピンがあると，境界のところに M_1 のエネルギーがあることになるが，M_1 が有限であれば有限温度ではこのような境界が多くあって，全体として系の秩序が失われるからである. M_1 が無限大になる系では十分低温で秩序状態ができて相転移が起こりそうである. これを Kac の推測という. これによれば，

$$J(n) = n^{-\alpha}$$

としたとき，$1<\alpha\leqq 2$ であれば相転移があることになる.

F. J. Dyson は $J(n)$ が単調に減少し，M_0 と

$$K=\sum_{n=1}^{\infty}(\ln\ln(n+4))[n^3J(n)]^{-1}$$

が有限であれば有限の温度で相転移が起こることを証明した．$\alpha=2$ であれば K は発散する．それゆえ Kac の推測よりも条件は弱い．また M_1 が発散しても

$$(\ln\ln N)^{-1}\sum_{n=1}^{N}nJ(n)\longrightarrow 0 \qquad (N\longrightarrow\infty)$$

ならば転移はおこらないことを示した．

d) そ の 他

1次元の XY 模型に対しても厳密な解が知られているが，ここではもう述べない．またポリペプチドや DNA のヘリックス-コイル転移も Ising 模型の応用として取り扱うことができ，そのような模型を使うかぎり，厳密な理論ができている．ポリペプチドのヘリックス-コイル転移は本節(b)項で述べた格子模型で有限な距離の相互作用のある系と同等であって，数学的な特異点という厳密な意味の転移ではなく，ゆるやかな転移(diffuse transition)である．一方 DNA は，模型の立て方によって数学的な特異点としての転移が起こる．実験的にどちらの模型がよいのかの判別はできていない．これらについては本講座第8巻『生命の物理』でも取り上げられるはずである．

§4.4 Ising 系の厳密解

a) Ising 系

最隣接スピンだけが相互作用をする Ising 系において，その相互作用のエネルギーを

$$-\frac{J}{2}\mu_i\mu_j \tag{4.4.1}$$

とする．ここでは特に断わらない限り $J>0$ としておく．これはスピンをそろえる傾向をもつ．ここにスピン i と j とは隣接するスピン対 $\langle ij\rangle$ であるとし，μ_i, μ_j はそれぞれ ±1 の値しかとらないとする．状態和は外部磁場がないとき

$$Z=\sum_{\mu_1=\pm1}\cdots\sum_{\mu_N=\pm1}\prod_{\langle ij\rangle}\exp(L\mu_i\mu_j) \tag{4.4.2}$$

ただし

$$L=\frac{J}{2kT} \tag{4.4.3}$$

と書ける．ここで $\mu, \mu'=\pm 1$ に対して成り立つ次の恒等式に注意する．すなわち

$$\exp(L\mu\mu') = \cosh L + \mu\mu' \sinh L \tag{4.4.4}$$

1次元系　1次元の場合はスピンを左から $i=1, 2, \cdots, N$ と番号をつけることができる．状態和は

$$Z = (\cosh L)^N \sum_{\mu_1=\pm 1} \cdots \sum_{\mu_N=\pm 1} \prod_{i=1}^{N} (1+\mu_i\mu_{i+1} \tanh L) \tag{4.4.5}$$

となるが，右辺の積を展開し，$\sum_{\mu_i=\pm 1} \mu_i=0$, $\mu_i^2=1$ を考慮すると，ただちに Z が求められる．両端が開いているときは $\mu_{N+1}=0$ とおいてよく，この場合には $\mu_i\mu_{i+1}$ の積の和はすべて消えて $Z=2^N(\cosh L)^N$ となる．また，周期条件 $\mu_{N+1}=\mu_1$ の場合には閉じた輪 $\mu_1\mu_2\cdot\mu_2\mu_3\cdot\cdots\cdot\mu_N\mu_1$ の形の項だけが残り $Z=(2\cosh L)^N+(2\sinh L)^N$ となる．$\cosh L > |\sinh L| > 0$ であるから，N が十分大きいときには，いずれにしても

$$Z = (2\cosh L)^N \tag{4.4.6}$$

としてよい．これは L あるいは温度のなだらかな関数である．したがって1次元の Ising 系は相転移がない．

多次元系　Ising 系の状態和は

$$Z = (\cosh L)^s \sum_{\mu_1=\pm 1} \cdots \sum_{\mu_N=\pm 1} \prod_{\langle ij\rangle} (1+u\mu_i\mu_j) \tag{4.4.7}$$

である．ただし $\langle ij\rangle$ は隣接スピン対を表わす．また

$$u = \tanh L \tag{4.4.8}$$

と書いた．ここに s はスピン系の総数で，最隣接格子点の数を z とすれば，格子の表面の影響を無視するとき

$$s=\frac{zN}{2} \tag{4.4.9}$$

である．(4.4.7) の $\mu_i\mu_j$ を分かりやすいように $(\mu_i\mu_j)$ と書いて展開すれば

$$Z = (\cosh L)^s \sum \cdots \sum \left\{ 1+u\sum_{\langle ij\rangle}(\mu_i\mu_j) + u^2 \sum_{\langle ij\rangle}\sum_{\langle kl\rangle}(\mu_i\mu_j)(\mu_k\mu_l)+\cdots \right\} \tag{4.4.10}$$

となる．u^n の係数 $(\mu_i\mu_j)(\mu_k\mu_l)\cdots$ において同じスピン対が2度現われることはない．

そこで格子の図において $\langle ij\rangle, \langle kl\rangle$ などを線(作用線)で結んで，この係数を図示すると都合がよい．例えば u^7 の係数は一般に7本のスピン対を含む図形で表わされるが，その1つ $(\mu_1\mu_2)(\mu_3\mu_4)(\mu_1\mu_5)(\mu_2\mu_6)(\mu_3\mu_7)(\mu_5\mu_6)(\mu_{10}\mu_{11})$ は図4.12で表わされる．$\sum_{\mu=\pm1}\mu=0$ であるから，$\mu_1, \mu_2, \cdots$ について和をとったとき，この図の寄与は消える．一般に各 μ_i が偶数回現われる項は消えないが，奇数回現われるものがあるような項は消える．したがって，消えない項は例えば図4.13のように各格子点に偶数個の作用線が集まる図形である．このような図形は，共通の作用線(2重，3重の)を持たない閉じた多辺形から成っている．これらの多辺形が格子点を共有することは許される．

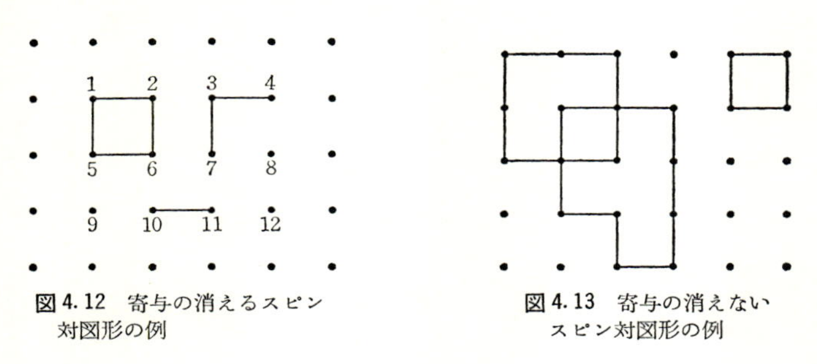

図4.12　寄与の消えるスピン対図形の例

図4.13　寄与の消えないスピン対図形の例

n 本の作用線をもつ図形は $\mu_1, \mu_2, \cdots$ について加えたとき $2^N u^n$ の寄与をするから，状態和は

$$Z = 2^N(\cosh L)^s\left(1+\sum_n \Omega_n u^n\right) \tag{4.4.11}$$

と書ける．ここに Ω_n は n 本の作用線をもつ図形の数である．正方格子(2次元)や単純立方格子(3次元)では n は偶数だけである．なお1次元格子では Ω_N 以外の Ω_n は0であった．

また，同じ状態和を別の形で書くこともできる．全体で s 個のスピン対の中で逆スピンの対の数を $r=[\uparrow\downarrow]$ とすると，平行スピンの数は $s-r$ であるから，そのような配置に対しては

$$\sum_{\langle ij \rangle} \mu_i \mu_j = (s-r)-r = s-2r \qquad (4.4.12)$$

である．したがって状態和は

$$Z = 2e^{sL}\left(1+\sum_r \omega_r e^{-2Lr}\right) \qquad (4.4.13)$$

と書ける．ここに ω_r は r 個の逆スピン対をもつ配置の数である．また右辺の係数2はスピンを全部逆転した重複を表わすものである．$J>0$ のとき e^{-2Lr} は低温で急激に小さくなるから，これは低温の展開とみることができる．これに対して $\Omega_n u^n$ による展開は高温展開とみられる．いずれに対しても，Ω_n あるいは ω_r をていねいに調べていけば状態和が求められるわけである．これは2次元でも3次元でも通用することである．

2次元系　2次元の格子において，格子の中央に図4.14のように∘をおき，これをもとの格子の**裏格子**(dual net)と呼ぶ．図から分かるように，正方格子の裏格子は同形の正方格子であり，蜂の巣格子の裏格子は3角格子，3角格子の裏格子は蜂の巣格子である．もちろん表格子と裏格子との関係は双対的なものである．

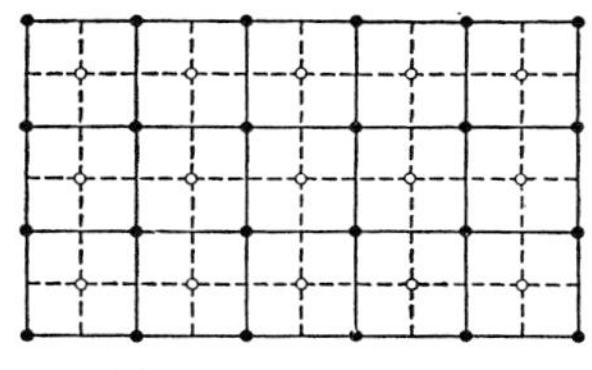

(a) 正方格子-正方格子

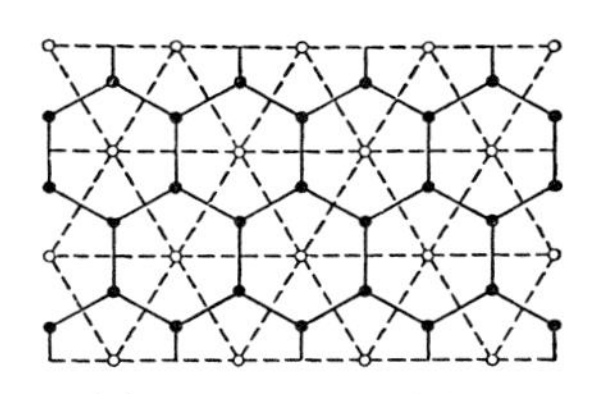

(b) 蜂の巣格子-3角格子

図4.14 裏格子

前項で考えた n 個の作用線をもつ図形において，閉じた多辺形の内部にある裏格子点のすべてに ↑ スピンを置き，その外部の裏格子点には ↓ スピンをおいて，この逆スピンを結ぶ線は表格子の n 本の作用線と交わるようにする．こうすると2つの格子は1対1に対応することになる．表格子の作用線の数が n 本である図形に裏格子の逆スピン対の数が n 個である配置が対応するから，裏格子を $*$ で表わすと

$$\Omega_n = \omega_n{}^* \qquad (4.4.14)$$

である．また，表と裏との役割を取り換え，逆スピン対の配置から作用線の多辺

形を作ると考えると

$$\omega_n = \Omega_n{}^* \tag{4.4.15}$$

を得る．裏格子の図から分かるように

$$s^* = s \tag{4.4.16}$$

である．

したがって表格子の状態和が

$$Z(T) = 2^N (\cosh L)^s \left\{1 + \sum_n \Omega_n (\tanh L)^n\right\} \tag{4.4.17}$$

と書けるのに対して，裏格子の状態和は

$$Z^*(T) = 2e^{sL}\left(1 + \sum_n \Omega_n e^{-2Ln}\right) \tag{4.4.18}$$

と書ける．

そこで $J>0\,(L>0)$ の場合に限定し

$$e^{-2L^*} = \tanh L$$

あるいは

$$\sinh 2L \sinh 2L^* = 1 \tag{4.4.19}$$

によって L^* を定義し，

$$L^* = \frac{J}{2kT^*} \tag{4.4.20}$$

によって温度 T^* を定義する．これは $L>0$ のとき一義的に可能である．これによって関係式

$$Z(T) = 2^{N-1} (\cosh L)^s e^{-sL^*} Z^*(T^*) \tag{4.4.21}$$

を得る．これは対称的な形

$$\frac{Z(T)}{2^{N/2} (\cosh 2L)^{s/2}} = \frac{Z^*(T^*)}{2^{N^*/2} (\cosh 2L^*)^{s/2}} \tag{4.4.22}$$

と書くこともできる．ただし，ここで格子は周期条件によって閉じているとして，トポロジー的な関係

$$N + N^* = s + 2 \tag{4.4.23}$$

を用いた．

Curie 点　T の低温は T^* の高温に対応する．そこで T を十分低温から上げ

ていったときに，ある温度 T_c が $Z(T)$ の特異点であれば，これに対応する $T_c{}^*$ が $Z^*(T^*)$ の特異点であるはずである．

正方格子では表裏の格子が同等(self-dual)である．この場合には $Z=Z^*$ であり，特異点がもしもただ1つだけ存在するならば $T_c=T_c{}^*$ $(L_c=L_c{}^*)$ にあるわけである．後に述べるように正方格子で実際にただ1つの Curie 点が存在することは L. Onsager によって厳密に示されている．そこで正方格子の Curie 点は $L_c=L_c{}^*$，すなわち

$$\sinh^2 2L_c = 1 \tag{4.4.24}$$

したがって

$$L_c = \frac{J}{2kT_c} = 0.4407 \tag{4.4.25}$$

によって正確に与えられる．

表裏の区別がある3角格子や蜂の巣格子では問題が少し複雑になるので，結果だけを記しておく．Curie 点は

3角格子では　$\exp 4L_c = 3,\quad L_c = 0.2747$

蜂の巣格子では　$\cosh 2L_c = 2,\quad L_c = 0.6585$

となる．L_c の値は隣接格子点の数 z の順の逆である．これらを統一的に書くには Gudermann の角 g を $\cosh 2L_c=\sec g$ で導入すれば Curie 点は $g=\pi/z$ で与えられる．z と T_c との大小関係は Bethe 近似(§4.5(b)参照)にも現われている．

b) 行列の方法

1次元の Ising 系　状態和を具体的に求めるのに行列の方法は1つの有効な方法である．1次元の Ising 系に適用すれば外部磁場がある場合の状態和も簡単に求められる．また2次元の Ising 系に対して磁場がないときの厳密解は，この方法を用いて Onsager により初めて求められた．1次元の場合についてこの方法を説明しよう．

外部磁場 H があるときの1次元の Ising 系のハミルトニアンは

$$\mathcal{H} = -\sum_{i=1}^{N} \mu_i mH - \frac{J}{2}\sum_{i=1}^{N} \mu_i\mu_{i+1} \tag{4.4.26}$$

と書ける．ここに m は1個のスピンの磁化の大きさである．$N+1$ 番目のスピン μ_{N+1} は別に定めるものとしておいて，さらに μ_1 も定めておいて

$$U_N(\mu_1, \mu_{N+1}) = \sum_{\mu_2=\pm1} \cdots \sum_{\mu_N=\pm1} \exp\left\{\sum_{i=1}^{N} (C\mu_i + L\mu_i\mu_{i+1})\right\} \tag{4.4.27}$$

という量を考える．ただしここで

$$C = \frac{mH}{kT}, \qquad L = \frac{J}{2kT} \tag{4.4.28}$$

とおいた．行列

$$U(\mu_i, \mu_{i+1}) = \begin{bmatrix} e^{C+L} & e^{-L} \\ e^{-L} & e^{-C+L} \end{bmatrix} \tag{4.4.29}$$

を用いると，行列の積の形で

$$\begin{aligned} U_N(\mu_1, \mu_{N+1}) &= U(\mu_1, \mu_2)\,U(\mu_2, \mu_3)\cdots U(\mu_N, \mu_{N+1}) \\ &= (U^N)_{\mu_1, \mu_{N+1}} \end{aligned} \tag{4.4.30}$$

と書ける．そこでこの1次元格子の両端を結んで円環にすると，周期条件

$$\mu_1 = \mu_{N+1} \tag{4.4.31}$$

が用いられ，この系の状態和は

$$Z = \sum_{\mu_1=\pm1} (U^N)_{\mu_1, \mu_1} = \mathrm{tr}\, U^N \tag{4.4.32}$$

と書くことができる(図4.15参照)．

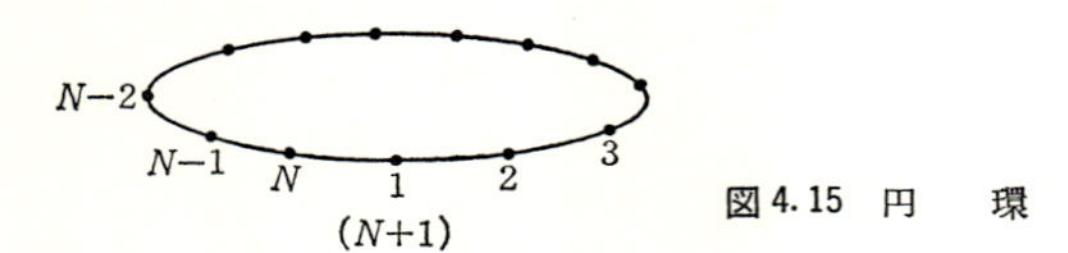

図4.15　円　　環

U をユニタリー変換 T によって対角化し

$$T^{-1}UT = \begin{bmatrix} \lambda_1 & 0 \\ 0 & \lambda_2 \end{bmatrix} \tag{4.4.33}$$

その固有値を λ_1, λ_2 とすると tr の一般的性質 $\mathrm{tr}\, AB = \mathrm{tr}\, BA$ により

$$Z = \mathrm{tr}\, T^{-1}U^NT = \mathrm{tr}\begin{bmatrix} \lambda_1 & 0 \\ 0 & \lambda_2 \end{bmatrix}^N = \lambda_1{}^N + \lambda_2{}^N \tag{4.4.34}$$

となる．N が大きい場合は大きい方の固有値 λ_1 の寄与 $\lambda_1{}^N$ だけでよい．いまの場合，固有値方程式は

$$\begin{vmatrix} e^{C+L}-\lambda & e^{-L} \\ e^{-L} & e^{-C+L}-\lambda \end{vmatrix} = 0 \tag{4.4.35}$$

であるから

$$\lambda = e^{L}\cosh C \pm \sqrt{e^{2L}\sinh^2 C + e^{-2L}} \tag{4.4.36}$$

したがって

$$Z = (e^{L}\cosh C + \sqrt{e^{2L}\sinh^2 C + e^{-2L}})^{N} \tag{4.4.37}$$

磁化 $M=Nm\langle\mu\rangle$ は

$$\begin{aligned} M &= -\frac{\partial}{\partial H}(-kT\ln Z) \\ &= \frac{Nm\sinh C}{(e^{-4L}+\sinh^2 C)^{1/2}} \end{aligned} \tag{4.4.38}$$

で与えられる．これは $H\to 0$ $(C\to 0)$ でいつでも 0 であるから，1 次元の Ising 系は自発磁化がない．その磁化率は $H\to 0$ において

$$\chi = \frac{Nm^2}{kT}\exp\frac{4J}{kT} \tag{4.4.39}$$

で与えられる．$kT \gg |J|$ のときには Curie の法則を与える．

このように 1 次元 Ising 系では J の正負にかかわらず秩序状態(強磁性，反強磁性)は実現しない．1 次元で秩序状態がないのは Ising 系にかぎらない一般的なことがらであると考えられるが，Ising 系については次のように考えられる．

たとえば $J>0$ ならば，絶対零度においては全部のスピンが平行になる．しかし，温度 T が有限ならば 1 カ所でスピンが逆になった ＋＋＋＋－－－－ のような状態はスピン 1 個あたり $2J/N$ のエネルギーだけで容易に実現されるが，この状態では全体としての磁化は $0\sim mN$ の間のいろいろの値をとりうる(§4.3(c))．このように秩序が簡単にこわせるので秩序状態は保たれないことになる．これに対し 2 次元，3 次元の場合には強磁性の秩序状態をこわすにはある線か面の上のスピンを全部逆転しなければならないが，これにはスピン 1 個あたり $J/N^{1/2}$ あるいは $J/N^{2/3}$ 程度のエネルギーを必要とする．したがって高次元の場合は秩序は破れにくい．

2 次元の Ising 系 2 次元の Ising 系の問題も，原理的には 1 次元と同じように行列の方法で扱うことができる．たとえばドーナッツ面上の 2 次元格子を考えれ

ばよい．これは1次元の環を積み重ねたものである(図4.16参照)．1つの環にn個のスピンがあり，ドーナッツ面上にm個の環があって，$m+1$番目の環は1番目の環と同じであるとすれば周期条件になる．i番目の環の中のスピンのとりうる状態を$\boldsymbol{\mu}_i$で表わせば，全エネルギーは

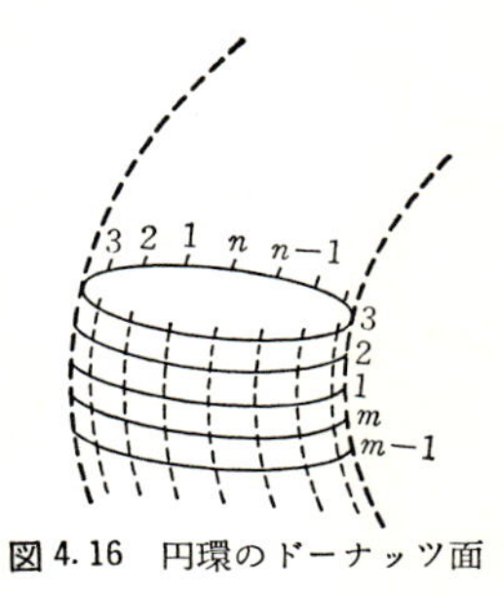

図4.16 円環のドーナッツ面

$$\phi(\boldsymbol{\mu}_1, \boldsymbol{\mu}_2)+\phi(\boldsymbol{\mu}_2, \boldsymbol{\mu}_3)+\cdots+\phi(\boldsymbol{\mu}_m, \boldsymbol{\mu}_1) \tag{4.4.40}$$

の形で表わされるから，行列

$$U(\boldsymbol{\mu}, \boldsymbol{\mu}') = \exp\left\{-\frac{\phi(\boldsymbol{\mu}, \boldsymbol{\mu}')}{kT}\right\} \tag{4.4.41}$$

の最大固有値を求めることができれば，状態和はそのm乗として与えられるわけである．

この計算は大変複雑であるが，外部磁場がないときの厳密な状態和，外部磁場が無限に小さいときの自発磁化が与えられている．計算自身に物理的意味は少ないが，その結果は現実の物質に近い模型について相転移が実在することを示し，その比熱などの様子をはじめて厳密に与えたものとして極めて意義深いものである．しかも比熱の温度変化は，それまでの近似理論で与えられたものと性質的に異なるもので，近似理論への大きな反省も生じたのである．

Onsagerは矩形Ising格子，すなわち横方向の相互作用Jと縦方向の相互作用J'とが違う場合を一般的に扱った．

$$\frac{J}{2kT} = L, \qquad \frac{J'}{2kT} = L' \tag{4.4.42}$$

と書くとき，この厳密解は次のように表わすことができる．

$$\frac{1}{N}\ln Z = \frac{1}{2}\ln(4\cosh 2L\cosh 2L') + \frac{1}{2\pi^2}\int_0^\pi\int_0^\pi \ln(1-2\kappa\cos\omega-2\kappa'\cos\omega')\,d\omega d\omega' \tag{4.4.43}$$

ただし

$$2\kappa = \frac{\tanh 2L}{\cosh 2L'}, \qquad 2\kappa' = \frac{\tanh 2L'}{\cosh 2L}$$

である．

正方格子 ($J=J'$, $L=L'$, $\kappa=\kappa'$) の場合は

$$\frac{1}{N}\ln Z = \ln(2\cosh 2L) + \frac{1}{2\pi^2}\int_0^\pi\int_0^\pi \ln(1-4\kappa\cos\omega_1\cos\omega_2)\,d\omega_1 d\omega_2 \tag{4.4.44}$$

となる．ここで $2\cosh\mu = 1/2\kappa|\cos\omega_1|$ とおき，等式

$$\left.\begin{aligned} &\int_0^{2\pi} \ln(2\cosh\mu - 2\cos\omega)\,d\omega = 2\pi\mu \\ &\mu = \cosh^{-1} y = \ln(y+\sqrt{y^2-1}), \qquad y = \frac{1}{4\kappa|\cos\omega_1|} \end{aligned}\right\} \tag{4.4.45}$$

を使うと

$$\frac{1}{N}\ln Z = \ln(2\cosh 2L) + \frac{1}{2\pi}\int_0^\pi \ln\frac{1}{2}(1+\sqrt{1-(4\kappa)^2\sin^2\varphi})\,d\varphi \tag{4.4.46}$$

を得る．

エネルギー E は

$$\begin{aligned} E &= -\frac{\partial \ln Z}{\partial(1/kT)} = -J\frac{\partial \ln Z}{\partial L} \\ &= -NJ\coth 2H\left(1+\frac{2}{\pi}\kappa_1'' K_1\right) \end{aligned} \tag{4.4.47}$$

で与えられる．ただし K_1 は完全楕円積分

$$K_1 = K(\kappa_1) = \int_0^{\pi/2} \frac{d\varphi}{\sqrt{1-\kappa_1{}^2\sin^2\varphi}} \tag{4.4.48}$$

であり，

$$\kappa_1 = 4\kappa \tag{4.4.49}$$

はその母数である．また

$$\kappa_1'' = 2\tanh^2 2L - 1, \qquad |\kappa_1''| = \sqrt{1-\kappa_1{}^2} \tag{4.4.50}$$

である．さらに比熱は

$$C = kL^2 \frac{\partial^2 \ln Z}{\partial L^2}$$

$$= Nk(L \coth 2L)^2 \frac{2}{\pi}\left\{2K_1 - 2E_1 - (1-\kappa_1'')\left(\frac{\pi}{2} + \kappa_1'' K_1\right)\right\} \quad (4.4.51)$$

で与えられる．ただし E_1 は第2種の完全楕円積分

$$E_1 = E(\kappa_1) = \int_0^{\pi/2} \sqrt{1-\kappa_1^2 \sin^2\varphi}\, d\varphi \quad (4.4.52)$$

である．

楕円関数 $K(\kappa_1)$ の性質から分かるように $\kappa_1=1$ において $K_1=\infty$ となり，比熱はこの点で特異点をもつ．しかし内部エネルギーは因子 κ_1'' があるので有限に止まる．Curie 点は $\kappa_1=2\tanh 2L_c/\cosh 2L_c=1$，あるいは $\sinh 2L_c=1$ で与えられ，この近くで

$$K_1 \approx \ln\left(\frac{4}{\kappa_1'}\right) \approx \ln\left(\frac{2^{1/2}}{|L-L_c|}\right) \quad (4.4.53)$$

である．これからわかるように比熱は Curie 点の高温側でも低温側でも対数的に発散し，

$$C \approx A \ln|T-T_c| \quad (4.4.54)$$

となり，係数 A は高温側と低温側で相等しい．2次元の Ising 格子においては転移点は比熱の特異点であること，その比熱の温度変化は近似理論と違って対数的発散をすることが厳密に示されたのである．

図4.17には，正方格子 $J'/J=1$ の比熱曲線と共に $J'/J=1/100$ の矩形格子と $J'=0$ の1次元の場合の比熱を示してある．横軸は $4kT/(J+J')=2/(L+L')$ であ

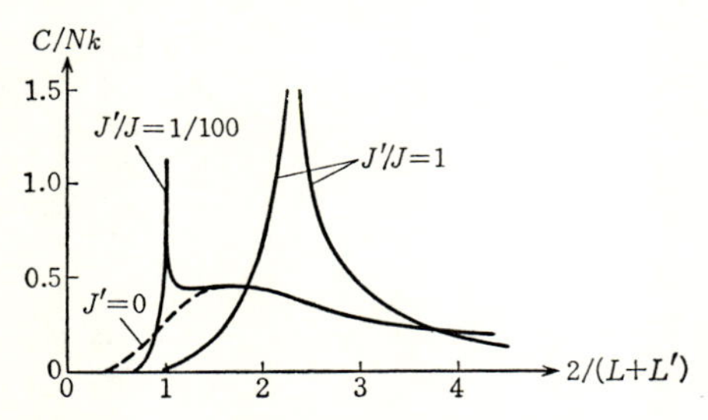

図4.17 正方 Ising 格子の比熱(L. Onsager による)

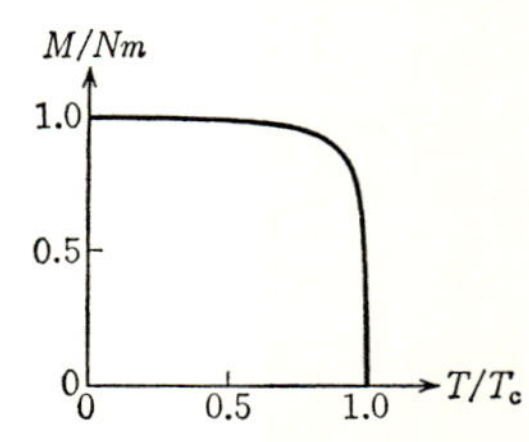

図4.18 2次元 Ising 格子($J'/J=1$)の自発磁化(C. N. Yang による)

る．比熱の温度に対する積分はエネルギーを与えるが，これは0Kでは1スピンあたり $-(J+J')$ であり，無限に高い温度では0になる．したがって温度を $J+J'$ で規格化した図では3本の比熱曲線の囲む面積は相等しい．

自発磁化は，外場 H を加えたときの自由エネルギーを H で展開した第1項の係数として与えられる．Yang は摂動の方法を用いて，自発磁化 M の正確な値を得た．その結果は，$T>T_c$ では $M=0$，$T<T_c$ では

$$\frac{M}{Nm}=\left(1-\frac{1}{\sinh^2 2L \sinh^2 2L'}\right)^{1/8} \tag{4.4.55}$$

である．Curie 点の近くでは

$$M \approx (T_c-T)^{1/8} \tag{4.4.56}$$

の形で，$T\to T_c$ につれて M は急激に0になる．

c) 温度平面の零点

カノニカル集合の状態和 Z から自由エネルギー F は

$$-\frac{F}{kT}=\frac{1}{N}\ln Z(\beta, N, V) \tag{4.4.57}$$

と表わされる．Z を複素数 β の関数としてみて，その零点を β_k とする．すると

$$-\frac{F}{kT}=\frac{1}{N}\sum_{k=1}^{\infty}\ln\left(1-\frac{\beta}{\beta_k}\right)+\text{const} \tag{4.4.58}$$

の形になるであろう．ここで零点は無限個あるとした．もし系が有限であるならばこの零点 β_k は β の正の実軸にはないが，系の大きさを大きくすると，β の正の実軸上にものってくるであろう．その点が相転移の温度と考えられる．Ising 系では展開(4.4.11)から Z を u の関数とみると，N が有限であれば（　）の中は u の多項式である．その根を u_k とすると

$$Z=2^N(\cosh L)^s\prod_k\left(1-\frac{u}{u_k}\right), \qquad u=\tanh L \tag{4.4.59}$$

と書ける．複素 u 平面上の根の分布は $N\to\infty$ にすると，u の正の実軸を切るだろう．2次元 Ising 系では Z が正確に求められている．これから正方格子の場合に零点の分布を求めると，図4.19のように，1および -1 を中心とする $\sqrt{2}$ の半径の2つの円の上にのっている．実軸を切る点は $u=\pm(1+\sqrt{2})$，$\pm(\sqrt{2}-1)$ であって，L が実数である限り $|u|=|\tanh L|\leqq 1$ であって前者は無意味である

が，$\pm(\sqrt{2}-1)$ はそれぞれ強磁性および反強磁性の転移点である．これは(*4.4.24*)に一致し，反強磁性転移点については§4.1(d)に示した対称性から分かる．また，$\zeta=e^{-L}$ として ζ の複素平面の零点分布を論ずることもある．

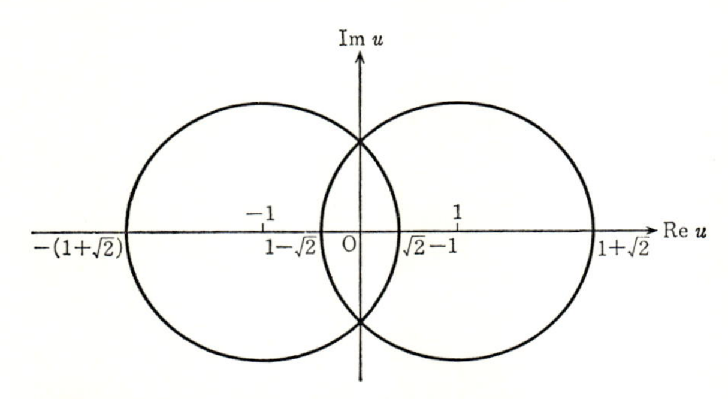

図 4.19 複素 u 平面での2次元 Ising 系の状態和の零点の軌跡

§4.5 近 似 理 論

協力系の状態和が正確に求められて，その熱力学的挙動や相転移が厳密に論ぜられるのは例外的であって1次元系のほかは2次元の特殊な例しかない．ここではいくつかの近似理論を述べておこう．

a) 分子場近似

(*4.1.5*)のハミルトニアンを近似的に次のように書きかえる．スピン間は最隣接のもの同士の相互作用に限り J の値をとるとし，$s_i^z s_j^z$ を j については平均をとって $s_i^z\langle s\rangle$ とおき

$$\mathcal{H} = -2Jz_0\sum_i s_i^z\langle s\rangle - g\mu_B H\sum_i s_i^z \qquad (4.5.1)$$

とする．ここでは最隣接格子点の数を z_0 とする．Heisenberg 模型でも磁場 H が z 方向ならば $\langle s_i^x\rangle=\langle s_i^y\rangle=0$ と見なされるから結果は同じである．これは i 番目のスピンにはまわりから平均のスピン $\langle s\rangle$ に比例する磁場がかかっていることに相当し **Weiss 近似**という．(*4.5.1*)は

$$\left.\begin{aligned} \mathcal{H} &= \sum_i \mathcal{H}_i \\ \mathcal{H}_i &= (-2Jz_0\langle s\rangle - g\mu_B H)\,s_i \end{aligned}\right\} \qquad (4.5.2)$$

となって独立な i スピンのハミルトニアン $\mathcal{H}_i$ の和の形になっているから，状態和は

$$\left.\begin{aligned} Z &= Z_i^N \\ Z_i &= \sum_{s_i} e^{-\beta\mathcal{H}_i} = 2\cosh\beta\left(Jz_0\langle s\rangle+\frac{g\mu_{\mathrm{B}}}{2}H\right) \end{aligned}\right\} \tag{4.5.3}$$

となる．ただし $s_i=\pm 1/2$ とした．1つのスピンの平均は

$$\langle s\rangle = \langle s_i\rangle = \sum_{s_i} s_i\frac{e^{-\beta\mathcal{H}_i}}{Z_i} = \frac{1}{2}\tanh\beta\left(Jz_0\langle s\rangle+\frac{g\mu_{\mathrm{B}}}{2}H\right) \tag{4.5.4}$$

である．$H=0$ とすると図 4.20 から分かるように

$$T_{\mathrm{c}} \equiv \frac{1}{2k}Jz_0 > T \tag{4.5.5}$$

のとき $\langle s\rangle\neq 0$ の解がある．それゆえ T_{c} を Curie 温度という．(4.5.5) によれば格子の次元数に関係なく常に T_{c} が存在することになる．1次元では Curie 点がなかったからこれは近似が悪いためである．

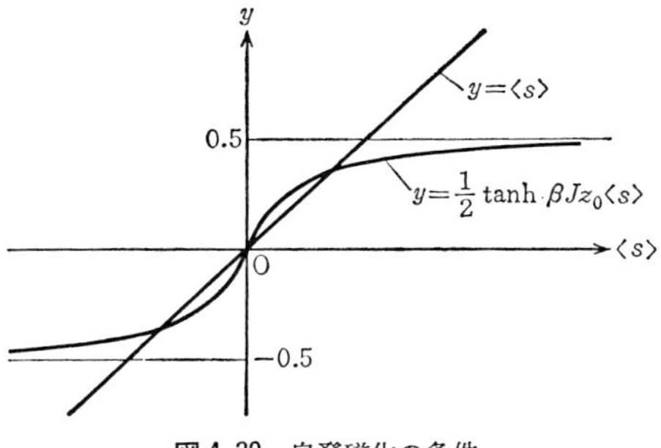

図 4.20 自発磁化の条件

(4.5.4) から磁化率が求められる．$T>T_{\mathrm{c}}$, $\langle s\rangle=0$ の常磁性体の1つのスピンあたりでは

$$\chi = \left[g\mu_{\mathrm{B}}\frac{\partial\langle s\rangle}{\partial H}\right]_{H=0} = \frac{(g\mu_{\mathrm{B}})^2}{4k(T-T_{\mathrm{c}})} \tag{4.5.6}$$

となる．これは Curie-Weiss の法則である．$T<T_{\mathrm{c}}$ では $T_{\mathrm{c}}-T\ll T_{\mathrm{c}}$ として (4.5.4) から $(H=0)$

$$\langle s\rangle=\sqrt{3}\left(\frac{T_c-T}{T_c}\right)^{1/2} \tag{4.5.7}$$

が得られる．再び(4.5.2)をみると

$$\mathscr{H}=-2Jz_0\langle s\rangle\sum_i s_i-g\mu_B H\sum_i s_i \tag{4.5.8}$$

となっているが

$$\langle s\rangle=\frac{\sum_i s_i}{N}$$

であると

$$\mathscr{H}=-\left(\frac{2Jz_0}{N}\right)\left(\sum_i s_i\right)^2-g\mu_B H\sum_i s_i \tag{4.5.9}$$

と書かれる．もしハミルトニアン(4.1.5)において J_{ij} が i, j の対の如何にかかわらず $2Jz_0/N$ に等しければ

$$\sum_{\langle ij\rangle} s_i s_j=\frac{1}{2}\sum_i s_i\left(\sum_j s_j-s_i\right)=\frac{1}{2}\left(\sum_i s_i\right)^2-\frac{N}{2}\frac{1}{4} \tag{4.5.10}$$

であることを考えるとそのハミルトニアンは(4.5.9)と定数を除いて一致する．すなわち分子場近似はこのような系と同等である．Weiss 近似は合金における Bragg-Williams 近似に相当する．上に述べた Weiss の分子場近似をもう少し精度を上げたものに Bethe 近似がある．

b) Bethe 近似

こんどは格子気体で話を進めよう．いま格子点を2つにわけⅠの格子点の最隣接格子点はすべてⅡの格子点で，逆にⅡの隣りはすべてⅠであるとし，X, Y をそれぞれ1(格子点に分子がある)か0(格子点は空席)を示すこととして，N_{XY} はⅠの格子点に X がⅡの格子点に Y があるときの XY の最隣接の対の数とする．格子点の数を N，分子および空席の数を N_1, N_0，1つの格子点の最隣接格子点の数を z とすると

$$\left.\begin{aligned}N_0&=\frac{1}{2}N_{00}+N_{01}+N_{10}\\ N_1&=\frac{1}{2}N_{11}+N_{10}+N_{01}\end{aligned}\right\} \tag{4.5.11}$$

最隣接格子点を結ぶボンドの数は $zN/2$ あるから

$$\frac{1}{2}zN = N_{00}+N_{01}+N_{10}+N_{11} \tag{4.5.12}$$

I, II は区別がないはずであるから $N_{01}=N_{10}$ であり，N_1 と N_{10} が与えられると N_{00}, N_{11} はすべて決まる．$zN/2$ のボンドの上に N_{00} の空席-空席対，N_{01} および N_{10} の空席-分子対，N_{11} の分子対を並べる方法の数は

$$\frac{(zN/2)!}{N_{11}!N_{01}!N_{10}!N_{00}!} \tag{4.5.13}$$

しかしこの並べ方には図 4.21 のように 1 つの格子点に集まるボンドの端が分子だけでないものや空席だけでないものも含まれている．ボンドの両端の数は zN あり，そのうちで zN_0 が空席，zN_1 が分子の端である．対の数を考えないで zN の場所を zN_1 と zN_0 とに分ける方法の数は

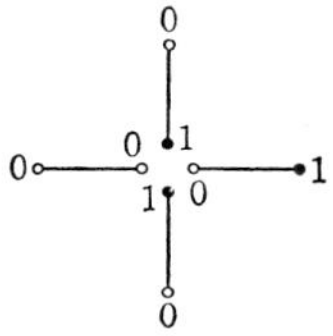

図 4.21

$$\frac{(zN)!}{(zN_1)!(zN_0)!} = \left(\frac{N!}{N_1!N_0!}\right)^z \tag{4.5.14}$$

である．上の式には Stirling の近似式 $N!=N^Ne^{-N}$ を使って書き直してある．また (4.5.13) は (4.5.14) の中で対の数だけ正しいものとみられるから，$g<1$ として

$$\frac{(zN/2)!}{N_{11}!N_{01}!N_{10}!N_{00}!} = \left(\frac{N!}{N_1!N_0!}\right)^z g \tag{4.5.15}$$

また，対の数を考えないで N 個の格子点を分子 N_1 個と空席 N_0 個とに分ける方法の数は

$$\frac{N!}{N_1!N_0!} \tag{4.5.16}$$

である．そこで分子の数 N_1 と，分子対の数 $N_{11}, N_{00}, N_{10}, N_{01}$ を正しく与える分配の数 $P(N_1, N_{10})$ は (4.5.16) の中の一部であるから，$f<1$ として

$$P = \frac{N!}{N_1!N_0!}f \tag{4.5.17}$$

と書かれる．f および g はいずれも対の数が指定されていない配列の中での対の数の正しいものの割合で，これを等しいと近似しよう．すると P が近似的に決められる．

$$P(N_1, N_{10}) = \left(\frac{N!}{N_1!N_0!}\right)^{1-z} \frac{(zN/2)!}{N_{11}!N_{01}!N_{10}!N_{00}!} \tag{4.5.18}$$

これをもとにして状態和をつくれば

$$Z = \sum_{N_1, N_{10}} P(N_1, N_{10}) \exp\left\{-\frac{1}{kT}E(N_1, N_{10})\right\} \tag{4.5.19}$$

このエネルギー $E(N_1, N_{10})$ はすでに(4.1.10)で与えたもので A, B をそれぞれ 1, 0 とし，最隣接格子点だけをとればよい．この Z を計算するにはその和の中の最大項をとる．このようにして求めた Z から密度 $\rho=N_1/N$ と(4.1.28)で定義した y_{p} の関係を求めると y_{p} を y とかいて

$$y = \left\{\frac{(\beta-1+2\rho)(1-\rho)}{(\beta+1-2\rho)\,\rho}\right\}^{z/2} \frac{\rho}{1-\rho} \tag{4.5.20}$$

が得られる．明らかに

$$y(\rho)\,y(1-\rho) = y^2\left(\frac{1}{2}\right) = 1 \tag{4.5.21}$$

という対称関係があり $y_{\mathrm{c}}=1$, $\rho_{\mathrm{c}}=1/2$ は臨界点である．

Ising 系になおすと $H=0$ のときの磁化と温度の関係も求めることができる．図 4.22 にはいろいろな近似による磁性体の比熱と温度の関係が描いてある(近似方法には本文で述べなかったものも描いてある)．

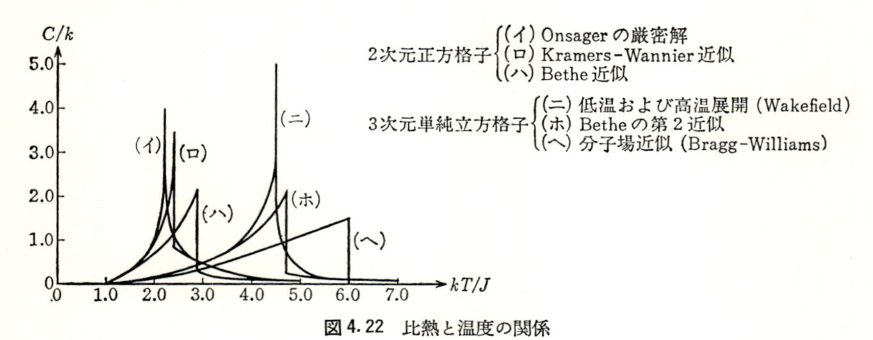

図 4.22　比熱と温度の関係

分子場近似でも Bethe 近似でも1次元のときにも相転移が起こるという不都合な結果になるが，実際には役に立つ理論である．

Bethe 近似は2分子の対だけを考えているから，ループをつくらない図4.23のような疑似格子には正確な近似と考えられている．しかし格子をどのように大きくするか極限のとり方に問題がある．

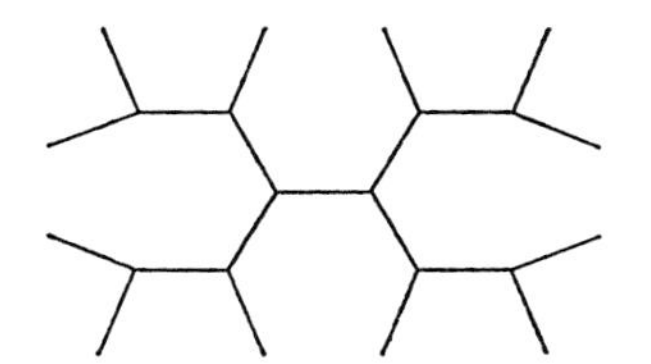

図4.23 $z=3$ の Bethe 格子

c) 低温および高温展開

Ising 系に対する状態和の高温展開は(*4.4.11*)，低温展開は(*4.4.13*)で与えられている．展開の次数の低いところでは係数は具体的に求めることができる．

たとえば高温展開は，3次元の単純立方格子では

$$Z^{1/N}=2(\cosh L)^3(1+3u^4+22u^6+192u^8+\cdots) \qquad (4.5.22)$$

体心立方格子では

$$Z^{1/N}=2(\cosh L)^4(1+12u^4+148u^6+1860u^8+\cdots) \qquad (4.5.23)$$

低温展開は，$q=\exp(-J/kT)$ として，単純立方格子に対し

$$\frac{1}{N}\ln Z=q^{-3/2}\left(q^6+3q^{10}-\frac{7}{2}q^{12}+\cdots\right) \qquad (4.5.24)$$

体心立方格子に対し

$$\frac{1}{N}\ln Z=q^{-2}\left(q^8+4q^{14}-\frac{9}{2}q^{16}+28q^{20}+\cdots\right) \qquad (4.5.25)$$

という結果が得られている．

次に Heisenberg 模型に対する高温展開を調べよう．ハミルトニアンは(*4.1.1*)から，相互作用は最隣接スピン間にだけ働くとし

$$\begin{aligned}\mathcal{H}&=-2J\sum_{\langle ij\rangle}\boldsymbol{s}_i\cdot\boldsymbol{s}_j-g\mu_{\mathrm{B}}H\sum_i s_i^z\\&=\mathcal{H}_0+\mathcal{H}_1\end{aligned} \qquad (4.5.26)$$

状態和は

$$Z = \mathrm{tr}\{\exp(-\beta\mathcal{H})\} \tag{4.5.27}$$

で与えられる．この系の磁化 M，磁化率 χ は

$$M = kT\frac{1}{Z}\frac{\partial Z}{\partial H} \tag{4.5.28}$$

$$\chi = \frac{\partial M}{\partial H} = kT\left\{\frac{1}{Z}\frac{\partial^2 Z}{\partial H^2} - \left(\frac{1}{Z}\frac{\partial Z}{\partial H}\right)^2\right\} \tag{4.5.29}$$

ところが $\mathcal{H}_0$ と $\mathcal{H}_1$ とは可換であるから

$$\begin{aligned} Z &= \mathrm{tr}\{\exp(-\beta\mathcal{H}_0 - \beta\mathcal{H}_1)\} \\ &= \mathrm{tr}\{\exp(-\beta\mathcal{H}_0)\exp(-\beta\mathcal{H}_1)\} \end{aligned} \tag{4.5.30}$$

であって，それぞれの exp を β で展開して計算すればよい．その結果は

$$\chi = \frac{N(g\mu_{\mathrm{B}})^2}{4kT}\left\{1 + \frac{z}{2}\left(\frac{J}{kT}\right) + \frac{z(z-2)}{4}\left(\frac{J}{kT}\right)^4 + \cdots\right\} \tag{4.5.31}$$

が得られている．もっと高次の展開項までも求められているが，次数が高くなると複雑になり，適当な工夫も行なわなければならない．

級数展開の方法は，一般に χ をある変数 y のベキ級数として表わすことになる．y は Ising 模型ならば $u=\tanh L$ であり，Heisenberg 模型ならば βJ である．

$$\chi = \sum_{n=0}^{\infty} a_n y^n \tag{4.5.32}$$

もし $y=y_c$ でこの級数が発散するならば，その y_c は Curie 温度に相当するものであろう．普通はこの展開の一般項を求めることは困難であるからどこか有限の項で打ち切ることになるが，そのときには y のすべての範囲で χ は解析的である．しかし $1/\chi$ を y で展開して，それを有限項で切ったものは，ある y の値で $1/\chi=0$ となることがあるだろう．そのような y の値 y_0 が展開項の次数を増したとき，一定値に収束するように見えれば，それは y_c を与えることになる．しかしこの y_c が単調に変化しなければ収束値がはっきりしない．この場合には次のような方法が有効である．

級数(4.5.32)の収束半径を r_0 とすると

$$r_0^{-1} = \lim_{n\to\infty} |a_n|^{1/n} \tag{4.5.33}$$

である．また正項級数で $\lim_{n\to\infty}(a_n/a_{n-1})$ が存在すれば，$\lim_{n\to\infty}|a_n|^{1/n}$ も存在して r_0^{-1}

に等しい．それゆえ

$$\mu_n = \frac{a_n}{a_{n-1}} \tag{4.5.34}$$

とおくと $\lim \mu_n = r_0{}^{-1}$ となる．それゆえ級数の各項の比 μ_n を求めてその極限を数値的に調べれば収束性が分かる．この方法を比の方法(ratio method)という．

この方法は μ_n が不規則に変化する場合にはあまり役に立たない．そういう場合に使われる方法に **Padé 近似**がある．いま χ を

$$\chi = \frac{P(y)}{Q(y)} = \frac{p_0 + p_1 y + p_2 y^2 + \cdots + p_L y^L}{1 + q_1 y + q_2 y^2 + \cdots + q_M y^M} \tag{4.5.35}$$

と近似する．ここで p, q などの係数は上の式を y で展開したとき y^N まで χ の正確な展開式の係数 a_n に一致するようにする．$N = L + M$ とすれば $a_0, a_1, \cdots, a_N$ が与えられたとき，$L+M+1$ 個の p および q が定まる．こうして L および M をたとえば $L=M$ として M を大きくしたときの χ の特異点を求めるという方法である．

臨界点の臨界指数(§4.6(a))を含めて計算するには

$$\chi = (y - y_c)^{-\gamma} y_c{}^{\gamma} G(y) \tag{4.5.36}$$

とおいて

$$D(y) = \frac{d \ln \chi(y)}{dy} = -\frac{\gamma}{y - y_c} + \frac{d}{dy} \ln G(y) \tag{4.5.37}$$

に対して Padé 近似を適用する方が収束がはやい．こうして単純立方格子の場合に得た $u = \tanh L$ の臨界値 u_c と臨界指数 γ を表4.2に書いてある．

表4.2 Padé 近似による u_c と γ
(単純立方格子)

$L=M$	2	3	4	5
u_c	0.2151	0.2189	0.21815	0.21818
γ	1.205	1.281	1.2505	1.2518

比の方法では u_c は 0.21815, γ は 1.250 と評価されている．M. Fisher は3次元の Ising 格子では，単純立方格子でも，面心および体心立方格子でも，ダイヤモンド格子でもすべて γ は同一で正確な値は 5/4 であろうと推測している．

§4.6　臨界現象

a)　臨界指数

実験によれば種々の物質の相転移において，臨界点 T_c に近づくにつれて物理量は一般に $|T-T_c|^\mu$ のような形で変化することが知られている．この μ のように転移を特徴づける指数を一般に臨界指数(critical exponent または critical index)という．臨界指数はその物理量に付随するもので，物質の種類にはあまり依存しないことが経験的に知られている．さらに種々の物理量に対する臨界指数の間にはある数値的な関係がある．模型的な近似計算によってこの関係が調べられれば，その計算のテストにもなる．

強磁性体について，Curie 点 T_c の付近で次の関係が知られている．

$$\text{磁化率}\qquad \chi=\frac{M}{H}\propto(T-T_c)^{-\gamma}\qquad (T>T_c) \tag{4.6.1}$$

$$\text{自発磁化}\qquad M\propto(T_c-T)^{\beta}\qquad (T<T_c) \tag{4.6.2}$$

$$\text{磁化}\qquad M\propto H^{1/\delta}\qquad (T=T_c) \tag{4.6.3}$$

比熱は一般の3次元結晶の実験では

$$C(T)\propto\begin{cases}(T-T_c)^{-\alpha} & (T>T_c)\\ (T_c-T)^{-\alpha'} & (T<T_c)\end{cases} \tag{4.6.4}$$

の形で発散する．比熱が臨界点で有限であれば $\alpha=0$ である．また2次元 Ising 系のように $\ln(1/|T_c-T|)$ の形で対数発散するときは

$$-\ln(T-T_c)=\lim_{\alpha\to 0}\frac{1}{\alpha}(|T-T_c|^\alpha-1)$$

という関係に注目すれば，指数 α が極めて小さく，その係数 $1/\alpha$ が大きい場合とみればよいから，$\alpha=0$ に相当する．

気体と液体との間の臨界点についても，臨界指数が知られている．同じ圧力の下で共存する液体の密度 ρ_l と気体の密度 ρ_g との間には

$$\rho_l-\rho_g\propto(T_c-T)^{\beta}\qquad (T<T_c) \tag{4.6.5}$$

の関係がある．磁性体との対応関係から(表4.1をみよ)密度の変化が磁化の変化に対応すると考えられるので，この β と自発磁化 M に対する β とは同じものと考えられ，実測値もこれを裏付けている．また圧力の変化は磁場の変化に対応するので，$T=T_c$ における圧力 P_c と圧力 P との差 $P-P_c$ と，$T=T_c$ における密

度 ρ_c と密度 ρ との差 $\rho-\rho_c$ との間にも

$$|\rho-\rho_c| \propto |P-P_c|^{1/\delta} \qquad (T=T_c) \tag{4.6.6}$$

が成り立つと考えられる．この δ も M と H との関係における指数 δ と同じものである．磁化率に対応するものは圧縮率であって

$$\kappa_T = -\frac{1}{V}\left(\frac{\partial V}{\partial P}\right)_T \propto (T-T_c)^{-\gamma} \qquad (T>T_c) \tag{4.6.7}$$

と考えられる．$T<T_c$ に対しては係数はちがうが指数 γ' は実験的には $\gamma'=\gamma$ であるらしい．

臨界現象の理論で重要なもう一つの量は相関距離(correlation length)である．磁性体の例でいえば，臨界点に近づくほどスピンのそろっている微小領域のひろがりは広くなる．粒子系では臨界点に近づくにつれて粒子の集合したクラスターが大きくなる．その直径の平均に相当するのが相関距離であって，

$$\xi \propto \begin{cases} |T-T_c|^{-\nu} & (T>T_c) \\ |T-T_c|^{-\nu'} & (T<T_c) \end{cases} \tag{4.6.8}$$

とおくことができる．ξ の関係する量に相関関数がある．

粒子系に対しては密度 $n(\boldsymbol{r})$ を(1.2.3)に従って定義し，その相関関数

$$\begin{aligned} G(\boldsymbol{r},\boldsymbol{r}') &= \langle (n(\boldsymbol{r})-\langle n\rangle)(n(\boldsymbol{r}')-\langle n\rangle)\rangle \\ &= n^{(2)}(\boldsymbol{r},\boldsymbol{r}')-\langle n\rangle^2 \end{aligned} \tag{4.6.9}$$

を定義する．$n^{(2)}(\boldsymbol{r},\boldsymbol{r}')$ は§1.2で導入した2体分布密度であって，その性質はその節で論じた．また(1.2.5)で定義した $g(\boldsymbol{r})$ を用いれば $G(\boldsymbol{r})=\langle n\rangle^2(g(\boldsymbol{r})-1)$ である．X線の回折や光の散乱に使われる構造因子は $G(\boldsymbol{r},\boldsymbol{r}')$ の Fourier 変換である．入射光と散乱光の波動ベクトルの差を $\boldsymbol{k}$ とし，その間の角を θ とすれば

$$k=|\boldsymbol{k}|=\frac{4\pi}{\lambda}\sin\frac{\theta}{2} \tag{4.6.10}$$

である．波長は散乱によってほとんど変わらないから λ としてある．散乱光の強度はこの $\boldsymbol{k}$ を使って

$$\begin{aligned} I(\boldsymbol{k}) &\propto \int\!\!\int n^{(2)}(\boldsymbol{r},\boldsymbol{r}')e^{-i\boldsymbol{k}(\boldsymbol{r}-\boldsymbol{r}')}d\boldsymbol{r}d\boldsymbol{r}'+V\langle n\rangle^2\delta(\boldsymbol{k}) \\ &= V[S(\boldsymbol{k})+\langle n\rangle^2\delta(\boldsymbol{k})] \end{aligned} \tag{4.6.11}$$

で与えられる．ここで $S(\boldsymbol{k})$ は構造因子と呼ばれる量で，$G(\boldsymbol{r},\boldsymbol{r}')$ を $|\boldsymbol{r}-\boldsymbol{r}'|$ のみの関数と考え

$$S(\boldsymbol{k})=\int e^{-i\boldsymbol{k}\cdot\boldsymbol{r}}G(\boldsymbol{r})\,d\boldsymbol{r} \tag{4.6.12}$$

と定義している．いま

$$G(\boldsymbol{r})=G_0\frac{\exp(-r/\xi)}{r} \tag{4.6.13}$$

とおいてみる．すると

$$S(\boldsymbol{k})=4\pi G_0\frac{\xi^2}{1+k^2\xi^2} \tag{4.6.14}$$

となる．臨界点付近では相関距離 ξ が大きいから，$\xi\to\infty$ とすると

$$S(\boldsymbol{k})\sim k^{-2} \tag{4.6.15}$$

となる．この結果は(*4.6.13*)を仮定したからで，一般には

$$S(\boldsymbol{k})\sim k^{-2+\eta} \tag{4.6.16}$$

とおく方がよいだろう．表4.3にはこれらの臨界指数の値が書かれている．

表4.3　臨　界　指　数

		χ,κ_T	$M,\rho_1-\rho_g$	$M,\rho-\rho_c$	比　熱　C		$S(\boldsymbol{k})$	ξ
		γ,γ'	$\beta(T<T_c)$	$\delta(T=T_c)$	$\alpha(T>T_c)$	$\alpha'(T<T_c)$	η	ν
実験	磁性体	1.30～1.37	0.33	4.2	≧0.1？	0 (ln)		
実験	気体・液体	＞1.1？	0.33～0.36	4.2	≧0.1？	0 (ln)		
理論	分子場近似	1	1/2	3	不連続	不連続		
理論	Ising系(2次元)	7/4	1/8	15	0 (ln)	0 (ln)	0.25	1
理論	Ising系(3次元)	≈5/4	≈5/16	≈5.05	≈0.1	≈0.1	≈0.056	≈0.638

磁性体に対しては粒子密度 $\boldsymbol{n}(\boldsymbol{r})$ の代りに磁化密度 $M(\boldsymbol{r})$ またはスピン密度 $\sigma(\boldsymbol{r})$ を考えれば，相関関数 $G(\boldsymbol{r})$ や構造因子 $S(\boldsymbol{k})$ を定義することができる．(*4.6.13*)や(*4.6.16*)はこの場合にも適用することができる．

なお，(*2.7.11*)は $G(\boldsymbol{r}-\boldsymbol{r}')/kT$ の積分が M/H にひとしいことを示しているが，この系では一様な磁場をかけたときの磁化を求めるために右辺が積分になっている．もしある1点 $\boldsymbol{r}'$ に磁場 $H(\boldsymbol{r}')$ がかかっているとすると，$G(\boldsymbol{r}-\boldsymbol{r}')/kT$ は $\boldsymbol{r}$ の点に生ずる磁化の大きさを与えるものである．このような相関が(*4.6.9*)に示すようなゆらぎの相関関数として表わされるのである．

臨界指数の間にはいくつかの不等式の存在が知られている．そのうち2,3のものを述べておこう．

$$\text{Rushbrook の不等式}\quad \alpha'+2\beta+\gamma' \geqq 2 \tag{4.6.17}$$

$$\text{Griffith の第1不等式}\quad \alpha'+\beta(\delta+1) \geqq 2 \tag{4.6.18}$$

この両者は熱力学の安定性にあらわれる不等式と関係があって，厳密に正しいものとみなされるが，それ以外の仮定を導入することによって

$$\text{Griffith の第2不等式}\quad \gamma(\delta+1) \geqq (2-\alpha)(\delta-1) \tag{4.6.19}$$

$$\text{Fisher の不等式}\quad (2-\eta)\nu \geqq \gamma \tag{4.6.20}$$

$$\text{Josephson の不等式}\quad d\nu \geqq 2-\alpha \tag{4.6.21}$$

Buckingham-Gunton の不等式

$$d\frac{\delta-1}{\delta+1} \geqq 2-\eta \tag{4.6.22}$$

などが成立する．ここで d は系の次元数である．

b) 現 象 論

§4.1～§4.5は相転移を生ずるために熱力学的関数または分配関数がもつべき数学的な構造を明らかにしようとしたものである．相転移がこの立場で完全に論ずることができるなら，その中には当然臨界現象も含まれることになるが，このことを実行するのは特殊な系を除いては極めてむずかしい．相転移はかなり普遍的な現象であり，上にみてきたように，臨界現象は系の特殊性によらない性格をもっているとすると，数学的な厳密な立場に立たなくても，物理的な理解の仕方があって，その方がむしろ本質を知る上に有益であるだろう．このような立場に基づくのが Landau らの現象論であって，相転移の存在は最初からみとめておくのである．特に Curie 点や気体・液体の臨界点は2次転移であって磁化の大きさや密度がその点で不連続的に変わることはない．Landau は2次の相転移の現象論を転移点前後の物質の対称性の変化から論じ，自由エネルギーを秩序度によって展開できると仮定し，転移点の挙動をしらべた．たとえば磁性体では秩序度として磁化 M をとることができる．Curie 点を含む領域で磁化 M と温度 T を独立変数とする自由エネルギー $F(T, M)$ が M のベキ級数に展開できるとして

$$F(T, M) = F(T, 0)+AM^2+BM^4+\cdots$$

とおく．A, B は温度の関数であり，F は M の偶数ベキのみを含むとしたのは，

この系は M を反転しても F は変わらないような対称性をもっているとしているのである．もし3次元 Heisenberg 模型のように M の成分が3つあれば，$\boldsymbol{M}^2=\sum_{i=1}^{3} M_i{}^2$ は座標変換に対して不変である．このとき B は一般にはベクトル $\boldsymbol{M}$ の方向に依存するが，F を極小にする方向に $\boldsymbol{M}$ の変化をとれば B を T のみの関数と考えてよい．

磁場の大きさ H は $H=(\partial F/\partial M)_T$ で与えられるから，外から磁場がかかっていないときは

$$\left(\frac{\partial F}{\partial M}\right)_T=(2A+4BM^2+\cdots)M=0 \tag{4.6.23}$$

であってこれから M がきまる．また等温磁化率 χ_T は $(\partial M/\partial H)_T$ であるから

$$\chi_T{}^{-1}=\left(\frac{\partial^2 F}{\partial M^2}\right)_T=2A+12BM^2+\cdots \tag{4.6.24}$$

である．$T<T_c$ で $M\neq 0$ の解をもつためには少なくとも B の項まで考える必要がある．$T>T_c$ では(4.6.23)の解には $M=0$ しかなく，熱力学的に安定であるためには F が $M=0$ で極小であって，$A>0$, $B>0$ でなければならない．また $T\to T_c+$ では χ_T は発散するという事実から A は0となる．このことを考えると，A, B は $T-T_c$ の展開の形で

$$\left.\begin{aligned} A&=A'(T-T_c)+\cdots, & A'&>0 \\ B(T)&=B(T_c)+B'(T-T_c)+\cdots, & B(T_c)&>0 \end{aligned}\right\} \tag{4.6.25}$$

としてよいだろう．すると $T<T_c$ では磁化 M は(4.6.23)から

$$M=\left(\frac{A'}{2B(T_c)}\right)^{1/2}(T_c-T)^{1/2}+\cdots \tag{4.6.26}$$

の形をもつことになる．

これらの式をもとにして臨界指数を求めることができる．まず(4.6.26)から $\beta=1/2$．$T>T_c$ では $M=0$ であるから，(4.6.24)から $\gamma=1$．$T<T_c$ では M に(4.6.26)を入れて，(4.6.24)は

$$\chi_T{}^{-1}=4A'(T_c-T) \tag{4.6.27}$$

となるから $\gamma'=1$．また

$$H=\left(\frac{\partial F}{\partial M}\right)_T=(2A'(T-T_c)+4BM^2)M+\cdots \tag{4.6.28}$$

で $T=T_c$ とおいて $\delta=3$ がえられる．比熱 C_M, C_H は

$$\left.\begin{aligned} C_M &= -T\left(\frac{\partial^2 F}{\partial T^2}\right)_M \\ C_H - C_M &= T\left(\frac{\partial H}{\partial T}\right)_M^2 \chi_T \end{aligned}\right\} \tag{4.6.29}$$

の関係をつかうと C_M, C_H は $T=T_c$ で有限であるが $(\alpha=\alpha'=0)$, $T>T_c$ では $C_H=C_M$, $T<T_c$ では(4.6.27), (4.6.28)を使って計算すると

$$C_H - C_M = TA'^2/2B(T_c) + O(T_c - T)$$

となる．したがって C_M は連続であるが C_H には有限のとびがあることになる．

これらの臨界指数は表4.3の分子場近似の結果と同じであるが実験とは一致しない．それは F の展開式の係数 $A, B, \cdots$ を温度の関数として臨界点でもベキ級数に展開できると仮定したことにもよる．しかし本質的にはこの現象論では系全体の平均的な量のみを考えているからで，相関距離 ξ やその指数 ν などの入ってくる余地がない．このためには系の不均一性を考慮に入れて，流体系では密度 $\boldsymbol{n}(\boldsymbol{r})$，2体分布密度 $n^{(2)}(\boldsymbol{r}, \boldsymbol{r}')$，磁性体では磁化またはスピン密度 $\sigma(\boldsymbol{r})$，などを現象論にとり入れて理論をつくることが必要である．$\sigma(\boldsymbol{r})$ を $\boldsymbol{r}$ の連続関数と考えるためには，1つの格子の細胞よりは大きいが，系全体からみては小さいある程度の大きさの領域についてのスピンの平均をとって $\sigma(\boldsymbol{r})$ を定義しておかなければならない．いま，隣り合ったスピンの間にたとえば(4.1.5)の形の相互作用があるとする．

$$-s_i^z s_j^z = \frac{1}{2}(s_i^z - s_j^z)^2 - \frac{1}{2}(s_i^z)^2 - \frac{1}{2}(s_j^z)^2 \tag{4.6.30}$$

であるから，隣り合う格子点のスピンの間にのみ相互作用があるならば連続的な $\sigma(\boldsymbol{r})$ を考える立場ではこの式の右辺の第1項を $(\nabla\sigma)^2$ に比例するとおくことができる．すると系のハミルトニアンは

$$\beta\mathcal{H}(\sigma) = \int d^d\boldsymbol{r}[a_0 + a_2\sigma^2 + a_4\sigma^4 + c(\nabla\sigma)^2 - h\cdot\sigma] \tag{4.6.31}$$

とすることができる．$\mathcal{H}(\sigma)$ は $\sigma(\boldsymbol{r})$ が与えられたときの自由エネルギーであるが，便宜的に $\beta\mathcal{H}$ をハミルトニアンと呼ぶのが，近頃の慣習になっている.) a_2, a_4 は(4.6.25)の A, B に相当するもので(4.6.30)の右辺の第2, 第3項も a_2 の

係数に取り込んである．また h は磁場に比例するものである．この形のハミルトニアンは Ginzburg-Landau が，超伝導や，超流動や臨界現象の理論で導入したもので Ginzburg-Landau のハミルトニアンと呼ばれる．$\exp[-\beta\mathcal{H}(\sigma)]$ は，$\boldsymbol{\sigma}(\boldsymbol{r})$ という密度分布が実現されることの相対的確率を与える．いまスピンには n 個の成分があるとすれば

$$\boldsymbol{\sigma}^2(\boldsymbol{r}) = \sum_{i=1}^{n} \sigma_i(\boldsymbol{r})^2$$

$$(\nabla\sigma)^2 = \sum_{s=1}^{d} \sum_{i=1}^{n} \left(\frac{\partial \sigma_i}{\partial x_s}\right)^2$$

であって $\boldsymbol{r}$ の成分を $x_s\ (s=1, \cdots, d)$ としてある．d は空間の次元数で一般に d 次元の系を考えている．この系の1辺の長さを L として $\boldsymbol{\sigma}(\boldsymbol{r})$ を Fourier 級数で展開する．

$$\boldsymbol{\sigma}(\boldsymbol{r}) = L^{-d/2} \sum_{k<\Lambda} \sigma_k e^{i\boldsymbol{k}\cdot\boldsymbol{r}} \tag{4.6.32}$$

この Fourier 成分は k の大きさにある上限 Λ があると考えなければならない．$\boldsymbol{k}$ の大きいものは空間の僅かな位置の差の情報を与えるものであるが，少なくとも格子間隔より小さい $\boldsymbol{r}$ の意味はないからである．ハミルトニアン(4.6.31)を極小にする $\boldsymbol{\sigma}(\boldsymbol{r})$ を $\tilde{\sigma}(\boldsymbol{r})$ とすると $\tilde{\sigma}(\boldsymbol{r})=\bar{\sigma}$ (一定) であって，その Fourier 成分は $\tilde{\sigma}_k=0\ (k\neq 0)$，$\tilde{\sigma}_0=L^{d/2}\bar{\sigma}$，またそのときのハミルトニアンは

$$\beta\mathcal{H}(\tilde{\sigma}) = L^d(a_0+a_2\bar{\sigma}^2+a_4\bar{\sigma}^4-h\cdot\bar{\sigma}) \tag{4.6.33}$$

である．$\mathcal{H}(\tilde{\sigma})$ を $\bar{\sigma}$ で微分して0とおけば $\bar{\sigma}$ がえられる．すなわち

$$2\bar{\sigma}(a_2+2a_4\bar{\sigma}^2)-h = 0 \tag{4.6.34}$$

この式は(4.6.23)と同じものである．それゆえこれからえられる臨界指数は分子場近似と同じものである．ハミルトニアン(4.6.31)は極小値として(4.6.33)の値をもつが，そのまわりにはゆらぎが存在する．このことは(4.6.32)を使ってもわかる．ハミルトニアンは

$$\begin{aligned}\beta\mathcal{H}[\sigma] = a_0L^d &+ \sum_{k<\Lambda} \sigma_k\cdot\sigma_{-k}(a_2+ck^2) \\ &+ L^{-d} \sum_{kk'k''<\Lambda} a_4(\sigma_k\cdot\sigma_{k'})(\sigma_{k''}\cdot\sigma_{-k-k'-k''}) \\ &- L^{d/2}\sigma_0\cdot h\end{aligned} \tag{4.6.35}$$

となり，σ_k の n 個の成分を σ_{ik} $(i=1, 2, \cdots, n)$ とすれば

$$\sigma_k \cdot \sigma_{-k} = \sum_i |\sigma_{ik}|^2 \tag{4.6.36}$$

と書くことができるが，$k=0$ の項のみをとったものが $\beta\mathcal{H}(\bar{\sigma})$ に他ならない．$k \neq 0$ の項は有限な波長のゆらぎを表わしている．

Landau の理論はこのようにしてゆらぎを無視したものに対応している．ゆらぎの大きさは相関距離 ξ が大きいほど大きいから，臨界点の付近では大きなゆらぎを決して無視できない．(4.6.35)のハミルトニアンで σ_{ik} の2次の項までとって4次以上を省略したものを Gauss 近似という．これも臨界点近くではよい結果を与えないことを示唆するが，Gauss 近似で $S(\boldsymbol{k})=\langle|\sigma_{ik}|^2\rangle$ を求めてみよう．(4.6.35)と(4.6.36)により，$|\sigma_{ik}|$ の確率分布は $(a_2+ck^2)^{-1}$ を2乗偏差とする Gauss 分布であるから

$$S(\boldsymbol{k}) = \langle|\sigma_{ik}|^2\rangle = \frac{1}{2}(a_2+ck^2)^{-1}$$

である．a_2 に対し(4.6.25)の形を仮定すると，

$$S(0) \propto (T-T_c)^{-1}$$
$$\lim_{T\to T_c} S(k) = k^{-2}$$

がえられる．このことは $\gamma=1$ ((2.7.11)から $S(0)$ は χ に比例する)，$\eta=0$ であることを示している．なおその他の指数は $\delta=3$, $\beta=1/2$ である．$\exp[-\beta\mathcal{H}(\sigma)]$ をすべての Fourier 成分で積分して得られる分配関数から自由エネルギーを求め，それから比熱を計算すれば，容易に，

$$\alpha = 2-d/2 \tag{4.6.37}$$

であることが知れる．これだけが分子場近似とちがっていて，$d<4$ では $T\to T_c$ とともに比熱が発散するが，$d>4$ という仮想的な次元では比熱の異常はないことになる．

Gauss 近似によってゆらぎ $\overline{\sigma^2}$ を求めれば，$S(\boldsymbol{k})$ の積分で与えられる．系の次元を d とすれば，

$$\overline{\sigma^2} \propto a_2{}^{(d-2)/2} \propto |T-T_c|^{(d-2)/2}$$

であるから，(4.6.35)の展開のうち4次の項と2次の項の比は

$$a_4\overline{\sigma^4}/a_2\overline{\sigma^2} \sim a_4\overline{\sigma^2}/a_2 \sim a_4|T-T_c|^{(d-4)/2}$$

である．$d<4$ $(d=2,3)$ であれば $T\to T_c$ とともにこれは大きくなり，Gauss 近似は T_c の近傍で必ず破れ，臨界点の異常性にはすでに述べたデリケートなものが現れることになる．$d>4$ の仮想的な系では簡単な分子場近似が本質的に正しい．

c) スケーリング

臨界点では相関距離の考えが重要であることは何度も述べたが，(4.6.13)の導入の仕方は，この関数形が普遍的なものと考えられないから，一般的でない．そこで，実験で測定される構造因子 $S(\boldsymbol{k})$ を使って，

$$\xi^2 = -\frac{1}{2}\frac{1}{S(0)}\left(\frac{d^2S(k)}{dk^2}\right)_{k=0} \qquad (4.6.38)$$

によって ξ を定義することにしよう．$S(\boldsymbol{k})$ は $k=|\boldsymbol{k}|$ のみの関数として考えているが，そうでないときは，方向によって相関距離がちがうとすることになる．$S(k)$ は $k=0$ で極大値をもち相関距離が大きいほど，k が大きくなるにつれて速く減少する．(4.6.38)の右辺は次元のない量 $S(k)/S(0)$ の $k=0$ の位置の曲率半径の逆数にひとしい．その次元は $[k]^{-2}$ であるから(4.6.38)の ξ は長さの次元をもち，また(4.6.14)の場合はこの ξ と一致する．

臨界現象の異常性は相関距離が無限に大きくなったことによってあらわれると考えることができる．するとすべての長さを ξ を単位にして測って物理量を表わし，$\xi\to\infty$ のときに効いてくる項だけをとって議論をすすめることができるだろう．

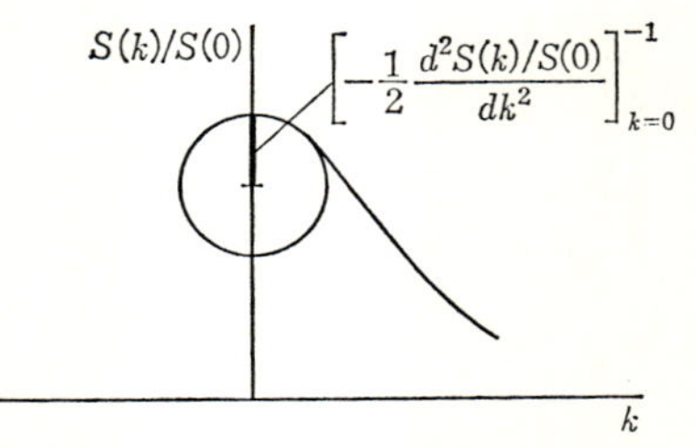

図 4.24 $S(k)/S(0)$ の曲率半径が小さいほど $S(k)/S(0)$ は速く減少し相関距離は長くなる

たとえば $S(\boldsymbol{k})$ を考えよう．その定義(4.6.12)からわかるように，ξ を長さの単位とすれば，(4.6.10)に従って $\boldsymbol{k}$ は $\boldsymbol{k}\xi$ になると同時に，この式の中に陰に含まれているいろいろな長さ $b_1, b_2, \cdots$ はそれぞれ $b_1/\xi, b_2/\xi, \cdots$ となるだろう．それ故

$$S(k) = f(k\xi, b_1/\xi, b_2/\xi, \cdots)$$

と書くことができる．すると $\xi\to\infty$ では $b_1/\xi, b_2/\xi, \cdots$ の最低のベキの和を $-y$

として，

$$S(k) \sim \xi^y[g(k\xi)+\xi^{-1} \text{ の高次の項}] \tag{4.6.39}$$

とあらわされる．$\xi\to\infty$ で(4.6.16)の形になるには

$$g(k\xi) \sim (k\xi)^{-y}$$

であって

$$y = 2-\eta \tag{4.6.40}$$

であればよい．またスピン系に対しては(1.2.14)または(2.7.11)から単位体積あたりの χ について

$$kT\chi = S(0) \sim \xi^y g(0)$$

であるので(4.6.1)の指数 γ は

$$\gamma = \nu y \tag{4.6.41}$$

となる．(4.6.40)と(4.6.41)から y を消去すると

$$\gamma = \nu(2-\eta) \tag{4.6.42}$$

がえられるが，これは Fisher の不等式(4.6.20)を等式に書いたものである．このようなスケーリングは単に長さの単位を変えているのではない．温度 T や Boltzmann 定数 k は一定のまま ξ だけが異常に大きいという考えに基づいている．したがってある物理量がどのようにスケール変換をうけるかは，ふつうの次元解析とはちがった方法でしらべなければならない．いま上に述べたように kT の大きさは変えないから，自由エネルギーも不変である．スケール変換前後の自由エネルギーの密度，体積要素をそれぞれ F, F', dV, dV' とすれば

$$FdV = F'dV'$$

であるが，空間の次元数を d とすると $dV'=\xi^d dV$ であるから，

$$F = \xi^{-d}F' \cong (T-T_c)^{\nu d}F' \tag{4.6.43}$$

となる．F' は長さが ξ でスケーリングされているから ξ が大きくなったとき，ξ にはよらないものと考えられる．したがってこれから比熱は

$$C = -T\frac{\partial^2 F}{\partial T^2} \cong (T-T_c)^{\nu d-2}$$

となり比熱の臨界指数 α は

$$\alpha = 2-\nu d \tag{4.6.44}$$

となる．また $M\cong\xi^m$, $H\cong\xi^{-h}$ としたとき，(4.6.9)を磁化密度に対して使えば

$y=d+2m$ となり，(4.6.41)を使うと $y=m+h$ がえられる．これから $m=(2-\eta-d)/2$, $h=(2-\eta+d)/2$ であり，

$$\delta=-\frac{h}{m}=\frac{d+2-\eta}{d-2+\eta}, \qquad \beta=-\nu m=-\frac{\nu}{2}(2-\eta-d) \qquad (4.6.45)$$

がえられる．

臨界点では $\xi\to\infty$ であるから，無限大となる ξ でスケールする代りに，次のような方法もある．いま長さの単位を s 倍して測るとする．すると ξ は $1/s$ 倍になる．一方 $\xi\to\infty$ になるのは $T\to T_c$ のためである．そこで

$$t=\left|1-\frac{T}{T_c}\right| \qquad (4.6.46)$$

として $t'=s^{1/\nu}t$ に従って t を変換するときに，ξ が $1/s$ になるとする．この操作は T_c を固定して，その目盛りをかえることであって，$t\to 0$ とすると，T 自身の変化は小さい．それ故，上に述べた F 自身のスケーリングの仕方(4.6.43)は変わらない．つまり変換

$$t'=s^{1/\nu}t \qquad (4.6.47)$$

に対し

$$\xi'=\xi/s \qquad (4.6.48)$$

となり，これから

$$M'=s^{m}M, \qquad H'=s^{-h}H \qquad (4.6.49)$$

などと変換されることになる．

このような変換は，$s>1$ であれば倍率の低い顕微鏡で観察して細部をみないということにもなるが，一方 ξ は $1/s$ になるから，相関距離は短くなる．このことは，臨界点から遠ざかることに相当するから，$s>1$ のときは不必要な細部はみないが，臨界点に固有な現象を拡大してみるということになる．スケーリングの大切な意味がこの点にある．

このようなスケーリングの方法は，臨界指数の間の関係を導き出し，臨界現象の理解に欠かせないものであることがわかったが，しかしながら指数自身の絶対的な値を与えることはできていない．この目的のためにはさらに立ち入った研究が必要であり，その試みが次に述べるくりこみ群の方法である．

§4.7　くりこみ群の方法

a) くりこみ群

Ginzburg-Landau のハミルトニアンを論じたときのように，1辺 L，体積 L^d の立方体を考える．これを L 系とよぶことにする．もし1辺 Ls $(s>1)$ の立方体（Ls 系）をとってもとの L 系と比べるとその中に含まれる粒子の数は s^d 倍され，系の自由度もそれだけ多くなる．たとえば(*4.6.32*)の Fourier 成分の数は，周期条件の下では

$$k_i = \frac{2\pi}{L}n, \qquad n = 1, 2, \cdots, n_0 = L/a \qquad (4.7.1)$$

$$i = 1, 2, \cdots, d,$$

できまるから d 次元では $(L/a)^d$ である．ここで a は格子間隔に相当し，正方格子を考えている．$n \leqq n_0 = L/a$ は $|k| < \Lambda$ の条件と同じである．Ls 系では n の上限は Ls/a になる．そこでこのときの k（または n）の制限を $|k| < \Lambda$ $(n \leqq n_0)$ でなく，$k < \Lambda/s$ $(n \leqq n_0/s)$ とすると，Fourier 成分の数は L 系と変わらない．あるいは図4.25において(a)，(b)はそれぞれ L 系および Ls 系（この場合は $s=3$）であって，(b)では破線で示した格子をみないとすると，自由度は変わらない．こういうことは前に述べたように倍率の低い顕微鏡でみて細部をみないということに相当するが，数学的な操作としては，Fourier 成分を使う場合には $\Lambda/s < k < \Lambda$ に相当する Fourier 成分 σ_k で積分することに相当する．図4.25の場合には1つ

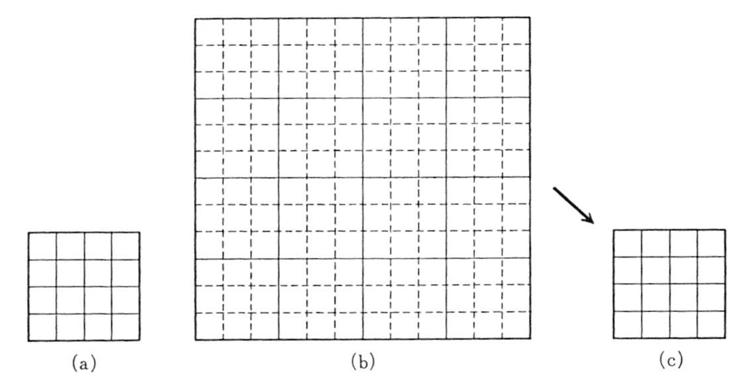

図4.25　(a)→(b) Kadanoff 変換，(a)→(b)→(c) くりこみ変換

の細胞に1個の粒子があるとすると，Ls 系では1辺 s の細胞に s^d 個の粒子があるが，その代りにその重心でおきかえるということに相当する．このことを式で表わすと，Ls 系のハミルトニアン $\mathcal{H}_{Ls}$ は，L 系のハミルトニアン $\mathcal{H}_L$ から $\Lambda/s<k<\Lambda$ の部分をならして

$$e^{-\mathcal{H}_{Ls}/kT} = \int\cdots\int e^{-\mathcal{H}_L/kT} \prod_{\Lambda/s<k<\Lambda} d\sigma_k \tag{4.7.2}$$

で定義されるものということができる．$\mathcal{H}_{Ls}$ は σ_k $(k<\Lambda/s)$ の関数である．また図4.25がスピン系の場合には重心座標の代りに細胞内の s^d 個の細胞のスピン σ_c の平均

$$\sigma_i = s^{-d}\sum\sigma_{ci} \tag{4.7.3}$$

と定義し

$$e^{-\mathcal{H}_{Ls}/kT} = \sum\underset{(i,\sigma_i)}{\cdots}\sum e^{-\mathcal{H}_L/kT}\delta(\sigma_i - s^{-d}\sum\sigma_{ci}) \tag{4.7.4}$$

とすればよい．この δ 関数は σ の成分の数を n とすると n 次元の δ 関数である．この変換を形式的に

$$\mathcal{H}_{Ls} = K_s\mathcal{H}_L \tag{4.7.5}$$

と表わし，Kadanoff 変換という．

Kadanoff 変換では細胞の大きさが s 倍されている．そこでもとの大きさに縮めて長さを

$$x' = x/s,\ \ \text{または}\quad x\to sx' \tag{4.7.6}$$

とすると，一般にスピン密度は

$$\sigma_x = \lambda_s\sigma_x{}' \tag{4.7.7}$$

となる．この λ_s はスケーリングでみたように一般に s のベキで表わされる．図4.25の(b)から(c)への変換がこれである．

このような Kadanoff 変換と(4.7.7)のスケール変換を組み合せたものを R_s とし，変換されたハミルトニアンを $\mathcal{H}_s$ として

$$\mathcal{H}_s = R_s\mathcal{H} \tag{4.7.8}$$

で表わす．R_s は一般に非線形な変換であるが，(4.7.7)で定義した λ_s は(4.6.45)の関係があるから，$\lambda_s = s^m$，$\lambda_{ss'} = \lambda_s\lambda_{s'}$ が成り立ち，

$$R_{ss'} = R_s R_{s'} \tag{4.7.9}$$

の関係がある．それ故この変換は半群を形成し，くりこみ群といわれる．半群というのは逆元が存在しないからであり，くりこみというのは(4.7.2)や(4.7.4)によって自由度を減らし，その自由度の関係する相互作用をくりこんでいるからである．

くりこみ変換の1つの例を§4.4(a)で取り扱った1次元のIsing系で行なってみよう．こんどは $J/2kT=K$ とおいて偶数番目のスピンについての和を先にとってこの自由度をくりこむことにする．すると(4.4.4)の恒等式を使って

$$\sum_{\mu_2=\pm1} e^{K(\mu_1+\mu_3)\mu_2} = 2(\cosh^2 K + (\mu_1\mu_3)\sinh^2 K)$$
$$= 2e^{K'}e^{K'\mu_1\mu_3} \tag{4.7.10}$$

がえられる．ただし

$$e^{2K'} = \cosh 2K \tag{4.7.11}$$

の関係がある．(4.7.10)からわかることは，偶数番目のスピンをくりこんだものは奇数番目のスピン間に K' の相互作用のある $N/2$ 個のスピン系に還元できることである．もとの分配関数を $Z_N(K)$，偶数スピンをくりこんだ系の分配関数を $Z_{N/2}(K')$ とすると，(4.7.10)から

$$Z_N(K) = (2e^{K'})^{N/2} Z_{N/2}(K') \tag{4.7.12}$$

の関係がある．N が大きいとき $Z_N(K)$ は $z(K)^N$ と書けるから，(4.7.12)から

$$z(K)^2 = 2e^{K'}z(K') \tag{4.7.13}$$

の関係がえられる．一方，(4.7.11)を書き直すと

$$(2\cosh K)^2 = 2e^{K'}(2\cosh K')$$

と書けるから，(4.7.13)と比較すると

$$Z_N(K) = z(K)^N = (2\cosh K)^N \tag{4.7.14}$$

となる．これは(4.4.6)の結果に他ならない．

臨界点ではくりこみ変換で変わらない K がある．すると(4.7.11)から

$$e^{2K} = \cosh 2K \tag{4.7.15}$$

となるが，これが満たされるところは $K\to\infty$ $(T\to0)$ か $K\to0$ $(T\to\infty)$ であって，1次元系では有限温度で相転移の起こらないことに対応する．

b) 不　動　点

1次元の Ising 系ではくりこみ変換によってハミルトニアンが同じ形になった．しかし一般にはこのようなことはない．変換 R_s を何度もくり返すことは，(4.7.9) の関係があるから $\lim_{s\to\infty} R_s$ をとることに相当する．これによってハミルトニアン $\mathcal{H}$ がある一定の $\mathcal{H}^*$ に収束するとして，

$$\lim_{s\to\infty} R_s\mathcal{H} = \mathcal{H}^* \tag{4.7.16}$$

とおく．この $\mathcal{H}^*$ にさらに R_s を作用させてももう $\mathcal{H}^*$ は変化しない．すなわちこの $\mathcal{H}^*$ は不動点ハミルトニアンである．くりこみ変換はミクロな細部を消し，臨界点に固有な現象を拡大するという見方からすると，臨界点では $\mathcal{H}^*$ が存在し，この $\mathcal{H}^*$ への近づき方に臨界現象のすべてが含まれているということになる．

いま $\mathcal{H}$ が Ginzburg-Landau 型のものであるとする．このハミルトニアンをきめるパラメタは磁場がないときは，a_2, a_4, c の3つである．これをまとめてベクトル μ で表わし，不動点ハミルトニアン $\mathcal{H}^*$ では μ が μ^* であるとする．μ が μ^* でないと変換後は別のパラメタの組 μ' に変換される．これを

$$\mu' = R_s\mu \tag{4.7.17}$$

と書く．μ のベクトル空間の中でこの変換の不動点 μ^* が臨界点についての情報を与えるものである．この考えは1次元 Ising 系の (4.7.15) で使ったものと同じである．

μ が不動点 μ^* の近くにあり $\mu-\mu^*=\delta\mu$ とおく．$\delta\mu$ が小さい限り (4.7.17) を線形化することができて

$$\delta\mu' = R_s{}^L\delta\mu \tag{4.7.18}$$

と書くと，$R_s{}^L$ は3行3列のマトリックスになる．このマトリックスの固有値と固有ベクトルを ρ_i, e_i $(i=1, 2, 3)$ とすると，$\delta\mu$ は

$$\delta\mu = \sum_i t_i e_i \tag{4.7.19}$$

と表わされ，$R_s{}^L$ を作用すると

$$\delta\mu' = \sum_i \rho_i t_i e_i \tag{4.7.20}$$

となる．しかし一方で $R_s{}^L$ にも (4.7.9) と同様の関係があるから，固有値にも

$$\rho_i(ss') = \rho_i(s)\,\rho_i(s') \tag{4.7.21}$$

の関係が成り立つので a_i をある定数として $\rho_i(s)=s^{a_i}$ であることがわかる．$s>1$ とし，もし $a_i>0$ であれば $R_s{}^L$ によって i 方向は $s^{a_i}>1$ 倍され，$a_i<0$ であれば縮小し，$a_i=0$ ならば不変である．それ故，$a_i<0$ であるような固有ベクトルの張る空間の中にベクトル $\delta\mu$ があれば，$s\to\infty$ として不動点ハミルトニアンがえられることになる．もし $a_i>0$ となる固有ベクトルを含む空間の中に $\delta\mu$ があると，くりこみ変換によって μ^* からしだいに離れる．この離れ方から臨界指数がきめられることになる．

上に述べた線形化したくりこみ変換 $R_s{}^L$ の固有値 $\rho_i=s^{a_i}$ の中で $a_1>0>a_2>a_3$ としよう．すると(4.7.20)は

$$\delta\mu' = s^{a_1}t_1e_1+O(s^{a_2})$$

である．臨界点では $\delta\mu'=0$ であるから，t_1 が温度の関数で $T=T_c$ で 0 になる．そこで展開

$$t_1(T) = A(T-T_c)+B(T-T_c)^2+\cdots$$

ができるとすると，

$$\mu' = \mu^*+A(T-T_c)s^{a_1}e_1+\cdots$$

となる．相関距離 ξ と $T-T_c$ との関係(4.6.8)によって $(T-T_c)_s{}^{a_1}$ は $\xi^{-1/\nu}s^{a_1}$ となるが，スケーリングの立場からはこれが(4.6.48)のように (ξ/s) の関数形にまとめられることを要求する．このことは

$$a_1 = 1/\nu$$

であることになる．いいかえると，$R_s{}^L$ の固有値から a_1 がきまり，それから指数 ν がきまることになる．ν がきまると，他の指数は前にえた種々の等式からきめられる．これはスケーリングの方法のみではえられないことであって，くりこみ群の方法の成功の 1 つである．

ここでは固有値の 1 つが 1 より大きい場合($a_1>0>a_2>a_3$)をしらべたが，1 より大きいものが 2 つあるときは 3 重臨界点(tricritical point，3 つの共存する相が同時に同じ性質をもつ点)を生ずる．これは ^{4}He と ^{3}He の溶液で観測される．

くりこみ群の方法の骨子は上に述べた通りであるが，具体的な計算を実行するにはダイアグラム技法などの多体問題を処理する各種の方法を使わなければならない．$d>4$ の Ginzburg-Landau 模型では§4.6(b)の終りに述べたように

Gauss 近似で十分である．そこで $d=4-\varepsilon$ 次元の系を考え，ε の展開による方法が開発されている．また Ising スピンの成分 n が無限大になった極限は球模型 (spherical model) といわれ，厳密解がえられている．そこで $1/n$ の展開法も有力である．いずれも 3 次元の Ising 模型や Heisenberg 模型には程遠い近似であるから，これらの現実の系に対する理論は未開拓といってよい．しかしここではこれらの問題にはこれ以上立ち入らないことにする．

第5章　Brown 運動

§5.1　はじめに

1827年，植物学者 Robert Brown は水に浮かぶ花粉の不規則な運動を顕微鏡下に見出した．さらに鉱物質の微粒子さえも，あたかも生命あるもののように活発な動きを続けることを見たことは，当時としては大きな驚きであったに違いない．このような運動――Brown 運動――を分子の熱運動に結びつける考えは，19世紀後半の原子物理学の胎動期にはすでにかなり広がっていたが，実験的検証を可能ならしめる明確な理論を与え，Brown 運動を原子観の確立のための礎石の1つとしたのは1905年の A. Einstein の記念すべき論文であった．ちなみに，Einstein がこの理論に思いを抱いたときには，Brown 運動の存在を知らなかったという．ともあれ，Einstein の理論は分子熱運動論と統計力学の発展の重要な契機となり，また確率過程の数学の歴史に大きい影響を与えた．

Wiener 過程とよばれる確率過程の理論は，Brown 運動の数学的モデルとして N. Wiener によって始められた．それはまた後に量子力学の1つの新しい形式化の方法である Feynman の経路積分の考えにも結びつく．R. P. Feynman はまた，その理論を始めるに当たって Wiener の仕事を知らなかったという．科学のさまざまの領域が，このように知ると知らざるとにかかわらず重なりあい絡み合って発展することは教訓的であろう．

Brown 運動の理論は，その後 P. Langevin, M. Smoluchowski, G. E. Uhlenbeck, L. S. Ornstein そのほかの人々によって発展させられた．その古典的理論は，たとえば Uhlenbeck-Wang の綜説(巻末文献(54))を標準とすることができよう．本章の取扱いもこれに負うところが多いが，それに止まらず，ここの省察を，後に述べる非平衡状態の統計力学を含め，統計物理学の将来の展開への布石の1つとしたい．現象を確率過程としてとらえる見方は，基本的な認識方法の1

つであるが，Brown 運動はその好例である．

Einstein は，Brown 粒子の拡散係数 D と，その移動度 μ が

$$D = \mu kT \tag{5.1.1}$$

という関係にあることを示した．この **Einstein の関係**は Brown 運動がほんとうに分子熱運動によるか否かの実験的検証の根拠を与えるが，この簡単な関係はさらに深い意味をもつ．すなわちこれは，今日，**揺動散逸定理**(fluctuation-dissipation theorem)の名をもって呼ばれる一般的な法則の最初の例であった．この定理は後に見るように，非平衡の統計力学の重要な柱の1つである．

Brown 運動は微粒子の運動に限らず，ごく普遍的に存在する．希薄な気体のなかに吊された小さい鏡の不規則な振動は，それに衝突する気体分子の衝撃による．図5.1はその観測の1例である．電気的な回路でも，導体の中の電子の熱運動は，電流のゆらぎ，また端子間の電位差のゆらぎをひき起こす．適当に増幅すればこれはいわゆる熱雑音としてわれわれの耳に入る．もっとひろく見れば，われわれが観測する物理量はすべて，物質のミクロな自由度のもつ熱運動に由来する同様のゆらぎをもっている．多くの場合，そのゆらぎはその物理量の観測値に対して小さく，必要のない限り無視してよいであろうが，そのようなゆらぎ自体，対象である系のミクロな運動を反映し，その本性を究明するための重要な手掛りでもある．本章では，もっとも簡単な Brown 粒子の Brown 運動を主題として物理的な確率過程の考え方を説くが，特に他の例を挙げなくても，上にいったようなゆらぎの現象一般につながるものであることを読者諸兄に理解して頂くことが筆者の願いである．

図5.1　Brown 運動の例(Kappler, E: *Ann. Physik*, **11**, 233(1931)による)

§5.2　確率過程としての Brown 運動

顕微鏡で Brown 粒子を観察し，時間 $0 \leqq t \leqq T$ にわたってその位置 $x(t)$ を測定してその記録を得たとする．簡単のため，以下では x 軸への投影だけを考え，

1次元の運動として取り扱ってゆくが，本質的なことは3次元でも変りはない．観測を繰り返して N 個の記録

$$x_1(t),\quad x_2(t),\quad \cdots,\quad x_N(t) \tag{5.2.1}$$

を得たとすれば，これらの記録はみな相異なっているであろう．すなわち，Brown 粒子の運動は同じものを再現することはないが，それではそれについて物理学は何を予言できるであろうか．力学の問題と違って，決定論的な予言ができないことは明らかで，取るべき道は確率論的なものでなければならない．時刻 t に観測される Brown 粒子の変位 $x(t)$ の値は確率的であり，(5.2.1)のそれぞれはそのサンプルである．サンプルの数 N を大きくすれば，その分布から経験的に $x(t)$ の従う確率法則が知られよう．そのような確率法則に従う確率変数(偶然量，stochastic variable)を $\mathbf{x}(t)$ と記す†．これは時間 t をパラメタとする偶然量の系列であるが，そのような系列を一般に確率過程(stochastic process)という．もし連続的な観測ができれば実数 t $(0\leqq t\leqq T)$ の1つの関数 $x(t)$ がそのサンプルとして得られる．もし，観測が

$$0\leqq t_1<t_2<\cdots<t_n\leqq T \tag{5.2.2}$$

のような離散的な n 個の時点において行なわれれば，

$$x(t_1),\quad x(t_2),\quad \cdots,\quad x(t_n)$$

という n 個の数の1組が得られるサンプルである．この n 個の数の1組を1つのベクトルとみれば，n 次元空間 R^n が，(5.2.2)の時点だけに注目したこの確率過程の確率空間である．その1つ1つの要素は，図5.2のような折線で表わされた経路(path)である．時点の数 n を大きくし，観測する時間の刻みをこまかくしてゆけば，その極限として連続的な時間変数 t をもつ確率過程の表現が得られるであろうと思われる．このような考え方は直観的ではあるが，数学的には実はそうたやすく受け入れられるものではない．連続的な時間 t について描かれる1つの経路 $x(t)$ $(0\leqq t\leqq T)$ が確率過程 $\mathbf{x}(t)$ の1つの要素であり，それらの経路の集合が確率空間をつくるわけであるが，そこに確率測度を導入するためにはか

---

† 確率変数 $\mathbf{x}(t)$ の観測値である1つのサンプルが $x(t)$ である．これは，量子力学における力学量とその実現値との関係と同様である．確率変数とその実現値との区別を強調するためにこの記法を用いるが，特にその必要がないときにはそのわずらわしさを避けて確率変数そのものを $x(t)$ と記す場合もある．

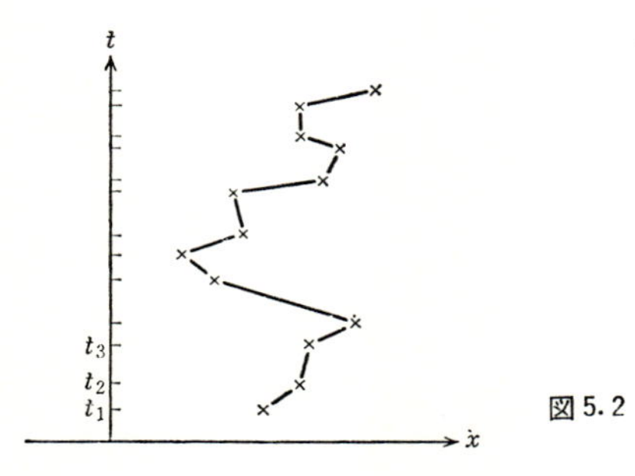

図 5.2

なりきちんとした数学的なお膳立てが必要になろう．しかし本書では物理的なものの見方に重点をおいているので，そのような数学的厳密性には拘泥しない．

さて，上に述べた意味で Brown 運動が確率過程 $\mathbf{x}(t)$ としてとらえられるとすれば，それを確率論的に記述するにはどうしたらよいであろうか．まず，ある時刻 t における $\mathbf{x}(t)$ の1つの観測値 $x(t)$ が x と $x+dx$ の間に見出される確率が考えられる．この確率密度を W_1 とすれば，それは

$$W_1(x,t)\,dx = \Pr(x < x(t) \leqq x+dx) \tag{5.2.3}$$

で定義される．右辺で Pr は（ ）の中の事象が起こる確率を意味する．次に2つの時点 t_1, t_2 における観測値 $x(t_1)$, $x(t_2)$ がそれぞれ x_1 と x_1+dx_1, x_2 と x_2+dx_2 の間に見出される確率は

$$\begin{aligned} &W_2(x_1,t_1\,;x_2,t_2)\,dx_1dx_2 \\ &\quad = \Pr(x_1 < x(t_1) \leqq x_1+dx_1,\ x_2 < x(t_2) \leqq x_2+dx_2) \end{aligned} \tag{5.2.4}$$

によって定義される確率密度 W_2 で表わされる．もっと一般には，n 個の時点における観測値 $x(t_1), x(t_2), \cdots, x(t_n)$ について

$$\begin{aligned} &W_n(x_1,t_1\,;x_2,t_2\,;\cdots;x_n,t_n)\,dx_1dx_2\cdots dx_n \\ &\quad = \Pr(x_j < x(t_j) \leqq x_j+dx_j,\ j=1,2,\cdots,n) \end{aligned} \tag{5.2.5}$$

が定義されよう．これは n 個の確率変数 $\mathbf{x}(t_1), \mathbf{x}(t_2), \cdots, \mathbf{x}(t_n)$ に関する同時分布確率である．確率過程 $\mathbf{x}(t)$ は，任意に選択された n 個 $(n=1,2,\cdots,\infty)$ の時点についてこのような確率がすべて与えられることによって定義される．もう1歩進めば，Brown 運動の1つ1つの経路にある確率を付与し，$t_1, t_2, \cdots, t_n$ のそれぞれの時刻に設けられたゲート $dx_1, dx_2, \cdots, dx_n$ の経路のすべてについてこれを加え合わせたものとして(5.2.5)を定義することもできる．これはいわゆる経路

積分の考え方であるが，ここでは立ち入らない.

(5.2.3)〜(5.2.5)から，種々の確率を導くことができるが，特に重要なものは**遷移確率**(transition probability)である. $t=t_0$ で $x(t_0)$ が x_0 という値をとる，という条件付きで，後の時刻 t_1 に $x(t_1)$ が x_1 と x_1+dx_1 の間の値をとる確率としては，

$$P(x_0, t_0|x_1, t_1)\,dx_1 = \frac{W_2(x_0, t_0\,;\,x_1, t_1)\,dx_1}{W_1(x_0, t_0)} \tag{5.2.6}$$

が定義される. 2つの時点のあいだの確率的変化に対するこの遷移確率は特に重要であるが，もっと一般には，t_0 での条件 x_0 をきめた上で後の n 個の時点での観測値についての確率として

$$\begin{aligned} &P(x_0, t_0|x_1, t_1\,;\,\cdots\,;\,x_n, t_n)\,dx_1\cdots dx_n \\ &\quad = \frac{W_{n+1}(x_0, t_0\,;\,x_1, t_1\,;\,\cdots\,;\,x_n, t_n)\,dx_1\cdots dx_n}{W_1(x_0, t_0)} \end{aligned} \tag{5.2.7}$$

も考えられる.

実際に観測される運動は，いろんな意味で複雑であるから，物理的にまた数学的に，これを理想化する必要がある. しかし理想化にも種々の段階があり，それらがまさにわれわれの認識の諸段階に対応するわけで，これからの議論の目的はそれらの諸段階の意味を明らかにすることにあるが，まず，いわば最も単純化された Brown 運動のモデルを見ることにしよう.

Brown 粒子を多数に含む媒質において，粒子の密度を $n(x,t)$ とする. それぞれの粒子の Brown 運動は，一様でない密度分布を時間とともに一様な分布に近づけるが，この過程は**拡散**(diffusion)とよばれる. 密度分布の勾配に応じて

$$j_{\rm d} = -D\frac{\partial n}{\partial x} \tag{5.2.8}$$

という流れが生じ，これによって密度の変化，

$$\frac{\partial n(x,t)}{\partial t} = -\frac{\partial j_{\rm d}}{\partial x} = D\frac{\partial^2 n}{\partial x^2} \tag{5.2.9}$$

が起こる. これは**拡散方程式**(diffusion equation)である. 重力など，ある一定の外力 K が Brown 粒子に作用している場合には，媒質とのあいだの摩擦力と外力 K との釣合いできまる終端速度 u_0 をもつ流れが生ずると考えられる. この

流れを j_K とすれば

$$j_K = nu_0 = \frac{nK}{m\gamma} \tag{5.2.10}$$

ここに m は粒子の質量で $m\gamma$ は摩擦係数に当たる．したがって全体の流れは，

$$\begin{aligned} j &= j_K + j_\mathrm{d} \\ &= \frac{nK}{m\gamma} - D\frac{\partial n}{\partial x} \end{aligned} \tag{5.2.11}$$

であり，外力 K がある場合の拡散は(5.2.9)のかわりに

$$\frac{\partial n(x,t)}{\partial t} = -\frac{\partial}{\partial x}\left(\frac{nK}{m\gamma}\right) + D\frac{\partial^2 n}{\partial x^2} \tag{5.2.12}$$

によって支配されることになろう．

どんな分布から出発しても，十分時間がたつと粒子の分布はある平衡分布に近づく．媒質中の粒子は，外力がなければ一様な分布に近づくが，重力のもとでは沈降平衡が成り立ち，媒質の温度 T に対応して

$$n(x) = n(x_0)\exp\left\{\frac{K(x-x_0)}{kT}\right\} \tag{5.2.13}$$

をもつはずである．この平衡は j_d と j_K の2つの流れが釣り合っている状態(詳細釣合の原理の例)であるが，そのためには(5.2.13)の分布が(5.2.11)の流れ j を0にしなければならない．したがって

$$\frac{D}{kT} = \frac{1}{m\gamma}$$

あるいは

$$D = \mu kT \tag{5.2.14}$$

という関係が成り立たなければならない．ここに $\mu=1/m\gamma$ は移動度であって，外力 K のもとにおけるドリフトの速さ u_0 と外力の大きさの比である．(5.2.14)は本章のはじめに触れた Einstein の関係(5.1.1)である．これについては繰り返して論及するが，ここでは以上のような簡単な考えによってこれが導出されることを注意するにとどめる．

Brown 粒子の密度があまり大きくないかぎり，Brown 粒子の相互作用はない．(5.2.9)または(5.2.12)に従う拡散は，それぞれの粒子が独立に Brown 運動を

行なうことの結果である．すなわち，時刻 t，位置 x における密度 $n(x,t)$ は，t_0 における密度を $n(x_0,t_0)$ として

$$n(x,t) = \int n(x_0,t_0)\,dx_0 P(x_0,t_0|x,t) \tag{5.2.15}$$

であるから，遷移確率 $P(x_0,t_0|x,t)$ はそれ自身が拡散方程式

$$\frac{\partial}{\partial t}P(x_0,t_0|x,t) = D\frac{\partial^2}{\partial x^2}P(x_0,t_0|x,t) \tag{5.2.16}$$

をみたす(以下，外力がない場合の Brown 運動を考える)．なぜならば，(5.2.9) は (5.2.15) の $n(x,t)$ に対し，どんな初期条件 $n(x_0,t_0)$ についてもみたされるからである．(5.2.16) を単に

$$\frac{\partial}{\partial t}P(x,t) = D\frac{\partial^2}{\partial x^2}P(x,t) \tag{5.2.17}$$

と記す．x に有限な境界がないならば($-\infty<x<\infty$)，遷移確率は初期条件

$$P(x_0,t_0|x,t) = \delta(x-x_0) \tag{5.2.18}$$

できまる (5.2.17) の基本解であって

$$P(x_0,t_0|x,t) = \frac{1}{\sqrt{4\pi D(t-t_0)}}\exp\left\{-\frac{(x-x_0)^2}{4D(t-t_0)}\right\} \tag{5.2.19}$$

で与えられる．境界や吸込みがある場合には，適切な境界条件を課さねばならない．

この答は Brown 運動の最も簡単な理想化である．時刻 t_0 に x_0 にいた粒子が後の時刻 t にどこにいるかという確率は，t_0 以前にその粒子がどこにいたかにはよらない．すなわち，それ以前の歴史はすべて t_0 における位置 x_0 という知識に集約されている．式で表わせば，

$$P(x',t';x_0,t_0|x,t) = P(x_0,t_0|x,t) \qquad (t'<t_0) \tag{5.2.20}$$

したがってまた

$$P(x_0,t_0|x_1,t_1;x_2,t_2) = P(x_0,t_0|x_1,t_1)P(x_1,t_1|x_2,t_2) \qquad (t_0<t_1<t_2) \tag{5.2.21}$$

すなわち，ある時間 (t_0,t_2) のあいだの発展は，その中間の任意の時点 t_1 をとり，(t_0,t_1)，(t_1,t_2) のそれぞれの時間のあいだの発展として構成される．したがってまた，中間の位置 x_1 のすべてについて積分して

$$P(x_0, t_0|x_2, t_2) = \int P(x_0, t_0|x_1, t_1)\,dx_1 P(x_1, t_1|x_2, t_2) \qquad (5.2.22)$$

という関係が得られる．一般に(5. 2. 21), (5. 2. 22)の条件をみたす確率過程 $\mathbf{x}(t)$ は **Markov 過程**(Markov process)と呼ばれる．(5. 2. 16)あるいは(5. 2. 17)で規定される Brown 運動が Markov 過程であることは，これらが時間 t に関して1階の偏微分方程式であることによるが，(5. 2. 19)の遷移確率が(5. 2. 22)をみたすことは初等的にも容易に証明される．

外力があれば(5. 2. 17)のかわりに

$$\frac{\partial P}{\partial t} = -\frac{\partial}{\partial x}(\mu KP) + D\frac{\partial^2}{\partial x^2}P$$

となるが，それでも同じことである．

§5.3　中心極限定理と Brown 運動，特性関数

(5. 2. 19)に与えられた分布，すなわち，時間 $(0, t)$ (簡単のため $t_0=0$ とした)のあいだの Brown 粒子の変位

$$X = x - x_0$$

の分布は**正規分布**(normal distribution, Gauss 分布(Gaussian distribution)ともいう)をなし，その分散は

$$\langle X^2 \rangle = 2Dt \qquad (5.3.1)$$

のように時間 t に比例する．いま，時間 t を $n(\gg 1)$ 個の区間 $\varDelta t_i$ $(i=1, 2, \cdots, n)$ に分割し，それぞれの区間における変位を $\varDelta X_i$ とすれば

$$X = \sum_{i=1}^{n} \varDelta X_i \qquad (5.3.2)$$

であるが，それぞれの変位については

$$\langle \varDelta X_i \rangle = 0 \qquad (5.3.3)$$

また，全体の変位も，平均的には0，すなわち

$$\langle X \rangle = 0$$

である．さらに，異なる時間の変位は(5. 2. 21)が意味するように独立であって

$$\langle \varDelta X_i \varDelta X_j \rangle = 0 \qquad (i \neq j) \qquad (5.3.4)$$

したがって(5. 3. 2)から

$$\langle X^2 \rangle = \sum_{i=1}^{n} \langle \Delta X_i^2 \rangle \tag{5.3.5}$$

簡単のために Δt_i をすべて等しくとれば $\langle \Delta X_i^2 \rangle$ は互いに相等しく，

$$\langle X^2 \rangle = n \langle \Delta X^2 \rangle = t \frac{\langle \Delta X^2 \rangle}{\Delta t}$$

これを (5. 3. 1) と比べれば，拡散係数に対して

$$D = \frac{\langle \Delta X^2 \rangle}{2\Delta t} \tag{5.3.6}$$

が得られる．Δt のあいだの変位に関しても，前節に述べたような拡散モデルが成り立つとするならば，(5. 3. 6) は (5. 3. 1) の繰返しにすぎない．しかし，以上の考察は実はもっと深い意味をもっている．

よく知られている **Gauss の誤差法則**は，多数の小さい誤差の積み重ねである観測誤差 X が正規分布に従うことを教える．Brown 粒子の変位 X も，多数の小さい変位 ΔX_i の集積である以上，それが正規分布をもつことは当然期待されてよかろう．その意味で，短い時間 Δt のあいだの変位については拡散方程式 (5. 2. 12) が成り立っていなくても (§5. 6 に述べるように，実際，あまり短い時間については (5. 2. 11)，(5. 2. 14) は成り立たない)，十分長い時間 t については変位の確率は正規分布となるはずであり，その分散 $\langle X^2 \rangle$ は (5. 3. 6) で定義される拡散係数 D によって (5. 3. 4) のように表わされ，したがって遷移確率 $P(x_0, t_0|x, t)$ は (5. 2. 19) の形をもち，拡散方程式 (5. 2. 16) をみたす．

Gauss の誤差法則は，確率論において**中心極限定理** (central limit theorem) と呼ばれている一般的定理に含まれる．この定理は，統計物理学においても基本的な重要性をもっているから，われわれの問題に関連してやや一般的にこれに触れておこう．一般に (5. 3. 2) と同様，$n (\gg 1)$ 個の独立な偶然量 $\Delta \mathbf{X}_1, \Delta \mathbf{X}_2, \cdots, \Delta \mathbf{X}_n$ の和を考え，これを

$$\mathbf{X}_n = \Delta \mathbf{X}_1 + \Delta \mathbf{X}_2 + \cdots + \Delta \mathbf{X}_n \tag{5.3.7}$$

とおこう．$\Delta \mathbf{X}_1, \Delta \mathbf{X}_2, \cdots, \Delta \mathbf{X}_n$ は (5. 3. 3) と同様，それぞれの平均値は 0 である．それらの分散を

$$\langle \Delta X_j^2 \rangle = \sigma_j^2$$

とおき，また

$$s_n{}^2 = \sigma_1{}^2 + \sigma_2{}^2 + \cdots + \sigma_n{}^2 \tag{5.3.8}$$

とおこう．さて $\Delta\mathbf{X}_1, \Delta\mathbf{X}_2, \cdots, \Delta\mathbf{X}_n$ が適当な条件をみたせば，

$$\mathbf{Y}_n = \frac{\mathbf{X}_n}{s_n} \tag{5.3.9}$$

の確率分布は，$n\to\infty$ とともに分散1の正規分布に近づく，というのがこの定理である．すなわち，その確率密度 $f_n(Y)$ は

$$f_n(Y) \longrightarrow \frac{1}{\sqrt{2\pi}}\exp\left(-\frac{1}{2}Y^2\right) \tag{5.3.10}$$

したがって $\mathbf{X}_n$ の確率密度 $P(X_n)$ は

$$P(X_n) \approx \frac{1}{\sqrt{2\pi}s_n}\exp\left(-\frac{X_n{}^2}{2s_n{}^2}\right) \qquad (n \gg 1) \tag{5.3.11}$$

となるが，これは上に Gauss の誤差法則として述べたことである．

中心極限定理の成立のための適当な条件の要点は，n 個の偶然量 $\Delta\mathbf{X}_1, \Delta\mathbf{X}_2, \cdots, \Delta\mathbf{X}_n$ がいわばどんぐりの背くらべで，特に他を圧倒する傑出した少数者はない，ということである．これをきちんと数学的に表現すれば，強弱さまざまの十分条件として与えられる．実際，中心極限定理には Lindeberg の定理や Ljapunov の定理などいくつかの異なる表現があるが，それらは数学書にゆずり(巻末文献(50)参照)，ここでは条件をかなりきつくして話を簡単にしよう．

このような議論には**特性関数**(characteristic function)と呼ばれるものを用いるのがよい．一般にある偶然量 $\mathbf{x}$ に対して，

$$\Phi(\xi) = \langle e^{i\xi x}\rangle \tag{5.3.12}$$

によって定義される関数が $\mathbf{x}$ の特性関数である．特に $\mathbf{x}$ について確率分布密度 $f(x)$ が存在するなら

$$\Phi(\xi) = \int_{-\infty}^{\infty} e^{i\xi x}f(x)\,dx \tag{5.3.13}$$

であるから，$\Phi(\xi)$ は $f(x)$ の Fourier 変換にほかならない．したがって $\Phi(\xi)$ が知れれば $f(x)$ もその逆変換として求められる．$f(x)$ が存在しない場合にも(5.3.12)の $\Phi(\xi)$ は存在し，かつ $\Phi(\xi)$ から $\mathbf{x}$ の確率分布が一義的に定まることは，確率論の一般的定理によって保証される．

2つの偶然量 $\mathbf{x}, \mathbf{y}$ が独立であれば，明らかに

$$\langle e^{i\xi(x+y)}\rangle = \langle e^{i\xi x}\rangle\langle e^{i\xi y}\rangle \tag{5.3.14}$$

同様に，任意の数の独立な偶然量の和の特性関数はそれぞれの特性関数の積に等しい．これは特性関数の基本的な性質の1つである．第2章で熱平衡状態の統計力学における重要な量として導入された状態和は，いわば，規格化されていない確率に対する特性関数である(状態和としては $i\xi$ のかわりに実数のパラメタが用いられる)．

もし n 次のモーメント

$$\langle x^n\rangle = \int_{-\infty}^{\infty} x^n f(x)\,dx \qquad (n=0,1,2,\cdots) \tag{5.3.15}$$

がすべて有限であれば，特性関数 $\Phi(\xi)$ は $\xi=0$ の付近では解析的で

$$\Phi(\xi) = \sum_{n=0}^{\infty} \frac{(i\xi)^n}{n!}\langle x^n\rangle \tag{5.3.16}$$

のように展開されよう．逆にモーメント $\langle x^n\rangle$ は

$$\frac{1}{i^n}\left\{\left(\frac{d}{d\xi}\right)^n \Phi(\xi)\right\}_{\xi=0} = \langle x^n\rangle \tag{5.3.17}$$

として $\Phi(\xi)$ から求められる．しかしモーメントがつねに存在するとは限らない．たとえば Cauchy 分布

$$f(x) = \frac{1}{\pi}\frac{1}{1+x^2} \tag{5.3.18}$$

に対しては，$n=2$ 以上のモーメントはすべて発散し，これに対応して特性関数は

$$\Phi(\xi) = e^{-|\xi|} \tag{5.3.19}$$

となって，$\xi=0$ では解析的でない．(5.3.16)のような展開が可能であるためには，分布関数 $f(x)$ が $x\to\pm\infty$ で十分はやく0に近づくことが必要である．たとえば正規分布

$$f(x) = \frac{1}{\sqrt{2\pi\sigma^2}}\exp\left(-\frac{(x-m)^2}{2\sigma^2}\right) \tag{5.3.20}$$

に対しては，

$$\Phi(\xi) = \frac{1}{\sqrt{2\pi}\sigma}\int_{-\infty}^{\infty}\exp\left(-\frac{(x-m)^2}{2\sigma^2}+ix\xi\right)dx$$

$$= \frac{1}{\sqrt{2\pi}\sigma} \int_{-\infty}^{\infty} \exp\left(im\xi - \frac{\sigma^2}{2}\xi^2 - \frac{1}{2\sigma^2}(x-m-i\sigma^2\xi)^2\right)dx$$

ところで任意の複素数 a について

$$\int_{-\infty}^{\infty} \exp\left(-\frac{1}{2}(y-a)^2\right)dy = \int_{-\infty}^{\infty} \exp\left(-\frac{y^2}{2}\right)dy = \sqrt{2\pi} \qquad (5.3.21)$$

である．これを見るには，図5.3のように実軸上の積分路ABを，a を通ってこれに平行な積分路CDに変えればよい．$\exp(-y^2/2)$ はいたるところ解析的であるから，この違いはAC, BD上の積分だけであるが，それらはA, Bをそれぞれ $-\infty, \infty$ に押しやれば消えてしまう．したがって，

$$\Phi(\xi) = \exp\left(im\xi - \frac{\sigma^2}{2}\xi^2\right) \qquad (5.3.22)$$

が正規分布に対する特性関数である．この簡単な結果は記憶に値する．

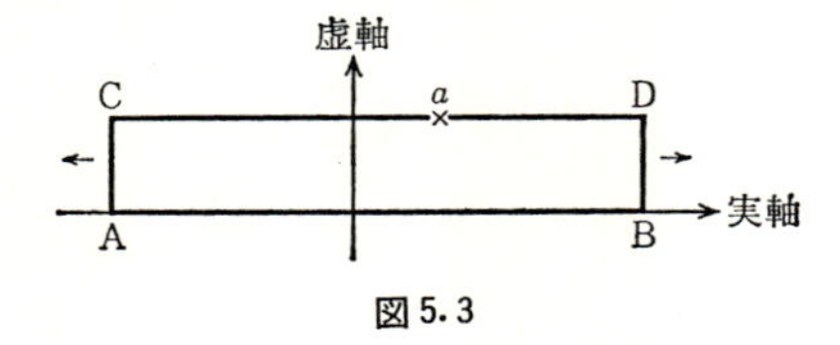

図5.3

特性関数 $\Phi(\xi)$ を

$$\Phi(\xi) = e^{\Psi(\xi)} \qquad (5.3.23)$$

とかき，$\Psi(\xi)$ を**キュムラント関数**(cumulant function)と呼ぶ．これは状態和に対する熱力学的特性関数(自由エネルギーを kT で割ったもの)に相当する．あるいは

$$\Psi(\xi) = \ln \Phi(\xi) \qquad (5.3.24)$$

であるが，$\Phi(\xi)$ の展開(5.3.16)に対応して，

$$\Psi(\xi) = \sum_{n=1}^{\infty} \frac{(i\xi)^n}{n!}\langle x^n \rangle_c \qquad (5.3.25)$$

と展開する．ここで定義された係数 $\langle x^n \rangle_c$ は n 次のキュムラント(n-th cumulant)と呼ばれるが，(5.3.23)または(5.3.24)によってモーメント $\langle x^n \rangle$ と関係づけられている．$n=3$ までの関係を記せば

$$\left.\begin{aligned}&\langle x\rangle_c = \langle x\rangle\\&\langle x^2\rangle_c = \langle x^2\rangle - \langle x\rangle^2, \qquad \langle x^2\rangle = \langle x^2\rangle_c + \langle x\rangle_c{}^2\\&\langle x^3\rangle_c = \langle x^3\rangle - 3\langle x^2\rangle\langle x\rangle + 2\langle x\rangle^3\\&\langle x^3\rangle = \langle x^3\rangle_c + 3\langle x\rangle_c\langle x^2\rangle_c + \langle x\rangle^3{}_c\end{aligned}\right\} \tag{5.3.26}$$

であるが，一般に n 次のキュムラントは n 次以下のモーメントによって表わされるし，また逆に n 次のモーメントは n 次以下のキュムラントによって表わされる．特に $\langle x\rangle_c$ は平均値，$\langle x^2\rangle_c$ は分散である．

正規分布(5.3.20)に対しては，(5.3.22)から

$$\langle x\rangle_c = m, \qquad \langle x^2\rangle_c = \sigma^2, \qquad \langle x^n\rangle_c = 0 \qquad (n \geqq 3) \tag{5.3.27}$$

である．3次以上のキュムラントが0であることが正規分布の特徴である．

さて(5.3.7)の $\mathbf{X}_n$ については，その特性関数は

$$\Phi(\xi) = \langle e^{i\xi X_n}\rangle = \prod_{j=1}^{n} \langle e^{i\xi \Delta X_j}\rangle \tag{5.3.28}$$

$\Delta\mathbf{X}_j\ (j=1, 2, \cdots, n)$ のキュムラント関数を $\psi_j(\xi)$，$\mathbf{X}_n$ のキュムラント関数を $\Psi_n(\xi)$ とおけば，(5.3.28)から

$$\Psi_n(\xi) = \sum_{j=1}^{n} \psi_j(\xi)$$

さらに次のような展開

$$\psi_j(\xi) = i\xi\langle \Delta X_j\rangle_c - \frac{\xi^2}{2}\langle \Delta X_j{}^2\rangle_c + \frac{(i\xi)^3}{3!}\langle \Delta X_j{}^3\rangle_c + \cdots \tag{5.3.29}$$

が可能であるとすれば，$\langle \Delta X_j\rangle=0$ の仮定と(5.3.7)の下の式と(5.3.8)によって

$$\Psi_n(\xi) = -\frac{\xi^2}{2}s_n{}^2 + \frac{(i\xi)^3}{3!}\sum\langle \Delta X_j{}^3\rangle_c + \cdots \tag{5.3.30}$$

$\mathbf{X}_n$ のかわりに(5.3.9)の $\mathbf{Y}_n$ に対する特性関数を考えると

$$\langle e^{i\eta Y_n}\rangle = \langle e^{i\eta X_n/s_n}\rangle$$

(5.3.30)の ξ を η/s_n とおけば

$$\langle e^{i\eta Y_n}\rangle = \exp\left(-\frac{1}{2}\eta^2 + \frac{(i\eta)^3}{3!}\sum_{j=1}^{n}\frac{\langle \Delta X_j{}^3\rangle_c}{s_n{}^3} + \cdots\right) \tag{5.3.31}$$

となる．$\Delta\mathbf{X}_j$ の m 次のモーメントがすべて有限で同程度であるとしよう．$s_n{}^2$ は(5.3.8)により n の増大とともに n のオーダーで増す．そこで(5.3.31)の m 次

のキュムラントの項は

$$\frac{O(n)}{O(n^{m/2})} \longrightarrow 0$$

すなわち $m \geqq 3$ の各項は0に近づく．したがって

$$\langle e^{i\eta Y_n} \rangle \longrightarrow e^{-\eta^2/2} \tag{5. 3. 32}$$

これは上に注意したように Y_n が正規分布に近づくことを示している．

以上は中心極限定理の証明としては不必要に強い制限(すべての次数のモーメントの存在)を課しているが，多くの物理的過程としてはそれが許されよう．しかし，そのような制限をみたそうとみたすまいと，ともかく中心極限定理は，Brown 粒子の確率的な運動が，十分長い時間について見れば(*5. 2. 19*)のような拡散過程であることを示している．短い時間については，本来，物理的に考えて拡散モデルが成り立つはずはない．ある時刻に粒子がある速度 u で動いていれば，まったく違った運動の状態に移るにはある時間——**相関時間**—— τ_c の経過が必要であろう．しかし本節の最初に述べたように，時間 t を

$$t = n\Delta t$$

のように分割し，それぞれの時間 Δt を上にいった相関時間 τ_c よりもずっと長くとることができれば，それぞれの区間での変位 ΔX_j $(j=1, 2, \cdots, n)$ は互いに独立であると考えてよいであろう．そして $n \gg 1$ とみてよいほど t が長ければ，変位の総和 X は((*5. 3. 2*)参照)，中心極限定理によって(*5. 3. 5*)，すなわち

$$\langle X^2 \rangle = 2Dt \tag{5. 3. 33}$$

を分散とする正規分布(*5. 2. 19*)をもつのである．

Brown 粒子の拡散をいわゆる酔歩の問題(random walk)として考えることがしばしばある(§1. 2)．その最も簡単なモデルは，τ 時間ごとに右または左へステップ $\pm a$ をランダムにとる歩みである．n 回のステップの後の変位 $x=ma$ は

$$P_n(m) = \frac{n!}{2^n} \Big/ \left(\frac{n+m}{2}! \frac{n-m}{2}! \right) \tag{5. 3. 34}$$

という2項分布であるが，n が大きいとき，これが正規分布によって近似されることはよく知られている．この運動の拡散係数が(*5. 3. 6*)によって

$$D = \frac{a^2}{2\tau} \tag{5. 3. 35}$$

となることは，(5.3.34)に対して Stirling の公式を用いることによって容易に示される．(5.3.35)はこの簡単なモデルにとどまらず，もっと一般なものと考えてよい．3次元の運動としては

$$D = \frac{l^2}{6\tau} \qquad (5.3.36)$$

となる．l は平均自由行路，τ は平均自由時間である．1次元の場合の式(5.3.35)は $l^2=3a^2$ とおいたものである．これらの式には，l, a, τ の定義のしかたによっては何か係数がかかることもあるが，肝腎なことは，拡散係数のこのような意味づけである．

§5.4　Langevin 方程式と調和分析

これまでは Brown 粒子の運動をその変位だけに注目して考えてきたが，物理的にはまずその運動そのものの取扱いから出発するべきであろう．注目する粒子の速度を $\boldsymbol{u}$ とすれば，運動方程式はもちろん

$$m\frac{du}{dt} = F \qquad (5.4.1)$$

とかかれる．ここに F は Brown 粒子を取りかこむ周囲の媒質の分子が粒子に作用する力であるが，これを2つの部分に分けて考えることができよう．その第1は Brown 粒子の速度に比例する摩擦抵抗で，その係数を γ とすれば(5.2.10)に仮定されたのと同様，抵抗力は

$$F_u = -m\gamma u \qquad (5.4.2)$$

のように仮定される．たとえば球に対する Stokes の法則が成り立つとすれば，この抵抗は，球の半径を a，液体の粘度を η として

$$m\gamma = 6\pi a\eta \qquad (5.4.3)$$

で与えられる．力 F の第2の部分は，抵抗力 F_u を除いた残りで，粒子の運動によらず不規則なものと考えられる．これを**ランダムな力**と呼び，$R(t)$ と記すことにしよう．したがって(5.4.1)は

$$m\frac{du}{dt} = -m\gamma u + R(t) \qquad (5.4.4)$$

とかかれる．同様の考え方は，粒子に何かある力の場，たとえば重力，あるいは

粒子を原点に結ぶ弾性力が作用している場合にも拡張される．外力の場を $V(x)$ とおけば，(5.4.4)に対応する運動方程式は，運動量 p と座標 x について

$$\frac{dp}{dt} = -\frac{\partial V}{\partial x} - \gamma p + R(t) \tag{5.4.5}$$

$$\frac{dx}{dt} = \frac{p}{m} \equiv u(t) \tag{5.4.6}$$

で与えられる．

ランダムな力 $\boldsymbol{R}(t)$ は時間とともに確率的に変化する確率過程である．この力によって駆動される Brown 粒子の運動 $\boldsymbol{u}(t)$ (あるいは $\boldsymbol{p}(t)$)，$\boldsymbol{x}(t)$ もまた確率過程であって，(5.4.4)または(5.4.5), (5.4.6)によって $\boldsymbol{R}(t)$ に結ばれている．力を運動の原因と見るならば，ランダムな力 $\boldsymbol{R}(t)$ が Brown 運動を生成するものであるから，$\boldsymbol{R}(t)$ の知識から確率過程 $\boldsymbol{u}(t), \boldsymbol{x}(t)$ を決めるのがわれわれの問題となる．

このための基本的な方法の1つは**調和分析**(harmonic analysis)である．これは運動を振動の重ね合せによって表わすことであるから，線形系についてはきわめて有力である．いま，考えている Brown 粒子は一定の条件(温度，圧力など)にある媒質中を運動するのであるから，その運動は**定常的**(stationary)である．すなわち，(5.2.5)のような確率は

$$W_n(x_1, t_1; x_2, t_2; \cdots; x_n, t_n) = W_n(x_1, t_1+\tau; x_2, t_2+\tau; \cdots; x_n, t_n+\tau) \tag{5.4.7}$$

のように時間のずれについて不変である．この意味で，ランダムな力 $\boldsymbol{R}(t)$ も，$\boldsymbol{u}(t)$ も，$\boldsymbol{x}(t)$ も，いま考えている Brown 運動としては定常である．

いま一般に，ある定常過程 $\boldsymbol{z}(t)$ を考え，時間 $0 \leqq t \leqq T$ にわたる観測の結果として得られるその1つのサンプル $z(t)$ を Fourier 級数に展開し

$$z(t) = \sum_{n=-\infty}^{\infty} a_n e^{i\omega_n t} \tag{5.4.8}$$

のように表わしたとしよう．ここに振動数 ω_n は区間 T に対応して

$$\omega_n = \frac{2\pi n}{T} \qquad (n = 0, \pm 1, \pm 2, \cdots) \tag{5.4.9}$$

であり，$z(t)$ が実数である限り，Fourier 係数 a_n は

$$a_n = a_n' + ia_n'', \qquad a_{-n} = a_n^* = a_n' - ia_n'' \tag{5.4.10}$$

という形をもつ．確率過程として

$$\mathbf{z}(t) = \sum_{n=-\infty}^{\infty} \mathbf{a}_n e^{i\omega_n t} \qquad (0 \leqq t \leqq T) \tag{5.4.11}$$

と記せば，(5.4.8) の Fourier 係数 a_n は

$$\mathbf{a}_n = \frac{1}{T}\int_0^T \mathbf{z}(t)\, e^{-i\omega_n t} dt \tag{5.4.12}$$

で定義される偶然量 $\mathbf{a}_n$ の 1 つのサンプルである．(5.4.11) は，確率過程 $\mathbf{z}(t)$ が，可付番無限個の偶然量 $\{\mathbf{a}_n\}$ によって表わされることを示す．$\mathbf{z}(t)$ に対して §5.2 で説明した意味での確率が定義されることに対応して，これらの Fourier 係数 $\{\mathbf{a}_n\}$ のそれぞれについても確率が定義され，したがってまた，種々の平均値がそれに対応して定義される．まず平均値について

$$\langle a_n \rangle = \frac{1}{T}\int_0^T \langle z(t) \rangle e^{-i\omega_n t} dt$$

であるが，定常過程については $\langle z(t) \rangle$ は一定であるから，

$$\langle a_n \rangle = 0 \qquad (n \neq 0) \tag{5.4.13}$$

一方 $n=0$ については

$$\langle a_0 \rangle = \frac{1}{T}\int_0^T \langle z(t) \rangle dt = \langle z \rangle \tag{5.4.14}$$

である．$\mathbf{a}_0$ の 1 つのサンプルは $\mathbf{z}(t)$ の 1 つのサンプルの時間 $(0, T)$ にわたる平均値に等しい．すなわち

$$a_0 = \overline{z(t)}^T \equiv \frac{1}{T}\int_0^T z(t)\, dt \tag{5.4.15}$$

であるが，一般にこれが $\langle z \rangle$ に等しいとは限らない．しかし，T を十分大きくした極限で

$$\lim_{T\to\infty} \overline{z(t)}^T = \langle z \rangle \tag{5.4.16}$$

が成り立つとき，このような過程は**エルゴード的**(ergodic) であると称せられる．$\mathbf{z}(t)$ が取りうるすべての値についての平均が $\langle z \rangle$ であるが，1 つのサンプルがある値 $z(0)$ から出発したとき，$z(t)$ $(0 \leqq t \leqq T)$ がそれらのすべての値を覆うとは

限らない．最初の状態 $z(0)$ の如何によって到達できる $z(t)$ の範囲が異なるような場合には，時間平均は必ずしも同一でなく，エルゴード性が成り立たない．たとえば無縁な2つの過程をただ組み合せたものがエルゴード的でないのは明らかである．エルゴード的でない過程は一般にエルゴード的な過程に分解されるし，ふつうに考える定常確率過程は，すでにそのように分解された単純なものが多いから，以下，エルゴード性を仮定する．この意味で，$\boldsymbol{a}_0=\langle z\rangle=$一定，したがって $\boldsymbol{z}(t)-\langle z\rangle$ を考えて，一般に，

$$\langle a_n\rangle = 0 \qquad (n=0, \pm 1, \cdots, \pm\infty) \tag{5.4.17}$$

とする．Fourier 成分 $\boldsymbol{a}_n$ の平均的な強さとしては

$$\langle |a_n|^2\rangle = \langle |a_n'|^2\rangle + \langle |a_n''|^2\rangle \tag{5.4.18}$$

を定義することができる．この右辺は a_n の実数部，虚数部の振幅の2乗平均の和である．適当な振動数フィルターによって，ある振動数域 $\varDelta\omega$ の範囲にある Fourier 成分の強さを測定すれば，その平均強度 $I(\omega)$ は

$$I(\omega)\varDelta\omega = \sum_{\varDelta\omega\ \text{の中の}\ \omega_n} \langle |a_n|^2\rangle \tag{5.4.19}$$

である．右辺は $\varDelta\omega$ の中に含まれる ω_n をもつ成分についての和であるが，(5.4.9) の ω_n の間隔が $2\pi/T$ であるから，それらの成分の数は

$$\frac{\varDelta\omega}{2\pi/T} = \frac{T}{2\pi}\varDelta\omega$$

だけある．$\langle |a_n|^2\rangle$ は ω_n の連続的な関数であろうから，(5.4.19) により

$$I(\omega) = \lim_{T\to\infty}\frac{T}{2\pi}\langle |a_n|^2\rangle \tag{5.4.20}$$

を確率過程 $\boldsymbol{z}(t)$ の振動数 ω における強度スペクトルとして定義することができる．実際，たとえば $\boldsymbol{z}(t)$ が電気回路の端子間に生ずる雑音電圧であれば，振動数 ω の付近の狭い振動数幅 $\varDelta\omega$ をゆるすフィルターを通して聞える雑音の強さは $I(\omega)\varDelta\omega$ である．この意味で，(5.4.20) によって定義される $I(\omega)$ を確率過程 $\boldsymbol{z}(t)$ の**強度スペクトル** (power spectrum) という．

この強度スペクトルについては有名な **Wiener-Khinchin の定理**がある．いま，過程 $\boldsymbol{z}(t)$ について相関関数

$$\phi(t) = \langle z(t_0)z(t_0+t)\rangle \tag{5.4.21}$$

を定義しよう．これは2つの時点 t_0, t_0+t における $\mathbf{z}(t)$ の観測値 $z(t_0), z(t_0+t)$ の相関を表わすが，$\mathbf{z}(t)$ が定常としているので，始点 t_0 にはよらない．Wiener-Khinchin の定理は，

$$I(\omega)=\frac{1}{2\pi}\int_{-\infty}^{\infty}\phi(t)e^{-i\omega t}dt \tag{5. 4. 22}$$

という関係が成り立つことを主張する．この逆としては次式が成り立つ．

$$\phi(t)=\int_{-\infty}^{\infty}I(\omega)e^{i\omega t}d\omega \tag{5. 4. 23}$$

この定理は次のようにして証明される．(5. 4. 12)により，

$$\langle|a_n|^2\rangle=\frac{1}{T^2}\int_0^T dt_1\int_0^T dt_2\langle z(t_1)z(t_2)\rangle e^{-i\omega_n(t_1-t_2)} \tag{5. 4. 24}$$

であるが，右辺に含まれる相関関数は t_1-t_2 だけによる．t_1, t_2 に関する積分は図5.4のように $0\leqq t_1\leqq T$, $0\leqq t_2\leqq T$ の正方形について行なわれるが，これを $t_1>t_2$, $t_1<t_2$ の2つの部分に分けて考えよう．$t_1>t_2$ の部分については，積分変数を

$$t_1-t_2=t$$

と t_2 とに変えれば，積分変数の変換のヤコビアンは $\partial(t_1, t_2)/\partial(t, t_2)=1$ である．まず t_2 についての積分は0と $T-t$ にわたるが，被積分関数は t_2 にはよらないから，(5. 4. 24)の積分は，この部分については

$$\int_0^T(T-t)\phi(t)e^{-i\omega_n t}dt \tag{5. 4. 25}$$

となる．同様に $t_2>t_1$ の部分についての積分は

$$\int_0^T(T-t)\phi(-t)e^{i\omega_n t}dt \tag{5. 4. 26}$$

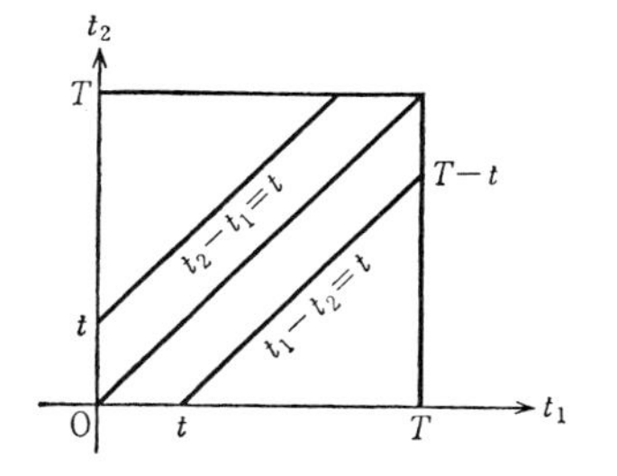

図5.4

となる．これらを(5. 4. 20)に入れて $T\to\infty$ の極限をとったとき

$$\int_0^\infty \phi(\pm t)e^{\mp i\omega_n t}dt, \qquad \int_0^\infty t\phi(\pm t)e^{\mp i\omega_n t}dt \tag{5. 4. 27}$$

が有限な値に収束するかぎり，

$$I(\omega)=\frac{1}{2\pi}\left(\int_0^\infty \phi(t)e^{-i\omega t}dt+\int_0^\infty \phi(-t)e^{i\omega t}dt\right) \tag{5. 4. 28}$$

が得られる．この第2項を $(-\infty, 0)$ にわたる積分に書きかえたものが(5. 4. 22)である．(5. 4. 23)はもちろん Fourier 変換の定理によって明らかである．

有限な時間についての調和分析(5. 4. 11)，(5. 4. 12)の代りに

$$\mathbf{z}(t)=\int_{-\infty}^\infty \mathbf{a}(\omega)e^{i\omega t}d\omega \tag{5. 4. 29}$$

$$\mathbf{a}(\omega)=\frac{1}{2\pi}\int_{-\infty}^\infty \mathbf{z}(t)e^{-i\omega t}dt \tag{5. 4. 30}$$

のような積分としての調和分析を行なってもよい．$z(t)$ が実数値をとるものであれば明らかに

$$\mathbf{a}(-\omega)=\mathbf{a}^*(\omega)$$

は $\mathbf{a}(\omega)$ の複素共役である．$\mathbf{z}(t)$ が定常であれば

$$\langle a(\omega)a(\omega')\rangle = I(\omega)\delta(\omega+\omega') \tag{5. 4. 31}$$

あるいは

$$\langle a(\omega)a^*(\omega')\rangle = I(\omega)\delta(\omega-\omega') \tag{5. 4. 32}$$

ここに $I(\omega)$ は強度スペクトル(5. 4. 20)である．(5. 4. 30)から実際に(5. 4. 31)の右辺を計算すれば，(5. 4. 21)により

$$\begin{aligned}\langle a(\omega_1)a(\omega_2)\rangle &= \frac{1}{(2\pi)^2}\int_{-\infty}^\infty dt_1\int_{-\infty}^\infty dt_2\phi(t_1-t_2)e^{-i\omega_1 t_1-i\omega_2 t_2}\\ &=\frac{1}{2\pi}\int_{-\infty}^\infty \phi(t)e^{i\omega_1 t}dt\cdot\frac{1}{2\pi}\int_{-\infty}^\infty e^{-i(\omega_1+\omega_2)\tau}d\tau\end{aligned}$$

ここに(5. 4. 22)を用いれば(5. 4. 31)が得られる．逆に(5. 4. 29)と(5. 4. 31)とから(5. 4. 23)が導かれることも明らかであろう．

この調和分析の方法は，(5. 4. 4)のような線形の方程式に対して特に有効である．いま，(5. 4. 4)の右辺にあるランダムな力を確率過程として(5. 4. 11)のよ

うに Fourier 展開しよう．すなわち

$$\mathbf{R}(t)=\sum_{n=-\infty}^{\infty}\mathbf{R}_n e^{i\omega_n t} \tag{5. 4. 33}$$

同様に Brown 粒子の速度 $\mathbf{u}(t)$ を

$$\mathbf{u}(t)=\sum_{n=-\infty}^{\infty}\mathbf{u}_n e^{i\omega_n t} \tag{5. 4. 34}$$

と展開すれば，確率微分方程式(stochastic differential equation) (5. 4. 4)，

$$m\dot{\mathbf{u}}(t)=-m\gamma\mathbf{u}(t)+\mathbf{R}(t) \tag{5. 4. 35}$$

は，Fourier 成分の間の関係

$$\mathbf{u}_n=\frac{1}{i\omega_n+\gamma}\frac{\mathbf{R}_n}{m} \tag{5. 4. 36}$$

を与える．$\mathbf{R}(t)$, $\mathbf{u}(t)$ の強度スペクトルをそれぞれ I_R, I_u と記せば，定義(5. 4. 20)と(5. 4. 36)から直ちに

$$\begin{aligned} I_u(\omega)&=\frac{1}{|i\omega+\gamma|^2}\frac{I_R(\omega)}{m^2}\\ &=\frac{1}{\omega^2+\gamma^2}\frac{I_R(\omega)}{m^2} \end{aligned} \tag{5. 4. 37}$$

という関係が得られる．

Brown 粒子が原点に何かある弾性力で結ばれているときには，Langevin 方程式は

$$\frac{d^2\mathbf{x}}{dt}+\gamma\frac{d\mathbf{x}}{dt}+\omega_0{}^2\mathbf{x}=\frac{1}{m}\mathbf{R}(t) \tag{5. 4. 38}$$

という形に仮定されよう．ここに $\mathbf{x}$ は変位，ω_0 はそのバネの固有振動数である．気体の中に吊された小さい鏡の捩れ振動の Brown 運動は，このような運動方程式で表わされる．この場合にも，調和分析の方法が直ちに適用できる．変位 $\mathbf{x}(t)$ の強度スペクトルを I_x とすれば，(5. 4. 37) を導いたのと同様にして

$$\begin{aligned} I_x(\omega)&=\frac{1}{|\omega_0{}^2-\omega^2+i\gamma\omega|^2}\frac{I_R(\omega)}{m^2}\\ &=\frac{1}{(\omega_0{}^2-\omega^2)^2+\gamma^2\omega^2}\frac{I_R(\omega)}{m^2} \end{aligned} \tag{5. 4. 39}$$

が得られる.

Wiener-Khinchin の定理(5. 4. 22), (5. 4. 23)によれば，強度スペクトルの知識は，その過程の相関関数の知識に等価である．ランダムな力 $\boldsymbol{R}(t)$ についての知識が与えられているならば，(5. 4. 37)あるいは(5. 4. 39)は $\mathbf{u}(t)$ あるいは $\mathbf{x}(t)$ の知識を導くものであるから，これは確率微分方程式(5. 4. 35)，または(5. 4. 38)を解いたことになる.

ランダムな力 $\boldsymbol{R}(t)$ が確率過程としてどんなものであるかという問題は，さらに次節において論ずるが，ここではまず，最も簡単な仮定としてその強度スペクトルが振動数 ω によらずに一定である，すなわち

$$I_R(\omega) = I_R = \text{const} \tag{5. 4. 40}$$

としよう．このような場合，このスペクトルは**白い**(white)という．白いスペクトルをもつ過程の相関関数が

$$\phi_R(t_1-t_2) \equiv \langle R(t_1)R(t_2)\rangle = 2\pi I_R\delta(t_1-t_2) \tag{5. 4. 41}$$

のように，無限小の相関時間をもって消失することは，定理(5. 4. 23)から明らかである.

ランダムな力がこのようなものであると仮定すれば，(5. 4. 37)からは(5. 4. 23)を用い

$$\phi_u(t) = \int_{-\infty}^{\infty} \frac{e^{i\omega t}d\omega}{\omega^2+\gamma^2}\frac{I_R}{m^2} \tag{5. 4. 42}$$

すなわち

$$\langle u(t_1)u(t_2)\rangle = \frac{\pi I_R}{m^2\gamma}e^{-\gamma|t_1-t_2|} \tag{5. 4. 43}$$

が得られる．すなわち，自由な Brown 粒子の速度 $u(t)$ の相関関数はこの場合減衰定数 γ をもって指数関数的に減衰する．特に $t_1=t_2$ とすれば

$$\langle u^2\rangle = \frac{\pi I_R}{m^2\gamma} \tag{5. 4. 44}$$

であるが，この Brown 粒子が温度 T の媒質中に十分長くおかれて定常過程としての運動をしているなら，エネルギー等分配則

$$m\langle u^2\rangle = kT \tag{5. 4. 45}$$

が成り立つはずである．(5. 4. 44)がこれに一致するためには，

$$I_R=\frac{m\gamma kT}{\pi} \tag{5.4.46}$$

でなければならない．すなわち，Langevin 方程式(5.4.35)が熱平衡での自由な Brown 運動を表現するためには，ランダムな力 $\boldsymbol{R}$ は(それが白いスペクトルをもつとすれば)，(5.4.46)で与えられる強度スペクトルをもたなければならない．

調和振動子の場合，(5.4.39)において I_R を一定(白いスペクトル)と仮定すれば，(5.4.23)から

$$\begin{aligned}\phi_x(t)&=\int_{-\infty}^{\infty}\frac{e^{i\omega t}d\omega}{(\omega_0{}^2-\omega^2)^2+\gamma^2\omega^2}\frac{I_R}{m^2}\\&=\frac{\pi I_R}{m^2\gamma\omega_0{}^2}\left(\cos\omega_1 t+\frac{\gamma}{2\omega_1}\sin\omega_1 t\right)e^{-\gamma t/2}\qquad(t>0)\end{aligned} \tag{5.4.47}$$

が得られる．この計算には被積分関数の4個の極

$$\omega=\pm\frac{i}{2}\gamma\pm\omega_1\qquad ただし\quad \omega_1=\left(\omega_0{}^2-\frac{\gamma^2}{4}\right)^{1/2}$$

のうち，実数軸の上側にあるもののまわりの留数を求めればよい．$t\to 0$ の極限をとれば，

$$\phi_x(0)=\langle x^2\rangle=\frac{\pi I_R}{m^2\gamma\omega_0{}^2}=\frac{kT}{m\omega_0{}^2} \tag{5.4.48}$$

すなわち，(5.4.46)はこの場合にもエネルギー等分配則を保証する．

§5.5 Gauss 過程

一般の確率過程は(5.2.5)のような確率を与えることによって規定される．n が小さい低級の確率は，より高級の確率から導かれるが，高級の確率は一般には低級の確率には含まれなかった新しい知識を含む．Markov 過程ではこの事情は単純になり，遷移確率 $P(x_1,t_1|x_2,t_2)$ によって高級の確率もすべて規定される．この種の確率過程については後にさらに立ち入って考えるが，ここでは，もう1つの単純な確率過程である Gauss 過程(正規過程)を取り上げよう．これは§5.3に述べた正規分布(Gauss 分布)を確率過程へ拡張したもので，正規分布がその2次モーメントすなわち分散によって規定されるのと同様，Gauss 過程はその相関関数(5.4.21)によって完全に規定される．

ある確率過程 $\boldsymbol{z}(t)$ が Gauss 過程であるということの定義は，任意の n 個の時点 $t_1, t_2, \cdots, t_n$ におけるその観測値 $z_1, z_2, \cdots, z_n$ の確率分布が Gauss 分布であること，すなわち(5.2.5)の W_n が

$$W_n(z_1, t_1; z_2, t_2; \cdots; z_n, t_n) = C\exp\left(-\frac{1}{2}\sum_{j=1}^{n}\sum_{k=1}^{n} a_{jk}(z_j-m_j)(z_k-m_k)\right) \tag{5.5.1}$$

の形をもつことである．ここに

$$m_j = \langle z_j \rangle \equiv \langle z(t_j) \rangle \tag{5.5.2}$$

は時刻 t_j における $\boldsymbol{z}(t)$ の期待値である．行列

$$(a_{jk}) \equiv A \tag{5.5.3}$$

は正値行列で，その逆行列の要素は以下に示すように確率過程 $\boldsymbol{z}(t)$ の自己相関関数にほかならない．すなわち，

$$\begin{aligned}(A^{-1})_{jk} &= \langle (z_j-m_j)(z_k-m_k) \rangle \\ &= \langle (z(t_j)-\langle z(t_j)\rangle)(z(t_k)-\langle z(t_k)\rangle) \rangle\end{aligned} \tag{5.5.4}$$

これを見るためには，§5.3に述べた特性関数を少し拡張した形で用いるのがよい．n 個の変数 $z_1, z_2, \cdots, z_n$ に対応してパラメタ $\zeta_1, \zeta_2, \cdots, \zeta_n$ を導入し，(5.5.1)に対する特性関数を

$$\Phi(\zeta_1, \cdots, \zeta_n) = \int_{-\infty}^{\infty} dz_1 \cdots \int_{-\infty}^{\infty} dz_n W_n(z_1, t_1; \cdots; z_n, t_n)\exp\left(i\sum_{j=1}^{n}\zeta_j z_j\right) \tag{5.5.5}$$

と定義する．簡単のため，

$$\boldsymbol{z} = (z_1, z_2, \cdots, z_n), \qquad \boldsymbol{\zeta} = (\zeta_1, \zeta_2, \cdots, \zeta_n)$$

のようにベクトルの記法を用いれば，この右辺の積分は次のようにして遂行される．W_n に(5.5.1)を入れ，(5.5.5)の指数関数を

$$\begin{aligned}&\exp\left(-\frac{1}{2}(\boldsymbol{z}-\boldsymbol{m})A(\boldsymbol{z}-\boldsymbol{m})+i\boldsymbol{\zeta z}\right) \\ &= \exp\left(i\boldsymbol{\zeta m}-\frac{1}{2}\boldsymbol{y}A\boldsymbol{y}+i\boldsymbol{\zeta y}\right) \\ &= \exp\left(i\boldsymbol{\zeta m}-\frac{1}{2}\boldsymbol{u}A\boldsymbol{u}-i\boldsymbol{u}A\boldsymbol{v}+\frac{1}{2}\boldsymbol{v}A\boldsymbol{v}+i\boldsymbol{\zeta u}-\boldsymbol{\zeta v}\right)\end{aligned}$$

のように書きかえる．ただし

$$\boldsymbol{z}-\boldsymbol{m}=\boldsymbol{y}=\boldsymbol{u}+i\boldsymbol{v}$$

とおいた．ここで，ベクトル $\boldsymbol{v}$ を

$$A\boldsymbol{v}=\boldsymbol{\zeta} \qquad \text{すなわち} \qquad \boldsymbol{v}=A^{-1}\boldsymbol{\zeta}$$

に選べば $\boldsymbol{u}$ の1次の項は消え，(5.5.5)の積分は

$$\Phi(\boldsymbol{\zeta})=\exp\left(i\boldsymbol{m}\boldsymbol{\zeta}-\frac{1}{2}\boldsymbol{\zeta}A^{-1}\boldsymbol{\zeta}\right)\int_{-\infty}^{\infty}du_1\cdots\int_{-\infty}^{\infty}du_nC\exp\left(-\frac{1}{2}\boldsymbol{u}A\boldsymbol{u}\right) \tag{5.5.6}$$

という形になる．$z_1, z_2, \cdots, z_n$ の実軸上の積分を $u_1, u_2, \cdots, u_n$ の実軸上の積分に直すのは(5.3.21)と同じことである．この積分を実行するには，2次形式 $\boldsymbol{u}A\boldsymbol{u}$ を対角化するように変数の直交変換を行なえばよいが，もともと，W_n が規格化されている以上は，$\zeta_1=\zeta_2=\cdots=\zeta_n=0$ に対して $\Phi=1$ になるはずであるから，(5.5.6)の積分は規格化係数 C と打消して1になるだけである．したがって

$$\Phi(\zeta_1, \zeta_2, \cdots, \zeta_n)=\exp\left(i\sum_{j=1}^{n}m_j\zeta_j-\frac{1}{2}\sum_{j=1}^{n}\sum_{k=1}^{n}(A^{-1})_{jk}\zeta_j\zeta_k\right) \tag{5.5.7}$$

となる．

多次元の確率変数$(z_1, z_2, \cdots, z_n)$について(5.3.15)，(5.3.16)，(5.3.25)に定義したモーメント，キュムラントを次のように拡張することができる．すなわち，$(r_1, r_2, \cdots, r_n)$次のモーメントは

$$\langle z_1{}^{r_1}z_2{}^{r_2}\cdots z_n{}^{r_n}\rangle=\int dz_1\cdots\int dz_nW(z_1, \cdots, z_n)z_1{}^{r_1}\cdots z_n{}^{r_n} \tag{5.5.8}$$

$(W(z_1, \cdots, z_n)$ は $z_1, \cdots, z_n$ の同時確率分布密度)であるから，特性関数(5.5.5)のベキ級数展開は

$$\Phi(\boldsymbol{\zeta})=\sum_{r_1=0}^{\infty}\cdots\sum_{r_n=0}^{\infty}\frac{(i\zeta_1)^{r_1}\cdots(i\zeta_n)^{r_n}}{r_1!\cdots r_n!}\langle z_1{}^{r_1}\cdots z_n{}^{r_n}\rangle \tag{5.5.9}$$

となる．この展開が可能であれば，これはまたすべての次数のモーメントを与える．キュムラント関数 $\Psi(\boldsymbol{\zeta})$ は

$$\Phi(\boldsymbol{\zeta})=\exp\Psi(\boldsymbol{\zeta}), \qquad \Psi(\boldsymbol{\zeta})=\ln\Phi(\boldsymbol{\zeta}) \tag{5.5.10}$$

として定義される．これが $\zeta_1, \zeta_2, \cdots, \zeta_n$ のベキ級数に展開されれば，これを

$$\Psi(\boldsymbol{\zeta}) = \sum{}' \frac{(i\zeta_1)^{r_1}\cdots(i\zeta_n)^{r_n}}{r_1!\cdots r_n!}\langle z_1{}^{r_1}\cdots z_n{}^{r_n}\rangle_{\rm c} \tag{5.5.11}$$

としてキュムラント $\langle z_1{}^{r_1}\cdots z_n{}^{r_n}\rangle_{\rm c}$ が定義される．ここに $\sum'$ は $r_1=\cdots=r_n=0$ を省いた和を意味する．キュムラントとモーメントは(5.5.10)によって関係づけられる．その例をあげれば

$$\left.\begin{aligned}&\langle z_1z_2\rangle = \langle z_1z_2\rangle_{\rm c}+\langle z_1\rangle\langle z_2\rangle\\&\langle z_1z_2z_3\rangle = \langle z_1z_2z_3\rangle_{\rm c}+\langle z_1\rangle\langle z_2z_3\rangle_{\rm c}+\langle z_2\rangle\langle z_1z_3\rangle_{\rm c}+\langle z_3\rangle\langle z_1z_2\rangle_{\rm c}+\langle z_1\rangle\langle z_2\rangle\langle z_3\rangle\end{aligned}\right\} \tag{5.5.12}$$

1次元の Gauss 分布では(5.3.27)に見たように3次以上のキュムラントはすべて0となる．その一般化として，n 次元の Gauss 分布でも3次以上のキュムラントはすべて消え，(5.5.7)のようにキュムラント関数は $\boldsymbol{\zeta}$ について2次までで切れる．2次の係数は $z_1, z_2, \cdots, z_n$ の分散行列(5.5.4)であるが，その要素

$$\begin{aligned}\langle z(t_j)\,z(t_k)\rangle_{\rm c} &= \langle z(t_j)\,z(t_k)\rangle-\langle z(t_j)\rangle\langle z(t_k)\rangle\\&= \langle(z(t_j)-\langle z(t_j)\rangle)(z(t_k)-\langle z(t_k)\rangle)\rangle\\&= \phi(t_j, t_k)\end{aligned} \tag{5.5.13}$$

は $\boldsymbol{z}(t)$ の相関関数である．したがって(5.5.7)は

$$\Phi(\zeta_1, \cdots, \zeta_n) = \exp\left(i\sum_{j=1}^{n}\zeta_j m(t_j)-\frac{1}{2}\sum_{j=1}^{n}\sum_{k=1}^{n}\phi(t_j, t_k)\zeta_j\zeta_k\right) \tag{5.5.14}$$

とかかれる．ここに

$$m(t_j) = \langle z(t_j)\rangle, \qquad \phi(t_j, t_k) = \langle(z(t_j)-\langle z(t_j)\rangle)(z(t_k)-\langle z(t_k)\rangle)\rangle \tag{5.5.15}$$

は，それぞれ過程 $\boldsymbol{z}(t)$ のそれぞれの時刻における平均値，異なる2つの時刻の観測に関する相関を表わす．このように特性関数がこれらの量だけで規定される以上，この過程はこれらの量だけによって完全に規定されているわけである．

簡単のため

$$m(t) = 0$$

としよう．任意の $t_1, t_2, \cdots, t_n$ に関し

$$\langle z(t_1)\cdots z(t_n)\rangle = \begin{cases}0 & (n=\text{奇数})\\ \displaystyle\sum_{(\text{対のとり方})}\prod_{(\text{対})}\phi(t_j, t_k) & (n=\text{偶数})\end{cases} \tag{5.5.16}$$

が成り立つことは(5.5.14)を($m(t_j)=0$ として) $\zeta_1, \zeta_2, \cdots, \zeta_n$ について展開したものと(5.5.9)とを見くらべればわかる．ただしこの第2式は，$t_1, t_2, \cdots, t_n$ ($n=$偶数)をまず2つずつの対に分け，それぞれの対 (t_j, t_k) に関する $\phi(t_j, t_k)$ をすべて掛け合わせ，次にそのような対への分割の仕方のすべてについての和をとることを意味する．たとえば

$$\langle z(t_1)z(t_2)z(t_3)z(t_4)\rangle$$
$$=\phi(t_1,t_2)\phi(t_3,t_4)+\phi(t_1,t_3)\phi(t_2,t_4)+\phi(t_1,t_4)\phi(t_2,t_3)$$

である($t_1, t_2, \cdots, t_n$ のうち，いくつか重なるものがあってもよい)．

特性関数の定義(5.5.5)において

$$z_j = z(t_j), \qquad \zeta_j = \zeta(t_j)\Delta t_j \qquad (j=1,2,\cdots,n)$$

とおき，$t_0<t_1<\cdots<t_n<t$ として $n\to\infty$, $\Delta t_j\to 0$ の極限を適当にとれば

$$\sum_{j=1}^{n}\zeta_j z_j = \sum_{j=1}^{n}\zeta(t_j)z(t_j)\Delta t_j \longrightarrow \int_{t_0}^{t}\zeta(t')z(t')dt'$$

となるから，(5.5.5)の極限として

$$\Phi[\zeta(t)] = \left\langle \exp\left(i\int_{t_0}^{t}\zeta(t')z(t')dt'\right)\right\rangle \tag{5.5.17}$$

が定義される．これは確率過程 $\boldsymbol{z}(t)$ に対する特性関数として最も一般的なもので，任意関数 $\zeta(t)$ の関数であるから，特性汎関数(characteristic functional)と称すべきものである．

特に $\boldsymbol{z}(t)$ が **Gauss 過程**であれば，(5.5.14)に対応して

$$\Phi[\zeta(t)] = \exp\left(i\int_{t_0}^{t}\zeta(t')m(t')dt' - \frac{1}{2}\int_{t_0}^{t}dt_1\int_{t_0}^{t}dt_2\phi(t_1,t_2)\zeta(t_1)\zeta(t_2)\right) \tag{5.5.18}$$

となる．すなわち Gauss 過程の特性汎関数は，平均値の変化 $m(t)$ と相関関数 $\phi(t_1, t_2)$ できまる．**定常過程**の場合には $m(t)$ は一定であるから，これを0としても一般性を失わない．また相関関数 $\phi(t_1, t_2)$ は t_1-t_2 のみによるから，特性汎関数は

$$\Phi[\zeta(t)] = \exp\left(-\frac{1}{2}\int_{t_0}^{t}dt_1\int_{t_0}^{t}dt_2\phi(t_1-t_2)\zeta(t_1)\zeta(t_2)\right) \tag{5.5.19}$$

という形をもつ．

特性汎関数 $\Phi[\zeta(t)]$ が知れていれば，$\zeta(t)$ を適当に選んで必要な特性関数を知ることができるし，また適当な汎関数微分によって必要な確率量を求めることができる．たとえば，

$$\zeta(t) = \sum_{j=1}^{n} \zeta_j \delta(t-t_j) \tag{5.5.20}$$

とおけば(5.5.5)に帰する．

物理的現象に限らず，実際の確率的現象には近似的に Gauss 過程とみなされるものが少なくない．その理由は，Gauss の誤差法則と同様，中心極限定理によるものと思われる．時間的に変動するある偶然量 $\mathbf{z}(t)$ が(5.3.7)と同様に多数の独立な偶然量の和であるとする．すなわち

$$\mathbf{z}(t) = \Delta\mathbf{z}_1(t) + \Delta\mathbf{z}_2(t) + \cdots + \Delta\mathbf{z}_n(t) \tag{5.5.21}$$

であるとすれば，$\mathbf{z}(t)$ に対する特性汎関数は

$$\Phi[\zeta(t)] = \exp\left(\sum_{j=1}^{n} \psi_j[\zeta(t)]\right)$$

の形をもつ．ここに $\psi_j[\zeta(t)]$ は $\Delta\mathbf{z}_j(t)$ に対する特性汎関数のキュムラント汎関数で

$$\psi_j[\zeta(t)] = i\int_{t_0}^{t} \zeta(t_1)\langle\Delta z_j(t_1)\rangle dt_1 \\ -\frac{1}{2}\int_{t_0}^{t} dt_1 \int_{t_0}^{t} dt_2 \langle\Delta z_j(t_1)\Delta z_j(t_2)\rangle_c \zeta(t_1)\zeta(t_2) + \cdots$$

の形をもつ．いま

$$\sum_{j=1}^{n} \langle\Delta z_j(t)\rangle = O(n), \qquad \sum_{j=1}^{n} \langle\Delta z_j(t_1)\Delta z_j(t_2)\rangle_c = O(n), \quad \cdots$$

のように，$\sum_{j=1}^{n} \psi_j$ に現われるそれぞれのキュムラントの和が $O(n)$ であるとすれば

$$\mathbf{y}(t) = \frac{\mathbf{z}(t)}{\sqrt{n}} \tag{5.5.22}$$

に対する特性汎関数は

$$\Phi[\eta(t)] = \left\langle \exp\left(i\int_{t_0}^{t} \eta(t')\, y(t')\, dt'\right)\right\rangle$$

$$= \exp\left(\sum_{j=1}^{n} \psi_{r_j}[n^{-1/2}\eta(t)]\right)$$

$$= \exp\left(i\int_{t_0}^{t} \eta(t_1)\langle y(t_1)\rangle dt_1 - \frac{1}{2}\int_{t_0}^{t} dt_1 \int_{t_0}^{t} dt_2 \langle y(t_1) y(t_2)\rangle \eta(t_1)\eta(t_2) + O(n^{-1/2}) + O(n^{-1}) + \cdots\right) \tag{5.5.23}$$

のように $n\to\infty$ とともに(5.5.18)の形に近づく．ここに $O(n^{-1/2})$, $O(n^{-1})$ などと記したのは，$\eta(t)$ の3次以上を含むキュムラントの各項がそのオーダーで0に近づくという意味である．中心極限定理について§5.3に述べたことがその一般的証明としては狭すぎ，かついくぶん不正確であったのと同じく，以上も数学的証明としては不十分である．しかし，ある確率過程が独立な多数の成分の合成であるならば，それがこのような理由で Gauss 過程として振舞うことは期待されてよいであろう．もっと一般に，成分が必ずしも独立でなくても，それらの相互作用が適当な条件をみたせば，やはりこのような中心極限定理のようなものが成り立つはずである．多数の粒子，多数の自由度に関係するマクロなあるいはセミマクロな物理量がこの意味で確率過程として Gauss 的に振舞うことの理由は一応このような考え方で肯ける．しかし，そのような一般的な中心極限定理の成立条件はあまりよくわかってはいない．さらにまた，相変化の場合などはむしろこの中心極限定理が成り立たないための異常性がある．たとえば，相転移に伴う臨界揺動の確率過程としての性格は非常に興味のある最近の問題である．

Gauss 分布は大きな安定性をもっている．一般に $\mathbf{X}_1, \mathbf{X}_2, \cdots, \mathbf{X}_n$ の同時分布が Gauss 分布であれば，それらの任意の線形結合

$$\mathbf{Y}_j = \sum_{k=1}^{n} C_{jk}\mathbf{X}_k$$

は Gauss 分布をもつ．同様に確率過程 $\mathbf{z}(t)$ が Gauss 過程であれば，その線形変換

$$\mathbf{y}(t) = \int_a^b C(t, t')\,\mathbf{z}(t')\,dt' \tag{5.5.24}$$

として定義される過程 $\mathbf{y}(t)$ もまた Gauss 過程である．なぜならば

$$\langle y(t)\rangle = \int_a^b C(t,t')\langle z(t')\rangle dt' \tag{5.5.25}$$

$$\langle y(t_1)\,y(t_2)\rangle_c = \int_a^b dt_1'\int_a^b dt_2' C(t_1,t_1')\,C(t_2,t_2')\langle z(t_1')\,z(t_2')\rangle_c \tag{5.5.26}$$

であり，$\boldsymbol{y}(t)$ の3次以上のキュムラントは $\boldsymbol{z}(t)$ のそれらとともに0であるからである．特に(5.4.12)で定義された Fourier 係数も，(5.5.24)の形をもつから，$\boldsymbol{z}(t)$ が Gauss 過程ならば，$\boldsymbol{a}_n$ はそれぞれ Gauss 分布をもつ．

§5.6 Gauss 過程としての Brown 運動

Langevin 方程式(5.4.35)の立場では，Brown 粒子の運動は，ランダムな力 $\boldsymbol{R}(t)$ を規定することによって定まる．理想化されたモデルとして $\boldsymbol{R}(t)$ は次の2つの条件をみたすものと考える．

(1) $\boldsymbol{R}(t)$ は Gauss 過程をなす．

(2) $\boldsymbol{R}(t)$ は白いスペクトルをもつ．すなわち(5.4.40)が成り立つ．

実際，Brown 粒子がまわりの液体分子よりもはるかに大きいとすれば，この2つの仮定は，はなはだもっともである．第1に Brown 粒子に働く力 $\boldsymbol{R}$ は多数の分子の衝撃の合成であり，中心極限定理の意味で Gauss 過程をなすものと期待される．第2に Brown 粒子の質量がまわりの分子の質量よりもずっと大きければ，Brown 粒子の運動の時間定数にくらべて，衝突してくる小さい分子の動きはずっと速い．その意味でそれらの衝撃としての $\boldsymbol{R}(t)$ の時間的変化は速く，その相関時間は理想化としては無限小とみてよいであろう．

Langevin 方程式

$$\dot{u}(t) = -\gamma u + \frac{R(t)}{m} \tag{5.6.1}$$

を解けば

$$u(t) = u(t_0)\,e^{-\gamma(t-t_0)} + \int_{t_0}^t e^{-\gamma(t-t')}\frac{R(t')}{m}dt' \tag{5.6.2}$$

となる．これは(5.5.24)の形であるから，$\boldsymbol{R}(t)$ が Gauss 過程ならば $\boldsymbol{u}(t)$ も Gauss 過程をなすことは明らかである．

$\mathbf{u}(t)$ の強度スペクトルはすでに(5. 4. 37)に求められているし，またその相関関数も仮定(2)のもとに(5. 4. 43)であることが知れている．Gauss 過程としての $\mathbf{u}(t)$ はこれで定まる．

時刻 t_0 に Brown 粒子の速度が u_0 であったとして，後の時刻 t に速度が u となる確率 $P(u_0, t_0|u, t)$ は(5. 6. 2)から次のようにして求められる．$\mathbf{u}(t)$ に対する特性関数は $\mathbf{R}(t)$ が Gauss 過程であるから

$$\langle e^{i\xi u(t)}\rangle = \exp\left(i\xi u_0 e^{-\gamma(t-t_0)} - \frac{\xi^2}{2}\int_{t_0}^{t} dt_1 \int_{t_0}^{t} dt_2 e^{-\gamma(t-t_1)-\gamma(t-t_2)} \frac{\langle R(t_1)R(t_2)\rangle}{m^2}\right) \tag{5. 6. 3}$$

となる．これは(5. 5. 18)において $\mathbf{z}(t)$ を $\mathbf{R}(t)$ に，$\zeta(t')$ を $\xi\exp(-\gamma(t-t'))/m$ に選んだものであるが，(5. 5. 18)の導き方をふりかえれば，この公式を使わないでも明らかであろう．$\mathbf{R}(t)$ に対して(5. 4. 41)を仮定すれば(5. 6. 3)の exp の中の第 2 項は

$$\int_{t_0}^{t} dt_1 \int_{t_0}^{t} dt_2 e^{-\gamma(t-t_1)-\gamma(t-t_2)} \frac{2\pi I_R}{m^2}\delta(t_1-t_2)$$
$$= \frac{2\pi I_R}{m^2}\int_{t_0}^{t} dt' e^{-2\gamma(t-t')} = \frac{\pi I_R}{m^2}\frac{1-e^{-2\gamma(t-t_0)}}{\gamma}$$

となる．ここに(5. 4. 46)を入れると，(5. 6. 3)は

$$\langle e^{i\xi u(t)}\rangle = \exp\left(i\xi u_0 e^{-\gamma(t-t_0)} - \frac{kT}{2m}(1-e^{-2\gamma(t-t_0)})\xi^2\right) \tag{5. 6. 4}$$

が得られる．したがって $u(t)$ は Gauss 分布

$$P(u_0, t_0|u, t) = \left(\frac{m}{2\pi kT}\right)^{1/2}\frac{1}{(1-e^{-2\gamma(t-t_0)})^{1/2}}\exp\left(-\frac{m}{2kT}\frac{(u-u_0e^{-\gamma(t-t_0)})^2}{1-e^{-2\gamma(t-t_0)}}\right) \tag{5. 6. 5}$$

をもつ．これは $(u_0, t_0)\rightarrow(u, t)$ の遷移確率である．最初に速度 u_0 をもつ粒子の平均速度は，当然のことであるが

$$\langle u(t)\rangle = u_0 e^{-\gamma(t-t_0)} \tag{5. 6. 6}$$

に従って減衰し，そのまわりの分散は

$$\langle(u(t)-u_0e^{-\gamma(t-t_0)})^2\rangle = \frac{kT}{m}(1-e^{-2\gamma(t-t_0)}) \tag{5. 6. 7}$$

に従って増し，$t\to\infty$ で速度は Maxwell 分布に近づく．後に述べるように，(5.6.5)は速度に関する拡散方程式

$$\frac{\partial}{\partial t}P=\frac{\partial}{\partial u}\left(\gamma u+D_u\frac{\partial}{\partial u}\right)P\qquad\left(D_u=\frac{\gamma kT}{m}\right)\tag{5.6.8}$$

の基本解である．

$(0,t)$ のあいだの変位は(5.6.2)を積分して

$$\begin{aligned}x(t)&=\int_0^t u(t')\,dt\\&=u_0\frac{1-e^{-\gamma t}}{\gamma}+\int_0^t dt_1\int_0^{t_1}dt_2 e^{-\gamma(t_1-t_2)}\frac{R(t_2)}{m}\end{aligned}\tag{5.6.9}$$

となるが(簡単のため $t_0=0$ とした)，u_0, $R(t)$ が Gauss 的であればこれもまた Gauss 分布をもつことは明らかである．この第2項は

$$\int_0^t dt_2\int_{t_2}^t dt_1 e^{-\gamma(t_1-t_2)}\frac{R(t_2)}{m}=\int_0^t dt'\frac{1-e^{-\gamma(t-t')}}{\gamma}\frac{R(t')}{m}$$

と書き直される．$x(t)$ の特性関数

$$\langle e^{i\xi x(t)}\rangle=\left\langle\exp\left(i\xi u_0\frac{1-e^{-\gamma t}}{\gamma}\right)\right\rangle\left\langle\exp\left(i\xi\int_0^t dt'\frac{1-e^{-\gamma(t-t')}}{\gamma}\frac{R(t')}{m}\right)\right\rangle$$

は(5.6.3)の場合と同じように計算される．u_0 の分布は平衡の Maxwell 分布とし，また(5.4.44)を用いると

$$\langle e^{i\xi x(t)}\rangle=\exp\left\{-\xi^2\frac{\langle u^2\rangle}{\gamma}\left(t-\frac{1-e^{-\gamma t}}{\gamma}\right)\right\}\tag{5.6.10}$$

という結果が得られる．ここに

$$\langle u^2\rangle=\frac{kT}{m}$$

であるが，さらに

$$D=\frac{\langle u^2\rangle}{\gamma}=\frac{kT}{m\gamma}\tag{5.6.11}$$

とおくと

$$\langle e^{i\xi x(t)}\rangle=\exp\left\{-\frac{\xi^2}{2}2D\left(t-\frac{1-e^{-\gamma t}}{\gamma}\right)\right\}\tag{5.6.12}$$

これは $t=0$ に $x=0$ にあった粒子が時刻 t に x の付近に見出される確率，すなわち遷移確率 $P(0,0|x,t)$ に対応する．$P(0,0|x,t)$ は Gauss 分布で

$$P(0,0|x,t)=\left\{4\pi D\left(t-\frac{1-e^{-\gamma t}}{\gamma}\right)\right\}^{-1/2}\exp\left[-x^2\left\{4D\left(t-\frac{1-e^{-\gamma t}}{\gamma}\right)\right\}^{-1}\right] \tag{5.6.13}$$

となる．時間 t のあいだの変位 x の2乗平均は

$$\langle x(t)^2\rangle = 2D\left(t-\frac{1-e^{-\gamma t}}{\gamma}\right) \tag{5.6.14}$$

変位 x の分布は，$t\ll 1/\gamma$ の範囲の短い時間では (5.6.11), (5.6.14) からわかるように

$$\langle x^2\rangle \approx \langle u^2\rangle t^2 \tag{5.6.15}$$

の広がりをもつ Gauss 分布である．この時間のあいだでは Brown 粒子はその初速を保つから，$x\approx u_0t$ であり，(5.6.15) はただ u_0 の Maxwell 分布の反映にすぎない．

$t\gg 1/\gamma$ では，Brown 粒子はジグザグ運動を多数回繰り返しているから，初速の記憶は失われている．このような長い時間の変位は，§5.2 に述べたように拡散過程であることが当然期待される．実際，(5.6.13) はこのとき

$$P(0,0|x,t)\approx\frac{1}{(4\pi Dt)^{1/2}}\exp\left(-\frac{x^2}{4Dt}\right)\qquad (t\gg\gamma^{-1}) \tag{5.6.16}$$

に近いわけで，(5.2.19) に一致する．さらにまた，(5.6.11) は (5.2.14) に同じである．すなわち，Einstein の関係が再び導出された．ここの考え方は §5.2 に述べたものと一見異なるが，その本質はともに，熱平衡にある媒質の中での Brown 運動は確率的に熱平衡を志向する，という原理にある．

§5.7 揺動散逸定理

Brown 粒子に働く力が Langevin 方程式 (5.4.4) のように摩擦抵抗 $m\gamma u$ とランダムな力 $R(t)$ とに分けられるとすれば，その間には (5.4.46) のような関係があり，$R(t)$ の強度スペクトルは抵抗係数 γ と熱エネルギー kT に比例する．また，(5.2.14) の Einstein の関係は粒子の拡散係数を抵抗係数と結びつける．これらはいずれも摩擦というエネルギー散逸の機構が熱平衡状態でのゆらぎと密接

に関連している事実の表現であって，もっと一般に揺動散逸定理と呼ばれている原理の例である．揺動散逸定理の量子統計力学的な導出は，線形応答理論として第8章に述べるが，ここでは Brown 運動という見方からこれを考えてみよう．

すでに述べたように，Brown 運動は Brown 粒子に限らない．広く見れば，多数の粒子，多数の自由度をもつ力学系の中で，ある特定のモードの運動に注目すれば，その運動は Brown 運動である．周囲の粒子に比べてはるかに大きい Brown 粒子や鏡の運動は特に簡単で，§5.4 に述べた Langevin 方程式によって記述されるが，もっと一般の Brown 運動に対しては種々の修正や拡張が必要であろう．その拡張の1つは，ランダムな力 $R(t)$ に対する(5.4.40)の仮定，すなわち白いスペクトルの仮定を捨てることである．以下に見るように，これはまた，時間的な遅れをもつ抵抗の存在を許すことにほかならない．このような拡張は実際の問題として非常に必要なことである．それとともに，このように問題を一般化することによって，これまでに述べてきた Brown 運動の理想化そのものの意味をさらに明確にすることができよう．

Langevin 方程式(5.4.4)では，摩擦抵抗は粒子のその瞬間の速度 $u(t)$ によって決まるものとしたが，一般には遅れがあるから，その遅れを表わす関数——遅延抵抗関数——を $\gamma(t)$ として，Langevin 方程式を

$$\frac{d}{dt}u(t) = -\int_{-\infty}^{t}\gamma(t-t')u(t')dt' + \frac{1}{m}R(t) + \frac{1}{m}K(t) \tag{5.7.1}$$

のように修正する．これを**拡張された Langevin 方程式**(generalized Langevin equation)と呼ぼう．$R(t)$ はランダムな力，$K(t)$ は外から作用させた力である．ランダムな力は平均的には0，すなわち

$$\langle R(t)\rangle = 0 \tag{5.7.2}$$

の条件をみたす．

いま，外力が

$$K(t) = K_0\cos\omega t = \mathrm{Re}\ K_0 e^{i\omega t}$$

のように周期的であったとすれば，これによって誘起される粒子の平均的な速度は，

$$\langle u(t)\rangle = \mathrm{Re}\ \mu(\omega)K_0 e^{i\omega t} \tag{5.7.3}$$

という形に書かれる．ここに $\mu(\omega)$ は振動数 ω に対する複素移動度で，(5.7.1)

の平均をとった運動方程式

$$\frac{d}{dt}\langle u(t)\rangle = -\int_{-\infty}^{t}\gamma(t-t')\langle u(t')\rangle dt' + \mathrm{Re}\,\frac{1}{m}K_0 e^{i\omega t}$$

に(5.7.3)を入れてすぐ分かるように

$$\mu(\omega) = \frac{1}{m}\frac{1}{i\omega+\gamma[\omega]} \tag{5.7.4}$$

で与えられる．ただし

$$\gamma[\omega] = \int_0^{\infty}\gamma(t)e^{-i\omega t}dt \tag{5.7.5}$$

は，抵抗の遅れを表わす遅延関数 $\gamma(t)$ の Fourier-Laplace 変換[†]である．たとえばこれらの粒子が電荷 e をもち，単位体積中に n 個あったとすれば，電場 E によって誘起される電流 j は

$$j(t) = en\langle u(t)\rangle = \mathrm{Re}\,e^2 n\mu(\omega)E_0 e^{i\omega t}$$

であるから，複素伝導度 $\sigma(\omega)$ は

$$\sigma(\omega) = e^2 n\mu(\omega) = \frac{e^2 n}{m}\frac{1}{i\omega+\gamma[\omega]} \tag{5.7.6}$$

となる．実際，伝導度あるいは一般に複素アドミッタンスをこの形に書いたとき，$\gamma[\omega]$ が振動数 ω によって変化することはふつうである．そのような系を Brown 運動という見方で取り扱うとすれば，(5.7.5)によって $\gamma[\omega]$ から導かれる遅延関数 $\gamma(t)$ を摩擦として想定しなければならない．

拡張された Langevin 方程式(5.7.1)は線形であるから§5.4に述べた調和分析の方法で取り扱われる．外力 K が0であるときの Brown 運動は

$$\frac{d}{dt}u(t) = -\int_{-\infty}^{t}\gamma(t-t')u(t')dt' + \frac{1}{m}R(t) \tag{5.7.7}$$

に従い，ランダムな力 $R(t)$ によって駆動される．いま，$R(t)$, $u(t)$ を

$$R(t) = \int_{-\infty}^{\infty}R(\omega)e^{i\omega t}d\omega, \qquad u(t) = \int_{-\infty}^{\infty}u(\omega)e^{i\omega t}d\omega$$

---

† ふつうの Fourier 積分に対し，積分域を $(0,\infty)$ としたものを Fourier-Laplace 積分(変換)という．$i\omega$ のかわりに複素数 s を用いたものがふつうの Laplace 変換である．

のように Fourier 積分として表わせば，(5.7.7)は

$$u(\omega)=\frac{1}{i\omega+\gamma[\omega]}\frac{R(\omega)}{m}$$

を与える．$R(t)$ が定常過程であれば $u(t)$ も定常であり，それらの強度スペクトルが

$$I_u(\omega)=\frac{1}{m^2}\frac{I_R(\omega)}{|i\omega+\gamma[\omega]|^2} \tag{5.7.8}$$

という関係をもつことは(5.4.20)から知れる．

ランダムな力 $R(t)$ のスペクトル $I_R(\omega)$ が知れれば，(5.7.8)から $I_u(\omega)$ が定まり，Wiener-Khinchin の定理によってそれから $\langle u(0)u(t)\rangle$ が求められるわけであるが，それが熱平衡状態での速度分布に対応するためには，スペクトル $I_R(\omega)$ はある条件をみたさねばならない．その条件は(5.4.46)の一般化として

$$I_R(\omega)=\frac{mkT}{\pi}\mathrm{Re}\,\gamma[\omega] \tag{5.7.9}$$

として与えられる．(5.4.32)の形にかけば

$$\langle R(\omega)R^*(\omega')\rangle=\frac{mkT}{\pi}\mathrm{Re}\,\gamma[\omega]\delta(\omega-\omega') \tag{5.7.10}$$

また，相関関数としてはこれは

$$\langle R(t_1)R(t_2)\rangle=mkT\gamma(t_1-t_2) \tag{5.7.11}$$

を意味する．$\langle R(t_0)R(t_0+t)\rangle$ は t の偶関数である．(5.7.5)の $\gamma(t)$ は $t\geqq 0$ についてだけ定義されているが，$\gamma(t)=\gamma(-t)$ としてこれを拡張すれば，(5.7.5)から $\mathrm{Re}\,\gamma[\omega]=\frac{1}{2}\int_{-\infty}^{\infty}\gamma(t)e^{-i\omega t}dt$，(5.7.9)と(5.4.23)とから(5.7.11)を得る．

強度スペクトル $I_R(\omega)$ は負にはならないから(5.7.9)は当然

$$\mathrm{Re}\,\gamma[\omega]\geqq 0 \tag{5.7.12}$$

を前提とする．また，$\omega\to\infty$ の極限でも抵抗係数が無限大にならないとすれば

$$\lim_{|\omega|\to\infty}\gamma[\omega]=(\text{有限}) \tag{5.7.13}$$

を仮定してよい．(粘性抵抗を受ける粒子については厳密には $m\gamma[\omega]=m'i\omega+\beta+\alpha(i\omega)^{1/2}$ となることが知れている．この場合，以下の取扱いは修正を要するが本質的には変らない．)

まず(5.7.9)がエネルギー等分配則を保証することを示そう．$\gamma[\omega]$ の複素共役を $\gamma^*[\omega]$ とすれば，(5.7.8)，(5.7.9)から

$$\langle u(t_0)u(t_0+t)\rangle = \frac{kT}{2\pi m}\int_{-\infty}^{\infty}\left(\frac{1}{i\omega+\gamma[\omega]}+\frac{1}{-i\omega+\gamma^*[\omega]}\right)e^{i\omega t}d\omega \tag{5.7.14}$$

となる．Laplace 変換の基本定理により，(5.7.5)で定義された $\gamma[\omega]$ は複素数 ω の関数として $\mathrm{Im}\,\omega<0$ の半平面で解析的である．そのような関数には §7.6 に述べる分散式が成り立つ．そこでは $\mathrm{Im}\,\omega>0$ で解析的な関数を扱っているので，(7.6.6)は今の場合

$$\gamma[\omega] = \frac{i}{\pi}\int_{-\infty}^{\infty}\frac{\gamma'(\nu)}{\nu-\omega}d\nu$$

とかかれる．ここで $\omega=\omega'-i\omega''$ とおくと

$$\mathrm{Re}\,\gamma[\omega] = \frac{1}{\pi}\int_{-\infty}^{\infty}d\nu\gamma'(\nu)\frac{\omega''}{(\nu-\omega')^2+\omega''^2}$$

を得る．ゆえに(5.7.12)は実は

$$\mathrm{Re}\,\gamma[\omega] > 0 \qquad (\mathrm{Im}\,\omega < 0)$$

を意味する．したがって

$$\mathrm{Re}\{i\omega+\gamma[\omega]\} > 0 \qquad (\mathrm{Im}\,\omega < 0)$$

ゆえに(5.7.14)の右辺の（　）の中の第1項は $\mathrm{Im}\,\omega<0$ で解析的である．これに対応して第2項は $\mathrm{Im}\,\omega>0$ で解析的であるが，そのことから，この第2項を含む積分は(5.7.14)の右辺で実は消えてしまうことがわかる．すなわちその積分路を $\mathrm{Im}\,\omega>0$ の半平面での半径 ∞ の半円で補うと(この上で $\exp(i\omega t)$ は $t>0$ に対して 0 となる)，この閉じた積分路の内部で被積分関数が解析的であるからである．したがって(5.7.14)は

$$\langle u(t_0)u(t_0+t)\rangle = \frac{kT}{2\pi m}\int_{-\infty-i\varepsilon}^{\infty-i\varepsilon}\frac{e^{i\omega t}}{i\omega+\gamma[\omega]}d\omega \tag{5.7.15}$$

と書きかえられる．この積分路は ω の実軸のわずか下を走る(これに半円を補えば図5.5の積分路となる)．特に $t\to 0_+$ の極限では $(i\omega+\gamma[\omega])^{-1}$ の極のまわりの留数の総和のかわりに，ω の無限遠点のまわりの留数をとればよいが，(5.7.13)の仮定を認めれば，この留数は単に1となるから

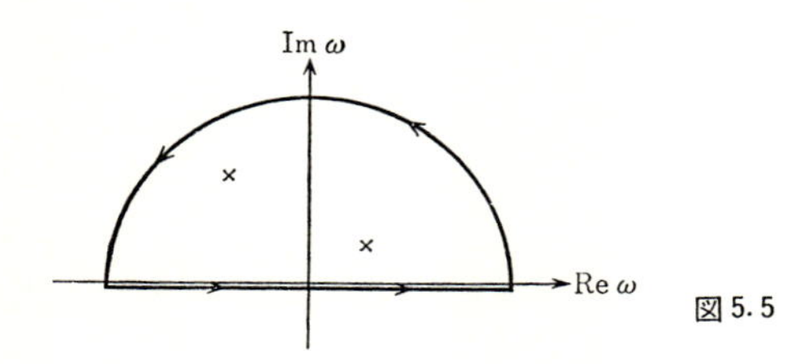

図 5.5

$$\lim_{t\to 0+}\langle u(t_0)u(t_0+t)\rangle \equiv \langle u^2\rangle = \frac{kT}{m}$$

これはエネルギー等分配則にほかならない．

(5.7.15)はまた

$$\mu(\omega) = \frac{1}{m}\frac{1}{i\omega+\gamma[\omega]} = \frac{1}{kT}\int_0^\infty \langle u(t_0)u(t_0+t)\rangle e^{-i\omega t}dt \qquad (5.7.16)$$

を意味する．なぜならば Fourier-Laplace 変換(5.7.16)の逆変換公式がまさに(5.7.15)であるからである．抵抗の遅れがない場合には，$\gamma[\omega]=\gamma=\text{const}$, $\langle u(t_0)u(t_0+t)\rangle=\langle u^2\rangle e^{-\gamma t}$ であるから，この結果は明らかである．

(5.7.9)～(5.7.11)の関係は(5.7.16)にそろえて

$$m\gamma[\omega] = \frac{1}{kT}\int_0^\infty \langle R(t_0)R(t_0+t)\rangle e^{-i\omega t}dt \qquad (5.7.17)$$

のように書き直される．ここにわれわれは，一般に揺動散逸定理と呼ばれている原理の2つの基本的な表現を得たことになる．

その第1は複素移動度(一般には複素アドミッタンス)を速度(一般には流れ)の相関関数の Fourier-Laplace 変換として与えるもので，Einstein の関係(5.6.11)の拡張である．その第2は複素抵抗係数(一般にはインピーダンス)をランダムな力 $R(t)$ の相関関数の Fourier-Laplace 変換として与える．これと等価な公式(5.7.10)は電気抵抗を含む回路に熱的なゆらぎとして発生する雑音電圧の強度スペクトルとして H. Nyquist によって初めて与えられた．これら2つの表現はいずれも，移動度あるいは抵抗のように外部からの力に対する系の応答を表わすものが，外力が働いていない平衡状態でその系がもつ熱的なゆらぎと本質的に結びついていることを示している．外部への応答はエネルギー散逸を含むが，この定理はもともと Nyquist の定理のようにエネルギー散逸部分について認識されたので，揺動散逸定理の名を得たが，(5.7.16)，(5.7.17)のように応答の非散逸部分(non-dissipative part)をも包含して成り立つものである．

(5.7.16)と(5.7.17)の2つの表現を区別するために，前者を**第1種揺動散逸定理**，後者を**第2種揺動散逸定理**と呼ぼう．第8章に述べるように，第1種揺動散逸定理(5.7.16)は，線形応答理論の立場からは極めて一般的な定理として導かれる．その右辺にある相関関数は，ミクロな立場から統計力学的に分析されるものである．これに対して第2種揺動散逸定理(5.7.17)の右辺に現われるランダムな力は必ずしも簡単な存在ではない．もともと(5.7.7)の右辺の全体が粒子に働く力であり，それを抵抗とランダムな力とに首尾よく分離すること自体が統計力学としては大問題なのである．その意味では，第1種揺動散逸定理により原理的な重要性を見るべきであり，第2種揺動散逸定理はそのコロラリーと考えてもよい．本章の立場では，両者はLangevin方程式(5.7.1)を媒介として結ばれている．

時間$(0,t)$のあいだのBrown粒子の変位$x(t)$の2乗平均は

$$\langle x(t)^2\rangle = \int_0^t dt_1 \int_0^t dt_2 \langle u(t_1)u(t_2)\rangle$$

で与えられる．相関関数$\langle u(t_1)u(t_2)\rangle$は定常過程として$t_1-t_2$だけの関数であるから，(5.4.24)の変形と同様にして

$$\lim_{t\to\infty}\frac{\langle x(t)^2\rangle}{2t} = \int_0^\infty \langle u(t_0)u(t_0+t')\rangle dt' \tag{5.7.18}$$

が証明される．(5.3.33)，(5.7.16)により，これは

$$D = \mu(0)kT$$

を与える．これはまさにEinsteinの関係(5.6.11)が第1種揺動散逸定理の特殊な場合にすぎないことを示している．

(5.7.1)，(5.7.7)では遅れをもつ抵抗は$-\infty$からその時刻tまでの積分として表わされている．これを修正してたとえば(5.7.7)を

$$\frac{d}{dt}u(t) = -\int_{t_0}^t \gamma(t-t')u(t')dt' + \frac{1}{m}\bar{R}(t) \qquad (t>t_0) \tag{5.7.19}$$

という形にかくことも可能である．これもまた，定常的なBrown運動の表現で，その意味で時刻t_0は任意に選んでよい．その意味でこれから求められる相関

関数 $\langle u(t_0)u(t_0+t)\rangle$ なども，t_0 には依らないものである．

(5.7.19) に現われるランダムな力 $\bar{R}(t)$ は当然 (5.7.7) の $R(t)$ とは違っている．(5.7.19) が (5.7.7) と同等な Brown 運動を表わすためには，$\bar{R}(t)$ が条件

$$\langle u(t_0)\bar{R}(t)\rangle = 0 \qquad (t > t_0) \tag{5.7.20}$$

$$\langle \bar{R}(t_0)\bar{R}(t_0+t)\rangle = \langle R(t_1)R(t_1+t)\rangle = mkT\gamma(t) \tag{5.7.21}$$

をみたすことが要求される．これを見るためには (5.7.16) およびそれから得られる式

$$\int_0^\infty \langle \dot{u}(t_0)u(t_0+t)\rangle e^{-i\omega t}dt = -\int_0^\infty \langle u(t_0)\dot{u}(t_0+t)\rangle e^{-i\omega t}dt$$

$$= \frac{\langle u^2\rangle\gamma[\omega]}{i\omega+\gamma[\omega]} \tag{5.7.22}$$

$$\int_0^\infty \langle \dot{u}(t_0)\dot{u}(t_0+t)\rangle e^{-i\omega t}dt = \frac{\langle u^2\rangle i\omega\gamma[\omega]}{i\omega+\gamma[\omega]} \tag{5.7.23}$$

に注意する．(5.7.19) から

$$\langle u(t_0)\dot{u}(t_0+t)\rangle = -\int_0^t \gamma(t-t')\langle u(t_0)u(t_0+t')\rangle dt' + \frac{\langle u(t_0)\bar{R}(t_0+t)\rangle}{m}$$

を得るが，これを Laplace 変換した式が (5.7.16), (5.7.22) によって満足されるためには (5.7.20) が必要である．また，

$$\langle \bar{R}(t_0)\bar{R}(t_0+t)\rangle = m^2\left\langle \dot{u}(t_0)\left\{\dot{u}(t_0+t) + \int_0^t \gamma(t-t')u(t_0+t')dt'\right\}\right\rangle$$

であるが (5.7.16), (5.7.22), (5.7.23) を用いてこの右辺を計算すれば，これは $m^2\langle u^2\rangle\gamma[\omega]$ となり，したがって (5.7.21) が成り立つ．

(5.7.19) は，このように，ランダムな力 $\bar{R}(t)$ が (5.7.20), (5.7.21) をみたしている限り (5.7.7) と同等であるが，この形の方が便利なこともあるし，また実際 §6.9 で見るように，運動方程式をこの形に変形して Brown 運動の統計力学の基礎づけを行なうことができるのである．

第6章　確率過程としての物理的過程

物理学における最も典型的な確率過程として前章では Brown 運動を取り上げたが，本章では前章を承けて，統計物理学的な問題が確率過程としてどうとらえられるか，その基本的な考え方を述べる．特に Markov 過程としての把握は物理学でに非常にひんぱんに現われる重要なものであるので，これに重点がおかれる．そのような見方が成り立つための条件は何であるか，それが成り立たないとき Markov 的な見方をどうして乗り越えるか，というような問題はさらに根本的である．ここにそのような問題を論じつくすことはできないが，多少ともそれらにも触れる．

§6.1　ランダムな周波数変調

本章で取り扱ういろいろの問題への序論として次の問題を考えよう．ある振動子の振動数 ω が，ランダムな変調を受けるとする．すなわち ω は

$$\omega(t) = \omega_0 + \omega_1(t) \tag{6.1.1}$$

のように時間的に変動し，しかもその変動 $\omega_1(t)$ がある確率過程をなしているとする．この振動を観測しその振動数スペクトルを測れば，そのスペクトルはある広がりをもつが，そのスペクトルの形状は確率過程 $\omega_1(t)$ の性質とどのような関係をもつであろうか．

原子や分子のスペクトル，スピン共鳴吸収のスペクトルの形状などから，物質粒子の運動の様子を知りたいというような場合，この種の問題に遭遇する．これを一般的に取り扱うことは必ずしも容易ではないが，ここではまず簡単のために $\omega(t)$ が **Gauss 過程**であると仮定する．振動子の運動方程式は

$$\dot{x}(t) = i\omega(t)\,x(t) \tag{6.1.2}$$

とかかれる．複素数 x の実数部が振動の座標，虚数部が運動量に対応する．(6.

1. 2) の解は $t=0$ における x の値を x_0 として

$$x(t) = x_0 \exp\left(i\int_0^t \omega(t')\,dt'\right) \tag{6.1.3}$$

で与えられる．$\omega(t)$ が確率過程ならば，$x(t)$ はこの式で定義された確率過程である．その相関関数は

$$\langle x^*(0)\,x(t)\rangle = \left\langle x_0{}^* x_0 \exp\left(i\int_0^t \omega(t')\,dt'\right)\right\rangle$$

であるが，初期値 x_0 の分布が $\omega(t)$ の発展とは無関係であるとすれば，x の相関関数は本質的に

$$\langle x^*(0)\,x(t)\rangle = \left\langle \exp\left(i\int_0^t \omega(t')\,dt'\right)\right\rangle$$

で与えられる．(*6. 1. 1*) を仮定すれば ω_0 は一定であるから，その部分を抜き出して

$$\left.\begin{aligned} \langle x^*(0)\,x(t)\rangle &= e^{i\omega_0 t}\phi(t) \\ \phi(t) &= \left\langle \exp\left(i\int_0^t \omega_1(t')\,dt'\right)\right\rangle \end{aligned}\right\} \tag{6.1.4}$$

とかくことができる．振動の強度スペクトルは Wiener-Khinchin の定理(*5. 4. 22*) によって

$$I(\omega') = \frac{1}{2\pi}\int_{-\infty}^{\infty} \phi(t)\,e^{-i\omega' t}dt \tag{6.1.5}$$

で与えられる．ここに

$$\omega' = \omega - \omega_0 \tag{6.1.6}$$

は標準振動数 ω_0 から測った振動数のずれである．

いま，**周波数変調** $\omega_1(t)$ は定常過程であり，その平均値は 0 であるとして

$$\langle \omega_1(t)\rangle = 0$$

とおく．また，その相関関数を

$$\langle \omega_1(t_0)\,\omega_1(t_0+t)\rangle = \langle \omega_1{}^2\rangle \psi(t) \tag{6.1.7}$$

と書こう．$\omega_1(t)$ が Gauss 過程であれば，$\omega_1(t)$ に関するすべての平均値はこの相関関数で表わされる．特に (*6. 1. 4*) は，すぐあとで述べるように

$$\begin{aligned}\phi(t) &= \exp\left(-\frac{1}{2}\int_0^t dt_1 \int_0^t dt_2 \langle \omega_1(t_1)\,\omega_1(t_2)\rangle\right) \\ &= \exp\left(-\int_0^t dt_1 \int_0^{t_1} dt_2 \langle \omega_1(t_1)\,\omega_1(t_2)\rangle\right) \\ &= \exp\left(-\langle {\omega_1}^2\rangle \int_0^t (t-\tau)\,\psi(\tau)\,d\tau\right) \end{aligned} \tag{6.1.8}$$

となる．この結果を得るためには Gauss 過程の特性汎関数に対する公式(*5.5.18*)を用い，特に $\zeta(t)$ を単に 1 とおけばよい．$t_1 t_2$ 平面の正方形の上の積分をその半分の領域上の積分に変え，(*5.4.24*)から(*5.4.25*)を導いたときと同じ変換を行なえば(*6.1.8*)の最後の式に達する．したがって(*6.1.5*)は

$$I(\omega) = \frac{1}{2\pi}\int_{-\infty}^{\infty} dt\,\exp\left(-i\omega t - \varDelta^2 \int_0^t (t-\tau)\,\psi(\tau)\,d\tau\right) \tag{6.1.9}$$

となる．ただしここでは振動数 ω は標準振動数 ω_0 から測るものとする．また

$$\varDelta^2 = \langle {\omega_1}^2 \rangle \tag{6.1.10}$$

は周波数変調 $\omega_1(t)$ の大きさの目安である．$\omega_1(t)$ を特徴づけるもう 1 つの要素はそれが変化する速さであるが，その目安としては

$$\tau_c = \int_0^\infty \psi(\tau)\,d\tau = \frac{1}{\langle {\omega_1}^2\rangle}\int_0^\infty \langle \omega_1(t_0)\,\omega_1(t_0+t)\rangle dt \tag{6.1.11}$$

を選ぶことができよう．実際，$\omega_1(t)$ の相関が

$$\psi(t) = e^{-t/\tau_c} \tag{6.1.12}$$

のように減衰する場合には，(*6.1.11*)の積分はちょうど相関の減衰時間そのものである．$\psi(t)$ の減少は必ずしも(*6.1.12*)のような単純な減衰ではないかもしれないが，そのような場合にも，(*6.1.11*)で定義された τ_c はランダムな変調の変化の速さを表わすパラメタと見られる．(*6.1.9*)から計算されるスペクトル $I(\omega)$ は，振動数 ω の尺度を $\varDelta$ で測れば，パラメタ

$$\tau_c \varDelta = \alpha \tag{6.1.13}$$

によってその形を変える．特に(*6.1.12*)が仮定される場合には(*6.1.8*)は

$$\begin{aligned}\phi(t) &= \exp[-\varDelta^2 \tau_c \{t - \tau_c(1 - e^{-t/\tau_c})\}] \\ &= \exp\left[-\alpha^2\left(\frac{t}{\tau_c} - 1 + e^{-t/\tau_c}\right)\right]\end{aligned} \tag{6.1.14}$$

となる．この関数を図 6.1 に，またその Fourier 変換

$$I(\omega)=\frac{1}{2\pi}\int_{-\infty}^{\infty}\phi(t)e^{-i\omega t}dt$$

を図 6.2 に示す．

$\alpha\to\infty$ すなわち $\tau_c\to\infty$ の極限では，(6.1.14) は

$$\phi(t)=\exp\left(-\frac{\Delta^2}{2}t^2\right) \tag{6.1.15}$$

となるから，スペクトルは当然

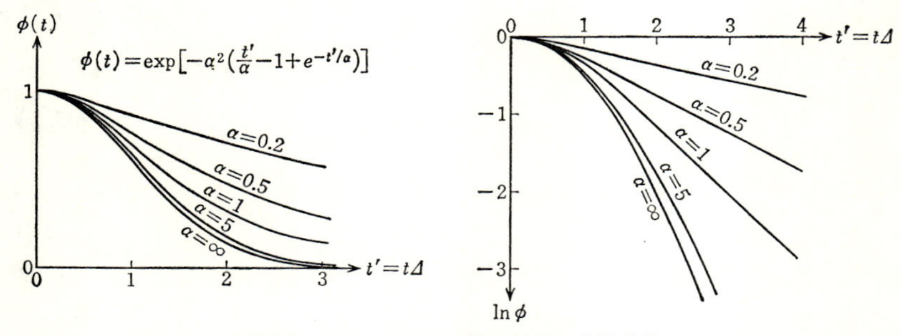

図 6.1　いろいろな α の値に対する $\phi(t)$ 曲線

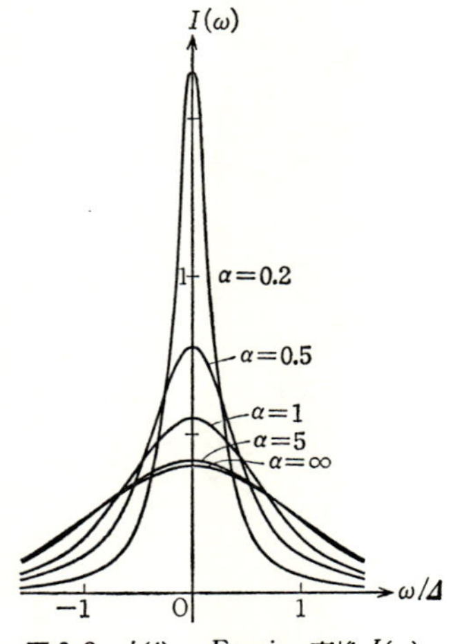

図 6.2　$\phi(t)$ の Fourier 変換 $I(\omega)$

$$I(\omega) = \frac{1}{\sqrt{2\pi}\varDelta}\exp\left(-\frac{\omega^2}{2\varDelta^2}\right) \tag{6.1.16}$$

のような Gauss 型である．パラメタ α が小さくなるにつれ，図6.2に見るようにスペクトルは次第に鋭くなる．ランダムな周波数変調がはやくなるときに見られるこのような尖鋭化は，この簡単な例にとどまらず一般的な現象であって，スピン共鳴の場合などでは**運動による尖鋭化**(motional narrowing)とよばれている．(*6.1.3*)の $x(t)$ の運動を，

$$x(t) = x_0 e^{i\omega_0 t}\exp\left(i\int_0^t \omega_1(t')\,dt'\right) \tag{6.1.17}$$

とかけば，周波数変調に対応する部分は，単位円上の Brown 運動のようなものである．変調 $\omega_1(t)$ がある時刻に ω_1' という値をもったとして，それが振動数のずれとして観測にかかるためには，$\omega_1' T \approx 2\pi$，すなわち

$$T \approx \frac{2\pi}{\omega_1'}$$

の程度の時間はその値を維持しなければならないであろう．もし，その持続がこれよりもずっと短いならば，変調はいわば平均化(average out)されて観測にかからない．これが上に述べた尖鋭化である．

この問題を(*6.1.8*)，(*6.1.9*)についてもう少し一般的に考えてみよう．周波数変調の相関関数 $\psi(t)$ は(*6.1.11*)で定義された相関時間 τ_c くらいのあいだに減衰するものと仮定する．

まず $t \ll \tau_c$ の短い時間 t では減衰はまだ起こらず，

$$\psi(t) \approx \mathrm{const} = 1 \qquad (t \ll \tau_c)$$

であるから，(*6.1.8*)の $\phi(t)$ の**短時間近似**としては

$$\phi(t) = \exp\left(-\frac{1}{2}\varDelta^2 t^2\right) \tag{6.1.18}$$

をとることができる．これは単に

$$\phi(t) = \int e^{i\omega_1 t} e^{-\omega_1^2/2\varDelta^2}\frac{d\omega_1}{\sqrt{2\pi}\varDelta} \tag{6.1.19}$$

のように，変調 ω_1 がとりうる値の分布について $\exp(i\omega_1 t)$ を平均したものにすぎない．すなわち，それぞれある振動数をもって運動する多数の振動子の集団平

均である．個々の振動子の運動は短い時間にはその連結性(coherence)を失わない．この意味でこの短時間近似は**力学的コヒーレンス**が支配的である場合の近似といってもよいであろう．

反対に相関時間 τ_c よりもはるかに長い時間

$$t \gg \tau_c$$

では，(6. 1. 8)の $\phi(t)$ は

$$\phi(t) = \exp(-\gamma|t|+\delta) \tag{6. 1. 20}$$

のように振舞う．ただし

$$\gamma = \Delta^2\cdot\tau_c = \Delta\cdot\alpha \tag{6. 1. 21}$$

$$\delta = \Delta^2\int_0^\infty \tau\psi(\tau)\,d\tau \tag{6. 1. 22}$$

とおいた．これを $\phi(t)$ の**長時間近似**と呼ぼう．この近似は $|t|\lesssim\tau_c$ では成り立たないのであるが，仮にそこまで使えるものとして，これに対応するスペクトル $I(\omega)$ を求めれば

$$I(\omega) = \frac{e^\delta}{\pi}\frac{\gamma}{\omega^2+\gamma^2} \tag{6. 1. 23}$$

の形となる．これは確率論では Cauchy 分布とよばれているが，スペクトル線の形の問題では Lorentz 型とよばれる．中心の振動数を ω_0 とすれば

$$I(\omega) \propto \frac{1}{\pi}\frac{\gamma}{(\omega-\omega_0)^2+\gamma^2} \tag{6. 1. 24}$$

である．

図6. 2のスペクトルは実際

$\alpha \equiv \tau_c\Delta > 1$　ならば　Gauss 型

$\alpha \equiv \tau_c\Delta < 1$　ならば　Lorentz 型

の曲線とみられるが，その事実は一般に次のようにして理解されよう．図6. 1は α の変化につれて $\phi(t)$ の減衰の型が変わる様子を示す．いずれの場合にも，$t\lesseqgtr\tau_c$ に応じて短時間近似，長時間近似が成り立つわけではあるが，全体としてどちらがよい近似であるかということはパラメタ α の大小による．$\alpha>1$ では短時間近似，$\alpha<1$ では長時間近似がよい．短時間近似(6. 1. 18)をとり，ここで $t=\tau_c$ とおいたとき，もし $\alpha\gg1$ ならば $\phi(\tau_c)\ll1$ である．いいかえれば，短時間近

似から長時間近似へ移行しなければならない時点では $\phi(t)$ の値はすでに極めて小さい．この場合には短時間近似が全体としてよい近似であり，これに対応するGauss 型のスペクトルが実際に見られるものである．

これに反してもし $\alpha \ll 1$ であれば，(6.1.18) について $\phi(\tau_c) \approx 1$ であり，$\phi(t)$ の挙動は短時間近似では描写できない．(6.1.20) で $t \approx \tau_c$ とおいたものは $\phi(\tau_c) \approx 1$ であるから，$\phi(t)$ の減衰の大部分は長時間近似で記述される．したがってスペクトルはこれに対応する Lorentz 型となる．

振動の相関関数 $\phi(t)$ とスペクトル $I(\omega')$ は (6.1.5) のように互いに Fourier 変換の関係にある．Fourier 変換の一般的な性質として，$\omega' \approx 0$ の付近の $I(\omega')$ の様子は大きな t に対する $\phi(t)$ の挙動によって定まり，また ω' の大きいところでの $I(\omega')$ の様子は小さな t に対する $\phi(t)$ の挙動によって支配される．したがってスペクトルの中心の付近の形状は $\phi(t)$ の長時間近似に対応する Lorentz 型に近く，スペクトルの裾の様子は $\phi(t)$ の短時間近似に対応する Gauss 型をもつ．スペクトル全体が，そのいずれに近いかは，上に述べたように $\alpha \gtrless 1$ による．$\alpha \approx 1$ でこの 2 つの型の間の移行が見られる．

(6.1.5) の逆公式

$$\phi(t) = \int_{-\infty}^{\infty} I(\omega') e^{i\omega' t} d\omega'$$

から明らかなように

$$1 = \phi(0) = \int_{-\infty}^{\infty} I(\omega') d\omega' \tag{6.1.25}$$

$$\left[-\frac{d^2}{dt^2}\phi(t)\right]_{t=0} = \int_{-\infty}^{\infty} I(\omega') \omega'^2 d\omega' \equiv m_2 \tag{6.1.26}$$

$$\left[\frac{d^4}{dt^4}\phi(t)\right]_{t=0} = \int_{-\infty}^{\infty} I(\omega') \omega'^4 d\omega' \equiv m_4 \tag{6.1.27}$$

などのモーメント公式が成り立つ．$I(\omega')$ を確率分布密度と見たとき，$\phi(t)$ はその特性関数であるから，これらは (5.3.17) の関係にほかならない．これらのモーメントを計算するために，(6.1.7) の $\psi(t)$ をまず t について展開すると，

$$\psi(t) = 1 - \frac{1}{2}\frac{\langle \dot{\omega}_1{}^2 \rangle}{\langle \omega_1{}^2 \rangle} t^2 + O(t^4) \tag{6.1.28}$$

が得られる．なぜならば，$\omega_1(t)$ が定常過程であることから

$$0=\frac{d}{dt_0}\langle\omega_1(t_0)\,\omega_1(t_0)\rangle=\langle\dot{\omega}_1\omega_1\rangle+\langle\omega_1\dot{\omega}_1\rangle=2\langle\omega_1\dot{\omega}_1\rangle$$

$$\begin{aligned}0&=\frac{d^2}{dt_0{}^2}\langle\omega_1(t_0)\,\omega_1(t_0)\rangle\\&=\langle\ddot{\omega}_1\omega_1\rangle+2\langle\dot{\omega}_1\dot{\omega}_1\rangle+\langle\omega_1\ddot{\omega}_1\rangle\end{aligned}$$

すなわち

$$\langle\omega_1\dot{\omega}_1\rangle=0,\qquad\langle\omega_1\ddot{\omega}_1\rangle=-\langle\dot{\omega}_1{}^2\rangle$$

となり，$\langle\omega_1(t_0)\,\omega_1(t_0+t)\rangle$ を t について展開すると t の項は消え，t^2 の係数は $-\langle\dot{\omega}_1{}^2\rangle$ となるからである．(*6. 1. 28*) を (*6. 1. 8*) に入れ，$\phi(t)$ の展開を t^4 まで求めれば，

$$m_2=\langle\omega_1{}^2\rangle\equiv\Delta^2 \tag{6. 1. 29}$$

$$m_4=3\Delta^4+\langle\dot{\omega}_1{}^2\rangle \tag{6. 1. 30}$$

が得られる．すなわち，ランダムな周波数変調は，スペクトル分布の中心のまわりの2次モーメントを変えないが，4次モーメント m_4 については，Gauss 分布に対応する値 $3\Delta^4$ に $\langle\dot{\omega}_1{}^2\rangle$ を付け加える．変調がはやければはやいほど，4次モーメントの余分な増加が著しい．これは上に述べた尖鋭化の別な表現である．

変調 $\omega_1(t)$ が Gauss 過程でない場合にも，(*6. 1. 4*) の $\phi(t)$ の短時間近似，長時間近似の議論を (*6. 1. 18*)，(*6. 1. 20*) と同様に進めることができる．典型的な簡単な例として変調 $\omega_1(t)$ がパルスから成っているとしよう．1つのパルスの持続時間 τ_c は極めて短いが，それによる位相変化

$$\int_{\text{パルス}}\omega_1(t)\,dt=\delta \tag{6. 1. 31}$$

は有限であるとする．パルスの生起が **Poisson 過程**で，単位時間あたり平均 ν 個起こるとすれば，時間 $t\,(\gg\tau_c)$ の間には平均

$$\bar{n}=\nu t \tag{6. 1. 32}$$

のパルスがある．もっと正確には，その数 n の確率分布は Poisson 分布

$$p(n)=\frac{\bar{n}^n}{n!}\exp(-\bar{n}) \tag{6. 1. 33}$$

に従う．ゆえに $\phi(t)$ の長時間近似は

$$\phi(t) = \langle e^{i\Sigma\delta}\rangle = \sum_{n=0}^{\infty} p(n)\langle e^{i\delta}\rangle^n$$
$$= \exp\{\bar{n}(\langle e^{i\delta}\rangle - 1)\} = \exp(-\gamma^* t) \qquad (6.1.34)$$

となる．ただしここに

$$\gamma^* \equiv \gamma' - i\gamma'' = \nu(1-\langle e^{i\delta}\rangle) = \nu(1-\langle\cos\delta\rangle) - i\nu\langle\sin\delta\rangle \qquad (6.1.35)$$

とおいた．$\langle e^{i\delta}\rangle$ は１つ１つのパルスによる位相角のずれ δ についての平均であるが，これがこのような形で $\phi(t)$ の減衰と振動に寄与する事実は注目に値する．もっと複雑な系での現象でも，個々の散乱過程の寄与にはこれと対比されるべきものがあるからである．γ^* の虚数部 γ'' は明らかに振動数のずれを意味し，(6.1.34) に対応するスペクトルは

$$I(\omega) = \frac{1}{\pi}\frac{\gamma'}{(\omega-\omega_0-\gamma'')^2+\gamma'^2} \qquad (6.1.36)$$

という Lorentz 型となる．

$\phi(t)$ の長時間近似が，Gauss 的な変調でも，Poisson 的な変調でも，またもっと一般的にも，指数関数的な減衰を示すことは重要である．これは物理的な過程が Markov 的に振舞う条件に対応するという意味をもっている．

磁場におかれた電子スピン，あるいは核スピンが Zeeman 回転を行なうとき，まわりの物質粒子からくる有効磁場はその振動数のずれを引き起こすが，粒子の運動などのためにこの有効磁場が時間的に変動するため，観測されるスペクトル線は，その変動を反映して形を変える．これはここに述べたランダムな周波数変調の好例である．

しかしここにこの問題を取り上げたのは，これがもっとひろい根本的な問題につながるからである．

§6.2　再び Brown 運動について

Brown 粒子の座標 x の変化は，速度を $u(t)$ とすれば

$$\dot{x}(t) = u(t) \qquad (6.2.1)$$

で，$u(t)$ が確率過程であれば，$x(t)$ も確率過程である．この問題はすでに (5.6.9) 以下に論じたが，ここでは別の角度から再びこれを取り上げてみる．

いま，時刻 t に Brown 粒子が x の付近の dx の中に見出される確率を $f(x,t)$

とおくと，$f(x,t)$ は

$$\frac{\partial}{\partial t}f(x,t) = -\frac{\partial}{\partial x}(u(t)f(x,t)) \tag{6.2.2}$$

をみたす．なぜならば，短い時間 δt について確率の保存は

$$f(x,t+\delta t) = f(x-u\delta t, t)$$

を意味するが，$\delta t\to 0$ としてこれは(6.2.2)を与えるからである．いま，

$$f(x,t) = \frac{1}{2\pi}\int_{-\infty}^{\infty} e^{ikx}g(k,t)\,dk \tag{6.2.3}$$

のように $f(x,t)$ を空間的に Fourier 分解し，(6.2.2)を $g(k,t)$ に対する方程式に書きかえれば，

$$\frac{d}{dt}g(k,t) = -iku(t)g(k,t) \tag{6.2.4}$$

となる．$u(t)$ を確率過程とみれば，これは $g(k,t)$ の振動に対するランダムな変調を表わしているから，前節の考察をこれに適用することができる．

(6.2.4)の解は

$$g(k,t) = g(k,0)\exp\left(-ik\int_0^t u(t')\,dt'\right) \tag{6.2.5}$$

で与えられる．ここに $g(k,0)$ は

$$g(k,0) = \int_{-\infty}^{\infty} f(x,0)e^{-ikx}dx \tag{6.2.6}$$

により，初期分布 $f(x,0)$ に対応する．時刻 t における分布は，$(0,t)$ のあいだに $u(t)$ がとりうるすべての過程について(6.2.5)を平均した結果として定まる．特に $u(t)$ が Gauss 過程であるとすれば

$$\begin{aligned}\left\langle \exp\left(-ik\int_0^t u(t')\,dt'\right)\right\rangle \\ &= \exp\left(-\frac{k^2}{2}\int_0^t dt_1\int_0^t dt_2\langle u(t_1)u(t_2)\rangle\right) \\ &= \exp\left(-k^2\langle u^2\rangle\int_0^t (t-\tau)\psi(\tau)\,d\tau\right) \equiv \phi(k,t)\end{aligned} \tag{6.2.7}$$

がこれを決定する．ただしここに

$$\psi(\tau) = \frac{\langle u(t_0)\, u(t_0+t)\rangle}{\langle u^2\rangle} \tag{6.2.8}$$

は速度 u の(規格化された)相関関数である．その相関時間を(6.1.11)と同様に定義すると，$t \ll \tau_c$, $t \gg \tau_c$ についてそれぞれ

$$\phi(t) \approx \exp\left(-\frac{k^2}{2}\langle u^2\rangle t^2\right) \qquad (t \ll \tau_c) \tag{6.2.9}$$

$$\phi(t) \approx \exp(-k^2\langle u^2\rangle \tau_c t + \delta) \qquad (t \gg \tau_c) \tag{6.2.10}$$

のような短時間近似，長時間近似が成り立つ．

前節の議論に対比して考えると，このどちらの近似が意味をもつかということは，

$$\alpha = k\sqrt{\langle u^2\rangle}\,\tau_c \equiv kl \tag{6.2.11}$$

が1にくらべて大きいか，小さいかによる．ここに l は平均自由行路に当たるから，この条件の意味は明らかである．すなわち，l よりも小さい距離での確率の変化を問題にするならば $kl=\alpha>1$ であるから短時間近似が用いられる．短時間近似は粒子がある速度を持続して運動することに対応している．もし l よりもずっと大きい範囲での確率密度の変化だけを問題にするのであれば $\alpha=kl\ll 1$ であり，長時間近似が適用される．このとき

$$\begin{aligned} P(x,t) &\equiv \langle f(x,t)\rangle \\ &= \frac{1}{2\pi}\int_{-\infty}^{\infty} e^{ikx} g(k,0) \exp(-k^2\langle u^2\rangle \tau_c t + \delta)\, dk \end{aligned} \tag{6.2.12}$$

は，拡散方程式

$$\frac{\partial P(x,t)}{\partial t} = D\frac{\partial^2 P(x,t)}{\partial x^2}, \qquad D = \langle u^2\rangle \tau_c \tag{6.2.13}$$

に等価である．初期条件として

$$P(x,0) = \delta(x-x_0), \qquad g(k,0) = e^{-ikx_0}$$

を課したとき，(6.2.12)が(6.2.13)の基本解

$$P(x,t) = \frac{1}{\sqrt{4\pi Dt}} \exp\left\{-\frac{(x-x_0)^2}{4Dt}\right\} \tag{6.2.14}$$

を与えることは明らかである．

特に速度 u の相関関数(6.2.8)が(6.1.12)の形をもつとすれば，(6.2.7)は

(6.1.14)により

$$\phi(k,t) = \exp[-k^2D\{t-\tau_c(1-e^{-t/\tau_c})\}] \qquad (6.2.15)$$

となる．これを(6.2.3)に入れて$\langle f(x,t)\rangle$を求めれば，$\gamma=1/\tau_c$とおいた(5.6.13)が再び得られることは当然であるが，ここの議論からは次のような教訓が与えられよう．すなわち，(5.6.13)の遷移確率が(6.2.14)に一致し，Brown運動$x(t)$が典型的なMarkov過程である拡散過程とみなされるのは，$\tau_c=1/\gamma$にくらべてはるかに大きい尺度をもって時間tを粗視的に測る場合に成り立つのではあるが，それと同時に，空間的にもインフォメーションの精度を平均自由行路lよりも粗いところに止めなければならない．繰り返していえば，(6.2.1)によって確率過程$u(t)$から導かれる過程$x(t)$は，一般にMarkov過程ではないが，時間的，空間的に観測の精度を犠牲にした**粗視化**(coarse graining)を行なうことによって，Markov過程の性格を得ることになる．

統計物理学が，ミクロからマクロへの橋渡しであるとすれば，ここでいつも遭遇する問題は，この例のように基本的な過程から，より粗視的な段階の過程を導くことである．導かれた過程を単純なMarkov過程として記述するためにはつねにこのような粗視化を行なってインフォメーションの一部分を投げ棄てなければならない．この一般的な問題については§6.5にさらに述べる．

このような事情を**理想化**して，次のように表現することができる．(6.2.1)の例をとれば，$x(t)$を観測する時間，空間の尺度からは，速度$u(t)$の相関の持続は無限小とみなされるから，その相関関数を

$$\langle u(t_0)u(t_0+t)\rangle = 2\langle u^2\rangle\tau_c\delta(t) = 2D\delta(t) \qquad (6.2.16)$$

と仮定することになる．$u(t)$の相関時間τ_cは有限で，拡散係数Dも有限であるが，空間の尺度$\varDelta x$とDから決まる時間尺度$\varDelta t$に比べてτ_cはきわめて小さい，すなわち

$$\varDelta t = \frac{(\varDelta x)^2}{D} \gg \tau_c \qquad (6.2.17)$$

という意味で，(6.2.16)のように$u(t)$の相関関数をδ関数に理想化することができる．(6.2.17)は

$$\varDelta x \gg \sqrt{\langle u^2\rangle}\tau_c = l$$

という条件にほかならない．

(6. 2. 16)のような理想化をしてしまえば，(6. 2. 2)から(6. 2. 13)を導くことはもっと簡単にできる．まず，すこし問題を一般的にして(6. 2. 2)のかわりに，分布関数$f(x,t)$に対する方程式

$$\frac{\partial}{\partial t}f(x,t)=\Omega(x,t)f(x,t) \tag{6.2.18}$$

を考えよう．ここに$\Omega(x,t)$は(6. 2. 2)の例では

$$\Omega(x,t)=-\frac{\partial}{\partial x}u(t)$$

という微分演算子であり，$u(t)$が確率過程であるという意味では確率的演算子(stochastic operator)と称すべきものである．一般に(6. 2. 18)のΩをそのような演算子とすれば，(6. 2. 18)は確率過程$\Omega(x,t)$の1つのサンプルに対する$f(x,t)$の発展を与える運動方程式——位相空間における Liouville 方程式に対応する——であって，確率的 Liouville 方程式(stochastic Liouville equation)と呼ばれる．時刻t_0における$f(x,t)$の初期分布を

$$f(x,t_0)=P(x,t_0)$$

とし，与えられた$\Omega(x,t)$に対する(6. 2. 18)の解を

$$f(x,t)=f(x,t\,;\Omega(x,t),P(x,t_0))$$

とかき，可能な$\Omega(x,t)$のすべてについてのその平均を

$$P(x,t)=\langle f(x,t\,;\Omega(x,t),P(x,t_0))\rangle \tag{6.2.19}$$

とおけば，

$$P(x,t_0)\longrightarrow P(x,t) \tag{6.2.20}$$

という発展は，(6. 2. 18)の確率的 Liouville 方程式から導かれるxの確率過程である．この関係は，(6. 2. 1)と(6. 2. 2)については上に述べた．また Langevin 方程式

$$\dot{u}=-\gamma u+\frac{1}{m}R(t) \tag{6.2.21}$$

に対する Liouville 方程式は

$$\frac{\partial}{\partial t}f(u,t)=\frac{\partial}{\partial u}\left(\gamma u-\frac{1}{m}R(t)\right)f(u,t) \tag{6.2.22}$$

である．この解を$R(t)$のあらゆる可能性について平均したものは，$u(t)$の確率

的発展を表わす.

ある時間 $(t, t+\Delta t)$ にわたって (6.2.18) を積分すると

$$
\begin{aligned}
f(x, t+\Delta t) \\
&= f(x,t) + \int_t^{t+\Delta t} dt_1 \Omega(x,t_1) f(x,t_1) \\
&= \left(1 + \int_t^{t+\Delta t} dt_1 \Omega(x,t_1) + \int_t^{t+\Delta t} dt_1 \int_t^{t_1} dt_2 \Omega(x,t_1)\Omega(x,t_2) + \cdots \right) f(x,t)
\end{aligned}
\tag{6.2.23}
$$

という形の解が得られる. この右辺を $\Omega(x,t)$ について平均すれば, $(t, t+\Delta t)$ の間における $f(x,t)$ の平均的な発展が知れるわけであるが, いま (6.2.16) について説明したように確率過程としての $\Omega(x,t)$ の相関の持続は, 平均的な x の確率的変化の時間尺度にくらべて極めて短く, その意味において

$$
\langle \Omega(x,t_1)\Omega(x,t_2)\cdots\Omega(x,t_n)\rangle \tag{6.2.24}
$$

のような平均は, 時点 $t_1, t_2, \cdots, t_n$ がほとんど一致しているときにだけ値をもつと仮定しよう. これは

$$
\int_t^{t+\Delta t} dt_1 \int_t^{t_1} dt_2 \cdots \int_t^{t_{n-1}} dt_n \langle \Omega(x,t_1)\cdots\Omega(x,t_n)\rangle \propto \Delta t \ (\text{またはその高次}) \tag{6.2.25}
$$

という仮定を意味する. これを許せば (6.2.23) を (6.2.19) の意味で平均した結果は,

$$
P(x, t+\Delta t) - P(x,t) = \{\Gamma(x,t)\Delta t + o(\Delta t)\} P(x,t)
$$

$\Delta t \to 0$ の極限として

$$
\frac{\partial}{\partial t} P(x,t) = \Gamma(x,t) P(x,t) \tag{6.2.26}
$$

という形の発展方程式を与える. ここに $\Gamma(x,t)$ は (6.2.24) のような平均から決まるある演算子であって, $\Omega(x,t)$ を規定する確率過程が定常であれば時間 t によらず, (6.2.26) は

$$
\frac{\partial}{\partial t} P(x,t) = \Gamma(x) P(x,t) \tag{6.2.27}
$$

の形をもつ. (6.2.26), (6.2.27) は拡散方程式 (6.2.13) の一般化であり, これ

が(5. 2. 22)に定義された Markov 過程を表わすことは，この偏微分方程式が t に関して1階であることから明らかであろう．初期条件

$$P(x, t_0) = \delta(x-x_0) \tag{6. 2. 28}$$

に対する(6. 2. 26)または(6. 2. 27)の解を $P(x_0, t_0|x, t)$ と記せば，これが(5. 2. 22)をみたすことは容易に証明される(§6. 3 参照)．

以上の考察を(6. 2. 2)に適用してみよう．$u(t)$ が(6. 2. 16)の性質をもつ Gauss 過程であるとすると

$$\langle \Omega(x, t)\rangle = -\langle u(t)\rangle \frac{\partial}{\partial x} = 0$$

$$\begin{aligned}\int_t^{t+\Delta t} dt_1 \int_t^{t_1} dt_2 \langle \Omega(x, t_1)\Omega(x, t_2)\rangle &= \int_t^{t+\Delta t} dt_1 \int_t^{t_1} dt_2 \langle u(t_1)u(t_2)\rangle \frac{\partial^2}{\partial x^2} \\ &= \int_t^{t+\Delta t} dt_1 \int_t^{t_1} dt_2 2D\delta(t_1-t_2) \frac{\partial^2}{\partial x^2} \\ &= \Delta t D \frac{\partial^2}{\partial x^2}\end{aligned}$$

$\Omega(x, t)$ の奇数個の平均は0である．偶数個の積については

$$\begin{aligned}&\int_t^{t+\Delta t} dt_1 \int_t^{t_1} dt_2 \cdots \int_t^{t_{2n-1}} dt_{2n} \langle u(t_1)\cdots u(t_{2n})\rangle \\ &= \frac{1}{(2n)!}\int_t^{t+\Delta t} dt_1 \cdots \int_t^{t+\Delta t} dt_{2n} \langle u(t_1)\cdots u(t_{2n})\rangle \\ &= \frac{1}{(2n)!}\int_t^{t+\Delta t} dt_1 \cdots \int_t^{t+\Delta t} dt_{2n} \sum \prod \langle u(t_j)u(t_l)\rangle \propto (\Delta t)^n\end{aligned} \tag{6. 2. 29}$$

のように，4個以上の u を含むものは(6. 2. 27)の Γ には寄与しないから，(6. 2. 27)の方程式はまさに(6. 2. 13)に帰する．

同様にしてランダムな力 $R(t)$ が(5. 4. 41)の相関関数

$$\langle R(t_1)R(t_2)\rangle = 2m\gamma kT\delta(t_1-t_2) \tag{6. 2. 30}$$

をもつ Gauss 過程であるとすれば(6. 2. 27)から容易に(5. 6. 8)

$$\frac{\partial}{\partial t}P(u, t) = \frac{\partial}{\partial u}\gamma\left(u+\frac{kT}{m}\frac{\partial}{\partial u}\right)P(u, t) \tag{6. 2. 31}$$

が導かれる．なぜならば

$$\Omega(t) = \frac{\partial}{\partial u}\left(\gamma u - \frac{1}{m}R(t)\right)$$

とおけば

$$\langle \Omega(t) \rangle = \frac{\partial}{\partial u}\gamma u$$

$$\int_t^{t+\Delta t} dt_1 \int_t^{t_1} dt_2 \langle \Omega(t_1)\,\Omega(t_2)\rangle$$
$$= \frac{1}{m^2}\int_t^{t+\Delta t} dt_1 \int_t^{t_1} dt_2 \langle R(t_1)\,R(t_2)\rangle \frac{\partial^2}{\partial u^2} + O(\Delta t^2)$$
$$= \Delta t \frac{\gamma k T}{m}\frac{\partial^2}{\partial u^2} + O(\Delta t^2)$$

また，$R(t)$ が Gauss 過程であるという仮定により，(*6. 2. 29*) と同様に $\Omega(t)$ の 4 次以上の項はすべて Δt^2 以上の高次となり，(*6. 2. 27*) の Γ としては上の 2 つの寄与だけが残り，したがって (*6. 2. 31*) が得られる．定常状態，すなわち

$$\frac{\partial}{\partial t}P(u, t) = 0$$

に対応する分布関数を $P_{\mathrm{eq}}(u)$ とすれば，

$$\gamma\left(u + \frac{kT}{m}\frac{d}{du}\right)P_{\mathrm{eq}}(u) = \mathrm{const} = 0 \qquad (6.\,2.\,32)$$

この const が 0 であるのは $u \to \pm\infty$ で $P_{\mathrm{eq}}(u)$, $P_{\mathrm{eq}}'(u)$ がともに 0 になることを要求して然るべきであるからである．(*6. 2. 32*) から Maxwell 分布

$$P_{\mathrm{eq}}(u) = C \exp\left(-\frac{m}{2kT}u^2\right) \qquad (6.\,2.\,33)$$

が得られることは明らかである．

Brown 粒子の位置 x と運動量 p に関して Langevin 方程式 (*5. 4. 5*), (*5. 4. 6*) が仮定される場合，(*6. 2. 31*) を一般化した方程式

$$\frac{\partial}{\partial t}P(x, p, t) = \left\{-\frac{\partial}{\partial x}\frac{p}{m} + \frac{\partial}{\partial p}\frac{\partial V}{\partial x} + \frac{\partial}{\partial p}\gamma\left(p + mkT\frac{\partial}{\partial p}\right)\right\}P(x, p, t) \qquad (6.\,2.\,34)$$

が上と同様にして導かれる．これは Kramers の方程式と呼ばれることがある．定常状態としては統計力学が要求するように

$$P_{\mathrm{eq}}(x, p) = C \exp\left\{-\frac{1}{kT}\left(\frac{p^2}{2m}+V\right)\right\} \tag{6.2.35}$$

が得られる.

§6.3 Markov 過程

Brown 粒子の運動が確率過程とみなされるのは，それを取り囲む媒質粒子の運動の詳細についての知識が失われているからである．これと同様に，一般に多数の粒子，多数の自由度をもつ力学系について，その自由度の一部分のみに着目して，その他のすべての自由度の運動に関して目を覆うとすれば，観測される運動は確率過程として記述される．前節に述べたように，このような粗視化とともに時間の尺度が粗大化されれば，そのような確率過程は Markov 過程となり，(6.2.26) の形の発展方程式

$$\frac{\partial}{\partial t}P(q, t) = \Gamma(q, t)\,P(q, t) \tag{6.3.1}$$

によって表わされる．ここに q は注目する自由度に関して対象の**状態**を指示する変数で，一般にはいくつかの変数の1組 $(q_1, q_2, \cdots, q_n)$ を代表する．また $\Gamma(q, t)$ は線形演算子で，一般には

$$\frac{\partial}{\partial t}P(q, t) = \int P(q', t)\,dq'\,(q'|\Gamma(t)\,|q) \tag{6.3.2}$$

のように積分変換として表わされる(もちろん微分演算子であることもある)．ここに $(q'|\Gamma(t)|q)$ はその積分核であるが，量子力学でよく用いられる Dirac の記法にならってこのように記した.

(6.3.1) によれば，任意の時刻 t_1 における分布関数 $P(q, t_1)$ が与えられれば後の時刻 t における分布関数 $P(q, t)$ はそれによって一義的に定まる．$P(q, t_1) \to P(q, t)$ を変換とみれば，(6.3.1) が線形であることから，この変換もまた線形である．これを

$$P(q, t) = \int P(q', t_1)\,dq'\,P(q', t_1|q, t) \tag{6.3.3}$$

とかけば，この積分変換の核 $P(q', t_1|q, t)$ は時間 (t_1, t) の間に状態 q' から q への遷移確率で,

$$P(q, t_1) = \delta(q-q')$$

を初期条件とした(6. 3. 1)の解である．t_1, t の間に時点 t_2 を任意にとり，(t_1, t) の発展を (t_1, t_2), (t_2, t) の2区間に分けてみれば

$$P(q, t) = \int P(q'', t_2)\, dq'' P(q'', t_2|q, t)$$
$$= \int\int P(q', t_1)\, dq' P(q', t_1|q'', t_2)\, dq'' P(q'', t_2|q, t)$$

となるから，(6. 3. 1)に従う発展は Markov 過程の条件(5. 2. 22)

$$P(q', t_1|q, t) = \int P(q', t_1|q'', t_2)\, dq'' P(q'', t_2|q, t) \tag{6. 3. 4}$$

が成り立つ．

逆に(6. 3. 4)の条件から(6. 3. 1)の型の方程式が導かれることも当然であるが，ここで遷移確率が

$$P(q', t|q, t+\Delta t) = \{1-\gamma(q')\Delta t\}\delta(q'-q) + (q'|w|q)\Delta t + o(\Delta t) \tag{6. 3. 5}$$

という条件をみたすことを仮定しよう．定義により遷移確率は規格化されているから

$$\int P(q', t'|q, t)\, dq = 1$$

したがって(6. 3. 5)については

$$\gamma(q') = \int (q'|w|q)\, dq \tag{6. 3. 6}$$

であるが，これは状態 q' にある確率の減衰は，q' から他の状態 q へ遷移する割合の総和であることを示す．(6. 3. 5)を用い(6. 3. 4)を次のように変形する．

$$P(q', t_1|q, t) = \int P(q', t_1|q'', t-\Delta t)\, dq'' P(q'', t-\Delta t|q, t)$$
$$= \int P(q', t_1|q'', t-\Delta t)\, dq'' [\{1-\gamma(q'')\Delta t\}\delta(q''-q)$$
$$+ (q''|w|q)\Delta t + o(\Delta t)]$$
$$= P(q', t_1|q, t-\Delta t)\{1-\gamma(q)\Delta t\}$$

$$+\int P(q', t_1|q'', t)\,dq''\,(q''|w|q)\,\Delta t+o(\Delta t)$$

ここで $\Delta t\to 0$ の極限をとれば

$$\frac{\partial}{\partial t}P(q', t_1|q, t) = -P(q', t_1|q, t)\,\gamma(q)+\int P(q', t_1|q'', t)\,dq''\,(q''|w|q) \tag{6. 3. 7}$$

に到達する．これは遷移確率に対する発展方程式であるが，任意の初期条件から出発した確率 $P(q, t)$ も同じく

$$\frac{\partial}{\partial t}P(q, t) = -P(q, t)\,\gamma(q)+\int P(q', t)\,dq'\,(q'|w|q) \tag{6. 3. 8}$$

という方程式をみたす．この形の方程式はしばしば Chapman-Kolmogorov 方程式とよばれる．これは (6. 3. 2) の形をもっているが，積分核 Γ が

$$(q'|\Gamma|q) = -\gamma(q')\,\delta(q'-q)+(q'|w|q) \tag{6. 3. 9}$$

という形をもつことを示す．確率 $P(q, t)$ がつねに同じ規格を保つために当然

$$\int (q'|\Gamma|q)\,dq = 0 \tag{6. 3. 10}$$

でなければならないが，(6. 3. 9) はこれを満足する．また，遷移確率の意味から，当然

$$(q'|w|q) \geqq 0 \tag{6. 3. 11}$$

である．方程式 (6. 3. 2) が確率過程を表わすためには，積分核 $(q'|\Gamma|q)$ が条件 (6. 3. 9)，(6. 3. 10) をみたすことが必要である．これをみたす演算子を確率的演算子 (stochastic operator) と称する．

状態を指定する変数 q が連続的な値ではなく離散的な値をとる場合には，上の議論の積分をすべて和に置き換え，演算子 Γ または w を行列とみればよい．

(6. 3. 8) のような方程式で規定される確率過程が Markov 過程であるが，上に注意した確率的演算子の性質からいくつかの一般的定理を証明することができる．それらの詳細は成書 (巻末の文献 (49)～(51) 参照) にゆずり，ここでは定常的 Markov 過程として物理的に重要な点を簡単に述べるにとどめる．

定常的 Markov 過程では (6. 3. 9) の行列 $(q'|\Gamma|q)$ は時間 t によらない．(6. 3. 8) の方程式を一般的に解くために固有値問題

$$\int \varphi_\alpha(q')\,dq'\,(q'|\Gamma|q) = -\lambda_\alpha \varphi_\alpha(q) \tag{6.3.12}$$

$$\int (q|\Gamma|q')\,dq'\,\psi_\alpha(q') = -\lambda_\alpha \psi_\alpha(q) \tag{6.3.13}$$

を考える．これらは互いに共役(adjoint)であって同じ固有値の組をもち，異なる固有値 $\lambda_\alpha, \lambda_\beta$ に対する固有関数は直交条件

$$\int \varphi_\alpha(q)\,dq\,\psi_\beta(q) = \delta_{\alpha\beta} \tag{6.3.14}$$

をみたす．縮退がある場合には，固有関数の適当な線形結合を選べばこの条件を満足させることができる．方程式(6.3.8)の解は，これらの固有関数の完全性を仮定すれば

$$P(q,t) = \sum_\alpha e^{-\lambda_\alpha t}\varphi_\alpha(q)\int \psi_\alpha(q')\,dq'\,P(q',0) \tag{6.3.15}$$

のように展開される．次に示すように，ふつう

$$\lambda_0 = 0, \qquad \mathrm{Re}\,\lambda_\alpha > 0 \qquad (\alpha \neq 0) \tag{6.3.16}$$

であるが，λ_0 が縮退をもたないならば，どんな初期分布から出発しても $t\to\infty$ とともに

$$P(q,t) \longrightarrow \varphi_0(q) \equiv P_{\mathrm{eq}}(q) \tag{6.3.17}$$

すなわち一義的な平衡分布へ近接する．

$\lambda_0=0$ が固有値の1つであることは，(6.3.10)がちょうど

$$\psi_0(q) = \mathrm{const} = 1$$

とした固有方程式であることから明らかである．(6.3.12)は定常条件

$$-P_{\mathrm{eq}}(q)\gamma(q) + \int P_{\mathrm{eq}}(q')\,dq'\,(q'|w|q) = 0 \tag{6.3.18}$$

に対応する．この解が一義的であるかどうかは w の構造によるが，特別な場合を除いて平衡状態が一義的であることを仮定してよいであろう．

(6.3.16)の第2式を証明するためには Γ の代りに演算子 $\exp(\Gamma t)$ をとり，(6.3.13)の代りに

$$\int (q|e^{\Gamma t}|q')\,dq'\,\psi_\alpha(q') = e^{-\lambda_\alpha t}\psi_\alpha(q) \qquad (t>0) \tag{6.3.19}$$

を考えるのがよい．(6.3.2), (6.3.7) から明らかなように

$$(q|e^{\Gamma t}|q') = P(q,0|q',t) \tag{6.3.20}$$

は時間 t のあいだに状態 q から q' へ移る遷移確率で，当然，任意の q, q' に対して正であり，かつ

$$\int (q|e^{\Gamma t}|q')\,dq' = \int P(q,0|q',t)\,dq' = 1 \tag{6.3.21}$$

をみたす．いま

$$|\psi_\alpha(q)| = \max$$

を与える q を q_{m} と記せば (6.3.19) から

$$\begin{aligned} |e^{-\lambda_\alpha t}||\psi_\alpha(q_{\mathrm{m}})| &= \int (q_{\mathrm{m}}|e^{\Gamma t}|q')\,dq'|\psi_\alpha(q')| \\ &\leqq \int (q_{\mathrm{m}}|e^{\Gamma t}|q')\,dq'|\psi_\alpha(q_{\mathrm{m}})| = |\psi_\alpha(q_{\mathrm{m}})| \end{aligned}$$

したがって

$$|e^{-\lambda_\alpha t}| \leqq 1 \tag{6.3.22}$$

が証明された．

一般的にいえば，固有値 λ_α のなかには $\lambda_0=0$ のほかに純虚数のものもありうる．もしそのようなものがあれば，(6.3.15) から分かるように，$t\to\infty$ での分布は周期的な変化を示し，一義的な平衡状態は決まらない．そのような周期性もなく，一義的な平衡が存在するとき，この Markov 過程は**エルゴード的**であるという．

遷移確率速度を表わす行列 $(q'|w|q)$ が対称的，すなわち

$$(q'|w|q) = (q|w|q') \tag{6.3.23}$$

をみたす場合，あるいは詳細釣合 (detailed balance) すなわち

$$P_{\mathrm{eq}}(q')(q'|w|q) = P_{\mathrm{eq}}(q)(q|w|q') \tag{6.3.24}$$

が成り立つ場合には問題は特に簡単になる．このような条件はいつも成り立つわけではないが，物理的な過程としてこれが満足され，あるいは仮定される場合は多い．

(6.3.23) の対称性が満足される場合には，(6.3.12) と (6.3.13) は同じ方程式であり，したがって

$$\varphi_0(q) = \text{const} = \frac{1}{\Omega} \qquad \left(\text{ただし}\quad \Omega = \int dq\right) \tag{6.3.25}$$

が平衡分布である．これがただ1つの平衡分布であるためには q の種々の値に対応する状態のすべてが遷移確率 w によって連絡されていることが必要である．もし行列 $(q|w|q')$ が2つ以上の部分行列に分かれ，状態が互いに無縁な2つ以上のグループに分かれているならば，平衡分布はそれぞれのグループについて独立となるから一義的ではない．

平衡への近接を示すためには H 定理がしばしば援用される．この定理は w が対称であるときには特に簡単である．H 関数として

$$H(t) = \int dqP(q,t)\ln P(q,t) \tag{6.3.26}$$

を定義する．この時間的変化は(6.3.8)，(6.3.6)を用い次のように計算される．

$$\begin{aligned}
\frac{dH(t)}{dt} &= \int dq\left(\frac{\partial P(q,t)}{\partial t}\ln P(q,t) + \frac{\partial P(q,t)}{\partial t}\right) \\
&= \int dq \frac{\partial P(q,t)}{\partial t}\ln P(q,t) \\
&= \int dq \int dq' \{-P(q,t)(q|w|q') + P(q',t)(q'|w|q)\} \ln P(q,t) \\
&= \int\int dqdq'\,(q|w|q')\{P(q',t) - P(q,t)\}\ln P(q,t) \\
&= \int\int dqdq'\,(q'|w|q)\{P(q,t) - P(q',t)\}\ln P(q',t) \\
&= \frac{1}{2}\int\int dqdq'\,(q|w|q')\{P(q',t) - P(q,t)\}\{\ln P(q,t) - \ln P(q',t)\} \\
&\leqq 0
\end{aligned} \tag{6.3.27}$$

ここに w の対称性を繰り返して用い，最後の表式はその前の2つを加えて2で割って得た．この不等式は，任意の2つの正数 a, b について成り立つ不等式

$$(a-b)(\ln a - \ln b) \geqq 0$$

による．すなわち，H 関数は Markov 過程の発展とともに減少の一途をたどるが，それが時間的に変わらなくなるのは $(q|w|q')$ で結ばれる状態 q, q' のすべての組について

$$P(q,t) \longrightarrow P_{\mathrm{eq}}(q), \qquad P_{\mathrm{eq}}(q) = P_{\mathrm{eq}}(q')$$

という平衡分布に達したときである．状態 q の集合がエルゴード的であれば(すなわち 2 つ以上の独立なグループに分割されないならば)，平衡は一義的に(6.3.25)である．

(6.3.24)の条件は(6.3.23)よりも一般的であるが，その場合には(6.3.26)のかわりに

$$H(t) = \int dq P(q,t) \ln \frac{P(q,t)}{P_{\mathrm{eq}}(q)} \tag{6.3.28}$$

を H 関数としてとれば同様に

$$\frac{dH(t)}{dt} \leqq 0 \tag{6.3.29}$$

が証明される．(6.3.24)により，行列

$$P_{\mathrm{eq}}(q')(q'|w|q) = (q'|\bar{w}|q) \tag{6.3.30}$$

を定義すれば，$\bar{w}$ は対称であるから(6.3.8)は

$$\frac{\partial}{\partial t} P(q,t) = \int dq' \left\{ \frac{P(q',t)}{P_{\mathrm{eq}}(q')} - \frac{P(q,t)}{P_{\mathrm{eq}}(q)} \right\} (q|\bar{w}|q') \tag{6.3.31}$$

のようにかかれる．(6.3.27)の場合と同様にして

$$\begin{aligned} \frac{dH(t)}{dt} &= \frac{1}{2} \int\int dq dq' (q|\bar{w}|q') \left\{ \frac{P(q',t)}{P_{\mathrm{eq}}(q')} - \frac{P(q,t)}{P_{\mathrm{eq}}(q)} \right\} \left\{ \ln \frac{P(q,t)}{P_{\mathrm{eq}}(q)} - \ln \frac{P(q',t)}{P_{\mathrm{eq}}(q')} \right\} \\ &\leqq 0 \end{aligned} \tag{6.3.32}$$

すなわち(6.3.29)が得られた．この系がエルゴード的であるならば，分布関数が

$$P(q,t) \longrightarrow P_{\mathrm{eq}}(q)$$

のとき，$H(t)$ はその最小値に達し平衡分布が実現される．

統計力学の対象となる物理的な系のとりうる種々の状態の集合が変数 q で表わされるとして，その系の内部の相互作用が状態 q の間の遷移を引き起こすと考え，それが(6.3.8)のような Markov 過程として記述されるとみなされる場合，この基礎方程式を**マスター方程式**(master equation)と呼ぶことがある．たとえば，気体分子の集合に対して，その運動量 $(\boldsymbol{p}_1, \boldsymbol{p}_2, \cdots, \boldsymbol{p}_N)$ の組を q としたとき，分子間の衝突は分子 j と l との衝突によって

$$(\boldsymbol{p}_1, \cdots, \boldsymbol{p}_j, \cdots, \boldsymbol{p}_l, \cdots, \boldsymbol{p}_N) \longrightarrow (\boldsymbol{p}_1, \cdots, \boldsymbol{p}_j', \cdots, \boldsymbol{p}_l', \cdots, \boldsymbol{p}_N)$$

のような運動量の変化を引き起こす．この過程を Markov 的であると仮定すれば，分布関数

$$f(\boldsymbol{p}_1, \cdots, \boldsymbol{p}_N, t)$$

の時間的変化はあるマスター方程式によって規定されるであろうし，この気体の統計物理学的な性状はその方程式から導かれるはずである．この場合，(6.3.26)の H 関数から

$$S = -kH$$

として非平衡状態のエントロピーを定義すれば，H 定理(6.3.27)はそのようなエントロピーが時間とともに増大し最大値に達したときに平衡が実現されることを意味することになる．

対象がある熱浴と接している場合には，その系と熱浴との間にエネルギーの授受があり，平衡としてはカノニカル分布が成り立つ．すなわち

$$P_{\text{eq}}(q) = C\exp(-\beta E(q)) \qquad \left(\beta = \frac{1}{kT}\right) \tag{6.3.33}$$

を仮定してよかろう．ここに T は熱浴の温度，$E(q)$ はその系が状態 q にあるときのそのエネルギーである．この場合の H 関数(6.3.28)は

$$F(t) \equiv \langle E \rangle - TS = \frac{H(t)}{\beta} \tag{6.3.34}$$

として定義される一般化された自由エネルギーに対応する．熱浴との接触のもとでは自由エネルギーは減少し，その最小値にいたって平衡が実現する．

§6.4　Fokker-Planck 方程式

拡散方程式(6.2.13)，(6.2.31)はいわゆる放物型の偏微分方程式で，左辺は t について1階，右辺は $\boldsymbol{x}$ または $\boldsymbol{u}$ について2階である．これをやや一般化した Fokker-Planck 方程式は，Markov 過程の特別な型ではあるが，物理的な問題にはひんぱんに現われる．本節では Markov 過程の一般式(6.3.8)からこれを導こう．(6.3.5)で定義された遷移確率速度 w について，q' から q への飛躍を

$$r = q - q'$$

とおき

$$(q'|w|q) \equiv w(q', r) \tag{6.4.1}$$

と記せば，(6. 3. 6) を用い，(6. 3. 8) は

$$\frac{\partial}{\partial t}P(q,t) = -\int w(q,r)\,dr P(q,t) + \int w(q-r,r)\,dr P(q-r,t) \tag{6.4.2}$$

とかかれる．ここで公式

$$e^{-r\partial/\partial q}f(q) = \sum_{n=0}^{\infty}\frac{(-r)^n}{n!}\left(\frac{\partial}{\partial q}\right)^n f(q) = f(q-r)$$

を用いれば，(6. 4. 2) を形式的に (必要な収束条件はすべてみたされるとして)

$$\begin{aligned}\frac{\partial}{\partial t}P(q,t) &= -\int w(q,r)\,dr P(q,t) \\ &\quad + \int dr \sum_{n=0}^{\infty}\frac{(-)^n}{n!}r^n\left(\frac{\partial}{\partial q}\right)^n w(q,r)P(q,t) \\ &= \sum_{n=1}^{\infty}\frac{(-)^n}{n!}\left(\frac{\partial}{\partial q}\right)^n \int dr r^n w(q,r)P(q,t)\end{aligned} \tag{6.4.3}$$

のように書き直すことができる．

$$\alpha_n(q) = \int dr r^n w(q,r) \tag{6.4.4}$$

と定義すれば，(6. 3. 5) により

$$\begin{aligned}\alpha_n(q) &= \lim_{\Delta t\to 0}\frac{1}{\Delta t}\int P(q,t|q+r,t+\Delta t)\,r^n dr \\ &\equiv \lim_{\Delta t\to 0}\frac{1}{\Delta t}\langle r^n\rangle_q\end{aligned} \tag{6.4.5}$$

ここに $\langle r^n\rangle_q$ は，時刻 t に状態 q にあったとき，$t+\Delta t$ での飛躍 r の n 次のモーメントであり，これを

$$\langle r^n\rangle_q = \alpha_n(q)\,\Delta t + O(\Delta t^2) \tag{6.4.6}$$

のように Δt のベキに展開したときの 1 次の係数が α_n に他ならない．(6. 4. 3) は

$$\frac{\partial}{\partial t}P(q,t) = \sum_{n=1}^{\infty}\frac{(-)^n}{n!}\left(\frac{\partial}{\partial q}\right)^n \alpha_n(q)P(q,t) \tag{6.4.7}$$

のように表わされる．この無限階の偏微分方程式は，微積分方程式 (6. 3. 8) を形式的に書き直したものにすぎないが，特に

$$\alpha_n(q) = 0 \qquad (n \geqq 3) \tag{6.4.8}$$

という条件がみたされれば右辺は2階の偏微分式となり，

$$\frac{\partial}{\partial t}P(q,t) = \left(-\frac{\partial}{\partial q}\alpha_1(q) + \frac{1}{2}\frac{\partial^2}{\partial q^2}\alpha_2(q)\right)P(q,t) \tag{6.4.9}$$

に帰着する．これが Fokker-Planck 方程式である．

変数が多次元で $(q_1, q_2, \cdots, q_m)$ から成っている場合は，上の導出で q をベクトルと考えればよいわけであるが，念のためその場合をあらわに記せば，

$$\frac{\partial}{\partial t}P(q_1, \cdots, q_m, t) = \left(-\sum_{j=1}^{m}\frac{\partial}{\partial q_j}\alpha_{1j}(q) + \frac{1}{2}\sum_{j=1}^{m}\sum_{k=1}^{m}\frac{\partial^2}{\partial q_j \partial q_k}\alpha_{2jk}(q)\right)P(q_1, \cdots, q_m, t) \tag{6.4.10}$$

なお，(6.3.4)，(6.3.5) と上の導き方でわかるように，遷移確率速度 w が時間 t に依存し，したがって (6.4.9)，(6.4.10) の α が時間 t による場合にも，(6.4.8) の条件がみたされているならば Fokker-Planck 方程式は成り立つ．すなわち，非定常的 Markov 過程にも Fokker-Planck 方程式によって記述される場合がある．

以上では，Markov 過程の基本式から Fokker-Planck 方程式を導いたが，実際にはむしろ，直接に (6.4.6) を求めてこの方程式を書き下ろすことが多い（(6.4.5) に含まれる遷移確率はむしろ求めるべきものである）．たとえば Langevin 方程式 (5.4.4) を積分すると

$$\Delta u = -\gamma u \Delta t + \frac{1}{m}\int_t^{t+\Delta t} R(t')\,dt' + o(\Delta t) \tag{6.4.11}$$

となるが，ランダムな力 $R(t)$ が白い Gauss 過程であると仮定すれば，

$$\lim_{\Delta t \to 0}\frac{\langle \Delta u \rangle}{\Delta t} = -\gamma u \tag{6.4.12}$$

$$\begin{aligned} \lim_{\Delta t \to 0}\frac{\langle \Delta u^2 \rangle}{\Delta t} &= \frac{1}{m^2}\lim \frac{1}{\Delta t}\int_t^{t+\Delta t}\int_t^{t+\Delta t}\langle R(t_1)R(t_2)\rangle dt_1 dt_2 \\ &= \frac{2\pi I_R}{m^2} = \frac{2\gamma kT}{m} \end{aligned} \tag{6.4.13}$$

$$\lim_{\Delta t \to 0}\frac{\langle \Delta u^n \rangle}{\Delta t} = 0 \qquad (n \geqq 3)$$

が得られる．これらを(6. 4. 9)に入れたものが，(6. 2. 31)である．ランダムな力 $R(t)$ の相関の持続時間が無限小である(白いスペクトル)という仮定から，この過程が Markov 的であることが知れ，さらに $R(t)$ が Gauss 過程であるとしたことから(6. 4. 8)が保証され，さらに α_1, α_2 が(6. 4. 12)，(6. 4. 13)のように求められるから，Fokker-Planck 方程式(6. 2. 31)が書き下ろされるわけである．この偏微分方程式の基本解を求めれば，実際，(5. 6. 5)に一致する．

繰り返して取り扱ってきた Brown 運動のこの例をすこし一般化して，Langevin 方程式(5. 4. 4)のかわりに

$$\frac{du}{dt} = -\gamma(u)u + \frac{1}{m}R(u,t) \tag{6. 4. 14}$$

の形が仮定される場合を考えてみよう．すなわち，抵抗係数 γ は一定ではなく，速度 $\boldsymbol{u}$ によるものとし，これに対応してランダムな力 R も $\boldsymbol{u}$ によるとする．$R(\boldsymbol{u}, t)$ は時間 t のほかに速度 $\boldsymbol{u}$ をパラメタとして含む確率過程の集合であるが，これを白いスペクトルをもつ Gauss 過程と仮定する．したがって，これは相関関数

$$\frac{1}{m^2}\langle R(u_1,t_1)R(u_2,t_2)\rangle = B(u_1,u_2)\delta(t_1-t_2) \tag{6. 4. 15}$$

によって規定される((5. 4. 41)の $2\pi I_R$ に当たるものをここでは m^2B と記した)．(6. 4. 11)にならって(6. 4. 14)を短い時間 $(t, t+\Delta t)$ について積分するとき，ランダムな力 R 自体が $\boldsymbol{u}$ によることを考えなければならないから，

$$\begin{aligned}\Delta u &= u(t+\Delta t) - u(t)\\ &= -\gamma(u)u\Delta t + \frac{1}{m}\int_t^{t+\Delta t} R(u(t_1), t_1)\,dt_1 + o(\Delta t)\end{aligned} \tag{6. 4. 16}$$

の第 2 項は

$$\begin{aligned}&\frac{1}{m}\int_t^{t+\Delta t} dt_1\left\{R(u,t_1) + \frac{\partial R(u,t_1)}{\partial u}\int_t^{t_1}\dot{u}(t_2)\,dt_2 + o(\Delta t)\right\}\\ &\quad = \frac{1}{m}\int_t^{t+\Delta t} dt_1\left\{R(u,t_1) + \frac{1}{m}\left(\frac{\partial}{\partial u}R(u,t_1)\right)\int_t^{t_1} R(u,t_2)\,dt_2\right\} + o(\Delta t)\end{aligned} \tag{6. 4. 17}$$

のように計算され，これから

$$V(u) \equiv \lim_{\Delta t\to 0}\frac{\langle \Delta u\rangle}{\Delta t} = -\gamma(u)u + \frac{1}{2}\left[\frac{\partial}{\partial u_1}B(u_1, u)\right]_{u_1=u} \tag{6.4.18}$$

$$2D(u) \equiv \lim_{\Delta t\to 0}\frac{\langle (\Delta u)^2\rangle}{\Delta t} = B(u, u) \tag{6.4.19}$$

が得られる．(6.4.18) の第2項は (6.4.17) の第2項の平均に由来する．Fokker-Planck 方程式は

$$\frac{\partial P(u,t)}{\partial t} = \left(-\frac{\partial}{\partial u}V(u) + \frac{\partial^2}{\partial u^2}D(u)\right)P(u,t) \tag{6.4.20}$$

となる．

この結果は§6.2に述べた方法によっても導かれる．(6.2.18) に対応して

$$\frac{\partial}{\partial t}f(u,t) = -\frac{\partial}{\partial u}\left(-\gamma(u)u + \frac{1}{m}R(u,t)\right)f \equiv \Omega f$$

から出発し，(6.2.23) の形の解をランダムな力 R のあらゆる可能性について平均するわけであるが，$R(u,t)$ を Gauss 過程と仮定し，かつ δ 関数型の相関しかないとすれば，$\Delta t\to 0$ の極限では Ω の2次の項までしか残らない．1次の項の平均は単に

$$\lim_{\Delta t\to 0}\frac{1}{\Delta t}\int_t^{t+\Delta t}dt_1\langle \Omega(t_1)\rangle P(u,t) = \frac{\partial}{\partial u}\gamma(u)uP(u,t)$$

を与える．2次の項の平均は

$$\begin{aligned}
&\lim_{\Delta t\to 0}\frac{1}{\Delta t}\int_t^{t+\Delta t}dt_1\int_t^{t_1}dt_2\langle \Omega(t_1)\,\Omega(t_2)\rangle P(u,t)\\
&\quad = \frac{1}{m^2}\int_0^\infty d\tau\left\langle \frac{\partial}{\partial u}R(u,t+\tau)\frac{\partial}{\partial u}R(u,t)\right\rangle P(u,t)\\
&\quad = \frac{1}{m^2}\int_0^\infty d\tau\left\{\frac{\partial}{\partial u}\left\langle R(u,t+\tau)\left(\frac{\partial}{\partial u}R(u,t)\right)\right\rangle\right.\\
&\qquad \left. + \frac{\partial}{\partial u}\langle R(u,t+\tau)R(u,t)\rangle\frac{\partial}{\partial u}\right\}P(u,t)\\
&\quad = \frac{\partial}{\partial u}\left\{\frac{1}{2}\left[\frac{\partial}{\partial u_2}B(u,u_2)\right]_{u_2=u} + \frac{1}{2}B(u,u)\frac{\partial}{\partial u}\right\}P(u,t)
\end{aligned}$$

となるから，(6.2.31) に対応する式として

$$\frac{\partial}{\partial t}P(u,t)=\frac{\partial}{\partial u}\left\{\gamma(u)u+\frac{1}{2}\left[\frac{\partial}{\partial u_2}B(u,u_2)\right]_{u_2=u}+\frac{1}{2}B(u,u)\frac{\partial}{\partial u}\right\}P(u,t) \tag{6.4.21}$$

が得られるが,

$$\frac{d}{du}B(u,u)=\left[\frac{\partial}{\partial u_1}B(u_1,u)\right]_{u_1=u}+\left[\frac{\partial}{\partial u_2}B(u,u_2)\right]_{u_2=u}$$

すなわち

$$-V(u)+\frac{d}{du}D(u)=\gamma(u)u+\frac{1}{2}\left[\frac{\partial}{\partial u_2}B(u,u_2)\right]_{u_2=u}$$

であるから, (6.4.21)は(6.4.20)と同じである.

このように, §6.2に述べた確率的 Liouville 方程式の方法によっても, あるいは(6.4.5), (6.4.7)を用いる方法によっても, 基本的なランダム力が Gauss 的, かつ白色ノイズである場合には一般的に Fokker-Planck 方程式が得られることがわかる. この方程式では, ランダムな力 R は, それを特徴づける相関スペクトル強度(あるいは(6.4.15)の $B(u_1,u_2)$)だけを残して消し去られている. 物理学の問題ばかりでなく, 自然現象または社会現象として現われる確率過程がしばしば Fokker-Planck 方程式で記述される事実の背景には, その根底にある確率過程が Gauss 的であることが多いということがある. ここには中心極限定理のようなものが働いているわけである.

Gauss 過程の取扱いに調和分析が有効であることは§5.4において学んだ. この方法は, ランダムな力のスペクトルにはかかわらない. すなわち, Markov 過程であってもなくても用いられるが, 一方, 基本の Langevin 方程式が線形でなければ, その有用性は著しく制限される. これに反して, Fokker-Planck 方程式を用いる方法は, ランダムな力の相関時間を無限小としてよい場合に限られる代りに, 上の例に見たように, Langevin 方程式が非線形であっても有効である. また, 遷移確率が時間的に変化する非定常過程にも用いられる. 物理的, あるいはさらに生物的, 社会的な確率現象をこのような観点から研究することは重要であろう.

(6.4.20)または(6.4.21)は, 定常過程に対しては

$$\frac{\partial}{\partial t}P(u,t)=\frac{\partial}{\partial u}\left[D(u)\left\{-\left(\frac{d}{du}\ln P_{\rm eq}(u)\right)+\frac{\partial}{\partial u}\right\}\right]P(u,t) \qquad (6.4.22)$$

という形に帰する．ここに $P_{\rm eq}(u)$ は平衡分布である(平衡は一義的であるとした)．たとえば，粒子の速度 u は平衡としては Maxwell 分布であるとすれば

$$P_{\rm eq}(u)=C\exp\left(-\frac{m}{2kT}u^2\right)$$

したがって速度分布の時間的変化は

$$\frac{\partial}{\partial t}P(u,t)=\frac{\partial}{\partial u}\left\{D(u)\left(\frac{m}{kT}u+\frac{\partial}{\partial u}\right)\right\}P(u,t) \qquad (6.4.23)$$

に従う†．ポテンシャル U の場の中の粒子の拡散の場合，拡散係数が場所の関数であるとすれば単純な Fokker-Planck 方程式は

$$\frac{\partial}{\partial t}P(x,t)=\frac{\partial}{\partial x}\left\{D(x)\left(\frac{1}{kT}\frac{\partial U}{\partial x}+\frac{\partial}{\partial x}\right)\right\}P(x,t) \qquad (6.4.24)$$

となるであろう．これは平衡状態が

$$P_{\rm eq}(x)=C\exp\left(-\frac{U}{kT}\right) \qquad (6.4.25)$$

であることを保証する．

この節を終えるに当って，**Doob の定理**について注意しておく．この定理は次のように述べられる．定常確率過程 $q(t)$ が Gauss 過程であると同時に Markov 過程であれば，その自己相関関数は単純な指数関数として減衰する．すなわち

$$\langle q(t)q(0)\rangle=\langle q^2\rangle e^{-\gamma t} \qquad (6.4.26)$$

確率変数の組 $\{q_1, q_2, \cdots, q_m\}$ を m 次元ベクトルとみれば，その相関行列は，M をある m 次元行列として

$$\langle q_j(t)q_k(0)\rangle=\sum_l(e^{-Mt})_{jl}\langle q_l(0)q_k(0)\rangle \qquad (6.4.27)$$

の形をもつ．あるいは

---

† D が u によらない場合は，(6.4.23)は揺動散逸定理の特別な場合を意味し，抵抗係数と拡散係数(またはノイズ)の関係を与える．しかし，D が u による非線形の問題では $D(u)$ の関数形を与えただけでは，$\gamma(u)$ はきまらない．

$$\frac{d}{dt}\langle q_j(t)q_k(0)\rangle = -\sum_l M_{jl}\langle q_l(t)q_k(0)\rangle \tag{6.4.28}$$

この定理は，(5.5.18)，(6.3.4)から容易に証明できるがそれは読者の演習に委ねる．しかしこの定理の内容は，本節にこれまで述べたところによって容易に理解されよう．注目する確率過程，$(q_1(t), q_2(t), \cdots, q_m(t))$が，白いスペクトルをもつ Gauss 的なランダム力によって生成される場合，一般に(6.4.10)の形の Fokker-Planck 方程式が成り立つが，$q_1(t), \cdots, q_m(t)$ が $R(t)$ について線形である場合，すなわち Langevin 方程式が M を一定の行列として

$$\dot{q}_j(t) = -\sum_l M_{jl}q_l(t) + R_j(t) \tag{6.4.29}$$

という形をもつ場合，$R_j(t), \cdots, R_m(t)$ とともに $q_1(t), \cdots, q_m(t)$ は Gauss 過程である．このとき(6.4.28)，したがって(6.4.27)が成り立つことは明らかである．(6.4.10)では

$$\alpha_{1j}(q) = -\sum_l M_{jl}q_l \tag{6.4.30}$$

かつ α_{2jk} は q によらない．(6.2.31)は1次元 Gauss-Markov 過程の標準形である．

(6.4.14)は非線形 Langevin 方程式で，Gauss 過程 $R(t)$ から生成されてはいるが $u(t)$ はその非線形性のために，もはや Gauss 過程ではない．また(6.2.34)の例でも，一般に $(x(t), p(t))$ は Gauss 過程ではない．ただ調和振動子の場合には $\partial V/\partial x$ が x の1次式であるから，Gauss 過程をなす．

(6.4.29)が成り立つならば，任意の初期値から出発したとき確率変数 $q_1(t), \cdots, q_m(t)$ の期待値は

$$\frac{d}{dt}\langle q_j(t)\rangle = -\sum_l M_{jl}\langle q_l(t)\rangle \tag{6.4.31}$$

に従って減衰する．これは線形緩和(linear relaxation)である．このような緩和は物理現象に限らず，ごくふつうに見られる単純な緩和である．確率過程が Gauss 的であることが多い理由については§5.5に述べた．また Markov 過程が生成される理由については§6.2に述べた．その両者が共に成り立つことと，線形緩和とは互いに関連している．

§6.5　インフォメーションの縮約と射影された過程

これまで繰り返して述べてきたように，統計物理学の基本的な論理構造は，ミクロな法則から次つぎの段階を経てマクロな法則を導いてゆくことである．これらの段階を1歩進むごとに，われわれの記述は精細なものから，より粗大なものに移行し，インフォメーションは次つぎに縮約されてゆく．この縮約は，対象をそのある断面への射影(projection)においてとらえることである．射影された過程がどんな法則によって記述されるか，という問題がここに生まれる．

たとえば，コロイド粒子とそのまわりの媒質粒子すべてのミクロな運動を，単にコロイド粒子の運動に投影したものがBrown運動という確率過程である．また，そのコロイド粒子の変位だけに注目し，速度には目を覆えば，Brown粒子の拡散過程である．

1つの箱に閉じこめられたN個の気体分子の完全な力学的記述は，位置座標$\boldsymbol{r}_1, \boldsymbol{r}_2, \cdots, \boldsymbol{r}_N$，運動量$\boldsymbol{p}_1, \boldsymbol{p}_2, \cdots, \boldsymbol{p}_N$のすべてを時間$t$の関数として表わすことであるが，たとえば位置座標には目を覆い，運動量だけに注目すれば，分布関数$f_N(\boldsymbol{p}_1, \boldsymbol{p}_2, \cdots, \boldsymbol{p}_N, t)$の確率的変化として気体分子の運動をとらえることになる．この変化を記述する方程式はマスター方程式と呼ばれる．さらにまた，これらの分子集団から任意に取り出された1個の分子が運動量$\boldsymbol{p}$，位置座標$\boldsymbol{r}$をもつ確率$f_1(\boldsymbol{r}, \boldsymbol{p}, t)$を問題にすることもできよう．これは気体全体に関するインフォメーションを極端に切りつめたものであるが，それがそうであるだけに，もしその変化の確率的法則が見出されるならば，最も簡明にわれわれの気体を記述することに役立つ．

媒質粒子がコロイド粒子にくらべてはるかに小さい極限において，理想的なBrown運動の描像が成り立ち，Gauss過程として，また同時にMarkov過程としてこれを記述することができる．しかし一般には，§5.7に述べたように，摩擦のおくれがあり，Markov過程としての記述は正確には成り立たない．気体分子の運動量や，位置座標に関する種々の段階の縮約された分布関数にしても，一般にはそれらが簡単な方程式，たとえば(*6.3.1*)のようなMarkov過程の基本方程式に従うとは限らない．むしろ，ある時点から後の確率的発展は，その時点での知識だけでは定まらず，それまでの発展の歴史全体によって支配されるのがふつうである．インフォメーションの縮約がそのような<u>非Markov性</u>をもたらすことは一般的な通則として重要であるが，このような見方が数学的表現としてどのように具体化されるか，という問題が本節の主題である．

ある系の状態が $q=(q_1, q_2, \cdots, q_n)$ という変数で表わされるとし，それらの状態のあいだに移り変わる過程は Markov 的であるとしよう．すなわち，分布関数 $f(q_1, q_2, \cdots, q_n, t)$ は，

$$\frac{\partial}{\partial t} f(q_1, q_2, \cdots, q_n, t) = \Gamma f \tag{6.5.1}$$

という形の方程式をみたす．ここに Γ は f に対する線形演算子である．このように系の発展を Markov 過程として記述するに必要かつ十分な数の変数 q_1, $q_2, \cdots, q_n$ の組は，完全な状態変数の1組である．いま，観測が十分精密ではなく，その一部の変数

$$q' = (q_1, q_2, \cdots, q_m) \tag{6.5.2}$$

だけが観測にかかり，その他の変数

$$q'' = (q_{m+1}, q_{m+2}, \cdots, q_n) \tag{6.5.3}$$

は**隠れた変数**(hidden variables)であるとしよう．われわれの問題は，このような粗い観測において，この過程が，あらわな状態変数 q' の変化の過程としてどう記述されるか，ということである．これを記述するものは分布関数 $f(q_1, q_2, \cdots,$ $q_n, t)$ のある射影

$$g = \mathcal{P} f \tag{6.5.4}$$

であるが，関数 g は本質的に q' だけによる．さらに具体的には g は

$$g(q', q'', t) = \bar{g}(q', t) \varphi_0(q'') \tag{6.5.5}$$

のような形をもつであろう．ここに $\varphi_0(q'')$ は隠れた変数 q'' のあるきまった関数であって，g の変化はもっぱら $\bar{g}(q', t)$ による．(6.5.4) の射影 $\mathcal{P}$ は

$$g(q', q'', t) = \varphi_0(q'') \int \psi_0(q'') dq'' f(q', q'', t) \tag{6.5.6}$$

のように表わされる．ただしここに $\psi_0(q'')$ も変数 q'' に関する一定の関数であって，

$$\int \psi_0(q'') \varphi_0(q'') dq'' = 1 \tag{6.5.7}$$

をみたすものとする．これらの定義から

$$\bar{g}(q',t) = \int \psi_0(q'')dq''f(q',q'',t) \tag{6.5.8}$$

さて(6.5.4), (6.5.5)から

$$\mathcal{P}f = \bar{g}(q',t)\varphi_0(q'')$$

また

$$\mathcal{P}^2 f = \mathcal{P}\mathcal{P}f = \bar{g}(q',t)\varphi_0(q'')\int \psi_0(q'')\varphi_0(q'')dq''$$
$$= \mathcal{P}f$$

となる．すなわち

$$\mathcal{P}^2 = \mathcal{P} \tag{6.5.9}$$

が知れる．(6.5.9)は(6.5.6)で定義された演算子 $\mathcal{P}$ が実際，射影であることを保証している．

射影演算子 $\mathcal{P}$ に対して

$$\mathcal{P}' = 1-\mathcal{P} \tag{6.5.10}$$

は，

$$\mathcal{P}'f = f-\mathcal{P}f$$

として定義される．$\mathcal{P}'$ もまた射影演算子で

$$\mathcal{P}'^2 = \mathcal{P}' \tag{6.5.11}$$

をみたし，また

$$\mathcal{P}\mathcal{P}' = \mathcal{P}'\mathcal{P} = 0 \tag{6.5.12}$$

が成り立つ．これらは，(6.5.11)と(6.5.9)からすぐにわかる．

さて，分布関数 $f(q',q'',t)$ は

$$f = (\mathcal{P}+\mathcal{P}')f = \mathcal{P}f+\mathcal{P}'f \tag{6.5.13}$$

によって射影 $g=\mathcal{P}f$ とその残りの部分 $\mathcal{P}'f$ の2つの成分に分けられる．これに対応して(6.5.1)は

$$\left.\begin{aligned} \frac{\partial}{\partial t}\mathcal{P}f &= \mathcal{P}\Gamma\mathcal{P}f+\mathcal{P}\Gamma\mathcal{P}'f \\ \frac{\partial}{\partial t}\mathcal{P}'f &= \mathcal{P}'\Gamma\mathcal{P}'f+\mathcal{P}'\Gamma\mathcal{P}f \end{aligned}\right\} \tag{6.5.14}$$

という2つの方程式に分けられる．$t=t_0$ での初期分布が

$$f(q, t_0) \equiv f_0(q) = \mathcal{P}f_0 + \mathcal{P}'f_0 \tag{6.5.15}$$

であったとして，(6.5.14)の第2式を積分すれば

$$\mathcal{P}'f(q,t) = \int_{t_0}^{t} e^{(t-\tau)\mathcal{P}'\Gamma}\mathcal{P}'\Gamma\mathcal{P}f(q,\tau)\,d\tau + e^{(t-t_0)\mathcal{P}'\Gamma}\mathcal{P}'f_0 \tag{6.5.16}$$

これを第1式に代入すれば $\mathcal{P}f=g$ の運動方程式として

$$\frac{\partial}{\partial t}\mathcal{P}f(q,t) = \mathcal{P}\Gamma\mathcal{P}f(q,t) + \mathcal{P}\Gamma\int_{t_0}^{t} d\tau e^{(t-\tau)\mathcal{P}'\Gamma}\mathcal{P}'\Gamma\mathcal{P}f(q,\tau) + \mathcal{P}\Gamma e^{(t-t_0)\mathcal{P}'\Gamma}\mathcal{P}'f_0 \tag{6.5.17}$$

が導かれる．(6.5.5)を代入し，$\varphi_0(q'')$ で両辺を割れば，分布関数 $\bar{g}(q',t)$ に対する方程式が得られる．

$f(q,t)$ の代りにその Laplace 変換

$$F(q,s) = \int_{t_0}^{\infty} e^{-s(t-t_0)} f(q,t)\,dt \tag{6.5.18}$$

を用いると，(6.5.17)は見通しのよい形

$$\left[s - \mathcal{P}\Gamma - \mathcal{P}\Gamma\frac{1}{s-\mathcal{P}'\Gamma}\mathcal{P}'\Gamma\right]\mathcal{P}F = \mathcal{P}f_0 + \mathcal{P}\Gamma\frac{1}{s-\mathcal{P}'\Gamma}\mathcal{P}'f_0 \tag{6.5.19}$$

にかかれる．これは量子力学において**減衰理論**(damping theory)とよばれているものに他ならない．この結果は(6.5.14)を Laplace 変換して $\mathcal{P}'F$ を消去することによって簡単に得られるが，読者の演習に委ねる．特に初期条件が

$$\mathcal{P}'f_0 = 0 \tag{6.5.20}$$

をみたせば，(6.5.17), (6.5.19)の右辺の最後の項は落ちる．

(6.5.17)の右辺の第2項は，初期時点 t_0 からその時点 t までの積分であって，この時間全体にわたる $g=\mathcal{P}f$ の発展の経歴によるから，これを**記憶項**と呼んでもよい．g または $\bar{g}$ の発展がこのような記憶を含むことは，不完全な変数によって記述される射影が，非 Markov 的な過程であることを示している．この非 Markov 性の度合は，記憶項に含まれる記憶関数の持続のしかたによる．もし，その持続時間 τ_c が短く，g の変化の速さがおそければ，初期時点 t_0 からかなり経過した時点 t $(t-t_0 \gg \tau_c)$ では，記憶項を

$$\left[\mathcal{P}\Gamma\int_{-\infty}^{t}d\tau e^{(t-\tau)\mathcal{P}'\Gamma}\mathcal{P}'\Gamma\right]\mathcal{P}f(q,t) \tag{6.5.21}$$

と置き換えることが許されよう．これとともに，初期分布の記憶を表わす(6.5.17)の最後の項も無視される．(6.5.21)の［　］の中は t によらない一定の演算子であるから，結局(6.5.17)は $\bar{g}$ に対して

$$\frac{\partial}{\partial t}\bar{g} = \bar{\Gamma}\bar{g} \tag{6.5.22}$$

という形の方程式を与えることになる．このような事情のもとに，射影された過程は Markov 性を回復するわけであるが，それを可能ならしめる条件は§6.2において説明したような適当な粗視化である．

以上に述べたことの具体的な例として(6.2.34)で表わされる Brown 運動を考えてみよう．位置座標 x，速度 u に関しては Markov 過程として記述されているものを，速度 u を隠して変位 x だけを見る場合その確率過程はどのようなものになるか，という問題である．(6.2.34)を

$$\left.\begin{aligned}
&\frac{\partial}{\partial t}f(x,u,t) = (\Gamma_0+\Gamma_1)f \\
&\Gamma_0 = \gamma\frac{\partial}{\partial u}\left(u+\frac{1}{m\beta}\frac{\partial}{\partial u}\right) \qquad \left(\beta = \frac{1}{kT}\right) \\
&\Gamma_1 = -u\frac{\partial}{\partial x}+\frac{1}{m}\frac{\partial V}{\partial x}\frac{\partial}{\partial u}
\end{aligned}\right\} \tag{6.5.23}$$

と記す．また(6.5.4), (6.5.6)の射影 $\mathcal{P}$ を任意の関数 $h(x,u,t)$ について

$$\mathcal{P}h(x,u,t) = \varphi_0(u)\int_{-\infty}^{\infty}duh(x,u,t) \tag{6.5.24}$$

と定義しよう ($\psi_0(u)=1$)．ここに

$$\varphi_0(u) = \left(\frac{2\pi}{m\beta}\right)^{-1/2}\exp\left(-\frac{\beta mu^2}{2}\right) \tag{6.5.25}$$

は規格化された Maxwell 分布関数である．この定義により，

$$\Gamma_0\mathcal{P} = 0 \tag{6.5.26}$$

$$\mathcal{P}\Gamma_0 = 0 \tag{6.5.27}$$

が成り立つ．(6.5.26)は

$$\Gamma_0\varphi_0(u) = 0 \tag{6.5.28}$$

から明らかである．また

$$\begin{aligned}\mathcal{P}\Gamma_0 h &= \varphi_0(u)\int_{-\infty}^{\infty} du\gamma\frac{\partial}{\partial u}\left(u+\frac{1}{m\beta}\frac{\partial}{\partial u}\right)h(x,u,t) \\ &= \varphi_0(u)\left[\gamma\left(u+\frac{1}{m\beta}\frac{\partial}{\partial u}\right)h(x,u,t)\right]_{-\infty}^{\infty} \\ &= 0\end{aligned}$$

は $h(x,u,t)$ が $u\to\pm\infty$ において十分速やかに 0 に近づく限り成り立つ．この条件は当然の仮定であるから，(6.5.27) も正しい．$f(x,u,t)$ の射影

$$\begin{aligned}g(x,u,t) &= \varphi_0(u)\int_{-\infty}^{\infty} du f(x,u,t) \\ &= \varphi_0(u)\bar{g}(x,t)\end{aligned} \tag{6.5.29}$$

の運動は，(6.5.17) で与えられるが，右辺の第1項は

$$\begin{aligned}\mathcal{P}\Gamma\mathcal{P}f &= \mathcal{P}\Gamma_1\mathcal{P}f \\ &= \varphi_0(u)\int du'\left(-u'\frac{\partial}{\partial x}+\frac{1}{m}\frac{\partial V}{\partial x}\frac{\partial}{\partial u'}\right)\varphi_0(u')\int du'' f(x,u'',t)\end{aligned}$$

この u' に関する積分は(6.5.25)によって消えてしまう．このようにして，(6.5.17)は(6.5.29)で定義された空間的分布関数 $\bar{g}(x,t)$ に対して，

$$\begin{aligned}\frac{\partial}{\partial t}\bar{g}(x,t) = &\int_{-\infty}^{\infty} du\Gamma_1\int_{t_0}^{t} d\tau e^{(t-\tau)\mathcal{P}'\Gamma}\mathcal{P}'\Gamma_1\varphi_0(u)\bar{g}(x,\tau) \\ &+\int_{-\infty}^{\infty} du\Gamma_1 e^{(t-t_0)\mathcal{P}'\Gamma}\mathcal{P}' f_0(x,u)\end{aligned} \tag{6.5.30}$$

という方程式を与える．この右辺の第1項は粒子の拡散に対応するが，ここに見るように空間分布関数の過去の歴史を背負っているから，この拡散は Markov 過程ではない．また，第2項は初めに速度 u の Maxwell 分布が成り立っているとき，すなわち

$$f_0(x,u) = \varphi_0(u)\bar{g}_0(x) \tag{6.5.31}$$

であれば $\mathcal{P}f_0=f_0$ によって 0 となるが，これが成り立っていなければ初期分布の名残りとして $\bar{g}(x,t)$ の発展に影響する．このように，Brown 粒子の運動をその変位だけに射影して見た過程は一般にはそうとう複雑なものである．

この過程が拡散過程になり，(6. 5. 30)が(6. 4. 24)の方程式

$$\frac{\partial}{\partial t}\bar{g}(x,t) = \frac{\partial}{\partial x}\left\{D\left(\frac{\partial}{\partial x}+\beta\frac{\partial V}{\partial x}\right)\right\}\bar{g}(x,t) \tag{6. 5. 32}$$

によって記述されるためには，Brown 粒子の平均自由行路

$$l = \frac{\langle u^2\rangle^{1/2}}{\gamma}$$

の程度の距離では分布関数 $\bar{g}(x,t)$，ポテンシャル $V(x)$ がほとんど変わらない，という条件が必要である．すなわち

$$l\left|\frac{1}{\bar{g}}\frac{\partial \bar{g}}{\partial x}\right| \ll 1, \quad l\left|\frac{1}{V}\frac{\partial V}{\partial x}\right| \ll 1 \tag{6. 5. 33}$$

これは(6. 2. 11)について述べた条件と同じである．この条件はパラメタ γ が十分大きく，(6. 5. 23)において演算子 Γ_0 の寄与が Γ_1 の寄与よりもはるかに大きいこと，すなわち Γ_1 が Γ_0 に比べて摂動として取り扱われることを意味する．このとき(6. 5. 30)の右辺の第1項について，まず

$$e^{(t-\tau)\mathcal{P}'\Gamma} \longrightarrow e^{(t-\tau)\mathcal{P}'\Gamma_0} = e^{(t-\tau)\Gamma_0} \tag{6. 5. 34}$$

と近似することができる．ここに $\mathcal{P}\Gamma_0=0$ を用いた．さらに

$$\mathcal{P}'\Gamma_1\varphi_0(u)\bar{g}(x,\tau) = (1-\mathcal{P})\Gamma_1\varphi_0(u)\bar{g}(x,\tau)$$

において

$$\mathcal{P}\Gamma_1\varphi_0(u)\bar{g} = \varphi_0(u)\int_{-\infty}^{\infty}du\left(-u\frac{\partial}{\partial x}+\frac{1}{m}\frac{\partial V}{\partial x}\frac{\partial}{\partial u}\right)\varphi_0(u)\bar{g} = 0$$

によって $\mathcal{P}'$ を省いてよいから，演算子(6. 5. 34)は

$$\begin{aligned}\Gamma_1\varphi_0(u)\bar{g} &= \left(-u\frac{\partial}{\partial x}+\frac{1}{m}\frac{\partial V}{\partial x}\frac{\partial}{\partial u}\right)\varphi_0(u)\bar{g} \\ &= -u\varphi_0(u)\left(\frac{\partial}{\partial x}+\beta\frac{\partial V}{\partial x}\right)\bar{g}(x,\tau)\end{aligned}$$

に演算することになる．ところで

$$\Gamma_0 u\varphi_0(u) = \gamma\frac{\partial}{\partial u}\left(u+\frac{1}{m\beta}\frac{\partial}{\partial u}\right)u\varphi_0(u) = -\gamma u\varphi_0(u) \tag{6. 5. 35}$$

であること，すなわち $u\varphi_0(u)$ が $-\gamma$ を固有値とする Γ_0 の固有関数であることが容易に確かめられるから，問題の項は

$$-\int_{-\infty}^{\infty}du\left(-u\frac{\partial}{\partial x}+\frac{1}{m}\frac{\partial V}{\partial x}\frac{\partial}{\partial u}\right)u\varphi_0(u)\int_{t_0}^{t}d\tau e^{-\gamma(t-\tau)}\left(\frac{\partial}{\partial x}+\beta\frac{\partial V}{\partial x}\right)\bar{g}(x,\tau) \tag{6.5.36}$$

となる．ここで u についての積分を行なえば $\partial/\partial u$ が先に立つ項は消えてしまう．τ についての積分への寄与は，指数関数 $\exp\{-\gamma(t-\tau)\}$ が

$$\Delta t=t-\tau>\frac{1}{\gamma}\equiv\tau_c$$

では速やかに減少するため，$\tau\approx t$ の付近からしかない．したがって(6.5.21)のように $\bar{g}$ を積分の外に出して

$$\bar{g}(x,\tau)\longrightarrow\bar{g}(x,t)$$

としてよい．結局，(6.5.36)は

$$\frac{\partial}{\partial x}\left(\frac{\langle u^2\rangle}{\gamma}\right)\left(\frac{\partial}{\partial x}+\beta\frac{\partial V}{\partial x}\right)\bar{g}(x,t)$$

という形になる．拡散係数は

$$D=\frac{\langle u^2\rangle}{\gamma}$$

であるからこれで(6.5.32)が導かれた．(6.5.30)の右辺の第2項は(6.5.34)を用いれば

$$e^{(t-t_0)\Gamma_0}\mathcal{P}'f_0(x,u)\approx O(e^{-\gamma(t-t_0)}) \tag{6.5.37}$$

によって，$t-t_0\gg\tau_c$ では速やかに消えてしまうから，初期分布の影響はその限りでは無視してよい．演算子 Γ_0 は実際，$H_n(u)$ を n 次の Hermite 多項式とすれば，$H_n(u)\varphi_0(u)$ を固有関数としてもち，

$$\Gamma_0H_n(u)\varphi_0(u)=-n\gamma H_n(u)\varphi_0(u) \tag{6.5.38}$$

が成り立つが，射影 $\mathcal{P}'$ は $n=0$ を除くことを意味するから(6.5.37)の評価ができるのである．

このようにして，条件(6.5.33)のもとに，Brown 粒子の変位の確率過程は Markov 性を回復し，拡散方程式(6.5.32)によって表わされる．この方程式による記述に時間の尺度として

$$t\approx\frac{(\Delta x)^2}{D}=\frac{(\Delta x)^2}{l^2}\tau_c \tag{6.5.39}$$

の範囲にある．ただしここに Δx は空間的な尺度

$$\Delta x \approx \left| \frac{1}{\bar{g}} \frac{\partial \bar{g}}{\partial x} \right|$$

である．一方，Brown 粒子の速度の変化の速さについては，その本来の時間の尺度は $\tau_c = 1/\gamma$ であった．(6. 5. 39)は

$$\alpha^2 \frac{t}{\tau_c} \approx 1 \qquad \left(\text{ただし} \quad \alpha = \frac{l}{\Delta x} \right) \tag{6. 5. 40}$$

とかいてもよい．(6. 5. 30)から(6. 5. 32)を導いた摂動計算は(6. 5. 33)のような摂動パラメタが小さいこと，すなわち

$$\alpha \ll 1 \tag{6. 5. 41}$$

を条件としている．その結果として得られる Markov 過程は(6. 5. 40)のように

$$\frac{t}{\tau_c} = O(\alpha^{-2}) \tag{6. 5. 42}$$

の時間の範囲で成り立つ．このような事情はすでに(6. 2. 10)について明らかであったが，ここの考察は§6. 2 とはやや異なる角度からなされた．これはまた，この例に限らず，この種の摂動的取扱いの成立条件として一般的なことである．

§6. 6　マスター方程式の導出

古典力学における位相空間の中での分布関数に対応するものは，量子力学ではいわゆる密度行列 ρ である．その系のハミルトニアンを $\mathcal{H}$ とすれば，密度行列の運動方程式は

$$\frac{\partial \rho}{\partial t} = \frac{1}{i\hbar}[\mathcal{H}, \rho] \equiv i\mathcal{L}\rho \tag{6. 6. 1}$$

で与えられる．右辺は ρ と $\mathcal{H}$ の交換子であるが，ρ に関してこれは1つの線形演算であるからこれを $i\mathcal{L}$ と記した．(6. 6. 1)は古典力学の Liouville 方程式(1. 3. 11)に相当する．いま，ハミルトニアン $\mathcal{H}$ が

$$\mathcal{H} = \mathcal{H}_0 + \mathcal{H}_1 \tag{6. 6. 2}$$

のように，摂動 $\mathcal{H}_1$ と非摂動ハミルトニアン $\mathcal{H}_0$ とから成り，$\mathcal{H}_1$ はあるパラメタ λ に比例するものとする．λ は $\mathcal{H}_1$ と $\mathcal{H}_0$ の大きさの比の目安であり，

$$\lambda \ll 1 \tag{6. 6. 3}$$

ならば摂動が十分弱いことを意味する．非摂動系について，

$$\mathcal{H}_0\varphi_l = E_l\varphi_l \qquad (l = 1, 2, \cdots) \tag{6.6.4}$$

とすれば，これを基底とした $\rho, \mathcal{H}$ の行列表現について(6.6.1)をかけば，

$$\frac{\partial}{\partial t}\langle l|\rho(t)|m\rangle = \frac{1}{i\hbar}(E_l - E_m)\langle l|\rho|m\rangle$$
$$+\frac{1}{i\hbar}\sum_k \{\langle l|\mathcal{H}_1|k\rangle\langle k|\rho|m\rangle - \langle l|\rho|k\rangle\langle k|\mathcal{H}_1|m\rangle\} \tag{6.6.5}$$

となる．たとえば，2体力ポテンシャル v をもって作用しあう N 個の粒子の系については

$$\mathcal{H}_0 = \sum_j \frac{1}{2m}\boldsymbol{p}_j{}^2 \tag{6.6.6}$$

は粒子の運動エネルギーであり，

$$\mathcal{H}_1 = \sum_{\langle jk\rangle} v(\boldsymbol{r}_j - \boldsymbol{r}_k) \tag{6.6.7}$$

は相互作用による摂動である．このとき，各粒子の運動量の組

$$\{\boldsymbol{p}\} = (\boldsymbol{p}_1, \boldsymbol{p}_2, \cdots, \boldsymbol{p}_N) \tag{6.6.8}$$

は，(6.6.6)の $\mathcal{H}_0$ の固有状態を指定するから，(6.6.4)の量子数 l は $\{\boldsymbol{p}\}$ の1組に対応する．

(6.6.1)あるいは(6.6.5)は量子力学的な運動方程式でそれ自体は確率過程の運動方程式ではないが，(6.5.1)と同様，時間的発展が1つの線形演算子で規定されているから，ρ について何か適当な射影 $\mathcal{P}$ が与えられているとき，$\mathcal{P}\rho$ についての運動方程式をこれから導くことは，(6.5.14)～(6.5.17)あるいは(6.5.19)への手続きと全く同じである．いま，任意の演算子 A に対して射影演算子 $\mathcal{P}$ を

$$\langle l|\mathcal{P}A|m\rangle = \langle l|A|l\rangle\delta_{lm} \tag{6.6.9}$$

$$\langle l|\mathcal{P}'A|m\rangle = \langle l|A|m\rangle(1-\delta_{lm}) \tag{6.6.10}$$

として定義しよう．すなわち $\mathcal{P}$ は(6.6.4)の固有関数を基底とする表示における対角要素だけを残したものに A を射影すること，また $\mathcal{P}'$ は対角要素を消してしまうという演算である．特に密度行列 ρ については，以下

$$\mathcal{P}\rho = \rho_{\mathrm{d}} \tag{6.6.11}$$

という記法を用いることもある．演算 $\mathcal{P}, \mathcal{P}'$ が射影としての資格，(6.5.9)，(6.5.11)，(6.5.12)，また(6.5.10)をみたすことは明らかである．(6.5.17)を用いれば，$\mathcal{P}\rho=\rho_{\mathrm{d}}$ の運動方程式

$$\frac{\partial}{\partial t}\mathcal{P}\rho(t) = \mathcal{P}i\mathcal{L}\mathcal{P}\rho(t) + \mathcal{P}i\mathcal{L}\int_0^t d\tau e^{(t-\tau)\mathcal{P}'i\mathcal{L}}\mathcal{P}'i\mathcal{L}\mathcal{P}\rho(\tau) + \mathcal{P}i\mathcal{L}e^{t\mathcal{P}'i\mathcal{L}}\mathcal{P}'\rho_0 \quad (6.6.12)$$

が得られる．

(6.6.2)に対応して(6.6.1)を

$$\frac{\partial\rho}{\partial t} = i(\mathcal{L}_0+\mathcal{L}_1)\rho$$

$$i\mathcal{L}_0\rho = \frac{1}{i\hbar}[\mathcal{H}_0, \rho] \quad (6.6.13)$$

$$i\mathcal{L}_1\rho = \frac{1}{i\hbar}[\mathcal{H}_1, \rho] \quad (6.6.14)$$

のように分け，(6.6.12)を摂動計算として整理してみよう．まず

$$i\mathcal{L}_0\mathcal{P} = 0 \quad (6.6.15)$$

$$\mathcal{P}i\mathcal{L}_0 = 0 \quad (6.6.16)$$

$$\mathcal{P}i\mathcal{L}_1\mathcal{P} = 0, \qquad \mathcal{P}i\mathcal{L}\mathcal{P} = 0 \quad (6.6.17)$$

であることが知れる．2つの対角行列どうしの交換子は0であるから(6.6.15)が成り立ち，また2つの行列の1つが対角行列であればそれらの交換子の対角成分はすべて0であるから(6.6.16)，(6.6.17)が成り立つ．

これらによって(6.6.12)を整理すれば，右辺の第1項は消え，第2項の最初と最後の $\mathcal{L}$ は $\mathcal{L}_1$ の部分だけとなり，

$$\frac{\partial}{\partial t}\mathcal{P}\rho = \mathcal{P}i\mathcal{L}_1\int_0^t d\tau e^{(t-\tau)\mathcal{P}'i\mathcal{L}}i\mathcal{L}_1\mathcal{P}\rho \quad (6.6.18)$$

となる．ただし初期条件

$$\mathcal{P}'\rho_0 = 0 \quad (6.6.19)$$

がみたされているとして右辺の最後の項を落とした．いま，$\mathcal{H}_1$ が $\mathcal{H}_0$ に対して小さい摂動であるとし，(6.6.18)において

$$e^{(t-\tau)\mathcal{P}'i\mathcal{L}} \longrightarrow e^{(t-\tau)(1-\mathcal{P})i\mathcal{L}_0} = e^{(t-\tau)i\mathcal{L}_0} \quad (6.6.20)$$

のように近似すれば，結局，摂動の最低次の近似として

$$\frac{\partial}{\partial t}\rho_{\mathrm{d}} = \mathcal{P}i\mathcal{L}_1\int_0^t d\tau e^{(t-\tau)i\mathcal{L}_0}i\mathcal{L}_1\rho_{\mathrm{d}}(\tau) \tag{6.6.21}$$

が得られる．この右辺は摂動 $\mathcal{H}_1$ について2次であるが，当然これは量子力学における最低次の摂動計算に対応するはずである．これを見るためにこの右辺をさらに書き直す．まず，公式

$$A(t) \equiv e^{i\mathcal{L}_0 t}A = e^{t\mathcal{H}_0/i\hbar}Ae^{-it\mathcal{H}_0/i\hbar} \tag{6.6.22}$$

に注意しよう．これは両辺を t で微分し

$$\frac{d}{dt}A(t) = i\mathcal{L}_0 A(t) = \frac{1}{i\hbar}[\mathcal{H}_0, A(t)]$$

が実際成り立つこと，また $A(0)=A$ であることから知れる．したがって(6.6.21)の右辺を交換子の形でかけば

$$\begin{aligned}&\mathcal{P}\frac{1}{i\hbar}\left[\mathcal{H}_1, \int_0^t d\tau e^{(t-\tau)\mathcal{H}_0/i\hbar}\frac{1}{i\hbar}[\mathcal{H}_1, \rho_{\mathrm{d}}(\tau)]e^{-(t-\tau)\mathcal{H}_0/i\hbar}\right]\\ &\quad = -\frac{1}{\hbar^2}\mathcal{P}\left[\mathcal{H}_1, \int_0^t d\tau[\mathcal{H}_1(\tau-t), \rho_{\mathrm{d}}(\tau)]\right]\end{aligned} \tag{6.6.23}$$

となる．ただしここに

$$\mathcal{H}_1(t) = e^{-t\mathcal{H}_0/i\hbar}\mathcal{H}_1 e^{t\mathcal{H}_0/i\hbar} \tag{6.6.24}$$

は，$\mathcal{H}_1$ のいわゆる相互作用表示である．また，公式

$$e^A[B, C]e^{-A} = [e^ABe^{-A}, e^ACe^{-A}]$$

を用いた．2重の交換子を崩し，また $\tau-t=s$ とおけば(6.6.23)は

$$\begin{aligned}-\frac{1}{\hbar^2}\int_{-t}^0 ds\mathcal{P}\{&\mathcal{H}_1(0)\mathcal{H}_1(s)\rho_{\mathrm{d}}(t+s)+\rho_{\mathrm{d}}(t+s)\mathcal{H}_1(s)\mathcal{H}_1(0)\\ &-\mathcal{H}_1(0)\rho_{\mathrm{d}}(t+s)\mathcal{H}_1(s)-\mathcal{H}_1(s)\rho_{\mathrm{d}}(t+s)\mathcal{H}_1(0)\}\end{aligned} \tag{6.6.25}$$

となる．$\rho_{\mathrm{d}}(t)$ の時間的な変化の速さが $\mathcal{H}_1(s)$ のそれに比べてはるかに遅いとすれば，この時間積分に関して

$$\rho_{\mathrm{d}}(t+s) \longrightarrow \rho_{\mathrm{d}}(t) \tag{6.6.26}$$

と置き換えてよい．この仮定については後に再び吟味する．このようにして(6.6.21)は簡単化されたが，これを行列成分であらわに記すと，

$$\frac{\partial}{\partial t}\langle l|\rho(t)|l\rangle = -\sum_m \frac{2}{\hbar(E_m-E_l)}\sin\frac{(E_m-E_l)t}{\hbar}\cdot|\langle l|\mathscr{H}_1|m\rangle|^2$$
$$\times\{\langle l|\rho(t)|l\rangle-\langle m|\rho(t)|m\rangle\}+O(\lambda^3) \qquad (6.6.27)$$

右辺に $O(\lambda^3)$ と記したのは弱い摂動として λ^2 のオーダーまでの近似という意味である．

(6.6.6), (6.6.7) で与えられた粒子系の例では，非摂動系すなわち自由粒子系の固有状態は(6.6.8)で指定され，そのエネルギーは

$$E\{\boldsymbol{p}\} = \frac{1}{2m}(\boldsymbol{p}_1{}^2+\boldsymbol{p}_2{}^2+\cdots+\boldsymbol{p}_N{}^2) \qquad (6.6.28)$$

である．さしあたり簡単のため粒子の同種性による Fermi 統計または Bose 統計の影響は考えず，その点に関しては古典的に取り扱うこととする．摂動 $\mathscr{H}_1$ は2個の粒子の衝突によって結ばれる状態の間にしか行列要素をもたない．$v(\boldsymbol{r}_i-\boldsymbol{r}_j)$ が粒子の相対位置だけによっているので，衝突に際しては

$$(\boldsymbol{p}_i, \boldsymbol{p}_j) \longrightarrow (\boldsymbol{p}_i+\hbar\boldsymbol{k}, \boldsymbol{p}_j-\hbar\boldsymbol{k}) \qquad (6.6.29)$$

というように運動量保存が成り立ち，これに対応する $\mathscr{H}_1$ の行列要素は

$$\langle \boldsymbol{p}_i, \boldsymbol{p}_j|v|\boldsymbol{p}_i+\hbar\boldsymbol{k}, \boldsymbol{p}_j-\hbar\boldsymbol{k}\rangle = \frac{1}{\Omega}\int e^{-i\boldsymbol{k}\cdot\boldsymbol{r}}v(\boldsymbol{r})\,d\boldsymbol{r} = \frac{1}{\Omega}v_{\boldsymbol{k}} \qquad (6.6.30)$$

またエネルギーの差 E_m-E_l は

$$\varDelta E(\boldsymbol{p}_i, \boldsymbol{p}_j, \boldsymbol{k}) = \frac{1}{2m}\{(\boldsymbol{p}_i+\hbar\boldsymbol{k})^2+(\boldsymbol{p}_j-\hbar\boldsymbol{k})^2-\boldsymbol{p}_i{}^2-\boldsymbol{p}_j{}^2\}$$
$$= \frac{1}{2m}\{2\hbar^2\boldsymbol{k}^2+\hbar\boldsymbol{k}\cdot(\boldsymbol{p}_i-\boldsymbol{p}_j)\} \qquad (6.6.31)$$

となる．ただし粒子を入れる箱の体積を Ω とした．

$$w(\boldsymbol{p}_i, \boldsymbol{p}_j|\boldsymbol{p}_i+\varDelta\boldsymbol{p}, \boldsymbol{p}_j-\varDelta\boldsymbol{p}) = \frac{2}{\hbar\varDelta E}\sin\frac{\varDelta E}{\hbar}t\cdot|v_k|^2\frac{1}{\Omega^2} \qquad (6.6.32)$$

$$\langle \boldsymbol{p}_1, \cdots, \boldsymbol{p}_N|\rho(t)|\boldsymbol{p}_1, \cdots, \boldsymbol{p}_N\rangle = f(\boldsymbol{p}_1, \cdots, \boldsymbol{p}_N, t) \qquad (6.6.33)$$

とおくと，(6.6.27)は

$$\frac{\partial}{\partial t}f(\boldsymbol{p}_1, \cdots, \boldsymbol{p}_N, t) = -\sum_{\langle ij\rangle}\sum_{\boldsymbol{k}} w(\boldsymbol{p}_i, \boldsymbol{p}_j|\boldsymbol{p}_i+\varDelta\boldsymbol{p}, \boldsymbol{p}_j-\varDelta\boldsymbol{p})\{f(\boldsymbol{p}_1, \cdots, \boldsymbol{p}_N, t)$$
$$-f(\boldsymbol{p}_1, \cdots, \boldsymbol{p}_i+\varDelta\boldsymbol{p}, \cdots, \boldsymbol{p}_j-\varDelta\boldsymbol{p}, \cdots, t)\} \qquad (6.6.34)$$

とかかれる．(6.6.29)によって

$$\boldsymbol{\Delta p}=\hbar\boldsymbol{k}$$

である．$w(\boldsymbol{p}_i,\boldsymbol{p}_j|\boldsymbol{p}_i+\Delta\boldsymbol{p},\boldsymbol{p}_j-\Delta\boldsymbol{p})$を(6.6.29)の衝突ならびにその逆衝突の起こる確率(単位時間あたり)とすれば，この方程式はN個の粒子がそれぞれ$\boldsymbol{p}_1,\boldsymbol{p}_2,\cdots,\boldsymbol{p}_N$の運動量をもつ確率$f(\boldsymbol{p}_1,\cdots,\boldsymbol{p}_N,t)$がそのような2体衝突によってMarkov過程として変化することを示している．ただ，(6.6.32)は時間tを含むが，

$$\frac{2}{\Delta E}\sin\frac{\Delta E}{\hbar}t\longrightarrow 2\pi\delta(\Delta E) \tag{6.6.35}$$

と置き換えれば，

$$w(\boldsymbol{p}_i,\boldsymbol{p}_j|\boldsymbol{p}_i+\Delta\boldsymbol{p},\boldsymbol{p}_j-\Delta\boldsymbol{p})=\frac{2\pi}{\hbar}\delta(\Delta E)|v_{\boldsymbol{k}}|^2\frac{1}{\Omega^2} \tag{6.6.36}$$

となり，衝突に際して$\Delta E=0$の過程，すなわちエネルギーが保存される過程だけが起こることになる．この意味で，(6.6.34)は弱い2体力ポテンシャルをもって作用しあう粒子系に対するマスター方程式(Pauli方程式)に他ならない．

いま考えている粒子系はマクロなものであるとすれば体積Ωも粒子数Nも非常に大きい．(6.6.34)での$\boldsymbol{k}$についての和は，

$$\sum_{\boldsymbol{k}}\longrightarrow\frac{\Omega}{8\pi^3}\int d\boldsymbol{k} \tag{6.6.37}$$

のように積分で置き換えてよい．このような積分を行なう際，エネルギー変化ΔEがとりうる値は$-\infty$から∞にわたるが，その代表的な値をεとしよう．縮退していない粒子系についてはεは粒子1個あたりの平均運動エネルギーの程度とみてよい．(6.6.34)によれば，1つの変数$\boldsymbol{p}_j$に関してfの変化の起こる割合は，

$$\frac{N}{\Omega}\frac{|v_{\boldsymbol{k}}|^2}{\hbar\Delta E}\approx\frac{Na^3}{\Omega}\frac{v^2}{\hbar\varepsilon}\equiv\frac{1}{\tau_{\mathrm{r}}} \tag{6.6.38}$$

の程度である．このτ_{r}はfの緩和時間の大きさの程度を表わす．aはポテンシャル$v(\boldsymbol{r})$の及ぶ範囲，vは$v(\boldsymbol{r})$の大きさの程度を表わす．したがって，(6.6.34)において問題としている時間tはオーダーとして

$$t=O(\tau_{\mathrm{r}})$$

であり，これは粒子密度 N/Ω に逆比例し，摂動の強さ λ の2乗に逆比例して長くなる．一方，(6.6.32)で見るように，(6.6.25)の $\mathcal{H}_1(s)$ からくる時間変化の時間尺度は

$$\frac{\hbar}{\varepsilon} = \tau_c \tag{6.6.39}$$

の程度である．摂動が十分弱ければ，条件

$$\tau_r \gg \tau_c \tag{6.6.40}$$

をみたすことができる．この意味で(6.6.26)の仮定が許される．また，(6.6.35)についても，$\boldsymbol{k}$ についての積分を行なう際，エネルギー変化 $\varDelta E$ に関しては公式

$$\lim_{\xi\to\infty}\int\frac{\sin\xi x}{x}\phi(x)\,dx = \pi\phi(0) \tag{6.6.41}$$

に相当するこの置き換えができるわけである．

このような事情は上に述べた例だけではなく，多数の粒子，多数の自由度をもつ系において，その運動が非摂動系 $\mathcal{H}_0$ とそれに対する弱い摂動とに分けて考えられるとき，一般的に成り立つ．(6.6.39)の τ_c は，摂動 $\mathcal{H}_1$ が非摂動系の運動のために受ける時間的変動の速さの目安で，いわばミクロの運動の時間的尺度である．これは $\mathcal{H}_0, \mathcal{H}_1$ の構造によってきまるもので，摂動の強さ λ にはよらない．一方，$\rho_d(t)$ の時間的変動の尺度 τ_r は，このような摂動では，λ^{-2} に比例する．したがって $\tau_r \gg \tau_c$ という条件は $\lambda\to 0$ で成り立つ．また，そのような系ではエネルギー準位はほとんど連続的に密集しているので，(6.6.27)における和 $\sum_m$ は結局は積分であるから，(6.6.35)の置き換えが許され，エネルギーを保存する状態の間での遷移だけが起こる．

非摂動系 $\mathcal{H}_0$ の固有状態をそのエネルギー E と，そのほか適当な量子数 α の組 (E, α) で指定し，その区間 $dEd\alpha$ に存在する準位の数を $D(E, \alpha)dEd\alpha$ とおいて準位密度 D を定義し

$$\langle E\alpha|\rho_d(t)|E\alpha\rangle = f(E, \alpha, t)$$

と記せば，(6.6.27)は

$$\frac{\partial}{\partial t}f(E, \alpha, t) = -\int w(E, \alpha|E, \alpha')D(E, \alpha')d\alpha'\{f(E, \alpha, t)-f(E, \alpha', t)\} \tag{6.6.42}$$

という形の方程式を与える．ここに

$$w(E,\alpha|E,\alpha') = \frac{2\pi}{\hbar}|\langle E,\alpha|\mathscr{H}_1|E,\alpha'\rangle|^2 \tag{6.6.43}$$

は同じエネルギーをもつ2つの状態 α, α' のあいだの遷移確率であって，α, α' に関して対称である．(*6.6.42*)は時間的に一様な Markov 過程を表わしている．すなわち，(*6.6.21*)のような非 Markov 的発展がこのように弱い摂動の極限で Markov 性を回復し，マスター方程式が導かれるのである．これを導くために必要な条件は§6.1, §6.2 で述べたものと本質的に同じであることに注意してほしい．これらの条件がみたされないときには，マスター方程式のようなものも厳密には成り立たない．

本節では量子力学的な問題として(*6.6.1*)を取り扱ったが，これが古典的な Liouville 方程式であっても本質的には同様に摂動的計算を行なうことができる．位相空間での分布関数を運動量空間に射影したものが(*6.6.33*)に相当する．

§6.7　量子的な系の Brown 運動

Kramers の方程式(*6.2.34*)は一定温度 T の熱浴に接触している古典的な力学系の熱運動，すなわち Brown 運動を記述する．これを量子的な系に拡張する必要はしばしば起る．たとえば，量子的なスピンの Brown 運動は，スピン共鳴やスピン緩和過程の問題の一断面であるし，また量子的な振動子の Brown 運動は，レーザーのゆらぎに関する基本的な問題である．ここでは§6.5に述べた方法によって Kramers 方程式に対応する一般式を導こう．

注目する量子系を A とし，それに接触する熱浴を B とする．全系 A+B の密度行列を ρ とすれば，ρ は量子的な Liouville 方程式(*6.6.1*)

$$\frac{\partial\rho}{\partial t} = \frac{1}{i\hbar}[\mathscr{H}_A+\mathscr{H}_B+\mathscr{H}_1, \rho] \equiv i\mathscr{L}\rho \tag{6.7.1}$$

に従う．ここに $\mathscr{H}_A, \mathscr{H}_B$ はそれぞれ系 A，系 B のハミルトニアン，$\mathscr{H}_1$ は両者の相互作用である．これらに対応する Liouville 演算子をそれぞれ，$\mathscr{L}_A, \mathscr{L}_B, \mathscr{L}_1$ と書き

$$\mathscr{L} = \mathscr{L}_A+\mathscr{L}_B+\mathscr{L}_1 \equiv \mathscr{L}_0+\mathscr{L}_1, \qquad \mathscr{L}_0 = \mathscr{L}_A+\mathscr{L}_B \tag{6.7.2}$$

と記す．温度 T にある熱浴 B の熱平衡を表わす密度行列は

$$\rho_{\mathrm{B}} = e^{-\beta \mathscr{H}_{\mathrm{B}}}/\mathrm{tr}_{\mathrm{B}} e^{-\beta \mathscr{H}_{\mathrm{B}}} \qquad (\beta = 1/kT) \tag{6.7.3}$$

である．ここに tr_{B} は B の量子状態の空間において対角和をとる演算子(p. 21 参照)を意味する．全系の密度行列 ρ をこの演算によって縮約すれば

$$\sigma(t) = \mathrm{tr}_{\mathrm{B}} \rho(t) \tag{6.7.4}$$

は系 A の統計状態を表わす密度演算子であって，問題はその運動の法則を定めることにある．全系 A+B に関する任意の演算子 f について射影 $\mathcal{P}$ を

$$\mathcal{P} f = \rho_{\mathrm{B}} \mathrm{tr}_{\mathrm{B}} f = \rho_{\mathrm{B}} g \tag{6.7.5}$$

によって定義する．特に密度行列 ρ については

$$\mathcal{P} \rho = \rho_{\mathrm{B}} \sigma(t) \tag{6.7.6}$$

である．(6.7.3)により，$\mathcal{P}$ は射影演算子の資格

$$\mathcal{P}^2 = \mathcal{P}$$

をもつ．(6.7.1)から，$\sigma(t)$ の運動方程式を導くには前節と同様§6.5の方式を踏襲すればよいが，(6.5.17)に対応する表式を整理するために次の注意が必要である．任意の演算子 f について

$$\mathrm{tr}_{\mathrm{B}} i \mathscr{L}_{\mathrm{B}} f = \frac{1}{i\hbar} \mathrm{tr}_{\mathrm{B}} [\mathscr{H}_{\mathrm{B}} f] = 0$$

また

$$i \mathscr{L}_{\mathrm{B}} \rho_{\mathrm{B}} = \frac{1}{i\hbar} [\mathscr{H}_{\mathrm{B}}, \rho_{\mathrm{B}}] = 0$$

であるから，

$$\mathcal{P} i \mathscr{L}_{\mathrm{B}} = i \mathscr{L}_{\mathrm{B}} \mathcal{P} = 0$$

したがって

$$i \mathscr{L}_0 \mathcal{P} = \mathcal{P} i \mathscr{L}_0 = \mathcal{P} i \mathscr{L}_0 \mathcal{P} = \mathcal{P} i \mathscr{L}_{\mathrm{A}} \mathcal{P} \tag{6.7.7}$$

$\mathcal{P}\mathcal{P}' = \mathcal{P}'\mathcal{P} = 0$ であるから上式より

$$\mathcal{P}' i \mathscr{L}_0 \mathcal{P} = \mathcal{P} i \mathscr{L}_0 \mathcal{P}' = 0 \tag{6.7.8}$$

$$\mathcal{P}' i \mathscr{L} \mathcal{P} = \mathcal{P}' i \mathscr{L}_1 \mathcal{P}, \qquad \mathcal{P} i \mathscr{L} \mathcal{P}' = \mathcal{P} i \mathscr{L}_1 \mathcal{P}' \tag{6.7.9}$$

を得る．また，相互作用 $\mathscr{H}_1$ を熱浴 B の熱平衡分布について平均したものを

$$\overline{\mathscr{H}}_1 = \mathrm{tr}_{\mathrm{B}} \rho_{\mathrm{B}} \mathscr{H}_1 \tag{6.7.10}$$

とおけば，

$$\mathcal{P} i \mathscr{L}_1 \mathcal{P} f = \rho_{\mathrm{B}} \mathrm{tr}_{\mathrm{B}} [\mathscr{H}_1, \rho_{\mathrm{B}} \mathrm{tr}_{\mathrm{B}} f]/i\hbar$$

$$= \rho_B[\mathrm{tr}_B \rho_B \mathscr{H}_1, \mathrm{tr}_B f]/i\hbar$$
$$= [\overline{\mathscr{H}}_1, \mathcal{P}f]/i\hbar = i\overline{\mathscr{L}}_1\mathcal{P}f \tag{6.7.11}$$

$(\mathrm{tr}_B[\mathscr{H}_1, \rho_B]=0)$ であるから，(*6.7.9*)により

$$\mathcal{P}'i\mathscr{L}\mathcal{P} = i(\mathscr{L}_1-\overline{\mathscr{L}}_1)\mathcal{P}, \qquad \mathcal{P}i\mathscr{L}\mathcal{P}' = \mathcal{P}(i\mathscr{L}_1-\overline{\mathscr{L}}_1) \tag{6.7.12}$$

としてよい．以上により，(*6.5.17*)に対応して

$$\frac{\partial}{\partial t}\sigma(t) = i(\mathscr{L}_A+\overline{\mathscr{L}}_1)\sigma+\mathrm{tr}_B i(\mathscr{L}_1-\overline{\mathscr{L}}_1)\int_{-\infty}^{t} e^{(t-\tau)\mathcal{P}'i\mathscr{L}\mathcal{P}'}i(\mathscr{L}_1-\overline{\mathscr{L}}_1)\rho_B\sigma(\tau)d\tau \tag{6.7.13}$$

が得られる．ただし初期分布からの寄与をここでは省いた．初期に $\rho=\rho_B\sigma(0)$ の形であったとすれば，その項はゼロである．そうでなかったにしても，十分長い時間の経過によって初期分布の名残りは消えるものと期待される．その意味で，$t=-\infty$ を初期にえらんだ．また，上式で $\overline{\mathscr{L}}_1$ は平均的な相互作用 $\overline{\mathscr{H}}_1$, (*6.7.10*), に由来するから，これがゼロでない場合には，A 自体のハミルトニアン $\mathscr{H}_A$ に繰り込んでしまえばこれを省いてよい．

(*6.7.13*)はこの限りで厳密であるが，そのままではあまり役に立たない．厄介なのは積分の中の発展演算子 $\exp(t-\tau)\mathcal{P}'i\mathscr{L}\mathcal{P}'$ であるが，A と B との相互作用が十分弱ければ，ここの $i\mathscr{L}$ を $i\mathscr{L}_0$ で置き換えることができる．これは，相互作用 $\mathscr{H}_1$ の 2 次摂動までを考えることである．(*6.7.8*)により

$$\mathcal{P}'i\mathscr{L}_0\mathcal{P}' = \mathcal{P}'i\mathscr{L}_0$$
$$\therefore \quad e^{(t-\tau)\mathcal{P}'i\mathscr{L}_0\mathcal{P}'} = \mathcal{P}'e^{(t-\tau)i\mathscr{L}_0}$$

また，上に述べたように $\overline{\mathscr{H}}_1$ を $\mathscr{H}_A$ に繰り込んでしまえば $\overline{\mathscr{L}}_1=0$ としたことになるから

$$\mathcal{P}i\mathscr{L}_1\mathcal{P}' = \mathcal{P}i\mathscr{L}_1$$

したがって(*6.7.13*)は，

$$\frac{\partial}{\partial t}\sigma(t) = i\mathscr{L}_A\sigma+\mathrm{tr}_B i\mathscr{L}_1\int_{-\infty}^{t} e^{(t-\tau)i\mathscr{L}_0}i\mathscr{L}_1\rho_B\sigma(\tau)d\tau \tag{6.7.14}$$

のように近似される．右辺の第 1 項は系 A の固有の運動，第 2 項は熱浴 B からの作用によって誘起される熱運動を表わす．

一般に，(*6.7.1*)の形の量子的 Liouville 演算子

$$i\mathcal{L}f=\frac{1}{i\hbar}[\mathcal{H},f]$$

に対して

$$e^{i\mathcal{L}t}f=e^{-i\mathcal{H}t/\hbar}fe^{i\mathcal{H}t/\hbar} \tag{6.7.15}$$

であることは，これを t について微分してみればわかる．(6.7.14)の $\sigma(t)$ を

$$\sigma(t)=e^{i\mathcal{L}_{\mathrm{A}}t}\hat{\sigma}(t)\equiv e^{-i\mathcal{H}_{\mathrm{A}}t/\hbar}\hat{\sigma}(t)e^{i\mathcal{H}_{\mathrm{A}}t/\hbar} \tag{6.7.16}$$

とおけば，$\hat{\sigma}(t)$ は，いわば A の固有の運動に従う運動座標系から見た A の熱運動を表わすことになる．

A と B との相互作用のハミルトニアンは多くの場合

$$\mathcal{H}_1=\sum_j X_jY_j \tag{6.7.17}$$

の形をもつ．ここに X_j $(j=1,2,\cdots)$ は系 A に，Y_j $(j=1,2,\cdots)$ は系 B に関する力学量である．A, B それぞれの固有運動について，それらの Heisenberg 表示は

$$X_j(t)=e^{i\mathcal{H}_{\mathrm{A}}t/\hbar}X_je^{-i\mathcal{H}_{\mathrm{A}}t/\hbar}\equiv e^{-i\mathcal{L}_{\mathrm{A}}t}X_j \tag{6.7.18}$$

$$Y_j(t)=e^{i\mathcal{H}_{\mathrm{B}}t/\hbar}Y_je^{-i\mathcal{H}_{\mathrm{B}}t/\hbar}\equiv e^{-i\mathcal{L}_{\mathrm{B}}t}Y_j \tag{6.7.19}$$

で与えられる．以上の諸式を用いて(6.7.14)を書き直すと

$$\frac{\partial}{\partial t}\hat{\sigma}(t)=-\frac{1}{\hbar^2}\int_{-\infty}^{t}d\tau\,\mathrm{tr}_{\mathrm{B}}\Big[\sum_j X_j(t)\,Y_j(0)\Big[\sum_l X_l(\tau)\,Y_l(-t+\tau),\,\rho_{\mathrm{B}}\hat{\sigma}(\tau)\Big]\Big] \tag{6.7.20}$$

が得られる．ここで B の運動に伴って変動する力学量 Y_j, Y_l について相関関数

$$\mathrm{tr}_{\mathrm{B}}\,\rho_{\mathrm{B}}Y_j(t)\,Y_l(0)=\Phi_{jl}(t) \tag{6.7.21}$$

を定義し，(6.7.20)の2重交換子をほどいて書き直すと

$$\begin{aligned}\frac{\partial}{\partial t}\hat{\sigma}(t)=-\frac{1}{\hbar^2}\int_{-\infty}^{t}d\tau\sum_j\sum_l\{&X_j(t)X_l(\tau)\hat{\sigma}(\tau)\Phi_{jl}(t-\tau)\\&-X_j(t)\hat{\sigma}(\tau)X_l(\tau)\Phi_{lj}(-t+\tau)\\&+\hat{\sigma}(\tau)X_l(\tau)X_j(t)\Phi_{lj}(-t+\tau)\\&-X_l(\tau)\hat{\sigma}(\tau)X_j(t)\Phi_{jl}(t-\tau)\}\end{aligned} \tag{6.7.22}$$

となる．これは，熱浴 B の運動によって A に作用する力 $\{Y_j\}$ が時間的にゆらぎ，それによって A の状態が確率的に変化することを意味している．$\Phi_{jl}(t)$ の

相関の持続時間の目安を τ_c とすれば，$\hat{\sigma}(t)$ の時間的変化の尺度，すなわち緩和時間の目安 τ_r は，(6.7.22)から明らかなように，大きさの程度として

$$\tau_r^{-1} = O(\mathcal{H}_1{}^2/\hbar^2)\tau_c \tag{6.7.23}$$

である．$\tau_r \gg \tau_c$ であれば，$\hat{\sigma}(t)$ の変化はおそく，(6.7.22)の積分の中で $\hat{\sigma}(\tau)$ を $\hat{\sigma}(t)$ で置き換えてよい．さらに，再び(6.7.16)によって $\sigma(t)$ に戻せば，(6.7.22)は

$$\frac{\partial}{\partial t}\sigma(t) = \frac{1}{i\hbar}[\mathcal{H}_A, \sigma] + \Gamma\sigma(t) \tag{6.7.24}$$

の形になる．ここで

$$\begin{aligned}\Gamma\sigma(t) = -\frac{1}{\hbar^2}\int_0^\infty dt'\int_{-\infty}^\infty d\omega e^{i\omega t'}\sum_j\sum_l \Phi_{jl}[\omega]\{&X_j(0)X_l(-t')\sigma(t)\\ &-e^{\beta\hbar\omega}X_j(0)\sigma(t)X_l(-t')+e^{\beta\hbar\omega}\sigma(t)X_l(-t')X_j(0)\\ &-X_l(-t')\sigma(t)X_j(0)\}\end{aligned} \tag{6.7.25}$$

は，熱浴 B から A に作用する力のゆらぎによって A に惹起される Brown 運動を表わす．

$$\Phi_{jl}[\omega] = \frac{1}{2\pi}\int_{-\infty}^\infty dte^{-i\omega t}\Phi_{jl}(t) \tag{6.7.26}$$

はそのような力のスペクトルであるが，(6.7.25)の形にまとめるには

$$\frac{1}{2\pi}\int_{-\infty}^\infty dte^{-i\omega t}\Phi_{lj}(-t) = \frac{e^{\beta\hbar\omega}}{2\pi}\int_{-\infty}^\infty dte^{-i\omega t}\Phi_{jl}(t) \tag{6.7.27}$$

という関係を用いた．これは $\mathcal{H}_B$ を対角化する表示で(6.7.21)の相関関数を書き下してみれば容易にわかる．さらに，$\mathcal{H}_A$ を対角化する表示で(6.7.25)の演算子の行列を書き下し，t' についての積分を公式

$$\int_0^\infty dt'e^{i(\omega-\nu)t'} = \frac{1}{\pi}\delta(\omega-\nu)+\frac{i}{\omega-\nu}$$

として整理すると，σ の対角要素に関しては

$$\sigma^0 = Ce^{-\beta\mathcal{H}_A} \tag{6.7.28}$$

が $\Gamma\sigma^0=0$ を満足することが知れる．これは，(6.7.24)がその平衡分布としてカノニカル分布(6.7.28)をもつことを意味するから，当然期待すべき条件である．

(6.7.24)は，量子的な緩和過程を論ずる基本式としてひろく用いられている．

σ の対角要素だけに注目したものは，系 A がその固有状態 α のそれぞれに見出される確率 $\sigma(\alpha, t)$ を，B との相互作用の2次摂動から得られる遷移確率(いわゆる Golden rule)によって求め，それから組み立てた Markov 過程の表式に他ならない．量子的な系の輸送現象を取り扱うふつうの方式はこの型のものである．

σ の対角要素ばかりでなく，その非対角要素を含めた(*6.7.24*)は，より一般的で，スピン系や振動子系の問題に適用される．たとえば A を1つの振動子とし，その生成・消滅演算子を $b^\dagger, b$ とすれば，(*6.7.24*)は

$$\frac{\partial}{\partial t}\sigma = \frac{1}{i\hbar}[\omega_0 b^\dagger b, \sigma] + \nu\{[b, \sigma b^\dagger] + [b\sigma, b^\dagger]\}$$
$$+\nu'\{[b^\dagger ; \sigma b] + [b^\dagger\sigma, b]\} \tag{6.7.29}$$

の形に与えられる．これを導くには(*6.7.17*)を

$$\mathcal{H}' = b^\dagger Y + bY^\dagger$$

のようにとり，熱浴 B の運動によって振動子に作用する力 $Y, Y^\dagger$ のゆらぎのスペクトルを適当に仮定し(*6.7.25*)を適用すればよいが，読者の演習に委ねる．もちろん，$\hbar\to 0$ の極限で(*6.7.29*)は古典的振動子の Brown 運動に対する Fokker-Planck 方程式に帰着する．

量子的な系の Brown 運動のこのような理論形式は非常に多くの具体的応用をもつが，ここにそれを述べる余裕はない．ただひとつ，誤りやすい点を指摘しておこう．熱浴 B に，系 A′, A″ がそれぞれ接触していて，全系のハミルトニアンが

$$\mathcal{H} = \mathcal{H}_{\mathrm{A}'} + \mathcal{H}_{\mathrm{A}''} + \mathcal{H}_{\mathrm{A}'\mathrm{A}''} + \mathcal{H}_{\mathrm{B}} + \mathcal{H}_{\mathrm{BA}'} + \mathcal{H}_{\mathrm{BA}''}$$

であるとしよう．このような場合，A′ と B, A″ と B の相互作用を別々に取り扱い，それに相当する $\Gamma_{\mathrm{A}'}, \Gamma_{\mathrm{A}''}$ を求めて

$$\frac{\partial\sigma}{\partial t} = \frac{1}{i\hbar}[\mathcal{H}_{\mathrm{A}'} + \mathcal{H}_{\mathrm{A}''} + \mathcal{H}_{\mathrm{A}'\mathrm{A}''}, \sigma] + \Gamma_{\mathrm{A}'}\sigma + \Gamma_{\mathrm{A}''}\sigma$$

として合成系 A′+A″ を論ずる例はしばしば文献に見られる．しかし古典的な極限ではこれに問題はないが，量子的な系に対しては一般に正しくなく，その誤りからおかしな結論に導かれることがある．$\Gamma_{\mathrm{A}'}, \Gamma_{\mathrm{A}''}$ はそれぞれ系 A′, A″ を別々に熱平衡に向けて駆動するが，合成系 A′+A″ はその間の相互作用 $\mathcal{H}_{\mathrm{A}'\mathrm{A}''}$ が必ずしも小さくないとすれば，つねに両者が結合しているから，これでは合成系とし

ての熱平衡は保証されない．古典的な系に対する Kramers 方程式(*6.2.34*)の場合には熱浴は考える系の運動エネルギーを熱平衡に向けて駆動し，その結果，位置エネルギーの熱平衡も実現されるようになっているが，量子的な系の Brown 運動は，そのように簡単な事情にはないのである．

§6.8 Boltzmann 方程式

希薄な気体のなかでは気体分子はほとんど自由に飛行し，たまたま2個の分子が相互の力の到達範囲以内に近づけば衝突を起こし，運動量やエネルギーを交換する．3個以上の分子が関与する衝突が起こる確率は分子密度の3乗以上に比例するから，希薄な気体では2粒子衝突(binary collision)だけを考えればよい．このような衝突が気体の熱平衡を成り立たせ，流れ，熱伝導，拡散など，気体の流体としての行動を支配するメカニズムである．

この気体は熱平衡では理想気体として簡単な法則に従い，圧力と温度というわずか2つの変数でその状態が規定される．熱平衡にない状態を表わすのにどれだけの変数が必要であるかは一般にはいえない．しかし希薄な気体では，それぞれの時刻でそれぞれの場所における気体分子の密度とその速度分布(あるいは運動量分布)を与える関数 $f(\boldsymbol{r}, \boldsymbol{p}, t)$ の知識は十分精密なものであるであろう．この関数 f を指定することによって記述される状態がどれだけの範囲を覆うか，その限界は必ずしも明らかではない．実際の物理現象がその範囲に属するか否かは実験的検証にまたなければならないかもしれない．希薄な気体のように簡単な対象でも，きわめて大きい自由度をもつ系を，分布関数 f のレベルまでに縮約して描像しようというのであるから，本来，むずかしい問題なのである．

簡単のために気体分子の内部構造は無視して，同種の単原子分子のように考え，それぞれを単なる質点とみなす．また，量子力学的な統計の問題もしばらく措いて古典的に考える．全体で N 個の粒子が体積 Ω の容器の中にある．位置座標 $\boldsymbol{r}$ の付近の体積要素 $d\boldsymbol{r}$ の中に，$\boldsymbol{p}$ と $\boldsymbol{p}+d\boldsymbol{p}$ の間の運動量をもって見出される粒子の数を

$$f(\boldsymbol{r}, \boldsymbol{p}, t)\, d\boldsymbol{r} d\boldsymbol{p} \tag{6.8.1}$$

としよう．これは

$$\int f(\boldsymbol{r},\boldsymbol{p},t)\,d\boldsymbol{p}=n(\boldsymbol{r}),\qquad \iint f(\boldsymbol{r},\boldsymbol{p},t)\,d\boldsymbol{r}d\boldsymbol{p}=N \tag{6.8.2}$$

のように規格化される．$n(\boldsymbol{r})$ は $\boldsymbol{r}$ における粒子の平均密度である．熱平衡では

$$f=f^0=n(2\pi mkT)^{-3/2}\exp\left\{-\frac{1}{kT}\left(\frac{\boldsymbol{p}^2}{2m}+V\right)\right\} \tag{6.8.3}$$

である．分布関数 $f(\boldsymbol{r},\boldsymbol{p},t)$ は，(6.2.34)で取り扱ったものと同様で，その変化を決める方程式は類似した形

$$\frac{\partial}{\partial t}f(\boldsymbol{r},\boldsymbol{p},t)+\left(\frac{\boldsymbol{p}}{m}\cdot\frac{\partial}{\partial\boldsymbol{r}}-\frac{\partial V}{\partial\boldsymbol{r}}\cdot\frac{\partial}{\partial\boldsymbol{p}}\right)f=\Gamma[f] \tag{6.8.4}$$

をもつ．左辺の第2項は1粒子位相空間($\boldsymbol{r}$ 空間)におけるドリフトの項である．衝突が起こらないとしたときの粒子の運動

$$\frac{d\boldsymbol{r}}{dt}=\frac{\boldsymbol{p}}{m},\qquad \frac{d\boldsymbol{p}}{dt}=-\frac{\partial V}{\partial\boldsymbol{r}}$$

とともに位相空間を動く観察者の見る f の実質的な変化

$$\begin{aligned}\frac{D}{Dt}f&=\lim\frac{1}{\Delta t}\{f(\boldsymbol{r},\boldsymbol{p},t)-f(\boldsymbol{r}-\dot{\boldsymbol{r}}\Delta t,\boldsymbol{p}-\dot{\boldsymbol{p}}\Delta t,t-\Delta t)\}\\&=\frac{\partial f}{\partial t}+\left(\dot{\boldsymbol{r}}\cdot\frac{\partial}{\partial\boldsymbol{r}}+\dot{\boldsymbol{p}}\cdot\frac{\partial}{\partial\boldsymbol{p}}\right)f\end{aligned}$$

が衝突による変化に等しい．

運動量 $\boldsymbol{p},\boldsymbol{p}_1$ をもつ2つの粒子が衝突して運動量 $\boldsymbol{p}',\boldsymbol{p}_1'$ に変わったとしよう．このとき運動量とエネルギーが保存される．すなわち

$$\boldsymbol{p}+\boldsymbol{p}_1=\boldsymbol{p}'+\boldsymbol{p}_1' \tag{6.8.5}$$

$$\varepsilon(\boldsymbol{p})+\varepsilon(\boldsymbol{p}_1)=\varepsilon(\boldsymbol{p}')+\varepsilon(\boldsymbol{p}_1') \tag{6.8.6}$$

非相対論的な範囲での質点では

$$\varepsilon(\boldsymbol{p})=\frac{\boldsymbol{p}^2}{2m}$$

であるが，一般的にはこの形とは限らない．注目する粒子と標的粒子との相対運動を図に描けば，図6.3のように衝突前の軌道に標的から下ろした垂線 $\boldsymbol{b}$ の長さ(衝突径数)とその方向によって衝突後の運動量がきまる．実際，$\boldsymbol{p},\boldsymbol{p}_1$ がきまっているとき，$\boldsymbol{p}',\boldsymbol{p}_1'$ の自由度6に対して(6.8.5),(6.8.6)は4個の拘束条件を課

するが，残る2個の自由度は衝突径数 b と，$\boldsymbol{p}-\boldsymbol{p}_1$ のまわりの回転角に相当する．この2つの変数は確率的にいろんな値をとるから，与えられた $\boldsymbol{p}, \boldsymbol{p}_1$ から $\boldsymbol{p}', \boldsymbol{p}_1'$ への衝突の確率が考えられる．この相対的確率を $(\boldsymbol{p}, \boldsymbol{p}_1|\sigma|\boldsymbol{p}', \boldsymbol{p}_1')$ とかき

$$\int (\boldsymbol{p}, \boldsymbol{p}_1|\sigma|\boldsymbol{p}', \boldsymbol{p}_1')\,d\boldsymbol{p}'d\boldsymbol{p}_1' = \sigma(\boldsymbol{p}, \boldsymbol{p}_1) \tag{6.8. 7}$$

が，運動量 $\boldsymbol{p}$ をもつ粒子が $\boldsymbol{p}_1$ をもつ他の粒子に衝突するときの衝突全断面積であるように規格化されているとする．拘束条件(6.8. 5), (6.8. 6)は

$$(\boldsymbol{p}, \boldsymbol{p}_1|\sigma|\boldsymbol{p}', \boldsymbol{p}_1') \propto \delta(\boldsymbol{p}+\boldsymbol{p}_1-\boldsymbol{p}'-\boldsymbol{p}_1')\,\delta(\varepsilon(\boldsymbol{p})+\varepsilon(\boldsymbol{p}_1)-\varepsilon(\boldsymbol{p}')-\varepsilon(\boldsymbol{p}_1')) \tag{6.8. 8}$$

のような形でこの衝突確率の関数形のなかに含ませておく．

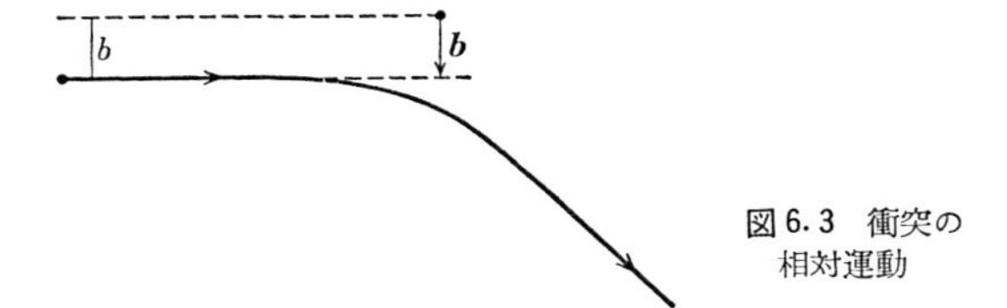

図 6.3 衝突の相対運動

$(\boldsymbol{p}, \boldsymbol{p}_1)\to(\boldsymbol{p}', \boldsymbol{p}_1')$ のような衝突が位置 $\boldsymbol{r}$ の付近の $d\boldsymbol{r}$ で起これば，分布関数 $f(\boldsymbol{r}, \boldsymbol{p}, t)$ からの喪失があり，逆に $(\boldsymbol{p}', \boldsymbol{p}_1')$ から $(\boldsymbol{p}, \boldsymbol{p}_1)$ への衝突は f の得となる．衝突する2つの粒子は確率的に独立であると仮定すれば，(6.8. 4)の衝突項は

$$\begin{aligned}\Gamma[f] = &-\iiint d\boldsymbol{p}_1 d\boldsymbol{p}' d\boldsymbol{p}_1' f(\boldsymbol{r}, \boldsymbol{p}, t) f(\boldsymbol{r}, \boldsymbol{p}_1, t)(\boldsymbol{p}, \boldsymbol{p}_1|\sigma|\boldsymbol{p}', \boldsymbol{p}_1') \\ &+\iiint d\boldsymbol{p}_1 d\boldsymbol{p}' d\boldsymbol{p}_1' f(\boldsymbol{r}, \boldsymbol{p}', t) f(\boldsymbol{r}, \boldsymbol{p}_1', t)(\boldsymbol{p}', \boldsymbol{p}_1'|\sigma|\boldsymbol{p}, \boldsymbol{p}_1)\end{aligned} \tag{6.8. 9}$$

のように与えられよう．

2個の分子の衝突が起こる確率をこのように仮定することによって，(6.8. 4)は1粒子分布関数 $f(\boldsymbol{r}, \boldsymbol{p}, t)$ だけを含む．これは，希薄な気体でつぎつぎに起こる衝突はほとんど過去の記憶をになうことはないであろうという推定によるもので，**Boltzmann の衝突数算定の仮定**と呼ばれる．100年前 L. Boltzmann はこのような考えによって(6.8. 4)の方程式を立て，気体分子運動論を始めるとともに，より一般的な統計力学の建設の礎をおいたのであった．

衝突数算定の仮定をもっともらしいものとしてただ許すのではなく，これをもっと深い根底から証明することは容易ではない．(6.6.34)では，希薄な気体分子全体の運動量 $\boldsymbol{p}_1, \boldsymbol{p}_2, \cdots, \boldsymbol{p}_N$ の確率分布に対するマスター方程式を与えた．この変数の1つまたは2つを残して，他の変数について積分すれば，

$$\int\cdots\int f(\boldsymbol{p}_1, \boldsymbol{p}_2, \cdots, \boldsymbol{p}_N, t)\, d\boldsymbol{p}_2\cdots d\boldsymbol{p}_N = f_1(\boldsymbol{p}_1, t) \tag{6.8.10}$$

$$\int\cdots\int f(\boldsymbol{p}_1, \boldsymbol{p}_2, \cdots, \boldsymbol{p}_N, t)\, d\boldsymbol{p}_3\cdots d\boldsymbol{p}_N = f_2(\boldsymbol{p}_1, \boldsymbol{p}_2, t) \tag{6.8.11}$$

という分布関数の系列が得られる．(6.6.34)について同様の積分を行ない，粒子の番号をつけ直せば

$$\begin{aligned}\frac{\partial}{\partial t} f_1(\boldsymbol{p}, t) = -N\int d\boldsymbol{p}_1 \sum_{\boldsymbol{k}} w(\boldsymbol{p}, \boldsymbol{p}_1|\boldsymbol{p}+\hbar\boldsymbol{k}, \boldsymbol{p}_1-\hbar\boldsymbol{k})\\ \times\{f_2(\boldsymbol{p}, \boldsymbol{p}_1, t)-f_2(\boldsymbol{p}+\hbar\boldsymbol{k}, \boldsymbol{p}_1-\hbar\boldsymbol{k}, t)\}\end{aligned} \tag{6.8.12}$$

という方程式が得られる．$f_2(\boldsymbol{p}, \boldsymbol{p}_1, t)$ は任意に取り出した2個の粒子が運動量 $\boldsymbol{p}, \boldsymbol{p}_1$ をもつことの確率密度であるが，希薄な気体の中では2個の分子のもつ運動量は確率的に独立であるとすれば

$$f_2(\boldsymbol{p}, \boldsymbol{p}_1, t) = f_1(\boldsymbol{p}, t) f_1(\boldsymbol{p}_1, t) \tag{6.8.13}$$

としてよいであろう．このようにおけば，(6.8.12)の右辺は(6.8.9)の衝突項と本質的に同じである．ここに f_1 と記したものは1に規格化されていることと，座標 $\boldsymbol{r}$ を含まないことが(6.8.1)と異なるが，w の定義(6.6.36)と(6.6.37)から見るように，(6.8.12)の右辺は粒子密度に比例し，容器のなかの各所で起こっている衝突によって粒子の運動量分布 f_1 が変化する割合を与える．すなわち，(6.8.13)を仮定した方程式(6.8.12)は本質的に(6.8.4)，(6.8.9)で与えられたBoltzmann 方程式にほかならない．しかし，マスター方程式(6.6.34)とこのBoltzmann 方程式は決して等価ではない．マスター方程式の方が一般的であるが，どんな条件があればその解が Boltzmann 方程式の解となるかという問題も一般的にはまだ明らかでない．

マスター方程式はすでに確率的であるが，もっと根元の力学の方程式，すなわち Liouville 方程式から Boltzmann 方程式を導くことは，この章で述べてきた考え方からすればきわめて基本的な問題である．N 個の粒子全体の集団を考え，

その位相空間における分布関数を

$$f_N(\boldsymbol{r}_1, \boldsymbol{p}_1 ; \boldsymbol{r}_2, \boldsymbol{p}_2 ; \cdots ; \boldsymbol{r}_N, \boldsymbol{p}_N ; t)$$

とおき，f_N は N 個の粒子について対称であるとする．このうち1個の粒子の変数だけを残して他の $N-1$ 個の粒子の変数すべてについて積分したものが(*6.8.1*)の1粒子分布関数である．2個, 3個, … の変数を残せば，2粒子分布関数，3粒子分布関数，… という系列ができる．もともとの Liouville 方程式は f_N に関するものであるが，これを粒子1個，または2個，3個，… の変数を残して他の変数について積分すると，1粒子，2粒子，… 分布関数についての方程式の系列が得られる．しかし，1粒子分布関数の時間的変化は2粒子分布関数に，一般に n 粒子分布関数の時間的変化は $n+1$ 粒子分布関数による．これは注目する n 粒子が他の粒子と衝突することを表わすが，この方程式の系列は閉じていない．n 粒子分布関数 $(n \geqq 2)$ が1粒子分布関数によってきまる，という仮定をおき，さらに時間的空間的な粗視化に相当するいくつかの仮定をおけば，このような見方から Boltzmann 方程式を導くこともできる．これは N. N. Bogoljubov によって行なわれたがここではこれ以上立ち入らない(§8.6 および巻末文献(65)参照)．希薄な気体の極限から出発して，平衡状態でのクラスター展開と似た密度展開を非平衡状態での分布関数について系統的に行なうことができれば，低密度の極限として Boltzmann 方程式が導かれ，また有限な密度に対する補正が得られるであろうが，これも困難な問題の1つである．

力学の法則は時間反転について対称であるから，2個の粒子の衝突

$$(\boldsymbol{p}, \boldsymbol{p}_1) \longrightarrow (\boldsymbol{p}', \boldsymbol{p}_1') \tag{6.8.14}$$

に対してその逆行衝突(reverse collision)

$$(-\boldsymbol{p}', -\boldsymbol{p}_1') \longrightarrow (-\boldsymbol{p}, -\boldsymbol{p}_1)$$

が存在する．もし，粒子の間の力の法則が空間反転について対称であれば，回復衝突(restitution collision)

$$(\boldsymbol{p}', \boldsymbol{p}_1') \longrightarrow (\boldsymbol{p}, \boldsymbol{p}_1) \tag{6.8.15}$$

が可能であり，(*6.8.14*)と(*6.8.15*)は等しい確率をもつ．この事情は図6.4から明らかであろう．このような場合

$$\begin{aligned}(\boldsymbol{p}, \boldsymbol{p}_1|\sigma|\boldsymbol{p}', \boldsymbol{p}_1') &= (\boldsymbol{p}', \boldsymbol{p}_1'|\sigma|\boldsymbol{p}, \boldsymbol{p}_1) \\ &\equiv \sigma(\boldsymbol{p}, \boldsymbol{p}_1|\boldsymbol{p}', \boldsymbol{p}_1')\end{aligned} \tag{6.8.16}$$

という対称性がある．(6.6.32)には空間反転という条件なしにこの対称性があるが，それは衝突を2次摂動での Born 近似として取り扱ったからで，一般には(6.8.16)は成り立たない．しかし，簡単のため以下これを仮定しよう．このとき(6.8.9)の2つの項をまとめることができる．改めて Boltzmann 方程式をかけば

$$\frac{\partial}{\partial t}f(\boldsymbol{r},\boldsymbol{p},t)+\frac{\boldsymbol{p}}{m}\cdot\frac{\partial}{\partial \boldsymbol{r}}f-\frac{\partial V}{\partial \boldsymbol{r}}\cdot\frac{\partial}{\partial \boldsymbol{p}}f=\Gamma[f]$$
$$\equiv\iiint d\boldsymbol{p}_1 d\boldsymbol{p}' d\boldsymbol{p}_1' \sigma(\boldsymbol{p},\boldsymbol{p}_1|\boldsymbol{p}',\boldsymbol{p}_1')(ff_1-f'f_1') \qquad (6.8.17)$$

となる．ここで

$$f_1=f(\boldsymbol{r},\boldsymbol{p}_1,t),\qquad f'=f(\boldsymbol{r},\boldsymbol{p}',t),\qquad f_1'=f(\boldsymbol{r},\boldsymbol{p}_1',t) \qquad (6.8.18)$$

と略記した．

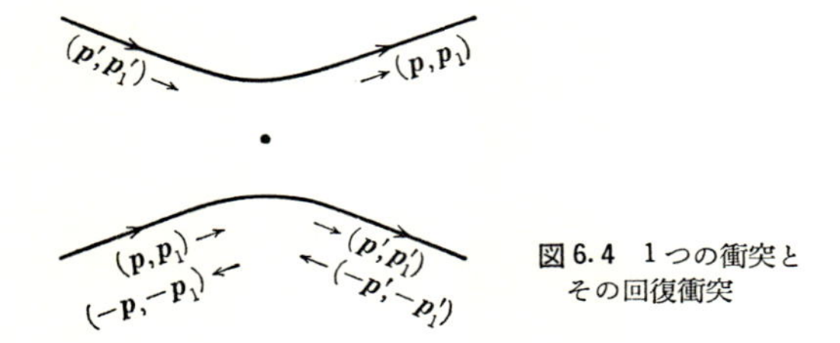

図6.4　1つの衝突とその回復衝突

(6.8.4), (6.8.9)あるいは(6.8.17)は確率分布関数fの発展がその時刻のfできまる，という意味では Markov 的であるが，§6.3に説明したものとは違って，その発展は非線形である．上に述べたように，この方程式の導出はまだ必ずしも厳密に行なわれてはいないし，その成立条件も十分明らかとはいえない．また，この方程式じたいの数学的性格も不明なところが多い．

§6.3で述べたH定理はこの非線形の Boltzmann 方程式でも証明される．いま，エントロピー密度を

$$s(\boldsymbol{r},t)=-k\int f(\boldsymbol{r},\boldsymbol{p},t)\ln f(\boldsymbol{r},\boldsymbol{p},t)\,d\boldsymbol{p} \qquad (6.8.19)$$

として定義しよう．(6.8.17)に$1+\ln f$をかけて$\boldsymbol{p}$について積分すると

$$\int d\boldsymbol{p}\left\{\frac{\partial}{\partial t}+\frac{\boldsymbol{p}}{m}\cdot\frac{\partial}{\partial \boldsymbol{r}}-\frac{\partial V}{\partial \boldsymbol{r}}\cdot\frac{\partial}{\partial \boldsymbol{p}}\right\}f\ln f=\int d\boldsymbol{p}\,(1+\ln f)\,\Gamma[f] \tag{6.8.20}$$

が得られる．ここで，$|\boldsymbol{p}|\to\infty$ で f が 0 になることから

$$\int d\boldsymbol{p}\frac{\partial}{\partial \boldsymbol{p}}f\ln f=0$$

また (6.8.17) から明らかなように

$$\int \Gamma[f]d\boldsymbol{p}=0$$

に注意し，エントロピー流の密度

$$\boldsymbol{j}_s(\boldsymbol{r},t)=-k\int d\boldsymbol{p}\frac{\boldsymbol{p}}{m}f\ln f \tag{6.8.21}$$

を定義すれば，(6.8.20) は

$$\frac{\partial}{\partial t}s(\boldsymbol{r},t)+\mathrm{div}\,\boldsymbol{j}_s(\boldsymbol{r},t)=\left(\frac{ds}{dt}\right)_{\mathrm{irr}} \tag{6.8.22}$$

という形にかかれる．この左辺は

$$\left(\frac{ds}{dt}\right)_{\mathrm{irr}}=-k\int \ln f\,\Gamma[f]d\boldsymbol{p}$$

であるが，この積分は，$\boldsymbol{p},\boldsymbol{p}_1,\boldsymbol{p}',\boldsymbol{p}_1'$ のすべてにわたるから，$\ln f$ の f を f_1 に変えてもよい．またこれを $f'f_1'$ に変えれば符号が変わる．したがって

$$\left(\frac{ds}{dt}\right)_{\mathrm{irr}}=\frac{k}{4}\int\int\int\int d\boldsymbol{p}d\boldsymbol{p}_1d\boldsymbol{p}'d\boldsymbol{p}_1'\sigma(\boldsymbol{p},\boldsymbol{p}_1|\boldsymbol{p}',\boldsymbol{p}_1')(ff_1-f'f_1')\ln\frac{ff_1}{f'f_1'}$$

としてよい．σ は衝突断面積であるから負にはならないし，$x\neq y$ であるかぎり $(x-y)\ln(x/y)>0$ であるから一般に

$$\left(\frac{ds}{dt}\right)_{\mathrm{irr}}\geqq 0 \tag{6.8.23}$$

であり，これが 0 になるのは

$$ff_1=f'f_1' \tag{6.8.24}$$

が成り立つ場合にかぎる．気体が有限な領域に閉じこめられているときには

$$S(t)=\int s(\boldsymbol{r},t)\,d\boldsymbol{r}=-k\int\int d\boldsymbol{r}d\boldsymbol{p}f\ln f \tag{6.8.25}$$

が全エントロピーであるが，(6.8.22)は

$$\frac{dS}{dt} \geqq 0 \tag{6.8.26}$$

を与える．

$$S = -kH \tag{6.8.27}$$

とおけば H は Boltzmann の定義した H 関数で，衝突過程によって H は減少し，エントロピーは増大する．H または S がもはや変化しない状態が熱平衡状態である．

熱平衡状態の条件(6.8.24)から Maxwell 分布(6.8.3)を証明することはむずかしくはない．簡単のため $V=0$ としよう．(6.8.24)は

$$\ln f(\boldsymbol{p}) + \ln f(\boldsymbol{p}_1) = \ln f(\boldsymbol{p}') + \ln f(\boldsymbol{p}_1')$$

とかかれる．一般に $(\boldsymbol{p}, \boldsymbol{p}_1) \to (\boldsymbol{p}', \boldsymbol{p}_1')$ という衝突について

$$\varphi(\boldsymbol{p}) + \varphi(\boldsymbol{p}_1) = \varphi(\boldsymbol{p}') + \varphi(\boldsymbol{p}_1') \tag{6.8.28}$$

をみたす関数 φ を衝突の不変量と呼ぶが，

$$\varphi = 1,\ \ p_x,\ \ p_y,\ \ p_z,\ \ \boldsymbol{p}^2$$

がそのような不変量である．衝突の不変量がこれら以外にあったとすれば，衝突は $\boldsymbol{b}$ の自由度2よりも強く制限されることになるから，これら以外にはない．$\ln f$ は(6.8.28)と同じ形の関数方程式をみたすから，

$$\ln f = a + \boldsymbol{b}\cdot\boldsymbol{p} + c\boldsymbol{p}^2$$

の形をもたなければならない．流れがあれば $\boldsymbol{b} \neq 0$ であるが，箱の中にある気体の場合には $\boldsymbol{b}=0$ であり，f は Maxwell 分布の形となるわけである．このように，Boltzmann 方程式は平衡分布をその解としてもち，平衡にないときにはそれに向かって近づいてゆく解をもつと考えられる．

平衡状態からあまり外れていない場合には，

$$f = f_0(1+g) \qquad (|g| \ll 1)$$

というように，外れを表わす分布関数 g について Boltzmann 方程式を展開し，第1近似としてはその1次までを残せばよい．このような線形化した Boltzmann 方程式は

$$\left\{\frac{\partial}{\partial t} + \frac{\boldsymbol{p}}{m}\cdot\frac{\partial}{\partial \boldsymbol{r}} - \frac{\partial V}{\partial \boldsymbol{r}}\cdot\frac{\partial}{\partial \boldsymbol{p}}\right\} g = -\mathscr{D} g$$

という形にかかれる．右辺の衝突演算子を(6.8.9)あるいは(6.8.17)から導くことは読者に委ねる．

以上では希薄な気体について述べてきたが，Boltzmann 方程式の考え方はそれに限らない．金属や半導体の中の伝導電子が，結晶格子の乱れやフォノンによって散乱され，あるいは電子相互に衝突する場合には，散乱過程を量子力学的に取り扱うだけで本質的に同じ取扱いをする．また，低温度における Fermi 粒子の液体では，Pauli 原理によって粒子間の衝突が制限されるために Landau のいわゆる Fermi 流体理論が成り立つ．これは Boltzmann 方程式の1つの大胆な拡張ともみられるものである．

Boltzmann 方程式じたいは以上に述べたように今日でもいろいろな問題を残しているが，統計物理学の歴史におけるその意義は，はなはだ大きい．

§6.9 拡張された Langevin 方程式と減衰理論

§5.7では現象論の立場から Langevin 方程式の拡張を試みたが，ミクロな立場からのその基礎づけは森によって与えられた．これは§6.5に述べた減衰理論の方法で力学量の運動方程式を Langevin 方程式の形に変形し，これに確率的解釈を与えるものである．量子力学でも古典力学でも形式的には同じではあるが，古典力学による方がむしろ本質的な理解を深めるのによい．そのためには力学量の運動方程式について少しく準備を必要とする．

$t=0$ に位相空間の1点 (p, q) (多数の自由度の運動量と座標をこのように略記する．以下の式中の $\sum$ はそれらの自由度についての和を意味する)にあった代表点は時刻 t には (p_t, q_t) に移る．これに伴う力学量 a の時間的変化を

$$a_t \equiv a(p_t, q_t) = a(p, q\,; t) \tag{6.9.1}$$

と記す．時刻 t における a の値 a_t は p_t, q_t できまるが，それはまた初期位相 p, q と時間 t の関数である．この運動は $\mathcal{H}_t=\mathcal{H}(p_t, q_t)$ として

$$\begin{aligned}\frac{d}{dt}a_t &= \sum\left(\frac{\partial a_t}{\partial p_t}\dot{p}_t+\frac{\partial a_t}{\partial q_t}\dot{q}_t\right)\\ &= \sum\left(-\frac{\partial \mathcal{H}_t}{\partial q_t}\frac{\partial a_t}{\partial p_t}+\frac{\partial \mathcal{H}_t}{\partial p_t}\frac{\partial a_t}{\partial q_t}\right)\end{aligned} \tag{6.9.2}$$

とかかれる．あるいはまた初期位相 p, q と t に関して

$$\frac{\partial}{\partial t}a(p,q\,;t) = \sum\left(-\frac{\partial\mathcal{H}}{\partial q}\frac{\partial}{\partial p}+\frac{\partial\mathcal{H}}{\partial p}\frac{\partial}{\partial q}\right)a(p,q\,;t)$$
$$\equiv -i\mathcal{L}a \qquad (6.9.3)$$

の形にも表わされる．ここに $i\mathcal{L}$ は Liouville 演算子であるが(§1.3)，位相空間の分布関数の時間的変化を与える Liouville 方程式(*1.3.11*)とは符号を異にすることに注意しなければならない．これは量子力学での密度行列の運動方程式(*1.3.8*)と力学量に関する Heisenberg の運動方程式

$$i\hbar\frac{dA_t}{dt} = A_t\mathcal{H}-\mathcal{H}A_t \qquad (6.9.4)$$

の関係と同じである．実際，(*6.9.3*)が a の運動を与えることを次に示そう．その形式的な解は初期値を $a(p,q)$ として

$$a(p,q\,;t) = e^{-i\mathcal{L}t}a(p,q) \qquad (6.9.5)$$

である．$i\mathcal{L}$ は微分演算子であるが，(p,q) の任意の関数 $G(p,q)$ との交換子は

$$[i\mathcal{L},G] = \sum\left(-\frac{\partial\mathcal{H}}{\partial q}\left[\frac{\partial}{\partial p},G\right]+\frac{\partial\mathcal{H}}{\partial p}\left[\frac{\partial}{\partial q},G\right]\right)$$
$$= \sum\left(-\frac{\partial\mathcal{H}}{\partial q}\frac{\partial G}{\partial p}+\frac{\partial\mathcal{H}}{\partial p}\frac{\partial G}{\partial q}\right) = i\mathcal{L}G$$

となり，単に (p,q) の関数である．これを繰り返せば

$$[i\mathcal{L}[i\mathcal{L}\cdots[i\mathcal{L},G]]\cdots] = (i\mathcal{L})^nG$$

一般に演算子 X, Y に関して成り立つ公式†

$$e^XYe^{-X} = X+[X,Y]+\frac{1}{2}[X[X,Y]]+\cdots+\frac{1}{n!}[X[X,\cdots[X,Y]\cdots]+\cdots$$

と上の注意によって，

$$e^{-i\mathcal{L}t}a(p,q)e^{i\mathcal{L}t} = e^{-i\mathcal{L}t}a(p,q) \qquad (6.9.6)$$

としてよいことがわかる．a がたとえば p^nq^m であると

$$e^{-i\mathcal{L}t}p^nq^me^{i\mathcal{L}t} = (e^{-i\mathcal{L}t}pe^{i\mathcal{L}t})^n(e^{-i\mathcal{L}t}qe^{i\mathcal{L}t})^m$$

($\exp(-i\mathcal{L}t)$ と $\exp(i\mathcal{L}t)$ が互いに逆演算子であることに注意せよ)であるから，

---

† この証明には，X の代りに ξX とおき，ξ についての Taylor 展開を行なえばよい．たとえば $d(\exp\xi X)Y\exp(-\xi X)/d\xi=\exp(\xi X)[X,Y]\exp(-\xi X)$，$n$ 階の微係数も同様に繰り返し交換子となる．

$$\left.\begin{aligned} p_t &= e^{-i\mathcal{L}t} p e^{i\mathcal{L}t} = e^{-i\mathcal{L}t} p \\ q_t &= e^{-i\mathcal{L}t} q e^{i\mathcal{L}t} = e^{-i\mathcal{L}t} q \end{aligned}\right\} \tag{6.9.7}$$

とおけば，(6.9.6)により，一般の関数 $a(p, q)$ について

$$a(p, q\,;t) = e^{-i\mathcal{L}t} a(p, q) e^{i\mathcal{L}t} = a(p_t, q_t)$$

である．ところで，(6.9.7)から

$$\frac{dp_t}{dt} = e^{-i\mathcal{L}t}(-i\mathcal{L}p) = e^{-i\mathcal{L}t}\left(-\frac{\partial\mathcal{H}}{\partial q}\right) = -\frac{\partial}{\partial q_t}\mathcal{H}(p_t, q_t)$$

としてわかるように(dq_t/dt についても同様)，p_t, q_t は p, q を初期位相として Hamilton の運動方程式を満足する．したがって(6.9.5)は任意の力学量の運動を表わし，また(6.9.3)はその発展を表わす．この方程式は(6.5.1)と同じ形であるから適当な射影に関して減衰理論が用いられる．

考える力学系が熱平衡にあるとして，それに関するある力学量 a(たとえば Brown 粒子の速度 u)のゆらぎを問題にする．任意の位相関数 $g(p, q)$ について その射影 $\mathcal{P}g$ を

$$\mathcal{P}g = \frac{a(a, g)}{(a, a)} \tag{6.9.8}$$

ただし

$$(a, g) = C\int\!\!\int dp dq e^{-\mathcal{H}(p,q)/kT} a(p, q) g(p, q) \tag{6.9.9}$$

として定義する．ここに C はカノニカル分布の規格化因数，積分は多次元の位相空間全体にわたる．$\mathcal{P}^2 = \mathcal{P}$ はあきらか，(6.9.1)の a_t については

$$a_0 = a, \qquad \mathcal{P}a = a, \qquad \mathcal{P}'a = 0 \qquad (\mathcal{P}' = 1 - \mathcal{P}) \tag{6.9.10}$$

また任意の 2 つの関数 $g(p, q), h(p, q)$ について

$$(g_t, h_t) = (g_0, h_0) \equiv (g, h) \tag{6.9.11}$$

したがって

$$\left.\begin{aligned} &\frac{d}{dt}(g_t, h_t) = (\dot{g}_t, h_t) + (g_t, \dot{h}_t) = 0 \\ &(\dot{g}, h) = -(g, \dot{h}) \end{aligned}\right\} \tag{6.9.12}$$

特に

$$(\dot{g}, g) = (g, \dot{g}) = 0 \tag{6.9.13}$$

が成り立つ．(6.9.11)は

$$(g_t, h_t) = C\int\int dpdqe^{-\mathscr{H}(p,q)/kT}g(p_t, q_t)h(p_t, q_t)$$
$$= C\int\int dp_tdq_te^{-\mathscr{H}(p_t,q_t)/kT}g(p_t, q_t)h(p_t, q_t)$$
$$= (g, h)$$

による．ここに保存則 $\mathscr{H}(p_t, q_t)=\mathscr{H}(p, q)$，$dpdq=dp_tdq_t$ を用いた．また2行目は全位相空間についての積分であるから，p_t, q_t を初期位相 (p, q) に置き換えても同じことである．この等式を微分し，$t=0$ とおけば(6.9.12)が得られる．

さて(6.5.17)の公式において，f を a，Γ を $-i\mathscr{L}$ とおく．

$$i\mathscr{L}a = \dot{a}(0) \equiv \dot{a} \tag{6.9.14}$$

であるから，右辺の第1項は $(a, \dot{a})$ を含むため消え，第3項は(6.9.10)によって消える．第2項は

$$a\left(a, -i\mathscr{L}\int_0^t d\tau e^{-i(t-\tau)\mathcal{P}'\mathscr{L}}\mathcal{P}'(-i\mathscr{L})a\right)\frac{(a, a_\tau)}{(a, a)^2}$$
$$= -\left(\dot{a}, \int_0^t d\tau e^{-i(t-\tau)\mathcal{P}'\mathscr{L}}\mathcal{P}'\dot{a}\right)\frac{\mathcal{P}a_\tau}{(a, a)} \tag{6.9.15}$$

となる．ここで(6.9.12)，あるいは

$$(i\mathscr{L}g, h) = -(g, i\mathscr{L}h)$$

を用いた．また $\mathcal{P}\dot{a}=0$ によって $\mathcal{P}'\dot{a}=\dot{a}$ としてよい．(6.5.17)はこの場合

$$\frac{d}{dt}\mathcal{P}a_t = -\int_0^t \gamma(t-\tau)\mathcal{P}a_\tau d\tau \tag{6.9.16}$$

あるいは

$$\frac{d}{dt}(a, a_t) = -\int_0^t \gamma(t-\tau)(a, a_\tau)d\tau \tag{6.9.17}$$

という形になる．ただし $\gamma(t)$ は(6.9.15)に見るように

$$\gamma(t) = \frac{(\dot{a}, e^{-it\mathcal{P}'\mathscr{L}}\dot{a})}{(a, a)} \tag{6.9.18}$$

として定義されている．

一方，(6.5.16)はこの場合

$$\mathcal{P}'a_t = \int_0^t d\tau e^{-i(t-\tau)\mathcal{P}'\mathcal{L}}\mathcal{P}'(-i\mathcal{L}a)\frac{(a, a_\tau)}{(a, a)} \tag{6.9.19}$$

となる．(6.9.17)は a_t の運動方程式が

$$\frac{d}{dt}a_t = -\int_0^t \gamma(t-\tau)a_\tau d\tau + R_t \tag{6.9.20}$$

のように変形されることを暗示している．ここに R_t はランダムな力に相当するが，実際これを

$$R_t = e^{-it\mathcal{P}'\mathcal{L}}\dot{a}, \qquad R_0 = \dot{a} \tag{6.9.21}$$

とおけば，(6.9.20)は(6.9.16)，(6.9.19)の両式と同等になる．$\mathcal{P}\mathcal{P}'=0$ であるから(6.9.21)の R_t は

$$\mathcal{P}R_t = 0 \quad \text{あるいは} \quad (a, R_t) = 0 \tag{6.9.22}$$

をみたす．(6.9.20)を $\mathcal{P}$ に射影すれば(6.9.16)に一致する．(6.9.19)との関係を見るためには，(6.9.20)を(6.5.18)のようにLaplace変換すると，

$$A(s) = \frac{1}{s+\gamma(s)}(a_0+R(s)) \tag{6.9.23}$$

ただし，$A(s)$，$\gamma(s)$，$R(s)$ はそれぞれ a_t，$\gamma(t)$，R_t のLaplace変換である．一方，(6.9.17)のLaplace変換は

$$(a, A(s)) = \frac{1}{s+\gamma(s)}(a, a) \tag{6.9.24}$$

を与えるから，(6.9.23)の $\mathcal{P}'$ 射影は

$$\mathcal{P}'A(s) = \frac{1}{s+\gamma(s)}R(s) = \frac{(a, A(s))}{(a, a)}R(s) \tag{6.9.25}$$

となる．一方，(6.9.19)の右辺は($\mathcal{P}'\dot{a}=\dot{a}$ であるから)，(6.9.21)の R_t と (a, a_t) のたたみこみ積分であるが，そのLaplace変換はまさに(6.9.25)に一致する．このように，(6.9.20)から(6.9.19)も得られるから，(6.9.20)は元来の運動方程式(6.9.3)(または(6.9.2))と同等である．

(6.9.18)は(6.9.21)により

$$\gamma(t) = \frac{(R_0, R_t)}{(a, a)} \tag{6.9.26}$$

これを用い，(6.9.24)は

$$\int_0^\infty (a_0, a_t) e^{-st} dt = \frac{(a, a)}{s + \int_0^\infty (R_0, R_t) e^{-st} dt \Big/ (a, a)} \qquad (6.9.27)$$

とかかれる．この左辺は，力学量 a の2つの時点 $(0, t)$ での相関 (a_0, a_t) の Laplace 変換 ($s=i\omega$ とすれば Fourier-Laplace 変換)であるが，これをこのようにランダムな力 R_t によって表現することはしばしば森の方法とよばれる(巻末文献(57))．(6.9.27)は(5.7.16)に，(6.9.26)は(5.7.17)に対応し，それぞれ第1種，第2種の揺動散逸定理にあたる．ただし，考える力学量の相関関数が，実際，その系に何か外力を与えた(たとえば Brown 粒子を動かす)ときの応答(たとえば移動度)を与えることは，この節で述べたことだけからは出てこない．これは第8章で述べる線形応答理論から導かれる．

ランダムな力 R_t は，$\dot{a}_t$ から組織的な部分を引き去った残りで，元来の運動を表わす Liouville 演算子は，これに対しては(6.9.21)に見るように変形されて $i\mathcal{P}'\mathcal{L}$ がこれを支配することになっている．これは力学的な自然の運動ではないので直観的にはつかみにくいところがある．希薄な気体の中で，分子が互いに衝突しながら飛んでいるような場合には，R_t は1回ごとの衝突を独立に考えたものにほぼ等しい．一般の場合にもこれに近い考え方ができるので，(6.9.27)は多粒子系の取扱いとして有用な方法を提供する．この分母にある R_t の相関関数について，R_t を a_t とみなして同じ取扱いを繰り返すこともできる．そのようにして $\gamma(s)$ をまた(6.9.27)と似た分数で表わし，これを繰り返せば，(6.9.27)の右辺は連分数に展開される．この方法も森によって始められ，多くの問題に応用されている．以上に述べたことは量子統計力学としてもほとんど同じことである．また考える力学量としていくつかのものの組をとるならば，a_t, R_t をベクトル，γ を行列として一般化することも容易である．

第7章　緩和現象と共鳴吸収

第5, 第6章では, 物理現象の時間的経過を確率過程と見て, 現象記述の精粗の度合, すなわち識別限界の空間的精度, 時間的精度の変更や過程の射影などによって, 現象がどのように捉えられるかを詳しく論じた. またその際, 現象を記述する道具として種々の概念や物理量を導入した. 第8, 第9章では, これらの物理量の統計力学的公式化と, 物質構造が仮定された場合の計算法についての一般的枠組みとを与える.

本章は第5, 第6章と第8, 第9章とのつなぎの章である. まず第8, 第9章の準備として, それらの物理量のうち現象論でしばしば使われるものについて, 実例を挙げながら組織的に述べ, またそれら相互の関係を整理しておく. 相関関数などのような統計力学的な量については第8章で論ずる. 現象論は, 物理系を制御する際に物質内に起こる現象の描像を得るために作られるものであるから, それに使用される概念はどうしても制御手段を反映することになる. 制御手段が静的に近い間は熱力学的概念ですむが, 手段が高振動数の動的なものに発展すると, 電気回路論などからの概念を援用しなければならなくなる. 従来の熱力学や統計力学では耳慣れない量が現われるのもそのためである. なお高振動数現象に移る際には, 必然的に現象記述の精度の変更がともなわれることに注意を要する. 次に現象論を基礎づける簡単な微視的理論についても, 前2章との関連を理解する助けになる程度で述べておくことにする. 話を簡単にするために, 線形現象に限る.

§7.1　線形不可逆過程

本節と次節ではできるだけ一般的な形で現象論を展開する. §7.3, §7.4に例を挙げてあるので, それと比べながら読んで欲しい.

a）力学的な力と熱的な力，変位と流れ

誘電体や常磁性体では，電場または磁場を外からかけると電気分極や磁化を生ずる．導体では，その形が回路を作るなど境界条件が許すか，電場や磁場が時間的に変動するような場合には，電流を生ずる．電場や磁場などの外力が十分弱いならば，電気分極や電流，磁化はそれらに比例するとしてよい．電場や磁場のような力学的(または電磁気学的)な外力ではなく，温度勾配や濃度勾配が存在しても，それらが十分弱ければ，それらに比例した熱流や拡散流が生ずる．本講座第2巻『古典物理学 II』に述べられている不可逆過程の熱力学によれば，絶対温度の対数の勾配に負号をつけたもの，化学ポテンシャルの勾配に負号をつけたものが温度勾配，濃度勾配に対応する熱的な内力である．力学的，熱的という力の区別は必ずしも明確に行なえるわけではない．電場の場合でも，系外から印加される外場と，系内の各物質に作用する内部場とは一般に値が異なる．内部場は外場に系の他の部分から生ずる電場を加えたものであるが，この付け加わる場は物質の熱運動の影響を受けているからである．

電気分極や磁化は，静電場や静磁場のもとでは，熱平衡状態でも生じうるが，時間的に変動する場の場合には，不可逆過程と結びついている．上に挙げた他の例は全て不可逆過程である．電気分極は電荷の空間的分布の変化または永久電気2重極などの配向分布の変化によって生じ，磁化は磁気2重極の配向分布の変化などから生ずる．これらまたはそれらに類似の現象を，電荷の変位や磁気2重極の回転にならって，**一般化された変位**と呼ぶことにしよう．電流，熱流などは**一般化された流れ**と呼ぶ．一般化された変位を生じ，あるいは一般化された流れを駆動する外力または内力を**一般化された力**と呼ぶことにする．簡単のために以下ではいちいち一般化されたという言葉はつけない．

b）線形関係式

不可逆過程を記述する現象論では，エネルギー保存則や物質保存則などを表わす方程式の他に，変位または流れと力とを結びつける関係式を仮定する必要がある．前者は全ての物質に共通の一般法則を表わすが，後者はそれぞれの物質に特有の性質と結びついており，着目する物質，取り扱われる現象に応じて違ってくるので，**現象論的関係式**と呼ばれることがある．力が十分弱いならば，変位または流れは力のベキ級数に展開できると考えられるが，力の2次以上の項を無視し

た現象論的関係式で十分よく記述されるような不可逆過程を**線形不可逆過程**と呼ぶ.

力の1次式である現象論的関係式を特に**線形関係式**と呼ぶ. 電気伝導の Ohm の法則, 熱伝導の Fourier の法則, 拡散の Fick の法則などは, 流れに対するそのよく知られた例である. 弾性の Hooke の法則, 常磁性体の磁化の式などは変位に対する例である. 変位または流れの時刻 t における値を $B_\mu(t)$ とし, それに対応する力を $X_\mu(t)$ と書くと, これらの線形関係式は等方的な系では次の形をもっている.

$$B_\mu(t)-B_\mu{}^{\mathrm{eq}} = L_{\mu\mu}X_\mu(t)$$

添字 μ は種類の違いやベクトルまたはテンソルの成分を区別するものとする. 空間的に一様でない系では μ に空間座標をも含めればよいが, §7.5まではおもに一様な系を考えておく. $B_\mu{}^{\mathrm{eq}}$ は外力のないときの熱平衡値を示す. 流れに対しては $B_\mu{}^{\mathrm{eq}}=0$ である.

現象論ではできるだけ関係式を一般化しようとする. 一般化することによって適用範囲を広げ, 理論の有用性を増すためである.

まず種々の不可逆現象が共存する場合への拡張は容易である. 一般に線形現象では重ね合せが許されるから, 線形関係式は種々の力の効果を加え合わせて,

$$B_\mu(t)-B_\mu{}^{\mathrm{eq}} = \sum_\nu L_{\mu\nu}X_\nu(t) \tag{7.1.1}$$

の形で与えられる. 係数 $L_{\mu\nu}$ は**輸送係数**と呼ばれる. μ, ν が異なる種類の不可逆現象に関係するような係数 $L_{\mu\nu}$ の現われることは, 不可逆現象間の干渉効果を示すもので, 係数の対称性は干渉効果の相反関係を表わす. これらの事柄については本講座『古典物理学 II』の不可逆過程の熱力学を参照されたい.

(7.1.1) の形の現象論的関係式は, ゆっくり行なわれる線形不可逆過程にしか使えない. 両辺に同時刻の量が現われていることは, 力に対し変位または流れが瞬間的に応ずる値を示すことを意味するからである. 力の時間的変動がある程度以上急速になると, 変位または流れの応答は一般に力の変動から遅れてくる. この遅れが無視できる程度に粗い時間精度で現象を記述するとき, (7.1.1) が使用できるわけである. この点については以下に繰り返し触れるであろう. 使用している時間精度でも遅れが無視できない現象が混じるときには, 変位または流れの

値が問題となっている時刻 t より過去の力の値に由来する効果をも重ね合わせなければならない．過去の力が現われ，未来のものが入らないのは，現在の状態は過去の原因のみによるという**因果律**のためである．このような修正によって，(7.1.1)は§6.5の用語を借りていえば，**非 Markov 的**な形に拡張される．

$$B_\mu(t)-B_\mu{}^{\rm eq}=\sum_\nu \chi_{\mu\nu}{}^\infty X_\nu(t)+\int_{-\infty}^{t} dt' \sum_\nu \Phi_{\mu\nu}(t-t')X_\nu(t') \qquad (7.1.2)$$

上式の右辺第1項は遅れの無視できる寄与であり，第2項は遅れの無視できない寄与である．係数 $\Phi_{\mu\nu}$ が時間差 $t-t'$ の形で時間依存性をもつとしたのは，力の時間依存性を除けば，系の性質は本来時間原点の選び方に対し不変であると考えられるからである．

自由度の非常に大きい巨視的な系では，過去の力の効果は時間の経過とともに消え去るのが普通である．塑性変形のような場合は線形不可逆過程ではないので考えていない．過去の効果が消え去ることは係数 $\Phi_{\mu\nu}(t-t')$ が次式をみたすことで表わされる．

$$\lim_{t\to+\infty}\Phi_{\mu\nu}(t-t')=0 \qquad (7.1.3)$$

0への収束は，ある時間 τ よりも大きな時間差 $t-t'$ に対し，$\Phi_{\mu\nu}$ の値を0とみなしてよいことを意味する．

時間 τ を無視できる程度に粗い時間精度で現象を記述できる場合，すなわち力の時間変化が十分ゆるやかで，τ の程度の時間差ではほとんどその値を変えないとみなせる場合に戻ることを考えよう．(7.1.2)で第2項の積分変数を t' から $s=t-t'$ に変えると，

$$B_\mu(t)-B_\mu{}^{\rm eq}=\sum_\nu \chi_{\mu\nu}{}^\infty X_\nu(t)+\int_0^\infty ds\sum_\nu \Phi_{\mu\nu}(s)X_\nu(t-s) \qquad (7.1.4)$$

を得るが，積分への寄与はたかだか τ までの s の値をもつ項からくる．仮定により $X_\nu(t-s)$ は $X_\nu(t)$ と等しいとみなせるから，(7.1.4)は(7.1.1)に帰着し，輸送係数は

$$L_{\mu\nu}=\chi_{\mu\nu}{}^\infty+\int_0^\infty ds\Phi_{\mu\nu}(s) \qquad (7.1.5)$$

で与えられることが分かる．Markov 的法則(7.1.1)には現象の粗視化が必要な

のである．

(7. 1. 2) では右辺第2項の積分の下限は $-\infty$ にとってあるが，これはもちろん (7. 1. 3) の極限への収束が十分速やかなときに許される．時刻 t_0 に初期値 $B_\mu(t_0)$ を与える形に書くと，$t \geqq t_0$ で，

$$B_\mu(t) - B_\mu{}^{\mathrm{eq}} - \sum_\nu \chi_{\mu\nu}{}^\infty X_\nu(t)$$
$$= \int_{t_0}^t dt' \sum_\nu \Phi_{\mu\nu}(t-t') X_\nu(t') + \sum_\nu \Psi_{\mu\nu}{}^{\mathrm{m}}(t-t_0) \left\{ B_\nu(t_0) - B_\nu{}^{\mathrm{eq}} - \sum_\kappa \chi_{\nu\kappa}{}^\infty X_\kappa(t_0) \right\} \tag{7. 1. 6}$$

のようになるであろう．右辺第2項は $t=t_0$ で第1項の積分が消えることから必要となる．係数 $\Psi_{\mu\nu}{}^{\mathrm{m}}$ は初期条件の記憶を表わすもので，次式をみたすべきである．

$$\Psi_{\mu\nu}{}^{\mathrm{m}}(0) = \delta_{\mu\nu}, \qquad \lim_{t\to+\infty} \Psi_{\mu\nu}{}^{\mathrm{m}}(t-t_0) = 0 \tag{7. 1. 7}$$

上式の第1式は初期条件に合わせるための規格化条件である．第2式によれば，$t_0 \to -\infty$ とするとき (7. 1. 6) は (7. 1. 2) に帰着する．(7. 1. 6) は最も一般的な線形関係式である．

c） 瞬間的に作用する力への応答

線形関係式を急速に変動する現象に適用できるように一般化する際に輸送係数の代りに現われた関数 $\Phi_{\mu\nu}$ の物理的意味を見るために，時刻 t_1 のまわりのごく短い時間内に，κ 種の，または κ 方向だけの力がかかったとしてみる．力の作用している時間は，使用している時間精度では瞬間的とみなされるとすれば，Dirac の δ 関数によって時間依存性が表わされる．

$$X_\nu(t) = \delta_{\nu\kappa}\delta(t-t_1) \tag{7. 1. 8}$$

力の強さは力積 $\int_{-\infty}^{\infty} X_\kappa(t)\,dt$ が1となるように，つまり力が単位の大きさのパルス波形をもつように選んだ．(7. 1. 8) を (7. 1. 2) に代入すると，Heaviside の階段関数

$$\theta(x) = \int_{-\infty}^{x} dx' \delta(x') = \begin{cases} 1 & (x>0) \\ 0 & (x<0) \end{cases} \tag{7. 1. 9}$$

を使って次式を得る．

$$B_\mu(t) - B_\mu{}^{\mathrm{eq}} = \chi_{\mu\kappa}{}^\infty \delta(t-t_1) + \Phi_{\mu\kappa}(t-t_1)\theta(t-t_1) \tag{7. 1. 10}$$

時刻 t_1 前には力はなく，系は熱平衡状態にあった：$B_\mu(t)=B_\mu{}^{\mathrm{eq}}$ $(t<t_1)$．上式右辺第1項はパルス力に対する瞬間的応答を表わす．第2項は時刻 t_1 後に残るパルス力の効果を表わしている：$B_\mu(t)-B_\mu{}^{\mathrm{eq}}=\Phi_{\mu\kappa}(t-t_1)$ $(t>t_1)$．時刻 t_1 から十分時間がたてば，(7. 1. 3) により，系は再び熱平衡状態に復帰する．この意味で関数 Φ を**余効関数**または**応答関数**と呼ぶ．

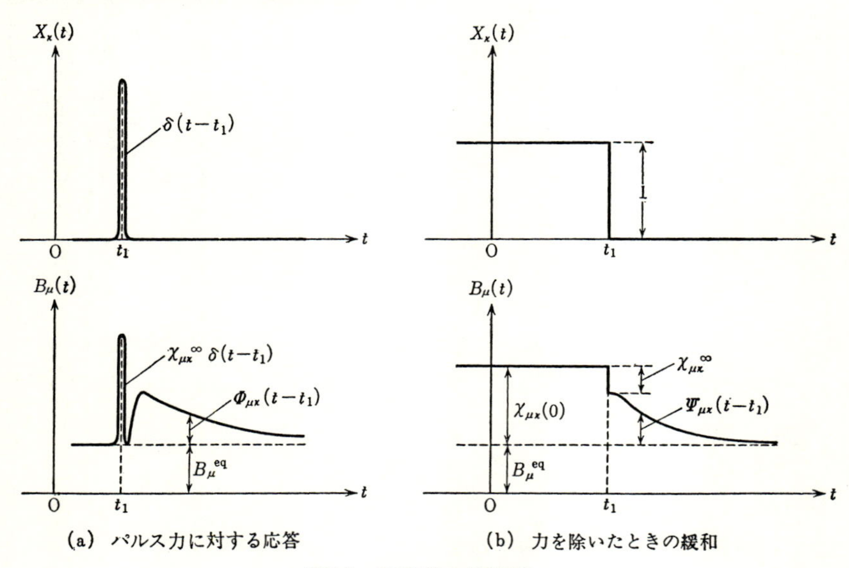

図7.1　応答関数と緩和関数

d) 緩 和 現 象

時刻 t_1 までかけつづけられていた一定不変の力が，時刻 t_1 に突然取り除かれる場合を考えよう．時刻 t_1 までは系はその力の作用下での熱平衡状態にあるが，時刻 t_1 後には系は力の作用していないときの熱平衡状態に向かって進行してゆく．このようなとき観測される現象を**緩和現象**と呼ぶ．力は κ 方向だけに成分をもち，強さ1であるとすれば，(7. 1. 9) の階段関数を使って，

$$X_\nu(t) = \delta_{\nu\kappa}\theta(t_1-t) \tag{7. 1. 11}$$

と書ける．(7. 1. 4) に代入すれば次式を得る．

$$B_\mu(t) = B_\mu{}^{\mathrm{eq}}+\chi_{\mu\kappa}{}^\infty\theta(t_1-t)+\Psi_{\mu\kappa}(\max[0, t-t_1]) \tag{7. 1. 12}$$

ここに $\max(x, y)$ は x, y のうち大きい方を示し，また次の関数を導入した．

$$\Psi_{\mu\nu}(t) = \int_t^\infty ds\Phi_{\mu\nu}(s) \tag{7.1.13}$$

(7.1.12)によれば，時刻 t_1 前には，B_μ は κ 方向の単位力の作用下での熱平衡値 $B_\mu{}^{\mathrm{eq}}+\chi_{\mu\kappa}{}^\infty+\Psi_{\mu\kappa}(0)$ をもっていた．時刻 t_1 後には，関数 $\Psi_{\mu\kappa}(t-t_1)$ で定まる仕方で力のないときの平衡値 $B_\mu{}^{\mathrm{eq}}$ に向かって値を変えてゆく．この意味で(7.1.13)に定義された関数 Ψ を**緩和関数**と呼ぶ．(7.1.13)から次式が得られる．

$$\Phi_{\mu\nu}(t) = -\frac{d\Psi_{\mu\nu}(t)}{dt} \tag{7.1.14}$$

(7.1.13)，(7.1.14)は，応答関数 Φ と緩和関数 Ψ のどちらか一方が与えられれば，他方が求められるはずであることを示す．つまり系の性質はどちらの関数を用いても等価に記述される．(7.1.3)の収束は十分速く，(7.1.13)の積分は収束しているはずである．したがって

$$\lim_{t\to+\infty} \Psi_{\mu\nu}(t) = 0 \tag{7.1.15}$$

が成り立ち，$B_\mu(t)\to B_\mu{}^{\mathrm{eq}}$ を保証している．逆に上式が成り立つと，十分大きな t に対し Ψ は0とみなしてよいから，(7.1.14)により Φ も0に収束することになる．つまり力を取り除いたとき熱平衡状態に向かうような系では，力の効果は時とともに消えてゆかなければならない．

初期値を与えた場合の緩和を見るには，一般に(7.1.11)の代りに

$$X_\nu(t) = X_\nu\theta(t_1-t) \tag{7.1.16}$$

を使うと，(7.1.12)の代りに

$$B_\mu(t) = B_\mu{}^{\mathrm{eq}}+\sum_\nu \chi_{\mu\nu}{}^\infty X_\nu\theta(t_1-t)+\sum_\nu \Psi_{\mu\nu}(\max[0, t-t_1])X_\nu \tag{7.1.17}$$

が得られるから，この式と初期値の式とから力の強さ X_ν を消去すればよい．初期値としては時刻 $t_0=t_1-0$ での値をとるとすれば，(7.1.17)により，

$$B_\mu(t_0) = B_\mu{}^{\mathrm{eq}}+\sum_\nu \{\chi_{\mu\nu}{}^\infty+\Psi_{\mu\nu}(0)\}X_\nu \tag{7.1.18}$$

となる．行列 $\chi^\infty+\Psi(0)$ の逆行列を $\{\chi^\infty+\Psi(0)\}^{-1}$ とすると，

$$B_\mu(t)-B_\mu{}^{\mathrm{eq}} = \sum_\nu \Psi_{\mu\nu}{}^{\mathrm{m}}(t-t_0)\{B_\nu(t_0)-B_\nu{}^{\mathrm{eq}}\} \qquad (t\geqq t_0) \tag{7.1.19}$$

の形の式が得られ，緩和現象は関数

$$\Psi_{\mu\nu}{}^{\mathrm{m}}(t)=\sum_{\kappa}\{\chi_{\mu\kappa}{}^{\infty}\theta(-t+\varDelta)+\Psi_{\mu\kappa}(t)\}[\{\chi^{\infty}+\Psi(0)\}^{-1}]_{\kappa\nu}$$

$$(t\geqq 0,\ \ \varDelta\rightarrow +0) \tag{7.1.20}$$

で記述される．Ψ^{m} は(7.1.7)をみたす規格化された緩和関数である．規格化 $\Psi^{\mathrm{m}}(0)=1$ のために $\chi^{\infty}+\Psi(0)$ に関する知識が失われるから，初期値からの緩和(7.1.19)の測定は，静的な力に対する応答(7.1.18)の測定と組み合わせなければ，応答関数や緩和関数と等価な知識を与えない．

§7.2　複素アドミッタンス

線形現象では，繰り返し述べているように，重ね合せがきくから，正弦波形で振動する力のような実現しやすい力に対する系の応答を調べておけば，一般の時間依存性をもつ力に対する結果も容易に得ることができる．調和振動する力に対する応答は，応答関数や緩和関数とは異なる新しい関数によって記述される．

a）調和振動への分解

力および変位または流れを次のように調和振動の重ね合せに分解する†．

$$\left.\begin{aligned}X_{\nu}(t)&=\int_{-\infty}^{\infty}\frac{d\omega}{2\pi}e^{-i\omega t}X_{\nu,\omega}\\ B_{\mu}(t)-B_{\mu}{}^{\mathrm{eq}}&=\int_{-\infty}^{\infty}\frac{d\omega}{2\pi}e^{-i\omega t}B_{\mu,\omega}\end{aligned}\right\} \tag{7.2.1}$$

$$\left.\begin{aligned}X_{\nu,\omega}&=\int_{-\infty}^{\infty}dte^{i\omega t}X_{\nu}(t)\\ B_{\mu,\omega}&=\int_{-\infty}^{\infty}dte^{i\omega t}\{B_{\mu}(t)-B_{\mu}{}^{\mathrm{eq}}\}\end{aligned}\right\} \tag{7.2.2}$$

(7.2.2)の右辺に線形関係式(7.1.4)を代入し，そのとき(7.1.4)の右辺に(7.2.1)の第1式を代入すると，線形関係式の Fourier 変換が次のように行なわれる．

$$B_{\mu,\omega}=\sum_{\nu}\chi_{\mu\nu}(\omega)X_{\nu,\omega} \tag{7.2.3}$$

---

† 空間的に一様でない系の状態を§7.5で論ずるが，その際平面進行波の重ね合せに分解する．これに合わせて以下 $e^{-i\omega t}$ を使う．第5，第6章での $e^{i\omega t}$ とは変えてあることに注意．

ただし Dirac の δ 関数に対する公式

$$\delta(x) = \int_{-\infty}^{\infty} \frac{d\omega}{2\pi} e^{i\omega x} \tag{7.2.4}$$

を使い，また複素関数

$$\chi_{\mu\nu}(\omega) = \chi_{\mu\nu}{}^{\infty} + \int_0^{\infty} dt e^{i\omega t} \Phi_{\mu\nu}(t) \tag{7.2.5}$$

を導入した．(7.2.3)の形の線形法則は電気回路の理論に現われるもので，それに習って係数 χ を**複素アドミッタンス**と呼ぶことにする．

応答関数と複素アドミッタンスとの関係は定義式(7.2.5)で与えられるが，緩和関数との関係を求めるには，(7.1.14)を代入して1回部分積分し，(7.1.15)を使えばよい．

$$\chi_{\mu\nu}(\omega) = \chi_{\mu\nu}{}^{\infty} + \Psi_{\mu\nu}(0) + i\omega \int_0^{\infty} dt e^{i\omega t} \Psi_{\mu\nu}(t) \tag{7.2.6}$$

特に $\omega \to 0$ とすれば，上式右辺第3項の積分が収束するとき，次式が得られる．

$$\chi_{\mu\nu}(0) = \chi_{\mu\nu}{}^{\infty} + \Psi_{\mu\nu}(0) \tag{7.2.7}$$

この静アドミッタンスは実数である．(7.2.5)は応答関数の Fourier-Laplace 変換が $\chi(\omega) - \chi^{\infty}$ となることを示すが，(7.2.6)は緩和関数の Fourier-Laplace 変換が

$$\frac{\chi_{\mu\nu}(\omega) - \chi_{\mu\nu}(0)}{i\omega} = \int_0^{\infty} dt e^{i\omega t} \Psi_{\mu\nu}(t) \tag{7.2.8}$$

を与えることを示す．規格化された緩和関数(7.1.20)の場合には†，

$$\frac{[\chi(\omega)\chi^{-1}(0) - 1]_{\mu\nu}}{i\omega} = \int_0^{\infty} dt e^{i\omega t} \Psi_{\mu\nu}{}^{\mathrm{m}}(t) \tag{7.2.9}$$

となる．

かくして応答関数または緩和関数による線形不可逆現象の記述と複素アドミッタンスによる記述とは等価である．複素アドミッタンスは複素関数であるから，その実部と虚部との2つの関数を含むわけであるが，それら2つの関数の一方だけが独立な知識を含み，他はそれ以上の知識を与えないことは§7.6に示す．実

---

† $\lim_{\Delta \to +0} \int_0^{\infty} dt e^{i\omega t} \theta(-t+\Delta) = \lim_{\Delta \to +0} \int_0^{\Delta} dt e^{i\omega t} = 0$

験的には，パルス的な力を作りだすことは面倒なので，緩和現象を測定するか，調和振動をする力に対する応答，すなわち複素アドミッタンスを測る方が楽である．特に複素アドミッタンスを作る2つの実関数のうち，エネルギーの散逸に関係する方を測定するのが便利である．

b）　エネルギー散逸

力 $X(t)$ が周期的に変動する外力である場合には，その外力が系になす仕事が，系によって熱エネルギーに変えられ消耗されてゆく割合を複素アドミッタンスを使って表わせる．周期的な力を次の形にとろう．

$$X_\nu(t) = x_\nu \cos(\omega t+\delta_\nu) \tag{7.2.10}$$

位相 δ_ν を挿入した理由は(*7.4.7*)の円偏光型の場合をも含めるためである．それに対する応答は(*7.1.4*)から，

$$B_\mu(t)-B_\mu^{\mathrm{eq}} = \sum_\nu \{\chi_{\mu\nu}'(\omega)\, x_\nu \cos(\omega t+\delta_\nu)+\chi_{\mu\nu}''(\omega)\, x_\nu \sin(\omega t+\delta_\nu)\} \tag{7.2.11}$$

と求められる．右辺第1項は力と位相が一致する成分であり，第2項は位相が90°ずれた成分である．両者の係数は次式で与えられる．

$$\left.\begin{aligned}\chi_{\mu\nu}'(\omega) &= \chi_{\mu\nu}^{\infty}+\int_0^\infty dt\Phi_{\mu\nu}(t)\cos\omega t\\ \chi_{\mu\nu}''(\omega) &= \int_0^\infty dt\Phi_{\mu\nu}(t)\sin\omega t\end{aligned}\right\} \tag{7.2.12}$$

これらは実関数であるが，複素アドミッタンス(*7.2.5*)と比べると，その実部および虚部となっていることが分かる．

$$\chi_{\mu\nu}(\omega) = \chi_{\mu\nu}'(\omega)+i\chi_{\mu\nu}''(\omega) \tag{7.2.13}$$

外力 X_ν に対応する系の変位を A_ν とすると，外力が系になす仕事は次式で与えられる．

$$d'W = \sum_\nu X_\nu dA_\nu \tag{7.2.14}$$

熱力学第1法則

$$dU = d'Q+d'W \tag{7.2.15}$$

によれば，系が周期的運動を繰り返すとき，1周期につき系が外界に放出する熱

量は

$$-\oint d'Q = \oint d'W = \sum_{\nu} \oint X_{\nu}(t)\frac{dA_{\nu}(t)}{dt}dt \tag{7.2.16}$$

となる．積分は1周期についてとる．熱力学第2法則

$$dS > \frac{d'Q}{T} \tag{7.2.17}$$

によれば，線形不可逆過程では外力が十分小さいので，分母の絶対温度を熱平衡値 T_{eq} で近似してよく，

$$-\oint d'Q > 0 \tag{7.2.18}$$

でなければならない．つまり1周期全体として見れば，外からなされた仕事は確実に熱として系から失われなければならない．単位時間あたりに換算した損失エネルギー

$$L = -\oint d'Q\Big/\left(\frac{2\pi}{\omega}\right) = \sum_{\mu}\overline{X_{\mu}(t)\frac{dA_{\mu}(t)}{dt}} > 0 \tag{7.2.19}$$

を**パワー・ロス**と呼ぶ．上式で上に引いた横線は1周期について時間平均をとることを意味する．

まず(7.2.11)の B_{μ} が変位 A_{μ} 自身である場合を考えよう．この場合には(7.2.19)の第3辺に現われる時間微分は

$$\frac{dA_{\mu}(t)}{dt} = \sum_{\nu}\{-\omega\chi_{\mu\nu}'(\omega)\,x_{\nu}\sin(\omega t+\delta_{\nu}) + \omega\chi_{\mu\nu}''(\omega)\,x_{\nu}\cos(\omega t+\delta_{\nu})\}$$

となるから，この式と(7.2.10)とを(7.2.19)に代入して，

$$L = \sum_{\mu,\nu}\omega\{\chi_{\mu\nu}'(\omega)\sin(\delta_{\mu}-\delta_{\nu}) + \chi_{\mu\nu}''(\omega)\cos(\delta_{\mu}-\delta_{\nu})\}\frac{x_{\mu}}{\sqrt{2}}\frac{x_{\nu}}{\sqrt{2}} > 0 \tag{7.2.20}$$

を得る．上式の和で μ, ν を交換してもよいから，

$$\left.\begin{aligned}\chi_{\mu\nu}'^{\mathrm{a}}(\omega) &= \frac{1}{2}\{\chi_{\mu\nu}'(\omega) - \chi_{\nu\mu}'(\omega)\}\\ \chi_{\mu\nu}''^{\mathrm{s}}(\omega) &= \frac{1}{2}\{\chi_{\mu\nu}''(\omega) + \chi_{\nu\mu}''(\omega)\}\end{aligned}\right\} \tag{7.2.21}$$

がエネルギー散逸に関係することが分かる.

次に(7. 2. 11)の B_μ が力 X_μ に対応する流れ J_μ である場合に移ろう. 系の性質が空間的に一様であるときには, 流れに当たる量は変位の時間微分そのものである.

$$J_\mu(t) = \frac{dA_\mu(t)}{dt} \tag{7. 2. 22}$$

一様でない系では, 流れは変位の時間微分と連続の式などによって結ばれるが, このような場合は§7. 5で論ずる. (7. 2. 11)は, $B_\mu{}^{\mathrm{eq}}=0$ に注意して,

$$J_\mu(t) = \sum_\nu \{\chi_{\mu\nu}'(\omega)\, x_\nu \cos(\omega t+\delta_\nu) + \chi_{\mu\nu}''(\omega)\, x_\nu \sin(\omega t+\delta_\nu)\} \tag{7. 2. 23}$$

と書けるから, パワー・ロス(7. 2. 19)は

$$L = \sum_{\mu,\nu} \{\chi_{\mu\nu}'(\omega)\cos(\delta_\mu-\delta_\nu) - \chi_{\mu\nu}''(\omega)\sin(\delta_\mu-\delta_\nu)\}\frac{x_\mu}{\sqrt{2}}\frac{x_\nu}{\sqrt{2}} > 0 \tag{7. 2. 24}$$

となる. エネルギー散逸に関係する量は

$$\left.\begin{aligned} \chi_{\mu\nu}{}''^{\mathrm{a}}(\omega) &= \frac{1}{2}\{\chi_{\mu\nu}''(\omega) - \chi_{\nu\mu}''(\omega)\} \\ \chi_{\mu\nu}{}'^{\mathrm{s}}(\omega) &= \frac{1}{2}\{\chi_{\mu\nu}'(\omega) + \chi_{\nu\mu}'(\omega)\} \end{aligned}\right\} \tag{7. 2. 25}$$

ということになる.

最後に力 X が熱的な内力である場合を考えよう. この場合には流れだけが問題になる. 熱力学第2法則(7. 2. 17)を等式の形

$$dS = \frac{d'Q}{T} + (dS)_{\mathrm{irr}} \tag{7. 2. 26}$$

に書くときに現われるエントロピー生成速度

$$\left(\frac{dS}{dt}\right)_{\mathrm{irr}} = \frac{1}{T}\sum_\mu X_\mu J_\mu > 0 \tag{7. 2. 27}$$

を使って論ずればよい.

§7.3 Debye 型緩和

前2節では線形不可逆過程の現象論を個々の具体的な例に関係しない一般的な形で述べてきた．話を先に進める前に，この節と次節とで典型的な具体例を挙げておく方が理解の参考にもなるであろうし，また§7.6, §7.7にとっても都合がよい．

a) 誘電緩和

平行平板蓄電器の極板間が一様な誘電体でみたされている場合を考えよう．簡単のために誘電体は等方的とする．電束密度は

$$\boldsymbol{D}(t) = \boldsymbol{E}(t) + 4\pi\boldsymbol{P}(t) \tag{7.3.1}$$

と定義される．電場 $\boldsymbol{E}$ を§7.1の外力 X とみなし，電束密度を変位 B と考えて線形関係式(7.1.2)を立てる．B^{eq} に当たる量は，強誘電体は考えていないから，0となる．電気分極 $\boldsymbol{P}$ のうち，現象を記述しようとしている時間精度で，電場 $\boldsymbol{E}$ にただちに追随できるとみなせる部分を(7.3.1)の右辺第1項と一緒にして，(7.1.2)の右辺第1項に当たるものと考え，$\varepsilon_\infty \boldsymbol{E}(t)$ と書く．(7.3.1)の第1項のように定義として加わる項はもちろん時間精度によらず瞬間的に応答できるのは当然である．誘電体は等方的であるとしたから，応答関数はスカラー関数となる．簡単のために温度勾配などは生じないとすれば，力は電場のみとして，(7.1.2)は

$$\boldsymbol{D}(t) = \varepsilon_\infty \boldsymbol{E}(t) + \int_{-\infty}^{t} dt' \varphi(t-t') \boldsymbol{E}(t') \tag{7.3.2}$$

と書ける．

$\boldsymbol{D}(t), \boldsymbol{E}(t)$ の Fourier 変換(7.2.2)を $\boldsymbol{D}_\omega, \boldsymbol{E}_\omega$ とすると，上式は次の形に書ける．

$$\boldsymbol{D}_\omega = \varepsilon(\omega) \boldsymbol{E}_\omega \tag{7.3.3}$$

静的な電場の場合の式

$$\boldsymbol{D} = \varepsilon_{\mathrm{s}} \boldsymbol{E} \tag{7.3.4}$$

で，比例係数 ε_{s} が**静誘電率**と呼ばれることにならって，複素アドミッタンス(7.2.5)に当たる量

$$\varepsilon(\omega) = \varepsilon'(\omega) + i\varepsilon''(\omega) = \varepsilon_\infty + \int_0^\infty dt e^{i\omega t} \varphi(t) \tag{7.3.5}$$

を**複素誘電率**と呼ぶ．静誘電率は次式で与えられる．

$$\varepsilon_s = \varepsilon(0) = \varepsilon_\infty + \int_0^\infty dt\varphi(t) \tag{7.3.6}$$

熱力学によれば電気分極を変えるための仕事は $\boldsymbol{E}\cdot d\boldsymbol{P}$ で与えられるから，電気分極したがって電束密度は力 $\boldsymbol{E}$ に対応する変位に当たる．振動電場によるパワー・ロスは，(7.2.20)から，複素誘電率の虚部 ε'' に関係することになり，

$$\omega\varepsilon''(\omega) > 0 \tag{7.3.7}$$

でなければならないことが分かる．上式は $\varepsilon''(\omega)$ の符号が ω の符号と同じこと，したがって当然 $\varepsilon''(\omega)$ が ω の奇関数でなければならないことを示す．

b)　指数減衰型応答関数

熱力学で状態方程式などを与えて系の性質を規定しなければならないように，現象論では応答関数か緩和関数あるいは複素アドミッタンスのどれか1つの関数形を与えて系の動的性質を規定する必要がある．緩和関数，したがって(7.1.14)により応答関数が時間とともに指数関数的に減衰する例は自然界にしばしば見られる．このような緩和現象を **Debye 型緩和現象**と呼ぶことにする．

誘電緩和の例で Debye 型緩和を仮定すると，応答関数としては，(7.3.6)によって比例係数を定め，

$$\varphi(t) = \frac{\varepsilon_s - \varepsilon_\infty}{\tau} e^{-t/\tau} \qquad (t > 0) \tag{7.3.8}$$

を使うことになる．緩和関数は(7.1.13)により

$$\psi(t) = (\varepsilon_s - \varepsilon_\infty) e^{-t/\tau} \qquad (t > 0) \tag{7.3.9}$$

と求まる．緩和に要する時間は τ の程度となるので，τ を**緩和時間**と呼ぶ．(7.3.5)から複素誘電率は

$$\varepsilon(\omega) = \varepsilon_\infty + \frac{\varepsilon_s - \varepsilon_\infty}{1 - i\omega\tau} \tag{7.3.10}$$

その実部および虚部を分けると，

$$\left.\begin{aligned} \varepsilon'(\omega) - \varepsilon_\infty &= (\varepsilon_s - \varepsilon_\infty) \frac{1}{1 + (\omega\tau)^2} \\ \varepsilon''(\omega) &= (\varepsilon_s - \varepsilon_\infty) \frac{\omega\tau}{1 + (\omega\tau)^2} \end{aligned}\right\} \tag{7.3.11}$$

となる．上式から明らかなように，角振動数 ω を 0 から $+\infty$ へ増すとき，実部 $\varepsilon'(\omega)$ は ε_s から ε_∞ へ変化することを注意しておく．

複素誘電率の実部 ε' および虚部 ε'' を直交座標とし，角振動数 ω をパラメタとして描いたグラフを Cole-Cole 線図という．Debye 型緩和の特徴は(7.3.11)から分かるように，ε' 軸上の $(\varepsilon_s+\varepsilon_\infty)/2$ に中心をもち，半径 $(\varepsilon_s-\varepsilon_\infty)/2$ の半円弧 $(0\leqq\omega<\infty)$ の Cole-Cole 線図を与えることである．$\omega=1/\tau$ で $\varepsilon''(\omega)$ が最大となるから，Cole-Cole 線図から緩和時間 τ を読み取ることができる．

$(\varepsilon', \varepsilon'')$ の組ではなく，$(\varepsilon', \omega\varepsilon'')$ または $(\varepsilon', \varepsilon''/\omega)$ の組を座標とするグラフを描いてもよい．この場合には(7.3.11)から明らかなように直線が得られ，その勾配から τ または $1/\tau$ が求められる．実測値から数値的に Debye 型かどうかを調べるには，

$$\varepsilon''(\omega) = \sqrt{\{\varepsilon_s-\varepsilon'(\omega)\}\{\varepsilon'(\omega)-\varepsilon_\infty\}}$$

が成り立つか否かを試せばよい．普通の誘電体では $\varepsilon_s-\varepsilon_\infty\ll 1$ であるため，非常に精密な測定を要する．

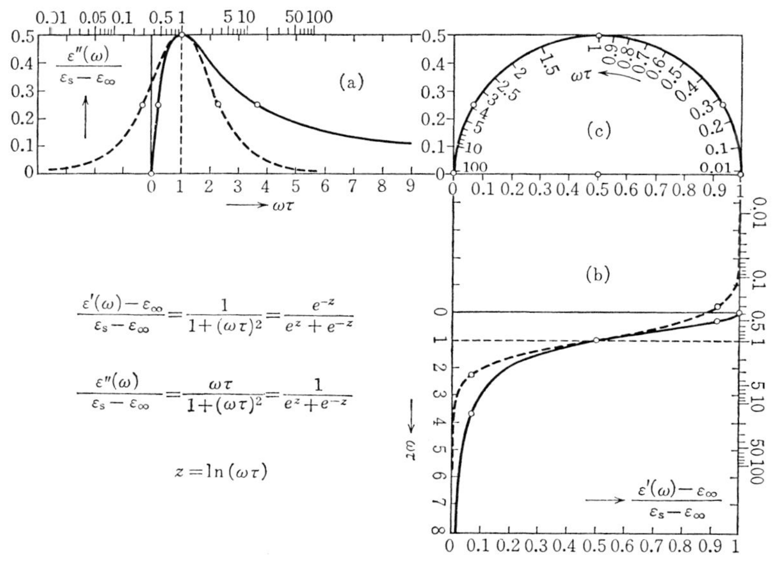

図 7.2 Debye 型複素誘電率．(a)は虚部，(b)は実部，(c)は Cole-Cole 線図を示す．破線は $\omega\tau$ 軸を対数尺にとって描いたもので，$\omega\tau=1$ に関し左右の対称性がよくなる

c)　有極性分子溶液

Debye 型緩和現象を示す誘電体の例として，有極性分子を溶質，非有極性分子を溶媒とする希薄溶液を考えよう．有極性分子とは永久電気2重極をもつ分子である．この溶液の電気分極は3部分から成ると近似してよい．

$$\boldsymbol{P}(t) = \boldsymbol{P}_{\rm d}(t) + \boldsymbol{P}_{\rm a}(t) + \boldsymbol{P}_{\rm e}(t) \qquad (7.3.12)$$

上式の右辺第2項は，分子内のイオン間隔が電場によって変わるために生ずるもので，赤外領域の振動数以上の高振動数で変動する電場によって初めて遅れを生ずる．第3項は，分子内の電子分布が電場によって変わるため生ずる部分で，光学領域の振動数以上で電場からの遅れを示すようになる．これらの振動数に比べ十分低い振動数の電場だけを考えるとすれば，つまりそのようなゆるやかに変動する電場のみに使える時間精度で現象論を立てると，上の2項は電場 $\boldsymbol{E}(t)$ に即座に追随する部分として，(7.3.2) の $\varepsilon_\infty \boldsymbol{E}(t)$ の項に含めることができる．

(7.3.12) の右辺第1項は，有極性分子の回転運動によって永久電気2重極が方向を変えるために生ずる部分であって，(7.3.2) の積分項を与えるべきものである．単位体積あたり n 個の有極性分子が含まれるとし，それらの分子の電気2重極の配向分布を調べる．電場の方向は不変であるとし，その方向を軸とする極座標で，方向 (θ, φ) の微小立体角 $d\Omega = \sin\theta d\theta d\varphi$ 内に永久電気2重極が向いている分子数を $f(\theta, \varphi) d\Omega$ 個であるとする．熱平衡状態では配向分布は Boltzmann 分布で与えられる．

$$f_{\rm eq}(\theta, \varphi) = n \exp\left(\frac{\mu E \cos\theta}{kT}\right) \Big/ \int \exp\left(\frac{\mu E \cos\theta}{kT}\right) d\Omega \qquad (7.3.13)$$

μ は電気2重極の大きさであるが，普通の温度 T や電場 E では $|\mu E| \ll kT$ となっている．それで電場について1次までとる線形近似が許され，

$$f_{\rm eq}(\theta, \varphi) = \frac{n}{4\pi}\left(1 + \frac{\mu E}{kT}\cos\theta\right) \qquad (7.3.14)$$

としてよい．電気分極の第1成分 $\boldsymbol{P}_{\rm d}$ は

$$\boldsymbol{P}_{\rm d} = \int \mu \cos\theta \frac{\boldsymbol{E}}{E} f(\theta, \varphi) d\Omega \qquad (7.3.15)$$

で計算されるから，(7.3.14) によれば

$$\boldsymbol{P}_{\mathrm{d}} = \frac{n\mu^2}{3kT}\boldsymbol{E} \tag{7.3.16}$$

であり，静誘電率 ε_{s} は **Langevin-Debye の式**

$$\varepsilon_{\mathrm{s}}-\varepsilon_{\infty} = 4\pi\frac{n\mu^2}{3kT} \tag{7.3.17}$$

で与えられる．上式は $\varepsilon_{\mathrm{s}}-\varepsilon_{\infty}>0$ なることを示すから，(*7.3.11*)の ε'' は確かに熱力学第2法則の要請(*7.3.7*)をみたしている．

応答関数(*7.3.8*)を与える最も簡単な仮説は，分極 $\boldsymbol{P}_{\mathrm{d}}(t)$ が緩和時間 τ で電場の瞬間値 $\boldsymbol{E}(t)$ に対応する熱平衡値(*7.3.16*)に近づこうとすることを表わす運動方程式

$$\frac{d\boldsymbol{P}_{\mathrm{d}}(t)}{dt} = -\frac{1}{\tau}\left\{\boldsymbol{P}_{\mathrm{d}}(t)-\frac{n\mu^2}{3kT}\boldsymbol{E}(t)\right\} \tag{7.3.18}$$

に従うとすることである．実際，上式の解は

$$\boldsymbol{P}_{\mathrm{d}}(t) = \int_{t_0}^{t} dt'\frac{e^{-(t-t')/\tau}}{\tau}\frac{n\mu^2}{3kT}\boldsymbol{E}(t')+e^{-(t-t_0)/\tau}\boldsymbol{P}_{\mathrm{d}}(t_0) \tag{7.3.19}$$

であって，初期値を与える時刻 t_0 を $-\infty$ とするとき，Debye 型の応答関数(*7.3.8*)を使った線形関係式(*7.3.2*)を与える．

運動方程式(*7.3.18*)を分子運動論から基礎づけるには，配向分布 $f(\theta,\varphi,t)$ の時間的変化を定める方程式を立てねばならない．有極性分子は，その電気2重極の向きに着目するときには，回転 Brown 運動をするとみなすことができる．Brown 運動の理論によれば，配向分布関数 $f(\theta,\varphi,t)$ は，§6.4 に述べた Fokker-Planck 方程式に似た形の方程式

$$\frac{\partial f}{\partial t} = D_{\mathrm{r}}\left[\frac{1}{\sin\theta}\frac{\partial}{\partial\theta}\left\{\sin\theta\left(\frac{\partial f}{\partial\theta}+\frac{\mu E(t)\sin\theta}{kT}f\right)\right\}+\frac{1}{\sin^2\theta}\frac{\partial^2 f}{\partial\varphi^2}\right] \tag{7.3.20}$$

をみたすことが証明される．Boltzmann 分布(*7.3.13*)が静電場に対する上式の定常解になっていることは明らかである．(*7.3.20*)の一般解を求めるには，線形偏微分方程式であることに注意して，配向分布を球面調和関数に展開すればよい．しかし電気分極(*7.3.15*)が1次の Legendre 球関数 $\cos\theta$ によって定められているから，

$$f(\theta,\varphi,t)=\frac{n}{4\pi}\left\{1+\frac{\mu F(t)}{kT}\cos\theta\right\} \qquad (7.3.21)$$

の形の解を求めれば必要で十分である．展開係数は(7.3.14)と似た形にしてある．平衡解(7.3.14)が(7.3.16)を与えたように，(7.3.21)は(7.3.15)に代入すると

$$\boldsymbol{P}_{\mathrm{d}}(t)=\frac{n\mu^2}{3kT}F(t)\frac{\boldsymbol{E}(t)}{E(t)} \qquad (7.3.22)$$

を与える．(7.3.21)を使うと，(7.3.20)は未知関数 $F(t)$ を定める方程式

$$\frac{dF(t)}{dt}=-2D_{\mathrm{r}}\{F(t)-E(t)\} \qquad (7.3.23)$$

に変形される．(7.3.22)によれば上式は $\boldsymbol{P}_{\mathrm{d}}$ に対する運動方程式(7.3.18)に外ならない．ただし緩和時間 τ は方位球面上の拡散係数 D_{r} から次式で定められる．

$$\tau=\frac{1}{2D_{\mathrm{r}}} \qquad (7.3.24)$$

τ は(7.3.23)により $F(t)$ の，したがって(7.3.21)により配向分布が Boltzmann 型に向かう緩和時間でもあることが分かる．

(7.3.21)の形の解は，(7.3.22)から分かるように，巨視的方程式(7.3.18)に支配される量に同期して時間変化をするものとなっている．巨視的方程式を導出する際にこのような解を仮定することはしばしば行なわれる．

§7.4 共鳴吸収

前節に述べた Debye 型緩和では，(7.3.18)や(7.3.20)に明らかなように，外力の瞬間値に対応する熱平衡状態へ向かわせようとする機構だけが系内に働いていて，緩和関数が単調減衰型となった．この減衰機構に加えて，ある固有振動数で調和振動を行なわせようとする機構が系内にある場合も自然界にはしばしば現われる．このような場合には，緩和関数は減衰振動型となり，外界から加えられる**エネルギーの共鳴吸収**なる現象が起こる．それを利用すれば固有振動についての知識が得られる．簡単な例を1つ述べよう．

a) Van Vleck-Weisskopf-Fröhlich 型共鳴吸収

前節の誘電体に対する式として書くとき，緩和関数が(7.3.9)のような指数関数型ではなく，それに固有振動数 ω_0 をもつ余弦関数を乗じた形

$$\psi(t) = \Delta\varepsilon e^{-t/\tau} \cos \omega_0 t \qquad (t > 0) \tag{7.4.1}$$

となる場合に見られる共鳴現象を Van Vleck-Weisskopf-Fröhlich 型と呼ぶことにする．$\varepsilon_s - \varepsilon_\infty$ の代りに係数を $\Delta\varepsilon$ と変えたのは，Debye 型緩和で角振動数 ω が 0 から $1/\tau$ を通過して増大するとき複素誘電率の実部 $\varepsilon'(\omega)$ が $\varepsilon_s - \varepsilon_\infty$ だけ減少したのと同じように，Van Vleck-Weisskopf-Fröhlich 型共鳴吸収でも角振動数 ω が共鳴点を通過するとき別の値 $\Delta\varepsilon$ だけ減少することを示すためである．

緩和関数(7. 4. 1)に対応する応答関数は(7. 1. 14)により

$$\varphi(t) = \frac{\Delta\varepsilon}{\tau} e^{-t/\tau} \{\cos \omega_0 t + \omega_0 \tau \sin \omega_0 t\} \qquad (t > 0) \tag{7.4.2}$$

となり，複素誘電率は(7. 3. 5)から

$$\varepsilon(\omega) = \varepsilon_\infty + \frac{\Delta\varepsilon}{2} \left\{ \frac{1 - i\omega_0 \tau}{1 - i(\omega + \omega_0)\tau} + \frac{1 + i\omega_0 \tau}{1 - i(\omega - \omega_0)\tau} \right\} \tag{7.4.3}$$

となる．上式で ε_∞ は共鳴点より十分大きく離れた ω に対する $\varepsilon'(\omega)$ の値である．したがって低振動数側での $\varepsilon'(\omega)$ の値は $\varepsilon_\infty + \Delta\varepsilon$ となる．(7. 4. 3)を実部と虚部とに分けると，

$$\left.\begin{aligned}
\varepsilon'(\omega) - \varepsilon_\infty &= \frac{\Delta\varepsilon}{2} \left\{ \frac{1 + \omega_0(\omega + \omega_0)\tau^2}{1 + (\omega + \omega_0)^2 \tau^2} + \frac{1 - \omega_0(\omega - \omega_0)\tau^2}{1 + (\omega - \omega_0)^2 \tau^2} \right\} \\
&= \Delta\varepsilon \frac{\omega_0^2}{\omega_0^2 - \omega^2} \left[1 - \frac{(1/2)(\omega/\omega_0) + (1/2)(\omega/\omega_0)^2}{\tau^2 \{(\omega - \omega_0)^2 + (1/\tau)^2\}} \right. \\
&\qquad \left. + \frac{(1/2)(\omega/\omega_0) - (1/2)(\omega/\omega_0)^2}{\tau^2 \{(\omega + \omega_0)^2 + (1/\tau)^2\}} \right] \\
\varepsilon''(\omega) &= \frac{\Delta\varepsilon}{2} \left\{ \frac{\omega\tau}{1 + (\omega + \omega_0)^2 \tau^2} + \frac{\omega\tau}{1 + (\omega - \omega_0)^2 \tau^2} \right\}
\end{aligned}\right\} \tag{7.4.4}$$

を得る．エネルギー吸収に関係する虚部 $\varepsilon''(\omega)$ は，ω_0 および $1/\tau$ より大きな値 $\omega = \sqrt{1 + (\omega_0 \tau)^2}/\tau$ で，極大値 $\sqrt{1 + (\omega_0 \tau)^2}\,(\Delta\varepsilon/2)$ をもつ．角振動数を対数目盛でとるとき，半値幅は

$$\Delta(\ln \omega) = 2 \cosh^{-1} \left\{ \frac{1 + \sqrt{1 + (1 + \omega_0^2 \tau^2)\omega_0^2 \tau^2}}{1 + \omega_0^2 \tau^2} \right\}$$

で与えられる．Cole-Cole 線図は半円からずれている．$\omega_0 \tau$ が大きくなるとき，極大はほぼ $\omega = \omega_0$ で起こり，半値幅は $\Delta\omega = 1/(\omega_0 \tau^2)$ で小さくなる．すなわち極大はするどくなる．(7. 4. 1)から当然，$\omega_0 \to 0$ で Debye 型にもどる．

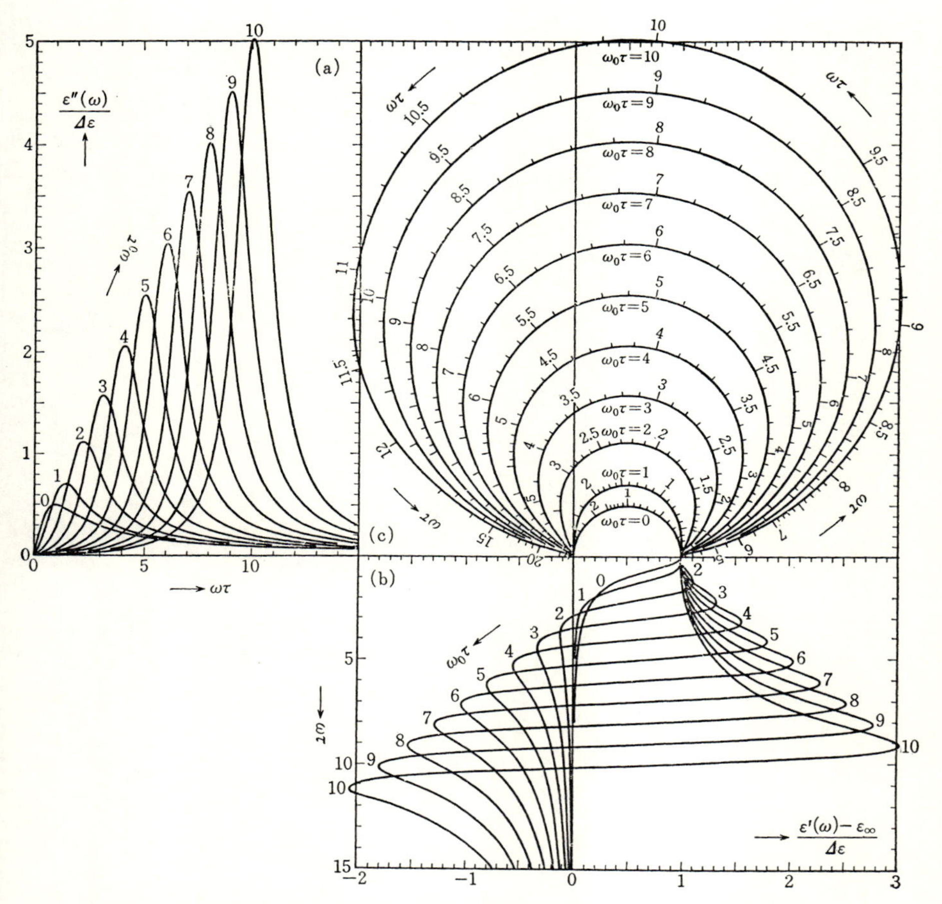

図7.3　Van Vleck–Weisskopf–Fröhlich 型複素誘電率．(a)は虚部，(b)は実部，(c)は Cole–Cole 線図を示す．$\omega_0\tau=0$ の場合は Debye 型(図7.2)と一致する

上に与えたような誘電率は，マイクロ波領域に共鳴点をもつ特殊な分子の場合，(7.3.12)中のイオン電気分極 $\boldsymbol{P}_{\mathrm{a}}(t)$ に対する理論として導入されたものであるが，以下ではそれについて述べることをやめ，常磁性体からの例を挙げよう．

b)　常磁性共鳴

一様な磁場 $\boldsymbol{H}(t)$ 下に置かれた常磁性体を考える．磁場がなければ磁性体は等方的であるとしてよいものとする．誘電体の場合の電気分極に対する運動方程式

(7. 3. 18)に相当する式は，磁化 $\boldsymbol{M}(t)$ に対する **Bloch 方程式**

$$\frac{d\boldsymbol{M}(t)}{dt}=\gamma\boldsymbol{M}(t)\times\boldsymbol{H}(t)-\boldsymbol{\tau}^{-1}\cdot\{\boldsymbol{M}(t)-\chi_T\boldsymbol{H}(t)\} \tag{7.4.5}$$

で与えられる．χ_T は等温磁化率であって，$\chi_T\boldsymbol{H}(t)$ は磁場の瞬間値に対応する磁化の熱平衡値である．$\boldsymbol{\tau}$ は緩和時間を表わすが，磁気共鳴では静磁場 $\boldsymbol{H}_0$ をかけて測定されるので，そのため生ずる異方性によって，一般にテンソルとなる．(7. 4. 5)の右辺第2項は，(7. 3. 18)の右辺と同じように，外場下の平衡値への減衰を生ずる．第1項は磁場に垂直な方向に磁化の変化を起こすから，磁場を軸とする磁化の Larmor 歳差運動を生ぜしめるもので，γ は磁気回転比である．$\omega_{\mathrm{L}}=\gamma H_0$ が固有角振動数を与える．磁化が原子核のスピンに由来する場合には 10^3 Oe 程度の静磁場に対し短波領域に入り，電子スピンに由来する場合には 10^4 Oe 程度の静磁場でマイクロ波領域に入る．磁気共鳴を起こさせる外力は，静磁場 $\boldsymbol{H}_0$ に垂直にかけられる振動磁場 $\boldsymbol{H}_1(t)$ であるとしよう．

$$\boldsymbol{H}(t)=\boldsymbol{H}_0+\boldsymbol{H}_1(t) \tag{7.4.6}$$

$\boldsymbol{H}_0$ の方向に z 軸をとると，$\boldsymbol{H}_1$ は xy 面内にある．

まず円偏光磁場

$$\boldsymbol{H}_1(t)=(H_1\cos\omega t,\,-H_1\sin\omega t,\,0) \tag{7.4.7}$$

の場合を考える．z 軸方向に異方性があるから，その方向の縦緩和時間 T_1 は x, y 方向の横緩和時間 T_2 とは異なる．Bloch 方程式(7. 4. 5)は成分に分けて書けば次の形となる．

$$\left.\begin{aligned}
\frac{dM_x}{dt}&=\gamma\{M_yH_0+M_zH_1\sin\omega t\}-\frac{M_x-\chi_TH_1\cos\omega t}{T_2}\\
\frac{dM_y}{dt}&=\gamma\{-M_xH_0+M_zH_1\cos\omega t\}-\frac{M_y+\chi_TH_1\sin\omega t}{T_2}\\
\frac{dM_z}{dt}&=\gamma\{-M_xH_1\sin\omega t-M_yH_1\cos\omega t\}-\frac{M_z-\chi_TH_0}{T_1}
\end{aligned}\right\} \tag{7.4.8}$$

(7. 3. 19)で $t_0\to-\infty$ として過渡現象を除いたように，過渡現象には興味がないので，z 軸のまわりに $\boldsymbol{H}_1(t)$ とともに回転する座標系から見るとき磁化が定常になる解を求めると，

$$\left.\begin{aligned}
M_x &= \frac{1+\omega_{\rm L}(\omega_{\rm L}-\omega)T_2{}^2+\omega_1{}^2T_1T_2}{1+(\omega_{\rm L}-\omega)^2T_2{}^2+\omega_1{}^2T_1T_2}\chi_T H_1\cos\omega t \\
&\quad+\frac{\omega T_2}{1+(\omega_{\rm L}-\omega)^2T_2{}^2+\omega_1{}^2T_1T_2}\chi_T H_1\sin\omega t \\
M_y &= \frac{\omega T_2}{1+(\omega_{\rm L}-\omega)^2T_2{}^2+\omega_1{}^2T_1T_2}\chi_T H_1\cos\omega t \\
&\quad-\frac{1+\omega_{\rm L}(\omega_{\rm L}-\omega)T_2{}^2+\omega_1{}^2T_1T_2}{1+(\omega_{\rm L}-\omega)^2T_2{}^2+\omega_1{}^2T_1T_2}\chi_T H_1\sin\omega t \\
M_z &= \frac{1+(\omega_{\rm L}-\omega)^2T_2{}^2+(\omega_{\rm L}-\omega)\omega_{\rm L}{}^{-1}\omega_1{}^2T_1T_2}{1+(\omega_{\rm L}-\omega)^2T_2{}^2+\omega_1{}^2T_1T_2}\chi_T H_0
\end{aligned}\right\}\qquad(7.4.9)$$

を得る．横磁場 H_1 が十分弱くて，$(\gamma H_1)^2T_1T_2\ll 1$ としてよければ，$\omega_1=\gamma H_1$ の2乗を含む項を無視することができ，振動磁場 $\boldsymbol{H}_1(t)$ についての線形応答の解となる．この場合には縦緩和時間 T_1 は落ちてしまう．T_1 の測定が必要であれば，非線形現象たとえば飽和現象を見るか，過渡現象たとえば常磁性緩和を調べなければならない．

線形現象では重ね合せがきくので，直線偏光の場合

$$\boldsymbol{H}_1(t) = (H_1\cos\omega t, 0, 0)\qquad(7.4.10)$$

の解は右廻りの円偏光(7.4.7)に対する解と左廻りの円偏光に対する解，すなわち角振動数 ω を $-\omega$ としたものとの平均をとれば得られる．結果は(7.2.11)の形となる．

$$M_\mu-\delta_{\mu z}\chi_T H_0 = \chi_{\mu x}'(\omega)H_1\cos\omega t+\chi_{\mu x}''(\omega)H_1\sin\omega t\qquad(7.4.11)$$

ただし対応する複素磁化率は次式で与えられる．

$$\left.\begin{aligned}
\chi_{xx}(\omega) &= \chi_T+\frac{i}{2}\chi_T\omega T_2\left\{\frac{1}{1-i(\omega+\omega_{\rm L})T_2}+\frac{1}{1-i(\omega-\omega_{\rm L})T_2}\right\} \\
&= \chi_S+\frac{\chi_T-\chi_S}{2}\left\{\frac{1-i\omega_{\rm L}T_2}{1-i(\omega+\omega_{\rm L})T_2}+\frac{1+i\omega_{\rm L}T_2}{1-i(\omega-\omega_{\rm L})T_2}\right\} \\
\chi_{yx}(\omega) &= \frac{\chi_T-\chi_S}{2}\left\{\frac{-\omega T_2}{1-i(\omega+\omega_{\rm L})T_2}+\frac{\omega T_2}{1-i(\omega-\omega_{\rm L})T_2}\right\} \\
\chi_{zx}(\omega) &= 0
\end{aligned}\right\}\qquad(7.4.12)$$

χ_S は断熱磁化率であるが，上に考えた模型では $\chi_S=0$ である．複素磁化率の xx 成分 $\chi_{xx}(\omega)$ は Van Vleck-Weisskopf-Fröhlich の複素誘電率(7.4.3)の形をし

ている．$\omega\to 0$ で $\chi_{xx}(\omega)$ は等温磁化率 χ_T となり，十分大きい $|\omega|$ に対しては断熱磁化率 χ_S となる．

前節では，分子の永久電気2重極の回転 Brown 運動を考えて導かれる運動論的方程式(*7. 3. 20*)によって，電気分極に対する運動方程式(*7. 3. 18*)を基礎づけた．同じように，磁化を担うスピンの運動を回転 Brown 運動とみなして，Bloch 方程式(*7. 4. 5*)を基礎づけることもできる．スピンの配向分布を定める運動論的方程式は，誘電体の式(*7. 3. 20*)に Larmor 歳差運動を生ずる項を加え，静磁場による異方性のために拡散係数にも縦横の区別を入れた形に求められる．

$$\left(\frac{\partial}{\partial t}+\omega_0\frac{\partial}{\partial\varphi}\right)f=\left[\frac{1}{\sin\theta}\frac{\partial}{\partial\theta}\left\{\sin\theta D_\perp\left(\frac{\partial}{\partial\theta}+\frac{MH_0\sin\theta}{kT}\right)\right\}\right.$$
$$\left.+\frac{1}{\sin^2\theta}\frac{\partial}{\partial\varphi}\left\{(D_\perp\cos^2\theta+D_{/\!/}\sin^2\theta)\frac{\partial}{\partial\varphi}\right\}\right]f \qquad (7.\,4.\,13)$$

$\omega_0=\omega_{\mathrm{L}}+\delta\omega_{\mathrm{L}}$ はスピンに働くランダムな磁場のためにずれた Larmor 振動数である．拡散係数と緩和時間との関係は，誘電体の場合の(*7. 3. 24*)と似た形，

$$\frac{1}{T_1}=\frac{D_\perp}{2},\qquad \frac{1}{T_2}=D_\perp+D_{/\!/} \qquad (7.\,4.\,14)$$

に与えられることを示すことができる．

c) 高振動数での破綻

高振動数の現象を記述するには時間精度を細かくしてゆかねばならない．すると，先に電気分極(*7. 3. 12*)について触れたように，次つぎに新しいメカニズムが問題となって，線形関係式(*7. 1. 2*)で力に直ちに追随できる右辺第1項の部分から，力に遅れを示す第2項の部分へと移ってくる．それにともない応答関数 $\Phi(t)$ の小さな $|t|$ のところでの関数形，したがってまた複素アドミッタンス(*7. 2. 5*)の大きな $|\omega|$ のところでの関数形が修正されてくるはずである．しかしこの新しいメカニズムが分からない段階では，応答関数または複素アドミッタンスの仮定された式の高振動数側での近似の悪さは，§7.7に述べる総和則によって調べられ，また総和則を利用して改良される．詳しいことは§7.7で論ずることにして，ここではパワー・ロスを全ての角振動数について加え合わせたもの，すなわち総エネルギー損失を調べておこう．

誘電体の例で言えば，パワー・ロスは $\omega\varepsilon''(\omega)$ に比例した．Debye 型の式(*7.*

3. 11) を角振動数の全域に対して仮定すると，総エネルギー損失は発散する．

$$\int_{-\infty}^{\infty} \omega\varepsilon''(\omega)\,d\omega = \infty \qquad (7.\ 4.\ 15)$$

発散の原因は，$|\omega|$ の大きなところで $\omega\varepsilon''(\omega)$ が定数となり，十分速やかに消え去ることがないためである．Van Vleck-Weisskopf-Fröhlich 型の式 (*7. 4. 4*) でも，それが $|\omega| \gg \omega_0$ で Debye 型と一致することから，事情は変わらない．有限系での総エネルギー損失は本来有限であるべきであるから，発散の事実は高振動数側での近似の悪さを意味している．

§7. 5　波数に依存する複素アドミッタンス

これまでの節では，系の状態は常に空間的に一様と仮定してきた．外界からの作用や系内に生じた現象は本来有限の速さで伝わるから，ある程度以上高振動数となれば，空間的一様性の仮定は使えなくなる．一様でない系では力や変位または流れが時間 t 以外に空間座標 $\boldsymbol{r}$ の関数となる．この節ではこのような場合へ§7. 1, §7. 2 の理論を拡張しよう．

a)　非 Markov 非局所的線形関係式

§7. 1 にも注意したように，一様でない系では力や変位または流れの添字 μ に空間座標が含まれている，あるいはむしろ μ の代りに $(\mu, \boldsymbol{r})$ の組を用いるとすればよい．線形関係式 (*7. 1. 2*) は次のような形に書かれる．

$$B_\mu(\boldsymbol{r},t) - B_\mu{}^{\mathrm{eq}} = \int d\boldsymbol{r}' \sum_\nu \chi_{\mu\nu}{}^{\infty}(\boldsymbol{r}-\boldsymbol{r}')X_\nu(\boldsymbol{r}',t) + \int_{-\infty}^{t} dt' \int d\boldsymbol{r}' \sum_\nu \Phi_{\mu\nu}(\boldsymbol{r}-\boldsymbol{r}', t-t')X_\nu(\boldsymbol{r}',t') \qquad (7.\ 5.\ 1)$$

過去の力が影響をもつという非 Markov 性の外に，空間についても異なる点の力が効果を及ぼすという**非局所性**が考慮されている．ただし時間の場合と同様に，力の座標依存性を除けば系は空間並進に対し不変であると仮定し，応答関数などは差 $\boldsymbol{r}-\boldsymbol{r}'$ の形だけで空間座標に依存するとした．

普通の場合には，距離 $|\boldsymbol{r}-\boldsymbol{r}'|$ が増すとともに応答関数 Φ は速やかに0に収束する．

$$\lim_{|\boldsymbol{r}-\boldsymbol{r}'|\to\infty} \Phi_{\mu\nu}(\boldsymbol{r}-\boldsymbol{r}', t-t') = 0 \tag{7.5.2}$$

したがって関数 Φ が0に収束したとみなせる距離 l があるとしてよい.

非局所性が問題となるのは，この距離 l の程度だけ離れた2点での力 X の値のちがいが無視できないときである．超流動や超伝導のような巨視的量子効果が現われる場合，金属の異常表皮効果のように伝導電子の平均自由行路がきいてくる場合などはその代表的な例である．第1種相転移の臨界点または第2種相転移点の近くの温度では距離 l が非常に長くなる．非局所性を考慮しなければならないような場合には，§8.5に例を見るように，状態方程式なども非局所的なものになっているはずであることを注意しておこう.

現象論を立てている空間精度が距離 l に比べて十分粗いならば応答関数の非局所性は無視される，すなわち

$$\Phi_{\mu\nu}(\boldsymbol{r}-\boldsymbol{r}', t-t') = \Phi_{\mu\nu}(t-t')\delta(\boldsymbol{r}-\boldsymbol{r}') \tag{7.5.3}$$

という近似が許される．線形関係式(7.5.1)の右辺第1項の係数 χ^∞ についても同じようにして因子 $\delta(\boldsymbol{r}-\boldsymbol{r}')$ があるとすれば，(7.5.1)は一様な系に対する式(7.1.2)で B および X が空間座標 $\boldsymbol{r}$ に依存するとした形の式に帰着する.

$$B_\mu(\boldsymbol{r},t) - B_\mu{}^{\mathrm{eq}} = \sum_\nu \chi_{\mu\nu}{}^\infty X_\nu(\boldsymbol{r},t) + \int_{-\infty}^t dt' \sum_\nu \Phi_{\mu\nu}(t-t')X_\nu(\boldsymbol{r},t') \tag{7.5.4}$$

これが通常見られる一様でない系に対する線形関係式である.

時間精度が十分粗くて，さらに非 Markov 性も落ちる場合には(7.1.1)と同形の式に帰着する.

$$B_\mu(\boldsymbol{r},t) - B_\mu{}^{\mathrm{eq}} = \sum_\nu L_{\mu\nu}X_\nu(\boldsymbol{r},t) \tag{7.5.5}$$

輸送係数は次式で与えられる.

$$L_{\mu\nu} = \int d\boldsymbol{r}'\left\{\chi_{\mu\nu}{}^\infty(\boldsymbol{r}') + \int_0^\infty ds\Phi_{\mu\nu}(\boldsymbol{r}', s)\right\} \tag{7.5.6}$$

(7.5.5)が§7.1の初めに述べた熱伝導の Fourier の法則や拡散の Fick の法則に対応する式である.

緩和関数は(7.1.13)を拡張した式

$$\Psi_{\mu\nu}(\boldsymbol{r},t)=\int_t^\infty ds\Phi_{\mu\nu}(\boldsymbol{r},s) \tag{7.5.7}$$

で与えられ，(7.1.14)と同様に次式をみたす．

$$\Phi_{\mu\nu}(\boldsymbol{r},t)=-\frac{\partial\Psi_{\mu\nu}(\boldsymbol{r},t)}{\partial t} \tag{7.5.8}$$

複素アドミッタンスを求めるには，(7.2.1)の時間についての Fourier 変換の外に，空間についての Fourier 変換をも行なう，すなわち平面進行波の重ね合せに分解する．系の体積は十分大きいとし，周期的境界条件を課するとすれば，

$$\left.\begin{aligned}X_\nu(\boldsymbol{r},t)&=\int_{-\infty}^\infty\frac{d\omega}{2\pi}\int\frac{d\boldsymbol{k}}{(2\pi)^3}e^{i(\boldsymbol{k}\cdot\boldsymbol{r}-\omega t)}X_{\nu;\boldsymbol{k},\omega}\\B_\mu(\boldsymbol{r},t)-B_\mu{}^{\mathrm{eq}}&=\int_{-\infty}^\infty\frac{d\omega}{2\pi}\int\frac{d\boldsymbol{k}}{(2\pi)^3}e^{i(\boldsymbol{k}\cdot\boldsymbol{r}-\omega t)}B_{\mu;\boldsymbol{k},\omega}\end{aligned}\right\} \tag{7.5.9}$$

この変換によって線形関係式(7.5.1)は，(7.2.3)の場合と同様に，

$$B_{\mu;\boldsymbol{k},\omega}=\sum_\nu\chi_{\mu\nu}(\boldsymbol{k},\omega)X_{\nu;\boldsymbol{k},\omega} \tag{7.5.10}$$

と書き変えられ，波数ベクトル $\boldsymbol{k}$ にも依存する複素アドミッタンス

$$\chi_{\mu\nu}(\boldsymbol{k},\omega)=\int d\boldsymbol{r}e^{-i\boldsymbol{k}\cdot\boldsymbol{r}}\left\{\chi_{\mu\nu}{}^\infty(\boldsymbol{r})+\int_0^\infty dte^{i\omega t}\Phi_{\mu\nu}(\boldsymbol{r},t)\right\} \tag{7.5.11}$$

が導入される．緩和関数(7.5.7)を使うと，

$$\frac{\chi_{\mu\nu}(\boldsymbol{k},\omega)-\chi_{\mu\nu}(\boldsymbol{k},0)}{i\omega}=\int_0^\infty dt\int d\boldsymbol{r}e^{-i(\boldsymbol{k}\cdot\boldsymbol{r}-\omega t)}\Psi_{\mu\nu}(\boldsymbol{r},t) \tag{7.5.12}$$

を得る．

b) 拡散現象の複素アドミッタンス

例として2成分流体中に起こる拡散を取り上げよう．熱伝導も同様に取り扱える．どちらか一方の成分の濃度を $c(\boldsymbol{r},t)$ とすると，成分間に化学反応が起こらないならば，質量保存則として連続の式

$$\frac{\partial c(\boldsymbol{r},t)}{\partial t}=-\mathrm{div}\,\boldsymbol{j}(\boldsymbol{r},t) \tag{7.5.13}$$

が成り立つ．拡散流 $\boldsymbol{j}(\boldsymbol{r},t)$ に対しては Fick の法則

$$\boldsymbol{j}(\boldsymbol{r},t)=-D\,\mathrm{grad}\,c(\boldsymbol{r},t) \tag{7.5.14}$$

を仮定しよう．非 Markov 的法則への拡張は§7.7で論ずる．外力はないとすると，濃度の熱平衡値 $c^{\rm eq}$ は定数であり，拡散流の熱平衡値は消える．したがって c は熱平衡値からのはずれを示すとしても一般性を失わない．D は拡散係数であるが，線形近似では濃度が $c^{\rm eq}$ のときの値としてよい．

(7.5.14) を (7.5.13) に代入すると拡散方程式が得られる．

$$\frac{\partial c(\boldsymbol{r},t)}{\partial t}=D\frac{\partial^2 c(\boldsymbol{r},t)}{\partial \boldsymbol{r}^2} \tag{7.5.15}$$

緩和関数から複素アドミッタンスを求める例として，時刻 t_0 に初期濃度分布 $c(\boldsymbol{r},t_0)$ を与えて上式を解くことにする．初期条件を t_0 で入れるため，(7.5.9) の逆ではなく，

$$c_{\boldsymbol{k},\omega}=\int_{t_0}^{\infty}dt\int d\boldsymbol{r}e^{-i(\boldsymbol{k}\cdot\boldsymbol{r}-\omega t)}c(\boldsymbol{r},t) \tag{7.5.16}$$

という変換を行なう．平面波 $e^{i\boldsymbol{k}\cdot\boldsymbol{r}}$ は Laplace 演算子の固有関数であるから，拡散方程式 (7.5.15) は

$$(-i\omega+D\boldsymbol{k}^2)c_{\boldsymbol{k},\omega}=e^{i\omega t_0}\int d\boldsymbol{r}e^{-i\boldsymbol{k}\cdot\boldsymbol{r}}c(\boldsymbol{r},t_0) \tag{7.5.17}$$

となる．他方，規格化された緩和関数 $\Psi^{\rm m}$ を使うと，(7.1.19) に対応する式

$$c(\boldsymbol{r},t)=\int d\boldsymbol{r}'\Psi^{\rm m}(\boldsymbol{r}-\boldsymbol{r}',t-t_0)c(\boldsymbol{r}',t_0) \tag{7.5.18}$$

が成り立つから，(7.5.16) に代入すると，

$$c_{\boldsymbol{k},\omega}=\left\{\int_0^{\infty}ds\int d\boldsymbol{R}e^{-i(\boldsymbol{k}\cdot\boldsymbol{R}-\omega s)}\Psi^{\rm m}(\boldsymbol{R},s)\right\}e^{i\omega t_0}\int d\boldsymbol{r}'e^{-i\boldsymbol{k}\cdot\boldsymbol{r}'}c(\boldsymbol{r}',t_0)$$

の形の解が得られるはずである．(7.5.17) と比べて，

$$\frac{1}{-i\omega+D\boldsymbol{k}^2}=\int_0^{\infty}ds\int d\boldsymbol{R}e^{-i(\boldsymbol{k}\cdot\boldsymbol{R}-\omega s)}\Psi^{\rm m}(\boldsymbol{R},s) \tag{7.5.19}$$

を得る．上式の右辺は (7.5.12) を (7.2.9) のように規格化した式であるから，複素アドミッタンスが得られる．

$$\chi(\boldsymbol{k},\omega)=\frac{D\boldsymbol{k}^2}{-i\omega+D\boldsymbol{k}^2}\chi(\boldsymbol{k},0) \tag{7.5.20}$$

静アドミッタンスは静的な問題を解いて求められる．特に $\boldsymbol{k}\to 0$ の極限値は熱力

学的に定められるはずであるが，その計算例は§8.5に示す．(7.5.19)を逆変換すると，

$$\Psi^{\mathrm{m}}(\boldsymbol{r},t)=\frac{1}{(4\pi Dt)^{3/2}}\exp\left(-\frac{r^2}{4Dt}\right)\qquad(t>0)\qquad(7.5.21)$$

を得る．

§7.6 分散式

§7.2に触れたように，複素アドミッタンスの実部と虚部とは互いに独立ではない．このことを証明しよう．種々の証明法があるが，次節との関係で複素関数論を使うものを述べる．§8.2には別の証明を与える．一様な系での式を書くことにする．本講座第4巻『量子力学 II』§15.1をも参照されたい．

a) 分散式の証明

全ての角振動数 ω に対して複素アドミッタンスが存在すれば，(7.2.5)の右辺の積分が収束する．Fourier-Laplace 変換の理論によれば，実数 ω を複素数 z に拡張した関数†

$$\Xi(z)=\int_0^\infty dte^{izt}\Phi(t)\qquad(7.6.1)$$

は上半複素平面 $\mathrm{Im}\,z>0$ で解析的であり，その領域で

$$\lim_{|z|\to\infty}\Xi(z)=0\qquad(7.6.2)$$

である．そして上側から実軸に近づくときの極限値が複素アドミッタンスであって，(7.2.5)はより正確には

$$\chi(\omega)-\chi^{\infty}=\lim_{\varepsilon\to+0}\Xi(\omega+i\varepsilon)=\lim_{\varepsilon\to+0}\int_0^\infty dte^{i\omega t-\varepsilon t}\Phi(t)\qquad(7.6.3)$$

と解すべきである．もっとも(7.2.5)の形で問題なく収束する場合にはそれでかまわない．Cauchy の積分公式によれば，複素関数 $\Xi(z)$ が解析的であるような複素平面上の領域内にとった任意の閉積分路 Γ に対して次式が成り立つ．

---

† 以下次節の総和則まで添字 μ,ν を省略する．

$$\oint_\Gamma \frac{dz'}{2\pi i}\frac{\Xi(z')}{z'-z} = \begin{cases} \Xi(z) & (z \text{ が } \Gamma \text{ に囲まれる点}) \\ 0 & (z \text{ が } \Gamma \text{ に囲まれない点}) \end{cases}$$

積分路 Γ として実軸上を $-\infty$ から $+\infty$ に進み，半径無限大の上半円弧で $+\infty$ から $-\infty$ へ帰るものをとると，(7.6.1) の $\Xi(z)$ に対しては，(7.6.2) により半円弧上の積分からの寄与は消えるから，

$$\int_{-\infty}^{\infty}\frac{d\omega}{2\pi i}\frac{\chi(\omega)-\chi^\infty}{\omega-z} = \begin{cases} \Xi(z) & (\mathrm{Im}\, z > 0) \\ 0 & (\mathrm{Im}\, z < 0) \end{cases}$$

$\mathrm{Im}\, z>0$ とすれば，$\mathrm{Im}\, z^*<0$ となるから，

$$\Xi(z) = \int_{-\infty}^{\infty}\frac{d\omega}{2\pi i}\{\chi(\omega)-\chi^\infty\}\left(\frac{1}{\omega-z}\pm\frac{1}{\omega-z^*}\right)$$

のように0となる項を加減してもよい．したがって

$$\left.\begin{aligned} \Xi(z) &= \int_{-\infty}^{\infty}\frac{d\omega}{\pi i}\{\chi(\omega)-\chi^\infty\}\ \mathrm{Re}\,\frac{1}{\omega-z} \\ \Xi(z) &= \int_{-\infty}^{\infty}\frac{d\omega}{\pi}\{\chi(\omega)-\chi^\infty\}\ \mathrm{Im}\,\frac{1}{\omega-z} \end{aligned}\right\} \quad (\mathrm{Im}\, z > 0) \qquad (7.6.4)$$

この第1式の実部と第2式の虚部に i を掛けたものと加え合わせると，

$$\Xi(z) = \int_{-\infty}^{\infty}\frac{d\omega}{\pi}\frac{\chi''(\omega)}{\omega-z} \qquad (\mathrm{Im}\, z > 0) \qquad (7.6.5)$$

また，第1式の虚部に i を掛けた式に，第2式の実部を加え合わせると，

$$\Xi(z) = -i\int_{-\infty}^{\infty}\frac{d\omega}{\pi}\frac{\chi'(\omega)-\chi^\infty}{\omega-z} \qquad (\mathrm{Im}\, z > 0) \qquad (7.6.6)$$

が得られる．(7.6.3) の極限をとると，公式

$$\lim_{\varepsilon\to+0}\frac{1}{x\pm i\varepsilon} = \frac{\mathcal{P}}{x}\mp i\pi\delta(x) \qquad (7.6.7)$$

を使い(本講座『量子力学 II』(12.2.48) 式参照)，次式を導出できる．

$$\left.\begin{aligned} \chi'(\omega)-\chi^\infty &= \int_{-\infty}^{\infty}\frac{d\omega'}{\pi}\frac{\mathcal{P}}{\omega'-\omega}\chi''(\omega') \\ \chi''(\omega) &= -\int_{-\infty}^{\infty}\frac{d\omega'}{\pi}\frac{\mathcal{P}}{\omega'-\omega}\{\chi'(\omega')-\chi^\infty\} \end{aligned}\right\} \qquad (7.6.8)$$

これは (7.6.5), (7.6.6) に直接公式 (7.6.7) を代入しても得られる．上式は複素

アドミッタンスの実部と虚部とが互いにHilbert変換で結びついていることを示す．この式は **Kramers-Kronig の関係式**または**分散式**と呼ばれている．

b)　分散式と因果律

上の証明では応答関数との関係(*7.6.1*)を直接使ってはいない．上半平面で解析的であり，$|z|\to\infty$ で十分速やかに消えるような任意の複素関数の実部と虚部に対して分散式が成り立つのである．下半平面で解析的である場合には，(*7.6.8*)の第2式の負号がとれ第1式の方に入る．複素アドミッタンスの場合には(*7.6.1*)によって上半平面で解析的となった．このことは(*7.6.1*)の時間積分の限界が $(0, +\infty)$ であることによるが，線形関係式(*7.1.2*)までさかのぼれば，過去の力のみが影響し，未来の力は寄与しないという因果律に達する．過去の力は影響せず，未来の力だけが寄与するという**反因果律**を仮定したとすれば，下半平面で解析的となったであろう．したがって分散式(*7.6.8*)中の負号のあり場所は因果律に由来するのである．

分散式(*7.6.8*)によると，複素アドミッタンスの虚部 $\chi''(\omega)$ と同価の知識を含むのは実部 $\chi'(\omega)$ 自身ではなく，それから χ^∞ を引き去った部分であることが分かる．応答関数や緩和関数と同価な量はこれらの部分であって，χ^∞ に含まれる知識は別に補われなければならない．しかし χ^∞ は現象記述の時間精度の粗さによって生ずるものであり，次章に示すように統計力学による微視的理論では，系の慣性によって，電気変位の場合の電場のように定義として導入されるよく分かった χ^∞ の場合を除けば，本来 χ^∞ は存在しないのである．

c)　複素平面への拡張

(*7.6.5*)や(*7.6.6*)は複素関数 $\Xi(z)$ を下半平面 $\mathrm{Im}\, z<0$ に対しても定義する手段を与える．(*7.6.5*)によって定義される関数を $\bar{\Xi}(z)$ と書けば，下半平面でも解析的となるから，特異点は実軸上だけにあることになる．下半平面から実軸に近づけば，公式(*7.6.7*)および分散式(*7.6.8*)によって，

$$\lim_{\varepsilon\to+0}\bar{\Xi}(\omega-i\varepsilon)=\chi^*(\omega)-\chi^\infty \tag{7.6.9}$$

が得られる．(*7.6.3*)と比べて，実軸を横切るときの値のとびを求めてみると，

$$\lim_{\varepsilon\to+0}\{\bar{\Xi}(\omega+i\varepsilon)-\bar{\Xi}(\omega-i\varepsilon)\}=2i\chi''(\omega) \tag{7.6.10}$$

これは複素アドミッタンスの虚部が0でない点 ω が実軸上の特異点を与えることを示す.

Debye 型の複素誘電率(7.3.10)を例にとると,(7.6.5)の積分は容易に求められて:

$$\bar{\Xi}(z) = \int_{-\infty}^{\infty} \frac{d\omega}{\pi} \frac{\varepsilon''(\omega)}{\omega - z} = \frac{\varepsilon_s - \varepsilon_\infty}{1 \mp iz\tau} \qquad (\mathrm{Im}\, z \gtrless 0) \qquad (7.6.11)$$

となる. $\mathrm{Im}\, z>0$ では,(7.3.10)の $\varepsilon(\omega)-\varepsilon_\infty$ で ω を形式的に複素数 z で置き換えたものと一致する. $\mathrm{Im}\, z<0$ では,(7.3.10)の $\varepsilon(z)-\varepsilon_\infty$ は $z=-i/\tau$ に1次の極をもつが,上に求めた $\bar{\Xi}(z)$ は,(7.6.9)からも分かるように $\varepsilon^*(\omega)-\varepsilon_\infty$ で ω を複素数 z に置き換えたものであって,解析的である.

§7.7 総和則と内插式

複素アドミッタンスの実部 $\chi'(\omega)$ または虚部 $\chi''(\omega)$ に ω の何乗かを掛けて,ω について積分したものが,ある有限値に等しくなければならないということを要求する式を一般に**モーメント総和則**と呼ぶ.

a) モーメント総和則

(7.2.12)から明らかなように,$\chi'(\omega)-\chi^\infty$ は ω について偶関数,$\chi''(\omega)$ は奇関数である.分散式(7.6.8)の第1式で $\omega=0$ とおくと次式を得る.

$$\int_{-\infty}^{\infty} \frac{d\omega}{\pi} \frac{\mathcal{P}}{\omega} \chi''(\omega) = \chi'(0) - \chi^\infty \qquad (7.7.1)$$

(7.6.8)の第2式からはこの方法では恒等式 $0=0$ しか出てこないが,その代り両辺に ω を掛けて $\omega\to\infty$ の極限をとると次式が得られる.

$$\int_{-\infty}^{\infty} \frac{d\omega}{\pi} \{\chi'(\omega) - \chi^\infty\} = \lim_{\omega\to\infty} \omega\chi''(\omega) = \Phi(+0) \qquad (7.7.2)$$

最後の辺に移るには Abel の定理を使う.すなわち(7.6.1)を部分積分すると,時間微分を $\dot{}$ で示して,$\mathrm{Im}\, z>0$ に対して

$$\Xi(z) = -\frac{\Phi(+0)}{iz} - \frac{1}{iz} \int_0^\infty dt e^{izt} \dot{\Phi}(t) \qquad (7.7.3)$$

となるが,右辺の積分は(7.6.2)と同じく $|z|\to\infty$ で0となるから,

$$\lim_{|z|\to\infty} iz\Xi(z) = -\Phi(+0) \tag{7.7.4}$$

ここで(*7.6.3*)および$\Phi(+0)$が実数であることを考えればよい.

誘電体の例(*7.3.11*)または(*7.4.4*), 常磁性共鳴の例(*7.4.12*)が実際総和則(*7.7.1*), (*7.7.2*)を満たすことを初等的計算で確かめることは教訓的であるが, これらの総和則はもっと一般的に成立する. §7.2で述べたようにχ', χ''の一方が分散に, 他方がエネルギー散逸に関係している. 上の総和則はχ', χ''がどちらに関係していても成り立つものではあるが, 左辺がエネルギー散逸を表わすとき, 物理的に特に重要な意味をもっている. χ''が例えば誘電損失, 磁気共鳴吸収, あるいは弾性損失などを表わす場合, その振動数スペクトルに関する(*7.7.1*)の左辺の積分は, 静誘電率, 静磁化率, あるいは弾性係数などの対応する熱力学的な応答として定まる右辺の量に等しくなければならない.

(*7.7.2*)で$\chi(\omega)$が電子系の複素電気伝導率$\sigma(\omega)$であるとすると, その虚部σ''は複素誘電率$\varepsilon(\omega)=1+i4\pi\sigma(\omega)/\omega$の実部に当たる. 振動数$\omega$が非常に高い極限では, 電子に働く散乱体などからの力は無視され, 慣性項だけがきいてくるから,

$$\sigma(\omega) \approx i\frac{ne^2}{m\omega} \qquad (\omega \longrightarrow \infty) \tag{7.7.5}$$

したがって(*7.7.2*)は次式を与える.

$$\frac{2}{\pi}\int_0^\infty d\omega\sigma'(\omega) = \frac{ne^2}{m} \tag{7.7.6}$$

これは電子系の**振動子強度総和則**のごく一般的な表現である.

(*7.7.2*)の形の総和則はもっと一般化される. (*7.7.3*)を

$$-iz\Xi(z) - \Phi(+0) = \int_0^\infty dt e^{izt}\dot{\Phi}(t) \tag{7.7.7}$$

と書けば, その右辺は(*7.6.1*)でΦの代りに$\dot{\Phi}$を入れたものである. したがって(*7.6.1*)で定義された複素関数$\Xi(\omega+i0)$の実部と虚部とについて成り立った関係式(*7.7.2*)を

$$[-iz\Xi(z) - \Phi(+0)]_{z=\omega+i0} = \omega\left[\chi''(\omega) - \frac{\Phi(+0)}{\omega} - i\{\chi'(\omega) - \chi^\infty\}\right]$$

の実部と虚部とに移し変えれば次式を得る.

$$\int_{-\infty}^{\infty}\frac{d\omega}{\pi}\omega\left\{\chi''(\omega)-\frac{\Phi(+0)}{\omega}\right\}=\dot{\Phi}(+0) \tag{7.7.8}$$

さらに(7.7.3)について部分積分を繰り返した式

$$\Xi(z)+\frac{\Phi(+0)}{iz}-\frac{\dot{\Phi}(+0)}{(iz)^2}=\frac{1}{(iz)^2}\int_0^{\infty}dte^{izt}\ddot{\Phi}(t) \tag{7.7.9}$$

について同じ考えを適用すれば次式が導かれる.

$$\int_{-\infty}^{\infty}\frac{d\omega}{\pi}\omega^2\left\{\chi'(\omega)-\chi^{\infty}+\frac{\dot{\Phi}(+0)}{\omega^2}\right\}=-\ddot{\Phi}(+0) \tag{7.7.10}$$

(7.7.2)に見たように $\Phi(+0)$ は $\omega\chi''(\omega)$ の極限値であるから, (7.7.8)の被積分関数の { } の中は $\chi''(\omega)$ からその漸近形を差し引いたものになっている. (7.7.10)についても同様で, 一般に上の手続きを繰り返すと, χ' または χ'' からその漸近形を適当に差し引いて修正したスペクトルを重率とした ω^p ($p=1, 2, \cdots$) のモーメントが左辺に現われる積分である. そのようなモーメントが $\Phi(t)$ の微係数の $t=0$ における値に等しいという総和則が導かれる.

§8.2で $\Phi(t)$ は $t<0$ の場合へも拡張されるが, その結果得られる関数 $\Phi(t)$ が t の偶関数であれば, その奇数次の微係数の $t=0$ での値を含む偶数次のモーメント中の上述の漸近形の補正項はすべて消えるから,

$$\int_{-\infty}^{\infty}\frac{d\omega}{\pi}\omega^{2n}\{\chi'(\omega)-\chi^{\infty}\}=(-1)^n\Phi^{(2n)}(0) \tag{7.7.11}$$

が得られる. $\Phi(t)$ が t の奇関数になれば次式が成り立つ.

$$\int_{-\infty}^{\infty}\frac{d\omega}{\pi}\omega^{2n+1}\chi''(\omega)=(-1)^{n+1}\Phi^{(2n+1)}(0) \tag{7.7.12}$$

§8.1に見るように, $\Phi(t)$ は然るべき物理量の相関関数であり, (7.7.11), (7.7.12)の右辺の量はそれらから導かれるものであって, 結局, 熱平衡状態の統計力学的な量として定められる. これはモーメント総和則の重要な意味である.

(7.7.11), (7.7.12)は, $\Phi(t)$ が $t=0$ で解析的であれば, それぞれ(7.2.12)の第1, 第2式の Fourier 逆変換を行なった式から微分して得られる. 応答関数 $\Phi(t)$ は力学的運動によって定められる限り, 厳密には $t=0$ で解析的のはずであるが, 近似的な応答関数, 例えば Debye 型の(7.3.8)を $t<0$ へも偶関数として

拡張したものは，$t=0$ で尖点をもち，解析的でない．このような近似的な応答関数でも対応する複素アドミッタンスが(7.2.5)で結びついている限り，(7.7.2)，(7.7.8)，(7.7.10)などの形でのモーメント総和則は成り立つ．

これらのモーメント総和則はまた，熱平衡状態の統計力学で計算される正確な応答関数およびその微係数の $t=0$ での値を使用するとき，複素アドミッタンスの与えられた近似式の悪さを検査するのにも使用できる．これらの式に近似的複素アドミッタンスを入れて，どこまでみたすかを調べるのである．高振動数側での近似の悪さの検査に使われるばかりでなく，積極的に近似を改良するのにも使われる．すなわち，現象論の近似式は多くの場合低振動数側で成り立つもので，その中に何個かパラメタを入れておき，それらの値をモーメント総和則をみたすように定めることによって，高振動数側でつじつまの合った内挿式を得るのである．その1例を次に与える．

b) 非 Markov 的拡散法則

Debye 型緩和の典型的な例として§7.3に誘電緩和を論じた．この場合には電気2重極の回転が問題となったが，分子には慣性があるので高振動数の外場にはついてゆけない．時間について言えば，短い時間のところでの挙動は力学的方程式によって容易に定められ，規格化された緩和関数は

$$\psi^{\mathrm{m}}(t) = 1-\alpha t^2+\cdots, \qquad \therefore \quad \lim_{t\to 0}\frac{d\psi^{\mathrm{m}}(t)}{dt} = 0 \tag{7.7.13}$$

の形に展開されるはずであり，応答関数は(7.1.14)により

$$\lim_{t\to 0}\varphi(t) = 0, \qquad \lim_{t\to 0}\frac{d\varphi(t)}{dt} = 2\alpha = (\text{有限}) \tag{7.7.14}$$

をみたさなければならない．Debye 型の近似式(7.3.8)はこれをみたさない．対応する複素アドミッタンス(7.3.11)は総和則(7.7.2)，(7.7.8)をみたさないわけである．特に最後の式は(7.4.15)に注意したように総エネルギー損失の発散に導いた．

§7.5に述べた拡散の例でも，その複素アドミッタンス(7.5.20)は波数ベクトル $\boldsymbol{k}$ を固定すると Debye 型

$$\chi(\boldsymbol{k},\omega) = \frac{\chi(\boldsymbol{k},0)}{1-i\omega\tau_{\mathrm{D}}}, \qquad \tau_{\mathrm{D}} = \frac{1}{D\boldsymbol{k}^2} \tag{7.7.15}$$

であり，高振動数領域で近似の悪くなることが予想される．実際，(7.5.13)，(7.5.14)と同形の式が熱伝導やスピン拡散の現象に適用され，実験結果との比較から線形法則(7.5.14)の修正が試みられている．修正の考え方はどちらも同じであるから，ここでは拡散の Fick の法則の修正という形で述べておこう．熱伝導や拡散現象では誘電緩和の場合(7.3.12)のような全く別のメカニズムを期待できないから，どうしても線形関係式を修正しなければならない．

Fick の法則(7.5.14)は線形法則(7.5.5)に対応するものであって，高振動数現象を記述できるように時間精度を細かくしてゆくと，(7.5.1)のような遅れを考慮した線形法則にもどらなければならない．(7.5.5)型の法則は局所的に状態変化が定常になったときに成立するものであって，定常に達するまでにはある緩和時間 τ_{F} を要するということによって遅れが生ずると考えられる．誘電緩和では定常法則(7.3.16)を(7.3.18)に拡張したが，Fick の法則についても全く同じように

$$\frac{\partial \boldsymbol{j}(\boldsymbol{r},t)}{\partial t} = -\frac{1}{\tau_{\mathrm{F}}}\{\boldsymbol{j}(\boldsymbol{r},t)+D\,\mathrm{grad}\,c(\boldsymbol{r},t)\} \qquad (7.7.16)$$

を仮定しよう．このような考え方は，拡張前の定常法則が式中に目に見えるように含まれており，ごく自然であるが，(7.7.16)は拡散流 $\boldsymbol{j}$ に対して，誘電緩和の場合の電気分極 $\boldsymbol{P}_{\mathrm{d}}$ に対してと同様に，Debye 型の応答を仮定することであるから，振動数がさらに高くなれば近似が悪くなるはずである．しかしこの近似の悪くなり方を，総和則を利用してパラメタ τ_{F} を定めることにより，できるだけ少なくすることができる．

Fick の法則(7.5.14)の代りに(7.7.16)を使うと濃度 $c(\boldsymbol{r},t)$ の挙動を高振動数側で改良することは，$c(\boldsymbol{r},t)$ のみたす微分方程式中に現われる時間微分の階数が拡散方程式(7.5.15)より上がることからも分かる．すなわち，連続の式(7.5.13)と(7.7.16)とから拡散流 $\boldsymbol{j}$ を消去すれば，

$$\left\{\frac{\partial^2}{\partial t^2}+\frac{1}{\tau_{\mathrm{F}}}\left(\frac{\partial}{\partial t}-D\frac{\partial^2}{\partial \boldsymbol{r}^2}\right)\right\}c(\boldsymbol{r},t)=0 \qquad (7.7.17)$$

を得るが，高振動数では $\partial/\partial t$ よりも $\partial^2/\partial t^2$ が大きな寄与を与え，上式は伝播速度 $\sqrt{D/\tau_{\mathrm{F}}}$ をもつ波動方程式に近づくことになる．この波動は熱伝導の場合には第2音波として観測される．元の Fick の法則では同時刻の濃度勾配と拡散流と

が結ばれていたから，系内のある1点で急激に濃度を増すと，それは拡散流を直ちに引き起こし，それがまわりに濃度勾配を生じ，瞬間的に系内の全ての点で濃度が上昇しなければならない，つまり無限大の伝播速度を与える．この不合理が改良されているわけである．

新しい拡散方程式(7.7.17)に対応する複素アドミッタンスを§7.5の方法で求めてみよう．時間微分が2階となったので，初期条件として，濃度の値のみならず，濃度の時間微分の値も必要となる．分子の並進運動には慣性があるから，緩和関数は(7.7.13)の第2式のような式をみたすはずである．(7.5.18)を思い起こして，

$$\left[\frac{\partial c(\boldsymbol{r},t)}{\partial t}\right]_{t=t_0}=0 \tag{7.7.18}$$

と置く．(7.7.17)に Fourier-Laplace 変換(7.5.16)を行なうと，(7.5.19)の代りに次式が得られる．

$$\frac{1-i\omega\tau_{\mathrm{F}}}{-i\omega+D\boldsymbol{k}^2-\omega^2\tau_{\mathrm{F}}}=\int_0^\infty dt\int d\boldsymbol{r}e^{-i(\boldsymbol{k}\cdot\boldsymbol{r}-\omega t)}\Psi^{\mathrm{m}}(\boldsymbol{r},t) \tag{7.7.19}$$

複素アドミッタンスで書けば，

$$\chi(\boldsymbol{k},\omega)=\frac{\chi(\boldsymbol{k},0)}{1-i\omega\tau_{\mathrm{D}}-\omega^2\tau_{\mathrm{D}}\tau_{\mathrm{F}}} \tag{7.7.20}$$

となり，(7.7.15)と比べて分母に第3項が加わっている．高振動数 $|\omega|\tau_{\mathrm{F}}\gg 1$ で分母の第2項が第3項に比べて無視できれば，(7.7.20)の複素アドミッタンスは

$$|\omega|=\frac{1}{\sqrt{\tau_{\mathrm{D}}\tau_{\mathrm{F}}}}=\sqrt{\frac{D}{\tau_{\mathrm{F}}}}|\boldsymbol{k}| \tag{7.7.21}$$

に前述の波動を表わす極をもつ．第2項が無視できないとき，この波動は減衰する．

パラメタ τ_{F} を高振動数側の極限でつじつまの合うように総和則から決めよう．(7.7.20)で ω の代りに $\mathrm{Im}\,z>0$ なる複素数 z を入れて，大きな $|z|$ に対し z^{-1} のベキ級数に展開すると，次式を得る．

$$\Xi(\boldsymbol{k},z)=\left\{\left(\frac{i}{z}\right)^2\frac{1}{\tau_{\mathrm{D}}\tau_{\mathrm{F}}}-\left(\frac{i}{z}\right)^3\frac{1}{\tau_{\mathrm{D}}\tau_{\mathrm{F}}{}^2}+\cdots\right\}\chi(\boldsymbol{k},0) \tag{7.7.22}$$

上式は(7.7.9)を波数ベクトル $\boldsymbol{k}$ を含む場合に拡張した式に対応するものである．

(7. 7. 14) の第1式と合致して i/z の1次の項はなく，総和則(7. 7. 2)はみたされるはずである．これは仮定(7. 7. 18)をそのように選んだことから当然であるが，初期条件(7. 7. 18)は(7. 7. 17)のように時間微分の階数が上がったため導入可能となったのである．$(i/z)^2$ の項は τ_F を，少なくとも(7. 7. 16)が成り立つ小さな波数 $|\boldsymbol{k}|$ の範囲で，

$$\frac{\chi(\boldsymbol{k},0)}{\tau_D\tau_F}=\int d\boldsymbol{r}e^{-i\boldsymbol{k}\cdot\boldsymbol{r}}\left[\frac{\partial\Phi(\boldsymbol{r},t)}{\partial t}\right]_{t=0} \qquad (7.7.23)$$

のように選べれば，(7. 7. 9) の $(i/z)^2$ の項と一致させることができる．上式右辺は(7. 7. 14)の第2式に対応する量で，熱平衡状態の統計力学から計算可能なものである．τ_F を(7. 7. 23)のように選ぶことにより未定のパラメタはなくなったから，総和則(7. 7. 8)はみたされるが，$(i/z)^3$ の項に対応する(7. 7. 10)は一般にはみたされないであろう．

第8章　線形応答の統計力学

応答関数や緩和関数，特に波数ベクトル $\boldsymbol{k}$ にも依存する複素アドミッタンスを用いることによって，線形不可逆現象が一般的に記述されることを見てきた．統計力学はこれらの関数を，物質構造の仮定に基づいて計算するための公式を与える．得られた公式を使うと，これらの関数を新しい量，相関関数と関係づけることができる．§5.7に述べたNyquist以来の揺動散逸定理はかくして一般的に証明されることとなる．

統計力学は比熱，静誘電率，静磁化率などの計算法を示して，物質構造解明に手段を与えてきたが，応答関数などの動的な量が計算できると，さらにいちだんと有力な手段を与えることになる．測定または制御手段の振動数や波数が高くなるほど，一般に物質の微視的な部分，しかもその振動数や波長に見合った特殊な部分を選択的に動かすので，欲する知識を狙い打ちに得る可能性を増すからである．

初めの3節では力学的な外力に対する応答を論じ，§8.4で内部場についての例を与える．熱的な内力については§8.5に述べる．

§8.1　外力に対応する応答

前章の出発点となった線形関係式(*7.1.2*)を統計力学によって導こう．力学的な外力が系に作用する場合には，系のハミルトニアン $\hat{\mathcal{H}}$ に摂動項

$$\hat{\mathcal{H}}^{\mathrm{ext}}(t) = -\sum_{\nu} X_{\nu}(t)\,\hat{A}_{\nu} \tag{8.1.1}$$

が加わる．ここに $\hat{A}_{\nu}$ は外力 $X_{\nu}(t)$ によって動かされるべき系の変位を示す．アクセント記号 ˆ は系に属する力学変数，量子力学でいえば演算子であることを示す．外力は系に属する力学変数ではなく，量子論では c 数とみなすことがで

きる．熱的な内力は，系の分布関数または密度行列が熱平衡形からゆがむことによって生ずるものであるから，直接その効果を摂動項の形に書くことはできないので，取扱いがいちだんと面倒になる．それゆえ，しばらくは力学的な外力だけについて論ずることにする．

a）静アドミッタンスとカノニカル相関

絶対温度 T の熱源と接触して熱平衡にある系の状態は，統計力学ではカノニカル集合で表わされる．対応する密度行列は§2.4に述べたように

$$\left.\begin{aligned}\hat{\rho}_{\mathrm{eq}} &= \exp\{\beta(F-\hat{\mathscr{H}})\}\\ \exp(-\beta F) &= \mathrm{tr}\{\exp(-\beta\hat{\mathscr{H}})\}\end{aligned}\right\} \tag{8.1.2}$$

で与えられる．$\beta=1/(kT)$，F は Helmholtz の自由エネルギーである．tr は行列の対角要素の総和をとることを示す．古典論では全ての可能な状態について和をとればよい．この系に時間に依存しない外力が作用して，新しい熱平衡状態に達したとすると，密度行列は摂動項(*8.1.1*)を加えたハミルトニアンをもつカノニカル集合に対応するものとなる．

$$\left.\begin{aligned}\hat{\rho}_{\mathrm{eq}}(X) &= \exp[\beta\{F(X)-\hat{\mathscr{H}}-\hat{\mathscr{H}}^{\mathrm{ext}}\}]\\ \exp\{-\beta F(X)\} &= \mathrm{tr}(\exp[-\beta\{\hat{\mathscr{H}}+\hat{\mathscr{H}}^{\mathrm{ext}}\}])\end{aligned}\right\} \tag{8.1.3}$$

変位 $\hat{A}_\mu$ の熱平衡状態(*8.1.2*)での値は期待値

$$A_\mu{}^{\mathrm{eq}} = \langle\hat{A}_\mu\rangle, \qquad \langle\cdots\rangle = \mathrm{tr}(\hat{\rho}_{\mathrm{eq}}\cdots) \tag{8.1.4}$$

で与えられる．熱平衡状態(*8.1.3*)での期待値を $A_\mu{}^{\mathrm{eq}}(X)$ と書くと，これは上式で $\hat{\rho}_{\mathrm{eq}}$ の代りに $\hat{\rho}_{\mathrm{eq}}(X)$ を用いたものである．これら2つの期待値の差を外力について1次の項までとったとき，

$$A_\mu{}^{\mathrm{eq}}(X) - A_\mu{}^{\mathrm{eq}} = \sum_\nu \chi_{\mu\nu}(0)X_\nu \tag{8.1.5}$$

展開係数 $\chi(0)$ が静アドミッタンスであった．

静アドミッタンスを求めるには，密度行列(*8.1.3*)を外力について，すなわち摂動項(*8.1.1*)について，1次の項まで展開すればよい．さて演算子の指数関数に対する恒等式

$$\exp\{\beta(\hat{F}+\hat{G})\} = \exp(\beta\hat{F})\left[1+\int_0^\beta d\lambda\exp(-\lambda\hat{F})\,\hat{G}\exp\{\lambda(\hat{F}+\hat{G})\}\right] \tag{8.1.6}$$

は両辺に左から $\exp(-\beta\hat{F})$ を掛けて β で微分することにより容易に証明される．右辺を $\hat{G}$ について1次までとるには，$\exp\{\lambda(\hat{F}+\hat{G})\}$ をその0次の値 $\exp(\lambda\hat{F})$ で近似すればよい．この近似式によれば，

$$\exp\{-\beta(\mathscr{H}+\mathscr{H}^{\mathrm{ext}})\} = \exp(-\beta\mathscr{H})\left(1-\int_0^\beta d\lambda \exp(\lambda\mathscr{H})\,\mathscr{H}^{\mathrm{ext}}\exp(-\lambda\mathscr{H})\right)$$

$$\exp\{-\beta F(X)\} = \exp(-\beta F)\left(1+\sum_\nu\int_0^\beta d\lambda\langle\hat{A}_\nu\rangle X_\nu\right)$$

$$\therefore\quad \hat{\rho}_{\mathrm{eq}}(X) = \hat{\rho}_{\mathrm{eq}}\left[1+\sum_\nu\int_0^\beta d\lambda\{\hat{A}_\nu(-i\hbar\lambda)-\langle\hat{A}_\nu\rangle\}X_\nu\right] \tag{8.1.7}$$

を得る．ただし $\hat{F}$ に対する Heisenberg 演算子

$$\hat{F}(t) = \exp\left(\frac{i}{\hbar}\mathscr{H}t\right)\hat{F}\exp\left(-\frac{i}{\hbar}\mathscr{H}t\right) \tag{8.1.8}$$

を定義した．(8.1.7)を使って $\hat{A}_\mu$ の期待値を計算すると，(8.1.5)の形に求まり，静アドミッタンスは

$$\chi_{\mu\nu}(0) = \int_0^\beta d\lambda\langle\{\hat{A}_\nu(-i\hbar\lambda)-\langle\hat{A}_\nu\rangle\}\{\hat{A}_\mu-\langle\hat{A}_\mu\rangle\}\rangle \tag{8.1.9}$$

で与えられる．ここで任意の2つの力学量 $\hat{F},\hat{G}$ の相関を表わす期待値として，

$$\langle\hat{F};\hat{G}\rangle = \int_0^\beta\frac{d\lambda}{\beta}\frac{\mathrm{tr}\{\exp(-\beta\mathscr{H})\exp(\lambda\mathscr{H})\hat{F}\exp(-\lambda\mathscr{H})\hat{G}\}}{\mathrm{tr}\{\exp(-\beta\mathscr{H})\}} \tag{8.1.10}$$

を定義し，**カノニカル相関**(canonical correlation)と呼ぶことにしよう．この定義を用いれば(8.1.9)は次の形に書ける．

$$\chi_{\mu\nu}(0) = \frac{1}{kT}\langle(\hat{A}_\nu-\langle\hat{A}_\nu\rangle);(\hat{A}_\mu-\langle\hat{A}_\mu\rangle)\rangle \tag{8.1.11}$$

古典的極限 $\hbar\to 0$ では，(8.1.10)の定義式の中で演算子の順序を変えてよいから，被積分関数は λ によらなくなる．また tr 演算は(1.3.17)のように位相空間の積分になるから，(8.1.10)は古典的な相関関数

$$\langle\hat{F}\hat{G}\rangle = \int\cdots\int d\Gamma\exp(-\beta\mathscr{H})\hat{F}\hat{G}\bigg/\int\cdots\int d\Gamma\exp(-\beta\mathscr{H}) \tag{8.1.12}$$

と一致する．したがって(8.1.11)の古典的極限は

$$\chi_{\mu\nu}(0) = \frac{1}{kT}\langle(\hat{A}_\nu - \langle\hat{A}_\nu\rangle)(\hat{A}_\mu - \langle\hat{A}_\mu\rangle)\rangle \qquad (8.1.13)$$

となる．古典統計力学としてこの式を直接導出するには，(8.1.3)を $\hat{\mathcal{H}}^{\mathrm{ext}}$ で展開して1次までとればよい．(8.1.13)ははじめ J. G. Kirkwood によって与えられた公式で，特に $\mu=\nu$ のとき静アドミッタンス $\chi_{\mu\mu}$ が変位 $\hat{A}_\mu$ のゆらぎによって定まることを示す．(8.1.9)または(8.1.11)は(8.1.13)の量子論への拡張である．これらの式は等温準静的に外力を加えるときの変位の応答を定めるが，これを不可逆過程での変位や流れの応答へと拡張するのがこの節の目的である．

カノニカル相関(8.1.10)は，静アドミッタンスの式の形を保存するように選ばれた，古典的相関関数の量子論的拡張であるが，古典的相関関数と同じ対称性

$$\langle\hat{F};\hat{G}\rangle = \langle\hat{G};\hat{F}\rangle \qquad (8.1.14)$$

を持っている．これを見るには，(8.1.10)の定義式で $\beta-\lambda\to\lambda$ という変換を行ない，公式 $\mathrm{tr}(\hat{A}\hat{B}\cdots\hat{Z})=\mathrm{tr}(\hat{B}\cdots\hat{Z}\hat{A})$ を用いればよい．なおカノニカル相関は $\hat{F}=\hat{G}$ の場合には，$\hat{F}$ がハミルトニアン $\hat{\mathcal{H}}$ と可換なときを除き，一般に2乗の期待値 $\langle\hat{F}^2\rangle$ とは一致しないことを注意しておく．

b) 密度行列の時間的変化

外力が時間とともに変動するときは，密度行列の変化を追跡しなければならない．その基礎となる運動方程式は

$$\frac{\partial\hat{\rho}(t)}{\partial t} = \frac{1}{i\hbar}[\hat{\mathcal{H}}+\hat{\mathcal{H}}^{\mathrm{ext}}(t), \hat{\rho}(t)] \qquad (8.1.15)$$

である．$[\hat{F},\hat{G}]=\hat{F}\hat{G}-\hat{G}\hat{F}$ は交換子を示す．古典論に移るには $[\cdots,\cdots]/(i\hbar)$ を Poisson の括弧式で置き換えればよく，上式は Liouville 方程式となる．外界，例えば熱源との相互作用はあらわには考えなかった．この点については後に論ずる．外力について摂動展開するには微分方程式よりも積分方程式の方が都合がよい．量子力学の相互作用表示に対応して，密度行列 $\hat{\rho}(t)$ から

$$\hat{\rho}(t) = \exp\left\{-\frac{i}{\hbar}\hat{\mathcal{H}}(t-t_0)\right\}\hat{\sigma}(t)\exp\left\{\frac{i}{\hbar}\hat{\mathcal{H}}(t-t_0)\right\}$$

で定義される $\hat{\sigma}(t)$ に移れば，運動方程式(8.1.15)は次の形に変換される．

$$\frac{\partial\hat{\sigma}(t)}{\partial t} = \frac{1}{i\hbar}\left[\exp\left\{\frac{i}{\hbar}\hat{\mathcal{H}}(t-t_0)\right\}\hat{\mathcal{H}}^{\mathrm{ext}}(t)\exp\left\{-\frac{i}{\hbar}\hat{\mathcal{H}}(t-t_0)\right\}, \hat{\sigma}(t)\right]$$

時刻 t_0 に初期条件 $\hat{\rho}(t_0)=\hat{\sigma}(t_0)$ をおいて上式の両辺を積分すると，

$$\sigma(t) = \hat{\rho}(t_0) + \int_{t_0}^{t} dt' \frac{1}{i\hbar}\Big[\exp\Big\{\frac{i}{\hbar}\mathscr{H}(t'-t_0)\Big\} \times \hat{\mathscr{H}}^{\rm ext}(t') \exp\Big\{-\frac{i}{\hbar}\mathscr{H}(t'-t_0)\Big\}, \hat{\sigma}(t')\Big]$$

が得られる．もとの密度行列 $\hat{\rho}(t)$ に戻せば求める積分方程式が導かれる．

$$\hat{\rho}(t) = \exp\Big\{-\frac{i}{\hbar}\mathscr{H}(t-t_0)\Big\}\hat{\rho}(t_0)\exp\Big\{\frac{i}{\hbar}\mathscr{H}(t-t_0)\Big\} + \int_{t_0}^{t} dt' \exp\Big\{-\frac{i}{\hbar}\mathscr{H}(t-t')\Big\}\frac{1}{i\hbar}[\hat{\mathscr{H}}^{\rm ext}(t'), \hat{\rho}(t')]\exp\Big\{\frac{i}{\hbar}\mathscr{H}(t-t')\Big\}$$

摂動項 *(8. 1. 1)* について1次まで求めるには，上式右辺第2項中の $\hat{\rho}(t')$ にその0次の値，すなわち右辺第1項を代入すればよい．

$$\hat{\rho}(t) = \exp\Big(-\frac{i}{\hbar}\hat{\mathscr{H}}t\Big)\hat{\rho}_0\exp\Big(\frac{i}{\hbar}\hat{\mathscr{H}}t\Big) + \int_{t_0}^{t} dt' \exp\Big\{-\frac{i}{\hbar}\mathscr{H}(t-t')\Big\}\frac{1}{i\hbar}\Big[\hat{\mathscr{H}}^{\rm ext}(t'), \exp\Big(-\frac{i}{\hbar}\hat{\mathscr{H}}t'\Big)\hat{\rho}_0\exp\Big(\frac{i}{\hbar}\hat{\mathscr{H}}t'\Big)\Big]\exp\Big\{\frac{i}{\hbar}\mathscr{H}(t-t')\Big\} \qquad (8.1.16)$$

ただし次の演算子を導入した．

$$\hat{\rho}_0 = \exp\Big(\frac{i}{\hbar}\hat{\mathscr{H}}t_0\Big)\hat{\rho}(t_0)\exp\Big(-\frac{i}{\hbar}\hat{\mathscr{H}}t_0\Big)$$

線形関係式 *(7. 1. 2)* を得るために初期条件を課する時刻 t_0 を $-\infty$ にする．この極限をとるために，その前に**熱力学的極限**なるものをとる．すなわち，粒子数密度のような熱力学的性質を定める量を一定に保って，系の占める体積を ∞ とする極限をとる．この極限は，巨視的系であることの数学的表現であり，系内の微視的現象が系の境界で反射して戻ってくるというような周期現象を取り除くことにより，不可逆性を生ぜしめ，また熱源などの外界との相互作用が系の運動に及ぼす効果を有限時間内では無視してよくするであろう．さてこの極限で系がエルゴードの体系になるとすれば，系は任意の初期状態から出発して十分長い時間後には熱平衡状態に達するであろう．$\hat{\rho}_0$ は，初期値 $\hat{\rho}(t_0)$ から出発し，ハミルト

ニアン $\hat{\mathscr{H}}$ で $-t_0$ 時間運動して得られる密度行列である．$-t_0 \to +\infty$ という極限では，$\hat{\rho}_0$ で表わされる状態はハミルトニアン $\hat{\mathscr{H}}$ で定まる熱平衡状態に一致するであろう．後者は密度行列 $\hat{\rho}_{\mathrm{eq}}$ で表わされるとしよう．$\hat{\rho}_0$ が $\hat{\rho}_{\mathrm{eq}}$ に $t_0 \to -\infty$ で収束するという意味は，それらによって計算される期待値が，現象論で問題とされるような量の全てについて一致するということでよい．それらの量は比較的簡単な構造をもち，系のごく一部の自由度だけに関係していることが多い．このような場合には，系の他の自由度は熱源あるいは粒子源として作用するとみなせ，$\hat{\rho}_{\mathrm{eq}}$ の形はカノニカル集合に対する密度行列(8. 1. 2)あるいは大きなカノニカル集合に対するもの

$$\hat{\rho}_{\mathrm{eq}} = \exp\{\beta(J-\hat{\mathscr{A}})\}, \qquad \exp(-\beta J) = \mathrm{tr}\{\exp(-\beta\hat{\mathscr{A}})\} \tag{8. 1. 17}$$

ととることができる．系の粒子数に対応する演算子を $\hat{N}$, 化学ポテンシャルを μ とするとき，

$$\hat{\mathscr{A}} = \hat{\mathscr{H}} - \mu\hat{N} \tag{8. 1. 18}$$

である．粒子が多種類あるときは上式右辺第2項はそれらについての和とする．ハミルトニアン $\hat{\mathscr{H}}$ での運動で粒子数が保存されることが普通であるが，そのときは $\hat{N}$ は $\hat{\mathscr{H}}$ と可換であるので，以下の計算は大きなカノニカル集合をとってもカノニカル集合の場合とほとんど変わらない．以下カノニカル集合を仮定する．$\hat{\rho}_{\mathrm{eq}}$ は $\hat{\mathscr{H}}$ と可換になる．これは系の状態が，外力の時間依存性を除けば，時間の原点の選び方に対し不変であることを示す．かくして(8. 1. 16)は次式で置き換えてよいであろう．

$$\hat{\rho}(t) = \hat{\rho}_{\mathrm{eq}} + \int_{-\infty}^{t} dt' \exp\left\{-\frac{i}{\hbar}\hat{\mathscr{H}}(t-t')\right\}\frac{1}{i\hbar}[\hat{\mathscr{H}}^{\mathrm{ext}}(t'), \hat{\rho}_{\mathrm{eq}}] \exp\left\{\frac{i}{\hbar}\hat{\mathscr{H}}(t-t')\right\} \tag{8. 1. 19}$$

c) 久保の公式

現象論に現われた変位または流れに対する演算子 B_μ の時刻 t での期待値

$$B_\mu(t) = \mathrm{tr}\{\hat{\rho}(t)\hat{B}_\mu\}$$

を(8. 1. 19)によって計算すると，(8. 1. 4), (8. 1. 8)の記法を使い，記号 tr 内では演算子を循環させてよいことに注意して，

$$B_\mu(t) = B_\mu{}^{\mathrm{eq}} + \int_{-\infty}^{t} dt' \ \mathrm{tr}\left(\frac{1}{i\hbar}[\hat{\mathscr{H}}^{\mathrm{ext}}(t'), \hat{\rho}_{\mathrm{eq}}]\hat{B}_\mu(t-t')\right)$$

を得る．摂動項の形(8. 1. 1)を代入し，現象論の線形関係式(7. 1. 2)と比べると，次式を得る．

$$\chi_{\mu\nu}{}^{\infty} = 0 \tag{8. 1. 20}$$

$$\begin{aligned}\Phi_{\mu\nu}(t) &= -\mathrm{tr}\left(\frac{1}{i\hbar}[\hat{A}_\nu, \hat{\rho}_{\mathrm{eq}}]\hat{B}_\mu(t)\right) = \left\langle\frac{1}{i\hbar}[\hat{A}_\nu, \hat{B}_\mu(t)]\right\rangle \\ &\equiv \langle(\hat{A}_\nu(0), \hat{B}_\mu(t))\rangle\end{aligned} \tag{8. 1. 21}$$

上式最後の辺の記法は古典力学の Poisson の括弧式の熱平衡状態での期待値に当たることを示す．Poisson の括弧式がこのような応答という物理的意味をもつことは重要である．

(8. 1. 20)は χ^∞ が現象記述の時間精度の粗さによって近似的に生ずるものであることを示す．カノニカル集合に対する密度行列(8. 1. 2)の場合には，応答関数に対する公式(8. 1. 21)をさらに変形することができる．まず恒等式

$$-\frac{1}{i\hbar}[\hat{F}, \exp(-\beta\hat{\mathscr{H}})] = \exp(-\beta\hat{\mathscr{H}})\int_0^\beta d\lambda\dot{\hat{F}}(-i\hbar\lambda) \tag{8. 1. 22}$$

は両辺を β で微分することにより容易に証明される．ただし次の量を定義した．

$$\dot{\hat{F}} = \frac{1}{i\hbar}[\hat{F}, \hat{\mathscr{H}}] \tag{8. 1. 23}$$

(8. 1. 22)の両辺を c 数 $e^{\beta F}$ 倍すると，$\exp(-\beta\hat{\mathscr{H}})$ の代りに $\hat{\rho}_{\mathrm{eq}}$ を書いた式が得られる．この式を使うと，(8. 1. 21)の第 2 辺から次式を得る．

$$\Phi_{\mu\nu}(t) = \int_0^\beta d\lambda\langle\dot{\hat{A}}_\nu(-i\hbar\lambda)\hat{B}_\mu(t)\rangle = -\int_0^\beta d\lambda\left\langle\hat{A}_\nu(-i\hbar\lambda)\frac{d\hat{B}_\mu(t)}{dt}\right\rangle \tag{8. 1. 24}$$

まず $\hat{B}_\mu$ が摂動項(8. 1. 1)に現われる変位 $\hat{A}_\mu$ に対応する流れ $\hat{J}_\mu$ であって，現象論の式(7. 2. 22)と同形の式

$$\hat{J}_\mu(t) = \frac{d\hat{A}_\mu(t)}{dt} = \frac{1}{i\hbar}[\hat{A}_\mu(t), \hat{\mathscr{H}}] \tag{8. 1. 25}$$

で定義される場合を考えよう．この場合，熱平衡値が消えることは明らかである．

$$\langle\hat{J}_\mu\rangle = 0 \tag{8. 1. 26}$$

応答関数は(8. 1. 24)の第 2 辺から，(8. 1. 10)の記法で，次の形をとる．

$$\Phi_{\mu\nu}(t) = \beta\langle\hat{J}_\nu\,;\hat{J}_\mu(t)\rangle \tag{8. 1. 27}$$

複素アドミッタンスは上式を(7. 2. 5)に代入すれば得られる．

$$\chi_{\mu\nu}(\omega)=\int_0^\infty dte^{i\omega t}\beta\langle\hat{J}_\nu\,;\hat{J}_\mu(t)\rangle \tag{8. 1. 28}$$

次に $\hat{B}_\mu$ が変位 $\hat{A}_\mu$ 自身である場合を考えよう．この場合には任意の平衡統計集合に対して成り立つ(8. 1. 21)

$$\Phi_{\mu\nu}(t)=\langle(\hat{A}_\nu(0),\hat{A}_\mu(t))\rangle \tag{8. 1. 29}$$

もよく使われるが，緩和関数が(8. 1. 27)と似た形に書けることを示そう．カノニカル集合に対して成り立つ(8. 1. 24)の第3辺によれば，

$$\Phi_{\mu\nu}(t)=-\frac{d}{dt}\int_0^\beta d\lambda\langle\hat{A}_\nu(-i\hbar\lambda)\hat{A}_\mu(t)\rangle \tag{8. 1. 30}$$

上式を緩和関数の定義式(7. 1. 13)に代入すると次式を得る．

$$\Psi_{\mu\nu}(t)=\int_0^\beta d\lambda\langle\hat{A}_\nu(-i\hbar\lambda)\hat{A}_\mu(t)\rangle-C$$

ここに C は上式右辺第1項の $t\to+\infty$ での極限値である．

$$\begin{aligned}C&=\lim_{t\to+\infty}\int_0^\beta d\lambda\langle\hat{A}_\nu(-i\hbar\lambda)\hat{A}_\mu(t)\rangle\\&=\lim_{\Theta\to+\infty}\frac{1}{\Theta}\int_0^\Theta dt\int_0^\beta d\lambda\langle\hat{A}_\nu(-i\hbar\lambda)\hat{A}_\mu(t)\rangle\end{aligned}$$

第3辺に移るには，第2辺の極限値が存在すれば長時間平均も存在するはずであることを使った．Heisenberg 演算子の長時間平均

$$\hat{F}^\circ=\lim_{\Theta\to+\infty}\frac{1}{\Theta}\int_0^\Theta dt\hat{F}(t) \tag{8. 1. 31}$$

は，ハミルトニアン $\hat{\mathcal{H}}$ を対角化する表示での行列要素をとってみれば分かるように，演算子 $\hat{F}$ の $\hat{\mathcal{H}}$ と可換な部分であるから，

$$C=\int_0^\beta d\lambda\langle\hat{A}_\nu(-i\hbar\lambda)\hat{A}_\mu{}^\circ\rangle=\int_0^\beta d\lambda\langle\hat{A}_\nu{}^\circ\hat{A}_\mu{}^\circ\rangle$$

かくして緩和関数は，(8. 1. 10)の記法で，次の形に書ける．

$$\begin{aligned}\Psi_{\mu\nu}(t)&=\int_0^\beta d\lambda\langle\{\hat{A}_\nu(-i\hbar\lambda)-\hat{A}_\nu{}^\circ\}\{\hat{A}_\mu(t)-\hat{A}_\mu{}^\circ\}\rangle\\&=\beta\langle\{\hat{A}_\nu-\hat{A}_\nu{}^\circ\}\,;\{\hat{A}_\mu(t)-\hat{A}_\mu{}^\circ\}\rangle\end{aligned} \tag{8. 1. 32}$$

エルゴード定理が成り立つ系では，長時間平均(8.1.31)はミクロカノニカル集合での期待値に等しく，さらに変位 $\hat{A}$ が系のごく一部の自由度に関係している場合には，カノニカル集合での期待値で置き換えられるであろう．そのときは(8.1.32)の代りに次式を得る．

$$\Psi_{\mu\nu}(t)=\beta\langle\{\hat{A}_\nu-\langle\hat{A}_\nu\rangle\}\,;\,\{\hat{A}_\mu(t)-\langle\hat{A}_\mu\rangle\}\rangle \qquad (8.1.33)$$

上式右辺は，(8.1.26)を考慮すれば，(8.1.27)の右辺と同じ形である．同じ形の公式が変位の場合は緩和関数を与え，流れの場合には応答関数を与える．これは時間微分が1段階ずれているからである．複素アドミッタンスは(7.2.6)に代入すれば得られる．

$$\begin{aligned}\chi_{\mu\nu}(\omega)=&\beta\langle\{\hat{A}_\nu-\langle\hat{A}_\nu\rangle\}\,;\,\{\hat{A}_\mu-\langle\hat{A}_\mu\rangle\}\rangle\\&+i\omega\int_0^\infty dte^{i\omega t}\beta\langle\{\hat{A}_\nu-\langle\hat{A}_\nu\rangle\}\,;\,\{\hat{A}_\mu(t)-\langle\hat{A}_\mu\rangle\}\rangle\end{aligned} \qquad (8.1.34)$$

(8.1.33), (8.1.20), (8.1.9)によれば現象論の関係式(7.2.7)が得られる．この意味で(8.1.34)は静アドミッタンスに対する Kirkwood の公式(8.1.13)の不可逆過程への拡張になっている．基本公式(8.1.27), (8.1.28), (8.1.29), (8.1.32), (8.1.33), (8.1.34)は久保によって与えられたもので，しばしば**久保の公式**と呼ばれる．自由エネルギーが分配関数から計算されるという Gibbs 統計力学の基本公式

$$F=-kT\ln\mathrm{tr}\{\exp(-\beta\hat{\mathscr{H}})\}$$

に匹敵するものであるといえよう．

d) 応答関数およびその導関数の初期値

§7.7に述べたように，モーメント総和則では応答関数またはその導関数の $t=0$ での値を正確に計算しなければならない．応答関数は一般に(8.1.21)で与えられるから，

$$\left.\begin{aligned}&\Phi_{\mu\nu}(0)=\left\langle\frac{1}{i\hbar}[\hat{A}_\nu,\hat{B}_\mu]\right\rangle\\&\left[\frac{d^n\Phi_{\mu\nu}(t)}{dt^n}\right]_{t=0}=\left\langle\frac{1}{i\hbar}\left[\underbrace{\frac{1}{i\hbar}\left[\frac{1}{i\hbar}\left[\hat{\mathscr{H}},\cdots,\frac{1}{i\hbar}\left[\hat{\mathscr{H}},\frac{1}{i\hbar}[\hat{\mathscr{H}},\hat{A}_\nu]\right]\cdots\right]\right.}_{n\text{個}}\right],\hat{B}_\mu\right]\right\rangle\end{aligned}\right\}$$

(8.1.35)

のように交換子の熱平衡状態での期待値を求めればよい．$\hat{B}_\mu$ が変位 $\hat{A}_\nu$ と可換ならば，(7.7.14) に仮定されているように，

$$\bar{\Phi}_{\mu\nu}(0)=0 \tag{8.1.36}$$

を得る．$\hat{B}_\mu$ が変位 $\hat{A}_\nu$ と等しいときはその例である．$\hat{B}_\mu$ が (8.1.25) に定義された流れ $\hat{J}_\nu$ であるときは，$\Phi(0)$ は消えずに残りうるが，1階導関数が消えることになる．(8.1.35) の計算例は §8.4 に述べる．

§8.2　対称性と分散式

前節に求めた応答関数，緩和関数，複素アドミッタンスに対する公式を使うと，種々のことがいえる．この節では次節以下のための準備事項と，対称性とについて述べよう．

a)　スペクトル関数とその対称性

対称性などの議論を見やすくするためには，スペクトル関数を導入すると便利である．これは §5.4 に述べた Wiener-Khinchin の定理によって，相関関数の Fourier 変換が強度スペクトルを与えたことの一般化であって，相関関数に似た量の Fourier 変換をいう．任意の2個の Heisenberg 演算子 $\hat{F}(t)$，$\hat{G}(t')$ の積の期待値 $\langle\hat{F}(t)\hat{G}(t')\rangle$ の**スペクトル関数**とは，

$$\langle\hat{F}(t)\hat{G}(t')\rangle=\int_{-\infty}^{\infty}\frac{d\omega}{2\pi}e^{-i\omega(t-t')}J_{F,G}(\omega) \tag{8.2.1}$$

で与えられる関数 $J_{F,G}(\omega)$ である．カノニカル集合での期待値とすれば，

$$\begin{aligned}J_{F,G}(\omega)&=\int_{-\infty}^{\infty}dte^{i\omega t}\langle\hat{F}(t)\hat{G}(0)\rangle\\&=\int_{-\infty}^{\infty}dte^{i\omega t}\,\mathrm{tr}\Big[\exp\{\beta(F-\mathscr{H})\}\exp\Big(\frac{i}{\hbar}\mathscr{H}t\Big)\hat{F}\exp\Big(-\frac{i}{\hbar}\mathscr{H}t\Big)\hat{G}\Big]\end{aligned}$$

上式で演算子 $\hat{F}$ の左と右に恒等演算子

$$\int_{-\infty}^{\infty}dE\delta(E-\mathscr{H})=1,\qquad\int_{-\infty}^{\infty}dE'\delta(E'-\mathscr{H})=1$$

を挿入すると，因子 $\delta(E-\mathscr{H})$ により $\hat{F}$ の左にある $\mathscr{H}$ は E で，また因子 $\delta(E'-\mathscr{H})$ により $\hat{F}$ の右の $\mathscr{H}$ は E' で置き換えてよい．

$$J_{F,G}(\omega)=\int\int_{-\infty}^{\infty}dEdE'\rho_{\rm eq}(E)\,2\pi\hbar\delta(E+\hbar\omega-E')\,j_{F,G}(E,E') \quad (8.2.2)$$

ただし次のように置いた.

$$\rho_{\rm eq}(E)=e^{\beta(F-E)},\qquad j_{F,G}(E,E')={\rm tr}\{\delta(E-\hat{\mathscr{H}})\hat{F}\delta(E'-\hat{\mathscr{H}})\hat{G}\} \quad (8.2.3)$$

上に導入した関数 $j_{F,G}(E,E')$ には3つの性質がある. 第1に, tr 演算中では演算子を循環させてよいから,

$$j_{G,F}(E',E)=j_{F,G}(E,E') \quad (8.2.4)$$

第2に, 複素共役をとると, 演算子 $\hat{F}$ の Hermite 共役を $\hat{F}^{\dagger}$ と書くとき, 公式 $[{\rm tr}(\hat{A}\hat{B}\cdots\hat{Z})]^*={\rm tr}(\hat{Z}^{\dagger}\cdots\hat{B}^{\dagger}\hat{A}^{\dagger})$ によって,

$$j_{F,G}{}^*(E,E')=j_{F^{\dagger},G^{\dagger}}(E',E) \quad (8.2.5)$$

第3の性質は, 系が外部磁場 $\boldsymbol{B}$ の下に置かれているとき, 磁場の反転に関するものである. 磁場は系のハミルトニアン中に実数のベクトル・ポテンシャル $\boldsymbol{A}$ の形で入っており, 磁場の反転で $\boldsymbol{A}$ の向きが変わる. 簡単のためにスピンのない粒子系を考えよう. 系の座標をまとめて q と書くとき, q 表示では速度演算子は

$$\hat{\boldsymbol{v}}(q;\boldsymbol{B})=\frac{1}{m}\left\{-i\hbar\,{\rm grad}_q-\frac{e}{c}\boldsymbol{A}(q;\boldsymbol{B})\right\}$$

のような形に与えられるから, 次式が成り立つ.

$$\hat{\boldsymbol{v}}(q;-\boldsymbol{B})=-\hat{\boldsymbol{v}}^*(q;\boldsymbol{B}) \quad (8.2.6)$$

ハミルトニアンは速度演算子の偶関数であるから,

$$\hat{\mathscr{H}}(q;-\boldsymbol{B})=\hat{\mathscr{H}}^*(q;\boldsymbol{B}) \quad (8.2.7)$$

(8.2.3)の tr 演算を行なうときこのハミルトニアンの固有関数を基礎にとる行列表示を使ってよい. Hermite 演算子 $\hat{\mathscr{H}}$ の固有値 $E_n(\boldsymbol{B})$ は実数であり, しかも磁場 $\boldsymbol{B}$ の偶関数となるべきであるから, 対応する固有関数については,

$$\psi_n(q;-\boldsymbol{B})=\psi_n{}^*(q;\boldsymbol{B}) \quad (8.2.8)$$

が成り立つとしてよい. $\hat{F}$ が系の物理量であれば, 一般に速度 $\hat{\boldsymbol{v}}$ の偶関数か奇関数である. 偶関数のとき $\varepsilon_F=+1$, 奇関数のとき $\varepsilon_F=-1$ と書くと,

$$\hat{F}(q;-\boldsymbol{B})=\varepsilon_F\hat{F}^*(q;\boldsymbol{B}) \quad (8.2.9)$$

が成り立ち, その行列要素

$$\langle n'|\hat{F}|n\rangle_{\boldsymbol{B}} = \int dq \psi_{n'}{}^*(q\,;\boldsymbol{B})\hat{F}(q\,;\boldsymbol{B})\psi_n(q\,;\boldsymbol{B})$$

については次式が成り立つ.

$$\langle n'|\hat{F}|n\rangle_{-\boldsymbol{B}} = \varepsilon_F[\langle n'|\hat{F}|n\rangle_{\boldsymbol{B}}]^*$$

$\hat{F}, \hat{G}$ がともに系の物理量であれば結局次式を得る.

$$j_{F,G}(E,E'\,;-\boldsymbol{B}) = \varepsilon_F\varepsilon_G j_{F,G}{}^*(E,E'\,;\boldsymbol{B}) \qquad (8.2.10)$$

かくして得られた(8. 2. 4), (8. 2. 5), (8. 2. 10)を使うと, スペクトル関数したがって期待値(8. 2. 1)の対称性などを論ずることができる.

b)　流れの応答に関する対称性

応答関数(8. 1. 27)について調べよう. $\hat{F}, \hat{G}$ の代りに $\hat{J}_\nu, \hat{J}_\mu$ と置いたときのスペクトル関数(8. 2. 2)を

$$\left.\begin{aligned} J_{\nu\mu}{}^C(\omega) &= \iint_{-\infty}^{\infty} dEdE'\rho_{\rm eq}(E)2\pi\hbar\delta(E+\hbar\omega-E')j_{\nu\mu}{}^C(E,E') \\ j_{\nu\mu}{}^C(E,E') &= {\rm tr}\{\delta(E-\mathcal{H})\hat{J}_\nu\delta(E'-\mathcal{H})\hat{J}_\mu\} \end{aligned}\right\} \qquad (8.2.11)$$

とすると, (8. 1. 27)より直ちに次式が得られる.

$$\begin{aligned} \Phi_{\mu\nu}(t) &= \int_{-\infty}^{\infty}\frac{d\omega}{2\pi}e^{i\omega t}\int_0^\beta d\lambda e^{-\lambda\hbar\omega}J_{\nu\mu}{}^C(\omega) \\ &= \int_{-\infty}^{\infty}\frac{d\omega}{2\pi}e^{i\omega t}\frac{1-e^{-\beta\hbar\omega}}{\hbar\omega}J_{\nu\mu}{}^C(\omega) \\ &= \iint_{-\infty}^{\infty}dEdE'\left\{-\frac{\rho_{\rm eq}(E)-\rho_{\rm eq}(E')}{E-E'}\right\}e^{-i(E-E')t/\hbar}j_{\nu\mu}{}^C(E,E') \end{aligned} \qquad (8.2.12)$$

これは対称性などを論ずるのに都合のよい形である.

まず応答関数は実数であることを確かめよう. 流れの演算子 $\hat{J}_\mu, \hat{J}_\nu$ は自己共役であるから, (8. 2. 5)から

$$\{j_{\nu\mu}{}^C(E,E')\}^* = j_{\nu\mu}{}^C(E',E)$$

(8. 2. 12)の複素共役をとった式で, 積分変数 E, E' を交換してみると, 上式により(8. 2. 12)と同じ式を得るから,

$$\Phi_{\mu\nu}{}^*(t) = \Phi_{\mu\nu}(t) = (\text{実数}) \qquad (8.2.13)$$

次に応答関数は，因果律によって線形関係式中には本来 $t \geqq 0$ での値しか必要でないが，$t<0$ に対しても(8. 1. 27)または(8. 2. 12)で定義しよう．すると(8. 2. 4)を使えば，上の議論と同じようにして次式を証明することができる．

$$\Phi_{\mu\nu}(-t) = \Phi_{\nu\mu}(t) \tag{8. 2. 14}$$

この式のように添字が入れ替わる場合には，添字 μ, ν についての対称部分と反対称部分とに分ける方が見やすい．

$$\Phi_{\mu\nu}{}^{\mathrm{s}}(-t) = \Phi_{\mu\nu}{}^{\mathrm{s}}(t), \qquad \Phi_{\mu\nu}{}^{\mathrm{a}}(-t) = -\Phi_{\mu\nu}{}^{\mathrm{a}}(t) \tag{8. 2. 15}$$

すなわち応答関数の対称部分は時間の偶関数，反対称部分は奇関数でなければならない．

最後に磁場依存性については，(8. 2. 10)によって，

$$\Phi_{\mu\nu}(t\,;-\boldsymbol{B}) = \varepsilon_\mu\varepsilon_\nu\Phi_{\mu\nu}{}^*(-t\,;\boldsymbol{B}) \tag{8. 2. 16}$$

を得るが，(8. 2. 13)と(8. 2. 14)を使えば，

$$\Phi_{\mu\nu}(t\,;-\boldsymbol{B}) = \varepsilon_\mu\varepsilon_\nu\Phi_{\nu\mu}(t\,;\boldsymbol{B}) \tag{8. 2. 17}$$

と書ける．流れ $\hat{J}_\mu$ と $\hat{J}_\nu$ が同種の量で $\varepsilon_\mu\varepsilon_\nu=1$ ならば，上式は応答関数の対称部分が外部磁場 $\boldsymbol{B}$ の偶関数，反対称部分が奇関数であることを要求する．

$$\Phi_{\mu\nu}{}^{\mathrm{s}}(t\,;-\boldsymbol{B}) = \varepsilon_\mu\varepsilon_\nu\Phi_{\mu\nu}{}^{\mathrm{s}}(t\,;\boldsymbol{B}), \qquad \Phi_{\mu\nu}{}^{\mathrm{a}}(t\,;-\boldsymbol{B}) = -\varepsilon_\mu\varepsilon_\nu\Phi_{\mu\nu}{}^{\mathrm{a}}(t\,;\boldsymbol{B}) \tag{8. 2. 18}$$

応答関数より複素アドミッタンスの方がよく使われるからそれについても調べておこう．まず角振動数依存性は(7. 2. 12), (8. 1. 20)から直ちに明らかである．

$$\chi_{\mu\nu}{}'(-\omega) = \chi_{\mu\nu}{}'(\omega), \qquad \chi_{\mu\nu}{}''(-\omega) = -\chi_{\mu\nu}{}''(\omega) \tag{8. 2. 19}$$

磁場依存性は(7. 2. 5)で(8. 2. 17)または(8. 2. 18)を使えば得られる．

$$\left.\begin{aligned} &\chi_{\mu\nu}(\omega\,;-\boldsymbol{B}) = \varepsilon_\mu\varepsilon_\nu\chi_{\nu\mu}(\omega\,;\boldsymbol{B}) \\ &\chi_{F\nu}{}^{\mathrm{s}}(\omega\,;-\boldsymbol{B}) = \varepsilon_\mu\varepsilon_\nu\chi_{\mu\nu}{}^{\mathrm{s}}(\omega\,;\boldsymbol{B}), \qquad \chi_{\mu\nu}{}^{\mathrm{a}}(\omega\,;-\boldsymbol{B}) = -\varepsilon_\mu\varepsilon_\nu\chi_{\mu\nu}{}^{\mathrm{a}}(\omega\,;\boldsymbol{B}) \end{aligned}\right\} \tag{8. 2. 20}$$

輸送係数は(7. 1. 5)から分かるように，(7. 2. 5)で $\omega\to 0$ とした式すなわち流れに対する静アドミッタンスであるから，上式は不可逆過程の熱力学の基本法則である **Onsager の相反定理**の一般形を与えることが分かる．

c)　変位の応答に関する対称性

緩和関数が(8. 1. 32)または(8. 1. 33)の形に与えられた．(8. 1. 33)の方で論ずることにする．(8. 2. 11)の場合と同じように，スペクトル関数を導入する．

$$\left.\begin{aligned} J_{\nu\mu}{}^{D}(\omega) &= \iint_{-\infty}^{\infty} dEdE'\rho_{\mathrm{eq}}(E)\,2\pi\hbar\delta(E+\hbar\omega-E')\,j_{\nu\mu}{}^{D}(E,E') \\ j_{\nu\mu}{}^{D}(E,E') &= \mathrm{tr}[\delta(E-\mathscr{H})\{\hat{A}_{\nu}-\langle\hat{A}_{\nu}\rangle\}\delta(E'-\mathscr{H})\{\hat{A}_{\mu}-\langle\hat{A}_{\mu}\rangle\}] \end{aligned}\right\} \tag{8.2.21}$$

(8.2.12) と全く同じように

$$\Psi_{\mu\nu}(t) = \iint_{-\infty}^{\infty} dEdE'\left\{-\frac{\rho_{\mathrm{eq}}(E)-\rho_{\mathrm{eq}}(E')}{E-E'}\right\}e^{-i(E-E')t/\hbar}j_{\nu\mu}{}^{D}(E,E') \tag{8.2.22}$$

が得られる．ゆえに (8.2.13) から (8.2.18) までの式はそのまま成り立つ．

$$\left.\begin{aligned} &\Psi_{\mu\nu}(t) = (\text{実数}), \qquad \Psi_{\mu\nu}(-t) = \Psi_{\nu\mu}(t) \\ &\Psi_{\mu\nu}(t\,;-\boldsymbol{B}) = \varepsilon_{\mu}\varepsilon_{\nu}\Psi_{\nu\mu}(t\,;\boldsymbol{B}) \\ \therefore\quad &\Psi_{\mu\nu}{}^{\mathrm{s}}(-t) = \Psi_{\mu\nu}{}^{\mathrm{s}}(t), \qquad \Psi_{\mu\nu}{}^{\mathrm{a}}(-t) = -\Psi_{\mu\nu}{}^{\mathrm{a}}(t) \\ &\Psi_{\mu\nu}{}^{\mathrm{s}}(t\,;-\boldsymbol{B}) = \varepsilon_{\mu}\varepsilon_{\nu}\Psi_{\mu\nu}{}^{\mathrm{s}}(t\,;\boldsymbol{B}) \\ &\Psi_{\mu\nu}{}^{\mathrm{a}}(t\,;-\boldsymbol{B}) = -\varepsilon_{\mu}\varepsilon_{\nu}\Psi_{\mu\nu}{}^{\mathrm{a}}(t\,;\boldsymbol{B}) \end{aligned}\right\} \tag{8.2.23}$$

複素アドミッタンスは (7.2.6) で与えられ，実部と虚部は緩和関数が実数であるから，

$$\left.\begin{aligned} \chi_{\mu\nu}{}'(\omega) &= \Psi_{\mu\nu}(0) - \omega\int_{0}^{\infty} dt\,\Psi_{\mu\nu}(t)\sin\omega t \\ \chi_{\mu\nu}{}''(\omega) &= \omega\int_{0}^{\infty} dt\,\Psi_{\mu\nu}(t)\cos\omega t \end{aligned}\right\} \tag{8.2.24}$$

となる．角振動数依存性が (8.2.19)，磁場依存性が (8.2.20) と一致することは明らかである．

流れに対する応答関数の性質 (8.2.16) および変位に対する緩和関数の対応する性質 (8.2.23) を見ると，磁場依存性の問題は**時間反転**に関する対称性の問題と密接な関係をもつことが推測される．実際これらの式は，系にスピン角運動量したがってスピン磁気モーメントがあるような一般の場合には，時間反転の演算子を用いて証明される．L. Onsager も相反定理成立の根拠を力学の時間反転に関する不変性に求めたのであった．

d)　分散式の証明

§7.6 に複素関数論を使う証明を与えたが，次節での便宜のためもあって，

Fourier 変換による証明を述べておこう．流れに対する応答関数を負の時間にまで拡張したので，Fourier 分解することができる．

$$\Phi_{\mu\nu}(t)=\int_{-\infty}^{\infty}\frac{d\omega}{2\pi}e^{-i\omega t}\Phi_{\mu\nu,\omega} \tag{8. 2. 25}$$

上式を複素アドミッタンスの定義式(*7. 2. 5*)に代入し，公式

$$\begin{aligned}\lim_{\Theta\to+\infty}\int_0^{\Theta}dte^{i\omega t}&=\lim_{\varepsilon\to+0}\int_0^{\infty}dte^{-\varepsilon t}e^{i\omega t}=\lim_{\varepsilon\to+0}\frac{i}{\omega+i\varepsilon}\\&=\pi\delta(\omega)+i\frac{\mathcal{P}}{\omega}\end{aligned} \tag{8. 2. 26}$$

によって時間積分を実行すれば，

$$\begin{aligned}\chi_{\mu\nu}(\omega)&=\lim_{\varepsilon\to+0}\int_{-\infty}^{\infty}\frac{d\omega'}{2\pi i}\frac{\Phi_{\mu\nu,\omega'}}{\omega'-\omega-i\varepsilon}\\&=\frac{1}{2}\Phi_{\mu\nu,\omega}-i\int_{-\infty}^{\infty}\frac{d\omega'}{2\pi}\frac{\mathcal{P}}{\omega'-\omega}\Phi_{\mu\nu,\omega'}\end{aligned} \tag{8. 2. 27}$$

を得る．他方(*8. 2. 13*), (*8. 2. 14*)によれば

$$\Phi_{\mu\nu,\omega}{}^{*}=\Phi_{\nu\mu,\omega}=\Phi_{\mu\nu,-\omega}$$

がいえるから，次式を得る．

$$\left.\begin{aligned}\Phi_{\mu\nu,\omega}{}^{\mathrm{s}}&=\Phi_{\mu\nu,-\omega}{}^{\mathrm{s}}=(\text{実数})\\\Phi_{\mu\nu,\omega}{}^{\mathrm{a}}&=-\Phi_{\mu\nu,-\omega}{}^{\mathrm{a}}=(\text{純虚数})\end{aligned}\right\} \tag{8. 2. 28}$$

これらの式を用いると，(*8. 2. 27*)から

$$\left.\begin{aligned}&\chi_{\mu\nu}{}^{\mathrm{s}\prime}(\omega)=\frac{1}{2}\Phi_{\mu\nu,\omega}{}^{\mathrm{s}},\qquad\chi_{\mu\nu}{}^{\mathrm{s}\prime\prime}(\omega)=-\int_{-\infty}^{\infty}\frac{d\omega'}{2\pi}\frac{\mathcal{P}}{\omega'-\omega}\Phi_{\mu\nu,\omega'}{}^{\mathrm{s}}\\&\chi_{\mu\nu}{}^{\mathrm{a}\prime}(\omega)=-i\int_{-\infty}^{\infty}\frac{d\omega'}{2\pi}\frac{\mathcal{P}}{\omega'-\omega}\Phi_{\mu\nu,\omega'}{}^{\mathrm{a}},\qquad\chi_{\mu\nu}{}^{\mathrm{a}\prime\prime}(\omega)=-\frac{i}{2}\Phi_{\mu\nu,\omega}{}^{\mathrm{a}}\end{aligned}\right\} \tag{8. 2. 29}$$

が導かれる．上式から $\Phi_{\mu\nu,\omega}{}^{\mathrm{s}}$ および $\Phi_{\mu\nu,\omega}{}^{\mathrm{a}}$ を消去すれば，分散式(*7. 6. 8*)で第2式の対称部分，第1式の反対称部分をとった式が得られる．これらの式の Hilbert 変換の逆をとれば，第1式の対称部分，第2式の反対称部分をとった式が導かれる．

変位に対する緩和関数の場合にも，Fourier 分解

$$\Psi_{\mu\nu}(t)=\int_{-\infty}^{\infty}\frac{d\omega}{2\pi}e^{-i\omega t}\Psi_{\mu\nu,\omega} \tag{8.2.30}$$

を行なえば，複素アドミッタンスの式(7.2.6)は

$$\begin{aligned}\chi_{\mu\nu}(\omega)&=\lim_{\varepsilon\to+0}\int_{-\infty}^{\infty}\frac{d\omega'}{2\pi i}\frac{i(\omega'-i\varepsilon)\Psi_{\mu\nu,\omega'}}{\omega'-\omega-i\varepsilon}\\&=\int_{-\infty}^{\infty}\frac{d\omega'}{2\pi}\frac{\mathcal{P}}{\omega'-\omega}\omega'\Psi_{\mu\nu,\omega'}+i\frac{\omega}{2}\Psi_{\mu\nu,\omega}\end{aligned} \tag{8.2.31}$$

と書ける．(8.2.28)と同じように，

$$\left.\begin{aligned}\Psi_{\mu\nu,\omega}{}^{\mathrm{s}}&=\Psi_{\mu\nu,-\omega}{}^{\mathrm{s}}=(\text{実数})\\\Psi_{\mu\nu,\omega}{}^{\mathrm{a}}&=-\Psi_{\mu\nu,-\omega}{}^{\mathrm{a}}=(\text{純虚数})\end{aligned}\right\} \tag{8.2.32}$$

であるから，(8.2.31)より次式を得る．

$$\left.\begin{aligned}&\chi_{\mu\nu}{}^{\mathrm{s}\prime}(\omega)=\int_{-\infty}^{\infty}\frac{d\omega'}{2\pi}\frac{\mathcal{P}}{\omega'-\omega}\omega'\Psi_{\mu\nu,\omega'}{}^{\mathrm{s}},\qquad\chi_{\mu\nu}{}^{\mathrm{s}\prime\prime}(\omega)=\frac{\omega}{2}\Psi_{\mu\nu,\omega}{}^{\mathrm{s}}\\&\chi_{\mu\nu}{}^{\mathrm{a}\prime}(\omega)=\frac{i\omega}{2}\Psi_{\mu\nu,\omega}{}^{\mathrm{a}},\qquad\chi_{\mu\nu}{}^{\mathrm{a}\prime\prime}(\omega)=-i\int_{-\infty}^{\infty}\frac{d\omega'}{2\pi}\frac{\mathcal{P}}{\omega'-\omega}\omega'\Psi_{\mu\nu,\omega'}{}^{\mathrm{a}}\end{aligned}\right\} \tag{8.2.33}$$

これらの式から $\omega\Psi_{\mu\nu,\omega}{}^{\mathrm{s}}$, $\omega\Psi_{\mu\nu,\omega}{}^{\mathrm{a}}$ を消去すれば，やはり分散式(7.6.8)が導かれる．

§8.3　揺動散逸定理

a)　対称化積相関

古典統計力学では相関関数は異なる時刻に対する2個の力学変数の積の期待値であった．量子力学では2つの力学変数は，同一物理量であっても，異なる時刻に対するものは，一般に可換ではないから，積の順序が問題となる．このことは前節の初めに述べたスペクトル関数を調べてみればいっそうはっきりする．(8.2.2), (8.2.4)によれば，

$$J_{G,F}(\omega)=\int\int_{-\infty}^{\infty}dEdE'\rho_{\mathrm{eq}}(E)2\pi\hbar\delta(E+\hbar\omega-E')j_{F,G}(E',E)$$

であるが，E と E' とを交換すると，

$$J_{G,F}(\omega)=e^{\beta\hbar\omega}J_{F,G}(-\omega) \tag{8.3.1}$$

が得られ，積の順序を交換した期待値では，

$$\langle \hat{G}(t')\hat{F}(t)\rangle = \int_{-\infty}^{\infty}\frac{d\omega'}{2\pi}e^{i\omega'(t-t')}e^{\beta\hbar\omega'}J_{F,G}(-\omega')$$

$$= \int_{-\infty}^{\infty}\frac{d\omega}{2\pi}e^{-i\omega(t-t')}e^{-\beta\hbar\omega}J_{F,G}(\omega) \qquad (8.3.2)$$

のように，被積分関数中に因子 $e^{-\beta\hbar\omega}$ が余分に入るからである．この因子は $|\hbar\omega| \ll kT$ のとき 1 で近似できるから，(8.2.1) または (8.3.2) の積分で $|\hbar\omega| \gtrsim kT$ となる領域からの寄与が無視できる場合だけ，積の順序が問題とならなくなることが分かる．これが古典統計力学の相関関数が使える条件である．

量子統計力学では，**相関関数**としてどのような量をとるべきかは，古典論から量子論へ移るときいつでもそうであるように，一義的ではなく，むしろ測定方法によって違ってくるであろう．§8.1 ではカノニカル相関を導入した．もう 1 つの可能性として対称化積の期待値を考え，**対称化積相関** (symmetrized correlation) と呼ぼう．対称化積の期待値の Fourier 分解は (8.2.1) と (8.3.2) から，

$$\left\langle \frac{1}{2}\{\hat{F}(t)\hat{G}(t')+\hat{G}(t')\hat{F}(t)\}\right\rangle = \int_{-\infty}^{\infty}\frac{d\omega}{2\pi}e^{-i\omega(t-t')}\frac{1+e^{-\beta\hbar\omega}}{2}J_{F,G}(\omega) \qquad (8.3.3)$$

となる．対称化積相関は (8.1.14) に対応する対称性の外に，$\hat{F}=\hat{G}$, $t=t'$ のとき $\langle \hat{F}^2\rangle$ となる点で古典的相関関数の性質を保存している．

ついでに交換子の Fourier 分解をも作ってみると，

$$\left\langle \frac{1}{i\hbar}[\hat{F}(t), \hat{G}(t')]\right\rangle = \int_{-\infty}^{\infty}\frac{d\omega}{2\pi}e^{-i\omega(t-t')}\Lambda_{F,G}(\omega) \qquad (8.3.4)$$

ただしそのスペクトル関数は次式で与えられる．

$$\Lambda_{F,G}(\omega) = \frac{1-e^{-\beta\hbar\omega}}{i\hbar}J_{F,G}(\omega) \qquad (8.3.5)$$

スペクトル関数使用の便利な点は，種々の期待値間の関係づけが容易になることである．例えば，(8.3.5) から $J_{F,G}(\omega)$ を求めて (8.3.3) に代入すると，

$$\left\langle \frac{1}{2}\{\hat{F}(t)\hat{G}(t')+\hat{G}(t')\hat{F}(t)\}\right\rangle = \int_{-\infty}^{\infty}\frac{d\omega}{2\pi}e^{-i\omega(t-t')}\frac{i}{\omega}E_{\beta}(\hbar\omega)\Lambda_{F,G}(\omega) \qquad (8.3.6)$$

を得るが，これに(*8. 3. 4*)の Fourier 逆変換をとった式を代入すれば，対称化積の期待値を交換子の期待値で表わす式を導いたことになる．(*8. 3. 6*)で

$$E_\beta(\hbar\omega) = \frac{\hbar\omega}{2} + \frac{\hbar\omega}{e^{\beta\hbar\omega}-1} = \frac{\hbar\omega}{2}\coth\left(\frac{\beta\hbar\omega}{2}\right) \tag{8.3.7}$$

は角振動数 ω の調和振動子の平均エネルギーと一致する量であるが，(*8. 3. 6*)は調和振動子や Bose 統計と直接の関係はない．対称化積と交換子とのスペクトル関数の比から生ずるにすぎない．

b)　対称化積相関と応答関数または緩和関数との等価性

上に対称化積相関なる量を導入したが，これは応答関数や緩和関数あるいは複素アドミッタンスと等価な知識を含むことを以下に示そう．

外力に対する流れの応答が問題となる場合には，流れの対称化積相関

$$\begin{aligned} C_{\mu\nu}(t-t') &= \left\langle \frac{1}{2}\{\hat{J}_\mu(t)\hat{J}_\nu(t') + \hat{J}_\nu(t')\hat{J}_\mu(t)\}\right\rangle \\ &= \int_{-\infty}^{\infty}\frac{d\omega}{2\pi}e^{-i\omega(t-t')}C_{\mu\nu,\omega} \end{aligned} \tag{8.3.8}$$

と応答関数(*8. 1. 27*)との関係をつければよい．応答関数は(*8. 2. 12*)のように変形された．(*8. 3. 8*)をも同じように変形すると，(*8. 3. 3*)により

$$\begin{aligned} C_{\mu\nu}(t) &= \int_{-\infty}^{\infty}\frac{d\omega}{2\pi}e^{i\omega t}\frac{1+e^{-\beta\hbar\omega}}{2}J_{\nu\mu}{}^{C}(\omega) \\ &= \int\!\!\int_{-\infty}^{\infty}dEdE'\frac{\rho_{\mathrm{eq}}(E)+\rho_{\mathrm{eq}}(E')}{2}e^{-i(E-E')t/\hbar}j_{\nu\mu}{}^{C}(E,E') \end{aligned} \tag{8.3.9}$$

を得る．応答関数の式(*8. 2. 12*)と比べると，上式では $\rho_{\mathrm{eq}}(E)$ の差分商の代りに算術平均が現われる点が違うにすぎない．この違いはもちろん，(*8. 3. 3*)と(*8. 3. 4*)とについて述べたように，交換子と対称化積とのスペクトル関数の差である．この差の処理をしやすくするために，(*8. 3. 8*)の Fourier 成分 $C_{\mu\nu,\omega}$ に移る．

$$C_{\mu\nu,\omega} = \int\!\!\int_{-\infty}^{\infty}dEdE'\frac{\rho_{\mathrm{eq}}(E)+\rho_{\mathrm{eq}}(E')}{2}2\pi\hbar\delta(E-\hbar\omega-E')j_{\nu\mu}{}^{C}(E,E') \tag{8.3.10}$$

$\boldsymbol{\rho}_{\mathrm{eq}}(E)$ の算術平均と差分商との比は，(*8. 3. 6*)と(*8. 3. 4*)とのスペクトル関数の比(*8. 3. 7*)に等しい．

$$\frac{\rho_{\mathrm{eq}}(E)+\rho_{\mathrm{eq}}(E')}{2}=E_\beta(E-E')\left\{-\frac{\rho_{\mathrm{eq}}(E)-\rho_{\mathrm{eq}}(E')}{E-E'}\right\} \qquad (8.3.11)$$

上式を(8.3.10)に代入すると，(8.3.10)には因子 $\delta(E-E'-\hbar\omega)$ があるから，上式の $E_\beta(E-E')$ を $E_\beta(\hbar\omega)$ で置き換えて積分記号の外に出せる．その結果は応答関数(8.2.12)の Fourier 変換(8.2.25)を得るから，次式が証明された．

$$C_{\mu\nu,\omega}=E_\beta(\hbar\omega)\Phi_{\mu\nu,\omega} \qquad (8.3.12)$$

外力に対する変位の応答を問題とする場合にも同じように計算を進めればよい．今度は変位の対称化積相関

$$\begin{aligned}D_{\mu\nu}(t-t')&=\left\langle\frac{1}{2}[\{\hat{A}_\mu(t)-\langle\hat{A}_\mu\rangle\}\{\hat{A}_\nu(t')-\langle\hat{A}_\nu\rangle\}\right.\\&\qquad\left.+\{\hat{A}_\nu(t')-\langle\hat{A}_\nu\rangle\}\{\hat{A}_\mu(t)-\langle\hat{A}_\mu\rangle\}]\right\rangle\\&=\int_{-\infty}^{\infty}\frac{d\omega}{2\pi}e^{-i\omega(t-t')}D_{\mu\nu,\omega}\end{aligned} \qquad (8.3.13)$$

と緩和関数(8.1.33)との関係をつければよい．緩和関数(8.2.22)の Fourier 変換(8.2.30)との間に，(8.3.12)と全く同じ形の式

$$D_{\mu\nu,\omega}=E_\beta(\hbar\omega)\Psi_{\mu\nu,\omega} \qquad (8.3.14)$$

が証明されることは直ちに明らかであろう．

c) 揺動散逸定理

流れまたは変位の対称化積相関は，対応する応答関数または緩和関数と等価な知識を含むことを見たのであるが，§7.2に述べたように，複素アドミッタンスとも等価となる．数式でこれを示すには，応答関数の Fourier 変換と複素アドミッタンスとを結びつける式(8.2.29)，または緩和関数と結びつける式(8.2.33)を使えばよい．カノニカル相関と複素アドミッタンスとの等価性は§8.1に述べた久保の公式そのもので示されている．このようにして得られる相関関数と複素アドミッタンスとの関係式のエネルギー散逸に関係する部分は，その1例が電流の熱雑音と電気抵抗とを結びつける Nyquist の式として古くから知られていた．

流れの応答の場合には，(7.2.25)により，複素アドミッタンスの実部の対称部分および虚部の反対称部分がエネルギー散逸に関係するから，(8.2.29)の第1，第4式を使えばよい．対称化積相関の場合は，対称性は(8.3.12)から応答関

数のものと等しいから，応答関数に対する(*8. 2. 28*)と同じ形の式

$$\left.\begin{aligned} C_{\mu\nu,\omega}{}^{\mathrm{s}} &= C_{\mu\nu,-\omega}{}^{\mathrm{s}} = (\text{実数}) \\ C_{\mu\nu,\omega}{}^{\mathrm{a}} &= -C_{\mu\nu,-\omega}{}^{\mathrm{a}} = (\text{純虚数}) \end{aligned}\right\} \tag{8.3.15}$$

が成り立つことに注意すると，直ちに次式が得られる．

$$\left.\begin{aligned} C_{\mu\nu,\omega}{}^{\mathrm{s}} &= 2E_\beta(\hbar\omega)\chi_{\mu\nu}{}^{\mathrm{s}\prime}(\omega) \\ C_{\mu\nu,\omega}{}^{\mathrm{a}} &= 2iE_\beta(\hbar\omega)\chi_{\mu\nu}{}^{\mathrm{a}\prime\prime}(\omega) \end{aligned}\right\} \tag{8.3.16}$$

Fourier 変換をもどすと次の形に書ける．

$$\left.\begin{aligned} C_{\mu\nu}{}^{\mathrm{s}}(t) &= \frac{2}{\pi}\int_0^\infty d\omega E_\beta(\hbar\omega)\chi_{\mu\nu}{}^{\mathrm{s}\prime}(\omega)\cos\omega t \\ C_{\mu\nu}{}^{\mathrm{a}}(t) &= \frac{2}{\pi}\int_0^\infty d\omega E_\beta(\hbar\omega)\chi_{\mu\nu}{}^{\mathrm{a}\prime\prime}(\omega)\sin\omega t \end{aligned}\right\} \tag{8.3.17}$$

この第1式は Nyquist の式を一般化したものであり，Nyquist が予想した因子 $E_\beta(\hbar\omega)$ を含んでいる．

変位の応答の場合には，(*7. 2. 21*)により，エネルギー散逸に関係する量は複素アドミッタンスの虚部の対称部分および実部の反対称部分であった．(*8. 2. 33*)の第2, 第3式を使うと，上と同様にして

$$\left.\begin{aligned} D_{\mu\nu,\omega}{}^{\mathrm{s}} &= 2E_\beta(\hbar\omega)\frac{\chi_{\mu\nu}{}^{\mathrm{s}\prime\prime}(\omega)}{\omega} \\ D_{\mu\nu,\omega}{}^{\mathrm{a}} &= 2E_\beta(\hbar\omega)\frac{\chi_{\mu\nu}{}^{\mathrm{a}\prime}(\omega)}{i\omega} \end{aligned}\right\} \tag{8.3.18}$$

$$\therefore\quad \left.\begin{aligned} D_{\mu\nu}{}^{\mathrm{s}}(t) &= \frac{2}{\pi}\int_0^\infty d\omega E_\beta(\hbar\omega)\frac{\chi_{\mu\nu}{}^{\mathrm{s}\prime\prime}(\omega)}{\omega}\cos\omega t \\ D_{\mu\nu}{}^{\mathrm{a}}(t) &= -\frac{2}{\pi}\int_0^\infty d\omega E_\beta(\hbar\omega)\frac{\chi_{\mu\nu}{}^{\mathrm{a}\prime}(\omega)}{\omega}\sin\omega t \end{aligned}\right\} \tag{8.3.19}$$

を得る．

相関関数はいわば熱揺動を測る量であるから，上に導いた式(*8. 3. 16*), (*8. 3. 17*)，または(*8. 3. 18*), (*8. 3. 19*)は不可逆過程でのエネルギー散逸と熱平衡状態での熱揺動とを結びつける著しい関係式であって，**揺動散逸定理**(fluctuation-dissipation theorem)と呼ばれる．H. Nyquist が初めてその1例の存在と熱力学第2法則による証明とを与え，H. B. Callen-T. Welton が $t=0$ の場合を量子統計力学的に証明した．反対称部分まで含めるその一般化(*8. 3. 12*), (*8. 3. 14*)は

久保によって行なわれたものである．カノニカル相関で熱揺動を表わせば，(*8.3.17*)，(*8.3.19*) で因子 $E_\beta(\hbar\omega)$ の代りに kT を含む形での揺動散逸定理が得られる．この形から見れば，可逆不可逆を問わず外力の効果の波及の仕方が熱平衡状態のゆらぎの仕方と密接に結びついていることを主張する揺動散逸定理の一層広い見方へと導かれる．これは§8.1(a)に述べた立場に外ならない．

§8.4 誘電率に対する Nozières-Pines の式

線形応答理論の応用の例として物質の誘電率の問題を考えよう．この問題で少し複雑なことは，物質内部の電場が印加される外場ではない点である．

a) 外場の遮蔽

電気的に中性で一様な物質中に仮想的に電荷分布 $\rho^{\mathrm{ext}}(\boldsymbol{r}, t)$ を置き，これが印加された外場の源であると考え，これに対するその物質の応答を求め，それから複素誘電率の表式を導いてみよう．この電荷分布 ρ^{ext} のために生ずる外場は Maxwell 方程式の 1 つ

$$\mathrm{div}\,\boldsymbol{D} = 4\pi\rho^{\mathrm{ext}} \tag{8.4.1}$$

から定まる電束密度 $\boldsymbol{D}$ に外ならない．これに対するポテンシャル $\Phi^{\mathrm{ext}}(\boldsymbol{r}, t)$ は次式からきまる．

$$\Delta\Phi^{\mathrm{ext}} = -4\pi\rho^{\mathrm{ext}} \tag{8.4.2}$$

仮想電荷のために物質中に誘起される電荷密度を $\rho^{\mathrm{ind}}(\boldsymbol{r}, t)$，電気分極を $\boldsymbol{P}(\boldsymbol{r}, t)$ とすれば，

$$\rho^{\mathrm{ind}} = -\mathrm{div}\,\boldsymbol{P} \tag{8.4.3}$$

であって，物質中の電場 $\boldsymbol{E}(\boldsymbol{r}, t)$ は次式で定まる．

$$\mathrm{div}\,\boldsymbol{E} = 4\pi(\rho^{\mathrm{ind}}+\rho^{\mathrm{ext}}), \qquad \boldsymbol{E} = \boldsymbol{D}-4\pi\boldsymbol{P} \tag{8.4.4}$$

(*7.5.9*) のように時空について Fourier 変換を行なうと，波数 $\boldsymbol{k}$ に依存する複素誘電率を $\varepsilon(\boldsymbol{k}, \omega)$ として，線形関係式は

$$\boldsymbol{D}_{\boldsymbol{k},\omega} = \varepsilon(\boldsymbol{k}, \omega)\,\boldsymbol{E}_{\boldsymbol{k},\omega} \tag{8.4.5}$$

で与えられる．誘電体は等方的であると仮定し，誘電率をスカラーとした．(*8.4.1*)，(*8.4.4*)，(*8.4.5*) から $\boldsymbol{D}_{\boldsymbol{k},\omega}$, $\boldsymbol{E}_{\boldsymbol{k},\omega}$ を消去すれば次式を得る．

$$\rho_{\boldsymbol{k},\omega}{}^{\mathrm{ind}} = \left\{\frac{1}{\varepsilon(\boldsymbol{k}, \omega)}-1\right\}\rho_{\boldsymbol{k},\omega}{}^{\mathrm{ext}} \tag{8.4.6}$$

上式は全電荷 $\rho_{\boldsymbol{k},\omega}{}^{\mathrm{ind}}+\rho_{\boldsymbol{k},\omega}{}^{\mathrm{ext}}$ が遮蔽された外部電荷 $\rho_{\boldsymbol{k},\omega}{}^{\mathrm{ext}}/\varepsilon(\boldsymbol{k},\omega)$ に等しいという良く知られた式に外ならない．

b）Nozières-Pines の式

(8.4.6) は外部電荷に対する系の電荷の応答を定める線形関係式であって，対応する複素アドミッタンスを $\chi(\boldsymbol{k},\omega)$ とすれば

$$\rho_{\boldsymbol{k},\omega}{}^{\mathrm{ind}}=\chi(\boldsymbol{k},\omega)\,\rho_{\boldsymbol{k},\omega}{}^{\mathrm{ext}} \tag{8.4.7}$$

$$\therefore\quad \chi(\boldsymbol{k},\omega)=\frac{1}{\varepsilon(\boldsymbol{k},\omega)}-1 \tag{8.4.8}$$

であることを示す．§8.1 の線形応答の理論によってこの複素アドミッタンスを定めよう．

(8.4.1) または (8.4.2) によって定められる外場があるとき，系に加えられる摂動 (8.1.1) は次式で与えられる．

$$\begin{aligned}\mathcal{H}^{\mathrm{ext}}(t)&=\int\Phi^{\mathrm{ext}}(\boldsymbol{r},t)\,\hat{\rho}^{\mathrm{ind}}(\boldsymbol{r})\,d\boldsymbol{r}\\&=-\int\boldsymbol{D}(\boldsymbol{r},t)\cdot\hat{\boldsymbol{P}}(\boldsymbol{r})\,d\boldsymbol{r}\end{aligned} \tag{8.4.9}$$

ここに $\hat{\rho}^{\mathrm{ind}}$ は系に属する電荷の密度であって

$$\hat{\rho}^{\mathrm{ind}}(\boldsymbol{r})=\sum_j e_j\delta(\boldsymbol{r}-\hat{\boldsymbol{r}}_j) \tag{8.4.10}$$

また $\hat{\boldsymbol{P}}(\boldsymbol{r})$ はこれに対応する電気分極で (8.4.3) と同形の式によって定められるものとする．

$$\mathrm{div}\,\hat{\boldsymbol{P}}(\boldsymbol{r})=-\hat{\rho}^{\mathrm{ind}}(\boldsymbol{r}) \tag{8.4.11}$$

空間座標についてだけ Fourier 変換を行なえば，(8.4.9) は次の形に書かれる．

$$\begin{aligned}\mathcal{H}^{\mathrm{ext}}(t)&=\frac{1}{V}\sum_{\boldsymbol{k}}\Phi_{\boldsymbol{k}}{}^{\mathrm{ext}}(t)\,\hat{\rho}_{-\boldsymbol{k}}{}^{\mathrm{ind}}\\&=\frac{1}{V}\sum_{\boldsymbol{k}}\rho_{\boldsymbol{k}}{}^{\mathrm{ext}}(t)\frac{4\pi}{\boldsymbol{k}^2}\hat{\rho}_{-\boldsymbol{k}}{}^{\mathrm{ind}}\end{aligned} \tag{8.4.12}$$

$\rho_{\boldsymbol{k}}{}^{\mathrm{ext}}(t)$ を外力 X と見れば対応する変位 $\hat{A}$ は $(-4\pi/\boldsymbol{k}^2V)\,\hat{\rho}_{-\boldsymbol{k}}{}^{\mathrm{ind}}$ となるから，(8.4.7) の複素アドミッタンス $\chi(\boldsymbol{k},\omega)$ は応答関数 (8.1.21) の Fourier 変換 (7.2.5) で与えられる．

$$\chi(\boldsymbol{k},\omega)=-\frac{4\pi}{\boldsymbol{k}^2}\int_0^\infty dte^{i\omega t}\lim_{V\to\infty}\frac{1}{V}\langle(\hat{\rho}_{-\boldsymbol{k}}{}^{\text{ind}}(0),\hat{\rho}_{\boldsymbol{k}}{}^{\text{ind}}(t))\rangle \qquad (8.4.13)$$

上式では熱力学的極限 $V\to\infty$ をとってある．十分大きな体積をもつ系では，系の内部の状態だけで定まる性質を論ずるとき，外場がないときの系の空間並進不変性を仮定してよい．この不変性によって(8.4.13)の期待値中で波数ベクトルが $-\boldsymbol{k}, \boldsymbol{k}$ のように和が0となる項だけが残るのである．(8.4.11)で定義される電気分極を用いると，(8.4.13)は(8.1.34)の形に書ける．

$$\chi(\boldsymbol{k},\omega)=-4\pi\beta\left\{\lim_{V\to\infty}\frac{1}{V}\langle\hat{P}_{-k}{}^x;\hat{P}_k{}^x\rangle\right.$$
$$\left.+i\omega\int_0^\infty dte^{i\omega t}\lim_{V\to\infty}\frac{1}{V}\langle\hat{P}_{-k}{}^x(0);\hat{P}_k{}^x(t)\rangle\right\} \qquad (8.4.14)$$

初めに述べたように系の等方性を仮定している．P^x は $\boldsymbol{P}$ の x 成分を示す．(8.1.24)によれば，(8.4.13)は電流密度を用いて表わすこともできる．電流密度 $\hat{\boldsymbol{j}}(\boldsymbol{r},t)$ は連続の式

$$\frac{\partial\hat{\rho}^{\text{ind}}(\boldsymbol{r},t)}{\partial t}+\operatorname{div}\hat{\boldsymbol{j}}(\boldsymbol{r},t)=0 \qquad (8.4.15)$$

を満たす．x 成分を j^x と書けば，系の等方性によって電荷密度と電流密度との相関は消えるので，次式が得られる．

$$\chi(\boldsymbol{k},\omega)=-\frac{4\pi\beta}{i\omega}\int_0^\infty dte^{i\omega t}\lim_{V\to\infty}\frac{1}{V}\langle\hat{j}_{-\boldsymbol{k}}{}^x(0);\hat{j}_{\boldsymbol{k}}{}^x(t)\rangle \qquad (8.4.16)$$

(8.4.8)に複素アドミッタンスの表式(8.4.13)，(8.4.14)，(8.4.16)を代入したものは **Nozières–Pines の式**と呼ばれることがある．これは物質の誘電率を熱平衡状態におけるその物質中の電荷，電気分極，または電流のゆらぎによって表現する公式である．

Nozières–Pines の式は $1/\varepsilon(\boldsymbol{k},\omega)$ に対する公式であるが，§5.7，§6.9に述べた第2種揺動散逸定理を応用すれば，複素誘電率 $\varepsilon(\boldsymbol{k},\omega)$ 自身を似た形の式

$$\varepsilon(\boldsymbol{k},\omega)-1=-\frac{4\pi\beta}{i\omega}\int_0^\infty dte^{i\omega t}\lim_{V\to\infty}\frac{1}{V}\langle\hat{j}_{-\boldsymbol{k}}{}^{x'}(0);\hat{j}_{\boldsymbol{k}}{}^{x'}(t)\rangle/\chi(\boldsymbol{k},0) \qquad (8.4.17)$$

に書くこともできる．そのためには Fourier 成分で書いた連続の式(8.4.15)，すなわち

$$\frac{\partial \hat{\rho}_{\boldsymbol{k}}{}^{\mathrm{ind}}(t)}{\partial t} = -i\boldsymbol{k}\cdot\hat{\boldsymbol{j}}_{\boldsymbol{k}}(t)$$

を(*6. 9. 20*)の形に変形すればよい．外場はない($\rho^{\mathrm{ext}}=0$)として，電流$\hat{\boldsymbol{j}}$を電荷$\hat{\rho}^{\mathrm{ind}}$から生ずる電場

$$\mathrm{div}\,\hat{\boldsymbol{E}}(\boldsymbol{r},t) = 4\pi\hat{\rho}^{\mathrm{ind}}(\boldsymbol{r},t)$$

$$\therefore\quad i\boldsymbol{k}\cdot\hat{\boldsymbol{E}}_{\boldsymbol{k}}(t) = 4\pi\hat{\rho}_{\boldsymbol{k}}{}^{\mathrm{ind}}(t) \tag{8. 4. 18}$$

によって駆動される部分

$$\hat{\boldsymbol{j}}_{\boldsymbol{k}}{}^{\circ}(t) = \int_{-\infty}^{t} dt'\sigma_{\boldsymbol{k}}(t-t')\hat{\boldsymbol{E}}_{\boldsymbol{k}}(t') \tag{8. 4. 19}$$

とランダムな部分$\hat{\boldsymbol{j}}'$との和と考えると，一般化されたLangevin方程式が得られる．

$$\frac{\partial \hat{\rho}_{\boldsymbol{k}}{}^{\mathrm{ind}}(t)}{\partial t} = -4\pi\int_{-\infty}^{t} dt'\sigma_{\boldsymbol{k}}(t-t')\hat{\rho}_{\boldsymbol{k}}{}^{\mathrm{ind}}(t') - i\boldsymbol{k}\cdot\hat{\boldsymbol{j}}_{\boldsymbol{k}}{}'(t) \tag{8. 4. 20}$$

$\boldsymbol{\sigma}_{\boldsymbol{k}}(t)$は，(*8. 4. 19*)から明らかなように，電場に対する電流の非Markov的非局所的応答を定める関数であって，複素電気伝導率とは次式で結ばれている．

$$\sigma(\boldsymbol{k},\omega) = \int_{0}^{\infty} dt e^{i\omega t}\sigma_{\boldsymbol{k}}(t) \tag{8. 4. 21}$$

第2種揺動散逸定理(*5. 7. 17*)または(*6. 9. 26*)は古典的相関関数をカノニカル相関で置き換えて成り立つ．(*6. 9 26*)によれば次式を得る．

$$\frac{4\pi}{\boldsymbol{k}^2}\sigma_{\boldsymbol{k}}(t) = \frac{\langle \hat{j}_{-\boldsymbol{k}}{}^{x'}(0)\,;\hat{j}_{\boldsymbol{k}}{}^{x'}(t)\rangle}{\langle \hat{\rho}_{-\boldsymbol{k}}{}^{\mathrm{ind}}\,;\hat{\rho}_{\boldsymbol{k}}{}^{\mathrm{ind}}\rangle} \tag{8. 4. 22}$$

上式で右辺の分母にβを掛けたものは§8.1の初めに述べたような静アドミッタンスであって，外場$\boldsymbol{\Phi}^{\mathrm{ext}}$に対する系の電荷$\boldsymbol{\rho}^{\mathrm{ind}}$の応答を定めるものである．

$$\beta\langle \hat{\rho}_{-\boldsymbol{k}}{}^{\mathrm{ind}}\,;\hat{\rho}_{\boldsymbol{k}}{}^{\mathrm{ind}}\rangle = -\frac{\partial \rho_{\boldsymbol{k}}{}^{\mathrm{ind}}}{\partial \Phi_{\boldsymbol{k}}{}^{\mathrm{ext}}} \tag{8. 4. 23}$$

荷電粒子系ではこの量はあまり大きくない$|\boldsymbol{k}|$に対しては$\boldsymbol{k}^2/(4\pi)$としてよい．したがって複素電気伝導率は次式で与えられる．

$$\sigma(\boldsymbol{k},\omega) = \int_{0}^{\infty} dt e^{i\omega t}\lim_{V\to\infty}\frac{\beta}{V}\langle \hat{j}_{-\boldsymbol{k}}{}^{x'}(0)\,;\hat{j}_{\boldsymbol{k}}{}^{x'}(t)\rangle/\chi(\boldsymbol{k},0) \tag{8. 4. 24}$$

良く知られた関係式

$$\varepsilon(\boldsymbol{k},\omega)-1=-\frac{4\pi}{i\omega}\sigma(\boldsymbol{k},\omega) \tag{8.4.25}$$

によれば(8.4.17)が導かれる.

(8.4.17), (8.4.24)で $\hat{\boldsymbol{j}}_{\boldsymbol{k}}'(t)$ は Langevin 方程式(8.4.20)の右辺のランダムな電流で，電流の真の運動 $\hat{\boldsymbol{j}}_{\boldsymbol{k}}(t)$ とは異なり，その組織的な部分 $\hat{\boldsymbol{j}}_{\boldsymbol{k}}{}^{\circ}(t)$ を差し引いたものであって，§6.9に述べたと同様のある射影によって映し変えられた運動であるから，その内容は一般には複雑なものになっている．その簡単な近似としては，この射影は荷電粒子間の Coulomb 力の長範囲の影響を無視することを意味している．不純物やフォノンに散乱される伝導電子系のような場合，Coulomb 力で遮蔽された散乱体のポテンシャルによって個々の電子が散乱されるために起こる電流のゆらぎが $\hat{\boldsymbol{j}}_{\boldsymbol{k}}'(t)$ に当たるとみてよいであろう.

c) Kramers-Kronig の関係式と総和則

分散式(7.6.8)は複素アドミッタンス(8.4.8)に対しては

$$\left.\begin{aligned}\mathrm{Re}\left\{\frac{1}{\varepsilon(\boldsymbol{k},\omega)}-1\right\}&=\int_{-\infty}^{\infty}\frac{d\omega'}{\pi}\frac{\mathcal{P}}{\omega'-\omega}\,\mathrm{Im}\,\frac{1}{\varepsilon(\boldsymbol{k},\omega')}\\ \mathrm{Im}\,\frac{1}{\varepsilon(\boldsymbol{k},\omega)}&=-\int_{-\infty}^{\infty}\frac{d\omega'}{\pi}\frac{\mathcal{P}}{\omega'-\omega}\,\mathrm{Re}\left\{\frac{1}{\varepsilon(\boldsymbol{k},\omega')}-1\right\}\end{aligned}\right\} \tag{8.4.26}$$

を与える．(8.4.17)に対する式

$$\left.\begin{aligned}\varepsilon'(\boldsymbol{k},\omega)-1&=\int_{-\infty}^{\infty}\frac{d\omega'}{\pi}\frac{\mathcal{P}}{\omega'-\omega}\varepsilon''(\boldsymbol{k},\omega')\\ \varepsilon''(\boldsymbol{k},\omega)&=-\int_{-\infty}^{\infty}\frac{d\omega'}{\pi}\frac{\mathcal{P}}{\omega'-\omega}\{\varepsilon'(\boldsymbol{k},\omega')-1\}\end{aligned}\right\} \tag{8.4.27}$$

は H. A. Kramers, R. de L. Kronig が与えた形である.

モーメント総和則(7.7.2), (7.7.8)を書き上げるために，それらの右辺(8.1.35)に現われる交換子を，例えば N 個の電子と空間的に一様に塗りつぶされた N 個のイオンというプラズマの模型

$$\hat{\rho}^{\mathrm{ind}}(\boldsymbol{r})=-e\sum_{j=1}^{N}\delta(\boldsymbol{r}-\hat{\boldsymbol{r}}_j)+e\frac{N}{V} \tag{8.4.28}$$

を使って計算すると，

$$\frac{1}{i\hbar}[\hat{\rho}_{-\boldsymbol{k}}{}^{\mathrm{ind}}, \hat{\rho}_{\boldsymbol{k}}{}^{\mathrm{ind}}] = 0, \qquad \frac{1}{i\hbar}\left[\frac{1}{i\hbar}[\mathscr{H}, \hat{\rho}_{-\boldsymbol{k}}{}^{\mathrm{ind}}], \hat{\rho}_{\boldsymbol{k}}{}^{\mathrm{ind}}\right] = \frac{Ne^2}{m}\boldsymbol{k}^2$$

を得るから，(*7.7.14*)の第1式がみたされる．総和則は

$$\left.\begin{aligned} &\int_{-\infty}^{\infty} d\omega \left\{\frac{1}{\varepsilon(\boldsymbol{k}, \omega)} - 1\right\} = 0 \\ &\int_{-\infty}^{\infty} d\omega \left\{\frac{1}{\varepsilon(\boldsymbol{k}, \omega)} - 1\right\}\omega = -i\pi\omega_{\mathrm{p}}{}^2 \end{aligned}\right\} \tag{8.4.29}$$

となる．$\omega_{\mathrm{p}} = \sqrt{4\pi ne^2/m}$ はプラズマ角振動数である．

誘電率が1に近い場合に定義されている**振動子強度**の式を一般化して，

$$f(\boldsymbol{k}, \omega) = \frac{m}{2\pi^2 e^2}\omega\, \mathrm{Im}\left\{1 - \frac{1}{\varepsilon(\boldsymbol{k}, \omega)}\right\} \tag{8.4.30}$$

と置くと，これは(*8.2.19*)によって角振動数 ω の偶関数となる．総和則(*8.4.29*)の第2式の虚部は

$$\int_0^{\infty} d\omega f(\boldsymbol{k}, \omega) = n = \frac{N}{V} \tag{8.4.31}$$

と書け，また分散式(*8.4.26*)の第1式は

$$\mathrm{Re}\left\{\frac{1}{\varepsilon(\boldsymbol{k}, \omega)} - 1\right\} = -\frac{4\pi e^2}{m}\int_0^{\infty} d\omega' \frac{\mathcal{P}}{\omega'^2 - \omega^2} f(\boldsymbol{k}, \omega') \tag{8.4.32}$$

となる．上式は(*8.4.31*)を考慮するとき，$f(\boldsymbol{k}, \omega')$ が固有角振動数 ω' をもつ調和振動子の単位体積当りの個数と解釈できることを示す．すなわち昔の模型でいえば，固有角振動数 ω' の分散電子に対する古典運動方程式の電場方向の成分は，プラズマ内部の相互作用の効果を含めて固有角振動数 ω' が定められたとして，

$$\frac{d^2 x(t)}{dt^2} = -\omega'^2 x(t) - \frac{e}{m}D(t)$$

と書けよう．外場を $D(t) = D_0 \exp(-i\omega t)\exp(\varepsilon t)$ $(\varepsilon \to +0)$ とおくと，電気分極に対するこの電子の寄与は

$$-ex(t) = \frac{e^2/m}{\omega'^2 - (\omega + i\varepsilon)^2} D(t)$$

このような電子が単位体積当り $f(\boldsymbol{k}, \omega')d\omega'$ 個あるとすると，電束密度は

$$D(t) = E(t) + 4\pi \int_0^\infty d\omega' f(\boldsymbol{k}, \omega') \frac{e^2/m}{\omega'^2 - (\omega + i\varepsilon)^2} D(t)$$

したがって複素誘電率は

$$\frac{1}{\varepsilon(\boldsymbol{k}, \omega)} - 1 = -\int_0^\infty d\omega' \frac{4\pi e^2}{m} \frac{1}{\omega'^2 - (\omega + i\varepsilon)^2} f(\boldsymbol{k}, \omega')$$

で与えられる．上式の両辺の実数部をとったものが(*8. 4. 32*)である．この意味で $f(\boldsymbol{k}, \omega)$ は**分散電子の数密度**とも呼ばれる．

§8.5　熱的な内力に対する応答

§8.1に注意したように，系内に生ずる速度勾配，濃度勾配，温度勾配などに由来する熱的な内力は分布関数あるいは密度行列のゆがみで表わされるものであって，直接ハミルトニアンの摂動項の形に書くことができない．それで対応する輸送係数を求める種々の方法が工夫されている．それらのうち物理的に興味のあるいくつかの方法を述べよう．主に，半導体中の電子や正孔などのように，運動が拡散型の方程式で現象論的に記述される場合を例として話を進める．

a）拡散係数と複素アドミッタンス

電荷 e の粒子の場所 $\boldsymbol{r}$，時刻 t での数密度を $n(\boldsymbol{r}, t)$，電流密度を $\boldsymbol{j}(\boldsymbol{r}, t)$ とすれば，連続の式

$$\frac{\partial}{\partial t}\{en(\boldsymbol{r}, t)\} = -\operatorname{div} \boldsymbol{j}(\boldsymbol{r}, t) \qquad (8, 5. 1)$$

が成り立つ．電流は電荷の拡散によって生ずるとし，Fick の法則

$$\boldsymbol{j}(\boldsymbol{r}, t) = -D \operatorname{grad}\{en(\boldsymbol{r}, t)\} \qquad (8. 5. 2)$$

を仮定すれば，§7.5に取り扱った拡散の例と同じで，複素アドミッタンスは(*7. 5. 20*)の形に求まる．

$$\chi(\boldsymbol{k}, \omega) = \frac{D\boldsymbol{k}^2}{-i\omega + D\boldsymbol{k}^2} \chi(\boldsymbol{k}, 0) \qquad (8. 5. 3)$$

この式によれば，$|\omega| \gg D\boldsymbol{k}^2$ で $\omega \to 0$ とするとき，すなわちまず $\boldsymbol{k} \to 0$ とし次に $\omega \to 0$ とするとき，

$$\lim_{\omega \to 0} \lim_{\boldsymbol{k} \to 0} \frac{-i\omega}{\boldsymbol{k}^2} \chi(\boldsymbol{k}, \omega) = \lim_{\omega \to 0} \lim_{\boldsymbol{k} \to 0} \frac{\omega}{\boldsymbol{k}^2} \chi''(\boldsymbol{k}, \omega)$$

$$= D \lim_{\boldsymbol{k}\to 0} \chi(\boldsymbol{k}, 0) \tag{8. 5. 4}$$

が得られる．第3辺は以下に示すように実数値を与えるから，第1辺の虚部は消えるはずであり，第2辺が導かれる．(8. 5. 3)で先に $\omega \to 0$ としたのでは恒等式しか得られない．

上式は現象論から導かれた関係式であるが，正確な複素アドミッタンスのみたすべき関係式であると仮定する．すなわち正確な複素アドミッタンスは，いま考えているような現象では，小さな $|\omega|$, $|\boldsymbol{k}|$ のところでは流体力学近似(8. 5. 3)の形をとるという仮定をする．さらに熱的な場合にも揺動散逸定理(8. 3. 18)が成り立つとすれば，拡散係数 D を相関関数によって表わす公式が導かれることになる．

まず静アドミッタンスの計算例を与えよう．静アドミッタンスは(7. 5. 11), (7. 5. 7)から

$$\chi(\boldsymbol{k}, 0) = \int d\boldsymbol{r} \exp(-i\boldsymbol{k}\cdot\boldsymbol{r})\, \Psi(\boldsymbol{r}, 0) \tag{8. 5. 5}$$

したがって電荷密度の緩和関数(8. 1. 33)

$$\Psi(\boldsymbol{r}, t) = \int_0^\beta d\lambda e^2 \langle \{\hat{n}(0, 0) - n\}\{\hat{n}(\boldsymbol{r}, t + i\hbar\lambda) - n\} \rangle \tag{8. 5. 6}$$

の初期値から求められる．ただし $n = \langle \hat{n} \rangle$ は平衡値である．系内に体積 V_{s} の領域を想像すると，その内部の粒子数は

$$\hat{N}_{\mathrm{s}} = \int_{V\mathrm{s}} d\boldsymbol{r} \hat{n}(\boldsymbol{r}, 0) \tag{8. 5. 7}$$

で与えられる．そのゆらぎは

$$\langle (\hat{N}_{\mathrm{s}} - \langle \hat{N}_{\mathrm{s}} \rangle)^2 \rangle = V_{\mathrm{s}} \int d\boldsymbol{r} \langle \{\hat{n}(0, 0) - n\}\{\hat{n}(\boldsymbol{r}, 0) - n\} \rangle \tag{8. 5. 8}$$

で与えられる．ただし系の空間的一様性を仮定している．上式の平均〈 〉は系全体の熱平衡状態を表わすカノニカル集合によるものであるが，全系の体積 V は熱力学的極限をとって非常に大きいとしているから，体積 V_{s} の部分系を大きなカノニカル集合で表現して，それによる平均〈 〉$_{\mathrm{s}}$ を使って求めてもよい．

$$\langle (\hat{N}_{\mathrm{s}} - \langle \hat{N}_{\mathrm{s}} \rangle)^2 \rangle = \langle (\hat{N}_{\mathrm{s}} - \langle \hat{N}_{\mathrm{s}} \rangle_{\mathrm{s}})^2 \rangle_{\mathrm{s}}$$

$$= kT\left(\frac{\partial\langle\hat{N}_{\rm s}\rangle_{\rm s}}{\partial\mu}\right)_{T,V_{\rm s}} = \frac{V_{\rm s}}{\beta}\left(\frac{\partial n}{\partial\mu}\right)_T \qquad (8.5.9)$$

μ は化学ポテンシャルである．局所的な Fick の法則は，§7.5 に論じたように，粒子数密度の相関が切れる距離 l に比べ十分大きい距離で初めて数密度の値が変わるとき，つまり $|\boldsymbol{k}|\ll l^{-1}$ なる波数をもつ粒子分布に対して使用できる近似のはずである．緩和関数 $\Psi(\boldsymbol{r},0)$ は (8.5.6) により $|\boldsymbol{r}|\lesssim l$ でのみ値をもつとしてよいから，$|\boldsymbol{k}|\ll l^{-1}$ では (8.5.5) の中の $\exp(-i\boldsymbol{k}\cdot\boldsymbol{r})$ を 1 で近似できる．$\hat{n}(\boldsymbol{r},i\hbar\lambda)$ を $\boldsymbol{r}$ について積分した量は全粒子数であって，系のハミルトニアンとは可換となるから，$i\hbar\lambda$ を 0 と置いてよい．

$$\chi(\boldsymbol{k},0) = \beta e^2\int d\boldsymbol{r}\langle\{\hat{n}(0,0)-n\}\{\hat{n}(\boldsymbol{r},0)-n\}\rangle$$
$$= e^2\left(\frac{\partial n}{\partial\mu}\right)_T \qquad (|\boldsymbol{k}|\ll l^{-1}) \qquad (8.5.10)$$

つまり $\boldsymbol{k}\to 0$ の極限では静アドミッタンスは熱力学的導関数で与えられる．

揺動散逸定理 (8.3.18) が使えるとすれば，

$$2E_\beta(\hbar\omega)\frac{\chi''(\boldsymbol{k},\omega)}{\omega}$$
$$= \int_{-\infty}^{\infty}dt\int d\boldsymbol{r}\exp\{-i(\boldsymbol{k}\cdot\boldsymbol{r}-\omega t)\}e^2$$
$$\times\left\langle\frac{1}{2}[\{\hat{n}(\boldsymbol{r},t)-n\}\{\hat{n}(0,0)-n\}+\{\hat{n}(0,0)-n\}\{\hat{n}(\boldsymbol{r},t)-n\}]\right\rangle$$

であるから，(8.5.4) によって拡散係数は

$$D = \beta\left(\frac{\partial\mu}{\partial n}\right)_T\lim_{\omega\to 0}\lim_{\boldsymbol{k}\to 0}\frac{\omega^2}{\boldsymbol{k}^2}\frac{1}{2}\int_{-\infty}^{\infty}dt\int d\boldsymbol{r}\exp\{-i(\boldsymbol{k}\cdot\boldsymbol{r}-\omega t)\}$$
$$\times\left\langle\frac{1}{2}[\{\hat{n}(\boldsymbol{r},t)-n\}\{\hat{n}(0,0)-n\}+\{\hat{n}(0,0)-n\}\{\hat{n}(\boldsymbol{r},t)-n\}]\right\rangle \qquad (8.5.11)$$

で与えられる．演算子についても連続の式 (8.5.1) が成立するから，部分積分を繰り返すことにより，電流の相関の形に書くこともできる．時間微分を記号 ˙ で示すと，

$$e^2\int_{-\infty}^{\infty}dt\int d\boldsymbol{r}\frac{\omega^2}{\boldsymbol{k}^2}\exp\{-i(\boldsymbol{k}\cdot\boldsymbol{r}-\omega t)\}\left\langle\frac{1}{2}[\{\hat{n}(\boldsymbol{r},t)-n\}\{\hat{n}(0,0)-n\}+\cdots]\right\rangle$$
$$=-e^2\int_{-\infty}^{\infty}dt\int d\boldsymbol{r}\frac{1}{\boldsymbol{k}^2}\exp\{-i(\boldsymbol{k}\cdot\boldsymbol{r}-\omega t)\}\frac{\partial}{\partial t}\left\langle\frac{1}{2}[\dot{\hat{n}}(\boldsymbol{r},t)\{\hat{n}(0,0)-n\}+\cdots]\right\rangle$$
$$=e^2\int_{-\infty}^{\infty}dt\int d\boldsymbol{r}\frac{1}{\boldsymbol{k}^2}\exp\{-i(\boldsymbol{k}\cdot\boldsymbol{r}-\omega t)\}\left\langle\frac{1}{2}[\dot{\hat{n}}(\boldsymbol{r},t)\dot{\hat{n}}(0,0)+\dot{\hat{n}}(0,0)\dot{\hat{n}}(\boldsymbol{r},t)]\right\rangle$$
$$=-e\int_{-\infty}^{\infty}dt\int d\boldsymbol{r}\frac{1}{\boldsymbol{k}^2}\exp\{-i(\boldsymbol{k}\cdot\boldsymbol{r}-\omega t)\}\,\mathrm{div}\left\langle\frac{1}{2}[\hat{\boldsymbol{j}}(\boldsymbol{r},t)\dot{\hat{n}}(0,0)+\dot{\hat{n}}(0,0)\hat{\boldsymbol{j}}(\boldsymbol{r},t)]\right\rangle$$
$$=-e\int_{-\infty}^{\infty}dt\int d\boldsymbol{r}\frac{i\boldsymbol{k}}{\boldsymbol{k}^2}\exp\{-i(\boldsymbol{k}\cdot\boldsymbol{r}-\omega t)\}\cdot\left\langle\frac{1}{2}[\hat{\boldsymbol{j}}(\boldsymbol{r},t)\dot{\hat{n}}(0,0)+\dot{\hat{n}}(0,0)\hat{\boldsymbol{j}}(\boldsymbol{r},t)]\right\rangle$$
$$=\int_{-\infty}^{\infty}dt\int d\boldsymbol{r}\exp\{-i(\boldsymbol{k}\cdot\boldsymbol{r}-\omega t)\}\frac{\boldsymbol{k}\boldsymbol{k}}{\boldsymbol{k}^2}:\left\langle\frac{1}{2}[\hat{\boldsymbol{j}}(\boldsymbol{r},t)\hat{\boldsymbol{j}}(0,0)+\hat{\boldsymbol{j}}(0,0)\hat{\boldsymbol{j}}(\boldsymbol{r},t)]\right\rangle \tag{8.5.12}$$

上式で第2辺から第3辺に移るとき，時間軸をずらすことに対する不変性を利用している．

$$-\frac{\partial}{\partial t}\langle\dot{\hat{n}}(\boldsymbol{r},t)\{\hat{n}(0,0)-n\}\rangle=-\frac{\partial}{\partial t}\langle\dot{\hat{n}}(\boldsymbol{r},0)\{\hat{n}(0,-t)-n\}\rangle$$
$$=\langle\dot{\hat{n}}(\boldsymbol{r},0)\dot{\hat{n}}(0,-t)\rangle$$
$$=\langle\dot{\hat{n}}(\boldsymbol{r},t)\dot{\hat{n}}(0,0)\rangle \tag{8.5.13}$$

また(8.5.12)の第5辺から第6辺に移るときには，空間並進に対する不変性を使って，同様な計算を行なった．(8.5.2)では等方性を仮定したから，(8.5.12)により拡散係数は結局

$$D=\frac{\beta}{e^2}\left(\frac{\partial\mu}{\partial n}\right)_T\lim_{\omega\to 0}\lim_{\boldsymbol{k}\to 0}\frac{1}{6}\int_{-\infty}^{\infty}dt\int d\boldsymbol{r}\exp\{-i(\boldsymbol{k}\cdot\boldsymbol{r}-\omega t)\}$$
$$\times\left\langle\frac{1}{2}[\hat{\boldsymbol{j}}(\boldsymbol{r},t)\cdot\hat{\boldsymbol{j}}(0,0)+\hat{\boldsymbol{j}}(0,0)\cdot\hat{\boldsymbol{j}}(\boldsymbol{r},t)]\right\rangle \tag{8.5.14}$$

で与えられることになる．

上に空間並進不変性を使ったことは，前節に述べたように，既に熱力学的極限をとってあることを前提としている．極限 $\boldsymbol{k}\to 0$ をとる前に熱力学的極限をとっておかなければならない．波長 $2\pi/|\boldsymbol{k}|$ が非常に長く，系の寸法と同程度となるような現象では，系に課している境界条件のとり方がきいてくる．したがって当

然，使用すべき統計集合も任意には選べない．拡散係数などには境界条件はきかないのが普通であるが，そのためにはまず系の寸法 L を十分大きくしておかねばならない．$\boldsymbol{k}\to 0$ は $|\boldsymbol{k}|\gg L^{-1}$ の条件で考えなければならないのである．

b) Einstein の関係式

§5.1 に述べた Einstein の関係式は熱的な輸送係数と力学的な輸送係数とを結ぶ独自のものである．まずこの関係式を J. M. Luttinger に従って導出してみよう．上に述べた問題で電場 $\boldsymbol{E}(\boldsymbol{r},t)=-\mathrm{grad}\,\Phi(\boldsymbol{r},t)$ もあるとすれば，電流は (8.5.2) の代りに次の形となる．

$$\boldsymbol{j}(\boldsymbol{r},t)=\sigma\boldsymbol{E}(\boldsymbol{r},t)-D\,\mathrm{grad}\{en(\boldsymbol{r},t)\} \tag{8.5.15}$$

σ は電気伝導率である．以下の計算は，上式を非 Markov 的非局所的に拡張した形の方が見やすい．

$$\begin{aligned}\boldsymbol{j}(\boldsymbol{r},t)=&-\int_{-\infty}^{t}dt'\int d\boldsymbol{r}'\boldsymbol{\varphi}_{\mathrm{el}}(\boldsymbol{r}-\boldsymbol{r}',t-t')\cdot\frac{\partial\Phi(\boldsymbol{r}',t')}{\partial\boldsymbol{r}'}\\&-\int_{-\infty}^{t}dt'\int d\boldsymbol{r}'\boldsymbol{\varphi}_{\mathrm{th}}(\boldsymbol{r}-\boldsymbol{r}',t-t')\cdot\frac{\partial\{en(\boldsymbol{r}',t')\}}{\partial\boldsymbol{r}'}\end{aligned} \tag{8.5.16}$$

$\boldsymbol{\varphi}$ は応答関数であり，さしあたって等方性を仮定せず 2 階のテンソルとしている．連続の式 (8.5.1) および上式は時空について Fourier 変換すると次の形に書ける．

$$\left.\begin{aligned}-i\omega en_{\boldsymbol{k},\omega}&=-i\boldsymbol{k}\cdot\boldsymbol{j}_{\boldsymbol{k},\omega}\\\boldsymbol{j}_{\boldsymbol{k},\omega}&=-\boldsymbol{\sigma}(\boldsymbol{k},\omega)\cdot i\boldsymbol{k}\Phi_{\boldsymbol{k},\omega}-\mathsf{D}(\boldsymbol{k},\omega)\cdot i\boldsymbol{k}en_{\boldsymbol{k},\omega}\end{aligned}\right\} \tag{8.5.17}$$

複素電気伝導率テンソル $\boldsymbol{\sigma}$ は応答関数から

$$\boldsymbol{\sigma}(\boldsymbol{k},\omega)=\int_0^{\infty}dt\int d\boldsymbol{r}\exp\{-i(\boldsymbol{k}\cdot\boldsymbol{r}-\omega t)\}\boldsymbol{\varphi}_{\mathrm{el}}(\boldsymbol{r},t)$$

で与えられる．拡散係数テンソル D についても同様である．(8.5.17) の 2 式から電流を消去し，$n_{\boldsymbol{k},\omega}$ について解けば，

$$en_{\boldsymbol{k},\omega}=\frac{-\boldsymbol{k}\cdot\boldsymbol{\sigma}(\boldsymbol{k},\omega)\cdot\boldsymbol{k}}{-i\omega+\boldsymbol{k}\cdot\mathsf{D}(\boldsymbol{k},\omega)\cdot\boldsymbol{k}}\Phi_{\boldsymbol{k},\omega} \tag{8.5.18}$$

これを (8.5.17) の第 2 式に代入すると，次式を得る．

$$\boldsymbol{j}_{\boldsymbol{k},\omega}=\left\{\boldsymbol{\sigma}(\boldsymbol{k},\omega)-\frac{\boldsymbol{k}\cdot\boldsymbol{\sigma}(\boldsymbol{k},\omega)\cdot\boldsymbol{k}}{-i\omega+\boldsymbol{k}\cdot\mathsf{D}(\boldsymbol{k},\omega)\cdot\boldsymbol{k}}\mathsf{D}(\boldsymbol{k},\omega)\right\}\cdot\boldsymbol{E}_{\boldsymbol{k},\omega} \tag{8.5.19}$$

まず十分小さい波数 $|\boldsymbol{k}|\ll l^{-1}$ を考え，$|\omega|\ll\boldsymbol{k}\cdot\mathsf{D}(\boldsymbol{k},\omega)\cdot\boldsymbol{k}$ の条件で角振動数 $|\omega|$

を小さくする，すなわち十分滑らかな静電場下に置かれた系を考えると，系はその外場の下で熱平衡状態に達するであろう．$\omega\to 0$ の極限をとる前に，§8.1に触れたように，熱力学的極限をとってあるものとする．そうでないと熱平衡状態に達することは必ずしも保証されない．熱平衡状態では電流は消えるはずであるから，(8.5.19)から次式を得る．

$$\boldsymbol{\sigma}(\boldsymbol{k},0)=\frac{\boldsymbol{k}\cdot\boldsymbol{\sigma}(\boldsymbol{k},0)\cdot\boldsymbol{k}}{\boldsymbol{k}\cdot\mathsf{D}(\boldsymbol{k},0)\cdot\boldsymbol{k}}\mathsf{D}(\boldsymbol{k},0)\qquad(|\boldsymbol{k}|\ll l^{-1})\tag{8.5.20}$$

他方(8.5.18)からは同じ極限で次式が成り立つ．

$$en_{\boldsymbol{k},0}=-\frac{\boldsymbol{k}\cdot\boldsymbol{\sigma}(\boldsymbol{k},0)\cdot\boldsymbol{k}}{\boldsymbol{k}\cdot\mathsf{D}(\boldsymbol{k},0)\cdot\boldsymbol{k}}\Phi_{\boldsymbol{k},0}\qquad(|\boldsymbol{k}|\ll l^{-1})\tag{8.5.21}$$

この式は静電場下での電荷の平衡分布を定める式に外ならないから，(8.5.5)の静アドミッタンスを使って，

$$en_{\boldsymbol{k},0}=-\chi(\boldsymbol{k},0)\,\Phi_{\boldsymbol{k},0}\tag{8.5.22}$$

と書かれるはずのものである．ゆえに(8.5.20)は**Einstein の関係式**

$$\sigma(\boldsymbol{k},0)=e^2\left(\frac{\partial n}{\partial\mu}\right)_T D(\boldsymbol{k},0)\qquad(|\boldsymbol{k}|\ll l^{-1})\tag{8.5.23}$$

を与える．(8.5.10)を使用し，また等方性を仮定した．

Einstein の関係式を現象論に基づいて導出したが，この関係式が正確に成り立つと仮定すれば，拡散係数 $D(\boldsymbol{k},\omega)$ は電気伝導率 $\sigma(\boldsymbol{k},\omega)$ から計算できることになる．電気伝導率テンソルは久保の公式(8.4.24)

$$\sigma_{\mu\nu}(\boldsymbol{k},\omega)=\int_0^\infty dt\int d\boldsymbol{r}\exp\{-i(\boldsymbol{k}\cdot\boldsymbol{r}-\omega t)\}\int_0^\beta d\lambda\langle\hat{j}_\nu'(0,0)\,\hat{j}_\mu'(\boldsymbol{r},t+i\hbar\lambda)\rangle\tag{8.5.24}$$

で与えられた．したがって(8.5.15)に現われる拡散係数は

$$D=\frac{1}{e^2}\left(\frac{\partial\mu}{\partial n}\right)_T\lim_{\omega\to0}\lim_{\boldsymbol{k}\to0}\int_0^\infty dt\int d\boldsymbol{r}\exp\{-i(\boldsymbol{k}\cdot\boldsymbol{r}-\omega t)\}\times\int_0^\beta d\lambda\frac{1}{3}\langle\hat{\boldsymbol{j}}'(0,0)\cdot\hat{\boldsymbol{j}}'(\boldsymbol{r},t+i\hbar\lambda)\rangle\tag{8.5.25}$$

の形に求められる．

c) Onsager の平均崩壊過程の仮説

相反定理を証明するために Onsager はゆらぎの平均崩壊過程は巨視的法則に従うという仮説を使った．久保，横田，中嶋はこの仮説を利用して熱的輸送係数を定める方法を提案した．R. Zwanzig および P. C. Martin の与えた形で述べておこう．

緩和現象を調べるので，線形関係式(8.5.16)を修正して，(7.1.6)のように時刻 t_0 に初期条件を課する形に仮定する方が便利である．

$$
\begin{aligned}
\boldsymbol{j}(\boldsymbol{r},t) = &-\int_{t_0}^{t} dt'\int d\boldsymbol{r}'\boldsymbol{\varphi}_{\mathrm{el}}(\boldsymbol{r}-\boldsymbol{r}',t-t')\cdot\frac{\partial\Phi(\boldsymbol{r}',t')}{\partial\boldsymbol{r}'} \\
&-\int_{t_0}^{t} dt'\int d\boldsymbol{r}'\boldsymbol{\varphi}_{\mathrm{th}}(\boldsymbol{r}-\boldsymbol{r}',t-t')\cdot\frac{\partial\{en(\boldsymbol{r}',t')\}}{\partial\boldsymbol{r}'} \\
&+\int d\boldsymbol{r}'\boldsymbol{\psi}^{\mathrm{m}}(\boldsymbol{r}-\boldsymbol{r}',t-t_0)\cdot\boldsymbol{j}(\boldsymbol{r}',t_0)
\end{aligned}
\tag{8.5.26}
$$

$\boldsymbol{\psi}^{\mathrm{m}}$ は規格化された緩和関数テンソルである．熱平衡値からのはずれに対し(7.5.16)のような Fourier-Laplace 変換を行なうと，連続の式(8.5.1)および上式は次の形となる．

$$
\left.
\begin{aligned}
&-i\omega en_{\boldsymbol{k},\omega}+i\boldsymbol{k}\cdot\boldsymbol{j}_{\boldsymbol{k},\omega} = \exp(i\omega t_0)\int d\boldsymbol{r}\exp(-i\boldsymbol{k}\cdot\boldsymbol{r})\,e\{n(\boldsymbol{r},t_0)-n\} \\
&\boldsymbol{j}_{\boldsymbol{k},\omega} = -\boldsymbol{\sigma}(\boldsymbol{k},\omega)\cdot i\boldsymbol{k}\Phi_{\boldsymbol{k},\omega}-\mathsf{D}(\boldsymbol{k},\omega)\cdot i\boldsymbol{k}en_{\boldsymbol{k},\omega} \\
&\qquad +\boldsymbol{\psi}_{\boldsymbol{k},\omega}{}^{\mathrm{m}}\cdot\exp(i\omega t_0)\int d\boldsymbol{r}\exp(-i\boldsymbol{k}\cdot\boldsymbol{r})\,\boldsymbol{j}(\boldsymbol{r},t_0)
\end{aligned}
\right\}
\tag{8.5.27}
$$

これらの式から電流 $\boldsymbol{j}_{\boldsymbol{k},\omega}$ を消去すると，初期電荷分布の崩壊過程を定める方程式が得られる．

$$
\begin{aligned}
&\{-i\omega+\boldsymbol{k}\cdot\mathsf{D}(\boldsymbol{k},\omega)\cdot\boldsymbol{k}\}en_{\boldsymbol{k},\omega}+\boldsymbol{k}\cdot\boldsymbol{\sigma}(\boldsymbol{k},\omega)\cdot\boldsymbol{k}\Phi_{\boldsymbol{k},\omega} \\
&\quad = \exp(i\omega t_0)\int d\boldsymbol{r}\exp(-i\boldsymbol{k}\cdot\boldsymbol{r})[e\{n(\boldsymbol{r},t_0)-n\}-i\boldsymbol{k}\cdot\boldsymbol{\psi}_{\boldsymbol{k},\omega}{}^{\mathrm{m}}\cdot\boldsymbol{j}(\boldsymbol{r},t_0)]
\end{aligned}
\tag{8.5.28}
$$

上式は現象論の式であるが，これと同じ式が熱平衡状態で生ずる電荷分布のゆらぎの崩壊に対しても，同一の初期分布 $en(\boldsymbol{r},t_0)$ をもつものについて平均するとき，成立するというのが **Onsager の仮説**である．熱平衡状態で生ずる大きなゆらぎは，巨視的に初期条件を与えられたものと区別がつかないであろうから，現象論の法則で崩壊すると考えることはもっともである．しかし熱平衡状態で生ずるゆらぎは巨視的な系では通常微視的な大きさに過ぎないはずであり，この小さなゆらぎが巨視的法則に従うという Onsager の仮説は，経験事実を大はばに踏み越えたものといえよう．この仮説によれば上式の $en(\boldsymbol{r}, t)$ は，§5.2 に述べた確率過程の用語でいえば，初期値が $en(\boldsymbol{r}, t_0)$ であるという条件付きでの平均，すなわち遷移確率での期待値と解釈される．したがって上式に $e\{n(0, t_0)-n\}$ を掛けて，熱平衡状態で初期分布 $en(\boldsymbol{r}, t_0)$ がゆらぎとして生ずる確率での期待値をとれば，電荷分布の相関関数が減衰する仕方を定める方程式が得られるはずである．遷移確率での期待値をとり，さらに初期分布について平均する操作を横線を上に引いて示すとすれば，実際，

$$\overline{n(\boldsymbol{r}, t_0)} = n, \qquad \overline{\{n(0, t_0)-n\}\boldsymbol{j}(\boldsymbol{r}, t_0)} = 0 \tag{8.5.29}$$

に注意して次式を得る．

$$\{-i\omega+\boldsymbol{k}\cdot\mathsf{D}(\boldsymbol{k}, \omega)\cdot\boldsymbol{k}\}\,\overline{e^2\{n(0, t_0)-n\}n_{\boldsymbol{k},\omega}}$$
$$= \exp(i\omega t_0)\int d\boldsymbol{r}\exp(-i\boldsymbol{k}\cdot\boldsymbol{r})\,\overline{e^2\{n(0, t_0)-n\}\{n(\boldsymbol{r}, t_0)-n\}}$$

熱平衡状態での期待値では時間原点をずらしてよいこと，また

$$n_{\boldsymbol{k},\omega} = \exp(i\omega t_0)\int_0^\infty dt\int d\boldsymbol{r}\exp\{-i(\boldsymbol{k}\cdot\boldsymbol{r}-\omega t)\}n(\boldsymbol{r}, t+t_0)$$

と書けることに注意すると，

$$\int_0^\infty dt\int d\boldsymbol{r}\exp\{-i(\boldsymbol{k}\cdot\boldsymbol{r}-\omega t)\}\overline{e^2\{n(0, 0)-n\}\{n(\boldsymbol{r}, t)-n\}}$$
$$= \frac{1}{-i\omega+\boldsymbol{k}\cdot\mathsf{D}(\boldsymbol{k}, \omega)\cdot\boldsymbol{k}}\int d\boldsymbol{r}\exp(-i\boldsymbol{k}\cdot\boldsymbol{r})\,\overline{e^2\{n(0, 0)-n\}\{n(\boldsymbol{r}, 0)-n\}} \tag{8.5.30}$$

(8.5.13) を使って (8.5.12) と同じように変形すると，時間積分の下限が異なることに注意して，

$$\int_0^\infty dt\exp(i\omega t)\,\overline{e^2\dot{n}(0, 0)\,\dot{n}(\boldsymbol{r}, t)}$$

$$= -i\omega\overline{e^2\{n(0,0)-n\}\{n(\boldsymbol{r},0)-n\}}$$

$$+\omega^2\int_0^\infty dt\exp(i\omega t)\overline{e^2\{n(0,0)-n\}\{n(\boldsymbol{r},t)-n\}}$$

$$\therefore\quad \int_0^\infty dt\int d\boldsymbol{r}\exp\{-i(\boldsymbol{k}\cdot\boldsymbol{r}-\omega t)\}\boldsymbol{k}\cdot\overline{\boldsymbol{j}(0,0)\boldsymbol{j}(\boldsymbol{r},t)}\cdot\boldsymbol{k}$$

$$= -i\omega\int d\boldsymbol{r}\exp(-i\boldsymbol{k}\cdot\boldsymbol{r})\overline{e^2\{n(0,0)-n\}\{n(\boldsymbol{r},0)-n\}}$$

$$+\omega^2\int_0^\infty dt\int d\boldsymbol{r}\exp\{-i(\boldsymbol{k}\cdot\boldsymbol{r}-\omega t)\}\overline{e^2\{n(0,0)-n\}\{n(\boldsymbol{r},t)-n\}} \tag{8.5.31}$$

(8.5.30)を上式に代入すると，等方性を仮定して，次式を得る．

$$\int_0^\infty dt\int d\boldsymbol{r}\exp\{-i(\boldsymbol{k}\cdot\boldsymbol{r}-\omega t)\}\frac{1}{3}\overline{\boldsymbol{j}(0,0)\cdot\boldsymbol{j}(\boldsymbol{r},t)}$$

$$= D(\boldsymbol{k},\omega)\left\{1-\frac{D(\boldsymbol{k},\omega)\boldsymbol{k}^2}{-i\omega+D(\boldsymbol{k},\omega)\boldsymbol{k}^2}\right\}$$

$$\times\int d\boldsymbol{r}\exp(-i\boldsymbol{k}\cdot\boldsymbol{r})\overline{e^2\{n(0,0)-n\}\{n(\boldsymbol{r},0)-n\}} \tag{8.5.32}$$

さて(8.5.4)を導いたのと同じ極限をとる．すなわち $|\omega|\gg D(\boldsymbol{k},\omega)\boldsymbol{k}^2$ で $\omega\to 0$ とすると，拡散係数 D は $D(\boldsymbol{k},\omega)$ の $\boldsymbol{k}\to 0,\ \omega\to 0$ での極限値であるから，

$$\lim_{\omega\to 0}\lim_{\boldsymbol{k}\to 0}\int_0^\infty dt\int d\boldsymbol{r}\exp\{-i(\boldsymbol{k}\cdot\boldsymbol{r}-\omega t)\}\frac{1}{3}\overline{\boldsymbol{j}(0,0)\cdot\boldsymbol{j}(\boldsymbol{r},t)}$$

$$= D\lim_{\boldsymbol{k}\to 0}\int d\boldsymbol{r}\exp(-i\boldsymbol{k}\cdot\boldsymbol{r})\overline{e^2\{n(0,0)-n\}\{n(\boldsymbol{r},0)-n\}} \tag{8.5.33}$$

を得る．上の結果は巨視的現象論をゆらぎにまで拡張して，いわば半現象論的に導かれたものであり，平均の意味が精確に，特に量子論に移るとき，決まっていない．(8.5.25)と比べてみれば，左辺の期待値はカノニカル相関

$$\overline{\boldsymbol{j}(0,0)\cdot\boldsymbol{j}(\boldsymbol{r},t)} = \int_0^\beta d\lambda\langle\hat{\boldsymbol{j}}(0,0)\cdot\hat{\boldsymbol{j}}(\boldsymbol{r},t+i\hbar\lambda)\rangle \tag{8.5.34}$$

の意味に解釈すべきことが分かる．右辺の期待値についても同様である．(8.5.34)の対応関係の証明のため久保，横田，中嶋は局所平衡分布を利用した．

(8.5.32)で角振動数 ω を先に0にすると，

$$\lim_{\omega\to 0}\int_0^\infty dt\int d\boldsymbol{r}\exp\{-i(\boldsymbol{k}\cdot\boldsymbol{r}-\omega t)\}\frac{1}{3}\overline{\boldsymbol{j}(0,0)\cdot\boldsymbol{j}(\boldsymbol{r},t)}=0 \qquad (8.5.35)$$

を得る．もちろん熱力学的極限はすでにとってあるものとする．(8.5.33)の結果と比べてみて，2つの極限 $\boldsymbol{k}\to 0$ と $\omega\to 0$ の順序が重要であることが分かる．(8.5.35)の時間積分が消えることは，被積分関数が短時間に減衰する部分と長時間にわたって尾を引く負の部分とから成っていて，両者がちょうど相殺し合うためであると考えられる．尾を引く部分は，(8.5.32)で $D(\boldsymbol{k},\omega)$ を拡散係数 D で近似した式に当たり，

$$\left[\int d\boldsymbol{r}\exp(-i\boldsymbol{k}\cdot\boldsymbol{r})\frac{1}{3}\overline{\boldsymbol{j}(0,0)\cdot\boldsymbol{j}(\boldsymbol{r},t)}\right]_{\text{long tail}}$$
$$=-D^2\boldsymbol{k}^2\exp(-D\boldsymbol{k}^2t)\int d\boldsymbol{r}\exp(-i\boldsymbol{k}\cdot\boldsymbol{r})\overline{e^2\{n(0,0)-n\}\{n(\boldsymbol{r},0)-n\}} \qquad (8.5.36)$$

で与えられる．(8.5.33)で先に $\boldsymbol{k}\to 0$ とするのは，この部分からの寄与を消す操作であり，また輸送係数は短時間で減衰する部分からの寄与で定められることを示す．J. G. Kirkwood は輸送係数を相関関数の時間積分によって表わした最初の人であるが，この操作をしなかったので，時間積分の上限を適当な有限値に留めねばならなかった．

有限の $\boldsymbol{k},\omega$ に対して上述の尾を引く部分を取り除くには，§6.9に述べたランダムな力の相関関数に移る方法を用いればよいが，その結果は(8.5.25)となるのでこれ以上述べない．その代り，射影演算子を使って特殊な運動を拾い出す，似た1つの方法を以下に述べよう．

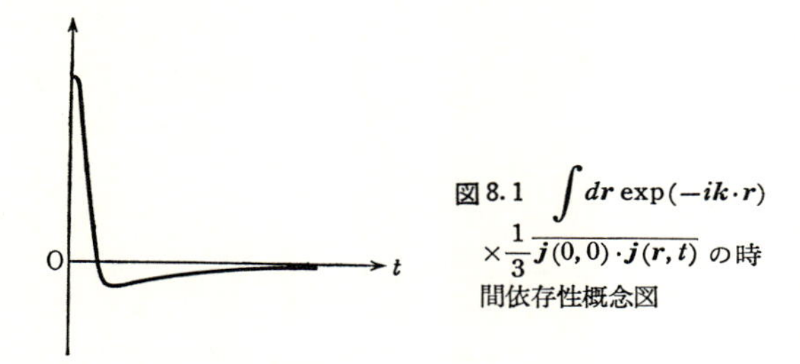

図8.1　$\int d\boldsymbol{r}\exp(-i\boldsymbol{k}\cdot\boldsymbol{r})\times\frac{1}{3}\overline{\boldsymbol{j}(0,0)\cdot\boldsymbol{j}(\boldsymbol{r},t)}$ の時間依存性概念図

d) 局所平衡分布

これまで述べた方法は，巨視的な現象論が出発点であり，種々の仮説でその結果を微視的領域へ延長しようとする努力であった．それゆえ本来証明されるべき関係式や定理が仮定された．特定の輸送係数を計算する公式の導出だけを目的とするならばこれでもよいが，それらの関係式や定理の微視的証明も当然統計力学の目的である．統計力学にとっては，さらに，非平衡状態にある系を表わす分布関数または密度行列の形を求めることも基本問題の1つである．§8.1に述べた力学的外力に対する応答理論でもまず密度行列の形を定めた．熱的内力の場合にはその前に系内に温度分布，濃度分布などが生じている状態をどう表わすかという問題を解かなければならない．

温度という概念は熱力学の最も基本概念，いわば最も熱現象に特徴的な概念であるから，拡散ではなく，現象論の式が同形な熱伝導の問題を例にとろう．熱力学では，温度はまず熱平衡状態で定義され，温度分布は局所平衡を仮定して，つまりエネルギー密度 $u(\boldsymbol{r},t)$ は局所温度 $T(\boldsymbol{r},t)$ に熱平衡状態での関数形で依存するとして，導入される．統計力学でも同じ手順を踏まざるをえない．系を仮に空間的に分割して考え，部分系の集りとみなす．系内部の位置 $\boldsymbol{r}$ にあり，巨視的には十分小さいが微視的には非常に大きい体積 $d\boldsymbol{r}$ をもつ部分系が，時刻 t に，系の他の部分を熱源として熱平衡状態にあると仮定すれば，その部分系の状態は温度 $T(\boldsymbol{r},t)$ のカノニカル集合で表わされ，対応する密度行列は(8.1.2)の形をもつであろう．

$$\hat{\rho}_{\mathrm{eq}}(\boldsymbol{r}) \propto \exp\{-\beta(\boldsymbol{r},t)\hat{\mathscr{H}}(\boldsymbol{r})\,d\boldsymbol{r}\} \tag{8.5.37}$$

$\beta(\boldsymbol{r},t)=1/\{kT(\boldsymbol{r},t)\}$ で，$\hat{\mathscr{H}}(\boldsymbol{r})$ はハミルトニアン密度である．系を構成する粒子間の相互作用などの有効距離は有限であるから，$\hat{\mathscr{H}}(\boldsymbol{r})$ を定義するには空間の粗視化が必要である．つまり部分系の寸法 $(d\boldsymbol{r})^{1/3}$ はその有効距離に比べ十分大きくなければならない．そうでないと部分系間の相互作用が各部分系自身のエネルギーに比べ無視できなくなり，各部分系への帰属のさせ方，したがって $\hat{\mathscr{H}}(\boldsymbol{r})$ の作り方があいまいとなる．(8.5.37)をもとにして系全体の密度行列を組み上げてみよう．全ての部分系が互いに完全に独立な力学系を作るならば，それらの密度行列の積，したがって指数関数の肩では和をとればよい．

$$\hat{\rho}_1(t) = \exp\left\{\Omega(t) - \int \beta(\boldsymbol{r}, t)\,\hat{\mathscr{H}}(\boldsymbol{r})\,d\boldsymbol{r}\right\} \tag{8.5.38}$$

$\Omega(t)$ は規格化因子である．部分系が互いに独立でなければ，組上げ方がはっきりしないが，温度が一様になったとき(8.1.2)に帰着するという意味で，(8.5.38)をとるのが自然である．このようにして作った密度行列(8.5.38)はもちろん系の真の密度行列 $\hat{\rho}(t)$ とは異なるであろう．

$$\hat{\rho}(t) = \hat{\rho}_1(t) + \hat{\rho}_{\mathrm{r}}(t) \tag{8.5.39}$$

しかしそのずれ $\hat{\rho}_{\mathrm{r}}(t)$ は，局所平衡の仮定が真の状態のよい近似であるためには，十分小さくなければならない．これは以下に述べる方法の適用限界を画する．エネルギー密度 $\boldsymbol{u}(\boldsymbol{r}, t)$ は真の密度行列 $\hat{\rho}(t)$ から次式で与えられる．

$$u(\boldsymbol{r}, t) = \mathrm{tr}\{\hat{\rho}(t)\,\hat{\mathscr{H}}(\boldsymbol{r})\}$$

この $\boldsymbol{u}(\boldsymbol{r}, t)$ と熱平衡状態での関数形で結ばれる温度に相当するパラメタ $\beta(\boldsymbol{r}, t)$ は一般に条件式

$$u(\boldsymbol{r}, t) = \mathrm{tr}\{\hat{\rho}_1(t)\,\hat{\mathscr{H}}(\boldsymbol{r})\} \tag{8.5.40}$$

から定めればよいであろう．

このように一般化された定義では，位置 $\boldsymbol{r}$ でのエネルギー $\boldsymbol{u}(\boldsymbol{r}, t)$ は他の位置 $\boldsymbol{r}'$ での $\beta(\boldsymbol{r}', t)$ にも依存する，つまり $\boldsymbol{u}$ は β の汎関数となり，非局所的な関係式が得られる．(8.5.38)の規格化条件の式

$$\mathrm{tr}\left(\exp\left\{\Omega(t) - \int \beta(\boldsymbol{r}, t)\,\hat{\mathscr{H}}(\boldsymbol{r})\,d\boldsymbol{r}\right\}\right) = 1 \tag{8.5.41}$$

を $\beta(\boldsymbol{r}', t)$ で汎関数微分しよう．異なる位置座標をもつハミルトニアン密度演算子は一般に可換でないことに注意して計算する必要がある．(8.5.41)で $\beta(\boldsymbol{r}, t)$ を $\beta(\boldsymbol{r}, t) + \delta(\boldsymbol{r}-\boldsymbol{r}')\delta\beta(\boldsymbol{r}', t)$ に変えるとき，規格化条件をみたすように規格化因子 $\Omega(t)$ は $\Omega(t) + \delta\Omega(t)$ に変わる．公式(8.1.6)で $\beta=1$ とし，

$$\hat{F} = \Omega(t) - \int \beta(\boldsymbol{r}, t)\,\hat{\mathscr{H}}(\boldsymbol{r})\,d\boldsymbol{r}, \quad \hat{G} = \delta\Omega(t) - \delta\beta(\boldsymbol{r}', t)\,\hat{\mathscr{H}}(\boldsymbol{r}') \tag{8.5.42}$$

とおくと，$\hat{G}$ について1次まで残すとき，

$$\begin{aligned} 1 &= \mathrm{tr}\{\exp(\hat{F}+\hat{G})\} = \mathrm{tr}\left(\exp\hat{F}\left\{1 + \int_0^1 d\lambda \exp(-\lambda\hat{F})\,\hat{G}\exp(\lambda\hat{F})\right\}\right) \\ &= 1 + \mathrm{tr}\{\exp(\hat{F})\,\hat{G}\} = 1 + \mathrm{tr}(\hat{\rho}_1\hat{G}) \end{aligned}$$

$$\therefore \quad \frac{\delta\Omega(t)}{\delta\beta(\boldsymbol{r}',t)} = \langle\hat{\mathscr{H}}(\boldsymbol{r}')\rangle_{1,t} = u(\boldsymbol{r}',t) \tag{8.5.43}$$

平均 $\langle\ \ \rangle_{1,t}$ は密度行列 (8.5.38) によるものである．$\beta(\boldsymbol{r},t)$ を上のように変えるとき，$u(\boldsymbol{r},t)$ も $u(\boldsymbol{r},t)+\delta u(\boldsymbol{r},t)$ に変わるとして，(8.5.40) について同様な計算を行なうと，

$$-\frac{\delta u(\boldsymbol{r},t)}{\delta\beta(\boldsymbol{r}',t)} = \int_0^1 d\lambda\langle\exp(-\lambda\hat{F})\{\hat{\mathscr{H}}(\boldsymbol{r}')-\langle\hat{\mathscr{H}}(\boldsymbol{r}')\rangle_{1,t}\} \times\exp(\lambda\hat{F})\{\hat{\mathscr{H}}(\boldsymbol{r})-\langle\hat{\mathscr{H}}(\boldsymbol{r})\rangle_{1,t}\}\rangle_{1,t} \tag{8.5.44}$$

が得られる．$\hat{F}$ は (8.5.42) で与えられる演算子である．上式は静アドミッタンスの公式 (8.1.9) に当たるものである．熱力学の式 $\delta u(\boldsymbol{r},t)=C_v\delta T(\boldsymbol{r},t)=-C_v kT_{\mathrm{eq}}{}^2\delta\beta(\boldsymbol{r},t)$ を非局所化したものになっている．§7.5 に述べたように，臨界点付近などの場合にはこの非局所性がきいてくる．

巨視的なエネルギー保存則

$$\frac{\partial u(\boldsymbol{r},t)}{\partial t}+\operatorname{div}\boldsymbol{q}(\boldsymbol{r},t) = 0 \tag{8.5.45}$$

は，対応する微視的保存則

$$\frac{\partial\hat{\mathscr{H}}(\boldsymbol{r},t)}{\partial t}+\operatorname{div}\hat{\boldsymbol{j}}(\boldsymbol{r},t) = 0 \tag{8.5.46}$$

を密度行列で平均したものに外ならない．上式は Heisenberg 描像での式である．熱流演算子 $\hat{\boldsymbol{j}}(\boldsymbol{r})$ はエネルギー密度演算子 $\hat{\mathscr{H}}(\boldsymbol{r})$ から，

$$\operatorname{div}\hat{\boldsymbol{j}}(\boldsymbol{r}) = \frac{1}{i\hbar}[\hat{\mathscr{H}},\hat{\mathscr{H}}(\boldsymbol{r})], \qquad \hat{\mathscr{H}} = \int d\boldsymbol{r}\,\hat{\mathscr{H}}(\boldsymbol{r}) \tag{8.5.47}$$

となるように作られる．系のハミルトニアン $\hat{\mathscr{H}}$ との交換子をベクトルの発散の形に変える際には一般に空間の粗視化を要する．

巨視的熱流 $\boldsymbol{q}(\boldsymbol{r},t)$ は演算子 $\hat{\boldsymbol{j}}(\boldsymbol{r})$ の密度行列 (8.5.39) による期待値であるが，これが現象論的関係式のいうように温度勾配で書かれるためには，密度行列 (8.5.39) 自身が β と $\operatorname{grad}\beta$ とで書かれていなければならない．局所平衡分布 (8.5.38) はすでにそうなっているから問題ないが，局所平衡分布からのはずれ $\hat{\rho}_{\mathrm{r}}(t)$ については重要な仮説となる．密度行列 (8.5.39) の従う運動方程式は，§8.1 の議論と同じように，

$$\frac{\partial \hat{\rho}(t)}{\partial t} = \frac{1}{i\hbar}[\hat{\mathscr{H}}, \hat{\rho}(t)] = i\mathscr{L}\hat{\rho}(t) \tag{8.5.48}$$

であるとする．非常に大きな系の内部に起こる熱的現象を問題とし，境界条件がきかない物理量を論ずるわけである．この方程式の解から上述のようなものを拾い出そうというわけである．これはちょうど，§7.3の誘電緩和の例で配向分布関数の満たす運動論的方程式(7.3.20)から巨視的変数 $\boldsymbol{P}_{\rm d}(t)$ に同期して変動する解を求めた方法と同じ着想である．いま考えている場合でいえば，巨視的パラメタ $\beta(\mathbf{r},t)$ または $\boldsymbol{u}(\mathbf{r},t)$ と同期して変動する形の，すなわち時間依存性がこれらだけを通じて入るような密度行列を求めることになる．このような着想は，N. N. Bogoljubov が気体運動論の Boltzmann 方程式を導出するとき，またそれを解いて流体力学方程式を求めるときに定式化したものである．これについては次節で再び触れる．

(8.5.39)の右辺第2項 $\hat{\rho}_{\rm r}(t)$ の満たす運動方程式を導くためには局所平衡分布(8.5.38)の時間微分を計算する必要がある．$\hat{\rho}_{\rm l}(t)$ の時間依存性は $\boldsymbol{u}(\mathbf{r},t)$ を通じて入るとみれば，

$$\frac{\partial \hat{\rho}_{\rm l}(t)}{\partial t} = \int d\boldsymbol{r}\frac{\delta \hat{\rho}_{\rm l}(t)}{\delta \boldsymbol{u}(\mathbf{r},t)}\frac{\partial \boldsymbol{u}(\mathbf{r},t)}{\partial t} = \int d\boldsymbol{r}\frac{\delta \hat{\rho}_{\rm l}(t)}{\delta \boldsymbol{u}(\mathbf{r},t)}\,{\rm tr}\left(\frac{\partial \hat{\rho}(t)}{\partial t}\hat{\mathscr{H}}(\mathbf{r})\right)$$

したがって任意の演算子 $\hat{A}$ に対して

$$\mathcal{P}(t)\hat{A} = \int d\boldsymbol{r}\frac{\delta \hat{\rho}_{\rm l}(t)}{\delta \boldsymbol{u}(\mathbf{r},t)}\,{\rm tr}\{\hat{\mathscr{H}}(\mathbf{r})\hat{A}\} \tag{8.5.49}$$

という演算子を生ずる演算 $\mathcal{P}(t)$ を定義すると，

$$\frac{\partial \hat{\rho}_{\rm l}(t)}{\partial t} = \mathcal{P}(t)\frac{\partial \hat{\rho}(t)}{\partial t} = \mathcal{P}(t)\,i\mathscr{L}\hat{\rho}(t)$$

と書ける．上式を使えば，(8.5.48)は $\hat{\rho}_{\rm r}(t)$ に対する非斉次方程式

$$\left[\frac{\partial}{\partial t} - \{1-\mathcal{P}(t)\}i\mathscr{L}\right]\hat{\rho}_{\rm r}(t) = \{1-\mathcal{P}(t)\}i\mathscr{L}\hat{\rho}_{\rm l}(t) \tag{8.5.50}$$

を与える．ハミルトニアン $\hat{\mathscr{H}}$ との交換子を作る演算 $\mathscr{L}$ は局所平衡分布(8.5.38)に作用すると温度勾配を作り出す．(8.1.22)で $\beta=1$ と置き，$\hat{F}$ と $-\hat{\mathscr{H}}$ とを交換して得られる恒等式

$$\frac{1}{i\hbar}[\mathscr{H}, \exp(\hat{F})] = \exp(\hat{F})\int_0^1 d\lambda \exp(-\lambda\hat{F})\frac{1}{i\hbar}[\mathscr{H}, \hat{F}]\exp(\lambda\hat{F})$$

によれば，(8. 5. 42) の $\hat{F}$ を使って，

$$\begin{aligned} i\mathscr{L}\hat{\rho}_1(t) &= \hat{\rho}_1(t)\int_0^1 d\lambda \exp(-\lambda\hat{F})\frac{1}{i\hbar}\left[\mathscr{H}, -\int d\boldsymbol{r}\beta(\boldsymbol{r}, t)\mathscr{H}(\boldsymbol{r})\right]\exp(\lambda\hat{F}) \\ &= -\int d\boldsymbol{r}\beta(\boldsymbol{r}, t)\,\mathrm{div}\left\{\hat{\rho}_1(t)\int_0^1 d\lambda \exp(-\lambda\hat{F})\hat{\boldsymbol{j}}(\boldsymbol{r})\exp(\lambda\hat{F})\right\} \\ &= \int d\boldsymbol{r}\left\{\hat{\rho}_1(t)\int_0^1 d\lambda \exp(-\lambda\hat{F})\hat{\boldsymbol{j}}(\boldsymbol{r})\exp(\lambda\hat{F})\right\}\cdot\mathrm{grad}\,\beta(\boldsymbol{r}, t) \end{aligned} \tag{8. 5. 51}$$

を得るからである．線形関係式を求めるには，(8. 5. 50) の右辺について 1 次まで $\hat{\rho}_{\mathrm{r}}(t)$ を定めればよい．この計算は，§8. 1 で摂動項 $\mathscr{H}^{\mathrm{ext}}(t)$ について 1 次までとったときとほとんど並行して遂行できる．まず (8. 5. 50) に対応する斉次方程式に対する Green 関数の作用をする演算 $\mathscr{G}$

$$\left[\frac{\partial}{\partial t} - \{1-\mathscr{P}(t)\}i\mathscr{L}\right]\mathscr{G}(t, t') = \delta(t-t') \tag{8. 5. 52}$$

が求まったとする．すると初期条件を時刻 t_0 で入れる解は

$$\hat{\rho}_{\mathrm{r}}(t) = \mathscr{G}(t, t_0)\hat{\rho}_{\mathrm{r}}(t_0) + \int_{t_0}^t dt'\mathscr{G}(t, t')\{1-\mathscr{P}(t')\}i\mathscr{L}\hat{\rho}_1(t') \tag{8. 5. 53}$$

の形に与えられる．この解は §6. 5 で求めた解 (6. 5. 16) と似た形をもっている．§6. 5 と同じような議論がいまの場合にもできれば，極限 $t_0 \to -\infty$ をとるとき，局所平衡分布からのずれの初期値 $\hat{\rho}_{\mathrm{r}}(t_0)$ に依存する上式右辺第 1 項は速やかに消え去ることを示すことが可能であろう．この予想が正しければ，巨視的変数 β に同期して変動する解

$$\begin{aligned} \hat{\rho}(t) = \hat{\rho}_1(t) + \int_{-\infty}^t dt'\int d\boldsymbol{r}'\Big[&\mathscr{G}(t, t')\{1-\mathscr{P}(t')\}\hat{\rho}_1(t') \\ &\times\int_0^1 d\lambda \exp(-\lambda\hat{F})\hat{\boldsymbol{j}}(\boldsymbol{r}')\exp(\lambda\hat{F})\Big]\cdot\mathrm{grad}\,\beta(\boldsymbol{r}', t') \end{aligned} \tag{8. 5. 54}$$

が求められることになる．熱流 $\boldsymbol{q}(\boldsymbol{r}, t)$ はこの密度行列による $\hat{\boldsymbol{j}}(\boldsymbol{r})$ の期待値であるから，非 Markov 的非局所的な線形関係式が得られる．輸送係数を与える積

分核は，局所平衡分布 $\hat{\rho}_1(t')$ による期待値の形で与えられるから，一般に巨視的変数 β に依存する．この意味では**非線形性**が入ることになる．局所平衡分布から出発する解法は森その他多くの人々によって試みられているが，上に述べたのは B. Robertson によるものである．

§8.6　2体相関による記述について

線形応答の現象は応答関数，緩和関数，複素アドミッタンス，または2個の物理量の相関を表わす2体相関関数のうち任意のものを使って記述されることを見てきた．このような新しい記述法を簡単に**2体相関による記述**と呼ぶことにする．これに対し従来からよく知られているものとして，流体力学の方程式または不可逆過程の熱力学に現われる巨視的方程式を使う**流体力学的記述**や，Boltzmann 方程式や Fokker-Planck 方程式などのような運動論的方程式を使う1体分布関数による**運動論的記述**がある．2体相関による記述とこれらの記述法との関係について述べておこう．

a)　Bogoljubov の予想

熱力学的極限をとった系では，初期条件を与えて運動を追跡すると，不可逆過程が得られ，系は時間の経過と共に与えられた外部条件の下に許される熱平衡状態に向かう．N. N. Bogoljubov が発想し，G. E. Uhlenbeck の整理した考えによれば，この過程は次の3段階に分けられる．第1段階は**初期混沌過程**と呼ばれるもので，時間空間的に非常に急激複雑な変動が行なわれ，初期条件に含まれていた記憶のかなりの部分が失われてしまう．第2段階は**運動論的過程**と呼ばれ，時間変化に関する限り系の運動は1体分布関数のような比較的ゆるやかに変動する量に同期して行なわれる．この段階で初期条件の記憶はさらに失われる．第3段階は**流体力学的過程**と呼ばれるもので，不可逆過程の熱力学に現われるような巨視的変数に同期した運動が行なわれる．§7.3や前節に論じたのはこの段階である．初期条件の記憶は全エネルギーのような運動の恒量に関係したもの以外は失われ，熱平衡状態が成立する．熱平衡分布の芽は初期分布に含まれているわけであるが，その芽以外の部分が減衰するに従い，芽は3段階を通じてしだいに成長してくるのである．

この3段階観は気体について立てられたものであるが，不可逆過程は全て似たような段階を踏むものと思われる．もちろん系の構造や外部から加えられる力の性質などに応じて，必ずしも上述の3段階が明確に区別されないこともあろう．しかし簡単のために，以下では3段階の区別がつけられるとして話を進めよう．第1段階では，その極く初期が時間についてのベキ級数展開の形で運動方程式を積分する方法で取り扱われているに過ぎず，まとまった記述法は確立されていない．第2段階では運動論的記述が，第3段階では流体力学的記述が行なわれる．したがって取り扱える現象の時間空間的変動は，運動論的記述，流体力学的記述と進むにつれて，ゆるやかな時空依存性をもつものとならなければならない．しかし運動論的記述や流体力学的記述では一般に非線形現象をも論ずることができる．

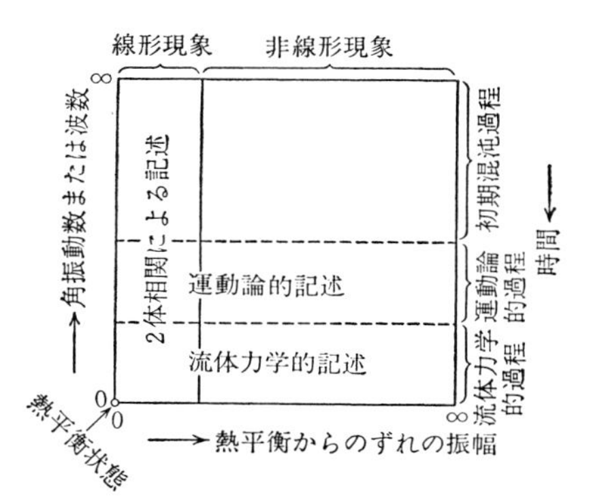

図8.2

b)　2体相関による記述

2体相関による記述は線形現象だけを論ずるが，上述の3段階の運動の全てを取り扱う可能性を含んでいる．複素アドミッタンス $\chi(\boldsymbol{k}, \omega)$ で言えば，波数 $|\boldsymbol{k}|$ や角振動数 $|\omega|$ の十分小さいところでの関数形は，線形化された流体力学方程式およびその中に現われる輸送係数の値についての知識を含み，$|\boldsymbol{k}|$ または $|\omega|$ がすこし大きくなれば，平衡状態の近くで運動論的方程式を線形化して解いて得られる知識を含み，$|\boldsymbol{k}|$ または $|\omega|$ のいっそう大きなところでの関数形は第1段階での知識の一部を表わすことになる．高振動数での複素アドミッタンスの値は，展開式(*7.7.3*)で(*7.6.3*)の極限をとって得られる高振動数展開式の形で計算される．展開係数は(*8.1.35*)によって求められる．これは第1段階のごく初期の運動の記述に当たる．第2段階に応ずる低振動数，低波数領域での取扱いの簡単

な例は§9.3に与える．第3段階に対応する領域での関数形の例は前章に多数述べた．物質構造を与えてこの関数形を第1原理から定めるには，線形化された流体力学方程式の形を定め，その中に現われる輸送係数の値を計算し，それを使用して方程式を解くという手続きをどこかで遂行しなければならないから，非常に面倒になるはずである．第3段階で現象の時間的変化を支配する物理量は，前節に例を見たように，保存量に対する密度，すなわち系上で体積積分すると運動の恒量となるような量である．これらの密度の Fourier 変換は $\boldsymbol{k}\to 0$ で保存量となる，すなわち $\delta(\omega)$ に比例するようになるべきであるから，長波長成分が非常に遅く変化する．これは非常に時間の長いところでの運動方程式の解を求めることが必要であることを示している．$\omega\to 0$ や $\boldsymbol{k}\to 0$ の極限を考えるには，熱力学的極限をその前にとっておかなければならないことは繰り返し注意した．これは極端な多体問題を考えなければならないことを意味する．

複素アドミッタンスに対する一般的公式が与えられると，その理論的計算が困難である場合にも，それを実験的に定める方法をいろいろと考案することができる．その著しい例は L. Van Hove による**散乱断面積と結びつける公式**である．非弾性散乱で運動量変化を $\hbar\boldsymbol{k}$，エネルギー損失を $\hbar\omega$ とすると，入射エネルギー，入射角や散乱体方位の変更などによって，異なる値の波数ベクトル $\boldsymbol{k}$ や角振動数 ω に対する複素アドミッタンスを測定することができる．例えば非弾性電子散乱の実験によれば，衝突断面積の測定値から $\mathrm{Im}\{\boldsymbol{k}^2/\varepsilon(\boldsymbol{k},\omega)\}$ を求めることができる．中性子散乱や γ 線散乱についても同じようなことがいえる．これらのことに関しては，本講座第7巻『物性 II』を参照されたい．

第9章　統計力学における場の量子論の方法

熱平衡状態での巨視的系の熱力学的性質は状態和または熱力学ポテンシャルから定められた．線形不可逆過程での巨視的性質は応答関数や緩和関数または複素アドミッタンスや2体相関関数によって決定される．この章ではこれらの関数を計算する技法のごくあらましを述べよう．もちろんいろいろな計算法が存在して，それぞれ長所短所をもち，また注意すべき細かい点がある．状態和の計算法のいくつかについては第3，第4章にかなり詳しく述べられている．応答関数を運動論的方法によって求める簡単な例は第7章に触れた．この章では，古くから考案改良されているこれらの方法ではなく，場の量子論で見出され，統計力学へ移された新しい計算法について述べよう．したがって第2量子化法は既知とする．この新しい方法は，応答関数の親類であり，よりいっそう運動方程式と密接に結びついた新しい量，種々の Green 関数の使用に基礎を置いている．Green 関数を経由することにより，熱平衡状態と不可逆過程とが1つの理論体系によって論じられることになった．この事情を，主にプラズマを例とし，Fermi 面の存在による電子と空孔の区別などの，あまり細かい技巧には立ち入らずに見てゆきたい．もちろん，Green 関数の方法は万能ではないし，また鶏を割くのに牛刀を用いるまでもない．在来の方法に工夫を凝らして問題を解決することも忘れてはならないことである．

§9.1　2時間 Green 関数

まず Green 関数の導入から始める．Green 関数族には遅延 Green 関数，先進 Green 関数，因果 Green 関数，温度 Green 関数という種類の違いによる縦の分類の外に，これらの各 Green 関数について1体 Green 関数，2体 Green 関数などの多体 Green 関数という横の種別がある．§8.6 に説明した2体相関による記述法にとっては，多体 Green 関数の特殊な場合である2時間 Green 関数が便利である．§9.4 まではこの2時間 Green 関数に属するものについて述べることにしよう．

a) 遅延 Green 関数

線形関係式(*7. 1. 4*)には応答関数 $\Phi_{\mu\nu}(t)$ が，因果律に対応して正の時間 t についてだけ現われた．§8.2 では応答関数を与える統計力学の結果(*8. 1. 21*)を使って，負の時間に対しても応答関数を拡張した．しかしこのように拡張された応答関数を使うと，線形関係式の積分項の積分区間を $(-\infty, +\infty)$ にそのまま広げることはできない．線形関係式を使う上からは，むしろ Heaviside の階段関数(*7. 1. 9*)を挿入した関数

$$G_{\mu\nu}{}^{\mathrm{ret}}(t, t') = \theta(t-t')\left\langle \frac{1}{i\hbar}[\hat{B}_\mu(t), \hat{A}_\nu(t')] \right\rangle \qquad (9.\ 1.\ 1)$$

を導入すると都合がよい．$t>t'$ では(*8. 1. 21*)と比べて $-\Phi_{\mu\nu}(t-t')$ と一致するが，$t<t'$ では0となるからである．線形関係式は次の形に書ける．

$$B_\mu(t) - B_\mu{}^{\mathrm{eq}} = -\int_{-\infty}^{\infty} dt' \sum_\nu G_{\mu\nu}{}^{\mathrm{ret}}(t, t') X_\nu(t') \qquad (9.\ 1.\ 2)$$

複素アドミッタンスの定義式(*7. 2. 5*)の時間積分の限界も広げられる．

$$\chi_{\mu\nu}(\omega) = -\int_{-\infty}^{\infty} dt e^{i\omega t} G_{\mu\nu}{}^{\mathrm{ret}}(t, 0) \qquad (9.\ 1.\ 3)$$

これは複素アドミッタンスが関数(*9. 1. 1*)のスペクトル関数

$$G_{\mu\nu}{}^{\mathrm{ret}}(t, t') = \int_{-\infty}^{\infty} \frac{d\omega}{2\pi} e^{-i\omega(t-t')} K_{\mu\nu}{}^{\mathrm{ret}}(\omega) \qquad (9.\ 1.\ 4)$$

と直接結びつくことを示す．

$$K_{\mu\nu}{}^{\mathrm{ret}}(\omega) = -\chi_{\mu\nu}(\omega) \qquad (9.\ 1.\ 5)$$

この意味では関数(*9. 1. 1*)は非常に便利な量であることが予想される．なお§8.2 で負の時間まで拡張された応答関数に対するスペクトル関数(*8. 2. 25*)

$$\left\langle \frac{1}{i\hbar}[\hat{B}_\mu(t), \hat{A}_\nu(t')] \right\rangle = -\int_{-\infty}^{\infty} \frac{d\omega}{2\pi} e^{-i\omega(t-t')} \Phi_{\mu\nu,\omega}$$

とは，(*8. 2. 27*)から明らかなように，

$$K_{\mu\nu}{}^{\mathrm{ret}}(\omega) = \lim_{\varepsilon\to+0}\int_{-\infty}^{\infty}\frac{d\omega'}{2\pi i}\frac{\Phi_{\mu\nu,\omega'}}{\omega'-\omega-i\varepsilon} \tag{9.1.6}$$

で結ばれている.

以上に見たことから考え，それを一般化して，任意の2個の演算子 $\hat{A}, \hat{B}$ の組に対して**反交換子型または交換子型の遅延 Green 関数**を次式で定義する.

$$G_{A,B}{}^{\mathrm{ret},\pm}(t,t') = \theta(t-t')\left\langle\frac{1}{i\hbar}[\hat{A}(t),\hat{B}(t')]_{\pm}\right\rangle \tag{9.1.7}$$

ただし $[\hat{A},\hat{B}]_{\pm}=\hat{A}\hat{B}\pm\hat{B}\hat{A}$ である．(9.1.1) は力学変数 $\hat{B}_{\mu}$ と変位 $\hat{A}_{\nu}$ の組に対する交換子型の遅延 Green 関数ということになる．反交換子型は，§9.4 に述べるように Fermi 粒子系の1体 Green 関数として使われる外，対称化積したがって§8.3 に導入された対称化積相関を論ずる場合にも使えよう．先に述べた例にならって Fourier 分解

$$G_{A,B}{}^{\mathrm{ret},\pm}(t,t') = \int_{-\infty}^{\infty}\frac{d\omega}{2\pi}e^{-i\omega(t-t')}K_{A,B}{}^{\mathrm{ret},\pm}(\omega) \tag{9.1.8}$$

$$\left\langle\frac{1}{i\hbar}[\hat{A}(t),\hat{B}(t')]_{\pm}\right\rangle = \int_{-\infty}^{\infty}\frac{d\omega}{2\pi}e^{-i\omega(t-t')}\Lambda_{A,B}{}^{\pm}(\omega) \tag{9.1.9}$$

を行なうと，(9.1.6) に対応する式として次式が得られる.

$$K_{A,B}{}^{\mathrm{ret},\pm}(\omega) = \lim_{\varepsilon\to+0}\int_{-\infty}^{\infty}\frac{d\omega'}{2\pi i}\frac{\Lambda_{A,B}{}^{\pm}(\omega')}{\omega'-\omega-i\varepsilon} \tag{9.1.10}$$

証明は (8.2.26) または

$$\int_{-\infty}^{\infty}dte^{i\omega t}\{\pm\theta(\pm t)\} = \lim_{\varepsilon\to+0}\frac{i}{\omega\pm i\varepsilon} \tag{9.1.11}$$

によって明らかであろう．平均〈　〉がカノニカル集合によるものであれば，(8.3.4) と (8.3.6) とから明らかなように，

$$\Lambda_{A,B}{}^{+}(\omega) = \frac{2}{\hbar\omega}E_{\beta}(\hbar\omega)\Lambda_{A,B}{}^{-}(\omega) = \coth\left(\frac{\beta\hbar\omega}{2}\right)\Lambda_{A,B}{}^{-}(\omega) \tag{9.1.12}$$

なる関係式が成り立つから，反交換子型と交換子型とのどちらか便利な方を求めれば，他方はそれから計算できるはずである．その際 (9.1.10) を逆に解くことが必要になるが，その方法については後に述べる.

場合によっては**積型の遅延 Green 関数**

$$G_{A,B}{}^{\mathrm{ret}}(t,t') = \theta(t-t')\langle \hat{A}(t)\hat{B}(t')\rangle = \int_{-\infty}^{\infty}\frac{d\omega}{2\pi}e^{-i\omega(t-t')}K_{A,B}(\omega) \tag{9.1.13}$$

を求めてもよい．積の期待値 $\langle \hat{A}(t)\hat{B}(t')\rangle$ について(8.2.1)によって定義されるスペクトル関数 $J_{A,B}(\omega)$ を使うと，

$$K_{A,B}(\omega) = \lim_{\varepsilon\to+0}\int_{-\infty}^{\infty}\frac{d\omega'}{2\pi i}\frac{J_{A,B}(\omega')}{\omega'-\omega-i\varepsilon} \tag{9.1.14}$$

であるが，(8.3.3)，(8.3.5)から明らかなように，

$$i\hbar\Lambda_{A,B}{}^{\pm}(\omega) = (1\pm e^{-\beta\hbar\omega})J_{A,B}(\omega) \tag{9.1.15}$$

が成り立つからである．しかし本節の初めの例や次節以下の3節に見るように，積型の Green 関数よりは交換子型または反交換子型の Green 関数の方が多くの場合に便利である．

b)　先進 Green 関数

遅延 Green 関数に挿入された Heaviside の階段関数は線形関係式(9.1.2)で因果律をみたすように選ばれたものと見ることができる．もしも過去の原因のみが現在に効果を与えうるという因果律ではなく，未来の原因のみが現在に効果を及ぼしうるという反因果律をみたすように階段関数を挿入するとすれば，**先進 Green 関数**

$$G_{A,B}{}^{\mathrm{adv},\pm}(t,t') = -\theta(t'-t)\left\langle\frac{1}{i\hbar}[\hat{A}(t),\hat{B}(t')]_{\pm}\right\rangle$$
$$= \int_{-\infty}^{\infty}\frac{d\omega}{2\pi}e^{-i\omega(t-t')}K_{A,B}{}^{\mathrm{adv},\pm}(\omega) \tag{9.1.16}$$

が得られるであろう．公式(9.1.11)によれば，そのスペクトル関数は次式で与えられる．

$$K_{A,B}{}^{\mathrm{adv},\pm}(\omega) = \lim_{\varepsilon\to+0}\int_{-\infty}^{\infty}\frac{d\omega'}{2\pi i}\frac{\Lambda_{A,B}{}^{\pm}(\omega')}{\omega'-\omega+i\varepsilon} \tag{9.1.17}$$

階段関数の入れ方の違いから，上式の分母で ε の符号が遅延 Green 関数とは異なっている．

力学的運動は時間の反転について対称であるから，因果律と反因果律を交換して得られる遅延 Green 関数と先進 Green 関数とは密接に関係しているはずであ

る．一方が求められれば，他方もほとんど同じような計算で求められるはずである．両者が得られれば，(9. 1. 10)または(9. 1. 17)を解いてスペクトル関数 $\Lambda_{A,B}{}^{\pm}(\omega)$ を定める問題が解けることになる．すなわち公式(7. 6. 7)を使えば

$$K_{A,B}{}^{\mathrm{ret},\pm}(\omega)-K_{A,B}{}^{\mathrm{adv},\pm}(\omega) = \Lambda_{A,B}{}^{\pm}(\omega) \tag{9. 1. 18}$$

を証明できるからである．

スペクトル関数(9. 1. 10)および(9. 1. 17)は，$\Lambda_{A,B}{}^{\pm}(\omega')$ が病的な関数でなく，また $\omega'\to\pm\infty$ で十分速やかに 0 に収束するならば，角振動数 ω を複素数 z で置き換えて，複素平面へ解析接続することができる．得られる複素関数は

$$K_{A,B}{}^{\pm}(z) = \int_{-\infty}^{\infty}\frac{d\omega'}{2\pi i}\frac{\Lambda_{A,B}{}^{\pm}(\omega')}{\omega'-z} \tag{9. 1. 19}$$

であり，Cauchy 積分で定義されているから，実軸上以外で解析的である．実軸に上側または下側から近づくとき，

$$\left.\begin{aligned}\lim_{\varepsilon\to+0} K_{A,B}{}^{+}(\omega\pm i\varepsilon) &= K_{A,B}{}^{\left\{\substack{\mathrm{ret}\\ \mathrm{adv}}\right\},+}(\omega)\\ \lim_{\varepsilon\to+0} K_{A,B}{}^{-}(\omega\pm i\varepsilon) &= K_{A,B}{}^{\left\{\substack{\mathrm{ret}\\ \mathrm{adv}}\right\},-}(\omega)\end{aligned}\right\} \tag{9. 1. 20}$$

の値をとるから，(9. 1. 18)によって，これらの極限値が異なる点 ω が $\Lambda_{A,B}{}^{\pm}(\omega)\neq 0$ を与える特異点である．

$$\Lambda_{A,B}{}^{\pm}(\omega) = \lim_{\varepsilon\to+0}\{K_{A,B}{}^{\pm}(\omega+i\varepsilon)-K_{A,B}{}^{\pm}(\omega-i\varepsilon)\} \tag{9. 1. 21}$$

上に与えた議論は§7. 6で複素アドミッタンスに関して行なった議論を想起させるが，(9. 1. 5)から考えて類似性は当然のことであった．§7. 6の議論によれば，Green 関数に対するスペクトル関数の実部と虚部との間にも分散式が成り立つはずである．対称性の議論および分散式の導出は読者が試みられたい．ただここでは遅延 Green 関数と先進 Green 関数とでは因果律に対する関係が違っていることを注意しておこう．

遅延 Green 関数は物理的に非常に好都合な量であることを初めに述べたが，階段関数という不連続因子を含むため数学的取扱いに不便な点がある．例えば $G_{A,B}{}^{\mathrm{ret}}(t,t')$ で $t=t'$ と置けないというようなことである．必ず $t\to t'\pm 0$ の極限で考えなければならない．しかしこのような不連続関数を使っても，同時刻 $t=t'$

に対する積の期待値 $\langle\hat{A}\hat{B}\rangle$ などを求めることはできるのである．それには§8.3や上に述べたスペクトル関数を経由すればよい．このようなスペクトル関数の重要性を指摘したのは，2時間 Green 関数を導入した N. N. Bogoljubov-S. V. Tyablikov であった．

§9.2　運動方程式の連鎖と切断近似

前節で導入した Green 関数(9.1.7)，(9.1.16)の時間変化を定める方程式を求めよう．定義式中に現われる演算子 $\hat{A}(t)$ などは Heisenberg 演算子(8.1.8)であったから，Heisenberg の運動方程式

$$\frac{d}{dt}\hat{A}(t)=\frac{1}{i\hbar}[\hat{A}(t),\mathcal{H}] \tag{9.2.1}$$

によって定まる．$\mathcal{H}$ は系のハミルトニアンであった†．系と外界例えば熱源などとの相互作用の無視については，(8.1.15)のときと同様な事情にあることを注意しておく．(9.2.1)を使うと Green 関数の時間変化を定める方程式が得られるが，それを簡単に**運動方程式**と呼ぶことにする．

a)　運動方程式の連鎖

定義式(9.1.7)，(9.1.16)を時間微分するとき，階段関数因子の時間微分は同一の Dirac の δ 関数

$$\frac{d}{dt}\{\pm\theta(\pm[t-t'])\}=\delta(t-t') \tag{9.2.2}$$

に比例する非斉次項を生ずる．

$$\left.\begin{aligned}\frac{d}{dt}G_{A,B}{}^{\mathrm{ret},\pm}(t,t')&=\delta(t-t')\left\langle\frac{1}{i\hbar}[\hat{A},\hat{B}]_\pm\right\rangle\\&\quad+\theta(t-t')\left\langle\frac{1}{i\hbar}\left[\frac{1}{i\hbar}[\hat{A}(t),\mathcal{H}],\hat{B}(t')\right]_\pm\right\rangle\\\frac{d}{dt}G_{A,B}{}^{\mathrm{adv},\pm}(t,t')&=\delta(t-t')\left\langle\frac{1}{i\hbar}[\hat{A},\hat{B}]_\pm\right\rangle\\&\quad+\left\{-\theta(t'-t)\left\langle\frac{1}{i\hbar}\left[\frac{1}{i\hbar}[\hat{A}(t),\mathcal{H}],\hat{B}(t')\right]_\pm\right\rangle\right\}\end{aligned}\right\} \tag{9.2.3}$$

† 第8章では系のハミルトニアンを $\hat{\mathcal{H}}$ で表わしたが，本章では演算子記号 ^ を省略して $\mathcal{H}$ で表わすことにする．$\hat{\mathcal{A}}$ についても同様に $\mathcal{A}$ で表わす．

ハミルトニアン $\mathcal{H}$ および演算子 $\hat{A}$ の具体的な形が与えられれば，交換子 $[\hat{A}(t), \mathcal{H}]/i\hbar$ を計算することができる．その結果得られる演算子がもしも演算子としては $\hat{A}(t)$ しか含まないなら，上式の右辺第2項は $G_{A,B}{}^{\mathrm{ret},\pm}$ または $G_{A,B}{}^{\mathrm{adv},\pm}$ で書かれ，上式はおのおの閉じた方程式となるであろう．しかも遅延，先進の区別は階段関数因子でしか入らないのであるから，(9.2.3)の2式は全く同じ構造の式となるはずである．この運動方程式を解いて遅延 Green 関数を得るか，先進 Green 関数を得るかは，時間に関する境界条件の課し方，すなわち $t<t'$ で0とするか，$t>t'$ で0とするかによる．運動方程式(9.2.3)には δ 関数 $\delta(t-t')$ を因子とする非斉次項があった．これはいわば時間軸上に点源を置くことに当たり，$t \lessgtr t'$ での解の不連続性を生ぜしめる．この項の存在が Green 関数という名称の起源である．

ハミルトニアン $\mathcal{H}$ は一般に系を構成する粒子間などの相互作用項を含み，交換子 $[\hat{A}(t), \mathcal{H}]/i\hbar$ が演算子 $\hat{A}(t)$ だけで書けることはなく，$\hat{A}(t)$ より複雑な他の演算子 $\hat{A}_1(t)$ をも含むのが普通である．この場合には運動方程式(9.2.3)の右辺第2項は $G_{A,B}{}^{\mathrm{ret},\pm}$ または $G_{A,B}{}^{\mathrm{adv},\pm}$ の外に $G_{A_1,B}{}^{\mathrm{ret},\pm}$ または $G_{A_1,B}{}^{\mathrm{adv},\pm}$ というより複雑なあるいはより高次の Green 関数をも含むことになり，方程式は閉じない．そこで $G_{A_1,B}{}^{\mathrm{ret},\pm}$ または $G_{A_1,B}{}^{\mathrm{adv},\pm}$ に対する運動方程式を作ると，それらの中にさらに高次の Green 関数が現われるであろう．かくして**運動方程式の連鎖**が得られる．これはハミルトニアン中の相互作用項に起因することで，多体問題を取り扱う場合にはつねに見られる事情である．系の自由度が有限であるとしてよければ連鎖は何段階か続いたところで閉じる．この場合にはいわば演算子の完全系 $\hat{A}(t)$，$\hat{A}_1(t)$，$\hat{A}_2(t), \cdots$，$\hat{A}_n(t)$ があって，演算子の代数はそれで閉じているわけである．しかし一般にはこのように簡単な場合は近似的にしか起こらない．特に熱力学的極限をとって系の自由度を無限大にすると，運動方程式の連鎖は無限に続くことになる．

この運動方程式の連鎖を解いて Green 関数を定めなければならないのであるが，これは正に多体問題であって，一般には厳密解法は見出されていず，せいぜい特殊な形の解，例えば前章に述べた巨視的変数に同期する時間依存性をもつ解が拾い出される程度である．そこで簡便に行なわれる近似解法として**切断近似**がよく使われる．運動方程式の連鎖は低次の Green 関数を定めるためには高次の

Green 関数を知らなければならない形の方程式の連鎖であるから，ある高次の Green 関数をそれより低次の Green 関数によって適当に表現する仮定を入れる．するとこの高次の Green 関数を初めて含む運動方程式までで連立方程式系は閉じてしまう．残りの高次の Green 関数に対する運動方程式群は無視するとすれば，方程式の連鎖は途中から切断されることになる．近似の良否は，どの段階の鎖のところで切るか，およびその切断のために使われた高次の Green 関数の低次の Green 関数による表わし方にかかっている．しかし残念ながら一般的な判定法はなく，得られた結果を実験や在来の理論と比較して納得する外はないというのが現状である．以下に切断近似の1例を与えよう．

b)　プラズマの切断近似による複素誘電率

(8.4.8) に *(8.4.13)* を代入した Nozières-Pines の式を使ってプラズマの複素誘電率 $\varepsilon(\boldsymbol{k},\omega)$ を計算してみよう．簡単のために電子のスピンおよび放射場は無視し，また正イオンは空間的に一様に分布していると近似する．この模型では電荷密度は *(8.4.28)* で与えられ，第2量子化法で書けば次の形となる．

$$\hat{\rho}^{\mathrm{ind}}(\boldsymbol{r}) = -e\left\{\hat{\psi}^{\dagger}(\boldsymbol{r})\hat{\psi}(\boldsymbol{r}) - \frac{1}{V}\int_V d\boldsymbol{r}'\hat{\psi}^{\dagger}(\boldsymbol{r}')\hat{\psi}(\boldsymbol{r}')\right\} \tag{9.2.4}$$

$\hat{\psi}(\boldsymbol{r})$ は電子の量子化された波動関数である．空間座標 $\boldsymbol{r}$ について Fourier 分解し，運動量表示に移ると，

$$\hat{\psi}(\boldsymbol{r}) = \sum_{\boldsymbol{k}}\frac{e^{i\boldsymbol{k}\cdot\boldsymbol{r}}}{\sqrt{V}}\hat{a}_{\boldsymbol{k}}, \qquad \hat{\rho}^{\mathrm{ind}}(\boldsymbol{r}) = \frac{1}{V}\sum_{\boldsymbol{k}} e^{i\boldsymbol{k}\cdot\boldsymbol{r}}\hat{\rho}_{\boldsymbol{k}}{}^{\mathrm{ind}} \tag{9.2.5}$$

によって次の形に書ける．

$$\hat{\rho}_{\boldsymbol{k}}{}^{\mathrm{ind}} = \begin{cases} 0 & (\boldsymbol{k}=0) \\ -e\sum_{\boldsymbol{q}}\hat{a}_{\boldsymbol{q}-\boldsymbol{k}/2}{}^{\dagger}\hat{a}_{\boldsymbol{q}+\boldsymbol{k}/2} & (\boldsymbol{k}\neq 0) \end{cases} \tag{9.2.6}$$

これがいま分析しようとする誘電現象を支配する物理変数である．これを前節の $\hat{A}, \hat{B}$ と考えて Green 関数を作ればよいが，運動方程式との関係で波数ベクトルについて和をとってない量に対する遅延 Green 関数

$$\begin{aligned} &G^{\mathrm{ret},-}(\boldsymbol{k}_1,\boldsymbol{k}_2,t\,;\boldsymbol{k}_3,\boldsymbol{k}_4,t') \\ &\quad = \theta(t-t')\left\langle\frac{1}{i\hbar}[\hat{a}_{\boldsymbol{k}_1}{}^{\dagger}(t)\hat{a}_{\boldsymbol{k}_2}(t),\,\hat{a}_{\boldsymbol{k}_3}{}^{\dagger}(t')\hat{a}_{\boldsymbol{k}_4}(t')]\right\rangle \end{aligned}$$

$$= \int_{-\infty}^{\infty} \frac{d\omega}{2\pi} e^{-i\omega(t-t')} K^{\mathrm{ret},-}(\boldsymbol{k}_1, \boldsymbol{k}_2\,;\boldsymbol{k}_3, \boldsymbol{k}_4\,;\omega) \tag{9.2.7}$$

を考える方が都合がよい．Nozières-Pines の式は

$$\frac{1}{\varepsilon(\boldsymbol{k},\omega)} - 1 = \frac{4\pi e^2}{\boldsymbol{k}^2} \int_{-\infty}^{\infty} dt e^{i\omega t} \lim_{V\to\infty} \frac{1}{V} \sum_{\boldsymbol{q},\boldsymbol{q}'} G^{\mathrm{ret},-}\left(\boldsymbol{q}-\frac{\boldsymbol{k}}{2}, \boldsymbol{q}+\frac{\boldsymbol{k}}{2}, t\,;\boldsymbol{q}'+\frac{\boldsymbol{k}}{2}, \boldsymbol{q}'-\frac{\boldsymbol{k}}{2}, 0\right)$$
$$= \frac{4\pi e^2}{\boldsymbol{k}^2} \lim_{V\to\infty} \frac{1}{V} \sum_{\boldsymbol{q},\boldsymbol{q}'} K^{\mathrm{ret},-}\left(\boldsymbol{q}-\frac{\boldsymbol{k}}{2}, \boldsymbol{q}+\frac{\boldsymbol{k}}{2}\,;\boldsymbol{q}'+\frac{\boldsymbol{k}}{2}, \boldsymbol{q}'-\frac{\boldsymbol{k}}{2}\,;\omega\right) \tag{9.2.8}$$

となる．上式は前節の初めに述べた(*9. 1. 5*)に相当するものである．

遅延 Green 関数(*9. 2. 7*)の満たす運動方程式を求めよう．系のハミルトニアンとしては

$$\mathscr{H} = \int_V d\boldsymbol{r} \frac{\hbar^2}{2m} \frac{\partial \hat{\psi}^\dagger(\boldsymbol{r})}{\partial \boldsymbol{r}} \cdot \frac{\partial \hat{\psi}(\boldsymbol{r})}{\partial \boldsymbol{r}} + \frac{1}{2} \int\int_V d\boldsymbol{r} d\boldsymbol{r}' \hat{\psi}^\dagger(\boldsymbol{r}) \hat{\psi}^\dagger(\boldsymbol{r}') \Phi(\boldsymbol{r}-\boldsymbol{r}') \hat{\psi}(\boldsymbol{r}') \hat{\psi}(\boldsymbol{r})$$
$$= \sum_{\boldsymbol{k}} E(\boldsymbol{k}) \hat{a}_{\boldsymbol{k}}^\dagger \hat{a}_{\boldsymbol{k}} + \frac{1}{2V} \sum_{\boldsymbol{k}_1,\boldsymbol{k}_2,\boldsymbol{k}_3,\boldsymbol{k}_4} \Phi_{\boldsymbol{k}_1-\boldsymbol{k}_4} \delta_{\boldsymbol{k}_1+\boldsymbol{k}_2,\boldsymbol{k}_3+\boldsymbol{k}_4} \hat{a}_{\boldsymbol{k}_1}^\dagger \hat{a}_{\boldsymbol{k}_2}^\dagger \hat{a}_{\boldsymbol{k}_3} \hat{a}_{\boldsymbol{k}_4} \tag{9.2.9}$$

をとることにする．右辺第1項は電子の運動エネルギーで，第2項は電子間の Coulomb 相互作用である．

$$E(\boldsymbol{k}) = \frac{\hbar^2 \boldsymbol{k}^2}{2m}, \qquad \Phi(\boldsymbol{r}) = \frac{e^2}{r}, \qquad \Phi_{\boldsymbol{k}} = \int d\boldsymbol{r} e^{-i\boldsymbol{k}\cdot\boldsymbol{r}} \Phi(\boldsymbol{r}) = \frac{4\pi e^2}{\boldsymbol{k}^2} \tag{9.2.10}$$

電子は Fermi 統計に従うから，交換関係はよく知られているように

$$[\hat{a}_{\boldsymbol{k}}, \hat{a}_{\boldsymbol{k}'}]_+ = 0, \qquad [\hat{a}_{\boldsymbol{k}}, \hat{a}_{\boldsymbol{k}'}^\dagger]_+ = \delta_{\boldsymbol{k},\boldsymbol{k}'}, \qquad [\hat{a}_{\boldsymbol{k}}^\dagger, \hat{a}_{\boldsymbol{k}'}^\dagger]_+ = 0 \tag{9.2.11}$$

で与えられる．これを使って，遅延 Green 関数(*9. 2. 7*)に対し運動方程式(*9. 2. 3*)を作ると，

$$i\hbar \frac{d}{dt} G^{\mathrm{ret},-}(\boldsymbol{k}_1, \boldsymbol{k}_2, t\,;\boldsymbol{k}_3, \boldsymbol{k}_4, t')$$
$$= \delta(t-t') \{\delta_{\boldsymbol{k}_2,\boldsymbol{k}_3} \langle \hat{a}_{\boldsymbol{k}_1}^\dagger \hat{a}_{\boldsymbol{k}_4} \rangle - \delta_{\boldsymbol{k}_1,\boldsymbol{k}_4} \langle \hat{a}_{\boldsymbol{k}_3}^\dagger \hat{a}_{\boldsymbol{k}_2} \rangle\}$$
$$+ \{E(\boldsymbol{k}_2) - E(\boldsymbol{k}_1)\} G^{\mathrm{ret},-}(\boldsymbol{k}_1, \boldsymbol{k}_2, t\,;\boldsymbol{k}_3, \boldsymbol{k}_4, t')$$
$$+ \frac{1}{V} \sum_{\boldsymbol{k}_1',\boldsymbol{k}_2',\boldsymbol{k}_3',\boldsymbol{k}_4'} \Phi_{\boldsymbol{k}_2'-\boldsymbol{k}_3'} \{\delta_{\boldsymbol{k}_1,\boldsymbol{k}_1'} \delta_{\boldsymbol{k}_2+\boldsymbol{k}_2',\boldsymbol{k}_3'+\boldsymbol{k}_4'} - \delta_{\boldsymbol{k}_2,\boldsymbol{k}_4'} \delta_{\boldsymbol{k}_1'+\boldsymbol{k}_2',\boldsymbol{k}_3'+\boldsymbol{k}_1}\}$$
$$\times G^{\mathrm{ret},-}(\boldsymbol{k}_1', \boldsymbol{k}_2', \boldsymbol{k}_3', \boldsymbol{k}_4', t\,;\boldsymbol{k}_3, \boldsymbol{k}_4, t') \tag{9.2.12}$$

を得る．先に述べたように相互作用項のために1段高次の Green 関数

$$G^{\mathrm{ret},-}(\boldsymbol{k}_1{}', \boldsymbol{k}_2{}', \boldsymbol{k}_3{}', \boldsymbol{k}_4{}', t\,;\boldsymbol{k}_3, \boldsymbol{k}_4, t')$$
$$= \theta(t-t')\left\langle \frac{1}{i\hbar}[\hat{a}_{\boldsymbol{k}_1{}'}{}^{\dagger}(t)\hat{a}_{\boldsymbol{k}_2{}'}{}^{\dagger}(t)\hat{a}_{\boldsymbol{k}_3{}'}(t)\hat{a}_{\boldsymbol{k}_4{}'}(t), \hat{a}_{\boldsymbol{k}_3}{}^{\dagger}(t')\hat{a}_{\boldsymbol{k}_4}(t')]\right\rangle \tag{9.2.13}$$

が現われている．この Green 関数に対する運動方程式を作れば連鎖は1段先へ伸びる．

鎖を先に伸ばしてみてもいっそう複雑な式を書くことになるから，最も粗い切断近似の例として，ここで鎖を切断することにしよう．すなわち Green 関数 (*9.2.13*) をそれより低次の Green 関数 (*9.2.7*) で近似的に表わすことを考えよう．普通に行なわれる仮定は，高次の Green 関数中に入っている余分の生成，消滅演算子を対にして平均値で近似する方法であって，磁性体論の分子場近似に相当する考え方である．(*9.2.13*) でいえば，2個の生成演算子 $\hat{a}_{\boldsymbol{k}_1{}'}{}^{\dagger}(t)$，$\hat{a}_{\boldsymbol{k}_2{}'}{}^{\dagger}(t)$ と2個の消滅演算子 $\hat{a}_{\boldsymbol{k}_3{}'}(t)$，$\hat{a}_{\boldsymbol{k}_4{}'}(t)$ から1組の対 $\hat{a}^{\dagger}(t)\hat{a}(t)$ を選んで期待値 $\langle\hat{a}^{\dagger}(t)\hat{a}(t)\rangle$ で置き換える．対の選び方は4通りあるから，それらについて加え合わせて，

$$G^{\mathrm{ret},-}(\boldsymbol{k}_1{}', \boldsymbol{k}_2{}', \boldsymbol{k}_3{}', \boldsymbol{k}_4{}', t\,;\boldsymbol{k}_3, \boldsymbol{k}_4, t')$$
$$= \langle\hat{a}_{\boldsymbol{k}_2{}'}{}^{\dagger}\hat{a}_{\boldsymbol{k}_3{}'}\rangle G^{\mathrm{ret},-}(\boldsymbol{k}_1{}', \boldsymbol{k}_4{}', t\,;\boldsymbol{k}_3, \boldsymbol{k}_4, t') + \langle\hat{a}_{\boldsymbol{k}_1{}'}{}^{\dagger}\hat{a}_{\boldsymbol{k}_4{}'}\rangle G^{\mathrm{ret},-}(\boldsymbol{k}_2{}', \boldsymbol{k}_3{}', t\,;\boldsymbol{k}_3, \boldsymbol{k}_4, t')$$
$$-\langle\hat{a}_{\boldsymbol{k}_1{}'}{}^{\dagger}\hat{a}_{\boldsymbol{k}_3{}'}\rangle G^{\mathrm{ret},-}(\boldsymbol{k}_2{}', \boldsymbol{k}_4{}', t\,;\boldsymbol{k}_3, \boldsymbol{k}_4, t') - \langle\hat{a}_{\boldsymbol{k}_2{}'}{}^{\dagger}\hat{a}_{\boldsymbol{k}_4{}'}\rangle G^{\mathrm{ret},-}(\boldsymbol{k}_1{}', \boldsymbol{k}_3{}', t\,;\boldsymbol{k}_3, \boldsymbol{k}_4, t') \tag{9.2.14}$$

と近似する．右辺第3, 第4項で負号を入れたのは，演算子の順序を交換してから期待値で置き換えたことに当たり，Fermi 統計の効果を残すための手続きである．熱力学的極限で系は空間並進に対して不変性をもつとすれば，(*9.2.5*) を使って，

$$\langle\hat{a}_{\boldsymbol{k}}{}^{\dagger}\hat{a}_{\boldsymbol{k}'}\rangle = \delta_{\boldsymbol{k}\boldsymbol{k}'}\langle\hat{a}_{\boldsymbol{k}}{}^{\dagger}\hat{a}_{\boldsymbol{k}}\rangle = \delta_{\boldsymbol{k}\boldsymbol{k}'}n_{\boldsymbol{k}} \tag{9.2.15}$$

が成り立つことを証明できる．$n_{\boldsymbol{k}}$ は熱平衡状態で状態 $\boldsymbol{k}$ を占める電子の数密度を与える．(*9.2.14*), (*9.2.15*) を (*9.2.12*) に代入すれば，最も粗い切断近似での運動方程式として，

$$i\hbar\frac{d}{dt}G^{\mathrm{ret},-}(\boldsymbol{k}_1, \boldsymbol{k}_2, t\,;\boldsymbol{k}_3, \boldsymbol{k}_4, t')$$
$$= \delta(t-t')\delta_{\boldsymbol{k}_1\boldsymbol{k}_4}\delta_{\boldsymbol{k}_2\boldsymbol{k}_3}(n_{\boldsymbol{k}_1}-n_{\boldsymbol{k}_2}) + \{E(\boldsymbol{k}_2)-E(\boldsymbol{k}_1)\}G^{\mathrm{ret},-}(\boldsymbol{k}_1, \boldsymbol{k}_2, t\,;\boldsymbol{k}_3, \boldsymbol{k}_4, t')$$
$$+ (n_{\boldsymbol{k}_1}-n_{\boldsymbol{k}_2})\Phi_{\boldsymbol{k}_1-\boldsymbol{k}_2}\frac{1}{V}\sum_{\boldsymbol{k}_1{}', \boldsymbol{k}_2{}'}\delta_{\boldsymbol{k}_1-\boldsymbol{k}_2, \boldsymbol{k}_1{}'-\boldsymbol{k}_2{}'}G^{\mathrm{ret},-}(\boldsymbol{k}_1{}', \boldsymbol{k}_2{}', t\,;\boldsymbol{k}_3, \boldsymbol{k}_4, t')$$

$$-\left\{\frac{1}{V}\sum_{\boldsymbol{k}'} n_{\boldsymbol{k}'}(\Phi_{\boldsymbol{k}'-\boldsymbol{k}_2}-\Phi_{\boldsymbol{k}'-\boldsymbol{k}_1})\right\}G^{\mathrm{ret},-}(\boldsymbol{k}_1,\boldsymbol{k}_2,t\,;\boldsymbol{k}_3,\boldsymbol{k}_4,t')$$

$$-(n_{\boldsymbol{k}_1}-n_{\boldsymbol{k}_2})\frac{1}{V}\sum_{\boldsymbol{k}_1',\boldsymbol{k}_2'}\Phi_{\boldsymbol{k}_1-\boldsymbol{k}_1'}\delta_{\boldsymbol{k}_1-\boldsymbol{k}_2,\boldsymbol{k}_1'-\boldsymbol{k}_2'}G^{\mathrm{ret},-}(\boldsymbol{k}_1',\boldsymbol{k}_2',t\,;\boldsymbol{k}_3,\boldsymbol{k}_4,t') \tag{9.2.16}$$

を得る．これは必要とする最低次の Green 関数(*9.2.7*)に対する閉じた運動方程式となっている．

上に導いた方程式(*9.2.16*)を解いて Green 関数を求めなければならないが，(*9.2.16*)はまだ十分複雑である．右辺最後の2項は，(*9.2.14*)の負号をもった2項に由来するものであるが，$E(\boldsymbol{k})$ に対する補正項などを与えることになるにすぎないので，簡単のために以下では無視することにしよう．結局 Fermi 統計の効果は電子分布 $n_{\boldsymbol{k}}$ の形に残っているだけになる．複素誘電率(*9.2.8*)を求めるには Green 関数よりもそのスペクトル関数 $K^{\mathrm{ret},-}(\boldsymbol{k}_1,\boldsymbol{k}_2\,;\boldsymbol{k}_3,\boldsymbol{k}_4\,;\omega)$ の方が都合がよい．そして運動方程式(*9.2.16*)を解くにもその方が好都合である．運動方程式(*9.2.16*)を時間について Fourier 変換すると $K^{\mathrm{ret},-}(\boldsymbol{k}_1,\boldsymbol{k}_2\,;\boldsymbol{k}_3,\boldsymbol{k}_4\,;\omega)$ に対する方程式を得るが，時間微分 $i\hbar d/dt$ は $\hbar\omega$ で置き換えられ，代数方程式となるからである．これまでは遅延 Green 関数に対する式のみを書いてきたが，初めに注意したように先進 Green 関数に対する式も全く同じようにして得られ，特に運動方程式は同形となる．遅延，先進の区別は，時間については境界条件の差，スペクトル関数で言えば角振動数 ω を複素数 z で置き換えるとき，§7.6の議論と比べて明らかなように，上半あるいは下半複素平面での解析性にある．むしろ(*9.1.19*)に定義され，(*9.1.20*)をみたす複素関数を考える方が便利であろう．この関数のみたす方程式は Green 関数に対する運動方程式の Fourier 変換で ω を z で置き換えた式と一致するはずである．上に得た近似では次の形に書ける．

$$\left\{\hbar z+E\left(\boldsymbol{q}-\frac{\boldsymbol{k}}{2}\right)-E\left(\boldsymbol{q}+\frac{\boldsymbol{k}}{2}\right)\right\}K^{-}\left(\boldsymbol{q}-\frac{\boldsymbol{k}}{2},\boldsymbol{q}+\frac{\boldsymbol{k}}{2}\,;\boldsymbol{q}'+\frac{\boldsymbol{k}'}{2},\boldsymbol{q}'-\frac{\boldsymbol{k}'}{2}\,;z\right)$$

$$=(n_{\boldsymbol{q}-\boldsymbol{k}/2}-n_{\boldsymbol{q}+\boldsymbol{k}/2})\left\{\delta_{\boldsymbol{q}\boldsymbol{q}'}\delta_{\boldsymbol{k}\boldsymbol{k}'}+\frac{\Phi_{\boldsymbol{k}}}{V}\sum_{\boldsymbol{q}''}K^{-}\left(\boldsymbol{q}''-\frac{\boldsymbol{k}}{2},\boldsymbol{q}''+\frac{\boldsymbol{k}}{2}\,;\boldsymbol{q}'+\frac{\boldsymbol{k}'}{2},\boldsymbol{q}'-\frac{\boldsymbol{k}'}{2}\,;z\right)\right\} \tag{9.2.17}$$

(*9.2.8*)にあわせて，$\boldsymbol{k}_1=\boldsymbol{q}-\boldsymbol{k}/2$, $\boldsymbol{k}_2=\boldsymbol{q}+\boldsymbol{k}/2$, $\boldsymbol{k}_3=\boldsymbol{q}'+\boldsymbol{k}'/2$, $\boldsymbol{k}_4=\boldsymbol{q}'-\boldsymbol{k}'/2$ と置

き換えてある．(9. 1. 20)にあるように z を実軸からはずしておけば，上式の両辺を $\hbar z+E(\boldsymbol{q}-\boldsymbol{k}/2)-E(\boldsymbol{q}+\boldsymbol{k}/2)$ で割ってよい．

$$
\begin{aligned}
&K^-\left(\boldsymbol{q}-\frac{\boldsymbol{k}}{2}, \boldsymbol{q}+\frac{\boldsymbol{k}}{2}; \boldsymbol{q}'+\frac{\boldsymbol{k}'}{2}, \boldsymbol{q}'-\frac{\boldsymbol{k}'}{2}; z\right) \\
&\quad = K_0^-\left(\boldsymbol{q}-\frac{\boldsymbol{k}}{2}, \boldsymbol{q}+\frac{\boldsymbol{k}}{2}; \boldsymbol{q}+\frac{\boldsymbol{k}}{2}, \boldsymbol{q}-\frac{\boldsymbol{k}}{2}; z\right) \\
&\qquad \times\left\{\delta_{\boldsymbol{q}\boldsymbol{q}'}\delta_{\boldsymbol{k}\boldsymbol{k}'}+\frac{\Phi_k}{V}\sum_{\boldsymbol{q}''}K^-\left(\boldsymbol{q}''-\frac{\boldsymbol{k}}{2}, \boldsymbol{q}''+\frac{\boldsymbol{k}}{2}; \boldsymbol{q}'+\frac{\boldsymbol{k}'}{2}, \boldsymbol{q}'-\frac{\boldsymbol{k}'}{2}; z\right)\right\}
\end{aligned}
\tag{9. 2. 18}
$$

ここに K_0^- は相互作用のない場合の形

$$
K_0^-\left(\boldsymbol{q}-\frac{\boldsymbol{k}}{2}, \boldsymbol{q}+\frac{\boldsymbol{k}}{2}; \boldsymbol{q}'+\frac{\boldsymbol{k}'}{2}, \boldsymbol{q}'-\frac{\boldsymbol{k}'}{2}; z\right) = \delta_{\boldsymbol{q}\boldsymbol{q}'}\delta_{\boldsymbol{k}\boldsymbol{k}'}\frac{n_{\boldsymbol{q}-\boldsymbol{k}/2}-n_{\boldsymbol{q}+\boldsymbol{k}/2}}{\hbar z+E(\boldsymbol{q}-\boldsymbol{k}/2)-E(\boldsymbol{q}+\boldsymbol{k}/2)}
\tag{9. 2. 19}
$$

である．ただし電子分布 $n_{\boldsymbol{k}}$ には一般に相互作用の効果が入っている．(9. 2. 18)の両辺を $\boldsymbol{q}$ について加え合わせると，$\sum K^-$ に対する簡単な代数方程式となり，容易に解ける．その解を(9. 2. 18)右辺に代入すれば K^- 自身が求められる．しかし複素誘電率(9. 2. 8)の計算には $\sum K^-$ だけでよい．すこし整理すると次式を得る．

$$
\varepsilon(\boldsymbol{k}, \omega) = 1-\frac{4\pi e^2}{\boldsymbol{k}^2}\lim_{\varepsilon\to+0}\lim_{V\to\infty}\frac{1}{V}\sum_{\boldsymbol{q},\boldsymbol{q}'}K_0^-\left(\boldsymbol{q}-\frac{\boldsymbol{k}}{2}, \boldsymbol{q}+\frac{\boldsymbol{k}}{2}; \boldsymbol{q}'+\frac{\boldsymbol{k}}{2}, \boldsymbol{q}'-\frac{\boldsymbol{k}}{2}; \omega+i\varepsilon\right)
\tag{9. 2. 20}
$$

(9. 2. 8)でははっきり断わらなかったが，(9. 1. 20)の極限 $\varepsilon\to+0$ は上式のように熱力学的極限 $V\to+\infty$ よりも後で行なわなければならない．(9. 1. 20)の基礎となっている解析性は，複素アドミッタンス(9. 1. 5)についていえば，§7. 6に論じたように，ある時刻の力の効果は十分時間が経てば消えるという過程の不可逆性に基礎を置いていた．そしてこの不可逆性は熱力学的極限をとった後でのみ期待されるからである．

(9. 2. 20)，(9. 2. 19)によれば複素誘電率は電子分布 $n_{\boldsymbol{k}}$ が分かれば計算できる．$n_{\boldsymbol{k}}=\langle\hat{a}_{\boldsymbol{k}}{}^\dagger\hat{a}_{\boldsymbol{k}}\rangle$ のような積の期待値を求めるには，§9. 4に述べる1体 Green 関数のスペクトル関数を必要とする．1体 Green 関数に対する運動方程式を立て，

それにつながる方程式の連鎖を適当に切断するという手順をここで行なうことはやめ，単純に電子分布 $n_{\boldsymbol{k}}$ として相互作用がない場合の熱平衡値を代入しよう．この近似はかなり普通に行なわれる．§9.4 に示すように，自由電子近似では $n_{\boldsymbol{k}}$ は Fermi 分布となる．

$$n_{\boldsymbol{k}} = \frac{1}{e^{\{E(\boldsymbol{k})-\mu\}/kT}+1}$$

Fermi 統計はきかず，$n_{\boldsymbol{k}}$ として Maxwell-Boltzmann 分布をとってよい場合には，長波長領域 $\boldsymbol{k}\approx 0$ での計算結果は

$$\left.\begin{aligned}\varepsilon'(\boldsymbol{k},\omega) &= 1-\left(\frac{\omega_{\mathrm{p}}}{\omega}\right)^2\left\{1+2\frac{\boldsymbol{k}^2}{m\omega^2}\bar{E}+O(\boldsymbol{k}^4)\right\}\\ \varepsilon''(\boldsymbol{k},\omega) &= 2\frac{ne^2}{\hbar|\boldsymbol{k}|^3}\sqrt{\frac{m(2\pi)^3}{kT}}\exp\left\{-\frac{(\hbar\omega)^2/E(\boldsymbol{k})+E(\boldsymbol{k})}{4kT}\right\}\sinh\left(\frac{\hbar\omega}{2kT}\right)\end{aligned}\right\} \tag{9.2.21}$$

となる．ただし $\omega_{\mathrm{p}}=\sqrt{4\pi ne^2/m}$ は **Langmuir のプラズマ振動数**, $\bar{E}=(3/2)kT$ は 1 粒子当りの平均エネルギーである．

§9.3　輸送方程式との関係

前節では電荷密度 (*9.2.6*) に対応する Green 関数を直接作らず，波数ベクトル $\boldsymbol{q}$ についての和がとられていない量 $\hat{a}_{\boldsymbol{q}-\boldsymbol{k}/2}{}^{\dagger}\hat{a}_{\boldsymbol{q}+\boldsymbol{k}/2}$ に対する Green 関数を考えた．この手続きは，実は流体力学的な量から記述を 1 段精密化して運動論的な量に移ることを意味するのである．このことは前節に論じた Green 関数に対する運動方程式の方法と，Boltzmann の輸送方程式などを使う運動論的方法との関係について調べてみると分かる．

a)　Klimontovich 演算子

古典的気体分子運動論の 1 体分布関数に対応する量子論的な量は第 1 章に述べた Wigner の位相空間分布関数であるが，この量は Iu. L. Klimontovich の導入した演算子

$$\begin{aligned}\hat{F}_1(\boldsymbol{r},\boldsymbol{p},t) &= \int_V d\boldsymbol{R}e^{-i\boldsymbol{q}\cdot\boldsymbol{R}}\hat{\psi}^{\dagger}\left(\boldsymbol{r}-\frac{\boldsymbol{R}}{2},t\right)\hat{\psi}\left(\boldsymbol{r}+\frac{\boldsymbol{R}}{2},t\right)\\ &= \sum_{\boldsymbol{k}} e^{i\boldsymbol{k}\cdot\boldsymbol{r}}\hat{a}_{\boldsymbol{q}-\boldsymbol{k}/2}{}^{\dagger}(t)\,\hat{a}_{\boldsymbol{q}+\boldsymbol{k}/2}(t)\end{aligned} \tag{9.3.1}$$

の統計集合平均である．上式は Heisenberg 演算子として書いた．また $\boldsymbol{p}=\hbar\boldsymbol{q}$ である．直ちに明らかなように1体分布としての規格化条件

$$\int_V d\boldsymbol{r}\frac{1}{V}\sum_{\boldsymbol{q}}\hat{F}_1(\boldsymbol{r},\boldsymbol{p},t)=\hat{N} \tag{9. 3. 2}$$

をみたす．また例えば電荷分布 (9. 2. 4) は次の形に書ける．

$$\hat{\rho}^{\text{ind}}(\boldsymbol{r},t)=\int_V d\boldsymbol{r}'\frac{1}{V}\sum_{\boldsymbol{q}}\left\{-e\delta(\boldsymbol{r}-\boldsymbol{r}')+\frac{e}{V}\right\}\hat{F}_1(\boldsymbol{r}',\boldsymbol{p},t) \tag{9. 3. 3}$$

上式は (8. 4. 28) を分布関数を使って表わした形になっている．熱力学的極限 $V\to\infty$ で，

$$\frac{1}{V}\sum_{\boldsymbol{q}}\cdots\longrightarrow\int\frac{d\boldsymbol{p}}{(2\pi\hbar)^3}\cdots$$

となることを想起すれば古典運動論との類似はいっそう明らかであろう．電荷密度 (9. 2. 6) のように1個の波数ベクトルに依存する量から，2個の波数ベクトルに依存する量 $\hat{a}_{\boldsymbol{q}-\boldsymbol{k}/2}{}^{\dagger}\hat{a}_{\boldsymbol{q}+\boldsymbol{k}/2}$ に移ることは，(9. 3. 1) の示すように空間座標 $\boldsymbol{r}$ の外に運動量 $\boldsymbol{p}$ にも依存する量に移ることであった．これは記述の精密化を意味する．

ハミルトニアン $\mathcal{H}$ を持つ系に時間に依存する外場

$$\mathcal{H}^{\text{ext}}(t)=\int_V d\boldsymbol{r}\hat{\psi}^{\dagger}(\boldsymbol{r})U^{\text{ext}}(\boldsymbol{r},t)\hat{\psi}(\boldsymbol{r})=\int_V d\boldsymbol{r}\frac{1}{V}\sum_{\boldsymbol{q}}U^{\text{ext}}(\boldsymbol{r},t)\hat{F}_1(\boldsymbol{r},\boldsymbol{p}) \tag{9. 3. 4}$$

が加えられたとし，これを (8. 1. 1) と見て (9. 1. 2) を適用すれば，Wigner 分布関数の熱平衡値

$$F_1{}^{\text{eq}}(\boldsymbol{p})=\langle\hat{a}_{\boldsymbol{q}}{}^{\dagger}\hat{a}_{\boldsymbol{q}}\rangle=n_{\boldsymbol{q}} \tag{9. 3. 5}$$

からのはずれは次式で与えられる．

$$\delta F_1(\boldsymbol{r},\boldsymbol{p},t)=\int_{-\infty}^{\infty}dt\int d\boldsymbol{r}'\frac{1}{V}\sum_{\boldsymbol{q}'}G_{F,F}{}^{\text{ret},-}(\boldsymbol{r},\boldsymbol{p},t\,;\boldsymbol{r}',\boldsymbol{p}',t')U^{\text{ext}}(\boldsymbol{r}',t') \tag{9. 3. 6}$$

ここに $\boldsymbol{p}=\hbar\boldsymbol{q}$, $\boldsymbol{p}'=\hbar\boldsymbol{q}'$ であり，また遅延 Green 関数

$$G_{F,F}{}^{\text{ret},-}(\boldsymbol{r},\boldsymbol{p},t\,;\boldsymbol{r}',\boldsymbol{p}',t')=\theta(t-t')\left\langle\frac{1}{i\hbar}[\hat{F}_1(\boldsymbol{r},\boldsymbol{p},t),\hat{F}_1(\boldsymbol{r}',\boldsymbol{p}',t')]\right\rangle \tag{9. 3. 7}$$

を導入した.

b) 自己無撞着場近似

上に導入した Green 関数(9. 3. 7)に対する運動方程式を作ることは, (9. 3. 6)によって, Wigner 分布関数についての方程式を外場の存在する場合について立てることに外ならない. すなわち(9. 3. 6)はこの方程式の外場について1次までとった解になっているはずである.

前節のプラズマを例にとろう. Green 関数(9. 3. 7)を前節の Green 関数(9. 2. 7)で表わせば前節の計算が使える. Klimontovich 演算子の定義式(9. 3. 1)によれば,

$$
\begin{aligned}
&G_{F,F}{}^{\mathrm{ret},-}(\boldsymbol{r},\boldsymbol{p},t;\ \boldsymbol{r}',\boldsymbol{p}',t')\\
&\quad=\sum_{\boldsymbol{k},\boldsymbol{k}'}e^{i(\boldsymbol{k}\cdot\boldsymbol{r}-\boldsymbol{k}'\cdot\boldsymbol{r}')}G^{\mathrm{ret},-}\left(\boldsymbol{q}-\frac{\boldsymbol{k}}{2},\boldsymbol{q}+\frac{\boldsymbol{k}}{2},t\,;\boldsymbol{q}'+\frac{\boldsymbol{k}'}{2},\boldsymbol{q}'-\frac{\boldsymbol{k}'}{2},t'\right)
\end{aligned}
\tag{9. 3. 8}
$$

したがって(9. 3. 6)は次の形に書ける.

$$
\begin{aligned}
\delta F_1(\boldsymbol{r},\boldsymbol{p},t)&=\int_{-\infty}^{\infty}\frac{d\omega}{2\pi}\frac{1}{V}\sum_{\boldsymbol{k}}e^{i(\boldsymbol{k}\cdot\boldsymbol{r}-\omega t)}\\
&\quad\times\sum_{\boldsymbol{k}',\boldsymbol{q}'}K^{\mathrm{ret},-}\left(\boldsymbol{q}-\frac{\boldsymbol{k}}{2},\boldsymbol{q}+\frac{\boldsymbol{k}}{2}\,;\boldsymbol{q}'+\frac{\boldsymbol{k}'}{2},\boldsymbol{q}'-\frac{\boldsymbol{k}'}{2}\,;\omega\right)U_{\boldsymbol{k}',\omega}{}^{\mathrm{ext}}
\end{aligned}
\tag{9. 3. 9}
$$

ただし

$$
U_{\boldsymbol{k},\omega}{}^{\mathrm{ext}}=\int_{-\infty}^{\infty}dt\int_V d\boldsymbol{r}e^{-i(\boldsymbol{k}\cdot\boldsymbol{r}-\omega t)}U^{\mathrm{ext}}(\boldsymbol{r},t)
\tag{9. 3. 10}
$$

(9. 3. 9)を時間 t について微分すれば, 右辺の $K^{\mathrm{ret},-}$ の前に $\hbar\omega/i\hbar$ がはいる. $\hbar\omega K^{\mathrm{ret},-}$ を(9. 2. 17)で $z=\omega+i0$ と置いた式によって消去する. つまり運動方程式(9. 2. 17)に(9. 3. 9)の変換を行なうわけである. すると例えば $\boldsymbol{p}''=\hbar\boldsymbol{q}''$ として,

$$
\begin{aligned}
&\frac{1}{i\hbar}\int_{-\infty}^{\infty}\frac{d\omega}{2\pi}\frac{1}{V}\sum_{\boldsymbol{k}}e^{i(\boldsymbol{k}\cdot\boldsymbol{r}-\omega t)}\sum_{\boldsymbol{q}',\boldsymbol{k}'}(n_{\boldsymbol{q}-\boldsymbol{k}/2}-n_{\boldsymbol{q}+\boldsymbol{k}/2})\varPhi_{\boldsymbol{k}}\\
&\quad\times\frac{1}{V}\sum_{\boldsymbol{q}''}K^{\mathrm{ret},-}\left(\boldsymbol{q}''-\frac{\boldsymbol{k}}{2},\boldsymbol{q}''+\frac{\boldsymbol{k}}{2}\,;\boldsymbol{q}'+\frac{\boldsymbol{k}'}{2},\boldsymbol{q}'-\frac{\boldsymbol{k}'}{2}\,;\omega\right)U_{\boldsymbol{k}',\omega}{}^{\mathrm{ext}}
\end{aligned}
$$

$$
\begin{aligned}
&= \frac{1}{i\hbar}\int_{-\infty}^{\infty}\frac{d\omega}{2\pi}\frac{1}{V}\sum_{\boldsymbol{k}} e^{i(\boldsymbol{k}\cdot\boldsymbol{r}-\omega t)}\Phi_{\boldsymbol{k}}(n_{\boldsymbol{q}-\boldsymbol{k}/2}-n_{\boldsymbol{q}+\boldsymbol{k}/2}) \\
&\quad\times\frac{1}{V}\sum_{\boldsymbol{q}''}\int_{-\infty}^{\infty}dt'\int_V d\boldsymbol{r}' e^{-i(\boldsymbol{k}\cdot\boldsymbol{r}'-\omega t')}\delta F_1(\boldsymbol{r}',\boldsymbol{p}'',t') \\
&= \frac{1}{i\hbar}\int_V d\boldsymbol{r}'\frac{1}{V}\sum_{\boldsymbol{k}} e^{i\boldsymbol{k}\cdot(\boldsymbol{r}-\boldsymbol{r}')}\int d\boldsymbol{R}e^{-i\boldsymbol{k}\cdot\boldsymbol{R}}\Phi(\boldsymbol{R}) \\
&\quad\times\left\{F_1^{\mathrm{eq}}\left(\boldsymbol{p}-\frac{\hbar\boldsymbol{k}}{2}\right)-F_1^{\mathrm{eq}}\left(\boldsymbol{p}+\frac{\hbar\boldsymbol{k}}{2}\right)\right\}\frac{1}{V}\sum_{\boldsymbol{q}''}\delta F_1(\boldsymbol{r}',\boldsymbol{p}'',t) \\
&= \frac{1}{i\hbar}\int_V d\boldsymbol{r}'\int d\boldsymbol{R}\Phi(\boldsymbol{R})\frac{1}{V}\sum_{\boldsymbol{k}} e^{i\boldsymbol{k}\cdot(\boldsymbol{r}-\boldsymbol{r}'-\boldsymbol{R})} \\
&\quad\times\left\{\exp\left(-\frac{\boldsymbol{k}}{2}\cdot\frac{\partial}{\partial\boldsymbol{q}}\right)-\exp\left(\frac{\boldsymbol{k}}{2}\cdot\frac{\partial}{\partial\boldsymbol{q}}\right)\right\}F_1^{\mathrm{eq}}(\boldsymbol{p})\frac{1}{V}\sum_{\boldsymbol{q}''}\delta F_1(\boldsymbol{r}',\boldsymbol{p}'',t) \\
&= \frac{1}{i\hbar}\int_V d\boldsymbol{r}'\int d\boldsymbol{R}\Phi(\boldsymbol{R})\left\{\delta\left(\boldsymbol{r}-\boldsymbol{r}'-\boldsymbol{R}+\frac{i}{2}\frac{\partial}{\partial\boldsymbol{q}}\right)-\delta\left(\boldsymbol{r}-\boldsymbol{r}'-\boldsymbol{R}-\frac{i}{2}\frac{\partial}{\partial\boldsymbol{q}}\right)\right\} \\
&\quad\times F_1^{\mathrm{eq}}(\boldsymbol{p})\frac{1}{V}\sum_{\boldsymbol{q}''}\delta F_1(\boldsymbol{r}',\boldsymbol{p}'',t) \\
&= \frac{1}{i\hbar}\int_V d\boldsymbol{r}'\left\{\Phi\left(\boldsymbol{r}-\boldsymbol{r}'+\frac{i}{2}\frac{\partial}{\partial\boldsymbol{q}}\right)-\Phi\left(\boldsymbol{r}-\boldsymbol{r}'-\frac{i}{2}\frac{\partial}{\partial\boldsymbol{q}}\right)\right\} \\
&\quad\times F_1^{\mathrm{eq}}(\boldsymbol{p})\frac{1}{V}\sum_{\boldsymbol{q}''}\delta F_1(\boldsymbol{r}',\boldsymbol{p}'',t) \\
&= \frac{1}{i\hbar}\int_V d\boldsymbol{r}'\left\{\exp\left(\frac{i}{2}\frac{\partial}{\partial\boldsymbol{q}}\cdot\frac{\partial}{\partial\boldsymbol{r}}\right)-\exp\left(-\frac{i}{2}\frac{\partial}{\partial\boldsymbol{q}}\cdot\frac{\partial}{\partial\boldsymbol{r}}\right)\right\} \\
&\quad\times\Phi(\boldsymbol{r}-\boldsymbol{r}')\frac{1}{V}\sum_{\boldsymbol{q}'}\delta F_1(\boldsymbol{r}',\boldsymbol{p}',t)F_1^{\mathrm{eq}}(\boldsymbol{p}) \\
&= \frac{2}{\hbar}\sin\left(\frac{\hbar}{2}\frac{\partial}{\partial\boldsymbol{r}}\cdot\frac{\partial}{\partial\boldsymbol{p}}\right)\left\{\int_V d\boldsymbol{r}'\frac{1}{V}\sum_{\boldsymbol{q}'}\Phi(\boldsymbol{r}-\boldsymbol{r}')\delta F_1(\boldsymbol{r}',\boldsymbol{p}',t)\right\}F_1^{\mathrm{eq}}(\boldsymbol{p})
\end{aligned}
\tag{9.3.11}
$$

のような技巧によって次式が得られる.

$$
\begin{aligned}
&\left[\frac{\partial}{\partial t}+\frac{2}{\hbar}\sin\left\{\frac{\hbar}{2}\left(\frac{\partial}{\partial\boldsymbol{p}}\right)_E\cdot\frac{\partial}{\partial\boldsymbol{r}}\right\}E\left(\frac{\boldsymbol{p}}{\hbar}\right)\right]\delta F_1(\boldsymbol{r},\boldsymbol{p},t) \\
&\quad-\frac{2}{\hbar}\sin\left(\frac{\hbar}{2}\frac{\partial}{\partial\boldsymbol{r}}\cdot\frac{\partial}{\partial\boldsymbol{p}}\right)U^{\mathrm{eff}}(\boldsymbol{r},t)F_1^{\mathrm{eq}}(\boldsymbol{p})=0
\end{aligned}
\tag{9.3.12}
$$

ただし $(\partial/\partial\boldsymbol{p})_E$ は $E(\boldsymbol{p}/\hbar)$ 中の $\boldsymbol{p}$ だけに作用するとし，また

$$U^{\mathrm{eff}}(\boldsymbol{r},t)=U^{\mathrm{ext}}(\boldsymbol{r},t)+\int_V d\boldsymbol{r}'\frac{1}{V}\sum_{\boldsymbol{q}'}\Phi(\boldsymbol{r}-\boldsymbol{r}')\delta F_1(\boldsymbol{r}',\boldsymbol{p}',t) \qquad (9.3.13)$$

なる平均場ポテンシャルを導入した.

(9.3.12)が，前節に論じた切断近似による Green 関数の運動方程式(9.2.17)と等価な量子論の運動論的方程式である．外場についての線形近似(9.3.6)または(9.3.9)に対応して，(9.3.12)は熱平衡値からのはずれ $\delta F_1(\boldsymbol{r},\boldsymbol{p},t)=F_1(\boldsymbol{r},\boldsymbol{p},t)-F_1^{\mathrm{eq}}(\boldsymbol{p})$ について線形化された方程式である．§8.6に2体相関による記述は運動論的過程では線形化された輸送方程式による記述となることを述べたが，(9.3.12)はその例である．ただ最も粗い切断近似を行なっているので，ふつう輸送方程式の右辺に現われるべき衝突項を欠いている．衝突項を得るには運動方程式の連鎖を少なくとももう1段先で切断する近似が必要である．粒子間衝突の衝突断面積は2体相互作用ポテンシャルの2次の項から始まるからである.

Wigner 分布関数は古典極限 $\hbar\to0$ で1体分布関数に帰着する．したがって古典値からのはずれを $\hbar$ のベキ級数展開の形で求めるのに便利な量である．輸送方程式(9.3.12)で $\hbar\to0$ の極限をとると，微分演算子を含む正弦関数記号を取り除いてよい.

$$\left\{\frac{\partial}{\partial t}+\frac{\partial E(\boldsymbol{p}/\hbar)}{\partial\boldsymbol{p}}\cdot\frac{\partial}{\partial\boldsymbol{r}}\right\}\delta F_1(\boldsymbol{r},\boldsymbol{p},t)-\frac{\partial U^{\mathrm{eff}}(\boldsymbol{r},t)}{\partial\boldsymbol{r}}\cdot\frac{\partial}{\partial\boldsymbol{p}}F_1^{\mathrm{eq}}(\boldsymbol{p})=0$$

上式はよく知られた**自己無撞着場方程式**

$$\left\{\frac{\partial}{\partial t}+\frac{\partial E(\boldsymbol{p}/\hbar)}{\partial\boldsymbol{p}}\cdot\frac{\partial}{\partial\boldsymbol{r}}-\frac{\partial U^{\mathrm{eff}}(\boldsymbol{r},t)}{\partial\boldsymbol{r}}\cdot\frac{\partial}{\partial\boldsymbol{p}}\right\}F_1(\boldsymbol{r},\boldsymbol{p},t)=0 \qquad (9.3.14)$$

を線形化したものである．(9.3.12)は線形化された自己無撞着場方程式の量子論版になっており，正弦関数を $\hbar$ のベキ級数に展開すれば量子論的補正を論ずるのに便利な形である.

c) プラズマ振動

線形関係式(9.3.9)は厳密な関係式であるが，前節の切断近似ではもうすこし物理的に見やすい形に書き直せる．前節では求めなかったが，(9.2.18)の解は(9.2.20)を使うと，

$$K^{\mathrm{ret},-}\left(\boldsymbol{q}-\frac{\boldsymbol{k}}{2},\boldsymbol{q}+\frac{\boldsymbol{k}}{2};\boldsymbol{q}'+\frac{\boldsymbol{k}'}{2},\boldsymbol{q}'-\frac{\boldsymbol{k}'}{2};\omega\right)$$

$$
= K_0^{\mathrm{ret},-}\left(\boldsymbol{q}-\frac{\boldsymbol{k}}{2}, \boldsymbol{q}+\frac{\boldsymbol{k}}{2}; \boldsymbol{q}'+\frac{\boldsymbol{k}'}{2}, \boldsymbol{q}'-\frac{\boldsymbol{k}'}{2}; \omega\right)
$$
$$
+K_0^{\mathrm{ret},-}\left(\boldsymbol{q}-\frac{\boldsymbol{k}}{2}, \boldsymbol{q}+\frac{\boldsymbol{k}}{2}; \boldsymbol{q}+\frac{\boldsymbol{k}}{2}, \boldsymbol{q}-\frac{\boldsymbol{k}}{2}; \omega\right)\frac{\delta_{\boldsymbol{k}\boldsymbol{k}'}}{V}\frac{\Phi_{\boldsymbol{k}}}{\varepsilon(\boldsymbol{k}, \omega)}
$$
$$
\times K_0^{\mathrm{ret},-}\left(\boldsymbol{q}'-\frac{\boldsymbol{k}'}{2}, \boldsymbol{q}'+\frac{\boldsymbol{k}'}{2}; \boldsymbol{q}'+\frac{\boldsymbol{k}'}{2}, \boldsymbol{q}'-\frac{\boldsymbol{k}'}{2}; \omega\right) \tag{9.3.15}
$$

で与えられる．(9.3.9)に代入すれば，計算の途中で(9.2.20)をもう1度使って，次式を得る．

$$
\delta F_1(\boldsymbol{r}, \boldsymbol{p}, t) = \int_{-\infty}^{\infty}\frac{d\omega}{2\pi}\frac{1}{V}\sum_{\boldsymbol{k}} e^{i(\boldsymbol{k}\cdot\boldsymbol{r}-\omega t)}
$$
$$
\times\sum_{\boldsymbol{q}',\boldsymbol{k}'} K_0^{\mathrm{ret},-}\left(\boldsymbol{q}-\frac{\boldsymbol{k}}{2}, \boldsymbol{q}+\frac{\boldsymbol{k}}{2}; \boldsymbol{q}'+\frac{\boldsymbol{k}'}{2}, \boldsymbol{q}'-\frac{\boldsymbol{k}'}{2}; \omega\right)\frac{U_{\boldsymbol{k}',\omega}{}^{\mathrm{ext}}}{\varepsilon(\boldsymbol{k}', \omega)} \tag{9.3.16}
$$

この近似式を厳密な(9.3.9)と比べてみると，前節の切断近似では，電子間相互作用の効果は複素誘電率 $\varepsilon(\boldsymbol{k}, \omega)$ による外場の遮蔽に含められることが分かる．外場の影響の波及のしかたを定める $K^{\mathrm{ret},-}$ は，外場を遮蔽された $U^{\mathrm{ext}}/\varepsilon$ で置き換えれば，相互作用のないときの形 $K_0{}^{\mathrm{ret},-}$ に書けるというのが(9.3.16)の意味するところだからである．ただし $K_0{}^{\mathrm{ret},-}$ に含まれる電子分布 $n_{\boldsymbol{k}}$ の形は一般に相互作用の影響を受けていることは前に注意した．

(9.3.16)は波動現象を暗示している．角振動数積分は，$t>0$ ならば複素下半平面に十分大きい半円弧を付加して，複素積分にして実行することができる．ただし被積分関数の関数形はそのまま保って，ω を複素数とみるのである．下半平面中の被積分関数の特異点が極ばかりであれば，それらの点で留数計算をすればよく，(9.3.16)は各極に対応する角振動数と減衰とをもった平面波の重ね合せとなる．興味があるのは巨視的に観測される長寿命の波動であろう．遅延 Green 関数のスペクトル関数 $K^{\mathrm{ret},-}$ は(9.1.10)から，または(9.1.5)および§7.6の議論から分かるように上半平面では解析的であるが，そのまま下半平面へ解析接続すると，それが定数とならぬかぎり，特異点をもつはずである．実際(9.3.16)の第1因子 $K_0{}^{\mathrm{ret},-}$ は，(9.2.19)で $z=\omega+i0$ と置いて ω を複素数とすれば分かるように，$\omega=\{E(\boldsymbol{q}+\boldsymbol{k}/2)-E(\boldsymbol{q}-\boldsymbol{k}/2)\}/\hbar-i0$ に1次の極をもつ．この極は電

子正孔対の励起に対応する高振動数のものであるから差し当たって興味がない．低振動数，長波長，低減衰の巨視的波動の可能性は(*9. 3. 16*)の第2因子ε^{-1}の極すなわち複素誘電率$\varepsilon(\boldsymbol{k},\omega)$の零点の存在と位置にかかる．特に外場$U^{\mathrm{ext}}$が非常に小さくしかも低振動数部分のみであるときには，この零点からの寄与だけが有限の波動を与えるであろう．複素数ωを実部と虚部とに分けて$\omega=\overline{\omega}-i\gamma$と置くと，$0<\gamma\ll|\overline{\omega}|$なる場合に興味がある．このような零点があるとすると，

$$\begin{aligned}0 &= \varepsilon(\boldsymbol{k},\overline{\omega}-i\gamma)=\varepsilon'(\boldsymbol{k},\overline{\omega}-i\gamma)+i\varepsilon''(\boldsymbol{k},\overline{\omega}-i\gamma)\\ &= \varepsilon'(\boldsymbol{k},\overline{\omega})-i\gamma\frac{\partial\varepsilon'(\boldsymbol{k},\overline{\omega})}{\partial\overline{\omega}}+i\varepsilon''(\boldsymbol{k},\overline{\omega})\\ \therefore\quad & \varepsilon'(\boldsymbol{k},\overline{\omega})=0,\qquad \gamma=\frac{\varepsilon''(\boldsymbol{k},\overline{\omega})}{\partial\varepsilon'(\boldsymbol{k},\overline{\omega})/\partial\overline{\omega}}\end{aligned}\tag{9.3.17}$$

上式で$\varepsilon',\varepsilon''$は複素誘電率の実部および虚部の関数形を意味する．前節の長波長領域$\boldsymbol{k}\approx0$での計算結果(*9. 2. 21*)を使うと，次式を得る．

$$\left.\begin{aligned}\overline{\omega}^2 &= {\omega_{\mathrm{p}}}^2+\frac{4\bar{E}}{\hbar^2}E(\boldsymbol{k})+O(\boldsymbol{k}^4)\\ \gamma &= \sqrt{\frac{\pi}{2}}\frac{\sinh(\beta\hbar\omega_{\mathrm{p}}/2)}{\beta\hbar(r_{\mathrm{D}}|\boldsymbol{k}|)^3}\exp\left\{-\frac{1}{2(r_{\mathrm{D}}|\boldsymbol{k}|)^2}\right\}\end{aligned}\right\}\tag{9.3.18}$$

$\overline{\omega}$はよく知られた**プラズマ振動数**であり，γは**Landau の減衰係数**である．

上式で$r_{\mathrm{D}}=\sqrt{kT/(4\pi ne^2)}$は**Debye の遮蔽半径**である．静誘電率は$\boldsymbol{k}\approx0$の場合には(*9. 2. 20*)から容易に計算されて，

$$\varepsilon(\boldsymbol{k},0)=1+\frac{4\pi e^2}{\boldsymbol{k}^2}\left(\frac{\partial n}{\partial\mu}\right)_T\tag{9.3.19}$$

となるが，Maxwell-Boltzmann 分布の使える場合には右辺第2項は$(r_{\mathrm{D}}|\boldsymbol{k}|)^{-2}$となり，$\Phi_{\boldsymbol{k}}/\varepsilon(\boldsymbol{k},0)=4\pi e^2/(\boldsymbol{k}^2+r_{\mathrm{D}}^{-2})$は遮蔽された Coulomb ポテンシャルを与える．

§9.4 1体 Green 関数，因果 Green 関数

これまで述べた Green 関数は，例えば(*9. 1. 1*)でその中に現われる演算子$\hat{A}$, $\hat{B}$が古典論に対応物をもつ物理量を表わしていた．(*9. 1. 5*)によって第7章に論じた複素アドミッタンスと対応がつけられる Green 関数では，演算子$\hat{A},\hat{B}$は

不可逆過程の熱力学で論じられる変位や流れに対応するもの，いわば流体力学的記述の変数に当たっていた．§9.2，§9.3の2節では運動論的記述の変数に対応する演算子を使って1段微視的なGreen関数を導入した．しかしどのGreen関数も $\hbar\to 0$ の極限または高温極限で古典統計力学に移せるものであった．他方，量子力学には確率振幅という古典力学に存在しなかった量がある．確率振幅を表わす演算子，すなわち量子化された波動関数を使えば，古典統計力学に移せない新しいGreen関数を作ることができる．この新しいGreen関数を使えばさらに1段微視的な現象をも記述できるはずである．

a) 1体Green関数

演算子 $\hat{A}, \hat{B}$ として量子化された波動関数，あるいは生成，消滅演算子自身を使って作られるGreen関数のうち，生成演算子と消滅演算子とを対にして作られるもの，例えば(*9.1.7*)，(*9.1.16*)に対応した

$$\left.\begin{aligned} G^{\mathrm{ret},\pm}(\boldsymbol{k},t;\boldsymbol{k}',t') &= \theta(t-t')\left\langle\frac{1}{i\hbar}[\hat{a}_{\boldsymbol{k}}(t),\hat{a}_{\boldsymbol{k}'}{}^{\dagger}(t')]_{\pm}\right\rangle \\ G^{\mathrm{adv},\pm}(\boldsymbol{k},t;\boldsymbol{k}',t') &= -\theta(t'-t)\left\langle\frac{1}{i\hbar}[\hat{a}_{\boldsymbol{k}}(t),\hat{a}_{\boldsymbol{k}'}{}^{\dagger}(t')]_{\pm}\right\rangle \end{aligned}\right\} \quad (9.4.1)$$

を**1体Green関数**と呼ぶ．(*9.1.13*)型の1体Green関数も作れるが，生成，消滅演算子の交換関係から予想されるように，Bose統計に従う粒子では交換子型の，またFermi統計に従う粒子では反交換子型のGreen関数(*9.4.1*)が便利である．それは運動方程式(*9.2.3*)の右辺の非斉次項が $\delta(t-t')\delta_{\boldsymbol{k}\boldsymbol{k}'}$ のように簡単になるからである．(*9.1.13*)型のGreen関数の場合には非斉次項に $\langle\hat{a}_{\boldsymbol{k}}\hat{a}_{\boldsymbol{k}'}{}^{\dagger}\rangle=\delta_{\boldsymbol{k}\boldsymbol{k}'}(1\mp n_{\boldsymbol{k}})$ が含まれ，まず $n_{\boldsymbol{k}}$ を既知としてGreen関数を求め，そのスペクトル関数を使って $n_{\boldsymbol{k}}$ を計算する式を立て，この $n_{\boldsymbol{k}}$ の積分方程式を解いて $n_{\boldsymbol{k}}$ を求め，それからGreen関数を決定するという複雑な手順を踏まなければならない．

1体Green関数では平均〈 〉にカノニカル集合(*8.1.2*)よりも大きなカノニカル集合(*8.1.17*)を使う方が計算が簡単になることが多い．

$$\left.\begin{aligned} \langle\cdots\rangle &= \frac{\mathrm{tr}\,(e^{-\beta\mathscr{H}}\cdots)}{\mathrm{tr}\,(e^{-\beta\mathscr{H}})} \\ \mathscr{H} &= \mathcal{H}-\mu\hat{N}, \qquad \hat{N}=\sum_{\boldsymbol{k}}\hat{a}_{\boldsymbol{k}}{}^{\dagger}\hat{a}_{\boldsymbol{k}} \end{aligned}\right\} \quad (9.4.2)$$

しかしこの場合でも運動はハミルトニアン $\mathcal{H}$ によっている．

$$\hat{a}_{\boldsymbol{k}}(t)=e^{it\mathcal{H}/\hbar}\hat{a}_{\boldsymbol{k}}e^{-it\mathcal{H}/\hbar},\qquad \hat{a}_{\boldsymbol{k}'}{}^{\dagger}(t')=e^{it'\mathcal{H}/\hbar}\hat{a}_{\boldsymbol{k}'}{}^{\dagger}e^{-it'\mathcal{H}/\hbar}\tag{9.4.3}$$

この運動で粒子数 $\hat{N}$ が保存される，すなわち $[\hat{N},\mathcal{H}]=0$ となる場合には，1体 Green 関数(9. 4. 1)はこれまでどおり時間差 $t-t'$ の形で時間に依存する．そして Heisenberg 演算子(9. 4. 3)の代りに仮想的な演算子

$$\check{a}_{\boldsymbol{k}}(t)=e^{it\mathcal{A}/\hbar}\hat{a}_{\boldsymbol{k}}e^{-it\mathcal{A}/\hbar},\qquad \check{a}_{\boldsymbol{k}'}{}^{\dagger}(t')=e^{it'\mathcal{A}/\hbar}\hat{a}_{\boldsymbol{k}'}{}^{\dagger}e^{-it'\mathcal{A}/\hbar}\tag{9.4.4}$$

を使って作った補助的 Green 関数 $\bar{G}^{\mathrm{ret},\pm}$, $\bar{G}^{\mathrm{adv},\pm}$ すなわち $G^{\mathrm{ret},\pm}$, $G^{\mathrm{adv},\pm}$ で $\mathcal{H}$ を全て $\mathcal{A}$ で置き換えたものを考えると便利である．交換関係から容易に証明されるように，

$$\left.\begin{aligned}&\hat{N}\hat{a}_{\boldsymbol{k}}=\hat{a}_{\boldsymbol{k}}(\hat{N}-1),\qquad \hat{N}\hat{a}_{\boldsymbol{k}'}{}^{\dagger}=\hat{a}_{\boldsymbol{k}'}{}^{\dagger}(\hat{N}+1)\\ \therefore\quad &\exp(-\alpha\hat{N})\,\hat{a}_{\boldsymbol{k}}\exp(\alpha\hat{N})=\exp(\alpha)\,\hat{a}_{\boldsymbol{k}}\\ &\exp(-\alpha\hat{N})\,\hat{a}_{\boldsymbol{k}'}{}^{\dagger}\exp(\alpha\hat{N})=\exp(-\alpha)\,\hat{a}_{\boldsymbol{k}'}{}^{\dagger}\end{aligned}\right\}\tag{9.4.5}$$

が成り立つから，$[\mathcal{H},\hat{N}]=0$ の場合は

$$\check{a}_{\boldsymbol{k}}(t)=e^{i\mu t/\hbar}\hat{a}_{\boldsymbol{k}}(t),\qquad \check{a}_{\boldsymbol{k}'}{}^{\dagger}(t')=e^{-i\mu t'/\hbar}\hat{a}_{\boldsymbol{k}'}{}^{\dagger}(t')\tag{9.4.6}$$

であって，大きなカノニカル集合を使った真の Green 関数 $G^{\mathrm{ret},\pm}$, $G^{\mathrm{adv},\pm}$ と運動にまで $\mathcal{A}$ を使った補助的 Green 関数 $\bar{G}^{\mathrm{ret},\pm}$, $\bar{G}^{\mathrm{adv},\pm}$ との関係は簡単となる．

$$\left.\begin{aligned}\bar{G}^{\mathrm{ret},\pm}(\boldsymbol{k},t;\boldsymbol{k}',t')&=e^{i\mu(t-t')/\hbar}G^{\mathrm{ret},\pm}(\boldsymbol{k},t;\boldsymbol{k}',t')\\ \bar{G}^{\mathrm{adv},\pm}(\boldsymbol{k},t;\boldsymbol{k}',t')&=e^{i\mu(t-t')/\hbar}G^{\mathrm{adv},\pm}(\boldsymbol{k},t;\boldsymbol{k}',t')\end{aligned}\right\}\tag{9.4.7}$$

対応するスペクトル関数の関係は次式で与えられる．

$$\left.\begin{aligned}\bar{K}^{\mathrm{ret},\pm}\left(\boldsymbol{k},\boldsymbol{k}';\omega-\frac{\mu}{\hbar}\right)&=K^{\mathrm{ret},\pm}(\boldsymbol{k},\boldsymbol{k}';\omega)\\ \bar{K}^{\mathrm{adv},\pm}\left(\boldsymbol{k},\boldsymbol{k}';\omega-\frac{\mu}{\hbar}\right)&=K^{\mathrm{adv},\pm}(\boldsymbol{k},\boldsymbol{k}';\omega)\end{aligned}\right\}\tag{9.4.8}$$

すなわち角振動数の原点がずれるだけである．

b) 自由粒子の1体 Green 関数

Green 関数の最も簡単な計算例として相互作用のないときの形を求めておこう．ハミルトニアンとしては，例えばプラズマの場合の(9. 2. 9)で相互作用を落とした形

$$\mathcal{H}_0=\sum_{\boldsymbol{k}}E(\boldsymbol{k})\,\hat{a}_{\boldsymbol{k}}{}^{\dagger}\hat{a}_{\boldsymbol{k}}\qquad\therefore\quad \mathcal{A}_0=\sum_{\boldsymbol{k}}\{E(\boldsymbol{k})-\mu\}\,\hat{a}_{\boldsymbol{k}}{}^{\dagger}\hat{a}_{\boldsymbol{k}}\tag{9.4.9}$$

を仮定しよう．(9. 4. 5)のときと同じようにして，容易に次式が証明される．

$$e^{\alpha\mathcal{H}_0}\hat{a}_{\boldsymbol{k}}e^{-\alpha\mathcal{H}_0}=e^{-\alpha\{E(\boldsymbol{k})-\mu\}}\hat{a}_{\boldsymbol{k}},\qquad e^{\alpha\mathcal{H}_0}\hat{a}_{\boldsymbol{k}'}{}^{\dagger}e^{-\alpha\mathcal{H}_0}=e^{\alpha\{E(\boldsymbol{k})-\mu\}}\hat{a}_{\boldsymbol{k}'}{}^{\dagger} \tag{9.4.10}$$

上式を使えば，行列の対角要素の和をとる演算 tr の中で演算子を循環させて，

$$\begin{aligned}\langle\hat{a}_{\boldsymbol{k}'}{}^{\dagger}\hat{a}_{\boldsymbol{k}}\rangle_0&=\frac{\mathrm{tr}\,(e^{-\beta\mathcal{H}_0}\hat{a}_{\boldsymbol{k}'}{}^{\dagger}\hat{a}_{\boldsymbol{k}})}{\mathrm{tr}\,(e^{-\beta\mathcal{H}_0})}=\frac{\mathrm{tr}\,(\hat{a}_{\boldsymbol{k}}e^{-\beta\mathcal{H}_0}\hat{a}_{\boldsymbol{k}'}{}^{\dagger})}{\mathrm{tr}\,(e^{-\beta\mathcal{H}_0})}\\&=e^{-\beta\{E(\boldsymbol{k})-\mu\}}\langle\hat{a}_{\boldsymbol{k}}\hat{a}_{\boldsymbol{k}'}{}^{\dagger}\rangle_0\end{aligned} \tag{9.4.11}$$

を得る．さらに交換関係を使えば，積の期待値が求められる．

$$\langle\hat{a}_{\boldsymbol{k}'}{}^{\dagger}\hat{a}_{\boldsymbol{k}}\rangle_0=e^{-\beta\{E(\boldsymbol{k})-\mu\}}(\delta_{\boldsymbol{k}\boldsymbol{k}'}\mp\langle\hat{a}_{\boldsymbol{k}'}{}^{\dagger}\hat{a}_{\boldsymbol{k}}\rangle_0)$$

$$\therefore\quad\langle\hat{a}_{\boldsymbol{k}'}{}^{\dagger}\hat{a}_{\boldsymbol{k}}\rangle_0=\delta_{\boldsymbol{k}\boldsymbol{k}'}f(E(\boldsymbol{k})),\qquad f(E)=\frac{1}{e^{\beta(E-\mu)}\pm1} \tag{9.4.12}$$

ただし複号は上が Fermi 粒子，下が Bose 粒子に対応する．(*9. 4. 10*)によれば，これと同じ複号で

$$\bar{G}_0{}^{\mathrm{ret},\pm}(\boldsymbol{k},t\,;\boldsymbol{k}',t')=\theta(t-t')\frac{\delta_{\boldsymbol{k}\boldsymbol{k}'}}{i\hbar}e^{-i\{E(\boldsymbol{k})-\mu\}(t-t')/\hbar} \tag{9.4.13}$$

したがってスペクトル関数を複素平面に解析接続した関数(*9. 1. 19*)に当たるものは，公式(*9. 1. 11*)を使って，

$$\bar{K}_0{}^{\pm}(\boldsymbol{k},\boldsymbol{k}'\,;z)=\frac{\delta_{\boldsymbol{k}\boldsymbol{k}'}}{\hbar z+\mu-E(\boldsymbol{k})} \tag{9.4.14}$$

で与えられる．(*9. 4. 8*)のように原点を $\mu/\hbar$ だけずらすと，

$$K_0{}^{\pm}(\boldsymbol{k},\boldsymbol{k}'\,;z)=\frac{\delta_{\boldsymbol{k}\boldsymbol{k}'}}{\hbar z-E(\boldsymbol{k})} \tag{9.4.15}$$

が得られる．(*9. 1. 21*)によれば反交換子または交換子の期待値(*9. 1. 9*)のスペクトル関数は

$$\Lambda_0{}^{\pm}(\boldsymbol{k},\boldsymbol{k}'\,;\omega)=-2\pi i\delta_{\boldsymbol{k}\boldsymbol{k}'}\delta(\hbar\omega-E(\boldsymbol{k})) \tag{9.4.16}$$

となる．(*9. 4. 15*)はスペクトル関数 $K^{\pm}$ の極から，(*9. 4. 16*)はスペクトル関数 $\Lambda^{\pm}$ の極大点から **1 粒子エネルギー** $E(\boldsymbol{k})$ が求められることを示す．

c)　因果 Green 関数

これまで述べてきた遅延および先進 Green 関数のほかに**因果 Green 関数**と呼ばれるものがある．(*9. 1. 7*), (*9. 1. 13*), (*9. 1. 16*)に対応する形のものは次式で定義される．

$$G_{A,B}{}^{\mathrm{caus}}(t,t') = \left\langle \frac{1}{i\hbar} T_t\{\hat{A}(t)\hat{B}(t')\} \right\rangle \qquad (9.4.17)$$

演算子 $\hat{A}, \hat{B}$ はそれぞれ何個かの生成あるいは消滅演算子の積から作られている．T_t は時間順序に従って並べ替える **Wick の演算**であって，

$$T_t\{\hat{A}(t)\hat{B}(t')\} = \theta(t-t')\hat{A}(t)\hat{B}(t') \mp \theta(t'-t)\hat{B}(t')\hat{A}(t) \qquad (9.4.18)$$

複号は積 $\hat{A}\hat{B}$ を $\hat{B}\hat{A}$ に並べ替えるとき，Fermi 粒子の生成，消滅演算子は反可換，Bose 粒子のものは可換と考えて得られる符号に対応している．因果 Green 関数のスペクトル関数は次の形に求められる．

$$K_{A,B}{}^{\mathrm{caus}}(\omega) = \int_{-\infty}^{\infty} \frac{d\omega'}{2\pi i}\left[\frac{\mathcal{P}}{\omega'-\omega} + i\pi\delta(\omega'-\omega)\begin{Bmatrix}\tanh\\ \coth\end{Bmatrix}\left(\frac{\beta\hbar\omega'}{2}\right)\right]\Lambda_{A,B}(\omega') \qquad (9.4.19)$$

ただし $\Lambda_{A,B}(\omega)$ は，(*9.1.15*) のスペクトル関数 $J_{A,B}(\omega)$ を使って，

$$i\hbar\Lambda_{A,B}(\omega) = (1 \pm e^{-\beta\hbar\omega})J_{A,B}(\omega) \qquad (9.4.20)$$

で与えられる．(*9.4.19*) の 2 つの双曲線関数，上式の複号はどちらも (*9.4.18*) の複号に対応する．

因果 Green 関数は，絶対零度での値が場の量子論で R. P. Feynman のダイヤグラム技法のために導入されたものであるが，有限温度ではこの技法には使えないことが判明した．また (*9.4.19*) の形から明らかなようにスペクトル関数を複素平面へ解析接続することもできないので，遅延または先進 Green 関数に比べて数学的にも不便なものである．しかし §9.6 に述べるように，時間の代りに温度の逆数を変数にとることにより，温度 Green 関数として見直されることになる．

因果 Green 関数のみたす運動方程式は (*9.2.3*) と同じ形になる．因果 Green 関数であることは境界条件によって入れられるのであるが，境界条件は，(*8.3.2*) によって得られる式

$$\langle\hat{B}(t')\hat{A}(t)\rangle = \langle\hat{A}(t-i\hbar\beta)\hat{B}(t')\rangle \qquad (9.4.21)$$

から導かれる式

$$G_{A,B}{}^{\mathrm{caus}}(t,t') = \mp G_{A,B}{}^{\mathrm{caus}}(t-i\hbar\beta, t') \qquad (t<t') \qquad (9.4.22)$$

で与えられる．

§9.5 熱力学ポテンシャルの摂動展開

場の量子論の計算技術を著しく進歩させたものは，摂動展開を見やすくしたFeynmanのダイヤグラム技法であったが，これは前節にも触れたように絶対零度での取扱いに当たる．この技法を有限温度の場合へ拡張したのは松原であった．2時間Green関数では失敗したのに対し，拡張を可能にしたのは温度Green関数の着想による．そしてこの着想は熱力学ポテンシャルの摂動展開をダイヤグラム技法に載せようとしたことに基づく．この節から以下4節にわたってその技法について述べよう．§9.9で2時間Green関数との関係を論ずる．

a) 平衡密度行列の摂動展開

系のハミルトニアンは非摂動系のもの $\mathcal{H}_0$ に摂動項 $g\mathcal{H}^{\mathrm{int}}$ が加わった形であるとする．g は摂動項の強さを特徴づける結合定数である．大きなカノニカル集合の密度行列(*8.1.17*)を結合定数 g のベキ級数に展開することを考える．粒子数 $\hat{N}$ は $\mathcal{H}_0, \mathcal{H}^{\mathrm{int}}$ と可換であるとする．(*8.1.18*)のように

$$\mathscr{H} = \mathscr{H}_0 + g\mathcal{H}^{\mathrm{int}}, \qquad \mathscr{H}_0 = \mathcal{H}_0 - \mu\hat{N} \tag{9.5.1}$$

と置き，非摂動系での平均を導入する．

$$\langle\cdots\rangle_0 = \frac{\mathrm{tr}\,(e^{-\beta\mathscr{H}_0}\cdots)}{\mathrm{tr}\,(e^{-\beta\mathscr{H}_0})} \tag{9.5.2}$$

系の運動を生じさせるユニタリー変換 $e^{-it\mathcal{H}/\hbar}$ の摂動展開には相互作用表示が便利であった．$e^{-\tau\mathscr{H}}$ についてこれを真似しよう．すなわち

$$e^{-\tau\mathscr{H}} = e^{-\tau\mathscr{H}_0}\hat{\mathscr{S}}(\tau) \tag{9.5.3}$$

と置き，演算子 $\hat{\mathscr{S}}(\tau)$ を展開する．まず τ で微分して，

$$\frac{d}{d\tau}\hat{\mathscr{S}}(\tau) = -g\mathcal{H}^{\mathrm{int}}(\tau)\hat{\mathscr{S}}(\tau), \qquad \hat{\mathscr{S}}(0) = 1 \tag{9.5.4}$$

を得る．ここに相互作用表示での演算子に相当する演算子

$$\hat{A}(\tau) = e^{\tau\mathscr{H}_0}\hat{A}e^{-\tau\mathscr{H}_0} \tag{9.5.5}$$

を定義した．微分方程式(*9.5.4*)を積分方程式に直すと，

$$\hat{\mathscr{S}}(\tau) = 1 - g\int_0^\tau d\tau'\mathcal{H}^{\mathrm{int}}(\tau')\hat{\mathscr{S}}(\tau')$$

これを逐次代入法によって解けば次式が得られる．

$$\hat{\mathcal{S}}(\tau)=1+\sum_{n=1}^{\infty}(-g)^n\int_0^{\tau}d\tau_n\int_0^{\tau}d\tau_{n-1}\theta(\tau_n-\tau_{n-1})\cdots$$
$$\times\int_0^{\tau}d\tau_1\theta(\tau_2-\tau_1)\mathcal{H}^{\rm int}(\tau_n)\mathcal{H}^{\rm int}(\tau_{n-1})\cdots\mathcal{H}^{\rm int}(\tau_1) \quad (9.5.6)$$

θ は Heaviside の階段関数(7.1.9)であり，τ 積分の上限をそろえるために挿入した．もうすこしきれいな形に書くために，場の量子論で使用された **Dyson の時間順に並べる演算**を，時間の代りに変数 τ に移したもの P_τ を導入しよう．

$$P_\tau\{\hat{A}_1(\tau_1)\hat{A}_2(\tau_2)\cdots\hat{A}_n(\tau_n)\}$$
$$=\sum_P\theta(\tau_{j_n}-\tau_{j_{n-1}})\theta(\tau_{j_{n-1}}-\tau_{j_{n-2}})\cdots\theta(\tau_{j_2}-\tau_{j_1})$$
$$\times\hat{A}_{j_n}(\tau_{j_n})\hat{A}_{j_{n-1}}(\tau_{j_{n-1}})\cdots\hat{A}_{j_1}(\tau_{j_1}) \quad (9.5.7)$$

ただし P は数字列 $(1,2,\cdots,n)$ を数字列 $(j_1,j_2,\cdots,j_n)$ に変える置換の演算であり，$\sum_P$ は $n!$ 個の全ての置換についての和を意味する．階段関数が挿入されているので，これらの和の各項のうち $\tau_{j_n}>\tau_{j_{n-1}}>\cdots>\tau_{j_1}$ となるものだけが残る．すなわち演算 P_τ によって演算子の積 $\hat{A}_1(\tau_1)\cdots\hat{A}_n(\tau_n)$ は τ が大きいものを左に，小さいものを右にして並べ替えられる．(9.5.6)は次の形に書いてよい．

$$\hat{\mathcal{S}}(\tau)=1+\sum_{n=1}^{\infty}\frac{(-g)^n}{n!}\int_0^{\tau}d\tau_n\int_0^{\tau}d\tau_{n-1}\cdots\int_0^{\tau}d\tau_1P_\tau\{\mathcal{H}^{\rm int}(\tau_n)\cdots\mathcal{H}^{\rm int}(\tau_1)\}$$
$$=P_\tau\exp\left\{-g\int_0^{\tau}d\tau'\mathcal{H}^{\rm int}(\tau')\right\} \quad (9.5.8)$$

演算子の順序は P_τ によって正しく並べ替えられるから，記号 P_τ の右では演算子は非可換性を無視して，c 数のように取り扱ってよい．このことは公式の記法を著しく簡単で見やすくし，複雑な考察の非常な助けになることを以下に見るであろう．前節に導入した **Wick の演算** T_t を時間の代りに変数 τ に移したもの T_τ は一般に，P_τ の定義式(9.5.7)で置換 P が偶置換なら $+1$，奇置換なら -1 となる因子を和の各項に乗じたもので定義される．相互作用 $\mathcal{H}^{\rm int}$ は普通 Fermi 粒子の生成，消滅演算子を含めば必ず対の形で含む，すなわち粒子数を保存するから，(9.5.8)に現われる積では T_τ は P_τ と同じものとなる．

$$\hat{\mathcal{S}}(\tau)=T_\tau\exp\left\{-g\int_0^{\tau}d\tau'\mathcal{H}^{\rm int}(\tau')\right\} \quad (9.5.9)$$

これが摂動展開の基本式である．

b)　熱力学ポテンシャルの摂動展開

大きな状態和は(9. 5. 3)によると，

$$e^{-\beta J} = \mathrm{tr}(e^{-\beta\mathcal{H}}) = \mathrm{tr}(e^{-\beta\mathcal{H}_0})\langle\hat{\mathcal{S}}(\beta)\rangle_0 \tag{9.5.10}$$

と書けるから，対応する熱力学ポテンシャル J は

$$J = J_0 - kT\ln\langle\hat{\mathcal{S}}(\beta)\rangle_0, \qquad J_0 = -kT\ln\mathrm{tr}(e^{-\beta\mathcal{H}_0}) \tag{9.5.11}$$

で与えられる．J_0 は非摂動系のものであり，簡単に求められるはずである．$\ln\langle\hat{\mathcal{S}}(\beta)\rangle_0$ を計算する方法は§9. 7に述べるが，非摂動系での平均に書き直されていることに注意されたい．

§9. 6　温度 Green 関数

前節ではユニタリー演算子 $e^{-it\mathcal{H}/\hbar}$ と密度行列 $e^{-\beta\mathcal{H}}$ との類似性を利用して，前者の摂動展開の公式を後者に引き写した．前者では因果 Green 関数を使って摂動展開のダイヤグラム技法が考案された．時間の代りに温度の逆数に当たる変数 τ へと因果 Green 関数を翻訳したのは松原であった．

a)　温度 Green 関数(松原-Green 関数)

因果 Green 関数(9. 4. 17)に対応する**温度 Green 関数**は

$$\mathcal{G}_{A,B}(\tau,\tau') = -\langle T_\tau\{\check{A}(\tau)\check{B}(\tau')\}\rangle \tag{9.6.1}$$

で定義される．ただし Heisenberg 演算子(8. 1. 8)に対応して，

$$\check{A}(\tau) = e^{\tau\mathcal{H}}\hat{A}e^{-\tau\mathcal{H}} = \hat{\mathcal{S}}^{-1}(\tau)\hat{A}(\tau)\hat{\mathcal{S}}(\tau) \tag{9.6.2}$$

なる演算子を定義した．温度 Green 関数(9. 6. 1)を摂動展開に都合のよい形に書き直そう．(9. 5. 9)を拡張して，$\tau_1>\tau_2$ のとき次のように置く．

$$\hat{\mathcal{S}}(\tau_1,\tau_2) = T_\tau\exp\left\{-g\int_{\tau_2}^{\tau_1}d\tau'\mathcal{H}^{\mathrm{int}}(\tau')\right\} \tag{9.6.3}$$

$\tau_1>\tau'>\tau_2$ なる任意の τ' を選ぶと，演算 T_τ があるので，

$$\hat{\mathcal{S}}(\tau_1,\tau_2) = \hat{\mathcal{S}}(\tau_1,\tau')\hat{\mathcal{S}}(\tau',\tau_2) \tag{9.6.4}$$

と書くことができる．(9. 5. 9)の $\hat{\mathcal{S}}(\tau)$ は $\hat{\mathcal{S}}(\tau,0)$ に等しいから，上式で $\tau_2=0$ とし，τ' を τ_2 と書き直せば，

$$\hat{\mathcal{S}}(\tau_1,\tau_2) = \hat{\mathcal{S}}(\tau_1)\hat{\mathcal{S}}^{-1}(\tau_2) \qquad (\tau_1>\tau_2) \tag{9.6.5}$$

を得る．これを利用すると，$\beta>\tau>\tau'$ ならば，(9. 6. 1)は(9. 4. 2)，(9. 5. 3)，(9.

6.2), (9.5.10) により,

$$\mathcal{G}_{A,B}(\tau,\tau') = -\langle \hat{\mathcal{S}}^{-1}(\tau)\hat{A}(\tau)\hat{\mathcal{S}}(\tau)\hat{\mathcal{S}}^{-1}(\tau')\hat{B}(\tau')\hat{\mathcal{S}}(\tau')\rangle$$
$$= -\frac{\langle \hat{\mathcal{S}}(\beta,\tau)\hat{A}(\tau)\hat{\mathcal{S}}(\tau,\tau')\hat{B}(\tau')\hat{\mathcal{S}}(\tau',0)\rangle_0}{\langle \hat{\mathcal{S}}(\beta)\rangle_0} \qquad (9.6.6)$$

と書ける. また $\beta>\tau'>\tau$ なら, (9.4.18) の場合と同じように積 $\hat{A}\hat{B}$ を $\hat{B}\hat{A}$ に並べ替えるとき符号 $\mp$ が出るから,

$$\mathcal{G}_{A,B}(\tau,\tau') = \pm\frac{\langle \hat{\mathcal{S}}(\beta,\tau')\hat{B}(\tau')\hat{\mathcal{S}}(\tau',\tau)\hat{A}(\tau)\hat{\mathcal{S}}(\tau,0)\rangle_0}{\langle \hat{\mathcal{S}}(\beta)\rangle_0} \qquad (9.6.7)$$

を得る. これらの結果を演算 T_τ を使って1つにまとめると, 次のように書くことができる.

$$\mathcal{G}_{A,B}(\tau,\tau') = -\frac{\langle T_\tau\{\hat{A}(\tau)\hat{B}(\tau')\hat{\mathcal{S}}(\beta)\}\rangle_0}{\langle \hat{\mathcal{S}}(\beta)\rangle_0} \qquad (9.6.8)$$

すなわち $\hat{\mathcal{S}}(\beta,0)$ を (9.6.4) によって (9.6.6) または (9.6.7) にあるように3個の $\hat{\mathcal{S}}$ の積に分け, それらの間に $\hat{A}$ または $\hat{B}$ を挾めば (9.6.6) または (9.6.7) が得られるわけである. 上に得た公式 (9.6.8) では, 熱力学ポテンシャル (9.5.11) の場合と同様に, 非摂動系での期待値が使われている.

b) 温度 Green 関数の Fourier 分解

2時間 Green 関数ではその Fourier 変換であるスペクトル関数が重要な役を演じた. 温度 Green 関数についても Fourier 分解ができれば, Fourier 係数は決定的に重要な役割を果たすであろうと考え, これを工夫したのは A. A. Abrikosov, L. P. Gor'kov, I. E. Dzyalosinskii であった.

まず (9.6.1) は差 $\tau-\tau'$ の関数であることを確かめる. 定義により, $\beta>\tau-\tau'>0$ では,

$$\mathcal{G}_{A,B}(\tau,\tau') = -\frac{\mathrm{tr}\,(e^{(\tau-\tau'-\beta)\mathcal{H}}\hat{A}e^{-(\tau-\tau')\mathcal{H}}\hat{B})}{\mathrm{tr}\,(e^{-\beta\mathcal{H}})} \qquad (9.6.9)$$

と書ける. ハミルトニアン $\mathcal{H}$ が基底状態をもつことにより, $\mathcal{H}$ の固有値は下に有界であるから, 条件 $\beta>\tau-\tau'>0$ は上式の対角和の演算が収束するため必要で十分である. $\beta>\tau'-\tau>0$ の場合には

$$\mathcal{G}_{A,B}(\tau,\tau') = \pm\frac{\mathrm{tr}\,(e^{(\tau-\tau')\mathcal{H}}\hat{A}e^{-(\tau-\tau'+\beta)\mathcal{H}}\hat{B})}{\mathrm{tr}\,(e^{-\beta\mathcal{H}})} \qquad (9.6.10)$$

と書ける．$\beta>\tau'-\tau>0$ はやはり収束の必要十分条件である．(9.6.9)，(9.6.10)により差 $\tau-\tau'$ の形だけで τ,τ' に依存していることは明らかである．

次に $\tau'=0$ と置いてみると，(9.6.9)では $\beta>\tau>0$ なる場合，(9.6.10)では $0>\tau>-\beta$ なる場合を考えていることになる．さらに(9.6.9)で τ を $\tau+\beta$ で置き換えると，新しい τ は $0>\tau>-\beta$ の範囲に入るから，(9.6.10)と比べて，

$$\mathcal{G}_{A,B}(\tau,0)=\mp\mathcal{G}_{A,B}(\tau+\beta,0)\qquad(0>\tau>-\beta)\qquad(9.6.11)$$

が成り立つことが分かる．この式は因果 Green 関数に対する境界条件(9.4.22)に対応するものであるが，有限区間 $\beta>\tau>-\beta$ で定義された温度 Green 関数 $\mathcal{G}_{A,B}(\tau,0)$ に課される重要な条件を与える．

有限区間内の τ の関数は Fourier 級数に展開される．

$$\left.\begin{aligned}\mathcal{G}_{A,B}(\tau,\tau')&=kT\sum_{n=-\infty}^{\infty}e^{-i\xi_n(\tau-\tau')}\mathcal{K}_{A,B}(i\xi_n)\\ \mathcal{K}_{A,B}(i\xi_n)&=\frac{1}{2}\int_{-\beta}^{\beta}d\tau e^{i\xi_n\tau}\mathcal{G}_{A,B}(\tau,0)\end{aligned}\right\}\qquad(9.6.12)$$

ただし ξ_n は上に導いた条件(9.6.11)をみたすように決めなければならない．(9.6.12)で $\tau'=0$, $\tau\to\tau+\beta$ ただし $\beta>\tau+\beta>0$ すなわち $0>\tau>-\beta$ とすると，

$$\mathcal{G}_{A,B}(\tau+\beta,0)=kT\sum_{n=-\infty}^{\infty}e^{-i\xi_n\tau}e^{-i\xi_n\beta}\mathcal{K}_{A,B}(i\xi_n)$$

これが(9.6.12)の ∓1 倍と等しくなければならないから，

$$\sum_{n=-\infty}^{\infty}(1\pm e^{-i\xi_n\beta})e^{-i\xi_n\tau}\mathcal{K}_{A,B}(i\xi_n)=0$$

が任意の τ に対して成立しなければならない．

$$e^{-i\xi_n\beta}=\mp1\qquad(9.6.13)$$

すなわち(9.4.18)の複号に対応して次の値を得る．

$$\xi_n=\begin{cases}(2n+1)\pi kT\\ 2n\pi kT\end{cases}\qquad(n=0,\pm1,\pm2,\cdots)\qquad(9.6.14)$$

これら2つの値のどちらをとるべきかは演算子 $\hat{A},\hat{B}$ の構造による．例えば1体 Green 関数の場合のように演算子 $\hat{A},\hat{B}$ が生成，消滅演算子であれば，Fermi 粒子の場合 $\xi_n=(2n+1)\pi kT$，Bose 粒子の場合 $\xi_n=2n\pi kT$ となる．

(9.6.12)の第1式の右辺で因子 $kT=1/\beta$ を特別に取り出してある理由は次の

とおりである．(9.6.14)によれば $\Delta\xi_n=\xi_{n+1}-\xi_n=2\pi kT$ であるが，場の量子論での技法に対応するように $T\to 0$ とするとき，

$$kT\sum_n\cdots=\sum_n\frac{\Delta\xi_n}{2\pi}\cdots\longrightarrow\int\frac{d\xi}{2\pi}\cdots$$

となり，したがって $\tau=it/\hbar$, $\xi=-i\hbar\omega$ と置き換えると，

$$kT\sum_{n=-\infty}^{\infty}e^{-i\xi_n(\tau-\tau')}\cdots\longrightarrow\int_{-i\infty}^{i\infty}\frac{d\omega}{2\pi}e^{-i\omega(t-t')}\frac{\hbar}{i}\cdots \tag{9.6.15}$$

と書ける．(9.6.15)の虚軸に沿う積分路を 90° 右へ倒して実軸に沿うようにできれば，(9.6.12)は2時間 Green 関数に対する Fourier 変換に帰着する．ただし(9.4.17)の因果 Green 関数の定義と(9.6.1)の温度 Green 関数の定義との因子の差 $i/\hbar$ を考慮する必要がある．

最後に(9.6.12)の第2式で，積分を $\beta>\tau>0$ と $0>\tau>-\beta$ との2部に分け，後者で(9.6.11), (9.6.13)を使うと，

$$\mathcal{K}_{A,B}(i\xi_n)=\int_0^\beta d\tau e^{i\xi_n\tau}\mathcal{G}_{A,B}(\tau,0) \tag{9.6.16}$$

と書けることを注意しておこう．

c)　自由粒子の1体温度 Green 関数

自由粒子系のハミルトニアンは(9.4.9)で与えられるから，(9.4.10)を考慮し，(9.4.11), (9.4.12)から導かれる式

$$\langle\hat{a}_{\boldsymbol{k}}\hat{a}_{\boldsymbol{k}'}{}^\dagger\rangle_0=\delta_{\boldsymbol{k}\boldsymbol{k}'}\{1\mp f(E(\boldsymbol{k}))\} \tag{9.6.17}$$

を使うと，直ちに次式が得られる．

$$\begin{aligned}\mathcal{G}_0(\boldsymbol{k},\tau;\boldsymbol{k}',\tau')&=-\langle T_\tau\{\check{a}_{\boldsymbol{k}}(\tau)\check{a}_{\boldsymbol{k}'}{}^\dagger(\tau')\}\rangle_0\\&=-\delta_{\boldsymbol{k}\boldsymbol{k}'}e^{-\{E(\boldsymbol{k})-\mu\}(\tau-\tau')}[\theta(\tau-\tau')\{1\mp f(E(\boldsymbol{k}))\}\mp\theta(\tau'-\tau)f(E(\boldsymbol{k}))]\end{aligned} \tag{9.6.18}$$

Fourier 係数(9.6.16)を求めると，(9.6.13)を考慮して，

$$\mathcal{K}_0(\boldsymbol{k},\boldsymbol{k}';i\xi_n)=\int_0^\beta d\tau e^{i\xi_n\tau}\mathcal{G}_0(\boldsymbol{k},\tau;\boldsymbol{k}',0)=\frac{\delta_{\boldsymbol{k}\boldsymbol{k}'}}{i\xi_n+\mu-E(\boldsymbol{k})} \tag{9.6.19}$$

を得る．(9.6.17), (9.6.18)の複号は上が Fermi 粒子，下が Bose 粒子に対応する．(9.6.19)の結果と先に得た(9.4.14)との類似性に注意されたい．絶対零

度での(*9. 6. 15*)の変換によれば(*9. 6. 19*)は(*9. 4. 14*)に帰着するのであるが，有限温度の場合についてはこの類似性が2時間 Green 関数との関係をつける鍵を与えることになるのである．詳しくは§9.9で論じよう．

§9.7 ダイヤグラム技法

§9.5では熱力学ポテンシャルに対する摂動展開のための基本式(*9. 5. 11*)を，§9.6では温度 Green 関数に対する基本式(*9. 6. 8*)を導いた．これらに(*9. 5. 9*)の展開式を代入して得られる式の各項に，場の量子論で工夫された Feynman 図形を対応させる方法を考えよう．プラズマを論じたとき使ったハミルトニアン(*9. 2. 9*)を例として話を進めよう．すなわち(*9. 5. 1*)で $\mathscr{H}_0$ は(*9. 4. 9*)の形であり，相互作用項は

$$g\mathscr{H}^{\text{int}}(\tau)=\frac{1}{2V}\sum_{\boldsymbol{k}_1,\boldsymbol{k}_2,\boldsymbol{k}_1',\boldsymbol{k}_2'}\Phi_{\boldsymbol{k}_2-\boldsymbol{k}_2'}\delta_{\boldsymbol{k}_1+\boldsymbol{k}_2,\boldsymbol{k}_1'+\boldsymbol{k}_2'}\hat{a}_{\boldsymbol{k}_2}{}^{\dagger}(\tau)\hat{a}_{\boldsymbol{k}_1}{}^{\dagger}(\tau)\hat{a}_{\boldsymbol{k}_1'}(\tau)\hat{a}_{\boldsymbol{k}_2'}(\tau) \tag{9.7.1}$$

の形であるとする．本節では熱力学ポテンシャルを取り扱う．

a) Bloch-De Dominicis の定理

まず摂動展開の各項に現われる生成または消滅演算子の積の平均値を計算する方法を与える定理を証明しよう．演算子 $\hat{A}, \hat{B}$ などは全て生成演算子 $\hat{a}^{\dagger}$ または消滅演算子 $\hat{a}$ であるとする．Fermi 粒子に対し $\eta=-1$，Bose 粒子に対し $\eta=+1$ と置くと，$\eta^2=1$ で，交換関係は

$$\hat{A}\hat{B}=\eta\hat{B}\hat{A}+\overline{\hat{A}\hat{B}} \tag{9.7.2}$$

の形に書ける．ただし $\overline{\hat{A}\hat{B}}$ は c 数であって，

$$\overline{a_{\boldsymbol{k}}a_{\boldsymbol{k}'}}=0,\quad \overline{a_{\boldsymbol{k}}{}^{\dagger}a_{\boldsymbol{k}'}{}^{\dagger}}=0,\quad \overline{a_{\boldsymbol{k}}a_{\boldsymbol{k}'}{}^{\dagger}}=\delta_{\boldsymbol{k}\boldsymbol{k}'},\quad \overline{a_{\boldsymbol{k}'}{}^{\dagger}a_{\boldsymbol{k}}}=-\eta\delta_{\boldsymbol{k}\boldsymbol{k}'} \tag{9.7.3}$$

と定義する．$\hat{A}$ が生成演算子のとき $\delta(A)=1$，消滅演算子のとき $\delta(A)=-1$，また $\hat{A}$ が $\hat{a}_{\boldsymbol{k}}{}^{\dagger}$ か $\hat{a}_{\boldsymbol{k}}$ のとき $E(A)=E(\boldsymbol{k})$ と書くことにすれば，公式(*9. 4. 10*)は次式を与える．

$$\hat{A}e^{-\tau\mathscr{H}_0}=e^{\delta(A)\tau\{E(A)-\mu\}}e^{-\tau\mathscr{H}_0}\hat{A} \tag{9.7.4}$$

以上の記法によって期待値 $\langle\hat{A}_n\hat{A}_{n-1}\cdots\hat{A}_2\hat{A}_1\rangle_0$ を求めよう．計算の方針は(*9. 4. 12*)を得るのに使った変形法(*9. 4. 11*)の拡張である．まず交換関係(*9. 7. 2*)を繰

り返し使用して $\hat{A}_n$ を $\hat{A}_1$ の右まで移すと，

$$\begin{aligned}\langle\hat{A}_n\hat{A}_{n-1}\cdots\hat{A}_1\rangle_0 &= \overline{A_nA_{n-1}}\langle\hat{A}_{n-2}\cdots\hat{A}_1\rangle_0+\eta\langle\hat{A}_{n-1}\hat{A}_n\hat{A}_{n-2}\cdots\hat{A}_1\rangle_0 \\ &= \sum_{m=1}^{n-1}\eta^{n-m-1}\overline{A_nA_m}\langle\hat{A}_{n-1}\cdots\hat{A}_{m+1}\hat{A}_{m-1}\cdots\hat{A}_1\rangle_0 \\ &\quad +\eta^{n-1}\langle\hat{A}_{n-1}\cdots\hat{A}_1\hat{A}_n\rangle_0\end{aligned}$$

最後の項だけが演算子 n 個の積を含むが，(9.7.4)により，

$$\langle\hat{A}_{n-1}\cdots\hat{A}_1\hat{A}_n\rangle_0=\frac{\mathrm{tr}\,(\hat{A}_ne^{-\beta\mathcal{H}_0}\hat{A}_{n-1}\cdots\hat{A}_1)}{\mathrm{tr}\,(e^{-\beta\mathcal{H}_0})}=e^{\delta(A_n)\beta\{E(A_n)-\mu\}}\langle\hat{A}_n\hat{A}_{n-1}\cdots\hat{A}_1\rangle_0$$

と書き直せるから，これを左辺に移して，結局次式を得る．

$$\langle\hat{A}_n\hat{A}_{n-1}\cdots\hat{A}_1\rangle_0=\sum_{m=1}^{n-1}\frac{\eta^{n-m-1}\overline{A_nA_m}}{1-\eta^{n-1}e^{\delta(A_n)\beta\{E(A_n)-\mu\}}}\langle\hat{A}_{n-1}\cdots\hat{A}_{m+1}\hat{A}_{m-1}\cdots\hat{A}_1\rangle_0 \tag{9.7.5}$$

上式の右辺には演算子の個数が2個減った期待値しか含まれない．したがって上式を繰り返し使用すれば，n が奇数のときは1個の演算子の期待値

$$\langle\hat{a}_{\boldsymbol{k}}\rangle_0=0,\qquad \langle\hat{a}_{\boldsymbol{k}}{}^\dagger\rangle_0=0 \tag{9.7.6}$$

に帰着して消えるし，n が偶数ならば2個の演算子の積の期待値にまで落とせる．$n=2$ の場合には(9.7.5)は

$$\langle\hat{A}_2\hat{A}_1\rangle_0=\frac{\overline{A_2A_1}}{1-\eta e^{\delta(A_2)\beta\{E(A_2)-\mu\}}} \tag{9.7.7}$$

と書けるが，(9.7.3)によって既知の公式(9.4.12)，(9.6.17)および

$$\langle\hat{a}_{\boldsymbol{k}}\hat{a}_{\boldsymbol{k}'}\rangle_0=0,\qquad \langle\hat{a}_{\boldsymbol{k}}{}^\dagger\hat{a}_{\boldsymbol{k}'}{}^\dagger\rangle_0=0 \tag{9.7.8}$$

を与える．(9.7.5)は(9.7.7)によって次の形に書ける．

$$\langle\hat{A}_n\hat{A}_{n-1}\cdots\hat{A}_1\rangle_0=\begin{cases}0 & (n=\text{奇数}) \\ \displaystyle\sum_{m=1}^{n-1}\eta^{n-m-1}\langle\hat{A}_n\hat{A}_m\rangle_0\langle\hat{A}_{n-1}\cdots\hat{A}_{m+1}\hat{A}_{m-1}\cdots\hat{A}_1\rangle_0 & (n=\text{偶数})\end{cases} \tag{9.7.9}$$

この形では粒子の統計による差は因子 η^{n-m-1} によって表面に現われているにすぎない．この因子は交換関係(9.7.2)で右辺第2項を無視して，すなわち反可換か可換かということだけ考えて，演算子の積 $\hat{A}_n(\hat{A}_{n-1}\cdots\hat{A}_{m+1})\hat{A}_m(\hat{A}_{m-1}\cdots\hat{A}_1)$ から $\hat{A}_m$ を $n-m-1$ 個の演算子 $(\hat{A}_{n-1}\cdots\hat{A}_{m+1})$ と次つぎに交換して左に移し，

$\hat{A}_n\hat{A}_m(\hat{A}_{n-1}\cdots\hat{A}_{m+1})(\hat{A}_{m-1}\cdots\hat{A}_1)$ の形にするとき生じたものと考えられる．公式 $(9.7.9)$ はこのようにして左端に生じた対 $\hat{A}_n\hat{A}_m$ を期待値 $\langle\hat{A}_n\hat{A}_m\rangle_0$ で置き換えればよいことを示している．和は $\hat{A}_m$ の可能な選び方についてとってある．$n=4$ の場合にはこのようにして直ちに次式が書き下ろせる．

$$\langle\hat{A}_4\hat{A}_3\hat{A}_2\hat{A}_1\rangle_0 = \langle\hat{A}_4\hat{A}_3\rangle_0\langle\hat{A}_2\hat{A}_1\rangle_0+\eta\langle\hat{A}_4\hat{A}_2\rangle_0\langle\hat{A}_3\hat{A}_1\rangle_0 +\eta^2\langle\hat{A}_4\hat{A}_1\rangle_0\langle\hat{A}_3\hat{A}_2\rangle_0 \tag{9.7.10}$$

n が6以上の偶数であれば，公式 $(9.7.9)$ を繰り返して適用することが必要であるが，結局次の一般公式が得られる．

$$\langle\hat{A}_n\hat{A}_{n-1}\cdots\hat{A}_1\rangle_0 = \sum_Q \eta^{\nu(Q)}\langle\hat{A}_{m_n}\hat{A}_{m_{n-1}}\rangle_0\cdots\langle\hat{A}_{m_4}\hat{A}_{m_3}\rangle_0\langle\hat{A}_{m_2}\hat{A}_{m_1}\rangle_0 \tag{9.7.11}$$

ここに Q は数列 $(n, n-1, \cdots, 1)$ を条件

$$m_n = n > m_{n-2} > \cdots > m_4 > m_2 \tag{9.7.12}$$

$$m_n > m_{n-1},\ \ m_{n-2} > m_{n-3},\ \ \cdots,\ \ m_4 > m_3,\ \ m_2 > m_1 \tag{9.7.13}$$

をみたす数列 $(m_n, m_{n-1}, \cdots, m_2, m_1)$ に移す置換であり，和 $\sum_Q$ はこのような全ての可能な置換についてとる．$\nu(Q)$ は置換 Q が分解される互換の個数となっている．例えば，数列 $(6, 5, 4, 3, 2, 1)$ を数列 $(6, 3, 5, 1, 4, 2)$ に移す置換 Q では $Q=(6)(53124)=(54)(52)(51)(53)$ と分解されるから $\nu(Q)=4$ である．記号 $(54)(52)(51)(53)$ の意味は，まず互換 (53) を数列 $(6, 5, 4, 3, 2, 1)$ に演算し，その結果 $(6, 3, 4, 5, 2, 1)$ に互換 (51) を演算し，…，最後に互換 (54) を演算することを表わしている．この互換1個につき因子 η が1個でることは明らかである．$(9.7.11)$ を **Bloch-De Dominicis の定理**と呼ぶ．

$(9.7.4)$ により相互作用表示の演算子に相当する $(9.5.5)$ は

$$\hat{A}(\tau) = e^{\delta(A)\tau\{E(A)-\mu\}}\hat{A} \tag{9.7.14}$$

と書けるが，これは $\hat{A}$ に c 数を掛けたものであるから，Bloch-De Dominicis の定理で演算子 $\hat{A}_m$ を $\hat{A}_m(\tau_m)$ で置き換えることができる．$\tau_n \geqq \tau_{n-1} \geqq \cdots \geqq \tau_2 \geqq \tau_1$ であったとすると，

$$\langle\hat{A}_n(\tau_n)\hat{A}_{n-1}(\tau_{n-1})\cdots\hat{A}_1(\tau_1)\rangle_0 = \sum_Q \eta^{\nu(Q)}\langle\hat{A}_{m_n}(\tau_{m_n})\hat{A}_{m_{n-1}}(\tau_{m_{n-1}})\rangle_0\cdots\langle\hat{A}_{m_2}(\tau_{m_2})\hat{A}_{m_1}(\tau_{m_1})\rangle_0 \tag{9.7.15}$$

であるが，数列 $(n, n-1, \cdots, 1)$ と τ の大きさとをそろえたから，条件(9.7.12), (9.7.13) は τ についていえばよい．

$$\tau_{m_n}=\tau_n \geqq \tau_{m_{n-2}} \geqq \cdots \geqq \tau_{m_4} \geqq \tau_{m_2} \tag{9.7.16}$$

$$\tau_{m_n} \geqq \tau_{m_{n-1}}, \quad \cdots, \quad \tau_{m_4} \geqq \tau_{m_3}, \quad \tau_{m_2} \geqq \tau_{m_1} \tag{9.7.17}$$

公式(9.7.15)の右辺では，(9.7.8)の結果によって，生成演算子と消滅演算子とを対にする期待値だけを考えればよい．このことから考えて(9.7.15)の左辺は $n/2$ 個の生成演算子と同数 $n/2$ 個の消滅演算子とを含むときだけ0でなく残りうることが分かる．

b)　$\langle\hat{\mathcal{S}}(\beta)\rangle_0$ の摂動展開

上の結果を利用して，(9.5.9)の期待値の展開式

$$\langle\hat{\mathcal{S}}(\beta)\rangle_0=1+\sum_{n=1}^{\infty}\frac{(-g)^n}{n!}\int_0^{\beta}d\tau_n\int_0^{\beta}d\tau_{n-1}\cdots\int_0^{\beta}d\tau_1\langle T_\tau\{\mathcal{H}^{\mathrm{int}}(\tau_n)\cdots\mathcal{H}^{\mathrm{int}}(\tau_1)\}\rangle_0 \tag{9.7.18}$$

で相互作用の具体的な形(9.7.1)を仮定したとき出てくる期待値

$$\langle\hat{a}^\dagger(2n)\,\hat{a}^\dagger(2n-1)\,\hat{a}(2n-1)\,\hat{a}(2n)\cdot\hat{a}^\dagger(2n-2)\cdots\hat{a}(4)\cdot\hat{a}^\dagger(2)\,\hat{a}^\dagger(1)\,\hat{a}(1)\,\hat{a}(2)\rangle_0 \tag{9.7.19}$$

に公式(9.7.15)を適用して書き替えよう．上式で $\hat{a}^\dagger(j)\,\hat{a}^\dagger(j-1)\,\hat{a}(j-1)\,\hat{a}(j)$ は(9.7.1)に表われる演算子の積 $\hat{a}_{\boldsymbol{k}_j}{}^\dagger(\tau_j)\,\hat{a}_{\boldsymbol{k}_{j-1}}{}^\dagger(\tau_{j-1})\,\hat{a}_{\boldsymbol{k}_{j-1}'}(\tau_{j-1})\,\hat{a}_{\boldsymbol{k}_j'}(\tau_j)$（ただし $\tau_j=\tau_{j-1}$）を略記したものである．問題は因子 $\eta^{\nu(Q)}$ の計算である．

(9.7.19)は偶数回の互換によって次の形に書き直せる．

$$\langle\hat{a}(2n)\,\hat{a}^\dagger(2n)\cdot\hat{a}(2n-1)\,\hat{a}^\dagger(2n-1)\cdot\hat{a}(2n-2)\cdots\hat{a}^\dagger(3)\cdot\hat{a}(2)\,\hat{a}^\dagger(2)\cdot\hat{a}(1)\,\hat{a}^\dagger(1)\rangle_0 \tag{9.7.20}$$

この場合因子 η を生じない．上式を公式(9.7.15)の右辺の和の1項の形に書き直そう．$\hat{A}_{m_n}(\tau_{m_n})$ に当たるものは(9.7.19)から見て $\hat{a}^\dagger(2n)$ であるから，$\hat{A}_{m_{n-1}}(\tau_{m_{n-1}})$ に当たるものを(9.7.20)で $\hat{a}(j)$ であるとすれば，(9.7.20)の積で $\hat{a}(j)\,\hat{a}^\dagger(j)$ をまとめて左に移動し，$\hat{a}^\dagger(2n)$ の右隣りまでもってくる．このように2個の積を移動することは偶数回の互換で実行できるから因子 η を生じない．次に $\hat{a}^\dagger(j)$ と組になるものを $\hat{a}(k)$ とすると $\hat{a}(k)\,\hat{a}^\dagger(k)$ を左に移動し $\hat{a}^\dagger(j)$ の右隣りまでもってくる，という操作を繰り返す．(9.7.19)では摂動展開(9.7.18)の演算 T_τ によって $\tau_{2n}\geqq\tau_{2n-1}\geqq\tau_{2n-2}\geqq\cdots\geqq\tau_2\geqq\tau_1$ となっているから，上の操作で

はつねに(9.7.16)がみたされているはずである．$\hat{a}(l)\hat{a}^\dagger(l)$ まで移動したとき，$\hat{a}^\dagger(l)$ の相手が $\hat{a}(2n)$ であることが起こる．そのときは(9.7.20)の左端の $\hat{a}(2n)$ を $\hat{a}^\dagger(l)$ の右隣りまで移さなければならない．これは $\hat{a}^\dagger(2n)$ の存在のため奇数回の互換を要し，1個の因子 η を生ずる．

$$\eta\langle\hat{a}^\dagger(2n)\hat{a}(j)\cdot\hat{a}^\dagger(j)\hat{a}(k)\cdot\hat{a}^\dagger(k)\cdots\hat{a}(l)\cdot\hat{a}^\dagger(l)\hat{a}(2n)\cdot\hat{a}(m)\cdots\hat{a}^\dagger(1)\rangle_0 \tag{9.7.21}$$

対になった各組はその期待値で置き換えてよい．ここまでで並べ替えが終りでなければ，残った積 $\hat{a}(m)\cdots\hat{a}^\dagger(1)$ について上と同じ手続きを繰り返す．この手続きが終了したときは，$2n\to j\to k\to\cdots\to l\to 2n$，$m\to\cdots\to m$ というような輪が何個かできているはずであり，輪1個について因子 η が1つ生じているから，輪の個数を $\lambda(Q)$ とすると因子 $\eta^{\lambda(Q)}$ が得られる．これは(9.7.15)の因子 $\eta^{\nu(Q)}$ の一部である．(9.7.21)をこのようにして次の形に書ける．

$$\begin{aligned}&\eta\langle\hat{a}^\dagger(2n)\hat{a}(j)\rangle_0\langle\hat{a}^\dagger(j)\hat{a}(k)\rangle_0\langle\hat{a}^\dagger(k)\cdots\hat{a}(l)\rangle_0\langle\hat{a}^\dagger(l)\hat{a}(2n)\rangle_0\\&\quad\times\eta\langle\hat{a}^\dagger(m)\cdots\hat{a}(m)\rangle_0\eta\cdots\eta\cdots\end{aligned} \tag{9.7.22}$$

これはまだ(9.7.15)の和の1項の形をしていない．条件(9.7.17)が必ずしもみたされていないからである．(9.7.15)では期待値中の対は τ の大きい演算子がつねに左にあるが，(9.7.22)では生成演算子がつねに左にあるから，例えば，ある因子 $\langle\hat{a}^\dagger(p)\hat{a}(q)\rangle_0$ では $\tau_p>\tau_q$ のことも $\tau_p<\tau_q$ のこともありうる．$\tau_p>\tau_q$ であれば条件(9.7.17)に合うからそのままでよいが，$\tau_p<\tau_q$ のときには $\langle\hat{a}(q)\hat{a}^\dagger(p)\rangle_0$ と書き替えなければ(9.7.15)の形にならない．この場合因子 η が1個生じて $\eta^{\nu(Q)}$ に寄与する．しかしこの原因によって生ずる因子の個数を計算するのは面倒である．幸いに非摂動系の1体温度 Green 関数(9.6.18)を使うと，(9.4.18)のときのように，

$$\begin{aligned}&\theta(\tau'-\tau)\langle\hat{a}_{\boldsymbol{k}'}{}^\dagger(\tau')\hat{a}_{\boldsymbol{k}}(\tau)\rangle_0+\theta(\tau-\tau')\eta\langle\hat{a}_{\boldsymbol{k}}(\tau)\hat{a}_{\boldsymbol{k}'}{}^\dagger(\tau')\rangle_0\\&\quad=-\eta\mathcal{G}_0(\boldsymbol{k},\tau\,;\boldsymbol{k}',\tau')\end{aligned} \tag{9.7.23}$$

と書けるから，(9.7.15)の和の各項で，因子 $\eta^{\nu(Q)}$ 中の $\eta^{\lambda(Q)}$ 以外の η を対の期待値の方へ移したものは $-\eta\mathcal{G}_0$ の形にまとめられることが分かる．ただし $\tau=\tau'$ となる対は摂動展開で同一の $\mathcal{H}^{\text{int}}$ から由来するものであって，生成演算子をつねに消滅演算子の左に置いておかなければならないから，$-\eta\mathcal{G}_0(\boldsymbol{k},\tau\,;\boldsymbol{k}',\tau+\Delta)$ とし，全ての計算が終わってから $\Delta\to+0$ の極限をとるべきである．例えば1次

の摂動項では，(9.7.10)を使って，

$$\langle \hat{a}_{\boldsymbol{k}_2}{}^\dagger(\tau)\hat{a}_{\boldsymbol{k}_1}{}^\dagger(\tau)\hat{a}_{\boldsymbol{k}_1'}(\tau)\hat{a}_{\boldsymbol{k}_2'}(\tau)\rangle_0$$
$$=\eta\langle \hat{a}_{\boldsymbol{k}_2}{}^\dagger(\tau)\hat{a}_{\boldsymbol{k}_1'}(\tau)\rangle_0\langle \hat{a}_{\boldsymbol{k}_1}{}^\dagger(\tau)\hat{a}_{\boldsymbol{k}_2'}(\tau)\rangle_0+\eta^2\langle \hat{a}_{\boldsymbol{k}_2}{}^\dagger(\tau)\hat{a}_{\boldsymbol{k}_2'}(\tau)\rangle_0\langle \hat{a}_{\boldsymbol{k}_1}{}^\dagger(\tau)\hat{a}_{\boldsymbol{k}_1'}(\tau)\rangle_0$$
$$=\eta\{-\eta\mathcal{G}_0(\boldsymbol{k}_1',\tau;\boldsymbol{k}_2,\tau+\Delta)\}\{-\eta\mathcal{G}_0(\boldsymbol{k}_2',\tau;\boldsymbol{k}_1,\tau+\Delta')\}$$
$$+\eta^2\{-\eta\mathcal{G}_0(\boldsymbol{k}_2',\tau;\boldsymbol{k}_2,\tau+\Delta)\}\{-\eta\mathcal{G}_0(\boldsymbol{k}_1',\tau;\boldsymbol{k}_1,\tau+\Delta')\} \qquad (9.7.24)$$

として，最後に極限 $\Delta\to+0$, $\Delta'\to+0$ をとればよい．この例からも分かるように，$-\eta\mathcal{G}_0$ の因子 $-\eta$ は(9.7.19)の形の期待値の計算では $2n$ 個出てくるから，$(-\eta)^{2n}=1$ で落とすことができる．

c) Feynman 図形との対応

摂動展開(9.7.18)の各項に Feynman 図形を対応させる準備ができた．まず1体温度 Green 関数 $\mathcal{G}_0(\boldsymbol{k},\tau;\boldsymbol{k}',\tau')$ に対応して，生成演算子 $\hat{a}_{\boldsymbol{k}'}{}^\dagger(\tau')$ に対応する始点 $(\boldsymbol{k}',\tau')$ から消滅演算子 $\hat{a}_{\boldsymbol{k}}(\tau)$ に対応する終点 $(\boldsymbol{k},\tau)$ に向かう**粒子線**を実線で引く(図9.1(a))．次に相互作用(9.7.1)の行列要素 $V^{-1}\Phi_{\boldsymbol{k}_2-\boldsymbol{k}_2'}\delta_{\boldsymbol{k}_1+\boldsymbol{k}_2,\boldsymbol{k}_1'+\boldsymbol{k}_2'}$ に対応して，粒子線の終点 $(\boldsymbol{k}_1',\tau)$ でありまた新しい粒子線の始点 $(\boldsymbol{k}_1,\tau)$ となる1個の頂点から発し，他の粒子線の終点 $(\boldsymbol{k}_2',\tau)$ でありもう1つの新しい粒子線の始点 $(\boldsymbol{k}_2,\tau)$ となる他の1個の頂点に終わるような**相互作用線**を破線で引く(図9.1(b))．摂動展開(9.7.18)の各項には，粒子線が頂点で次つぎにつながって何個かの輪を作り，頂点間に相互作用線がはいったような図形が対応する．例えば1次の摂動項

$$-g\int_0^\beta d\tau\langle\mathcal{H}^{\mathrm{int}}(\tau)\rangle_0$$
$$=-\frac{1}{2}\int_0^\beta d\tau\sum_{\boldsymbol{k}_1,\boldsymbol{k}_2,\boldsymbol{k}_1',\boldsymbol{k}_2'}\frac{\Phi_{\boldsymbol{k}_2-\boldsymbol{k}_2'}}{V}\delta_{\boldsymbol{k}_1+\boldsymbol{k}_2,\boldsymbol{k}_1'+\boldsymbol{k}_2'}\langle \hat{a}_{\boldsymbol{k}_2}{}^\dagger(\tau)\hat{a}_{\boldsymbol{k}_1}{}^\dagger(\tau)\hat{a}_{\boldsymbol{k}_1'}(\tau)\hat{a}_{\boldsymbol{k}_2'}(\tau)\rangle_0$$

では(9.7.24)の2つの項に相当する2種の図形が現われる．第1項は $-\eta\mathcal{G}_0$ の

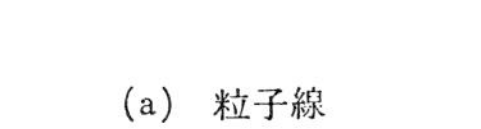

$(\boldsymbol{k},\tau)$ $(\boldsymbol{k}',\tau')$

$(\boldsymbol{k}_1,\tau)$ $(\boldsymbol{k}_2,\tau)$ $(\boldsymbol{k}_1',\tau)$ $(\boldsymbol{k}_2',\tau)$

(a) 粒子線 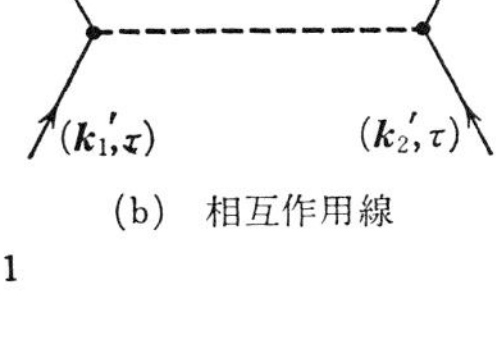　(b) 相互作用線

図9.1

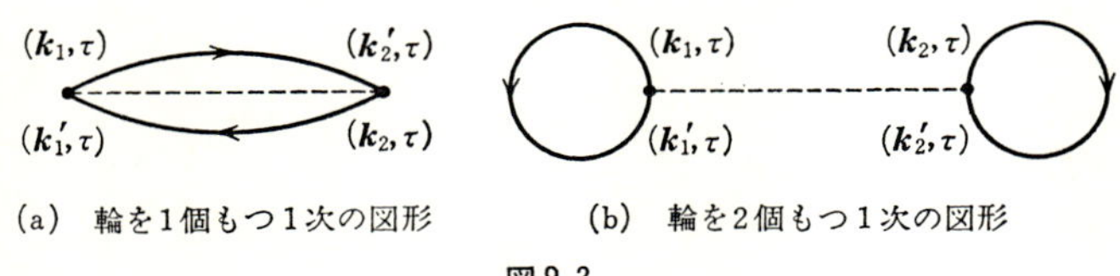

(a)　輪を1個もつ1次の図形　　(b)　輪を2個もつ1次の図形

図9.2

ηを無視すると，因子ηをもつから粒子線の輪1個を含む図形である(図9.2(a))．第2項は因子η^2をもち，粒子線の2個の輪をもつ図形に対応する(図9.2(b))．

逆に図形から対応する展開項を求めることができる．n次の摂動項を求めるには，まず$2n$本の粒子線とn本の相互作用線とを組み合わせて描ける全ての形の図形を作る．各図形に対し前述の対応によって，粒子線1本には$\mathcal{G}_0$を，相互作用線1本には行列要素$V^{-1}\Phi\delta$を因子として対応させる積を作り，粒子線の輪の個数$\lambda(Q)$に応ずる因子$\eta^{\lambda(Q)}$をつけ，図形中に現われる全ての波数ベクトル$\boldsymbol{k}$についての和をとる．この和をとるとき，波数ベクトルの交換によってだけ等しいものは同じ値を与えるから，$\mathcal{H}^{\text{int}}$中の因子1/2を落として，トポロジー的に同等な図形は1つだけ考えればよい．最後に展開式(9.7.18)にある演算

$$\frac{(-1)^n}{n!}\int_0^\beta d\tau_n \int_0^\beta d\tau_{n-1}\cdots\int_0^\beta d\tau_1$$

を行なう．このようにして得られる式をn次の全ての図形について加え合わせればよい．

d)　松原の公式

熱力学ポテンシャル(9.5.11)を計算するためには展開の各次数で全ての図形に対応する項を求める必要はない．(9.5.11)の対数関数をとる演算が特殊の図形だけを拾うことによって実行されることを示そう．

1次の摂動項に対する2個の図形は粒子線の輪が相互作用線で連結されているようなものであった(図9.2)．2次の摂動項に対する図形は17個あるが，そのうち13個は粒子線の作る全ての輪が相互作用線で1まとまりに連結されている**連結型図形**であるが，残りの4個は2部分に分離された**分離型図形**である．τ軸を上下方向にとるとき，2次の分離型図形4個は，1次の2種の図形を上下に並べたもので，4通りの組合せ方に対応している(図9.3)．このように図形が2個以上の部分に分離すると，摂動項への寄与はその各部分を形成する連結型図形に対

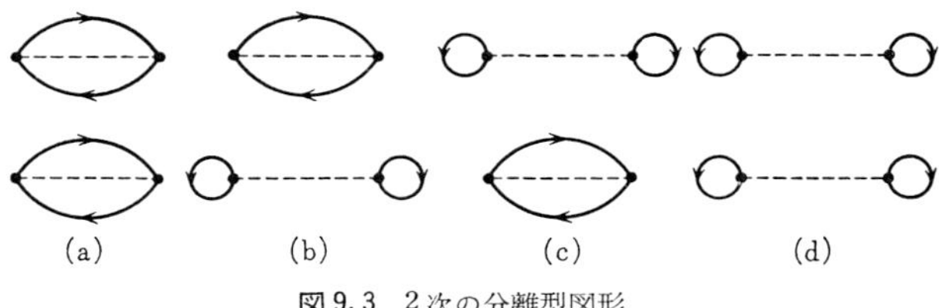

図 9.3　2 次の分離型図形

応する値の積となる．

n 次の摂動項の 1 項に対応する Feynman 図形が 1 次の連結型図形 p_1 個，2 次の連結型図形 p_2 個，… の合計 l 個の部分を上下方向に並べたものであれば，

$$p_1+2p_2+3p_3+\cdots=n,\qquad p_1+p_2+p_3+\cdots=l \tag{9.7.25}$$

であって，この図形からの n 次の摂動項への寄与は，

$$\frac{(-g)^n}{n!}\left[\int_0^\beta d\tau_1\langle\mathcal{H}^{\rm int}(\tau_1)\rangle_0{}^{\rm c}\right]^{p_1}\left[\int_0^\beta d\tau_2\int_0^\beta d\tau_1\langle T_\tau\{\mathcal{H}^{\rm int}(\tau_2)\mathcal{H}^{\rm int}(\tau_1)\}\rangle_0{}^{\rm c}\right]^{p_2}$$
$$\times\left[\int_0^\beta d\tau_3\cdots\right]^{p_3}\cdots \tag{9.7.26}$$

の形に書ける．ただし $\langle\ \rangle_0{}^{\rm c}$ は与えられた Feynman 図形中に現われる特定の連結型図形に対応する期待値を表わすものとする．波数ベクトルについての和および τ の積分を行なってしまえば，同種の連結型図形は同じ値を与えるので，本来積として書くべきものを簡単に p_1 乗，p_2 乗，… と表わした．(9.7.26) と同じ値を与える Feynman 図形は，n 個の演算子 $\mathcal{H}^{\rm int}$ を並べ替えることによっても生ずる．その並べ替え方は

$$n!\Bigg/\left[\prod_{m=1}^{\infty}p_m!\,(m!)^{p_m}\right] \tag{9.7.27}$$

通りある．これはトポロジー的に同等な Feynman 図形の個数である．n 次の摂動項は (9.7.26) に (9.7.27) を掛け，トポロジー的に異なる図形に対応する項について加え合わせれば得られる．かくして，m 次の連結型図型に対応する項からの寄与の総和を

$$C_m=\frac{(-g)^m}{m!}\int_0^\beta d\tau_m\cdots\int_0^\beta d\tau_1\langle T_\tau\{\mathcal{H}^{\rm int}(\tau_m)\cdots\mathcal{H}^{\rm int}(\tau_1)\}\rangle_0{}^{\rm con} \tag{9.7.28}$$

として次式を得る．

$$\sum_{\substack{p_1=0 \\ (p_1+2p_2+3p_3+\cdots=n)}}^{\infty} \sum_{p_2=0}^{\infty} \sum_{p_3=0}^{\infty} \cdots \prod_{m=1}^{\infty} \frac{1}{p_m!} C_m{}^{p_m} \tag{9.7.29}$$

ただし $n=0$ なら $p_1=p_2=\cdots=0$ であるから上式は1と解釈する．$n=1$ では $p_1=1$, $p_2=p_3=\cdots=0$ で上式は C_1 で，図9.2の2種の連結型図形に対応する寄与の和となる．$n=2$ では $p_1=2$, $p_2=p_3=\cdots=0$ および $p_1=0$, $p_2=1$, $p_3=\cdots=0$ の場合があって，$(1/2!)C_1{}^2+C_2$ となる．C_2 は先に述べた13個の2次の連結型図形に対応する寄与の和である．$(1/2!)C_1{}^2$ は C_1 に現われた図形を2個取り出して図9.3のように上下に並べて作られる4種の分離型図形に対応する寄与の和である．

$\langle\hat{\mathscr{S}}(\beta)\rangle_0$ の展開式(*9.7.18*)は(*9.7.29*)を全ての n について加えたものであるが，n の和をとることは(*9.7.29*)で条件 $p_1+2p_2+3p_3+\cdots=n$ をはずすことに等しいから，

$$\langle\hat{\mathscr{S}}(\beta)\rangle_0 = \exp\left(\sum_{m=1}^{\infty} C_m\right) \tag{9.7.30}$$

となる．上式の対数をとれば熱力学ポテンシャル(*9.5.11*)が与えられる．もうすこしきれいな形にするには，展開式(*9.7.18*)で連結型図形に対応する項だけを拾ったときの値

$$\langle\hat{\mathscr{S}}(\beta)\rangle_0{}^{\mathrm{con}} = 1+\sum_{m=1}^{\infty} C_m \tag{9.7.31}$$

を使って次のように書けばよい．

$$J = J_0-kT\{\langle\hat{\mathscr{S}}(\beta)\rangle_0{}^{\mathrm{con}}-1\} \tag{9.7.32}$$

これは松原によって導かれた美しい公式である．

§9.8　Dyson 方程式

この節では温度 Green 関数の摂動展開式と Feynman 図形との対応を考えよう．熱力学ポテンシャルを大きな状態和から求める前節の結果と比べて，温度 Green 関数を求め，それによって種々の平均値，特に熱力学ポテンシャルを計算する方が摂動展開にとって都合がよいことが分かるであろう．次節で2時間 Green 関数との関係をつけるから，不可逆過程を論ずるにも温度 Green 関数を使う新しい方法は有力となる．

a) 1体温度 Green 関数

非摂動系の1体温度 Green 関数は(9.6.18)で求めた．摂動を受けている系では(9.6.1)，(9.6.8)から，

$$\mathscr{G}(\boldsymbol{k},\tau;\boldsymbol{k}',\tau') = -\langle T_\tau\{\check{a}_{\boldsymbol{k}}(\tau)\check{a}_{\boldsymbol{k}'}{}^\dagger(\tau')\}\rangle$$
$$= -\frac{\langle T_\tau\{\hat{a}_{\boldsymbol{k}}(\tau)\hat{a}_{\boldsymbol{k}'}{}^\dagger(\tau')\hat{\mathscr{S}}(\beta)\}\rangle_0}{\langle\hat{\mathscr{S}}(\beta)\rangle_0} \qquad (9.8.1)$$

となる．上式の分母については前節に論じた．分子の摂動展開

$$-\langle T_\tau\{\hat{a}_{\boldsymbol{k}}(\tau)\hat{a}_{\boldsymbol{k}'}{}^\dagger(\tau')\hat{\mathscr{S}}(\beta)\}\rangle_0$$
$$= \mathscr{G}_0(\boldsymbol{k},\tau;\boldsymbol{k}',\tau') - \sum_{n=1}^{\infty}\frac{(-g)^n}{n!}\int_0^\beta d\tau_n\cdots$$
$$\cdots\int_0^\beta d\tau_1\langle T_\tau\{\hat{a}_{\boldsymbol{k}}(\tau)\hat{a}_{\boldsymbol{k}'}{}^\dagger(\tau')\mathscr{H}^{\text{int}}(\tau_n)\cdots\mathscr{H}^{\text{int}}(\tau_1)\}\rangle_0 \qquad (9.8.2)$$

についても，Bloch-De Dominicis の定理を使って同じような議論ができる．

展開式(9.7.18)の場合と違う点は，消滅演算子 $\hat{a}_{\boldsymbol{k}}(\tau)$ と生成演算子 $\hat{a}_{\boldsymbol{k}'}{}^\dagger(\tau')$ の対が余分に入っているために，Feynman 図形に2本の**外線**，すなわち終点 $(\boldsymbol{k},\tau)$ をもつ粒子線と始点 $(\boldsymbol{k}',\tau')$ をもつ粒子線が加わることである．(9.8.2)の右辺第1項はこの2本の外線同士が連結して1本となったものと考える．図形の中の粒子線で2本の外線でないものを**内線**と呼ぶことにする．展開(9.8.2)の1次の項に対応する Feynman 図形は，1本につながった外線の横に図9.2の1次の図形を並べた形の2種の分離型図形と，図9.2の1次の図形の内線1本を切断して外線と連結した形の2種の連結型図形とからなる(図9.4)．展開(9.8.2)の2次の項に対する図形としては，図9.4の図形に図9.2の1次の図形を上下に並べた分離型図形，1本の外線の横に図9.3の2次の図形を並べた分離型図形などの外に，後に例を述べる多数の連結型図形がある．ここでは分離型図形からの寄与を

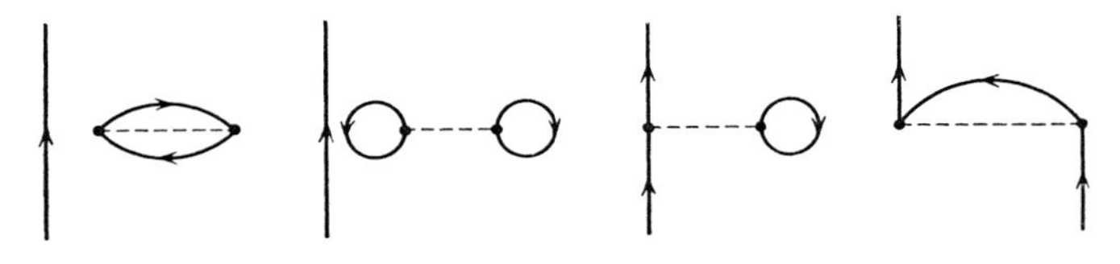

(a) 分離型図形　(b) 分離型図形　(c) 連結型図形　(d) 連結型図形

図9.4

考えよう．展開(9. 8. 2)の $m+n$ 次の項中，ある特定の m 次の連結型図形部分を含む分離型図形からの寄与は次の形になる．

$$-\frac{(-g)^{m+n}}{(m+n)!}\left[\int_0^\beta d\tau_m\cdots\int_0^\beta d\tau_1\langle T_\tau\{\hat{a}_{\boldsymbol{k}}(\tau)\hat{a}_{\boldsymbol{k}'}{}^\dagger(\tau')\mathcal{H}^{\mathrm{int}}(\tau_m)\cdots\mathcal{H}^{\mathrm{int}}(\tau_1)\}\rangle_0{}^{\mathrm{c}}\right]$$
$$\times\left[\int_0^\beta d\tau_n\cdots\int_0^\beta d\tau_1\langle T_\tau\{\mathcal{H}^{\mathrm{int}}(\tau_n)\cdots\mathcal{H}^{\mathrm{int}}(\tau_1)\}\rangle_0\right] \qquad (9.8.3)$$

ただし第1の[ ]中の部分が外線に連結されている部分からの寄与で，第2の[ ]中の部分が分離した図形部分からの寄与である．後者は(9. 7. 26)で与えたような構造をもっているはずであるが，詳しくは書かなかった．前節の議論と同じように，$m+n$ 個の $\mathcal{H}^{\mathrm{int}}$ を並べ替えることによって，(9. 8. 3)に対応するのと同じ形の Feynman 図形を生ずるが，その個数は(9. 7. 27)に $(m+n)!/m!n!$ を掛けた値となる．したがって m 次の連結型図形部分を固定して，分離した部分の全ての種類，全ての $n=0, 1, 2, \cdots$ について加え合わせると，分離した部分からの寄与の和は前節に論じた展開(9. 7. 18)と同じ和になるはずであって，(9. 8. 3)のこのような和は

$$-\frac{(-g)^m}{m!}\int_0^\beta d\tau_m\cdots\int_0^\beta d\tau_1\langle T_\tau\{\hat{a}_{\boldsymbol{k}}(\tau)\hat{a}_{\boldsymbol{k}'}{}^\dagger(\tau')\mathcal{H}^{\mathrm{int}}(\tau_m)\cdots\mathcal{H}^{\mathrm{int}}(\tau_1)\}\rangle_0{}^{\mathrm{c}}\langle\hat{\mathcal{S}}(\beta)\rangle_0 \qquad (9.8.4)$$

の形にまとまる．これを全ての種類の連結型図形，全ての $m=0, 1, 2, \cdots$ について加え合わせたものが(9. 8. 2)であったから，外線と連結された連結型図形のみを拾うことをも前節のように $\langle\ \rangle^{\mathrm{con}}$ なる記法で示すとすれば，次式を得る．

$$\mathcal{G}(\boldsymbol{k},\tau;\boldsymbol{k}',\tau')=\mathcal{G}_0(\boldsymbol{k},\tau;\boldsymbol{k}',\tau')-\sum_{m=1}^{\infty}\frac{(-g)^m}{m!}\int_0^\beta d\tau_m\cdots$$
$$\cdots\int_0^\beta d\tau_1\langle T_\tau\{\hat{a}_{\boldsymbol{k}}(\tau)\hat{a}_{\boldsymbol{k}'}{}^\dagger(\tau')\mathcal{H}^{\mathrm{int}}(\tau_m)\cdots\mathcal{H}^{\mathrm{int}}(\tau_1)\}\rangle_0{}^{\mathrm{con}}$$
$$=-\langle T_\tau\{\hat{a}_{\boldsymbol{k}}(\tau)\hat{a}_{\boldsymbol{k}'}{}^\dagger(\tau')\hat{\mathcal{S}}(\beta)\}\rangle_0{}^{\mathrm{con}} \qquad (9.8.5)$$

すなわち全ての分離型図形を無視して計算すればよい．各図形の分離部分からの寄与は(9. 8. 1)の分母を相殺するのである．

さらに連結型図形を考える場合，(9. 8. 5)の第2辺で m 個の $\mathcal{H}^{\mathrm{int}}$ を並べ替えたものは同じ値を与えるから，トポロジー的に同等でない図形に対応する寄与だ

けを考えて，分母の $m!$ を落とすことができる．このことは熱力学ポテンシャル(*9.7.32*)のときにはなかった簡単化である．(*9.7.28*)の場合には固定されるべき外線がなく，内線は閉じた輪の形をもつので，m 個の $\mathcal{H}^{\mathrm{int}}$ 中の1個を固定して他の $m-1$ 個の $\mathcal{H}^{\mathrm{int}}$ を並べ替えるとき，トポロジー的に同等な図形 $(m-1)!$ 個を生ずるから，トポロジー的に異なる図形だけを考えても分母の $m!$ は m で置き換えられるにすぎない．したがって(*9.7.31*)の和の各項には $1/m$ という重率が入ってくる．(*9.8.5*)の和ではこのような m に依存する重率は現われないのである．この事情は以下に述べる図式求和法を可能ならしめる．

b) 質量演算子

1体温度 Green 関数に対する展開公式(*9.8.5*)では連結型図形のみが問題となるが，連結型図形にも種々の形がある．特殊な形の部分を含む図形に対応する項だけをまず全て集める，つまり部分和をとるのが**図式求和法**であるが，この手法により1体 Green 関数などの間に成り立つ関係式を導出することができる．まず1体温度 Green 関数のみたす方程式を作ろう．

展開(*9.8.5*)に対応する1次の連結型図形は図9.4の(c), (d)である．2次の連結型図形には，1次の図形を繰り返したもの(図9.5(a))，1次の図形の1部に1次の図形を挿入した形のもの(図9.5(b))，および新しい形のものがある(図9.5(c))．3次以上の高次の連結型図形についてもそれより低次の図形に対し似た関係がある．これらの各図形で，その図形の1部に残りの部分と2本の粒子線だけで連結されている部分のあることが分かる．最も簡単に得られる例は外線2本を取り除いた残りの部分である．このような部分を**自己エネルギー部分**と呼ぶ．場の量子論で使われた名称をそのまま借用したにすぎない．自己エネルギー部分にはそれに含まれるある粒子線1本を切ると2部分に分割されるものがある．図9.5(a)の図形から外線を除いたものがその最も簡単な例である．このような自己エネルギー部分を**可約**であるといい，可約でないものを**既約自己エネルギー部分**と呼ぶ．

展開(*9.8.5*)では，先に注意したように，トポロジー的に異なる全ての図形に対応する項が等しい重率で加えられているから，例えば図9.4(c)の図形で下側の外線を除いた部分を考えると，このような形の部分を上端に含む高次の図形は，図9.5(a)の左側2個の図形など無数にあるが，それらに対応する項を総和する

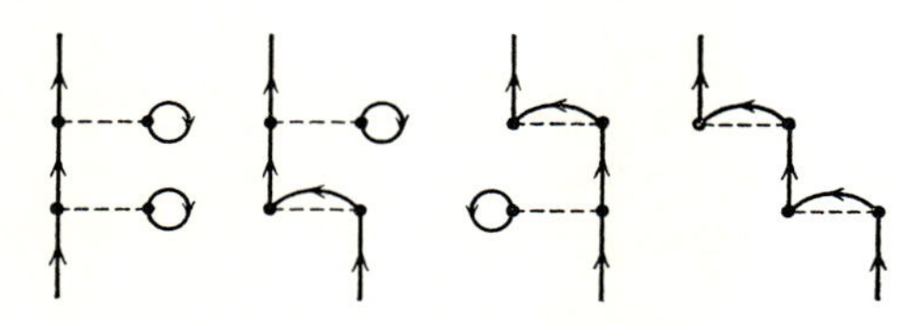

(a)　1次の連結型図形の繰返し型

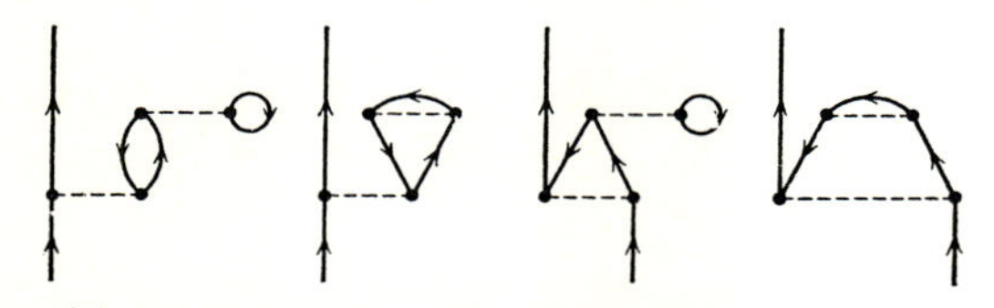

(b)　1次の連結型図形の1部に1次の図形を挿入した例

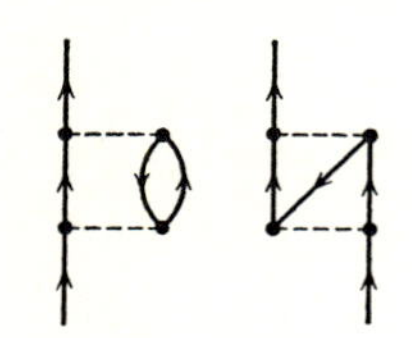

(c)　本来の2次の連結型図形

図 9.5

とちょうど展開式(9.8.5)の形にまとまる因子を与えるはずである．このようなことは上側の外線とそれに任意のある1つの型の既約自己エネルギー部分を連続した形の図形の場合についても成り立つ．また逆に1次以上の図形はこのような形で，種々の型の既約自己エネルギー部分を選んだ形に分類される．すなわち展開式(9.8.5)の種々の項の総和をとるのに，まず上端の外線およびそれに連結された既約自己エネルギー部分を共通にもつ全ての図形に対応する項について部分和をとり，次に既約自己エネルギー部分の可能な選び方について和をとってもよい．ゆえに全ての型の既約自己エネルギー部分の総和を $\mathcal{M}(\boldsymbol{k}'', \tau''\,;\boldsymbol{k}''', \tau''')$ のように書くとき，(9.8.5)は次の形に書き直せる．

$$\mathcal{G}(\boldsymbol{k}, \tau\,;\boldsymbol{k}', \tau') = \mathcal{G}_0(\boldsymbol{k}, \tau\,;\boldsymbol{k}', \tau') + \int_0^\beta d\tau'' \int_0^\beta d\tau''' \sum_{\boldsymbol{k}'', \boldsymbol{k}'''} \mathcal{G}_0(\boldsymbol{k}, \tau\,;\boldsymbol{k}'', \tau'')$$
$$\times \mathcal{M}(\boldsymbol{k}'', \tau''\,;\boldsymbol{k}''', \tau''')\,\mathcal{G}(\boldsymbol{k}''', \tau'''\,;\boldsymbol{k}', \tau') \qquad (9.8.6)$$

$(\boldsymbol{k}, \tau)$ を行列の添字に見立てると，$\mathcal{M}(\boldsymbol{k}'', \tau''\,;\boldsymbol{k}''', \tau''')$ は演算子 $\mathcal{M}$ の行列要素と解釈される．この意味で $\mathcal{M}$ を**質量演算子**と呼ぶ．これも場の量子論からの名称

である.

(9.8.6)で温度 Green 関数を Fourier 級数(9.6.12)に展開して，(9.8.6)をもうすこし見やすい形に書き直そう．その作り方から $\mathcal{M}(\boldsymbol{k}'',\tau'';\boldsymbol{k}''',\tau''')$ は差の形で τ'',τ''' に依存するはずであるから，(9.6.12)のように Fourier 級数に展開することが便利である．

$$\mathcal{M}(\boldsymbol{k}'',\tau'';\boldsymbol{k}''',\tau''')=kT\sum_{n''}\exp\{-i\xi_{n''}(\tau''-\tau''')\}\mathcal{M}(\boldsymbol{k}'',\boldsymbol{k}''';i\xi_{n''}) \tag{9.8.7}$$

$\xi_n,\xi_{n'}$ が(9.6.14)の2つの値のどちらか一方の形にそろっているとすれば，$2\pi kT\tau=\theta$ と置いて，

$$kT\int_0^\beta d\tau\exp\{i(\xi_n-\xi_{n'})\tau\}=\frac{1}{2\pi}\int_0^{2\pi}d\theta e^{i(n-n')\theta}=\delta_{nn'} \tag{9.8.8}$$

が成り立つから，(9.8.6)から次式を得る．

$$\begin{aligned}\mathcal{K}(\boldsymbol{k},\boldsymbol{k}';i\xi_n)&=\mathcal{K}_0(\boldsymbol{k},\boldsymbol{k}';i\xi_n)\\&\quad+\sum_{\boldsymbol{k}'',\boldsymbol{k}'''}\mathcal{K}_0(\boldsymbol{k},\boldsymbol{k}'';i\xi_n)\mathcal{M}(\boldsymbol{k}'',\boldsymbol{k}''';i\xi_n)\mathcal{K}(\boldsymbol{k}''',\boldsymbol{k}';i\xi_n)\end{aligned} \tag{9.8.9}$$

非摂動系での値(9.6.19)を想起すれば，次のように書いてもよい．

$$\sum_{\boldsymbol{k}''}[\delta_{\boldsymbol{k}\boldsymbol{k}''}\{i\xi_n+\mu-E(\boldsymbol{k})\}-\mathcal{M}(\boldsymbol{k},\boldsymbol{k}'';i\xi_n)]\mathcal{K}(\boldsymbol{k}'',\boldsymbol{k}';i\xi_n)=\delta_{\boldsymbol{k}\boldsymbol{k}'} \tag{9.8.10}$$

これは波数ベクトルを添字とする行列要素で書いた式であるとみれば，行列の式としては，1体 Green 関数が

$$\mathcal{K}(i\xi_n)=\frac{1}{i\xi_n+\mu-E-\mathcal{M}(i\xi_n)} \tag{9.8.11}$$

の形に求められることを示す．

c) 結節部分

(9.8.10)は1体 Green 関数に対する運動方程式の Fourier 変換を暗示するから，§9.2で2時間 Green 関数に対して運動方程式を立てたのと同じような手続きを1体温度 Green 関数(9.8.1)すなわち

$$\mathcal{G}(\boldsymbol{k},\tau;\boldsymbol{k}',\tau')=-\theta(\tau-\tau')\langle\check{a}_{\boldsymbol{k}}(\tau)\check{a}_{\boldsymbol{k}'}{}^\dagger(\tau')\rangle-\eta\theta(\tau'-\tau)\langle\check{a}_{\boldsymbol{k}'}{}^\dagger(\tau')\check{a}_{\boldsymbol{k}}(\tau)\rangle$$

について行なってみよう．上式を τ について微分すると，交換関係(9.7.2)，(9.7.3)によって，

$$\frac{\partial}{\partial\tau}\mathcal{G}(\boldsymbol{k},\tau;\boldsymbol{k}',\tau')=-\delta(\tau-\tau')\delta_{\boldsymbol{k}\boldsymbol{k}'}-\left\langle T_\tau\left\{\frac{\partial\check{a}_{\boldsymbol{k}}(\tau)}{\partial\tau}\check{a}_{\boldsymbol{k}'}{}^\dagger(\tau')\right\}\right\rangle$$

(9.6.2)から

$$\frac{\partial\check{a}_{\boldsymbol{k}}(\tau)}{\partial\tau}=[\mathcal{H},\check{a}_{\boldsymbol{k}}(\tau)]$$

であるから，$\mathcal{H}$ の形を(9.5.1)，(9.4.9)，(9.7.1)のように仮定すると，交換子を計算して次式を得る．

$$\frac{\partial}{\partial\tau}\mathcal{G}(\boldsymbol{k},\tau;\boldsymbol{k}',\tau')=-\delta(\tau-\tau')\delta_{\boldsymbol{k}\boldsymbol{k}'}-\{E(\boldsymbol{k})-\mu\}\mathcal{G}(\boldsymbol{k},\tau;\boldsymbol{k}',\tau')$$
$$+\frac{1}{V}\sum_{\boldsymbol{k}_2,\boldsymbol{k}_3,\boldsymbol{k}_4}\Phi_{\boldsymbol{k}-\boldsymbol{k}_4}\delta_{\boldsymbol{k}+\boldsymbol{k}_2,\boldsymbol{k}_3+\boldsymbol{k}_4}\mathcal{G}(\boldsymbol{k}_3,\tau,\boldsymbol{k}_4,\tau;\boldsymbol{k}_2,\tau+\varDelta,\boldsymbol{k}',\tau')\tag{9.8.12}$$

ここに $\varDelta$ については計算の最後に極限 $\varDelta\to+0$ をとるものとし，また

$$\mathcal{G}(\boldsymbol{k}_1,\tau_1,\boldsymbol{k}_2,\tau_2;\boldsymbol{k}_3,\tau_3,\boldsymbol{k}_4,\tau_4)$$
$$=+\langle T_\tau\{\check{a}_{\boldsymbol{k}_1}(\tau_1)\check{a}_{\boldsymbol{k}_2}(\tau_2)\check{a}_{\boldsymbol{k}_3}{}^\dagger(\tau_3)\check{a}_{\boldsymbol{k}_4}{}^\dagger(\tau_4)\}\rangle\tag{9.8.13}$$

は**2体温度 Green 関数**である．1体温度 Green 関数の方程式にそれより高次の2体温度 Green 関数が現われるという多体問題の特徴はここにも見られる．

Fourier 係数に移ると，方程式(9.8.12)は

$$\{i\xi_n+\mu-E(\boldsymbol{k})\}\mathcal{K}(\boldsymbol{k},\boldsymbol{k}';i\xi_n)$$
$$=\delta_{\boldsymbol{k}\boldsymbol{k}'}-\frac{1}{V}\sum_{\boldsymbol{k}_2,\boldsymbol{k}_3,\boldsymbol{k}_4}\Phi_{\boldsymbol{k}-\boldsymbol{k}_4}\delta_{\boldsymbol{k}+\boldsymbol{k}_2,\boldsymbol{k}_3+\boldsymbol{k}_4}\int_0^\beta d\tau e^{i\xi_n\tau}\mathcal{G}(\boldsymbol{k}_3,\tau,\boldsymbol{k}_4,\tau;\boldsymbol{k}_2,\tau+\varDelta,\boldsymbol{k}',0)$$

と書けるから，(9.8.10)と比べると，質量演算子と2体温度 Green 関数との関係を与える式が導かれる．

$$\int_0^\beta d\tau''\sum_{\boldsymbol{k}''}\mathcal{M}(\boldsymbol{k},\tau;\boldsymbol{k}'',\tau'')\mathcal{G}(\boldsymbol{k}'',\tau'';\boldsymbol{k}',\tau')$$
$$=-\frac{1}{V}\sum_{\boldsymbol{k}_2,\boldsymbol{k}_3,\boldsymbol{k}_4}\Phi_{\boldsymbol{k}-\boldsymbol{k}_4}\delta_{\boldsymbol{k}+\boldsymbol{k}_2,\boldsymbol{k}_3+\boldsymbol{k}_4}\mathcal{G}(\boldsymbol{k}_3,\tau,\boldsymbol{k}_4,\tau;\boldsymbol{k}_2,\tau+\varDelta,\boldsymbol{k}',\tau')\tag{9.8.14}$$

2体温度 Green 関数を持ち込んだ理由は，質量演算子 $\mathscr{M}$ より相互作用 $\mathscr{H}^{\rm int}$ ともっと近似しやすい形で関係している量を導入するためである.

2体温度 Green 関数に対しても1体温度 Green 関数の(*9.6.8*), (*9.8.5*)に当たる変形を行なうことができる.

$$\begin{aligned}\mathscr{G}(\boldsymbol{k}_1,\tau_1,\boldsymbol{k}_2,\tau_2\,;\boldsymbol{k}_3,\tau_3,\boldsymbol{k}_4,\tau_4)\\ &=+\frac{\langle T_\tau\{\hat{a}_{\boldsymbol{k}_1}(\tau_1)\,\hat{a}_{\boldsymbol{k}_2}(\tau_2)\,\hat{a}_{\boldsymbol{k}_3}{}^\dagger(\tau_3)\,\hat{a}_{\boldsymbol{k}_4}{}^\dagger(\tau_4)\,\hat{\mathscr{S}}(\beta)\}\rangle_0}{\langle\hat{\mathscr{S}}(\beta)\rangle_0}\\ &=+\langle T_\tau\{\hat{a}_{\boldsymbol{k}_1}(\tau_1)\,\hat{a}_{\boldsymbol{k}_2}(\tau_2)\,\hat{a}_{\boldsymbol{k}_3}{}^\dagger(\tau_3)\,\hat{a}_{\boldsymbol{k}_4}{}^\dagger(\tau_4)\,\hat{\mathscr{S}}(\beta)\}\rangle_0{}^{\rm con}\end{aligned}\tag{9.8.15}$$

したがって，連結型図形に対応する項を総和すればよい．2体温度 Green 関数に対する Feynman 図形には2つの終点 $(\boldsymbol{k}_1,\tau_1)$, $(\boldsymbol{k}_2,\tau_2)$, および2つの始点 $(\boldsymbol{k}_3,\tau_3)$, $(\boldsymbol{k}_4,\tau_4)$ をもつ4本の外線がある．$\mathscr{H}^{\rm int}$ について0次の項は，公式(*9.7.10*)により，

$$\begin{aligned}\mathscr{G}_0(\boldsymbol{k}_1,\tau_1,\boldsymbol{k}_2,\tau_2\,;\boldsymbol{k}_3,\tau_3,\boldsymbol{k}_4,\tau_4)\\ &=\mathscr{G}_0(\boldsymbol{k}_1,\tau_1\,;\boldsymbol{k}_4,\tau_4)\,\mathscr{G}_0(\boldsymbol{k}_2,\tau_2\,;\boldsymbol{k}_3,\tau_3)\\ &\quad+\eta\mathscr{G}_0(\boldsymbol{k}_1,\tau_1\,;\boldsymbol{k}_3,\tau_3)\,\mathscr{G}_0(\boldsymbol{k}_2,\tau_2\,;\boldsymbol{k}_4,\tau_4)\end{aligned}\tag{9.8.16}$$

で与えられる．対応する Feynman 図形は4本の外線同士が2本ずつ連結して2本の線となったものと考える(図9.6)．1次以上の展開項に対応する連結型図形は2種類ある．第1種の図形は図9.6の2本の線のおのおのに自己エネルギー部分を付け加えた型のもので，第2種の図形はさらに2本の線の間に架橋するような部分をも付け加えた型のものである．1体温度 Green 関数の連結型図形の場合に論じたように，粒子線に自己エネルギー部分を付け加え，可能な全ての型の自己エネルギー部分の選び方について，対応する項を総和することは，0次の1

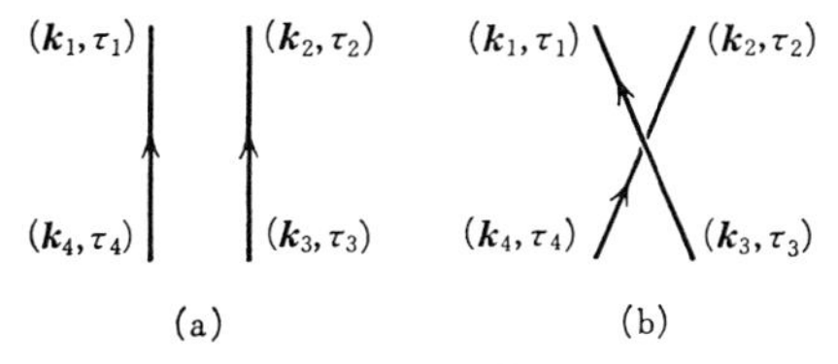

図9.6 0次の2体温度 Green 関数の2項に対応する Feynman 図形

体温度 Green 関数 $\mathcal{G}_0$ を $\mathcal{G}$ に変えることであった．したがって第1種に属する図形に対応する展開項を総和したものは，(9.8.16)の右辺で $\mathcal{G}_0$ の代りに $\mathcal{G}$ を使った値を与えるであろう．第2種の図形で，4本の外線またはそのおのおのに自己エネルギー部分を挿入した4個の部分を図形から取り除いた残りの部分を**架橋部分**と呼ぶことにしよう．架橋部分の全ての可能な型に対応する因子の総和を**結節部分**と呼び，$\mathcal{V}(\boldsymbol{k}_1', \tau_1', \boldsymbol{k}_2', \tau_2'; \boldsymbol{k}_3', \tau_3', \boldsymbol{k}_4', \tau_4')$ のように書くことにする．第2種図形に対応する展開項の総和を求めるには，架橋部分についての総和，4本の外線につながる4部分についての総和というように部分和をとることで実行される．したがって(9.8.15)の摂動展開は次の形にまとめられるはずである．

$$\begin{aligned}
&\mathcal{G}(\boldsymbol{k}_1, \tau_1, \boldsymbol{k}_2, \tau_2; \boldsymbol{k}_3, \tau_3, \boldsymbol{k}_4, \tau_4) \\
&\quad = \mathcal{G}(\boldsymbol{k}_1, \tau_1; \boldsymbol{k}_4, \tau_4)\mathcal{G}(\boldsymbol{k}_2, \tau_2; \boldsymbol{k}_3, \tau_3) + \eta\mathcal{G}(\boldsymbol{k}_1, \tau_1; \boldsymbol{k}_3, \tau_3)\mathcal{G}(\boldsymbol{k}_2, \tau_2; \boldsymbol{k}_4, \tau_4) \\
&\qquad - \int_0^\beta d\tau_1' \int_0^\beta d\tau_2' \int_0^\beta d\tau_3' \int_0^\beta d\tau_4' \sum_{\boldsymbol{k}_1', \boldsymbol{k}_2', \boldsymbol{k}_3', \boldsymbol{k}_4'} \mathcal{G}(\boldsymbol{k}_1, \tau_1; \boldsymbol{k}_1', \tau_1') \\
&\qquad \times \mathcal{G}(\boldsymbol{k}_2, \tau_2; \boldsymbol{k}_2', \tau_2')\mathcal{V}(\boldsymbol{k}_1', \tau_1', \boldsymbol{k}_2', \tau_2'; \boldsymbol{k}_3', \tau_3', \boldsymbol{k}_4', \tau_4')\mathcal{G}(\boldsymbol{k}_3', \tau_3'; \boldsymbol{k}_3, \tau_3) \\
&\qquad \times \mathcal{G}(\boldsymbol{k}_4', \tau_4'; \boldsymbol{k}_4, \tau_4)
\end{aligned} \tag{9.8.17}$$

2体 Green 関数を結節部分を使って表わした式(9.8.17)を先に得た結果(9.8.14)に代入すれば，質量演算子 $\mathcal{M}$ は結節部分 $\mathcal{V}$ で表わされる．かくして得られた $\mathcal{M}$ を(9.8.6)または(9.8.10)に代入すると1体温度 Green 関数のみたすべき方程式が得られる．この方程式を **Dyson 方程式**と呼ぶ．質量演算子を経由せずに，2体温度 Green 関数(9.8.17)を(9.8.12)に直接代入しても得られる．ふつう Dyson 方程式は，結節部分 $\mathcal{V}$ にその近似値を代入して，近似的に解かれる．この近似法は，1体温度 Green 関数の摂動展開で架橋部分が特殊の型であるような Feynman 図形に対応する項だけを総和することと同等であることは明らかであろう．

2体温度 Green 関数の摂動展開(9.8.15)で摂動項 $g\mathcal{H}^{\rm int}$ について1次の項のうち，図9.6に相互作用線1本で架橋した図形に対応するものは，

$$\begin{aligned}
&-\int_0^\beta d\tau' \frac{1}{V} \sum_{\boldsymbol{k}_1', \boldsymbol{k}_2', \boldsymbol{k}_3', \boldsymbol{k}_4'} \mathcal{G}_0(\boldsymbol{k}_1, \tau_1; \boldsymbol{k}_1', \tau_1')\mathcal{G}_0(\boldsymbol{k}_2, \tau_2; \boldsymbol{k}_2', \tau') \\
&\quad \times \{\Phi_{\boldsymbol{k}_1'-\boldsymbol{k}_4'} + \eta\Phi_{\boldsymbol{k}_1'-\boldsymbol{k}_3'}\}\delta_{\boldsymbol{k}_1'+\boldsymbol{k}_2', \boldsymbol{k}_3'+\boldsymbol{k}_4'}\mathcal{G}_0(\boldsymbol{k}_3', \tau'; \boldsymbol{k}_3, \tau_3)\mathcal{G}_0(\boldsymbol{k}_4', \tau'; \boldsymbol{k}_4, \tau_4)
\end{aligned} \tag{9.8.18}$$

である．ただし $\Phi(-\boldsymbol{r})=\Phi(\boldsymbol{r})$ したがって $\Phi_{-\boldsymbol{k}}=\Phi_{\boldsymbol{k}}$ を仮定した．上式と(9.8.17)の右辺の積分項とを比べて，結節部分の最低次の近似式は

$$
\begin{aligned}
&\mathcal{V}_0(\boldsymbol{k}_1', \tau_1', \boldsymbol{k}_2', \tau_2' ; \boldsymbol{k}_3', \tau_3', \boldsymbol{k}_4', \tau_4') \\
&\quad = \frac{1}{V}\{\Phi_{\boldsymbol{k}_1'-\boldsymbol{k}_4'}+\eta\Phi_{\boldsymbol{k}_1'-\boldsymbol{k}_3'}\}\delta_{\boldsymbol{k}_1'+\boldsymbol{k}_2', \boldsymbol{k}_3'+\boldsymbol{k}_4'}\delta(\tau_1'-\tau_4')\delta(\tau_1'-\tau_2')\delta(\tau_3'-\tau_4')
\end{aligned} \tag{9.8.19}
$$

で与えられることが分かる．

d) 熱力学ポテンシャルと温度 Green 関数の関係

温度 Green 関数から熱力学ポテンシャルを求める方法はいろいろ工夫されているが，その1つを述べよう．熱力学ポテンシャルの式(9.5.11)を摂動展開のパラメタ g で微分すると，(9.5.9)により次式を得る．

$$
\begin{aligned}
\frac{\partial J}{\partial g} &= -\frac{kT\langle\partial\hat{\mathcal{S}}(\beta)/\partial g\rangle_0}{\langle\hat{\mathcal{S}}(\beta)\rangle_0} \\
&= kT\int_0^\beta d\tau\frac{\langle T_\tau\{\mathcal{H}^{\text{int}}(\tau)\hat{\mathcal{S}}(\beta)\}\rangle_0}{\langle\hat{\mathcal{S}}(\beta)\rangle_0}
\end{aligned} \tag{9.8.20}
$$

相互作用の形(9.7.1)を仮定すると，2体温度 Green 関数(9.8.15)を使って書け，さらに(9.8.14)を使うと質量演算子で表わせる．

$$
\frac{\partial J}{\partial g} = -\frac{kT}{2g}\int_0^\beta d\tau\sum_{\boldsymbol{k}}\int_0^\beta d\tau''\sum_{\boldsymbol{k}''}\mathcal{M}(\boldsymbol{k}, \tau ; \boldsymbol{k}'', \tau'')\mathcal{G}(\boldsymbol{k}'', \tau'' ; \boldsymbol{k}, \tau) \tag{9.8.21}
$$

Fourier 係数に移り，(9.8.10)，(9.6.19)を使うと，

$$
\begin{aligned}
\frac{\partial J}{\partial g} &= -\frac{kT}{2g}\sum_{n=-\infty}^{\infty}\sum_{\boldsymbol{k}, \boldsymbol{k}''}\mathcal{M}(\boldsymbol{k}, \boldsymbol{k}'' ; i\xi_n)\mathcal{K}(\boldsymbol{k}'', \boldsymbol{k} ; i\xi_n) \\
&= -\frac{kT}{2g}\sum_{n=-\infty}^{\infty}\sum_{\boldsymbol{k}}\frac{\mathcal{K}(\boldsymbol{k}, \boldsymbol{k} ; i\xi_n)-\mathcal{K}_0(\boldsymbol{k}, \boldsymbol{k} ; i\xi_n)}{\mathcal{K}_0(\boldsymbol{k}, \boldsymbol{k} ; i\xi_n)}
\end{aligned} \tag{9.8.22}
$$

を得る．$g=0$ で $J=J_0$ となるから，上式をパラメタ g について0から g まで積分すれば，熱力学ポテンシャルを温度 Green 関数に結びつける式が得られる．

$$
J = J_0-\frac{kT}{2}\int_0^g\frac{dg}{g}\sum_{n=-\infty}^{\infty}\sum_{\boldsymbol{k}}\frac{\mathcal{K}(\boldsymbol{k}, \boldsymbol{k} ; i\xi_n)-\mathcal{K}_0(\boldsymbol{k}, \boldsymbol{k} ; i\xi_n)}{\mathcal{K}_0(\boldsymbol{k}, \boldsymbol{k} ; i\xi_n)} \tag{9.8.23}
$$

先に注意したように，図式求和法にとっては展開式(9.7.32)よりも温度Green関数の方が都合がよい．熱力学ポテンシャルを求める m 次の図形に対する重率 $1/m$ はパラメタ g についての積分が面倒をみてくれる，すなわち g について展開すれば $\int g^m g^{-1} dg \propto 1/m$ が得られる．

§9.9　2時間 Green 関数への解析接続

温度 Green 関数に対しては Feynman 図形による場の量子論の技法が使えることを見た．この種の技法によってある特殊な型の温度 Green 関数が計算されたとする．これから対応する2時間 Green 関数を求めることを考えよう．

a)　Abrikosov-Gor'kov-Dzyalosinskii-Fradkin の定理

2時間 Green 関数と温度 Green 関数との対応がつけやすいのは1体 Green 関数である．1体温度 Green 関数(9.8.1)

$$\begin{aligned}\mathcal{G}(\boldsymbol{k},\tau;\boldsymbol{k}',\tau') &= -\langle T_\tau\{\check{a}_{\boldsymbol{k}}(\tau)\check{a}_{\boldsymbol{k}'}{}^\dagger(\tau')\}\rangle \\ &= kT\sum_{n=-\infty}^{\infty} e^{-i\xi_n(\tau-\tau')}\mathcal{K}(\boldsymbol{k},\boldsymbol{k}';i\xi_n) \qquad (9.9.1)\end{aligned}$$

の Fourier 係数は，§8.2の技巧によって，

$$\begin{aligned}\mathcal{K}(\boldsymbol{k},\boldsymbol{k}';i\xi_n) &= \int_0^\beta d\tau e^{i\xi_n\tau}\mathcal{G}(\boldsymbol{k},\tau;\boldsymbol{k}',0) \\ &= \int_{-\infty}^{\infty}\frac{d\omega}{2\pi i}\frac{\bar{\Lambda}^\pm(\boldsymbol{k},\boldsymbol{k}';\omega)}{\omega-i\xi_n/\hbar} \qquad (9.9.2)\end{aligned}$$

の形に書ける．ただし，$\bar{\Lambda}$ の肩につけた複号 $\pm$ は $\eta=\mp1$ に対応するものであって，

$$\left.\begin{aligned}i\hbar\bar{\Lambda}^\pm(\boldsymbol{k},\boldsymbol{k}';\omega) &= (1-\eta e^{-\beta\hbar\omega})\bar{J}(\boldsymbol{k},\boldsymbol{k}';\omega) \\ \bar{J}(\boldsymbol{k},\boldsymbol{k}';\omega) &= \int\int_{-\infty}^{\infty} d\bar{E}d\bar{E}'\exp\{\beta(J-\bar{E})\}2\pi\hbar\delta(\bar{E}+\hbar\omega-\bar{E}') \\ &\quad\times\mathrm{tr}\{\delta(\bar{E}-\mathscr{H})\hat{a}_{\boldsymbol{k}}\delta(\bar{E}'-\mathscr{H})\hat{a}_{\boldsymbol{k}'}{}^\dagger\}\end{aligned}\right\} \qquad (9.9.3)$$

$\eta=-1$ は Fermi 粒子，$\eta=+1$ は Bose 粒子の場合である．

この1体温度 Green 関数に対応する2時間 Green 関数は，(9.4.1)で与えられた1体 Green 関数で，ハミルトニアン $\mathcal{H}$ のところに(9.4.2)の $\mathscr{H}$ を使った

もの $\bar{G}^{\mathrm{ret},\pm}$, $\bar{G}^{\mathrm{adv},\pm}$ である．これらの2時間 Green 関数のスペクトル関数は(*9. 1. 10*), (*9. 1. 17*)あるいはそれらを複素平面へ解析接続した(*9. 1. 19*)で $\mathcal{H}$ を $\mathcal{A}$ で置き換えて得られる．

$$K(\boldsymbol{k},\boldsymbol{k}';z)=\int_{-\infty}^{\infty}\frac{d\omega}{2\pi i}\frac{\bar{\Lambda}^{\pm}(\boldsymbol{k},\boldsymbol{k}';\omega)}{\omega-z} \qquad (9.9.4)$$

上式と(*9. 9. 2*)とを比べてみれば明らかに,

$$\mathcal{K}(\boldsymbol{k},\boldsymbol{k}';i\xi_n)=K\left(\boldsymbol{k},\boldsymbol{k}';\frac{i}{\hbar}\xi_n\right) \qquad (9.9.5)$$

が成り立つ．すなわち2時間 Green 関数が求まれば，そのスペクトル関数を複素平面へ解析接続し，$z=i\xi_n/\hbar$ での値を計算すれば，温度 Green 関数の Fourier 係数が定まる．2時間 Green 関数から，温度 Green 関数を定めるという問題はこのように容易に解かれるが，いま問題としているのは逆の問題，温度 Green 関数から2時間 Green 関数を定める問題である．上に得た関係式(*9. 9. 5*)からは複素関数 K の値が点列 $z=i\xi_n/\hbar$ ($n=0, \pm1, \pm2, \cdots$) 上でしか得られない．点列での値から複素関数が決定されるのは特殊の場合に限る．複素関数論によれば，ある関数はそれが解析的である領域内に集積点をもつ点列での値によって一義的に定まる．複素関数 K が実軸上を除いて解析的であることは§9.1に述べた．例えば上半複素平面 $\mathrm{Im}\,z>0$ を考えると，K は解析的であり，点列 $i\xi_n/\hbar$ ($n=1, 2, 3, \cdots$) は無限遠に集積点をもつ．したがって(*9. 9. 5*)により上半複素平面上での関数 K は一義的に定まる．下半複素平面についても同様である．このようにして温度 Green 関数から2時間 Green 関数が決定されることが分かる．これを **Abrikosov-Gor'kov-Dzyalosinskii-Fradkin の定理**と呼ぶ．

2体 Green 関数や一般の多体 Green 関数に対しても(*9. 9. 5*)のような関係式を導くことは容易であるが，点列での値から多変数複素関数を決定する問題は一般的には解かれていない．しかし2時間 Green 関数(*9. 1. 7*), (*9. 1. 16*)に対応する2温度 Green 関数(*9. 6. 1*)の場合，すなわち演算子 $\hat{A}, \hat{B}$ が，必ずしもそれぞれ消滅あるいは生成演算子ではなく，それらの積になっている場合でも Abrikosov-Gor'kov-Dzyalosinskii-Fradkin の定理はそのまま成り立つ．例えば，2時間 Green 関数(*9. 2. 7*)に対応する2温度 Green 関数

$$\mathcal{G}(\boldsymbol{k}_1,\boldsymbol{k}_2,\tau;\boldsymbol{k}_3,\boldsymbol{k}_4,\tau')=-\langle T_\tau\{\check{a}_{\boldsymbol{k}_1}{}^\dagger(\tau)\,\check{a}_{\boldsymbol{k}_2}(\tau)\,\check{a}_{\boldsymbol{k}_3}{}^\dagger(\tau')\,\check{a}_{\boldsymbol{k}_4}(\tau')\}\rangle$$

$$= kT \sum_{n=-\infty}^{\infty} e^{-i\xi_n(\tau-\tau')} \mathscr{K}(\boldsymbol{k}_1, \boldsymbol{k}_2\,;\boldsymbol{k}_3, \boldsymbol{k}_4\,; i\xi_n) \tag{9.9.6}$$

は2体温度 Green 関数(*9. 8. 13*)の特殊の場合である.

$$\mathscr{G}(\boldsymbol{k}_1, \boldsymbol{k}_2, \tau\,; \boldsymbol{k}_3, \boldsymbol{k}_4, \tau') = \lim_{\substack{\varDelta \to +0 \\ \varDelta' \to +0}} \mathscr{G}(\boldsymbol{k}_2, \tau, \boldsymbol{k}_4, \tau'\,; \boldsymbol{k}_1, \tau+\varDelta, \boldsymbol{k}_3, \tau'+\varDelta') \tag{9.9.7}$$

2体温度 Green 関数の場合, 対応する4時間 Green 関数へ解析接続する問題は複雑であるが, (*9. 9. 7*)のような特殊な場合は簡単になるわけである. この場合には(*9. 4. 6*)による(*9. 4. 7*)のような化学ポテンシャルの補正は落ちるから, G と $\bar{G}$ との区別は不要である. このように G と $\bar{G}$ の区別がないときは(*9. 9. 2*)と同じように次式を証明できる.

$$\mathscr{K}_{A,B}(i\xi_n) = \int_{-\infty}^{\infty} \frac{d\omega}{2\pi i} \frac{\varLambda_{A,B}{}^{\pm}(\omega)}{\omega - i\xi_n/\hbar} \tag{9.9.8}$$

上式に現われる $\varLambda_{A,B}{}^{\pm}(\omega)$ は(*9. 1. 19*)に現われるものと一致する. したがって Abrikosov-Gor'kov-Dzyalosinskii-Fradkin の定理がそのまま使えることは明らかである.

b) プラズマの0次の2体 Green 関数

§9. 2, §9. 3に論じたプラズマの問題をダイヤグラム技法から見直しておこう. 上にも触れたように, 基礎にとった2時間 Green 関数(*9. 2. 7*)に対応する温度 Green 関数(*9. 9. 6*)は2体温度 Green 関数(*9. 8. 13*)の特殊な場合(*9. 9. 7*)である. 2体温度 Green 関数を摂動展開し, どのような形の Feynman 図形に対応する項を拾えば§9. 2の切断近似に相当するかを調べるのであるが, 詳細は次節に述べることにし, ここでは展開の0次の項の解析接続を見る. その項は

$$\begin{aligned} &\mathscr{G}_0(\boldsymbol{k}_1, \boldsymbol{k}_2, \tau\,; \boldsymbol{k}_3, \boldsymbol{k}_4, \tau') \\ &\quad = \mathscr{G}_0(\boldsymbol{k}_2, \tau\,; \boldsymbol{k}_3, \tau')\, \mathscr{G}_0(\boldsymbol{k}_4, \tau'\,; \boldsymbol{k}_1, \tau) \\ &\qquad - \mathscr{G}_0(\boldsymbol{k}_2, \tau\,; \boldsymbol{k}_1, \tau+\varDelta)\, \mathscr{G}_0(\boldsymbol{k}_4, \tau'\,; \boldsymbol{k}_3, \tau'+\varDelta') \end{aligned} \tag{9.9.9}$$

で与えられる. ただし Fermi 粒子としている. (*9. 6. 16*)によって Fourier 係数に移れば,

$$\begin{aligned} &\mathscr{K}_0(\boldsymbol{k}_1, \boldsymbol{k}_2\,; \boldsymbol{k}_3, \boldsymbol{k}_4\,; i\xi_n) \\ &\quad = \int_0^{\beta} d\tau e^{i\xi_n\tau} \mathscr{G}_0(\boldsymbol{k}_1, \boldsymbol{k}_2, \tau\,; \boldsymbol{k}_3, \boldsymbol{k}_4, 0) \end{aligned}$$

$$= kT \sum_{n'=-\infty}^{\infty} \mathscr{K}_0(\boldsymbol{k}_2, \boldsymbol{k}_3 ; i\xi_{n'}) \mathscr{K}_0(\boldsymbol{k}_4, \boldsymbol{k}_1 ; i\xi_{n'-n}) \qquad (9.9.10)$$

0 次の 1 体温度 Green 関数 $\mathscr{G}_0$ の Fourier 係数 $\mathscr{K}_0$ の値(9.6.19)を使うと，

$$\mathscr{K}_0(\boldsymbol{k}_1, \boldsymbol{k}_2 ; \boldsymbol{k}_3, \boldsymbol{k}_4 ; i\xi_n)$$

$$= kT \sum_{n'=-\infty}^{\infty} \frac{\delta_{\boldsymbol{k}_2\boldsymbol{k}_3}}{i\xi_{n'}+\mu-E(\boldsymbol{k}_2)} \frac{\delta_{\boldsymbol{k}_1\boldsymbol{k}_4}}{i\xi_{n'}-i\xi_n+\mu-E(\boldsymbol{k}_1)}$$

$$= \frac{\delta_{\boldsymbol{k}_1\boldsymbol{k}_4}\delta_{\boldsymbol{k}_2\boldsymbol{k}_3}}{i\xi_n+E(\boldsymbol{k}_1)-E(\boldsymbol{k}_2)} kT \sum_{n'=-\infty}^{\infty} \left\{ \frac{1}{i\xi_{n'}+\mu-E(\boldsymbol{k}_1)} - \frac{1}{i\xi_{n'}+\mu-E(\boldsymbol{k}_2)} \right\} \qquad (9.9.11)$$

最後の辺の{　}中の第 1 項では $n'-n$ を n' と書き替えた．上式に現われるような点列 $i\xi_{n'}$ についての和を求めるには，$i\xi_{n'}$ が(9.6.13)の解すなわち $1/(e^{\beta z}+1)$ の極であることに注意して，複素積分に変形するのが常套手段である．

$$kT \sum_{n'=-\infty}^{\infty} g(i\xi_{n'}) = \int_{\mathrm{C}} \frac{dz}{2\pi i} \frac{g(z)}{e^{\beta z}+1} \qquad (9.9.12)$$

ただし積分路 C は全ての極 $i\xi_{n'}$ $(n'=0, \pm 1, \pm 2, \cdots)$ を負の向きにまわるものであって，その内側で $g(z)$ は解析的であるとする．(9.9.11)の和で $g(z)$ に当たる関数は $z=E(\boldsymbol{k}_1)-\mu$ または $z=E(\boldsymbol{k}_2)-\mu$ に 1 次の極をもつから，これらの極は積分路 C の外側になければならない．このように選んだ積分路 C は変形して，$g(z)$ の極だけを正の向きにまわるもの C′ に直すことができる(図 9.7)．

$$\mathscr{K}_0(\boldsymbol{k}_1, \boldsymbol{k}_2 ; \boldsymbol{k}_3, \boldsymbol{k}_4 ; i\xi_n)$$

$$= \frac{\delta_{\boldsymbol{k}_1\boldsymbol{k}_4}\delta_{\boldsymbol{k}_2\boldsymbol{k}_3}}{i\xi_n+E(\boldsymbol{k}_1)-E(\boldsymbol{k}_2)} \int_{\mathrm{C'}} \frac{dz}{2\pi i} \frac{1}{e^{\beta z}+1} \left\{ \frac{1}{z+\mu-E(\boldsymbol{k}_1)} - \frac{1}{z+\mu-E(\boldsymbol{k}_2)} \right\}$$

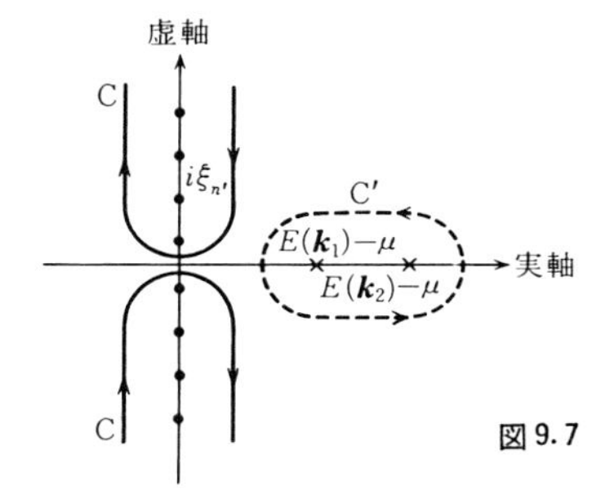

図 9.7

$$= \delta_{\boldsymbol{k}_1\boldsymbol{k}_4}\delta_{\boldsymbol{k}_2\boldsymbol{k}_3}\frac{f(E(\boldsymbol{k}_1))-f(E(\boldsymbol{k}_2))}{i\xi_n+E(\boldsymbol{k}_1)-E(\boldsymbol{k}_2)} \tag{9.9.13}$$

ここに $f(E)$ は Fermi 分布(*9. 4. 12*)である．Abrikosov-Gor'kov-Dzyalosinskii-Fradkin の定理によって，上式を2時間 Green 関数の方に移せば確かに§9. 2の結果(*9. 2. 19*)を得る．

§9. 10　Fourier 係数に対する Feynman 図形

§9. 7, §9. 8に述べたダイヤグラム技法を具体的に実行するには，温度 Green 関数の Fourier 係数と図形との対応をつけるのが最も簡単であろう．§9. 8でのように波数ベクトルを添字とする行列と見るとき，1体 Green 関数や質量演算子などが対角化されるからである．

1体温度 Green 関数(*9. 8. 5*)に対する Fourier 係数 $\mathcal{K}(\boldsymbol{k}, \boldsymbol{k}'; i\xi_n)$ を考えよう．一様な系とすれば空間並進対称性により $\boldsymbol{k}'=\boldsymbol{k}$ としてよい．

$$\mathcal{K}(\boldsymbol{k}, \boldsymbol{k}'; i\xi_n) = \delta_{\boldsymbol{k},\boldsymbol{k}'}\mathcal{K}(\boldsymbol{k}, i\xi_n) \tag{9.10.1}$$

これは粒子線の始点に $\boldsymbol{k}'$，終点に $\boldsymbol{k}$ という2つの波数ベクトルを指定する代りに，粒子線1本に1つの波数ベクトル $\boldsymbol{k}$ を与えることを許す．

a）粒子間相互作用の Bose 場による表現

相互作用は例によって(*9. 7. 1*)の形としよう．(*9. 7. 1*)は波数ベクトルの保存を表わす δ 関数をもつので，次の形に書ける．

$$g\mathcal{H}^{\rm int}(\tau) = \int_0^\beta d\tau' \frac{1}{2}\sum_{\boldsymbol{k}_1,\boldsymbol{k}_2}\sum_{\boldsymbol{q}}\frac{\Phi_{\boldsymbol{q}}}{V}\delta(\tau-\tau')$$
$$\times \hat{a}_{\boldsymbol{k}_2}{}^{\dagger}(\tau+\Delta)\hat{a}_{\boldsymbol{k}_1}{}^{\dagger}(\tau'+\Delta')\hat{a}_{\boldsymbol{k}_1+\boldsymbol{q}}(\tau')\hat{a}_{\boldsymbol{k}_2-\boldsymbol{q}}(\tau) \tag{9.10.2}$$

Δ, Δ' は計算の最後に $+0$ とするが，これは生成演算子を消滅演算子の左に置くため書き入れてある．また δ 関数を挿入したのは相互作用を量子化された Bose 場の量子の交換によって生ずる形に書くためである．もともと Coulomb 相互作用(*9. 2. 10*)は電磁場の光子の交換に由来するものであったが，有界の任意の $\Phi_{\boldsymbol{k}}$ に対してもこの手法は常に可能である．そして

$$\mathcal{D}_0(\boldsymbol{r}, \tau; \boldsymbol{r}', \tau') = \Phi(\boldsymbol{r}-\boldsymbol{r}')\delta(\tau-\tau') \tag{9.10.3}$$

はその場の量子が自由であるときの1体温度 Green 関数の非相対論的近似に比例することが知られている．この手法により粒子線と同じように相互作用線にも

向きを指定できる.

さて，§9.7(c)で粒子線に対応させた $\mathcal{G}_0(\boldsymbol{k},\tau;\boldsymbol{k}',\tau')$ を(9.9.1)によって Fourier 係数(9.6.19)に移すとき，粒子線の始点 $(\boldsymbol{k}',\tau')$ には指数関数 $e^{i\xi_n\tau'}$ を，終点 $(\boldsymbol{k},\tau)$ には $e^{-i\xi_n\tau}$ を割り付けることができる. 同じように(9.10.3)の δ 関数の Fourier 展開式

$$\delta(\tau-\tau') = kT\sum_{n=-\infty}^{\infty} e^{-i\zeta_n(\tau-\tau')}, \qquad \zeta_n = 2n\pi kT \tag{9.10.4}$$

により，相互作用線の始点には $e^{i\zeta_n\tau'}$ を，終点には $e^{-i\zeta_n\tau}$ を割り付ける. 相互作用線が粒子線と出会う点を図形中の**頂点**と呼ぼう. (9.8.5)の $\hat{\mathcal{S}}(\beta)$ 中の $\int d\tau\mathcal{H}^{\mathrm{int}}(\tau)$ の τ 積分および(9.10.2)で $\mathcal{H}^{\mathrm{int}}(\tau)$ に挿入された τ' 積分は，粒子線からの指数関数を考慮すると，1本の相互作用線の両端にある二つの頂点での一種の保存則を与える.

$$kT\int_0^\beta d\tau e^{\pm i(\xi_{n''}-\xi_{n'}-\zeta_n)} = \delta_{n'',n'+n} \tag{9.10.5}$$

(9.10.4)で場の量子の ζ_n を Bose 型に選んだ理由は，上式から明らかなように，粒子の $\xi_{n'},\xi_{n''}$ が常に Fermi 型になるか常に Bose 型になるようにするためであった. これらの変数 ξ_n,ζ_n は kT すなわちエネルギーの次元をもつので，各頂点では，すなわち粒子が場の量子を発射または吸収するときには，いわばエネルギーも保存される形になっている. これは波数ベクトルの保存則が準運動量の保存を表わすことに対応している(図9.8). 以下簡単のために ξ_n,ζ_n などを準エネ

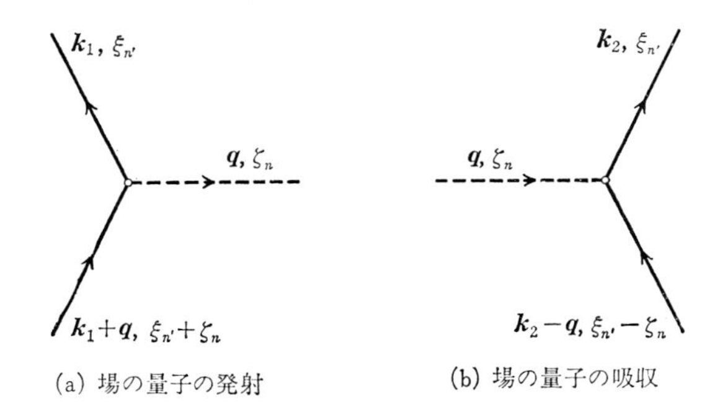

図9.8 頂点での保存則

ルギーとでも呼ぶことにしよう．

b) Feynmanの規則

1体温度 Green 関数の Fourier 係数 $\mathcal{K}(\boldsymbol{k}, i\xi_n)$ の摂動展開の m 次の項を求めるための次の規則を立てることができる．

(1) m 本の相互作用線と，外線2本($m=0$ のときは1本)を含む $2m+1$ 本の粒子線とから成り，図9.8の型の頂点をもつ連結型図形でトポロジー的に異なる全ての図形を描け．各図形に対し以下の条項で定められる数式表現を求め，全ての図形に対するものを総和せよ．

(2) 各図形に対し，摂動展開(9.8.5)の $(-g)^m$ からくる因子 $(-1)^m$ を与えよ．

(3) 各粒子線および相互作用線に向きを指定し，それぞれに波数ベクトルと準エネルギーとを割り付けよ．ただし各頂点ではそこに出入する波数ベクトルや準エネルギーについて保存則を満たすようにして，独立でないものは和または差の形に書くこと(図9.8参照)．

(4) 波数ベクトル $\boldsymbol{k}$ と準エネルギー ξ_n とを割り付けられた粒子線には次の因子を与えよ．

$$\mathcal{K}_0(\boldsymbol{k}, i\xi_n) = \frac{1}{i\xi_n + \mu - E(\boldsymbol{k})} \tag{9.10.6}$$

(5) 波数ベクトル $\boldsymbol{q}$ と準エネルギー ζ_n とを割り付けられた相互作用線には因子 Φ_q/V を与えよ．

(6) 図形が閉じた粒子線の輪 λ 個を含むときは，§9.7(b)に述べた因子 η^λ (Fermi 粒子のとき $\eta=-1$，Bose 粒子のとき $\eta=+1$)を掛けよ．

(7) 1本の粒子線が自分自身で閉じて輪を作るとき，または同一の相互作用線で結ばれているときは，(9.10.2)で挿入した Δ などからの寄与として，収束因子 $e^{i\xi_n\Delta}$ $(\Delta\to+0)$ をその粒子線につけよ．

(8) 内線および相互作用線に割り付けられた波数ベクトル $\boldsymbol{k}$ または $\boldsymbol{q}$ や準エネルギー ξ_n または ζ_n には独立なものがそれぞれ m 個ずつあるが，それらについて和をとれ．

$$\sum_{\boldsymbol{k}} kT \sum_{n=-\infty}^{\infty} \cdots\cdots$$

規則第5項により $1/V$ がちょうど m 個でてくるので，これと合わせて上述の波数ベクトルの和は，熱力学的極限で積分の形に書ける．
すでに述べたように，摂動展開(9.8.5)の因子 $1/m!$ および相互作用(9.10.2)の $\boldsymbol{k}_1, \boldsymbol{k}_2$ の交換にかかわる因子 1/2 は，トポロジー的に異なる図形のみをとるなら，考慮する必要はない．これが計算を非常に簡単にまた見やすくするのである．

以上の規則によって§9.8に述べた1体温度 Green 関数の満たす Dyson 方程式をもう一度みなおそう．話をさらに簡単にするために，これまでしばしば例として用いたプラズマ模型を考える．空間的に一様に分布した正電荷の効果をハミルトニアンに取り入れると，正電荷間のおよび正電荷と電子との間の Coulomb 相互作用は，十分大きな系つまり熱力学的極限では，(9.10.2)で $\boldsymbol{q}=0$ の項を相殺することを証明できる．以下では $\Phi_0=0$ と置いてこの効果を考慮しよう．

$m=0$ すなわち0次の図形は粒子線1本で $\mathcal{K}_0(\boldsymbol{k}, i\xi_n)$ を与える．$m=1$ の図形は図9.4の(c), (d)であるが，(c)のような御玉杓子型の部分を含むときは相互作用線が $\boldsymbol{q}=0$ のものとなるので，$\Phi_0=0$ によって除外してよい．結局1次の寄

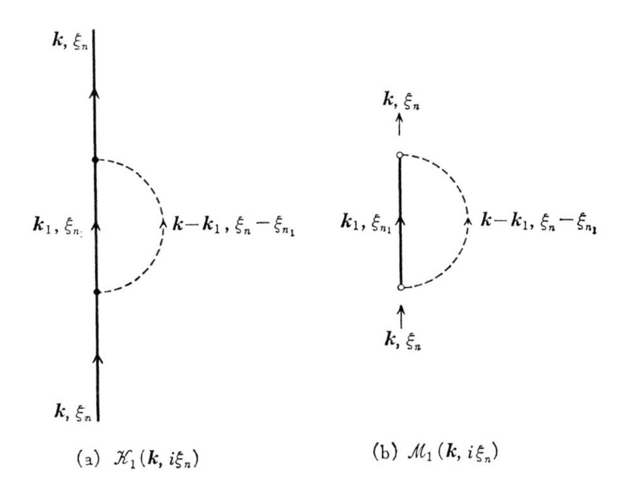

図9.9　$\mathcal{K}$ の1次の図形

与は図9.9(a)により次式で与えられる．

$$\begin{aligned}\mathcal{K}_1(\boldsymbol{k}, i\xi_n) &= (-1)^1\mathcal{K}_0(\boldsymbol{k}, i\xi_n)\sum_{\boldsymbol{k}_1} kT\sum_{n_1=-\infty}^{\infty} e^{i\xi_{n_1}\Delta}\frac{\Phi_{\boldsymbol{k}-\boldsymbol{k}_1}}{V}\\ &\quad\times\mathcal{K}_0(\boldsymbol{k}_1, i\xi_{n_1})\mathcal{K}_0(\boldsymbol{k}, i\xi_n)\\ &= \mathcal{K}_0(\boldsymbol{k}, i\xi_n)\mathcal{M}_1(\boldsymbol{k}, i\xi_n)\mathcal{K}_0(\boldsymbol{k}, i\xi_n)\end{aligned} \tag{9.10.7}$$

因子$(-1)^1$は規則第2項による．収束因子$e^{i\xi_{n_1}\Delta}$は規則第7項の同一相互作用線の箇条による．第3辺の$\mathscr{M}_1(\boldsymbol{k}, i\xi_n)$は図形中の図9.9(b)に示した部分からの寄与で，質量演算子の第1近似にほかならない．

$$\begin{aligned}\mathscr{M}_1(\boldsymbol{k}, i\xi_n) &= (-1)^1 \sum_{\boldsymbol{k}_1} \frac{\Phi_{\boldsymbol{k}-\boldsymbol{k}_1}}{V} kT \sum_{n_1=-\infty}^{\infty} e^{i\xi_{n_1}\Delta} \mathscr{K}_0(\boldsymbol{k}_1, i\xi_{n_1}) \\ &= -\int \frac{d\boldsymbol{k}_1}{(2\pi)^3} \Phi_{\boldsymbol{k}-\boldsymbol{k}_1} kT \sum_{n_1=-\infty}^{\infty} \frac{e^{i\xi_{n_1}\Delta}}{i\xi_{n_1}+\mu-E(\boldsymbol{k})} \\ &= -\int \frac{d\boldsymbol{k}_1}{(2\pi)^3} \Phi_{\boldsymbol{k}-\boldsymbol{k}_1} f(E(\boldsymbol{k}_1)) \end{aligned} \tag{9.10.8}$$

最後の辺に移るには次の公式を用いる．

$$\lim_{\Delta\to+0} kT \sum_{n=-\infty}^{\infty} \frac{e^{i\xi_n\Delta}}{i\xi_n-E} = \frac{-\eta}{e^{\beta E}-\eta} \tag{9.10.9}$$

この公式は§9.9(b)の手法によって証明される(ただしBose粒子の場合には図9.7の積分路を逆向きにまわる必要がある)．(*9.9.11*)でも正確には上式のような収束因子を挿入しておくべきであった．$\mathscr{M}_1(\boldsymbol{k}, i\xi_n)$の図形は図9.9(b)に白丸で示されているような**外部頂点**を2つもつ．外部頂点から外側につながるべき粒子線の向きは短い矢印で指定してある．

2次の図形は図9.5で御玉杓子型の部分を含むものを除いたものである(図9.10)．一般に，図9.5(b)の左から2番目の図形のように，相互作用線1本を切る

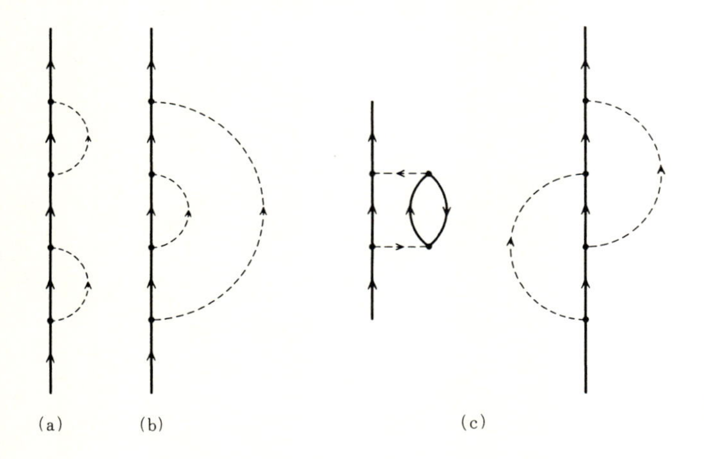

図9.10

とき図形が2分される場合，その相互作用線は波数ベクトル $\boldsymbol{q}=0$ をもつから，そのような図形は除外してよい．図9.10(a)の図形は2個の $\mathcal{M}_1(\boldsymbol{k}, i\xi_n)$ が3本の $\mathcal{K}_0(\boldsymbol{k}, i\xi_n)$ により直列に連結されているから，(9.10.7)を想い出して，次式の寄与を与えることが分かる．

$$\mathcal{K}_0(\boldsymbol{k}, i\xi_n)\mathcal{M}_1(\boldsymbol{k}, i\xi_n)\mathcal{K}_1(\boldsymbol{k}, i\xi_n) \tag{9.10.10}$$

図9.10(b), (c)の図形はそれらの寄与を総和すると，質量演算子の2次の項 $\mathcal{M}_2(\boldsymbol{k}, i\xi_n)$ を導入して，次の形に書ける．

$$\mathcal{K}_0(\boldsymbol{k}, i\xi_n)\mathcal{M}_2(\boldsymbol{k}, i\xi_n)\mathcal{K}_0(\boldsymbol{k}, i\xi_n) \tag{9.10.11}$$

結局2次の寄与は(9.10.10)と(9.10.11)の和で，

$$\begin{aligned}\mathcal{K}_2(\boldsymbol{k}, i\xi_n) = \mathcal{K}_0(\boldsymbol{k}, i\xi_n)\{&\mathcal{M}_1(\boldsymbol{k}, i\xi_n)\mathcal{K}_1(\boldsymbol{k}, i\xi_n)\\ &+\mathcal{M}_2(\boldsymbol{k}, i\xi_n)\mathcal{K}_0(\boldsymbol{k}, i\xi_n)\}\end{aligned} \tag{9.10.12}$$

となる．

このようにして高次の項からの寄与をも求め，それらを総和してゆくことができる．

$$\begin{aligned}\mathcal{K}(\boldsymbol{k}, i\xi_n) &= \sum_{m=0}^{\infty}\mathcal{K}_m(\boldsymbol{k}, i\xi_n)\\ &= \mathcal{K}_0(\boldsymbol{k}, i\xi_n)\\ &\quad+\mathcal{K}_0(\boldsymbol{k}, i\xi_n)\mathcal{M}_1(\boldsymbol{k}, i\xi_n)\{\mathcal{K}_0(\boldsymbol{k}, i\xi_n)+\mathcal{K}_1(\boldsymbol{k}, i\xi_n)+\cdots\}\\ &\quad+\mathcal{K}_0(\boldsymbol{k}, i\xi_n)\mathcal{M}_2(\boldsymbol{k}, i\xi_n)\{\mathcal{K}_0(\boldsymbol{k}, i\xi_n)+\cdots\}\\ &\quad+\cdots\end{aligned}$$

図形中で質量演算子の下側の外部頂点の下方には $\mathcal{K}(\boldsymbol{k}, i\xi_n)$ の摂動展開のすべての図形が現われ得るから，上式の { } の中は $\mathcal{K}(\boldsymbol{k}, i\xi_n)$ の形にまとまるはずである．したがって

$$\mathcal{M}(\boldsymbol{k}, i\xi_n) = \sum_{m=1}^{\infty}\mathcal{M}_m(\boldsymbol{k}, i\xi_n) \tag{9.10.13}$$

とすると，(9.8.9)の Dyson 方程式が得られる．

$$\mathcal{K}(\boldsymbol{k}, i\xi_n) = \mathcal{K}_0(\boldsymbol{k}, i\xi_n)+\mathcal{K}_0(\boldsymbol{k}, i\xi_n)\mathcal{M}(\boldsymbol{k}, i\xi_n)\mathcal{K}(\boldsymbol{k}, i\xi_n) \tag{9.10.14}$$

この式は次の形に書くと質量演算子の摂動展開(9.10.13)を適当な次数の項までで打ち切る近似の意味を示す形となる．

$$[\mathcal{K}(\boldsymbol{k}, i\xi_n)]^{-1} = [\mathcal{K}_0(\boldsymbol{k}, i\xi_n)]^{-1} - \mathcal{M}(\boldsymbol{k}, i\xi_n) \tag{9.10.15}$$

$\mathcal{K}_0(\boldsymbol{k}, i\xi_n)$ の形(*9. 10. 6*)を用いれば(*9. 8. 11*)が再び得られる.

$$\mathcal{K}(\boldsymbol{k}, i\xi_n) = \frac{1}{i\xi_n + \mu - E(\boldsymbol{k}) - \mathcal{M}(\boldsymbol{k}, i\xi_n)} \tag{9.10.16}$$

$\mathcal{K}(\boldsymbol{k}, i\xi_n)$ に太い粒子線を対応させると，Dyson 方程式(*9. 10. 14*)は図 9. 11 のように表わせよう．ただし図は図形を横に寝かせて描いてある.

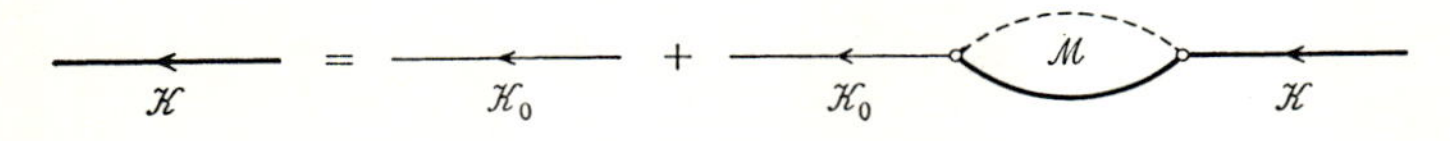

図 9. 11 $\mathcal{K}$ の Dyson 方程式

c) 分極演算子

相互作用を Bose 場の量子によって表わしたので，相互作用線はその量子の自由粒子線と考えられる．対応する 1 体温度 Green 関数は(*9. 10. 3*)で与えられるから，Fourier 係数 $\mathcal{U}_0(\boldsymbol{q}, i\xi_n)$ は(*9. 10. 4*)により $\boldsymbol{\Phi_q}$ となる.

$$\begin{aligned}\mathcal{D}_0(\boldsymbol{q}, \tau ; \boldsymbol{q}', \tau') &= \delta_{\boldsymbol{q},\boldsymbol{q}'}\boldsymbol{\Phi_q}\delta(\tau-\tau') \\ &= kT\sum_{n=-\infty}^{\infty} e^{-i\zeta_n(\tau-\tau')}\delta_{\boldsymbol{q},\boldsymbol{q}'}\mathcal{U}_0(\boldsymbol{q}, i\zeta_n)\end{aligned} \tag{9.10.17}$$

$$\therefore \quad \mathcal{U}_0(\boldsymbol{q}, i\zeta_n) = \boldsymbol{\Phi_q} \tag{9.10.18}$$

これは場の量子に対する 1 体温度 Green 関数

$$\mathcal{D}(\boldsymbol{q}, \tau ; \boldsymbol{q}', \tau') = kT\sum_{n=-\infty}^{\infty} e^{-i\zeta_n(\tau-\tau')}\delta_{\boldsymbol{q},\boldsymbol{q}'}\mathcal{U}(\boldsymbol{q}, i\zeta_n) \tag{9.10.19}$$

の Fourier 係数 $\mathcal{U}(\boldsymbol{q}, i\zeta_n)$ の 0 次の値である．(*9. 10. 19*)に対しても(*9. 10. 14*)と同じように Dyson 方程式を立てることができ(図 9. 12 参照)，質量演算子 $\mathcal{M}$

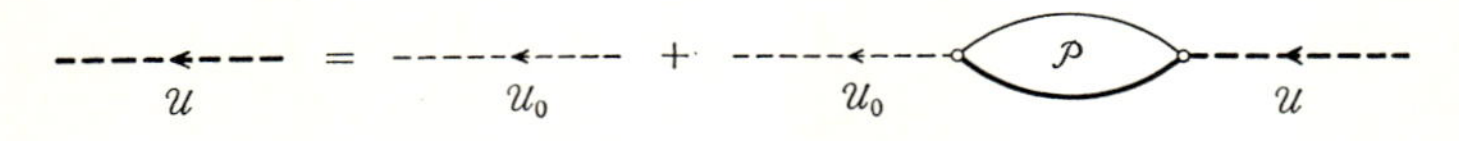

図 9. 12 $\mathcal{U}$ の Dyson 方程式

の代りに分極演算子 $\mathcal{P}$ が現われる.

$$\mathcal{U}(\boldsymbol{q}, i\zeta_n) = \mathcal{U}_0(\boldsymbol{q}, i\zeta_n) + \mathcal{U}_0(\boldsymbol{q}, i\zeta_n)\mathcal{P}(\boldsymbol{q}, i\zeta_n)\mathcal{U}(\boldsymbol{q}, i\zeta_n) \tag{9.10.20}$$

$$\therefore \quad [\mathcal{U}(\boldsymbol{q}, i\zeta_n)]^{-1} = [\mathcal{U}_0(\boldsymbol{q}, i\zeta_n)]^{-1} - \mathcal{P}(\boldsymbol{q}, i\zeta_n) \tag{9.10.21}$$

(*9. 10. 18*)によれば,

$$\mathcal{U}(\boldsymbol{q}, i\zeta_n) = \frac{\Phi_{\boldsymbol{q}}}{\mathcal{E}(\boldsymbol{q}, i\zeta_n)} \qquad (9.\,10.\,22)$$

ただし

$$\mathcal{E}(\boldsymbol{q}, i\zeta_n) = 1 - \Phi_{\boldsymbol{q}} \mathcal{P}(\boldsymbol{q}, i\zeta_n) \qquad (9.\,10.\,23)$$

場の量子に対する太い粒子線はいわば**実効相互作用**を与えるから,(*9. 10. 22*)により $\mathcal{E}(\boldsymbol{q}, i\zeta_n)$ は Coulomb 相互作用 $\Phi_{\boldsymbol{q}}$ の**遮蔽因子**であって,§8.4(a)に述べた複素誘電率 $\varepsilon(\boldsymbol{q}, \omega)$ に解析接続されるべきものである.これは次項(d)に示す.

分極演算子 $\mathcal{P}$ の摂動展開

$$\mathcal{P}(\boldsymbol{q}, i\zeta_n) = \sum_{m=0}^{\infty} \mathcal{P}_m(\boldsymbol{q}, i\zeta_n) \qquad (9.\,10.\,24)$$

は0次から始まり,図9.13に1次の図形までを描いた.$\mathcal{M}(\boldsymbol{k}, i\xi_n)$ の場合と同じ

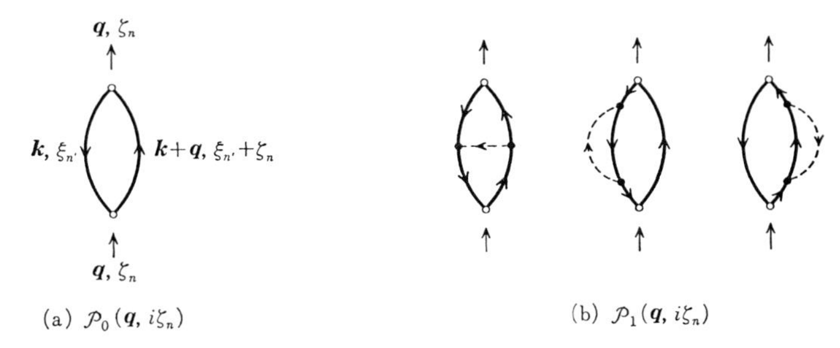

(a) $\mathcal{P}_0(\boldsymbol{q}, i\zeta_n)$ (b) $\mathcal{P}_1(\boldsymbol{q}, i\zeta_n)$

図9.13 $\mathcal{P}$ の0次および1次の図形

ように,2個の外部頂点をもつ.0次の図形からの寄与は次式で与えられる.

$$\mathcal{P}_0(\boldsymbol{q}, i\zeta_n) = \int \frac{d\boldsymbol{k}}{(2\pi)^3} kT \sum_{n'=-\infty}^{\infty} e^{i\xi_{n'}\Delta} \mathcal{K}_0(\boldsymbol{k}, i\xi_{n'}) \mathcal{K}_0(\boldsymbol{k}+\boldsymbol{q}, i\xi_{n'+n}) \qquad (9.\,10.\,25)$$

計算は(*9. 9. 11*)と同じように公式(*9. 10. 9*)を使って行なえる.

$$\mathcal{P}_0(\boldsymbol{q}, i\zeta_n) = \int \frac{d\boldsymbol{k}}{(2\pi)^3} \frac{f(E(\boldsymbol{k})) - f(E(\boldsymbol{k}+\boldsymbol{q}))}{i\zeta_n + E(\boldsymbol{k}) - E(\boldsymbol{k}+\boldsymbol{q})} \qquad (9.\,10.\,26)$$

d) 電荷密度 Green 関数

§9.2(b)では輸送方程式との関係を示すため,電荷密度 $\hat{\rho}_{\boldsymbol{k}}{}^{\mathrm{ind}}$ に対する2時間

Green 関数を作らなかったが，以下では対応する2温度 Green 関数を考えてみよう．

$$e^2\mathscr{C}(\boldsymbol{k},\tau;\boldsymbol{k}',\tau')=-\langle T_\tau\{\check{\rho}_{\boldsymbol{k}}{}^{\mathrm{ind}}(\tau)\check{\rho}_{\boldsymbol{k}'}{}^{\mathrm{ind}\dagger}(\tau')\}\rangle$$
$$=kT\sum_{n=-\infty}^{\infty}e^{-i\zeta_n(\tau-\tau')}\delta_{\boldsymbol{k},\boldsymbol{k}'}e^2\mathscr{N}(\boldsymbol{k},i\zeta_n)\qquad(9.10.27)$$

後の都合で電荷 e^2 を分離してある．また(9.2.6)によって $\boldsymbol{k}=0$ の場合は除外してよい．

摂動展開は(9.8.15)と同じように次式で行なえる．

$$\mathscr{C}(\boldsymbol{k},\tau;\boldsymbol{k}',\tau')=-\sum_{\boldsymbol{q},\boldsymbol{q}'}\langle T_\tau\{\hat{a}_{\boldsymbol{q}-\boldsymbol{k}/2}{}^{\dagger}(\tau+\Delta)\hat{a}_{\boldsymbol{q}+\boldsymbol{k}/2}(\tau)$$
$$\times\hat{a}_{\boldsymbol{q}'+\boldsymbol{k}'/2}{}^{\dagger}(\tau'+\Delta')\hat{a}_{\boldsymbol{q}'-\boldsymbol{k}'/2}(\tau')\hat{\mathscr{S}}(\beta)\}\rangle_0{}^{\mathrm{con}}\qquad(9.10.28)$$

Fourier 係数 $\mathscr{N}(\boldsymbol{k},i\zeta_n)$ に対する Feynman の規則は，$\mathscr{K}(\boldsymbol{k},i\xi_n)$ に対して先に述べたもので第1，第2，第8項を次のように修正すれば得られる．

(1)　m 本の相互作用線および2個の外部頂点に会する $2m+2$ 本の粒子線から成り，図9.8の型の頂点をもつ連結型図形でトポロジー的に異なる全ての図形を描け．各図形に対し以下の条項で定められる数式表現を求め，全ての図形に対するものを総和せよ．

(2)　各図形に対し，摂動展開の $(-g)^m$ からくる因子 $(-1)^m$ および $\mathscr{C}$ の定義(9.10.27)からくる因子 -1(これは2体温度 Green 関数の定義(9.8.13)より余分に入っている)を与えよ．

(8)　粒子線および相互作用線に割り付けられた波数ベクトル $\boldsymbol{k}$ または $\boldsymbol{q}$ や準エネルギー ξ_n または ζ_n には独立なものがそれぞれ $m+1$ 個ずつあるが，それらについて和をとれ．

$$\sum_{\boldsymbol{k}}kT\sum_{n=-\infty}^{\infty}\cdots$$

規則第5項により $1/V$ がちょうど m 個でてくるので，これと合わせて上述の波数ベクトルの和を熱力学的極限で積分の形に書けば，示量性の量であることを示す因子 V が出る．

連結型図形の定義としては，外部頂点の少なくとも一方と連結していればよいのであるが，図9.14に示す0次の図形のように，各外部頂点と連結する部分が互いに分離してしまう場合には $\boldsymbol{k}=0$ となるから(*9. 10. 27*)では除外されることに注意.

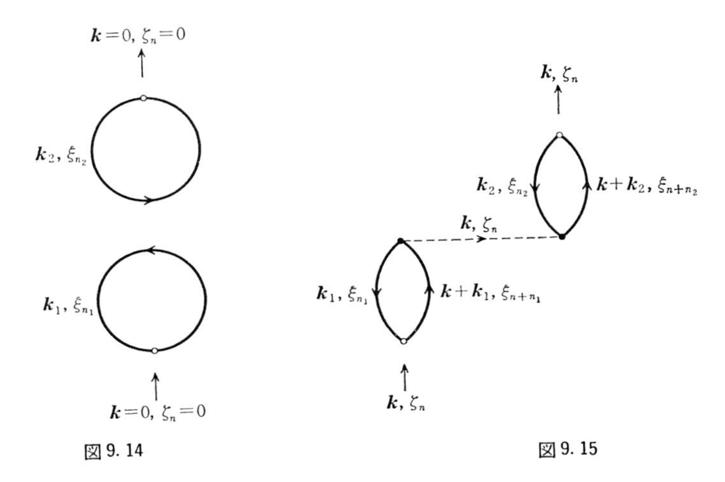

図 9.14

図 9.15

0 次の寄与は(*9. 10. 28*)から明らかなように,

$$\mathcal{N}_0(\boldsymbol{k}, i\zeta_n) = (-1)^2 \sum_{\boldsymbol{k}_1} kT \sum_{n_1=-\infty}^{\infty} e^{i\xi_{n_1}\Delta} \mathcal{K}_0(\boldsymbol{k}_1, i\xi_{n_1}) \mathcal{K}_0(\boldsymbol{k}_1+\boldsymbol{k}, i\xi_{n_1+n})$$
$$= V\mathcal{P}_0(\boldsymbol{k}, i\zeta_n) \tag{9.10.29}$$

となる. 因子 $(-1)^2$ は $\mathcal{C}$ の定義による -1 と粒子線の輪による -1 からくる. 対応する図形は図 9.13(a) に示した. 1 次の図形は図 9.13(b) の 3 個の他に図 9.15 に示すものがある.

$$\mathcal{N}_1(\boldsymbol{k}, i\zeta_n) = V\mathcal{P}_0(\boldsymbol{k}, i\zeta_n) \frac{\Phi_{\boldsymbol{k}}}{V} V\mathcal{P}_0(\boldsymbol{k}, i\zeta_n) + V\mathcal{P}_1(\boldsymbol{k}, i\zeta_n) \tag{9.10.30}$$

高次の図形も描いてみれば分かるように, この場合にも Dyson 方程式が成り立つ.

$$\mathcal{N}(\boldsymbol{k}, i\zeta_n) = V\mathcal{P}(\boldsymbol{k}, i\zeta_n) + V\mathcal{P}(\boldsymbol{k}, i\zeta_n) \frac{\Phi_{\boldsymbol{k}}}{V} \mathcal{N}(\boldsymbol{k}, i\zeta_n) \tag{9.10.31}$$

$$\therefore \quad [\mathcal{N}(\boldsymbol{k}, i\zeta_n)]^{-1} = [V\mathcal{P}(\boldsymbol{k}, i\zeta_n)]^{-1} - \frac{\Phi_{\boldsymbol{k}}}{V} \tag{9.10.32}$$

$$\therefore \quad \mathcal{N}(\boldsymbol{k}, i\zeta_n) = V\frac{\mathcal{P}(\boldsymbol{k}, i\zeta_n)}{\mathcal{E}(\boldsymbol{k}, i\zeta_n)} \tag{9.10.33}$$

§9.2, §9.3に論じたプラズマの問題に戻ろう．§9.9に述べたように2温度 Green 関数(*9.10.27*)は2時間 Green 関数

$$e^2C^{\text{ret},-}(\boldsymbol{k}, t\,;\boldsymbol{k}', t') = \theta(t-t')\left\langle \frac{1}{i\hbar}[\hat{\rho}_{\boldsymbol{k}}{}^{\text{ind}}(t), \hat{\rho}_{\boldsymbol{k}'}{}^{\text{ind}\dagger}(t')]\right\rangle$$
$$= \int_{-\infty}^{\infty}\frac{d\omega}{2\pi}e^{-i\omega(t-t')}\delta_{\boldsymbol{k},\boldsymbol{k}'}e^2N^{\text{ret}}(\boldsymbol{k}, \omega) \tag{9.10.34}$$

を解析接続によって定める．他方§8.4(b)の線形応答の理論によると，Nozières-Pines の式(*8.4.13*)は

$$\frac{1}{\varepsilon(\boldsymbol{k}, \omega)} = 1+\frac{\Phi_{\boldsymbol{k}}}{V}N^{\text{ret}}(\boldsymbol{k}, \omega) \tag{9.10.35}$$

の形に書かれる．(*9.10.33*)は，両辺を $V\mathcal{P}(\boldsymbol{k}, i\zeta_n)$ で割ると(*9.10.31*)を使って次の形に書ける．

$$\frac{1}{\mathcal{E}(\boldsymbol{k}, i\zeta_n)} = 1+\frac{\Phi_{\boldsymbol{k}}}{V}\mathcal{N}(\boldsymbol{k}, i\zeta_n) \tag{9.10.36}$$

これは(*9.10.35*)と同形であるから，$\mathcal{E}(\boldsymbol{k}, i\zeta_n)$ から解析接続により複素誘電率 $\varepsilon(\boldsymbol{k}, \omega)$ が定まることになる．したがって(*9.10.23*)により，$\mathcal{P}(\boldsymbol{k}, i\zeta_n)$ から解析接続によって定まる関数 $\Pi(\boldsymbol{k}, \omega)$ を用いて，複素誘電率は

$$\varepsilon(\boldsymbol{k}, \omega) = 1-\Phi_{\boldsymbol{k}}\Pi(\boldsymbol{k}, \omega) \tag{9.10.37}$$

という形に書ける．これは厳密な関係式である．

§9.2で用いた切断近似は，(*9.2.20*)に(*9.2.19*)を代入した式と比べてみれば明らかなように，(*9.10.26*)からの解析接続関数

$$\Pi_0(\boldsymbol{k}, \omega) = \lim_{\Delta\to+0}\int\frac{d\boldsymbol{k}_1}{(2\pi)^3}\frac{f(E(\boldsymbol{k}_1))-f(E(\boldsymbol{k}_1+\boldsymbol{k}))}{\hbar(\omega+i\Delta)+E(\boldsymbol{k}_1)-E(\boldsymbol{k}_1+\boldsymbol{k})} \tag{9.10.38}$$

によって(*9.10.37*)の $\Pi(\boldsymbol{k}, \omega)$ を近似することに他ならない．

$$\varepsilon(\boldsymbol{k}, \omega) = 1-\Phi_{\boldsymbol{k}}\Pi_0(\boldsymbol{k}, \omega) \tag{9.10.39}$$

この近似はダイヤグラム技法でいえば，電荷密度 Green 関数(*9.10.27*)を，図9.13(a)の最低次分極部分を図9.15に示すように，全て等しい波数ベクトル $\boldsymbol{k}$ をもつ相互作用線 $\Phi_{\boldsymbol{k}}$ でつぎつぎに鎖のように連結した図形だけに限って総和し

て求めたことに相当することがわかる．$\boldsymbol{k}\approx 0$ では $\Phi_{\boldsymbol{k}}\propto \boldsymbol{k}^{-2}$ が非常に大きいので，このような図形からの寄与が摂動展開の各次数で最も大きいから，当然考えられるべき部分和のとり方であった．

以上の美しい結果は A. I. Larkin によるものである．

輸送方程式の方法とダイヤグラム技法との関連，また(*9. 10. 35*)と(*9. 10. 37*)の関係に(*8. 4. 16*)と(*8. 4. 17*)の関係を比べて暗示される，一般化された Brown 運動論の方法とダイヤグラム技法との関連など論ずべき，あるいは将来解かるべき多くの問題が残っているが，これらは読者が試みられたい．

第10章　エルゴードの問題

これまでの章においては，主に量子力学にそって，統計力学の一般的方法を述べてきた．ここで最後の章としてエルゴードの問題を，主に古典力学にそって述べる理由を明らかにしておこう．

平衡状態の理論だけでなく，いわゆる不可逆過程の取扱いにおいても，統計力学の基礎的な立脚点は等重率の原理である．このように確率の考えを導入するのはきわめて当然であるが，それを可能にしている背景については大まかにいって2つの観点がある．そして多くの教科書においては，どちらか一方のものだけが述べられている．

その1つは，第1章でも説明したように，現実の大きな体系を完全に孤立した体系と考えることは事実上不可能であるという観点である．例えば Landau-Lifshitz の教科書はこれに立脚している．体系は外界から小さくても何らかの擾乱を常に受けているので，近似的には孤立系のように振舞うとしても，大局的には確率的になっているとすることは許されるだろう．この場合，力学と矛盾しない確率の測度をどのように導入したらよいかという問題は，次のエルゴードの仮説の問題と不可分である．

第2の観点は，すでに第1章で触れておいたエルゴードの仮説に立つものである．例えば Khinchin の教科書はこの観点で書かれている．

エルゴードの仮説は，孤立した体系においては任意の力学的量の長時間平均は集団平均に等しいということである．物理学においては，対象を理想化するのが一般的な手段である．統計力学の対象とする体系においても，外界からの擾乱が全くなく，その体系を入れる容器の壁は完全に滑らかな幾何学的平面であるとする理想化が考えられる．理想化の手続きにおいて大事なものまで落としてしまうおそれは常に存在する．理想化が物理的に許されるかどうかは，それから導かれる結果によって判定するよりほかに方法がない．孤立系として理想化された体系について，エルゴードの仮説が正しいものと証明されれば，統計力学は力学から1つの筋書きで貫かれた理論体系となる．理想化された問題であるエルゴードの問題をこの章で扱うのは，この方向の努力を概観し，統計力学が将来進む道の中の1つを考えるためである．

エルゴードの問題は物理学の問題としては未解決であり，主に古典力学として研究されている．したがってある意味で，この章は第1章の序論を反映する補いの章であり，また主に古典力学にそって述べることにする．

§10.1 古典力学からの2,3の結果

ここでは古典力学の復習をしておこう．取り扱う系は保存系であるとする．

a) Liouville の定理

第1章で証明されているが，繰り返してのべておこう．位相空間の1点で力学的状態を表わすと，位相空間内の状態密度は，運動の時間的発展と共に，一定に保たれる．あるいは位相空間内の体積(可測な点集合の測度)は時間的発展に対して一定に保たれるといってもよい．

b) 正 準 変 換

正準変換によって位相空間の体積は不変に保たれる．あるいは変換のヤコビアンは1であるといってもよい．力学系の時間的発展は1つの正準変換であるから，Liouville の定理はこの特別な場合に相当する．(a)項と(b)項の2つの事実は統計力学において位相空間に一様なアプリオリの確率つまり測度を導入することを可能にした．正準変換は保測変換である．

c) 作用変数，角変数

正準共役な変数を x_k, y_k $(k=1, 2, \cdots, n)$ とするとき，ハミルトニアン $\mathcal{H}$ が y_k $(k=1, 2, \cdots, n)$ のみの関数であるとする．いいかえると，x_k が循環座標 (cyclic coordinate) であるとすると，正準方程式から

$$\dot{y}_k = 0 \tag{10.1.1}$$

$$\dot{x}_k = \frac{\partial \mathcal{H}}{\partial y_k} \equiv \nu_k(y_1, y_2, \cdots, y_n) \tag{10.1.2}$$

であるから，y_k, ν_k は一定になり，β_k を定数として

$$x_k=\nu_k t+\beta_k \tag{10. 1. 3}$$

とかくことができて問題が解かれる．

特に周期運動のときは x_k はある値たとえば1だけ増しても系の状態は変わらない．これを

$$x_k=\nu_k t+\beta_k \qquad (\mathrm{mod}\ 1) \tag{10. 1. 4}$$

と書く．このように表わされたとき，x_k を角変数，y_k を作用変数という．これらの具体的な表現を知るために，ハミルトニアンが

$$\mathscr{H}=\frac{1}{2m}p^2+U(q) \tag{10. 1. 5}$$

で，正準方程式が

$$\dot{p}=-\frac{\partial\mathscr{H}}{\partial q}, \qquad \dot{q}=\frac{\partial\mathscr{H}}{\partial p} \tag{10. 1. 6}$$

とかける2変数のときを考えよう．いま p, q から y, x へのある正準変換によって x を循環座標にできたとする．すると $\mathscr{H}$ は y のみの関数である．その変換の母関数を $W(q, y)$ とすると

$$p=\frac{\partial W}{\partial q}, \qquad x=\frac{\partial W}{\partial y} \tag{10. 1. 7}$$

であって，変換後の正準方程式は

$$\dot{y}=-\frac{\partial\mathscr{H}}{\partial x}=0, \qquad \dot{x}=\frac{\partial\mathscr{H}}{\partial y}=\nu(y) \tag{10. 1. 8}$$

となる．それゆえ

$$y=\mathrm{const}, \qquad x=\nu(y)t+\mathrm{const} \tag{10. 1. 9}$$

である．

一方，周期運動に対しては周期を T，その間に x は1だけ変化するとすれば，(10. 1. 6) の第2式から，$\mathscr{H}$ の値を E とかいて

$$\frac{1}{\nu}=T=\oint dt=\oint\frac{\partial p}{\partial E}dq=\frac{\partial}{\partial E}\oint p\,dq \tag{10. 1. 10}$$

が成り立つ．ここで積分

$$J=\oint p\,dq \tag{10. 1. 11}$$

の中に，p に対して(10. 1. 7)の第1式を入れると

$$J=\oint\frac{\partial W(q,y)}{\partial q}dq \tag{10. 1. 12}$$

となるから，J は y のみの関数であって一定であることがわかる．全エネルギー E はパラメタとして含まれていて，(10. 1. 10)から

$$\frac{1}{\nu}=T=\frac{\partial J}{\partial E} \tag{10. 1. 13}$$

である．これまで y は特に指定しなかったが，$\mathcal{H}=\mathcal{H}(y)$ であるから，y としてエネルギーの値自身をとってみる($y=E$)．すると，E に対する共役変数は(10. 1. 8)の第2式から t であって，変換の母関数を $W(q,E)$ とすると，(10. 1. 7)から

$$\frac{\partial W}{\partial E}=t \tag{10. 1. 14}$$

となる．

また(10. 1. 12)から $J=J(y)$ であるから，y として J をとると，J に対する共役変数 φ は(10. 1. 13)から

$$\dot{\varphi}=\frac{\partial\mathcal{H}}{\partial J}=\frac{1}{\partial J/\partial E}=\nu \tag{10. 1. 15}$$

すなわち

$$\varphi=\nu t+\text{const} \tag{10. 1. 16}$$

となる．それゆえ(10. 1. 11)で定義された J が作用変数で，φ が角変数であることがわかる．

多自由度の系でも変数分離ができて

$$\mathcal{H}=\sum_{i=1}^{f}\mathcal{H}_i(p_i,q_i),\qquad \mathcal{H}_i=\frac{1}{2m_i}p_i^2+U_i(q_i) \tag{10. 1. 17}$$

の場合にも上の議論を直ちに適用することができる．この場合には作用変数を

$$J_k=\oint p_k dq_k \tag{10. 1. 18}$$

ととればよい．作用変数は(10. 1. 11)または(10. 1. 18)のような形にかけるから，作用積分ということもある．作用積分または位相体積の断熱定理については§2. 3に述べられている．

調和振動子のあつまりでは

$$\mathcal{H} = \sum_{i=1}^{n} \left(\frac{p_i^2}{2m_i} + \frac{m_i \omega_i^2}{2} q_i^2 \right) \qquad (10.1.19)$$

であるが,

$$P_i = \frac{1}{\sqrt{m_i \omega_i}} p_i, \qquad Q_i = \sqrt{m_i \omega_i}\, q_i \qquad (10.1.20)$$

という変換で

$$\mathcal{H} = \sum_{i=1}^{n} \frac{\omega_i}{2} (P_i^2 + Q_i^2) \qquad (10.1.21)$$

と表わすことができる．さらに

$$P_i = \sqrt{\frac{J_i}{\pi}} \cos 2\pi\varphi_i, \qquad Q_i = \sqrt{\frac{J_i}{\pi}} \sin 2\pi\varphi_i \qquad (10.1.22)$$

によって

$$\mathcal{H} = \sum_{i=1}^{n} \nu_i J_i, \qquad \nu_i = \frac{\omega_i}{2\pi} \qquad (10.1.23)$$

$$J_i = \pi (P_i^2 + Q_i^2) \qquad (10.1.24)$$

となる．この J_i, φ_i は作用変数，角変数である．J_i は一定であって，φ_i は1だけ変わると，P_i, Q_i または p_i, q_i はもとの値にもどる．したがって(10.1.23)は n 次元のトーラスを表わす．

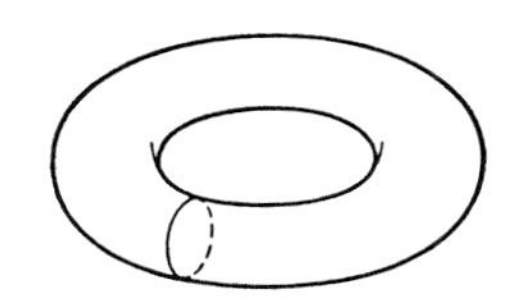

図10.1　2次元トーラス

d) 積分可能系

自由度 n の系の運動方程式には変数 p, q は $2n$ 個ある．しかしもし n 個の積分 $F_1, F_2, \cdots, F_n$ がわかっていて，これらの間の Poisson 括弧式が0になっていれば，すなわち

$$(F_i, F_j) = 0 \qquad (i, j = 1, 2, \cdots, n) \qquad (10.1.25)$$

であれば，この運動方程式は積分可能であると定義する．(10.1.25)の関係があるとき，F_i, F_j は包合(involution)にあるという．量子力学にならって可換であるといってもよい．一般に n 個の積分が包合にあるような系を積分可能系という．

この定理は Liouville によって証明された．その要点は作用変数を導入した方法にならって，F_i を新しい変数 P_i とし，それに共役な変数 Q_i が循環座標になるような変換の母関数を探すということである．もしそういう変換が見つけられたなら，

$$\frac{dQ_i}{dt}=\frac{\partial \mathcal{H}}{\partial P_i}, \qquad \frac{dP_i}{dt}=-\frac{\partial \mathcal{H}}{\partial Q_i} \tag{10.1.26}$$

である．$P_i=F_i$ は運動の積分で一定であるから

$$\frac{dP_i}{dt}=0 \tag{10.1.27}$$

であって，$\mathcal{H}$ は Q_i を含まない．それゆえ

$$Q_i=\left(\frac{\partial \mathcal{H}}{\partial P_i}\right)t+\mathrm{const} \tag{10.1.28}$$

となって問題が解かれたことになる．

いま運動の積分 F_i を

$$F_i(p_1, p_2, \cdots, p_n, q_1, q_2, \cdots, q_n)=a_i \qquad (i=1, 2, \cdots, n) \tag{10.1.29}$$

とおき，次の微分形式を考える．

$$\sum_{i=1}^{n} p_i dq_i \tag{10.1.30}$$

この式で p_i は (10.1.29) を解いてえられたものを代入すると，

$$p_i(q_1, \cdots, q_n, a_1, \cdots, a_n) \tag{10.1.31}$$

とみなされる．(10.1.31) を (10.1.29) に入れてえられる恒等式を q_r で微分すると

$$\frac{\partial F_i}{\partial q_r}+\sum_k \frac{\partial F_i}{\partial p_k}\frac{\partial p_k}{\partial q_r}=0 \tag{10.1.32}$$

である．これが $\dfrac{\partial p_k}{\partial q_r}$ $(k=1, 2, \cdots, n)$ に対して解けるための条件は

$$\det\left(\frac{\partial F_i}{\partial p_k}\right)\neq 0 \tag{10.1.33}$$

である．(10.1.32) に $\dfrac{\partial F_j}{\partial p_r}$ をかけて r について和をとり，さらにその式で i と j とを入れかえたものを引くと

$$\sum_r \left(\frac{\partial F_j}{\partial p_r}\frac{\partial F_i}{\partial q_r}-\frac{\partial F_i}{\partial p_r}\frac{\partial F_j}{\partial q_r}\right) = (F_j, F_i) = 0 \qquad (10.1.34)$$

であるから

$$\sum_r \sum_k \frac{\partial F_j}{\partial p_r}\frac{\partial F_i}{\partial p_k}\left(\frac{\partial p_k}{\partial q_r}-\frac{\partial p_r}{\partial q_k}\right) = 0 \qquad (10.1.35)$$

がえられる．ところが(*10.1.33*)の関係があるから，(*10.1.35*)が成り立つためには

$$\frac{\partial p_k}{\partial q_r}-\frac{\partial p_r}{\partial q_k} = 0 \qquad (10.1.36)$$

でなければならない．このことは(*10.1.30*)が全微分であることを示す．それゆえ(*10.1.30*)を

$$dW = \sum_{i=1}^{n} p_i dq_i \qquad (10.1.37)$$

とおくと，

$$\begin{aligned} W &= W(q_1, q_2, \cdots, q_n, a_1, a_2, \cdots, a_n) \\ &= W(q_1, q_2, \cdots, q_n, P_1, P_2, \cdots, P_n) \end{aligned} \qquad (10.1.38)$$

となり，これが求める母関数である．

$F_i=\mathrm{const}$ の面は $P_i=\mathrm{const}\ (i=1, 2, \cdots, n)$ であって，これは n 次元のトーラスをつくる．このような積分可能系の最も簡単な例は調和格子振動子系である．

e) 測 地 線

力学系の運動はラグランジアンを L とすると，次の変分原理から導かれる．

$$\delta\int_{\mathrm{A}}^{\mathrm{B}} L(q, \dot{q}, t)\,dt = 0 \qquad (10.1.39)$$

ただし $(q_1, q_2, \cdots, q_n)$ をまとめて q とかいてある．(*10.1.39*)の意味は，q, t の空間の中で $\mathrm{A}(q(t_1), t_1)$ と $\mathrm{B}(q(t_2), t_2)$ の2点を結ぶあらゆる経路に沿っての積分を考えると，実現される運動では極小値をとるということである．実際の運動ではエネルギーが保存されるから，上述の経路の中でエネルギー一定のものに限ってよい．K を運動エネルギーとすると

$$L = K-V = 2K-\mathcal{H} \qquad (10.1.40)$$

であるから，エネルギー一定の経路に沿っては $\delta\mathcal{H}=0$ であって

$$\delta\int_{\mathrm{A}}^{\mathrm{B}} 2Kdt = 0 \tag{10.1.41}$$

という形に変分原理をかくことができる．$K=(\mathscr{H}-V)^{1/2}K^{1/2}$ とわけると一般に

$$K = \frac{1}{2}\sum_{i,j=1}^{n} k_{ij}(q)\dot{q}_i\dot{q}_j \tag{10.1.42}$$

と表わされるから

$$\delta\int_{\mathrm{A}}^{\mathrm{B}} 2Kdt = \delta\int_{\mathrm{A}}^{\mathrm{B}} \sqrt{2}\,(\mathscr{H}-V)^{1/2}\Big[\sum k_{ij}\dot{q}_i\dot{q}_j\Big]^{1/2} dt = \delta\int_{\mathrm{A}}^{\mathrm{B}} \sqrt{2}\,ds \tag{10.1.43}$$

$$ds^2 = (\mathscr{H}-V)\sum_{i,j=1}^{n} k_{ij}dq_idq_j \tag{10.1.44}$$

とかくことができる．$\mathscr{H}$ は一定で V は q のみの関数であるから，(10.1.44) の係数は q のみの関数である．そこで q 空間の中の距離が (10.1.44) で表わされるような Riemann 空間を考えると，力学の運動方程式はこの空間の中の測地線をあらわすことになる．こうして力学が幾何学的に記述される．

いま $n+1$ 次元 Euclid 空間の中の1つの曲面を考え，それを

$$z = S(q_1, q_2, \cdots, q_n) \tag{10.1.45}$$

であらわす．

$$dz = \sum_{i=1}^{n} \frac{\partial S}{\partial q_i}dq_i \tag{10.1.46}$$

であるから曲面上の近接する2点の距離 ds は

$$ds^2 = dz^2 + \sum_{i=1}^{n} dq_i{}^2 = \sum g_{ij}dq_idq_j \tag{10.1.47}$$

$$g_{ij} = \delta_{ij} + \frac{\partial S}{\partial q_i}\frac{\partial S}{\partial q_j} \tag{10.1.48}$$

と書かれる．すなわち n 次元の $(q_1, q_2, \cdots, q_n)$ 面上の長さを (10.1.47) で与えれば1つの幾何学が生まれる．Riemann 幾何学はこれを一般化したものであるが，計量テンソル g_{ij} を任意に与えたときそれに対応する S という $n+1$ 次元空間の面があるとは限らない．S という面があって，その上で滑らかな束縛力以外の外力をうけないで運動をするとすれば，その軌道は n 次元の q 空間の中の測地線

になっている．逆にいえば測地線に沿った運動は滑らかな面の上に束縛された点の自由運動として頭に画くことができるのである．

力学系で主として問題になるのは負曲率をもった系である．そこで次にGauss曲率のことを少しばかりのべておこう．

3次元の Euclid 空間の中の曲面を考える．曲面上の1点Pの法線をベクトル $\boldsymbol{n}$ であらわし，P点を通る1つの接線の方向をベクトル $\boldsymbol{t}$ とする．$\boldsymbol{n}$ と $\boldsymbol{t}$ を含む平面が曲面と交わってできる曲線をCとし，その曲線の曲率を κ とする．接線の方向 $\boldsymbol{t}$ をかえるとCも変り κ も変化し，κ が極大または極小をとる接線の方向は互いに直交する．κ の極大値および極小値を κ_1, κ_2 とすれば，$K_G=\kappa_1\kappa_2$ を Gauss 曲率といい，$K=(\kappa_1+\kappa_2)/2$ を平均曲率という．曲線Cの法線はもちろん $\boldsymbol{n}$ と一致する．$\boldsymbol{n}$ の正負を曲面のどの方向とするかは任意であるので，κ_1 または κ_2 の正負も一義的でない．しかしこの Gauss 曲率は面によって符号が一定する．すなわちCがPを通る接平面のいずれか片側にのみ存在するときは $K_G>0$ であり，κ_1 に対する曲線 C_1 と κ_2 に対する曲線 C_2 とが接平面の両側にあるときは $K_G<0$ である．それぞれ正の曲率または負の曲率をもった曲面という．

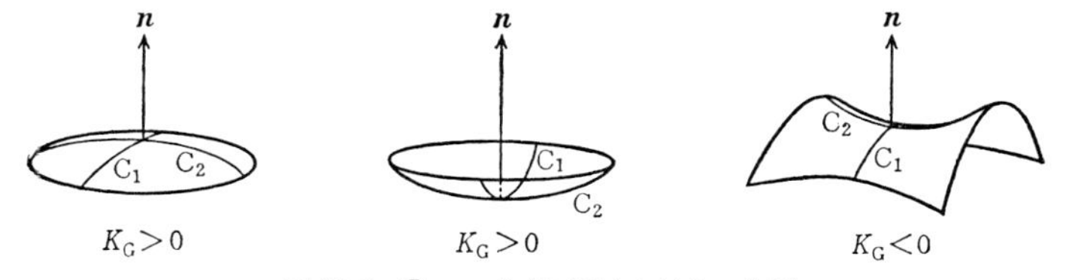

図10.2　Gauss 曲率が正または負の曲面

n 次元空間では曲面の接平面は $n-1$ 次元である．その平面の中の独立なベクトルを $\boldsymbol{e}_i$ $(i=1, 2, \cdots, n-1)$ とするとき，任意の2つのベクトル $\boldsymbol{e}_i, \boldsymbol{e}_j$ と曲面の法線 $\boldsymbol{n}$ がつくる3次元空間で切った曲面の切り口に相当する3次元空間の曲線がつねに正または負の曲率をもっているとき，はじめの n 次元空間の曲面は正または負の曲率をもつという．

Riemann 幾何学では計量テンソルが与えられると，曲率を求めることができる．こうして力学系を(10.1.44)で与えられた Riemann 空間の中の運動として論ずることができる．

§10.2　エルゴード定理

われわれがある物理量を測定するときには，通常ある時間間隔 τ が必要である．特に熱力学的な量の測定に際しては，τ は2つの時間 τ_0, τ_{m} ($\gg\tau_0$) に対し，τ_0 より大きく，τ_{m} よりも小さい値をとるのがふつうである．τ_0 は系の分子運動の相関を記述する時間であり，τ_{m} は系のマクロな性質が変化するまでの時間である．τ_0 と τ_{m} の中間の τ では測定値は τ には依存しない．また系が平衡にあれば τ_{m} をきめておく必要がなく，$\tau_{\mathrm{m}}\to\infty$ にまでのばすこともできる．これらがわれわれの経験として知っていることがらである．

系の力学的状態は位相空間の1点 P で表わされる．時刻 t の位置を P_t とし，P を P_t にかえる変換を ϕ_t とあらわす．Liouville の定理によりこれは保測変換である．P_t の関数として与えられる位相関数(phase function)を $f(\mathrm{P}_t)$ とかくことにする．もし系が孤立していれば P_t の運動は一義的にきまるから，$t=0$ の P_t の位置を P とかくと，

$$\left.\begin{aligned}\mathrm{P}_t &= \phi_t\mathrm{P}\\ f(\mathrm{P}_t) &= f(\mathrm{P},t)\end{aligned}\right\}\tag{10.2.1}$$

と書いてもよい．われわれの測定は，上にのべたように

$$\bar{f}_\tau(\mathrm{P}) = \frac{1}{\tau}\int_0^\tau f(\mathrm{P},t)\,dt\tag{10.2.2}$$

または

$$\bar{f}(\mathrm{P}) = \lim_{\tau\to\infty}\frac{1}{\tau}\int_0^\tau f(\mathrm{P},t)\,dt\tag{10.2.3}$$

を求めていることになる†．考える系が孤立系であって一定のエネルギーをもっていれば，力学系としては P を通る位相空間内の1つの軌道が定まる．この軌道を P. および T. Ehrenfest は G 軌道(G-path)とよんだ．(*10.2.2*)あるいは(*10.2.3*)は G 軌道に沿って $t=0$ から $t=\tau$ または ∞ までとった時間平均である．1つの系を熱力学的に規定するには少数の熱力学的変数を指定するだけであるので，熱力学的に同じ状態で，測定する熱力学的量は同じ値を示していても，力学

---

† 具体的な測定がはたしてこういうものか否かということは測定または古典系の観測の理論のむずかしい問題である．測定が(*10.2.2*)で与えられるものを理想測定ということにすると，われわれは理想測定を取り扱うことになる．

的状態は異なっているのがふつうである．このことは $f(\mathrm{P}, t)$ が熱力学的な量に対応する位相関数であるとすると，(*10. 2. 2*) または (*10. 2. 3*) は力学系の初期状態 P には依存しないことを意味する．さらにわれわれの経験によれば，熱平衡のときには $\tau > \tau_0$ であるならば，$\bar{f}_\tau$ と $\bar{f}$ とは等しい．

これらの要求をみたして熱力学が成立するためには，まず

(ia)　$\tau_0 \ll \tau_\mathrm{m}$ という 2 つの τ_0, τ_m が存在し，かつ $\tau_0 < \tau < \tau_\mathrm{m}$ の τ に対し τ に無関係な $\bar{f}_\tau$ が存在すること

が必要である．孤立した熱力学系を十分長く放置すると遂に平衡に達するという経験的事実から，τ_m を十分大きくとって，$\bar{f}_\tau$ は $\bar{f}$ に等しいとすることができる．また系の初期状態は平衡になくても $\tau \to \infty$ とすれば $\bar{f}$ はつねに平衡のときの値である．したがって (ia) の代りに，もっとゆるい条件として

(ib)　$\bar{f}$ が存在すること (Birkhoff の第 1 定理)

を採用してもよい．(ia) が成り立てば (ib) が成立するが，逆は必ずしもいえない．さらに

(ii)　$\bar{f}_\tau(\mathrm{P})$ または $\bar{f}(\mathrm{P})$ は初期状態 P に依存しない一定の値をもつこと

も必要である．ここで P が同じ G 軌道の上の点であるならば，どの点から始めても同じ値をもつことが (ib) から容易に証明できる (Birkhoff の第 2 定理 (p. 451 参照))．問題は，ちがった G 軌道について (ii) が成立するかどうかである．

L. Boltzmann は (ii) が成立するためには，G 軌道がエネルギー面上で閉じていないで，その面上のすべての点を通ると仮定すればよいとした．このときは G 軌道は，おそかれ早かれすべての点を通るから，P をどこからはじめても $\tau \to \infty$ とすれば平均は同じになって，$\bar{f}(\mathrm{P})$ は P によらないとすることができる．そこで上の仮定をエルゴードの仮説 (ergodic hypothesis, ἔργον = work, energy, ὁδός = path) という．今後 G 軌道のこういう性質を Boltzmann の意味のエルゴード性ということにする．しかしながら，力学軌道は 1 次元の連続的な点集合であるが，エネルギー一定の面はふつうは多次元空間である．2 次元以上の多次元空間を 1 次元空間と連続的に 1 対 1 に対応づけることは不可能であるので†，

---

† Peano 曲線は多次元空間を 1 次元の連続曲線で覆うものであるが，このときは対応は 1 対 1 ではない．また集合論の意味で多次元空間と 1 次元空間とは 1 対 1 の対応をつけることができるが，このときは連続的ではない．

Boltzmann の意味のエルゴード性はありえない．もともと(ii)の成立を必要としたのは f の位相空間での平均

$$\langle f\rangle=\frac{1}{\Omega}\int_{\Gamma}f(\mathrm{P},t)\,d\Gamma \qquad (10.\,2.\,4)$$

$$\Omega=\int_{\Gamma}d\Gamma$$

を定義して，$\bar{f}$ の代りに $\langle f\rangle$ を使うことを正当づけるためであった．ここで(10. 2. 4)の積分は位相空間 Γ についてであって，$d\Gamma$ はその微小体積，Ω は位相空間の体積である．積分の領域はエネルギー面上に限られるから面要素を $d\Sigma$ とかくと

$$\int_{\Gamma}\cdots d\Gamma=\int_{\Sigma}\frac{\cdots d\Sigma}{|\mathrm{grad}\,E|}$$

を意味する．正準変換のヤコビアンは1であるから，この積分の値は正準変数のえらび方にはよらない．(10. 2. 4)からは $\langle f\rangle$ は t に依存しているように見えるが，(10. 2. 1)が成り立ち，ϕ_t は保測変換であるから，t には無関係になる．それゆえ $\langle f\rangle$ はその時間平均 $\langle\overline{f}\rangle$ に等しい．また一方特別な場合を除けば時間平均と位相平均とは交換できるから

$$\langle f\rangle=\langle\overline{f}\rangle=\langle\bar{f}\rangle \qquad (10.\,2.\,5)$$

と書くことができる．それゆえ，$\bar{f}$ が P に依存しないで，位相空間全部にわたって一定という (ii) の性質があれば $\langle\bar{f}\rangle=\bar{f}$ であるので，結局

$$\langle f\rangle=\bar{f} \qquad (10.\,2.\,6)$$

が成立する．そこで(10. 2. 6)が成り立つことをエルゴード性といい，それを要求する仮説をエルゴード仮説とよぶことにする．エルゴード性が成立するためには Boltzmann の意味のエルゴード性は必ずしも必要でない．

a) Birkhoff の定理

上にのべた (ib) の条件は次のようにいいあらわされる．いま位相空間内の有限の体積の部分空間 V が変換 ϕ_t に対し不変であって(これを不変部分空間という．式で表わせば $\phi_t V=V$)，$f(\mathrm{P})$ $(\mathrm{P}\in V)$ が V で L_1 可積分であるとき，V に属するほとんどすべての P に対し

$$\bar{f} = \lim_{T\to\infty}\frac{1}{T}\int_0^T f(\mathrm{P}_t)\,dt \tag{10.2.7}$$

が存在する(Birkhoff の第1定理).

この証明は1931年 G. D. Birkhoff によって与えられた. Birkhoff の第1定理はその後 A. Kolmogorov によって初等的な証明が与えられ, Khinchin の本に紹介されているが, ここでは割愛する(巻末文献(31)参照). この定理によれば, $\bar{f}$ は $t=0$ の P に依存することになるが, 実は G 軌道上のすべての点で同じ値をもつという第2定理は次に示すようにすぐに証明できる. (*10.2.7*)から

$$\lim_{T\to\infty}\frac{1}{T+t}\int_0^{T+t} f(\mathrm{P},t')\,dt' = \bar{f}(\mathrm{P}) \tag{10.2.8}$$

である. 一方

$$\frac{1}{T}\int_0^{T+t} f(\mathrm{P},t')\,dt' - \frac{1}{T+t}\int_0^{T+t} f(\mathrm{P},t')\,dt' = \frac{t}{T(T+t)}\int_0^{T+t} f(\mathrm{P},t')\,dt' \tag{10.2.9}$$

であるから, (*10.2.8*)が成り立てばこの右辺は $T\to\infty$ で0になる. それゆえ

$$\lim_{T\to\infty}\frac{1}{T}\int_0^{T+t} f(\mathrm{P},t')\,dt' = \bar{f}(\mathrm{P}) \tag{10.2.10}$$

ところが

$$\begin{aligned}\frac{1}{T}\int_0^{T} f(\mathrm{P},t_0+t')\,dt' &= \frac{1}{T}\int_{t_0}^{T+t_0} f(\mathrm{P},t')\,dt' \\ &= \frac{1}{T}\int_0^{T+t_0} f(\mathrm{P},t')\,dt' - \frac{1}{T}\int_0^{t_0} f(\mathrm{P},t')\,dt'\end{aligned} \tag{10.2.11}$$

$T\to\infty$ に対しこの式の右辺の第1項は(*10.2.10*)から $\bar{f}(\mathrm{P})$ であるが, 第2項は0になる. 左辺を書き直すと

$$\lim_{T\to\infty}\frac{1}{T}\int_0^{T} f(\mathrm{P},t_0+t)\,dt = \lim_{T\to\infty}\frac{1}{T}\int_0^{T} f(\mathrm{P}_{t_0},t)\,dt = \bar{f}(\mathrm{P}_{t_0})$$

であるから

$$\bar{f}(\mathrm{P}_{t_0}) = \bar{f}(\mathrm{P}) \tag{10.2.12}$$

が導かれ第2定理が証明された. したがって

予備定理　時間的発展 ϕ_t がエルゴード的であるために必要十分なことはすべての不変関数† f が定数である

ということができる．なぜなら f を不変関数とすると $f(\mathrm{P}_t)=f(\mathrm{P})=\bar{f}$ が成り立ち，エルゴード的であるならばこれは $\langle f\rangle$ に等しくなければならない．$\langle f\rangle$ は P によらない．それゆえ $\bar{f}$ も P によらない定数であることが必要である．また任意の関数 f に対し $\bar{f}$ は Birkhoff の定理から不変関数である．これが P によらない定数であるならばエルゴード的であることは(*10. 2. 6*)のところで示したことである．

以上の Birkhoff の定理は個別エルゴード定理といわれている．(*10. 2. 7*)で定義されているように，ひとつひとつの G 軌道に関するものであるからである．Birkhoff がこの定理をえたのは J. von Neumann の平均エルゴード定理がえられた(1931年，発表は1932年)直後，それに刺激されてであった．ちなみに von Neumann による量子力学に対するエルゴード定理は1929年に証明されていた．

b) 平均エルゴード定理

B. O. Koopman は変換 ϕ_t が関数空間の線形オペレーターで表わされることに着目した．すなわち

$$U_t f(\mathrm{P}) = f(\phi_t \mathrm{P}) \qquad (10.\,2.\,13)$$

によって作用素 U_t を定義する．この作用素 U_t を ϕ_t による誘導作用素という．ϕ_t は保測変換であるから U_t はユニタリーである．このような表現をするためには Lebesgue L_2 可積分の関数 f を考え，それからつくられる Hilbert 空間を導入すればよい．

今ここで考えているように t が連続変数のとき，変換 ϕ_t を流れ(flow)という．後にのべるような抽象力学系に対しても誘導作用素 U を導入することができる(§10.3)．特に Hamilton 系では P は位相空間の点であるから，その関数 $f(\mathrm{P})$ は Poisson の括弧式によって

$$\frac{df}{dt} = (f, \mathcal{H}) = -i\mathcal{L}f$$

に従って変化する．上の式で定義された $\mathcal{L}$ は自己共役作用素で Liouville 作用

---

† $f(\mathrm{P}_t)\equiv f(\phi_t\mathrm{P})=f(\mathrm{P})$ のとき f を ϕ_t 不変関数または単に不変関数という．

素という．したがって$(10.2.13)$の U_t は

$$U_t = e^{-ixt}$$

と表わされる．明らかに U_t はユニタリーである．

エルゴード性について von Neumann の証明しようとしたことは，$\tau\to\infty$ とするとき

$$\left\| \frac{1}{\tau}\int_0^\tau f(\mathrm{P},t)\,dt - f^*(\mathrm{P}) \right\| \longrightarrow 0 \qquad (10.2.14)$$

となるようなある関数 f^* が存在することであった．ここで $\|g\|$ は Hilbert 空間内の距離で

$$\|g\|^2 = \int_V |g|^2 dV \qquad (10.2.15)$$

で与えられる．$(10.2.14)$で定義される収束性を平均収束または強収束という．平均収束の意味は τ 時間の平均と $f^*(\mathrm{P})$ との差の標準偏差が $\tau\to\infty$ と共に 0 になるということである．

統計力学では常に平均が問題であるから von Neumann の平均収束で十分である．Birkhoff の個別エルゴード性の方が強い結果を与え，力学的には重要であるが，スペクトル分解を使うことができるという意味で von Neumann の定理は有利である．

U_t の固有値を λ，固有関数を g_λ とすると

$$U_t g_\lambda = \lambda g_\lambda \qquad (10.2.16)$$

U_t はユニタリーであるから $|\lambda|=1$（したがって $\lambda=\exp(2\pi i\mu t)$ とかいて，μ のことを固有値ということもある）．上の関係は $g_\lambda(\phi(x))=\lambda g_\lambda(x)$ を意味するから

$$|g_\lambda(\phi(x))| = |g_\lambda(x)|$$

すなわち固有関数の絶対値は不変量である．もし系がエルゴード的であれば，すべての不変量はほとんど至るところ定数であるから(p. 452, 予備定理)，U_t の固有関数の絶対値はほとんど至るところ定数である．また U_t の固有値 λ に対する固有関数として g_λ のほかに h_λ があったとすると

$$U_t\left(\frac{h_\lambda}{g_\lambda}\right) = \frac{\lambda h_\lambda}{\lambda g_\lambda} = \frac{h_\lambda}{g_\lambda} \qquad (10.2.17)$$

となるから h_λ/g_λ は不変量であって，予備定理から定数となる．したがって固有

関数は単純である(縮重しない). 1が U_t の単純な固有値であることは系がエルゴード的であるために必要かつ十分である. なぜなら, f を不変関数とすれば

$$U_t f = f \tag{10. 2. 18}$$

であるから, すべての不変関数は固有値1の固有関数であり, その中に定数も含まれる. 固有値1の固有関数は単純であるから不変関数は定数となる. これは系がエルゴード的であるために必要かつ十分条件だからである.

U_t の不変量をスペクトル不変量(spectral invariant)という. スペクトル不変量はもちろん ϕ 不変量である.

c) Hopf の定理

von Neumann の定理は位相関数 f の時間平均の強収束の理論であるが, E. Hopf は L_2 に属する2つの関数 g, f について内積を(,)であらわすと

$$\lim_{t\to\infty}(U_t f, g) = (f^*, g) \tag{10. 2. 19}$$

あるいは

$$\lim_{\tau\to\infty}\frac{1}{\tau}\int_0^\tau |(U_t f, g) - (f^*, g)|^2 dt = 0 \tag{10. 2. 20}$$

となるような f^* の存在することを証明した. この収束を弱収束という. この定理によって位相空間の分布関数 ρ の収束性をしらべることができる. Hamilton 系では Liouville 作用素 $\mathscr{L}$ をつかうと ρ は

$$\frac{\partial\rho}{\partial t} = i\mathscr{L}\rho \tag{10. 2. 21}$$

に従って変化する. それゆえ

$$\rho_t = U_{-t}\rho(0) \tag{10. 2. 22}$$

である. 一般の力学系でも位相関数の時間推移の作用素を U_t とすると, 分布関数の時間推移の作用素は U_{-t} である. 上の式で f を任意の位相関数, g を ρ とし, $f(\mathrm{P})$ の ρ_t による平均をとると,

$$\int f(\mathrm{P})\rho_t dV = (f, \rho_t) = (f, U_{-t}\rho)$$
$$= (U_t f, \rho)$$

であって, この最後の式の $t\to\infty$ の極限が存在するから, $U_{-t}\rho$ の極限 ρ^* も存

在することになる．

いままでのべたBirkhoff, von Neumann, Hopfの定理は，位相関数または分布関数の収束性に関するもので，これだけでエルゴード性が証明されたことにはならない．さらにはじめに§10.2の(ii)の条件としてのべたことが必要である．この条件を保証するものが次にのべる測度可遷性(metrical transivity)である．

d) 測度可遷性

(*10.2.1*)で定義された変換 ϕ_t に対し，位相空間 Γ の不変部分空間を V とする．もし V を測度が正の2つの不変部分空間 V_1, V_2 に分けることができないときに，V は測度可遷(metrically transitive)または測度不可分(metrically indecomposable)であるという．V の測度を1 $(\mu(V)=1)$ とすると，測度可遷のときは V の任意の可測な不変集合の測度は1か0である．測度可遷性という概念はBirkhoffとP. A. Smithによって導入された．そこで次の定理が成り立つ．

> 不変可測空間 V が測度可遷のときに，V 上のほとんどすべての点Pに対し，任意の可測な位相関数の長時間平均(*10.2.7*)と位相平均(*10.2.4*)とは等しい．また逆も成り立つ．すなわち，測度可遷性とエルゴード性とは等価である．

〔証明〕　測度可遷であればほとんどすべてのG軌道に対し，位相関数の長時間平均は一定値をもち，予備定理からエルゴード性が成り立つ．なぜなら，長時間平均は一定値でないとすると V を正の測度をもった V_1, V_2 に分け，V_1 の点から出発するG軌道の上では $\bar{f}(\mathrm{P})>\alpha$, V_2 の点からでは $\bar{f}(\mathrm{P})\leqq\alpha$ であるとすれば，V_1 または V_2 を通るG軌道は V_1 または V_2 の外に出られないから，V_1, V_2 は不変部分空間であって V が測度可遷性としたことに矛盾するからである．逆に測度可遷でないならば，V は2つの測度が正の不変部分空間 V_1, V_2 に分けられる．V_1 で1, V_2 では0の値をとる位相関数 f を考えればその $\bar{f}$ は V_1 で1, V_2 で0になり，一定の値をもたない．そのとき位相平均は0と1の中間の値であるから，エルゴード性はないことになる．

e) 混合性

Birkhoffによって，力学系がエルゴード的であるか否かは測度可遷性の有無をしらべればよいことになった．測度可遷性を導く性質の1つに混合性がある．それは次のように定義される．

空間 V の中の可測な部分空間 A, B を考える．A は力学系によって時間と共に変換 ϕ_t をうける．このとき B との共通部分 $(\phi_t A)\cap B$ の測度が

$$\lim_{t\to\infty}\mu[(\phi_t A)\cap B]=\mu(A)\,\mu(B) \tag{10. 2. 23}$$

となるときこの系は混合性をもつという．μ は空間の測度を示す．$\mu[(\phi_t A)\cap B]/\mu(B)$ は B の中にある t 時間後の A の割合である．これが長時間後全体の中の A の割合(測度)に等しいというのが(*10. 2. 23*)の内容である．

混合性のある力学系はエルゴード性をもつ．

なぜなら，A を不変な可測空間とし，$B=A$ とする．すると

$$(\phi_t A)\cap A=A$$

であるから(*10. 2. 23*)より $\mu(A)=0$ または 1 となる．これは測度不可分性を意味するからである．

f) Khinchin の定理

A. I. Khinchin は測度不可分性に頼らないでエルゴード性を導く方法を考えた．われわれの取り扱う系は多数の粒子から成っているから，その中の1つの(あるいは少数の)粒子の座標のみを含む位相関数 $f(\mathrm{P})$ は，時間がたつと初期の値とは相関がなくなるであろう．そこで相関係数

$$R(u)=\frac{1}{Df}\langle f(\mathrm{P},t)f(\mathrm{P},t+u)\rangle \tag{10. 2. 24}$$

を定義する．ここで〈 〉は位相平均である．エネルギー面の上での平均であるから

$$\langle\cdots\rangle=\frac{1}{\Omega(\Sigma)}\int_{\Sigma}\cdots\frac{d\Sigma}{|\mathrm{grad}\,E|} \tag{10. 2. 25}$$

と書かれる．また

$$Df=\langle f^2(\mathrm{P})\rangle \tag{10. 2. 26}$$

とする．f の平均は 0 としても一般性を失わない．

$$\langle f\rangle=0 \tag{10. 2. 27}$$

$|f|$ の最大値を M とする．相関係数 $R(u)$ はつねに 1 より小さく(Schwarz の不等式)，$u\to\infty$ になると，f に対する相関はなくなるとすると $\langle f\rangle^2$ に比例するはずである．$\langle f\rangle=0$ であるから $R(u)\to 0$ であるだろう．Khinchin は，

$u\to\infty$ で $R(u)\to 0$ ならば，関数 $f(\mathrm{P})$ はエルゴード的である

ということを証明した.

〔証明〕

$$\lim_{\tau\to\infty}\frac{1}{\tau}\int_0^\tau f(\mathrm{P},t)\,dt=\bar{f}(\mathrm{P}) \tag{10.2.28}$$

とおく．すると

$$\begin{aligned}\langle\bar{f}(\mathrm{P})^2\rangle &= \frac{1}{\Omega(\Sigma)}\int_\Sigma\frac{d\Sigma}{|\mathrm{grad}\,E|}\bar{f}(\mathrm{P})^2\\ &= \frac{1}{\Omega(\Sigma)}\int_\Sigma\frac{d\Sigma}{|\mathrm{grad}\,E|}\left\{\bar{f}(P)^2-\frac{1}{\tau^2}\int_0^\tau\int_0^\tau f(\mathrm{P},u)f(\mathrm{P},v)\,dudv\right\}\\ &\quad+\frac{1}{\Omega(\Sigma)}\int\frac{d\Sigma}{|\mathrm{grad}\,E|}\frac{1}{\tau^2}\int_0^\tau\int_0^\tau f(\mathrm{P},u)f(\mathrm{P},v)\,dudv\end{aligned} \tag{10.2.29}$$

と書かれる．ここで

$$Q=\bar{f}(\mathrm{P})^2-\left\{\frac{1}{\tau}\int_0^\tau f(\mathrm{P},t)\,dt\right\}^2 \tag{10.2.30}$$

を定義すると，(10.2.29) の右辺で Q を含んだ第1項の積分の領域を，G_ε とその残り G_ε' にわけ，G_ε では $|Q|<\varepsilon$ とする．Birkhoff の第1定理から Σ 面上ほとんどすべての P について $Q\to 0$ となるから，G_ε' の測度 $\mu(G_\varepsilon')$ も $\tau\to\infty$ と共に小さくなって

$$\frac{\mu(G_\varepsilon')}{\Omega(\Sigma)}=\frac{1}{\Omega(\Sigma)}\int_{G_\varepsilon'}\frac{d\Sigma}{|\mathrm{grad}\,E|}<\varepsilon \tag{10.2.31}$$

とすることができる．すると，(10.2.29) は

$$\begin{aligned}\langle\bar{f}(\mathrm{P})^2\rangle &= \frac{1}{\Omega(\Sigma)}\frac{1}{\tau^2}\int_0^\tau\int_0^\tau dudv\int_\Sigma\frac{f(\mathrm{P},u)f(\mathrm{P},v)}{|\mathrm{grad}\,E|}d\Sigma\\ &\quad+\frac{1}{\Omega(\Sigma)}\int_{G_\varepsilon}\frac{Qd\Sigma}{|\mathrm{grad}\,E|}+\frac{1}{\Omega(\Sigma)}\int_{G_\varepsilon'}\frac{Qd\Sigma}{|\mathrm{grad}\,E|}\end{aligned} \tag{10.2.32}$$

第1項は $R(u-v)$ で表わされ，上にのべたことにより，第2項は ε より小さく，第3項は $M^2\varepsilon$ より小さい．それゆえ

$$\langle\bar{f}(\mathrm{P})^2\rangle\leqq\left|\frac{Df}{\tau^2}\int_0^\tau\int_0^\tau R(u-v)\,dudv\right|+\varepsilon+M^2\varepsilon$$

となる．$R(u)\to 0$ $(u\to\infty)$ の仮定により $|u|>u_0$ であれば，$|R(u)|<\varepsilon$ としてよいから

$$\begin{aligned}\langle\bar{f}(\mathrm{P})^2\rangle &\leqq \frac{Df}{\tau^2}\int_0^\tau du\int_{\max(0,u-u_0)}^{\min(\tau,u+u_0)}|R(u-v)|dv\\ &\quad+\frac{\varepsilon Df}{\tau^2}\int_0^\tau\int_0^\tau dudv+\varepsilon+M^2\varepsilon\\ &\leqq\frac{2u_0Df}{\tau}+\varepsilon(Df+1+M^2)\end{aligned}\tag{10.2.33}$$

それゆえ τ を十分大きく，ε を十分小さくすると，

$$\langle\bar{f}(\mathrm{P})^2\rangle=0$$

あるいはエネルギー面上，ほとんどすべての点で

$$\bar{f}(\mathrm{P})=0=\langle f(\mathrm{P})\rangle\tag{10.2.34}$$

となって $f(\mathrm{P})$ のエルゴード性が証明された．

さて前にのべたように，Boltzmann の意味のエルゴード性はありえないが，G 軌道があらゆる点のいくらでも小さな近傍を通ると仮定すれば，位相関数 $f(\mathrm{P})$ を P の連続関数とすると，エルゴード性のための条件(ii)，すなわち $\bar{f}(\mathrm{P})$ は初期状態 P に依存しない一定値をもつことになりそうである．この仮説を準エルゴードの仮説という．D. ter Haar は，系が準エルゴード的であれば，エネルギー面上，正の測度の領域 A をとると，どんな A でも軌道は必ず通過すると考えて，エネルギー面は測度不可分であると主張した．これに対し L. Van Hove は，領域 A が開集合であればその主張は正しいが，そうでなく単に可測な集合であるというときには上の主張は成り立たず，測度不可分性は出てこないと注意した．たとえば A として軌道の補集合を考えてみると，もしこの軌道が準エルゴード的であれば，軌道の補集合は至るところ内点をもたないものとなり，開集合ではない．軌道の補集合の測度が 0 という証明が必要になる．

§10.3　抽象力学系

a）Bernoulli 変換，パイの変換

エルゴード性は元来ハミルトニアンをもった力学系の大域的な性質として論ぜられるものであるが，それを拡張して測度の定義されたある空間の中で，1 パラ

メタの自己同型保測変換† ϕ が与えられた一般的な系††に対して論ぜられることが多い．この場合は変換 ϕ はパラメタについて離散的であることもある．例えば2次元のトーラス $\{(x, y) \bmod 1\}$ で

$$\phi\begin{bmatrix} x \\ y \end{bmatrix} = \begin{cases} \begin{bmatrix} 2x \\ y/2 \end{bmatrix} & \bmod 1 \left(\text{ただし } 0 \leqq x < \dfrac{1}{2}\right) \\ \begin{bmatrix} 2x \\ (y+1)/2 \end{bmatrix} & \bmod 1 \left(\text{ただし } \dfrac{1}{2} \leqq x < 1\right) \end{cases} \qquad (10.3.1)$$

によって定義される変換をパイの変換(baker's transformation, 西洋菓子のパイをつくる操作を思い浮かべていただきたい)という．図で示せば図10.3のようなものである．ϕ^{-1} は縦に引き伸ばして上半分を右側につける操作で $\phi\phi^{-1}=\phi^{-1}\phi=1$ である．

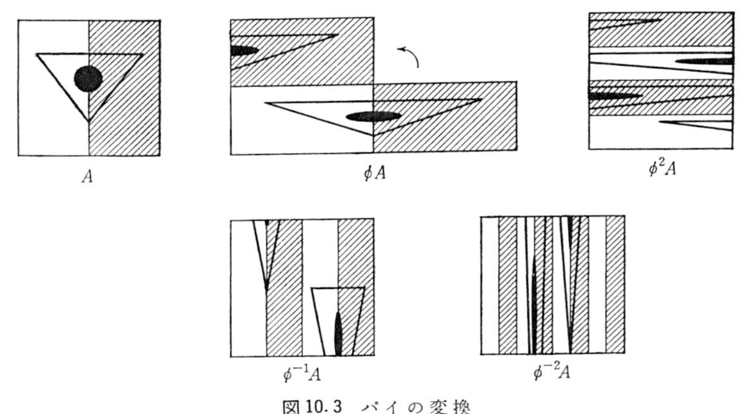

図10.3 パイの変換

この変換は保測変換であり，自己同型であることも明らかである．しかし $x=1/2$ では微分できないから微分同型ではない．

また，さいころをふる操作を考えよう．1, 2, …, 6の目の出る確率(測度)を p_i

† 1つの多様体 M に測度 μ が定義されている測度空間 (M, μ) を考える．1つのパラメタ t をもった変換 ϕ_t によって測度0の領域を除いて (M, μ) が (M', μ') に1対1に変換されるとする．このとき $\phi_t A = A'$ として $\mu(A)=\mu'(A')$ (保測, measure preserving)であるとき ϕ_t は同型(isomorphism)，さらに $(M, \mu)=(M', \mu')$ のとき自己同型(automorphism)という．

†† これを一般に抽象力学系(abstract dynamical system)といい，(M, μ, ϕ_t) で表わす．もしこの変換が連続的で何回でも微分可能であれば微分同型(diffeomorphism)といって，その力学系を古典力学系という．

$(i=1, 2, \cdots, 6)$ とする．j 回目にふって現われた目を a_j とし，$j=-\infty, \cdots, -1, 0, 1, \cdots, \infty$ の系列 m を考える．

$$m = m(\cdots, a_{-1}, a_0, a_1, \cdots) \tag{10.3.2}$$

いま変換 ϕ を

$$\phi m(\cdots, a_j, \cdots) = m'(\cdots, a_j', \cdots) \tag{10.3.3}$$

としてすべての j に対し $a_j'=a_{j-1}$ とする．これは1つだけ右にずらす操作である．p_i が j に依存しないことから，この変換 ϕ は保測変換であることは明らかである．この力学系を Bernoulli 系という．さいころの目の数は一般に n としてもよい．そういう Bernoulli 系を $B(p_1, p_2, \cdots, p_n)$ であらわす．銅貨を投げて表が出るか裏が出るかというゲームは $B(p_1, p_2)$ で，通常 $p_1=p_2=1/2$ である．$B(1/2, 1/2)$ はパイの変換と同型であることが証明せられている．

抽象力学系としていろいろな系が取り上げられ，混合性やエルゴード性が論ぜられる．それらの系が同じものとみなされるかどうかを明らかにすることは，力学系の一般的な研究の立場から必要である．そのために同型の問題が論ぜられる．同型な力学系が共通にもっている性質や量を不変量という．ϕ 変換は自己同型であるから ϕ 不変量もここで定義した不変量である．このような不変量をしらべるために，スペクトル不変量やエントロピーが導入された．

2つの力学系 (M, μ, ϕ) と (M', μ', ϕ') があってそれぞれの誘導作用素(p. 452)を U, U' とする．U と U' が等長作用素(長さを変えない変換) F によって

$$U' = FUF^{-1} \tag{10.3.4}$$

という関係で結ばれているとき U と U' は同値であるという．M の上で定義された L_2 関数でつくられる Hilbert 空間を $L_2(M, \mu)$ で表わすと，F は $L_2(M, \mu)$ の関数を $L_2(M', \mu')$ の関数に変換し，そのとき(10.2.15)の $\|\ \|$ で定義される長さを変えないものである．U と U' が同値のとき，ϕ と ϕ' とはスペクトル同型または同じスペクトル構造をもつという．同値な2つの U のスペクトル(固有値の全体)は同じであるから U のスペクトルは不変量である．

上の2つの力学系 (M, μ, ϕ) と (M', μ', ϕ') が同型であるとは，$M\rightarrow M'$ の変換を f とするとき f が同型であることであって

$$\phi' = f\phi f^{-1} \tag{10.3.5}$$

の関係にある．また f の誘導作用素を F とすれば(10.3.4)が成り立つ．したが

って同型からスペクトル同型が導かれる．それでは逆にスペクトル同型から同型が導かれるだろうか．von Neumann は U のスペクトルが離散的で単純であるとき，スペクトル同型から同型が導かれることを示した．

Bernoulli 変換は同一のスペクトル構造をもっている．しかしそれは必ずしも同型ではない．この問題に関しては Kolmogorov が新しい不変量としてエントロピーを導入して Bernoulli 変換の中には同型でないものが無数にあることを示した．また最近 D. S. Ornstein はエントロピーの等しい Bernoulli 変換は同型であることを示した．

b) トーラス面上のエルゴード性

古典力学系の中でエルゴード性をもつ1つのかんたんな数学的モデルがある．

円周の長さが1の円を考える．1点から測った弧の長さを x とすると円周上の点は $x \pmod 1$ で定義される．ϕ を円周上の平行移動 $x \to x+\omega \pmod 1$ とする．ここで ω は実数値をとることにする．すると ω が無理数であるとき，そしてそのときに限り，ϕ の軌道は円周上至るところ密であって，エルゴード的である．

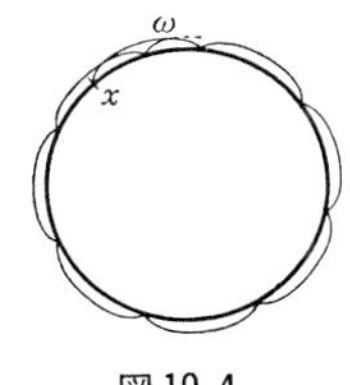

図 10.4

〔証明〕 ω が有理数であって，整数 p, q $(q>0)$ の比で表わされるならば ϕ^q は恒等変換であるからすべての軌道は閉じて有限個の点からなる．それゆえ密ではない．いま $f(x)=e^{2\pi iqx}$ を考えると変換 ϕ に対して不変であって長時間平均も $f(x)$ であるが，この値は x に依存し一定でないからエルゴード性をもちえない．次に ω が無理数であるとする．すると $\phi^n x$ $(n=0, 1, 2, \cdots)$ はすべて異なる点である．x は 0, 1 の間の値をとり，その間に無限の点があるから，必ず集積点がある．それゆえ $\varepsilon>0$ とすると，2つの整数 n, m があって

$$|\phi^n x-\phi^m x| < \varepsilon \tag{10.3.6}$$

となる．ϕ の変換で2点間の長さは変わらないから，$|n-m|=p$ とおくと

$$|\phi^p x-x| < \varepsilon \tag{10.3.7}$$

となる．したがって，$\phi^p x$, $\phi^{2p} x$, $\phi^{3p} x, \cdots$ によって $(0, 1)$ の区間は長さが ε より小さい区間に分けられることになる．それゆえ軌道は密である．

そこで $f(x)$ を可測な任意の位相関数とし，その Fourier 係数を

$$\left.\begin{aligned} a_k &= \int_0^1 e^{-2\pi ikx} f(x)\,dx \\ f(x) &= \sum_{k=0}^{\infty} a_k e^{2\pi ikx} \end{aligned}\right\} \tag{10. 3. 8}$$

とする．$\phi f(x)=f(\phi x)$ の Fourier 係数は

$$\begin{aligned} b_k &= \int_0^1 e^{-2\pi ikx} f(\phi x)\,dx = \int_0^1 e^{-2\pi ik(x-\omega)} f(x)\,dx \\ &= e^{2\pi ik\omega} a_k \end{aligned} \tag{10. 3. 9}$$

である．したがって一般に

$$\phi^p f(x) = \sum_{k=0}^{\infty} e^{2\pi ikp\omega} a_k e^{2\pi ikx} \tag{10. 3. 10}$$

とかける．変換 ϕ による $f(x)$ の長時間平均は

$$\bar{f} = \lim_{n\to\infty} \frac{1}{n} \sum_{p=0}^{n-1} \phi^p f(x) = \lim_{n\to\infty} \frac{1}{n} \sum_{k=0}^{\infty} \frac{1-e^{2\pi ikn\omega}}{1-e^{2\pi ik\omega}} a_k e^{2\pi ikx} \tag{10. 3. 11}$$

ω は無理数であるからこの式の右辺は a_0 以外の項は $n\to\infty$ と共に消える．それゆえ

$$\bar{f} = a_0 = \int_0^1 f(x)\,dx = \langle f \rangle \tag{10. 3. 12}$$

であってエルゴード性が証明された．また次のようにいってもよい．もし不変関数 f があったとしてそれを(*10. 3. 9*)に使う．(*10. 3. 9*)が不変な f に対して成り立つためには，$b_k=a_k$ でなければならないが，$e^{2\pi ik\omega}\neq 1$ $(k\neq 0)$ であるから $a_k=0$ $(k\neq 0)$．したがって $f=a_0$ となってその不変関数は定数に外ならない．すべての不変関数が定数であるから予備定理によりエルゴード的である．

上では1次元のトーラス上について説明をしたが，多次元トーラスへの拡張も自明である．すなわち x, ω, k(整数)をベクトルと考えればよい．どんな k をとってもスカラー積 $k\omega$ が整数に等しくなることがない限り $e^{2\pi ik\omega}\neq 1$ であってエルゴード性が導かれる．また ϕ は離散的な変換であったが連続的な場合にも拡張される．このときはトーラス上で変換 ϕ_t: $x\to x+\omega t$ (t は実数) を考えればよい．

c) K系(Kolmogorov 変換)

K系の説明のためにまず例からはじめよう．(a)項で説明したパイの変換 ϕ^n $(n=-\infty, \cdots, -1, 0, 1, \cdots, \infty)$ をとり，それを正方形の分割という立場から考える．集合 M の分割とは，互いに共有部分をもたない M の部分集合の集りで M を覆うものをいう．その部分集合が可測ならば可測分割という．ϕ^0 は $A=\{(x, y) \bmod 1\}$ を何も分割しないという分割でこれを ν であらわす．ϕ^1 は横に2つに分ける分割，ϕ^{-1} は縦に2つに分ける分割である．変換 ϕ^n による分割を a_n $(n=-\infty, \cdots, \infty)$ であらわす．いま2つのの分割 ξ, ζ があって ζ が ξ の細分になっているとき

$$\zeta \geq \xi$$

とかき，ζ は ξ より細かい，または ξ は ζ より粗いという．また，2つの分割 ξ, ζ の和 $(\xi \vee \zeta)$ とは ξ および ζ の共通の細分のうち，最も粗いものをいう．また ξ, ζ の積 $(\xi \wedge \zeta)$ とはその2つの分割より粗い分割のうちで最も細かい分割である．例えば $a_{-1} \vee a_1$ は縦横の2つの2等分線でできる4つの分割であり，$a_{-1} \wedge a_1$ は分割 $a_0(=\nu)$ である．いま a_n $(n=-\infty, \cdots, \infty)$ の和

$$\bigvee_{n=-\infty}^{\infty} a_n$$

を考えると，これは1点1点への分割になる．これを ε とかく．また積

$$\bigwedge_{n=-\infty}^{\infty} a_n$$

は分割 ν である．一般にある分割 ξ があって $\phi\xi$ は ξ の細分であり，$\bigvee_{n=-\infty}^{\infty} \phi^n \xi$ が ε, $\bigwedge_{n=-\infty}^{\infty} \phi^n \xi$ が ν となるとき，この系をK系という．パイの変換では ξ として $\bigvee_{n=-\infty}^{0} a_n$ をとれば上の3つの条件をみたしているからK系である．したがって Bernoulli 変換 $B(1/2, 1/2)$ もK系である．

次に分割 α のエントロピーを関数

$$z(t) = \begin{cases} -t \log_2 t & (0 < t \leqq 1) \\ 0 & (t = 0) \end{cases} \qquad (10.3.13)$$

を用いて

$$h(\alpha) = -\sum_{A_i \in \alpha} \mu(A_i) \log_2 \mu(A_i) = \sum_i z(\mu(A_i)) \qquad (10.3.14)$$

と定義する．ただし A_i は α の各要素で $\mu\{A_i\cap A_j\}=0\,(i\neq j)$ である．

またある分割 α と自己同型変換 ϕ に対し n を正の整数として

$$h(\alpha, \phi)=\lim_{n\to\infty}\frac{h(\alpha\vee\phi\alpha\vee\cdots\vee\phi^{n-1}\alpha)}{n} \qquad (10.3.15)$$

を定義し，これを α の ϕ に関するエントロピーとよぶ．もちろん右辺が収束して存在することを証明する必要がある．さらにあらゆる α に対して $h(\alpha, \phi)$ の上限を $h(\phi)$ とかき，これを ϕ のエントロピーとよぶ．

$$h(\phi)=\sup h(\alpha, \phi) \qquad (10.3.16)$$

すると，

$h(\phi)$ は力学系 (M, μ, ϕ) の不変量である

という定理が成り立つ．

〔証明〕 いま (M', μ', ϕ') を (M, μ, ϕ) に同型な力学系とする．すると，f を $M\to M'$ への同型変換として $\phi'=f\phi f^{-1}$ である．また α を M のある分割とすると $f\alpha$ は M' の1つの分割である．それゆえ

$$h(f\alpha, \phi')=h(f\alpha, f\phi f^{-1})=\lim_{n\to\infty}\frac{h(f\alpha\vee\cdots\vee f\phi^{n-1}f^{-1}f\alpha)}{n}$$

$$=\lim_{n\to\infty}\frac{h[f(\alpha\vee\cdots\vee\phi^{n-1}\alpha)]}{n}=\lim_{n\to\infty}\frac{h(\alpha\vee\cdots\vee\phi^{n-1}\alpha)}{n}=h(\alpha, \phi)$$

が成り立つ．α として M のあらゆる分割をとれば $f\alpha$ は M' のあらゆる分割をとる．それゆえ $h(\phi)=h(\phi')$ がえられる．

パイの変換で α を $\{[0, 1)\times[0, 1/2), [0, 1)\times[1/2, 1)\}$ とする．1辺の長さ1の正方形を上下2つに分ける分割である．すると ϕ は

$$\alpha\vee\phi\alpha\vee\cdots\vee\phi^{n-1}\alpha=\phi^{n-1}\alpha=\left\{[0, 1)\times\left[\frac{k-1}{2^n}, \frac{k}{2^n}\right), k=1, 2, \cdots, 2^n\right\}$$

であるから

$$h(\alpha, \phi)=\lim_{n\to\infty}\frac{1}{n}\left(-\frac{1}{2^n}\log_2\frac{1}{2^n}\right)\times 2^n=\log_2 2 \qquad (10.3.17)$$

α をどんなものにとっても $\log_2 2$ より大きくはならない．それゆえ

$$h(\phi)=\log_2 2$$

がえられる．従って，Bernoulli 変換 $B(1/2, 1/2)$ のエントロピーも $\log_2 2$ である．

エントロピーは一般に負にならないことは定義から明らかである．K系ではBernoulli 変換 $B(1/2, 1/2)$ のようにエントロピーが正で有限であることはKolmogorov によって証明された．

パイの変換 ϕ^n $(n=-\infty, \cdots, -1, 0, 1, \cdots, \infty)$ はその和が1点1点への分割になることから混合的であり，エルゴード的であることが想像される．事実一般にK系は混合的であることが Kolmogorov と Ja. G. Sinai によって証明された．

空間を分割することは空間内の軌道点をある大きさにわけて観測することに相当する．系がエルゴード的であれば軌道の初期値がどこであってもエントロピーは同一である．

d) C 系

次の自己同型保測変換 ϕ を考える．

$$\phi\begin{bmatrix} x \\ y \end{bmatrix} = \begin{bmatrix} 1 & 1 \\ 1 & 2 \end{bmatrix}\begin{bmatrix} x \\ y \end{bmatrix} \qquad (\mathrm{mod}\, 1) \qquad (10.3.18)$$

ヤコビアンすなわち右辺のマトリックスの行列式の値が1であるから保測変換である．また (x, y) の連続的な変化に対して ϕ による写像点も連続的に動き微分可能であるから，微分同型である．もっと一般に点 (x, y) が ϕ によって (x, y_1) に変換されるとき

$$x_1 = \phi_1(x, y), \qquad y_1 = \phi_2(x, y)$$

とかくと

$$dx_1 = \frac{\partial \phi_1}{\partial x}dx + \frac{\partial \phi_1}{\partial y}dy, \qquad dy_1 = \frac{\partial \phi_2}{\partial x}dx + \frac{\partial \phi_2}{\partial y}dy \qquad (10.3.19)$$

これを

$$\begin{bmatrix} dx_1 \\ dy_1 \end{bmatrix} = \phi^* \begin{bmatrix} dx \\ dy \end{bmatrix} \qquad (10.3.20)$$

とかき ϕ^* を ϕ の微分という．(10.3.18) の例では $\phi^*=\phi$ である．1つの方向 (dx, dy) が変換 ϕ によって (dx_1, dy_1) の方向に変わるとき，その間の量的関係を ϕ^* が与える．

再び (10.3.18) の例にかえろう．この式のマトリックスの固有値を λ_1, λ_2 とするとその積は1で

$$0 < \lambda_2 < 1 < \lambda_1$$

とすることができる．λ_1, λ_2 に対する固有ベクトルを $\boldsymbol{u}, \boldsymbol{v}$ とすると，(dx, dy) が $\boldsymbol{u}$ の方向に向いているときは変換 ϕ^* によって同じ方向に λ_1 倍される．これをくり返せば n 回後には $\lambda_1{}^n \gg 1$ 倍されることになる．つまり $\boldsymbol{u}$ の方向でわずかの差のある2点は何回も ϕ の変換をうけると，その差はいくらでも拡大することになる．$\boldsymbol{v}$ の方向は逆に差はちぢまって，安定な解に収束する．もし，一般に2点の差を示すベクトルに $\boldsymbol{u}$ の方向の成分が少しでもあれば，その2点の差はいくらでも拡大することになる．このように軌道の始点のわずかな差がいくらでも拡大される方向と，収束する方向の存在する系をC系という．

(*10. 3. 18*)の変換がエルゴード的であることは次のようにしてわかる．いま mod 1の条件をはずし，任意の点を $\boldsymbol{x}$ で表わす．$\boldsymbol{x}$ は $\boldsymbol{u}$ と $\boldsymbol{v}$ の線形結合 $\boldsymbol{x}=a\boldsymbol{u}+b\boldsymbol{v}$ で表わされるから n 回の変換後の位置 $\boldsymbol{x}(n)$ は

$$\boldsymbol{x}(n) \equiv \phi^n \boldsymbol{x} = a\lambda_1{}^n \boldsymbol{u} + b\lambda_2{}^n \boldsymbol{v} \qquad (10.\ 3.\ 21)$$

となる．$n\to\infty$ となると $\lambda_2{}^n \to 0$ であるから，$a\neq 0$ である限り $\phi^n \boldsymbol{x} \to a\lambda_1{}^n \boldsymbol{u}$ となり，長時間後は $\boldsymbol{u}$ のベクトルできまる直線の上にのることになる．mod 1の条件をつければ，この直線は2次元トーラスの上の直線になるが，$\boldsymbol{u}$ の方向余弦の比は λ_1-1 で無理数であるから§10.3(b)で説明したように，$\boldsymbol{x}(n)$ はトーラスの上に密に分布し，かつエルゴード的であることになる．

一般のC系に対するエルゴード性の証明はD. V. Anosovによって与えられた．さらにC系のうち，C微分同型系はK系であることがSinaiによって証明せられた．

C系の例として負曲率の曲面上の測地線に沿った運動をあげることができる．図10.5では，1点Oから $\boldsymbol{u}$ の方向に出発した測地線を $\gamma(t)$ とかいてある．t はOから測地線に沿って測った長さである．Oと異なる点O′から $\gamma(t)$ 上の1点 $\gamma(s)$ を通る測地線を $\gamma_s'(t)$ とし，O′における接線方向を $\boldsymbol{u}_s'$ とする．ここでOを固定して $s\to+\infty$ としたとき，この曲面が負曲率をもっていれば $\gamma_s'(t)$ はある1つの測地線 $\gamma'(t)$ に収束し，$\boldsymbol{u}_s'$ は一定の方向 $\boldsymbol{u}'$ となることが証明される．この証明は省略するけれども，負曲率をもたない面，たとえば球面においてはこのことが成り立たないことはすぐわかる．$\gamma'(t)$ を正の漸近線(positive asymptote)という．t および s を負にとって同様のことを行なえば負の漸近線がえられる．Oを通ってすべての $\gamma(t)$ の正の漸近線に直交する面(horosphere)を $S^+(\boldsymbol{u})$，負

の漸近線に直交する面を $S^-(\boldsymbol{u})$ とする．Gauss 曲率が負の面曲を考えているからその上限を $-k^2$ とおく．すると，$t>0$ のとき測地線とその正の漸近線の間の距離は e^{-kt} のごとく 0 に収束し，負の漸近線とは e^{kt} の大きさで発散する．この性質は前にのべた C 系の条件に一致する．

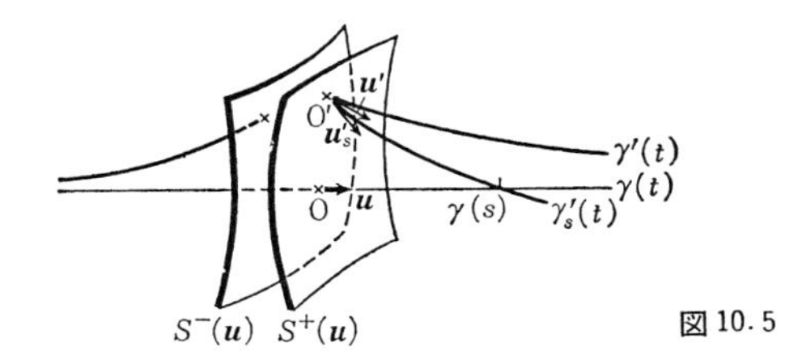

図 10.5

有限な空間内に運動が限定されている Hamilton 系では，ポテンシャルが解析的であると，全空間にわたって曲率が負であることはない．空間の一部の曲率が負であるような系では計算機実験から不安定領域が負の曲率の領域よりかなり広がっていることがわかる．これについては§10.5 でのべる．

初期の状態のわずかな差が時間と共に拡大する現象は，球と球との衝突や球と壁との衝突の際にみられる．剛体球ポテンシャルは解析的でない．実際この系がエルゴード的であることを証明したのは Sinai である．2つの球のうち一方が静止していると考えると問題は少し単純になるが，このときに静止している球との衝突と壁による反射とで軌道の開きが拡大することは，直観的にはほとんど明らかであろう．

§10.4 Poincaré および Fermi の定理

われわれの考える力学系は保存系であって，エネルギー積分が存在するが，場合によってはそれ以外の積分も存在することがある．その場合には軌道はエネルギー面を密におおわない．エネルギー積分以外に運動の定数があるかないかはエルゴードの問題では重要なことがらである．これに対する古典的な定理をここにのべておこう．

a) Bruns の定理

いわゆる 3 体問題に端を発して力学系の積分について重要な結論が H. Bruns, H. Poincaré らによってえられた．Newton ポテンシャルによる中心力で作用し合っている3つの質点系には合計18の独立変数があるが，この中で10個の積分式が存在する．すなわち，等速直線運動をする重心の運動量保存則を表わす3つの式，それぞれを1回積分してえられる3つの式，重心のまわりの角運動量の保存則3つと，全エネルギーの保存則である．何れも代数式で表わされる．Bruns はこのほかには代数式であらわされる積分は存在しないことを証明した．

b) Poincaré-Fermi の定理

Poincaré は Bruns の結果を制限3体問題について拡張した．その定理は制限3体問題に限らず，次のような形のハミルトニアン $\mathcal{H}$ をもつ正準方程式に対して成り立つものである．すなわち，$\mathcal{H}$ は $y_1, y_2, \cdots, y_n, x_1, x_2, \cdots, x_n$ と，あるパラメタ μ の関数で

$$\mathcal{H} = \mathcal{H}_0 + \mu\mathcal{H}_1 + \mu^2\mathcal{H}_2 + \cdots \tag{10.4.1}$$

の形に展開されるとする．運動方程式は

$$\frac{dx_i}{dt} = \frac{\partial\mathcal{H}}{\partial y_i}, \qquad \frac{dy_i}{dt} = -\frac{\partial\mathcal{H}}{\partial x_i} \tag{10.4.2}$$

である．$\mathcal{H}$ は x については周期 2π の周期関数，$\mathcal{H}_0$ は y のみの関数とする．こういう系を標準力学系(canonical normal system)ということがある．さらに $\mathcal{H}_0$ についてそのヘシアン(hessian)が0でないものを考える．

$$\det\left|\frac{\partial^2\mathcal{H}_0}{\partial y_i \partial y_k}\right| \neq 0 \tag{10.4.3}$$

$\partial\mathcal{H}_0/\partial y_i = \Omega_i$ とおけば(10.4.3)は Ω と y の間のヤコビアンである．

Poincaré の定理は，以上の条件をもった系では $\mathcal{H}$ 以外に $\Phi=\mathrm{const}$ という積分は存在しないことを主張する．ここで Φ は x のすべての値に対し，また y のある領域 D の中で μ の十分小さい値に対し1価の解析関数(Poincaré はこれを fonction analytique uniforme といっている)であるとする．つまり Φ は

$$\Phi = \Phi_0 + \mu\Phi_1 + \mu^2\Phi_2 + \cdots \tag{10.4.4}$$

と展開されるようなものである．

(10.4.2)によれば y が運動量，x が座標と解釈し，$\mathcal{H}_0$ は運動量のみの関数とするのが自然であるが，Poincaré の考えたのは $\mathcal{H}_0$ が座標だけの関数で，x と y とを交換したものであった．いま非線形格子振動子系を考える．平衡位置からの変位を q_i，運動量を p_i とすれば，ハミルトニアンは

$$\mathcal{H} = \sum_{i=1}^{n} \left(\frac{1}{2m_i} p_i^2 + \frac{m_i \omega_i^2}{2} q_i^2 \right) + (q \text{ の高次の項}) \qquad (10.4.5)$$

と表わされる．もし(*10. 1. 20*), (*10. 1. 22*)に従って作用変数 J_i, 角変数 φ_i を導入すると

$$\mathcal{H} = \sum_{i=1}^{n} \nu_i J_i + (J \text{ と } \varphi \text{ の高次の項}) \qquad (10.4.6)$$

とかくことができる．したがって一般に非線形格子振動子系は標準力学系である．しかし(*10. 4. 6*)の第1項を $\mathcal{H}_0$ とすると，そのヘシアンは0になって，Poincaré の条件をみたさない．高次の非線形項の一部を $\mathcal{H}_0$ の中に入れておかなければならない．

Poincaré の考えた Φ=const という面は，この定数値をかえるとある族(family)をつくる．Poincaré の定理はこういう族がエネルギー一定の面の族以外にはないということを主張するものである．E. Fermi はさらに Poincaré の定理を拡張して，自由度2以上の系 ($n>2$) ではエネルギー積分以外には $\Phi=0$ という孤立した面も存在しないことを証明した．Poincaré の定理および Fermi の定理の証明はここでは省略する．そしてこの定理によって Fermi は標準力学系は準エルゴード的であることを主張した．

いま $\mathcal{H}$=const=E の面上のある小さな領域 σ を考える．σ から出発してエネルギー一定の面上で到達する領域を σ' とすると，σ' はこのエネルギー面をすべて覆うか，その一部しか覆わないことになるだろう．前者の場合は準エルゴード性をもつから，後者の場合を考えよう．エネルギー一定の面で σ' を除いた部分を σ'' とし，その境界を S とする．σ' の点と σ'' の点をむすぶ軌道は存在しない．いま S 上の点 P とそれの近くで σ', σ'' の領域にある点を P′, P″ とすると，P′, P″ を通る軌道はそれぞれ σ', σ'' の中にあり，P はつねに S 上にある．Fermi は $\mathcal{H}=E$ とちがう S が存在しないという上の証明から，この系は準エルゴード性であるといった．

しかし Fermi の取り扱った S という面は解析的な面であった．σ' と σ'' の境界は必ずしも解析的である必要はない．この後者の例は Kolmogorov の理論に関連してあとでのべよう．したがって Fermi は標準力学系が準エルゴード的であることを証明したことにはならない．さらにまたすでにのべた Van Hove の

主張によれば，準エルゴード性であったとしても，測度不可分性を結論するわけにはいかない．

§10.5　第3積分

一般に自由度 n の力学系の運動方程式が解かれたとすると，n 個の座標と n 個の運動量が時間の関数として与えられることになる．それらの間で時間を消去してえられる関係式の中で最もよく知られているものは，エネルギーの積分と運動量の積分である．これらは保存量であり，解析的であって特異点をもたない．このような積分を一般に孤立積分(isolating integral)という．もし運動の積分をあらわす超曲面が無数に折りたたまれていて位相空間を密におおうようなときは(振動数の比が無理数であるような Lissajou 図形を考えてみればよい)，その積分は孤立積分ではない．こういう積分は解そのものであって，運動を解くには役に立たない．またエネルギーの積分と運動量の積分以外の孤立積分を第3積分という．

Poincaré や Fermi の定理を考えるとき，このような第3積分は存在しうるだろうか．天体力学ではこのことがしばしば問題になった．銀河系のポテンシャルは近似的に軸対称で対称面をもっている．対称軸を z 軸に，対称面内に原点をとる円筒座標を (r, θ, z) とすると，ハミルトニアンは

$$\mathcal{H} = \frac{1}{2}\left(p_r{}^2 + \frac{p_\theta{}^2}{r^2} + p_z{}^2\right) + \Phi(r, z) \tag{10.5.1}$$

と書かれる．Φ は θ を含まず，z に対して対称である．エネルギー積分 I_1 は $\mathcal{H}$ そのままで，角運動量の積分 I_2 は

$$I_2 = p_\theta = r^2\dot{\theta} = h \quad (=\text{const}) \tag{10.5.2}$$

である．したがって p_θ を消去すると

$$\mathcal{H} = \frac{1}{2}(p_r{}^2 + p_z{}^2) + U(r, z) \tag{10.5.3}$$

$$U = \frac{1}{2}\frac{h^2}{r^2} + \Phi(r, z) \tag{10.5.4}$$

と書き直されて，rz 面上の運動をしらべればよいことになる．いま $r=r_c$ は円運動の軌道の平衡位置で，遠心力とポテンシャル Φ による力とが釣り合うとこ

ろとする．$z=0$, $r=r_{\mathrm{c}}$ の近傍で U を展開すると

$$U = U_{\mathrm{c}}+\frac{1}{2}a_0(r-r_{\mathrm{c}})^2+\frac{1}{2}c_0z^2+a_1(r-r_{\mathrm{c}})z^2+c_1(r-r_{\mathrm{c}})^3+\cdots \qquad (10.5.5)$$

の形になる．このポテンシャルの第3項目までをとれば，$r=r_{\mathrm{c}}$ および $z=0$ のまわりの振動をあらわすことになる．それは独立であって

$$\left.\begin{aligned} E_1 &= \frac{1}{2}p_r{}^2+\frac{1}{2}a_0(r-r_{\mathrm{c}})^2 \\ E_2 &= \frac{1}{2}p_z{}^2+\frac{1}{2}c_0z^2 \end{aligned}\right\} \qquad (10.5.6)$$

の積分をもっている．エネルギーの積分はこの近似では $I_1{}^0=U_{\mathrm{c}}+E_1+E_2$ である．もし U の高次の項たとえば $a_1(r-r_{\mathrm{c}})z^2$ を摂動として取り入れ，エネルギー積分以外に

$$K = K_0+a_1K_1+a_1{}^2K_2+\cdots \qquad (10.5.7)$$

の形の積分があるとする．K_0 として E_1 または E_2 をとると，$K_1, K_2, \cdots$ は K が運動の積分であるから Poisson の括弧式

$$(K, E) = 0 \qquad (10.5.8)$$

から求められる．ここで E はエネルギー

$$\left.\begin{aligned} E &= I_1{}^0+a_1F_1 \\ F_1 &= (r-r_{\mathrm{c}})z^2 \end{aligned}\right\} \qquad (10.5.9)$$

で高次の項を無視することにする．一般に

$$(K_n, F_1)+(K_{n+1}, I_1{}^0) = 0 \qquad (n=0,1,2,\cdots) \qquad (10.5.10)$$
$$(K_0, I_1{}^0) = 0$$

から逐次求められる．G. Contopoulos は K_0 として E_1 または E_2 をとり，K_1, K_2 を定めた．

この解の天体力学的意味についてはここでは立ち入らないが，この例は2つの振動子系にある種の非線形相互作用を導入したものである．ハミルトニアンの非摂動項 $I_1{}^0$ はもし作用変数，角変数で表現すると(10.1.24)の形をもつはずであり，そのヘシアンは0となって Poincaré-Fermi の定理の前提条件(10.4.3)をみたさない．それゆえ第3積分が存在してもよい．しかし Contopoulos の解(10.5.7)の収束性は保証されていないのでこの形の解がすべて存在しているかどう

かはわからない．

このような事情があるので，積分の存在をしらべるのに計算機の実験はしばしば有利である．M. Hénon, C. Heiles はエネルギー積分 I_1 が(*10. 5. 3*)のように

$$I_1=\frac{1}{2}(\dot{x}^2+\dot{y}^2)+U(x,y) \qquad (10.\,5.\,11)$$

$$U(x,y)=\frac{1}{2}\left(x^2+y^2+2x^2y-\frac{2}{3}y^3\right) \qquad (10.\,5.\,12)$$

で与えられる系を考えた．エネルギー積分 $E(=I_1)$ がわかっているから，$x, y, \dot{y}$ の3つがわかればよい．$\dot{x}^2\geqq 0$ であるから(*10. 5. 11*)によって

$$U(x,y)+\frac{1}{2}\dot{y}^2\leqq E \qquad (10.\,5.\,13)$$

をみたす $(x, y, \dot{y})$ の3次元の領域内に軌道が閉じこめられている．もし孤立積分が I_1 以外にないなら，軌道はこの領域をみたし系はエルゴード的であるだろう．もし別の孤立積分があるなら軌道はこの領域内の1つの面にのることになる．いま軌道が $x=0$ の面を $x<0$ から $x>0$ に通りぬける点，つまり $y\dot{y}$ 面で $x=0$, $\dot{x}>0$ をみたす軌道の交点を $P_1, P_2, \cdots$ とする．無限に長時間にわたれば一般に $P_1, P_2, \cdots$ は無限になる．また $P_1, P_2, \cdots$ を1つの変換によるマッピング(Poincaré マッピング)とみればその変換は保測的であることが証明される(Poincaré-Cartan の不変量)．もしエネルギー以外に孤立積分が存在しなければ(*10. 5. 13*)と $x=0$ の面との交わりでできる切断面を密にみたすだろう．もし孤立積分が存在するならば P_i はある曲線(これを切断曲線という)上にのるだろう．

図10. 6は $E=0.08333$ に対する結果であって，計算機によって $P_1, P_2, \cdots$ をつぎつぎもとめたものである．異なる曲線は異なる $y, \dot{y}$ の初期値に対応するものである．図の×印で示すように，4つの安定な周期的軌道(周期解)がある．この図は I_1 以外の孤立積分(少なくとも近似的な積分，quasi-integral)が存在することを示している．

図10. 7は E のもう少し大きな値に対するものである．ここでは孤立積分に対応するいくつかの閉じた切断曲線が存在しているが，そのほか初期値によっては1つの曲線にのらないものもある．図10. 7(b)の曲線にのっている以外の点は，すべて1つの初期値による同じ軌道に属するものである．これらは閉じた切断曲

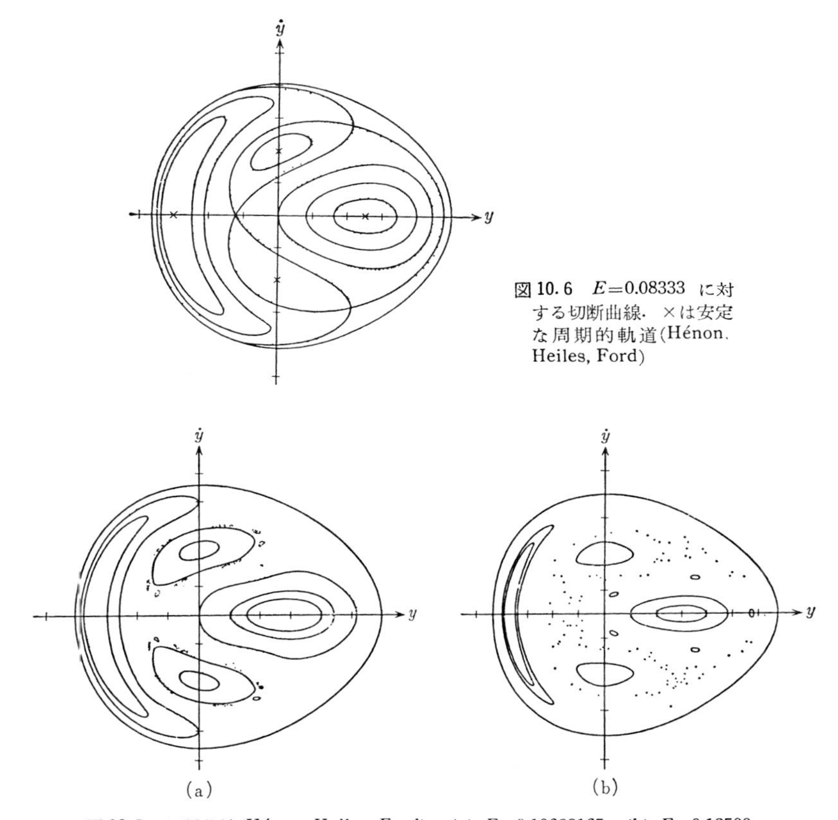

図 10.6 $E=0.08333$ に対する切断曲線．×は安定な周期的軌道(Hénon, Heiles, Ford)

図 10.7 切断曲線(Hénon, Heiles, Ford)．(a) $E=0.10629165$, (b) $E=0.12500$

線の間の領域上に無秩序に分布している．この現象を振幅不安定性という．軌道の点が一定の図形の上にのらないで乱雑になってくる様子は，しかしながらきわめて複雑で入りくんでいる．それは図 10.7 にみられるように，1つの閉曲線のまわりに乱雑領域(stochastic region)ができるとき，それは全域で乱雑であるのでなくて，閉曲線のまわりに小さな閉曲線の島がいくつかできており，さらにその島のまわりにまた島ができるという具合に孤立積分が乱雑領域の中に散在しているのである．島の中心は周期解に相当する．Poincaré は2自由度の系では一般に周期解が無数にあり，それが複雑な分布をすることを示した．上にのべた計算機実験はこの事実に対応するものである．

そこで閉じた切断曲線が存在する領域の全体に対する割合をエネルギー E の関数として画くと図10.8がえられる．E の値がある臨界値より大きくなると，乱雑領域があらわれる．閉じた切断曲線は孤立積分あるいは近似的な積分であり，これが存在するところはエルゴード的でないが，乱雑領域ではエルゴード性をもっているだろう．しかしあるところから出発すると写像点は1つの閉曲線上にのらないで乱雑領域にあると思われるが，写像点は一部の領域に局限され，測度可遷性がないと見える場合もある．

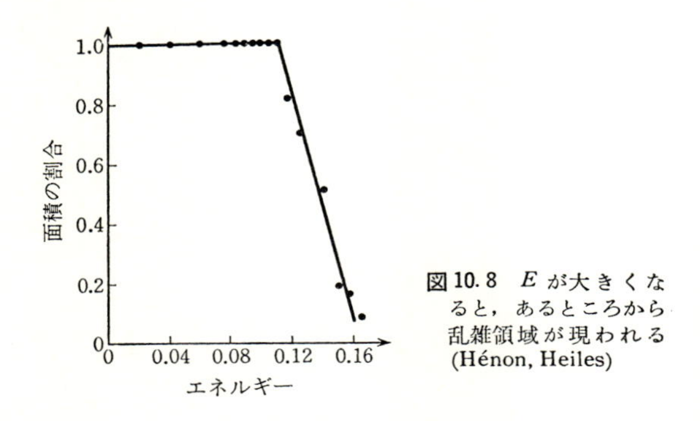

図10.8　E が大きくなると，あるところから乱雑領域が現われる (Hénon, Heiles)

ここで§10.3(d)のC系でのべた負曲率の空間をもつ力学系についての計算機実験をのべよう．

$$\mathscr{H} = \frac{1}{2}(\dot{x}^2+\dot{y}^2)+V$$

$$V = V_{\mathrm{H}}+\varepsilon\left(\frac{1}{6}-V_{\mathrm{H}}\right)^2, \qquad V_{\mathrm{H}} = \frac{1}{2}\left(x^2+y^2+2x^2y-\frac{2}{3}y^3\right)$$

をハミルトニアンとする系を考える．V_{H} は上にのべたHénon-Heilesと同じポテンシャルである．この系の $y\dot{y}$ 面における切断曲線は図10.9, 10.10に画かれている．ここで前者では $\mathscr{H}=1/8$, $\varepsilon=3.0$, 後者では $\mathscr{H}=1/8$, $\varepsilon=4.0$ としてある．ε の小さいときは孤立積分がほとんど全域にわたって存在しているようにみえるが，ε が大きいときには大部分の領域で孤立積分はない．負曲率をもつ空間は $\dot{y}$ 軸の両側に沿った一部分である．出発点がこの部分にある軌道を画いたものが図10.10に散在する点であって，すべての点は1つの軌道にのっている．この図から推測できることは，負曲率の領域を通る軌道はエルゴード的であることである．

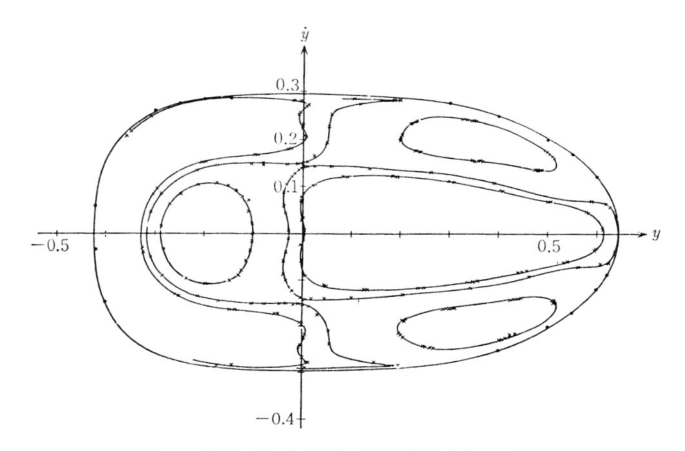

図 10.9　$\mathcal{H}=1/8$, $\varepsilon=3.0$ のときの切断曲線

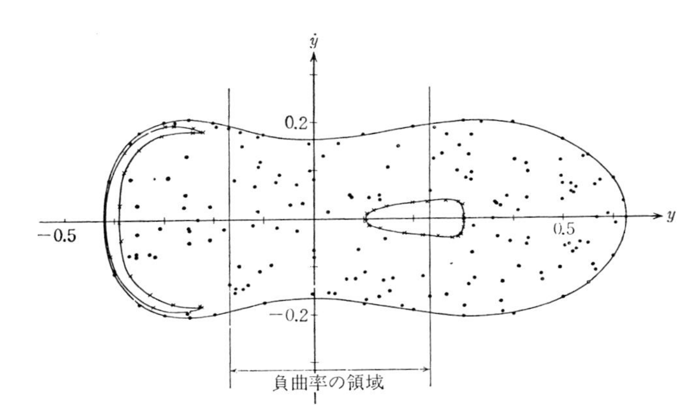

図 10.10　$\mathcal{H}=1/8$, $\varepsilon=4.0$ のときの切断曲線．軌道の出発点は負曲率の部分に入っている

しかし，この軌道のおおう部分は一部分の領域を残しているかどうかはわからない．もし残していれば系は測度不可分でなくなり，エルゴード性はない．

2 自由度の Hamilton 力学系の Poincaré マッピングは前に述べたように保測的である．それ故このマッピングの性格は平面上の一般的な保測変換

$$x_1 = f(x_0, y_0) \qquad \qquad \begin{pmatrix} x_1 \\ y_1 \end{pmatrix} = T\begin{pmatrix} x_0 \\ y_0 \end{pmatrix} \tag{10.5.14}$$
$$y_1 = g(x_0, y_0) \quad \text{または}$$

を調べることによって明らかにされる．保測的であるからヤコビアンは1である．

$$J=\frac{\partial(f,g)}{\partial(x,y)}=1 \tag{10.5.15}$$

この変換の不動点は

$$\begin{pmatrix}x_{\mathrm{f}}\\y_{\mathrm{f}}\end{pmatrix}=T\begin{pmatrix}x_{\mathrm{f}}\\y_{\mathrm{f}}\end{pmatrix} \tag{10.5.16}$$

で与えられる．不動点の近くでは $\Delta x=x-x_{\mathrm{f}}$, $\Delta y=y-y_{\mathrm{f}}$ とおきこの変換を線形化して

$$\begin{pmatrix}\Delta x_1\\\Delta y_1\end{pmatrix}=M\begin{pmatrix}\Delta x_0\\\Delta y_0\end{pmatrix},\qquad M=\begin{pmatrix}a+d & c+b\\c-b & a-d\end{pmatrix} \tag{10.5.17}$$

としてよい．(10.5.15)から

$$\det M=a^2+b^2-c^2-d^2=1 \tag{10.5.18}$$

である．ここで M に対して不変な2次形式

$$\psi=(b-c)\Delta x^2+2d\Delta x\Delta y+(b+c)\Delta y^2 \tag{10.5.19}$$

を考える．判別式は(10.5.18)から

$$b^2-c^2-d^2=1-a^2$$

であるから，$a^2 \gtreqless 1$ に従って(10.5.19)を表わす2次曲線は楕円，直線，または双曲線となる．

$$a=\frac{1}{2}\operatorname{tr}M$$

であるから

$$R=\frac{1}{2}-\frac{1}{4}\operatorname{tr}M=\frac{1}{2}(1-a) \tag{10.5.20}$$

とすると M の固有値 λ は

$$\lambda=1-2R\pm2\sqrt{R(1-R)} \tag{10.5.21}$$

表 10.1　不変曲線 ψ の分類

R	$R<0$	$R=0$	$0<R<1$	$R=1$	$1<R$
a	$a>1$	$a=1$	$1>a>-1$	$a=-1$	$a<-1$
λ	2つ共正	1	複素数	−1	2つ共負
ψ	双曲線	直線	楕円	直線	双曲線
指数	−1	0	1	1	1

と表わすことができる．R を剰余(residue)という．R の値によって ψ の曲線の分類をすると，表10.1のようになる．これに従って不動点を双曲線点，楕円点ということができる．

不動点の分類には，指数という量が便利である．1つの閉曲線上の1点Pと，その写像点Qをむすぶベクトル $\overrightarrow{\mathrm{PQ}}$ を考える．Pが閉曲線の上を1まわりするとき，ベクトル $\overrightarrow{\mathrm{PQ}}$ の回転数をその閉曲線の指数といい，不動点の指数とはその不動点をかこむすぐ近くの閉曲線の指数をいう．閉曲線上のPの回転方向と，ベクトル $\overrightarrow{\mathrm{PQ}}$ の回転方向が同じとき指数を正にとる．閉曲線の指数はその中に含まれる不動点の指数の和に等しい．また不動点の指数はその剰余の符号と一致する(表10.1)．しかし楕円とか双曲線という分類は変換(*10.5.14*)の線形近似のときであって，非線形の影響が入ったとき，一般に閉じた不変曲線が存在するかどうかはわからない．いま楕円不動点を考える．変換 M で楕円の不変曲線は適当な線形変換によって楕円を円にすることができるから，半径 r と角 θ を変数にして一般に楕円点のまわりの非線形変換を

$$\left.\begin{aligned}\theta_1 &= \theta+a(r)+f(\theta,r)\\ r_1 &= r+g(\theta,r)\end{aligned}\right\}\tag{10.5.22}$$

とすることができる．f, g は θ について 2π の周期をもった非線形項である．$g>0$ であれば明らかに閉じた不変曲線は存在しない．いま特に $a(r)=\gamma r$ のときを考えよう．ここでもし

$$\theta = \xi+u(\xi),\qquad r = v(\xi)\tag{10.5.23}$$

の形の閉じた不変曲線があるとする．u, v は周期 2π の解析関数とする．f, g は小さなパラメタ λ を含み，

$$f = \sum_{\nu=1}^{\infty}\lambda^{\nu}f_{\nu}(\theta,r),\qquad g = \sum_{\nu=1}^{\infty}\lambda^{\nu}g_{\nu}(\theta,r)\tag{10.5.24}$$

の形をしているとする．変換(*10.5.22*)はパラメタ ξ に対しては

$$\xi_1 = \xi+\omega\tag{10.5.25}$$

であるとする．θ_1, r_1 も(*10.5.23*)の上にのっているから

$$\left.\begin{aligned}\theta_1 &= \xi+\omega+u(\xi+\omega,\lambda)\\ r_1 &= v(\xi+\omega,\lambda)\end{aligned}\right\}\tag{10.5.26}$$

の関係を満たしているはずである．これを用いて(*10.5.22*)を書き直せば，u, v は

$$\left.\begin{aligned} u(\xi+\omega, \lambda) &= u(\xi)+\gamma v(\xi)-\omega+f(\xi+u, v, \lambda) \\ v(\xi+\omega, \lambda) &= v(\xi) \qquad\qquad\qquad +g(\xi+u, v, \lambda) \end{aligned}\right\} \tag{10. 5. 27}$$

を満たさなければならない．それ故

$$\left.\begin{aligned} u &= \sum_{n=1}^{\infty} \lambda^n u_n(\xi) \\ v &= \omega\gamma^{-1}+\sum_{n=1}^{\infty} \lambda^n v_n(\xi) \end{aligned}\right\} \tag{10. 5. 28}$$

の形におくことができて，u_n, v_n は

$$\left.\begin{aligned} u_n(\xi+\omega)-u_n(\xi)-\gamma v_n(\xi) &= F_n(\xi) \\ v_n(\xi+\omega)-v_n(\xi) \qquad\quad &= G_n(\xi) \end{aligned}\right\} \tag{10. 5. 29}$$

から求められる．右辺の F_n, G_n は $f(\xi+u, v, \lambda)$ を λ で展開したときの λ^n の係数であるが，$F_n(\xi)$ には $u_m, v_m,\ m<n$ を含んでいる．したがって，(*10. 5. 29*)を $n=1, 2, \cdots$ と逐次解くことにすれば，u_n, v_n を解くときには F_n, G_n は既知としてよい．(*10. 5. 29*)の解は Fourier 級数で求められる．u_n, v_n, F_n, G_n の Fourier 係数をそれぞれ $\hat{u}_k, \hat{v}_k, \hat{F}_k, \hat{G}_k$ $(k=0, \pm 1, \pm 2, \cdots)$ とすれば

$$\left.\begin{aligned} e^{ik\omega}\hat{u}_k-\hat{u}_k-\gamma\hat{v}_k &= \hat{F}_k \\ e^{ik\omega}\hat{v}_k-\hat{v}_k &= \hat{G}_k \end{aligned}\right\} \tag{10. 5. 30}$$

である．この第2式から

$$\hat{v}_k = \frac{\hat{G}_k}{e^{ik\omega}-1} \qquad (k \neq 0) \tag{10. 5. 31}$$

が求められ，これを第1式に入れると

$$\hat{u}_k = \frac{\hat{F}_k}{e^{ik\omega}-1}+\frac{\gamma\hat{G}_k}{(e^{ik\omega}-1)^2} \qquad (k \neq 0) \tag{10. 5. 32}$$

が出る．$\hat{G}_0=0$ であれば $\hat{v}_0$ は第1式から求められる．

$$\hat{v}_0 = -\hat{F}_0\gamma^{-1} \tag{10. 5. 33}$$

しかし $\hat{u}_0$ は不定である．

このような解は収束性を無視している．$\omega/2\pi=\alpha$ が有理数ならば k のある値で $e^{ik\omega}-1=0$ となるからこの種の解は存在しない．$e^{ik\omega}-1$ が k の増大と共に0に近づく様子が十分おそいときのみこの級数は収束するだろう．すべての整数 k, n に対して $(k>0)$

$$|k\alpha-n| > \varepsilon k^{-\mu} \tag{10.5.34}$$

となるような $\varepsilon>0$, $\mu>0$ が存在すれば，ε を十分小さくとって

$$|e^{i\omega k}-1| = 2\left|\sin\frac{\omega k}{2}\right| = 2\left|\sin\left(\frac{\omega k}{2}-n\pi\right)\right| > \frac{2\varepsilon\pi}{k^{\mu}} > \frac{4\varepsilon}{k^{\mu}}$$

とすることができる．一方解析関数の Fourier 係数は k と共に指数関数的に減少するから，$\hat{u}_k, \hat{v}_k$ を係数とする Fourier 級数は収束するだろう．つまり α が無理数で(10.5.34)の条件があるときに不変曲線(10.5.23)が存在することになる．$\hat{G}_0=0$ の条件は変換が保測的であることによって満たされることが証明できる．α が無理数しかとりえないということは，不変曲線は線形のときのように連続的に分布しているものではないことを意味すると同時に，(10.5.34)を満たさない α の集合の測度も 0 でないこともわかる．

しかし上の定性的な議論では収束性を一般的に厳密に証明することはできない．後にのべる Kolmogorov ら (KAM) はもっと収束性のよい展開法によって，非線形性の小さいときに不動点のまわりに閉じた不変曲線(一般にはトーラス)が存在することを証明した．

さて Birkhoff の不動点定理によれば，変換 T の不動点 O に対し整数 n_0 が存在して $n>n_0$ とすると O の近くに T^n の不動点 P が存在する．$TP, T^2P, \cdots, T^{n-1}P$ も T^n 不動点であることは明らかである．この不動点定理と，上に述べた不変曲線との関係をしらべよう．ある楕円不動点のまわりに 1 つの閉じた不変曲線があったとすると，その上の 1 点は変換 T によって不変曲線上を次々に移る．n を 1 つの整数とし T^n でちょうど元に戻ることは偶然にしかないだろう．つまり n では少し手前で，$n+1$ では行き過ぎるということになる．不変曲線は連続的には分布していないが，相接近して存在する．この外側の不変曲線には T^{n+1} でに少し手前で T^{n+2} では行き過ぎてしまうものがあるだろう．すると Birkhoff の定理による不動点はこの 2 つの不変曲線の中間に存在するだろう．

ところが不動点 P, $P'=T(P)P$, $P''=T(P')P'=T^2(P)P$, $\cdots$ の剰余はすべて等しい．何故なら変換 $T(P)$ のヤコビアン・マトリックスを $J(P)$，$T^n(P)$ を線形化したマトリックスを $M(P)$ と書くと，

$$M(P') = J(P)M(P)J^{-1}(P)$$

という関係がある．したがって

$$\mathrm{tr}\, M(P') = \mathrm{tr}\, M(P)$$

となるからである.

すると，不動点 $P, P', \cdots$ を中にはさんだ2つの不変曲線の指数はいずれも1であるから，もし $P, P', \cdots$ がすべて指数1の楕円点であるとすると，それと同数の指数 -1 の双曲線点がなければならない(図10.11).

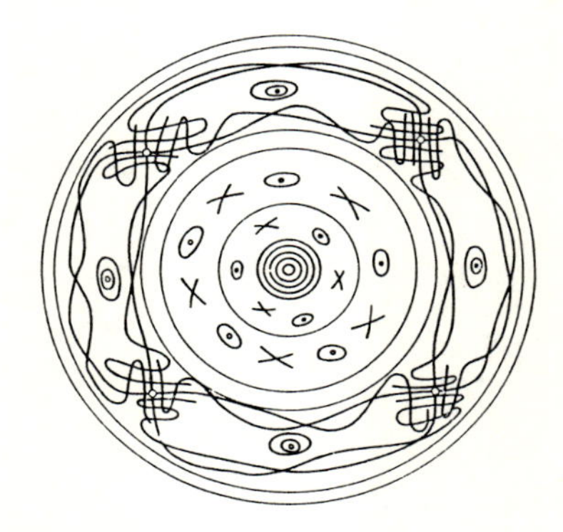

図10.11 切断面での一般的な挙動. ⦿は楕円点，×は双曲線点，そのまわりは複雑な網状組織となる(Arnol'd, Avez)

上に述べた不変曲線の存在はKAMの理論では楕円的不動点の小さな近傍においてであった．それゆえ不動点から遠くはなれたところにはもはや閉じた不変曲線はないだろう．また級数展開の方法では，そこに指摘したような欠陥はあるけれども，次のような定性的解釈が許されるだろう．つまりこの級数展開の収束する範囲までは，ここで述べた不動点や不変曲線が存在するが，それを越えるともう不変曲線が存在しなくなり，解の挙動は乱雑になるのであろう．事実Hénon-Heilesの実験ではエネルギー E が大きくなると乱雑領域があらわれている.

変換 T に対する楕円不動点のまわりには閉じた不変曲線があり，その中に T^n 不動点も n 個あることがわかった．すると，その1つ1つの不動点のまわりに閉じた不変曲線が存在し，その中に別の不動点の列が介在していることになる．このような階層構造は図10.7にあらわれている.

$R=0$ のときは不変曲線は不動点の近くで平行な直線群で近似される．その中で不動点を通るものの上には，$\lambda=1$ であるから，T の不動点のいくらでも近くにまた T の不動点があることになる．$R\neq 0$ のときは T の不動点は離散的であるのと対照的である．以上のことは，$R=0$ のときは積分可能な系であることを示している.

図10.11の乱雑領域でエルゴード性があるかどうかはわかっていない．再びHénon-Heiles系に戻ろう．いま1つの軌道を考えて，τ 秒ごとの位置を $x, x_1,$

$x_2, x_3, \cdots, x_n$ で表わす．また x の近くの点 y から出る軌道の τ 秒後の位置を y_1' とし，$|y-x|=d$, $|y_1'-x_1|=d_1$ とする．次に y_1' と x_1 を結ぶ直線上，x_1 から d の距離の点を y_1 とし，y_1 から出発して τ 秒後の位置を y_2', $|y_2'-x_2|=d_2$ とする(図 10.12)．このようにして逐次 $d_3, d_4, \cdots$ を決め，

$$k_n(\tau, x, d) = \frac{1}{n\tau}\sum_{i=1}^{n} \ln\frac{d_i}{d}$$

を定義する．これは軌道のひらきがあるとき，その割合の平均値であり，また分割の K エントロピーに似ている．

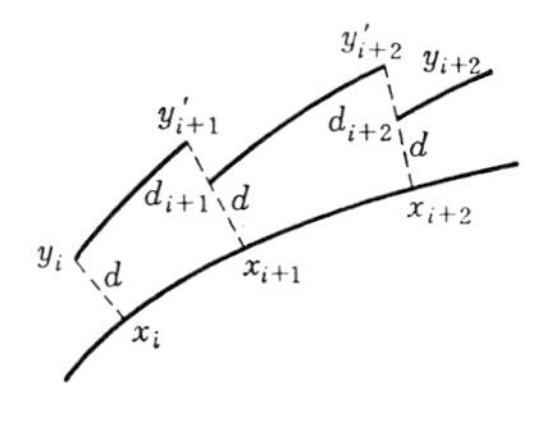

図 10.12

k_n は τ, x, d の関数であるが，計算機でしらべた結果では τ, d を適当な範囲にとればその取り方にはよらない．始点 x が不変曲線群の存在する安定な領域にあると，$n\to\infty$ で k_n は 0 になり，乱雑領域では $k\neq 0$ で一定の値に収束する．乱雑領域が測度可遷性をもたないように見えるときがあるが，そのときは領域によって k_n の極限値もちがっている．

§10.6　Fermi-Pasta-Ulam の問題

a)　非線形格子振動

固体の格子比熱は格子振動の調和近似による量子力学的な計算でよく説明される．高温では古典力学でよい．この事実は，調和振動子系の各規準振動のエネルギーが，系の温度を変えるに従って互いの間を移動して再配分されることを意味する．ところが一方すでにのべたように，力学的には調和振動子の規準振動は互いに独立であって，それぞれの規準振動のエネルギーは運動の積分で一定である．比熱を説明するには，エネルギーの大きさ自身は調和近似で十分であるが，わずかな非線形項，非調和項があってそのために規準振動の間にエネルギーの交換が行なわれていると考えなければならない．もちろんこのほかに系が十分大きいということも忘れてはならないだろう．いずれにしても非調和項はきわめて小さくて，全体のエネルギーに対しては，その寄与は無視できるほどであっても，それが存在するために規準振動間のエネルギーの交換という重要な機能が果されてい

ると考えなければならない.

わずかな非線形性の存在がエルゴード性や不可逆性をもたらすというのが長い間の物理学者の信念であった. Fermi は1950年頃から, この種の信念が正しいかどうかを計算機でしらべようとした. ちょうど高速電子計算機が実用化された頃で計算機を使ってしらべられる物理の重要な問題として非線形振動子のエルゴード性を取り上げたのである.

いま図10.13のように $N+1$ 個の同等な質量 m の質点が同じつよさ κ のバネで1次元的に結ばれているとする. 簡単のために0番目と N 番目の球は固定さ

0 1 2 3 $N-1$ N

図10.13 1次元振動子系

れているとする. k 番目の球の運動量を p_k, 平衡の位置からの変位を q_k とすると, ハミルトニアンは

$$\mathscr{H}=\sum_{k=1}^{N-1}\frac{1}{2m}{p_k}^2+\frac{\kappa}{2}\sum_{k=1}^{N-1}(q_{k+1}-q_k)^2 \tag{10.6.1}$$

$$q_0=q_N=0$$

である.

$$q_k=\left(\frac{2}{N}\right)^{1/2}\sum_{j=1}^{N-1}x_j\sin\frac{jk\pi}{N} \tag{10.6.2}$$

$$m\dot{x}_j=y_j$$

によって規準座標 (y_j, x_j) に変換すると $\mathscr{H}$ は

$$\mathscr{H}=\sum_{j=1}^{N}\frac{1}{2m}({y_j}^2+m^2{\omega_j}^2{x_j}^2) \tag{10.6.3}$$

$$\omega_j=2\left(\frac{\kappa}{m}\right)^{1/2}\sin\frac{j\pi}{2N} \tag{10.6.4}$$

となる. もしはじめのハミルトニアンが非線形相互作用を含んでいて, たとえば

$$\mathscr{H}=\sum_k\frac{1}{2m}{p_k}^2+\frac{\kappa}{2}\sum_k(q_{k+1}-q_k)^2+\frac{\lambda}{s}\sum_k(q_{k+1}-q_k)^s \tag{10.6.5}$$

と書かれるとする. λ は非線形の結合定数で, $s=3$ のときは3次の, $s=4$ のと

きは4次の非線形ポテンシャルである．一般には，3次，4次，… のポテンシャルを含む項に展開されるだろう．また運動方程式は

$$m\ddot{q}_k = \kappa(q_{k+1}-2q_k+q_{k-1})+\lambda\{(q_{k+1}-q_k)^{s-1}-(q_k-q_{k-1})^{s-1}\} \quad (10.6.6)$$

あるいは規準座標では

$$\ddot{x}_j = -\omega_j^2 x_j+\lambda F_j(x) \quad (10.6.7)$$

の形に書かれる．$F_j(x)$ は非線形項からくるもので $N=3$ であれば2つの質点が動けるので自由度が2あり，

$$\left.\begin{aligned} \ddot{x}_1 &= -\omega_1^2 x_1-\sqrt{2}\,\lambda x_1 x_2 \\ \ddot{x}_2 &= -\omega_2^2 x_2-\frac{\lambda}{\sqrt{2}}(x_1^2-3x_2^2) \end{aligned}\right\} \quad (10.6.8)$$

となる．

Fermi らは(*10.6.6*)または(*10.6.7*)の方程式を計算機で解いてその長時間挙動をしらべた．非線形ポテンシャルの形は3次，4次の曲線，または折れ線で表わされるようなものを取り上げた．調和近似の規準振動(モード)の振動数を低い方から $\omega_1, \omega_2, \cdots$ とし，k 番目のモードのエネルギーを

$$E_k = \frac{1}{2}m(\dot{x}_k^2+\omega_k^2 x_k^2) \quad (10.6.9)$$

とする．最初に最も低いモードにのみエネルギーを与え，$E_1, E_2, \cdots$ が時間と共にどう変化するかをみた．E_1 のエネルギーはしだいに他のモードに移って，最後にはどのモードにもほとんど等しいエネルギーが行きわたるだろうという予想であったのである．ところが，事実はそうではなかった．図10.14は3次の非線形ポテンシャルについて $N=32$ のときのモード間のエネルギーの移行を時間と共にたどったものである．時間は一番低いモードの周期 $2\pi/\omega_1$ を単位にとってある．また $\kappa/m=1$, $\lambda/m=1/4$ とし，初速は0，初期の変位は最低のモードの正弦波の形を与える．この図からわかるように約158周期のところで再び1のモードにエネルギーが集中し，挙動がほぼ周期的であり，低いモードには多少エネルギーが移っているが高いモードはほとんど励起されていない．非線形ポテンシャルが4次の場合もほぼ同じである．このときは第1のモードに前にのべたような初期条件を与えると，ポテンシャルの対称性のために2, 4, 6, … の偶数モードにはエネルギーは移らない．しかしこの場合もモードのエネルギーの再帰性がみられ

る．こうして非線形性を導入しただけでは簡単にエルゴード性をもっているといえないことがわかった．

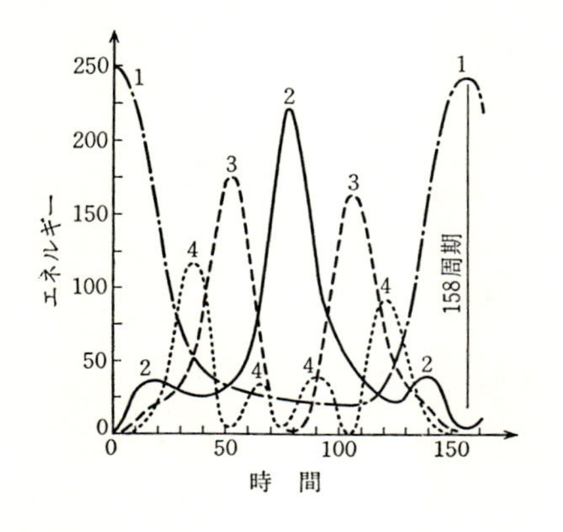

図 10.14　モードのエネルギーの再帰性(Fermi, Pasta, Ulam)

b）共鳴条件

いま $n_1, n_2, \cdots$ をすべてが同時に0となることのないような整数とし，振動数 $\omega_1, \omega_2, \cdots$ に対し

$$\omega(n)=\sum_j n_j\omega_j=0 \qquad (10.6.10)$$

とすることができるとき，これらの ω_j は通約できる(commensurate)，または ω_j の間に共鳴条件があるともいう．ω_j が(10.6.4)で与えられるとき，共鳴がおこらないためには粒子の数 N が素数であるか，2のベキ数(2, 4, 8, 16, …)でなければならないことを P. C. Hemmer が示した．図10.14の実験は，$N=32$ で共鳴条件のない系であった．しかしこのことはそれほど本質的ではない．共鳴条件がたとえ存在していても，それを満たす ω の間にエネルギーが移りかわる度合が小さいこともあるからであり，共鳴条件が完全には満たされなくても(10.6.10)の右辺が近似的に0であれば，エネルギーの交換が行なわれることもあるからである．非線形項があるために，近似的に共鳴条件を満たしていればエネルギー交換がおこると期待される．Fermi の実験で低いモードの間にエネルギーが交換されたのは，j が小さければ(10.6.4)から近似的に共鳴条件 $\omega_j=j\omega_1$ が成り立つからである．

つぎに共鳴条件とエネルギー交換の関係を非線形振動の摂動的取扱いでしらべ

てみよう．簡単のために(*10. 6. 8*)の方程式をとり，ω_1, ω_2 は任意にえらべるパラメタとする．ω_1 と ω_2 の振動数をもった2つの振動子が格子鎖の振動子系と同じ非線形結合をしている場合の例である．解は λ の展開の形になっているとして J. Ford がえた結果は次のように表わされる．

$$x_1 = A_1 \cos\tau_1 - \lambda\left\{\frac{A_1A_2\cos(\tau_1+\tau_2)}{\sqrt{2}\,[\omega_1{}^2-(\Omega_1+\Omega_2)^2]}+\frac{A_1A_2\cos(\tau_1-\tau_2)}{\sqrt{2}\,[\omega_1{}^2-(\Omega_1-\Omega_2)^2]}\right\}$$
$$+\lambda^2\left\{\frac{A_1{}^3\cos 3\tau_1}{4[\omega_2{}^2-4\Omega_1{}^2][\omega_1{}^2-9\Omega_1{}^2]}-\frac{3A_1A_2{}^2\cos(\tau_1+2\tau_2)}{4[\omega_2{}^2-4\Omega_2{}^2][\omega_1{}^2-(\Omega_1+\Omega_2)^2]}\right.$$
$$-\frac{3A_1A_2{}^2\cos(\tau_1-2\tau_2)}{4[\omega_2{}^2-4\Omega_2{}^2][\omega_1{}^2-(\Omega_1-2\Omega_2)^2]}+\frac{A_1A_2{}^2\cos(\tau_1+2\tau_2)}{2[\omega_1{}^2-(\Omega_1+\Omega_2)^2][\omega_1{}^2-(\Omega_1+2\Omega_2)^2]}$$
$$\left.+\frac{A_1A_2{}^2\cos(\tau_1-2\tau_2)}{2[\omega_1{}^2-(\Omega_1-\Omega_2)^2][\omega_1{}^2-(\Omega_1-2\Omega_2)^2]}\right\}+\lambda^3\{\cdots\}+\cdots \qquad (10.6.11)$$

$$x_2 = A_2\cos\tau_2-\lambda\left\{\frac{A_1{}^2-3A_2{}^2}{2\sqrt{2}\,\omega_2{}^2}+\frac{A_1{}^2\cos 2\tau_1}{2\sqrt{2}\,[\omega_2{}^2-4\Omega_1{}^2]}+\frac{3A_2{}^2\cos 2\tau_2}{2\sqrt{2}\,[\omega_2{}^2-4\Omega_2{}^2]}\right\}$$
$$+\lambda^2\left\{\frac{A_1{}^2A_2\cos(2\tau_1+\tau_2)}{2[\omega_1{}^2-(\Omega_1+\Omega_2)^2][\omega_2{}^2-(2\Omega_1+\Omega_2)^2]}\right.$$
$$+\frac{A_1{}^2A_2\cos(2\tau_1-\tau_2)}{2[\omega_1{}^2-(\Omega_1-\Omega_2)^2][\omega_2{}^2-(2\Omega_1-\Omega_2)^2]}$$
$$-\frac{3A_1{}^2A_2\cos(2\tau_1+\tau_2)}{4[\omega_2{}^2-4\Omega_1{}^2][\omega_2{}^2-(2\Omega_1+\Omega_2)^2]}-\frac{3A_1{}^2A_2\cos(2\tau_1-\tau_2)}{4[\omega_2{}^2-4\Omega_1{}^2][\omega_2{}^2-(2\Omega_1-\Omega_2)^2]}$$
$$\left.+\frac{9A_2{}^3\cos 3\tau_2}{4[\omega_2{}^2-4\Omega_2{}^2][\omega_2{}^2-9\Omega_2{}^2]}\right\}+\lambda^3\{\cdots\}+\cdots \qquad (10.6.12)$$

$$\tau_1 = \Omega_1 t+\theta_1, \qquad \tau_2 = \Omega_2 t+\theta_2$$

$$\Omega_1{}^2 = \omega_1{}^2-\lambda^2\left\{\frac{A_1{}^2-3A_2{}^2}{2\omega_2{}^2}+\frac{A_1{}^2}{4[\omega_2{}^2-4\Omega_1{}^2]}+\frac{A_2{}^2}{2[\omega_1{}^2-(\Omega_1+\Omega_2)^2]}\right.$$
$$\left.+\frac{A_2{}^2}{2[\omega_1{}^2-(\Omega_1-\Omega_2)^2]}\right\}+\cdots \qquad (10.6.13)$$

$$\Omega_2{}^2 = \omega_2{}^2-\lambda^2\left\{\frac{A_1{}^2}{2[\omega_1{}^2-(\Omega_1+\Omega_2)^2]}+\frac{A_1{}^2}{2[\omega_1{}^2-(\Omega_1-\Omega_2)^2]}\right.$$
$$\left.-\frac{3(A_1{}^2-3A_2{}^2)}{2\omega_2{}^2}+\frac{9A_2{}^2}{4[\omega_2{}^2-4\Omega_2{}^2]}\right\}+\cdots \qquad (10.6.14)$$

ここで $A_1, A_2, \theta_1, \theta_2$ は初期条件できまる定数である．(*10. 6. 13*), (*10. 6. 14*)の式から λ を小さいとして近似的に $\Omega_1=\omega_1$, $\Omega_2=\omega_2$ とおいて(*10. 6. 11*), (*10. 6.*

12)に入れる．もしこれらの式の分母が0またはλの程度の大きさでなければ近似的な解は$x_1=A_1\cos\tau_1$，$x_2=A_2\cos\tau_2$で，非線形性のないときとほとんど同じ振動をつづけ，エネルギーの交換はおこらない．つまり一般にn_1, n_2を整数として

$$n_1\omega_1+n_2\omega_2 \approx \lambda \tag{10.6.15}$$

が小さなn_1, n_2の範囲で成り立てばエネルギーの交換がおこる．さらに(10.6.13)は右辺の分母に$\Omega_1=\omega_1$，$\Omega_2=\omega_2$を入れると

$$\Omega_1^2 = \omega_1^2-\lambda^2\left\{\frac{A_1^2-3A_2^2}{2\omega_2^2}+\frac{A_1^2}{4[\omega_2^2-4\omega_1^2]}+\frac{A_2^2}{2[\omega_1^2-(\omega_1+\omega_2)^2]}+\frac{A_2^2}{2[\omega_1^2-(\omega_1-\omega_2)^2]}\right\}+\cdots \tag{10.6.16}$$

と書かれるから

$$2\omega_1-\omega_2 \approx \lambda \tag{10.6.17}$$

のときには分母がλ程度の大きさに近くなる．同様のことは(10.6.14)でもある．つまり$2\omega_1-\omega_2\approx\lambda$ならば(10.6.13), (10.6.14)は

$$\Omega_1 = \omega_1+\kappa_1\lambda+\cdots, \qquad \Omega_2 = \omega_2+\kappa_2\lambda+\cdots$$

の形になるはずであって，(10.6.11)の式のλの1次の項の第2項は次の形に書かれる．

$$-\frac{\lambda A_1A_2\cos(\tau_1-\tau_2)}{\sqrt{2}\,[\omega_1^2-(\Omega_1-\Omega_2)^2]} = KA_1A_2\cos(\tau_1-\tau_2)$$

ここでKは定数である．したがって(10.6.11)でλの1次の項が0次になるものもあることになる．このことはエネルギー交換がおこることを意味する．もし(10.6.17)が成り立たないときは$\Omega_1=\omega_1+\kappa_3\lambda^2$，$\Omega_2=\omega_2+\kappa_4\lambda^2$の形をもつが，このときでも$\omega_1-\omega_2\approx\lambda^2$ならば(10.6.11)の$\lambda^2$の項で$\lambda$の0次になるものがある．それは$\lambda^2$の項の第3項をみればわかる．(10.6.11)で$\lambda^2$の次数までは$2\omega_1\approx\omega_2$，$\omega_1\approx\omega_2$の項がエネルギー交換に有効であることがわかった．$\lambda$の高次の項では$\omega_1$と$\omega_2$の間の関係は違うものが必要であろう．計算機によってしらべた結果では$2\omega_1\approx\omega_2$のときは交換がよく行なわれ，$\omega_1\approx\omega_2$ならば交換の程度はそれほどよくはない．図10.15, 10.16はそれらの結果である．E_1, E_2は(10.6.9)で定義されるモードのエネルギーである．

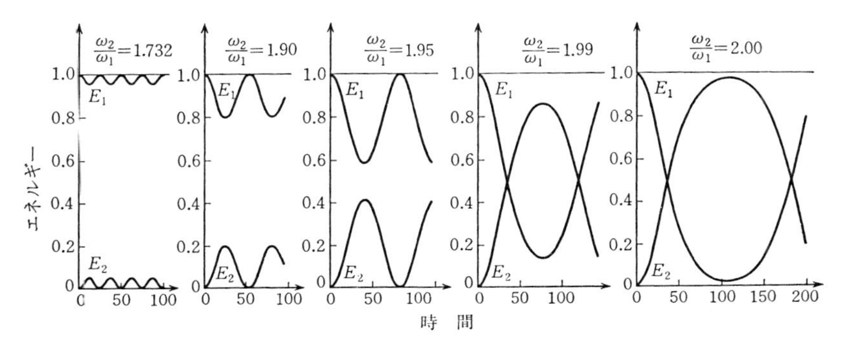

図 10.15 2つの振動子の間のエネルギーの交換．左端の振動数の比は(*10.6.4*)によって計算されるものに相当する(Ford, Waters)

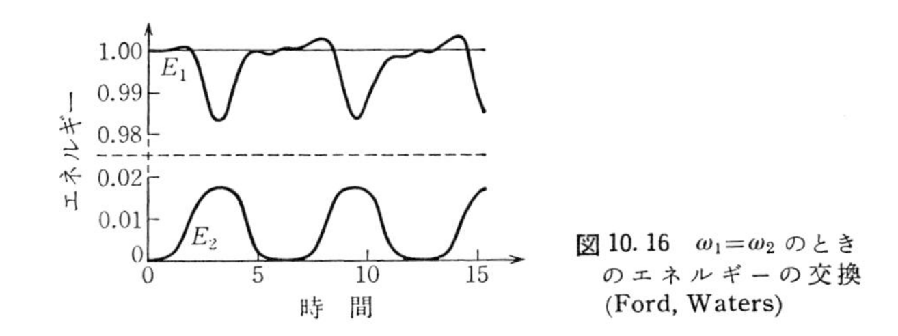

図 10.16 $\omega_1=\omega_2$ のときのエネルギーの交換(Ford, Waters)

上にのべたことを多数の振動子の場合に拡張すれば一般に

$$\sum_j n_j\omega_j \approx 0 \tag{10.6.18}$$

のときにエネルギーの交換がおこることがわかる．この右辺は λ のあるいはその高次の桁の大きさである．非線形性の大きいものは，したがって $\sum n_j\omega_j=0$ という厳密な，もしくはそれに近い共鳴条件がなくても，エネルギーの交換をおこしうるだろう．Fermi らの計算機実験で所期のものがえられなかったのは λ が小さすぎたためと考えられる．

そこで λ の大きさを変えてエネルギーの交換の有様をみることは興味がある．次にそれらの計算機実験の結果をのべよう．

c) 誘導現象

モード間のエネルギー交換には，近似的な共鳴条件(*10.6.18*)が必要であることがわかった．振動数自身はたとえば(*10.6.13*)のように変調されるから，線形

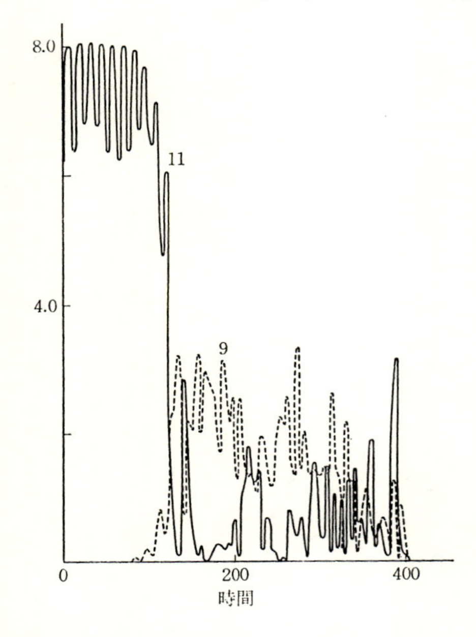

図 10.17 $N=16$, $m=\kappa=1$, $\lambda=0.5$. 11番目のモードのみを励起したときの，誘導現象

近似の固有振動の間に近似的に共鳴条件が満たされていればよいのである．1次元格子では高い振動数は互いに接近しており，高いモードの間の交換は，高いモードを最初に励起した方がおこりやすいだろう．そこで(*10. 6. 5*)の式で $s=4$ とした系で $N=16$, $\lambda=0.5$, $m=\kappa=1$ とし，両端を固定して $k=11$ 番目のモードを励起したときのモードのエネルギーの移り方をみたのが図10.17である．11以外のモードのエネルギーは次第に増大するが，特に9番目のモードのエネルギーの増大によって，ある時間に達すると急激にエネルギーの交換が起こりはじめる．11番目のエネルギーの急激な減少は，それまでに他のモードのエネルギーが増大してきたためであって，これを誘導現象とよぶことにする．λ があまり小さいと11以外のモードのエネルギーの増大は著しくなく，誘導現象はおこらない．

さて(*10. 6. 2*)によって規準座標を導入したが，これとは別に次の複素規準座標を考えることにする．

$$\left.\begin{aligned} q_k &= i\sum_{j=-N}^{N}\left(\frac{a_j}{\omega_j}\right)\exp\left(-i\frac{\pi jk}{N}\right) \\ a_0 &= 0, \quad a_j = a_{-j}, \quad \omega_{-j} = \omega_j \end{aligned}\right\} \qquad (10.\,6.\,19)$$

ω_j は(10.6.4)で与えられている．a_j と(10.6.2)の x_j との間には

$$a_j = \frac{1}{\sqrt{2N}}\omega_{|j|}x_{|j|} \tag{10.6.20}$$

の関係がある．

a_k に対する運動方程式は次の式になる．

$$\ddot{a}_k = -\omega_k{}^2 a_k - \lambda\omega_k{}^2 \sum_{k'} \sum_{\substack{k''\\-N}}^{N} \sum_{k'''} a_{k'}a_{k''}a_{k'''}D(k+k'+k''+k''')$$

$$(k = -N, \cdots, N) \tag{10.6.21}$$

ここで

$$D(k) = \frac{1}{N}\sum_{j=1}^{N}\cos\left[\left(j-\frac{1}{2}\right)\frac{k\pi}{N}\right]$$

であって，$-4N \leqq k \leqq 4N$ の整数 k に対し

$$\left.\begin{array}{lll} D(0) = 1, & D(\pm 2N) = -1, & D(\pm 4N) = 1 \\ \text{それ以外の} & D = 0 & \end{array}\right\} \tag{10.6.22}$$

である．

(10.6.22)はエネルギー移動の選択則を与える．11番目を励起したとすると，それによってエネルギーを受ける最初のモードは $k=1$ である．それは(10.6.21)式において $k=1$, $k'=k''=k'''=-11$ とすれば $D(-32)\neq 0$ となるからである．$k=1$ にエネルギーが移ると次に $k=3, 9, 13$ のモードが励起されることがわかる．この場合偶数のモードは励起されない．

しかしこうしてエネルギーの移ったモードが更にエネルギーを増加しつづけなければ誘導現象は起こらない．いま k_0 のモードだけが最初にエネルギーが与えられているとする．はじめのうちは k_0 以外の a_k は小さく，また非線形性が小さければ

$$a_{k_0} = a\cos(\omega_{k_0}t) \tag{10.6.23}$$

とおいてよいだろう．すると(10.6.21)は(10.6.22)を考えに入れて a_k $(k\neq k_0)$ について線形近似をすると

$$\ddot{a}_k + (\omega_k{}^2 + 6\lambda\omega_k{}^2 a_{k_0}{}^2)a_k = f_k(t) \tag{10.6.24}$$

とすることができる．$f_k(t)$ は非斉次の項であるが，a_{k_0} や，k 以外の a_k を含んだものである．この項があるために k 番目のモードにエネルギーが移ることに

なる．

a_{k_0}に対して(10. 6. 23)の近似を採用すると，(10. 6. 24)の左辺は Mathieu の方程式になっている．いま変数変換

$$\left.\begin{aligned} \tau &= \omega_{k_0} t \\ \alpha_k &= (\omega_k/\omega_{k_0})^2(1+3\lambda a^2) \\ h_k{}^2 &= (\omega_k/\omega_{k_0})^2 3\lambda a^2/2 \end{aligned}\right\} \tag{10. 6. 25}$$

とすると，(10. 6. 24)の斉次項の部分は

$$\frac{d^2 a_k}{d\tau^2} + (\alpha + 2h^2 \cos 2\tau) a_k = 0 \tag{10. 6. 26}$$

となる．Mathieu 方程式の解は，パラメタ α, h^2 によって不安定解と安定解の存在する領域がある．(10. 6. 25)から

$$\frac{\alpha_k}{h_k{}^2} = 2 + \frac{2}{3\lambda a^2} \tag{10. 6. 27}$$

$$\alpha_k = 2h_k{}^2 + (\omega_k/\omega_{k_0})^2 \tag{10. 6. 28}$$

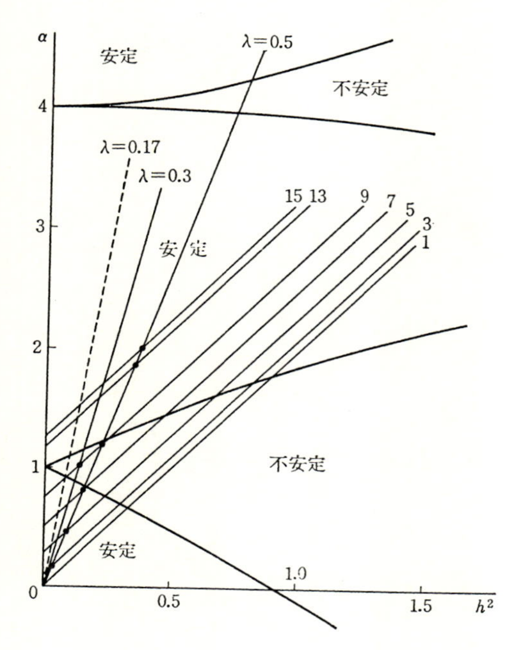

図 10. 18　Mathieu 方程式の解の安定，不安定領域

がえられるから，k 番目のモードが不安定か否かは(*10.6.27*)と(*10.6.28*)の2つの直線の交点が不安定領域にあるか否かできまる．(*10.6.28*)は(α, h^2)面で傾きが2の直線で k が変わると平行移動する．一方(*10.6.27*)は原点を通り，λ が大きくなると傾きは小さくなる．図10.18は Mathieu 方程式の解の安定，不安定領域を示したもので，$N=16$, $k_0=11$, $\lambda=0.5$ とした図10.17の例で $k=9$ のモードは不安定領域にあることがわかる．λ が0.17程度より小さくなると，どのモードも安定になり，誘導現象のおこらないこともわかる．

エネルギーの交換が大きくなると，(*10.6.23*)の近似は許されなくなり，Mathieu 方程式の近似はわるくなる．しかし誘導現象がおきた後には，熱平衡状態が実現されていると想像される．§10.3(d)に述べたようにC系ではわずかにずれた2つの軌道の距離は指数関数的に増大する．このことを計算機で確かめることは容易であり，事実図10.17とわずかに異なる初期条件の2つの軌道の距離は，誘導期間の終了の頃から指数関数的に著しく増大する．図10.19はその1例である．

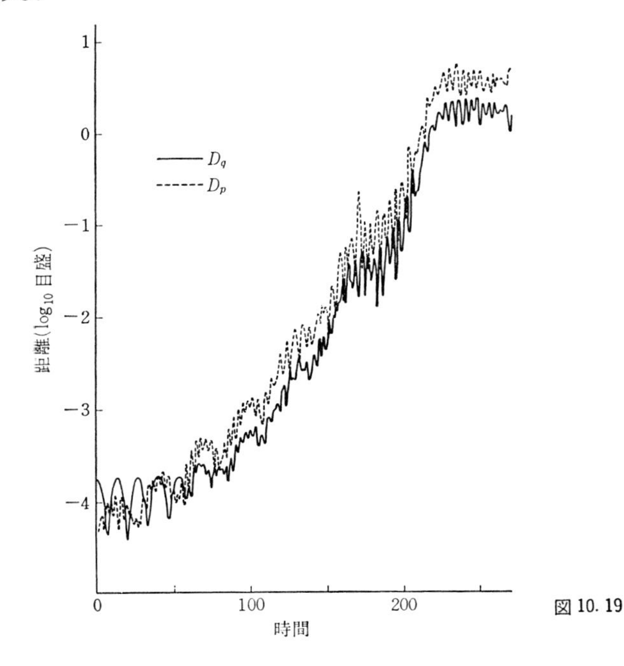

図10.19

はじめにのべた Fermi の問題はこうして一部が解決した．非線形性 λ の小さいところで誘導期間が無限大になるということは，この系はエルゴード性をもたないことを意味する．このことは次節にのべる Kolmogorov-Arnol'd-Moser の理論の結果と関係がある．2次元保測変換についてはすでに§10.5で説明した．

§10.7　Kolmogorov-Arnol'd-Moser (KAM) の理論

一般に多自由度の非線形振動子系は，調和振動の部分できまる正準座標(*10.1.20*) P, Q でかくと，そのハミルトニアンは

$$\mathcal{H} = \sum_{k=1}^{n} \frac{\omega_k}{2}(P_k{}^2 + Q_k{}^2) + V(Q) \tag{10.7.1}$$

とかかれる．V は Q のみの，Q の3次以上の項である．(*10.1.18*)で導入した作用変数，角変数を用いれば

$$\mathcal{H} = \mathcal{H}_0(J_1, J_2, \cdots, J_n) + V(J_1, \cdots, J_n, \varphi_1, \cdots, \varphi_n) \tag{10.7.2}$$

とかくことができる．簡単のために今後第1項を $\mathcal{H}_0(J)$，第2項を $V(J, \varphi)$ とかき，非線形項 $V(J, \varphi)$ は小さいとしてある小さなパラメタ ε をかけておく．

$$\mathcal{H} = \mathcal{H}_0(J) + \varepsilon V(J, \varphi) \tag{10.7.3}$$

$\varepsilon=0$ のときは§10.1で説明したように運動は解かれる．$\varepsilon\neq 0$ のときの解を摂動法で求めるために，変数 J, φ を J', φ' に変換してハミルトニアンを

$$\mathcal{H} = \mathcal{H}_0'(J') + \varepsilon^2 \mathcal{H}_2'(J', \varphi') + \cdots \tag{10.7.4}$$

とかくことができたとする．すると $\mathcal{H}_0'(J')$ できめられる運動は $t \approx \varepsilon^{-1}$ の間は正しい運動と ε の程度の誤差しかない．これを進めていけばしだいに正しい解に近づくであろう．もしこれを無限回続行して

$$\mathcal{H} = \mathcal{H}_0{}^{\infty}(J^{\infty}) \tag{10.7.5}$$

の形にすることができれば問題が解かれたことになる．そのような解は φ^{∞} が循環変数であって φ^{∞} が周期1をもてばトーラスの上にのり，エネルギー積分以外に，$J^{\infty}(J, \varphi) = \mathrm{const}$ の不変トーラスがえられたことになる．

そこで(*10.7.3*)を(*10.7.4*)にかきかえるような正準変換の母関数 W を求めよう．W を $J'\varphi + \varepsilon S(J', \varphi)$ とおくと

$$J = J' + \varepsilon\frac{\partial S}{\partial \varphi}, \qquad \varphi' = \varphi + \varepsilon\frac{\partial S}{\partial J'} \tag{10.7.6}$$

である．S は φ について周期 1 の周期関数であるとして，Fourier 級数に展開する．

$$S(J',\varphi)=\sum_{k\neq 0}S_k(J')e^{2\pi i\{k,\varphi\}} \tag{10.7.7}$$

ここで $\{k,\varphi\}$ のようにかいたものは多自由度系では $\sum k_i\varphi_i$ をあらわす．これを用いてハミルトニアン (*10.7.3*) を書き直す．(*10.7.3*) の $V(J,\varphi)$ の中で J のみの項が分離されるときにはそれを $\overline{\mathcal{H}}_1(J)$ とし，残りを $\tilde{\mathcal{H}}_1(J,\varphi)$ とすると，ハミルトニアンは (*10.7.5*) を代入して

$$\begin{aligned}\mathcal{H}&=\mathcal{H}_0(J)+\varepsilon\overline{\mathcal{H}}_1(J)+\varepsilon\tilde{\mathcal{H}}_1(J,\varphi)\\&=\mathcal{H}_0(J')+\varepsilon\overline{\mathcal{H}}_1(J')+\varepsilon\left[\left\{\frac{\partial\mathcal{H}_0}{\partial J'},\frac{\partial S}{\partial\varphi}\right\}+\tilde{\mathcal{H}}_1\right]+\varepsilon^2[\cdots]+\cdots\end{aligned} \tag{10.7.8}$$

ゆえに $\partial\mathcal{H}_0/\partial J'=\nu$ として

$$\left\{\nu,\frac{\partial S}{\partial\varphi}\right\}+\tilde{\mathcal{H}}_1(J',\varphi)=0 \tag{10.7.9}$$

であれば (*10.7.4*) の形にすることができる．$\tilde{\mathcal{H}}_1$ を Fourier 展開し，

$$\tilde{\mathcal{H}}_1(J,\varphi)=\sum_{k\neq 0}h_k(J)e^{2\pi i\{k,\varphi\}} \tag{10.7.10}$$

とすれば (*10.7.9*) は

$$S_k(J')=\frac{ih_k(J')}{\{\omega,k\}},\qquad \omega=2\pi\nu \tag{10.7.11}$$

となる．けれどももし $\{\omega,k\}=0$ となるような通約できる (共鳴する) ω の値があればこうした摂動法は無意味となる．またこの摂動法で ε の高次の項まで進んだとき，その収束性が問題である．C. L. Siegel は一般にこうした近似法は収束しないことを示した．

いまわれわれの取り扱う系は (*10.7.3*) の形のハミルトニアンをもち，§10.4 でのべた標準力学系で，さらに (*10.4.3*) と同じく $\mathcal{H}_0$ のヘシアンは 0 でないとする．Poincaré および Fermi の定理によればこの系ではエネルギー以外に解析的な運動の定数は存在しない．しかしそういう解析性を除いたらどうなるであろうか．

これに対する解答が 1954 年 Kolmogorov によって与えられた．しかし彼はそれを短い論文で発表しただけで具体的な計算は示さなかった．10 年ほどたって

V. I. Arnol'd と J. Moser により独立にその証明が与えられた.

Kolmogorov-Arnol'd-Moser (KAM) の定理は次のように表わされる. (*10. 7. 3*) の形のハミルトニアンをもった系で $\mathcal{H}_0$ のヘシアンは0でないとする. 無摂動系 $\mathcal{H}_0(J)$ できまる運動

$$\left.\begin{aligned} \dot{J}_j &= 0 \\ \dot{\varphi}_j &= \frac{\partial \mathcal{H}_0}{\partial J_j} \equiv \nu_{0j}(J) \equiv \frac{\omega_{0j}(J)}{2\pi} \end{aligned}\right\} \qquad (10.7.12)$$

から $J_j=\tilde{J}_j(=\text{const})$, $\omega_{0j}(\tilde{J})=\tilde{\omega}_j$ とする. $\tilde{\omega}$ は通約できない† とき, ε が十分小さければ (*10. 5. 34*) の関係を満たす $\tilde{\omega}$ に対し不変なトーラス $T(\tilde{\omega})$ が存在し, それは $\mathcal{H}_0$ できまるトーラス $T_0(\tilde{\omega})$ の近くにある, というのが KAM の主張である. また不変トーラス T は ε をパラメタとして含んでいるが, ε の解析的な関数であるとはいえない. Poincaré や Fermi の定理とは矛盾しないのである. また Siegel のいう摂動法の発散は位相空間のすべての点で収束することはないということをいうのであって, 特定な場所のみで収束してもよいのである. (*10. 5. 34*) を満たさない $\tilde{\omega}$ に対してはトーラス $T_0(\tilde{\omega})$ は壊れて不安定性を示し乱雑領域をつくる.

KAM の理論では非摂動項 $\mathcal{H}_0$ のヘシアンは0でないと仮定している. 非調和振動子系の非摂動項を調和振動子のハミルトニアンにとればヘシアンは0であるから, KAM の理論をそのまま適用することはできない. 1次元で非線形項に4次のポテンシャルをもった振動子系では適当な変換によって KAM 理論の要請する条件をみたす形のハミルトニアンにすることができることも示されている. ただしこの時は無摂動系の振動数が通約できないことが必要である. これはすでにのべた §10. 6(b) の Hemmer の条件である.

KAM の理論は, 非線形振動子では, 非線形性が小さければエルゴード的でないことを主張する. また不変トーラスの存在しないときには不安定性を示すことを主張する.

§10. 5 にのべたように, 自由度2の系に対して, 計算機実験はこれに対する1つの答を与えている. この種の研究は解析的な研究に対して1つの指針を与える

---

† 通約できる ω は密であるが, その測度は0である. すなわち通約できない ω ということはほとんどすべての ω と同じ意味である.

ものである．多自由度の系に対しては，Poincaré マッピングの方法が使えないが，§10.6の終りにのべたように2つの軌道の拡がりをみるのは便利な方法である．

時間平均を長時間平均(*10. 2. 3*)にとる限り，エルゴード性は粒子の個数が2以上の系で見出される．しかし現実の系での時間平均は長時間平均でなくある有限の τ についての平均(*10. 2. 2*)であろう．この意味の時間平均に対してエルゴード性が成り立つためには粒子数 n を ∞ にする極限(熱力学的極限)が必要とおもわれる．しかしこれに対する研究はすすんでいない．

エルゴード理論は，主として数学の立場からつくられていて，微分方程式の解の存在定理に似ているところがある．存在はわかっていても具体的な解の挙動はわからない．すでに上にみたように，計算機実験はこのような欠陥をうめるのに役に立つ．またエルゴード理論は，物理学の立場からすると，経験事実のみがあって理論を建設するに足る，自然にはたらきかけて自然現象から本質を抽出しようとする能動的な実験がないという面をもっている．これを補うことができるのは計算機実験のみであって，自然に存在する物質を取り扱っているかぎり，境界条件や初期条件を任意に精密に設定することができないから，ふつうの実験は不可能なのである．エルゴードの問題に対する計算機実験の意義はこういうところにある．

§10.8 量子力学系

a) 量子力学系における諸定理

量子力学系においても古典力学系の結果に対応するものがえられる．量子力学では力学量として Hermite 作用素 $\hat{A}$ を考え，波動関数を $\Psi(t)$ とすると，測定値は長時間平均として

$$\bar{A} = \lim_{\tau\to\infty} \frac{1}{\tau}\int_{\tau_0}^{\tau_0+\tau} A(t)\,dt \qquad (10.8.1)$$

$$A(t) = (\Psi, \hat{A}\Psi) \qquad (10.8.2)$$

である．Birkhoff の第1定理に対応するものはこの $\bar{A}$ が存在し初期条件によらないことである．系のハミルトニアン $\mathcal{H}$ の固有関数を φ_j，そのエネルギー固有値を E_j $(j=1, 2, \cdots)$ とすると $\Psi(0), \Psi(t)$ は

$$\Psi(0) = \sum_{j=1}^{\infty} c_j(0)\varphi_j \tag{10. 8. 3}$$

$$\Psi(t) = \sum_{j=1}^{\infty} c_j(0)e^{-iE_it/\hbar}\varphi_j = \sum_{j=1}^{\infty} c_j(t)\varphi_j \tag{10. 8. 4}$$

で表わされる．$c_j(0)$ は一般に $r_je^{i\alpha_j}$ と書かれる．すると，(10. 8. 2)は

$$\left.\begin{aligned} A(t) &= \sum_{i,j} c_i(t)c_j^*(t)A_{ji} \\ A_{ji} &= (\varphi_j, \hat{A}\varphi_i) \end{aligned}\right\} \tag{10. 8. 5}$$

となる．時間平均をとると

$$\frac{1}{\tau}\int_{\tau_0}^{\tau_0+\tau} c_i(t)c_j^*(t)dt = c_i(0)c_j^*(0)\frac{1}{\tau}\int_{\tau_0}^{\tau_0+\tau} e^{-i(E_i-E_j)t/\hbar}dt$$

であるが，

$$\lim_{\tau\to\infty}\frac{1}{\tau}\int_{\tau_0}^{\tau_0+\tau} e^{-i(E_i-E_j)t/\hbar}dt = \begin{cases} 0 & (E_i \neq E_j) \\ 1 & (E_i = E_j) \end{cases} \tag{10. 8. 6}$$

であるから，$\sum_{i,j}$ と $\lim_{\tau\to\infty}$ の順序が交換できるとすると $\bar{A}$ が存在し，Birkhoff の第1定理に相当する結果がえられる．もしエネルギー固有値に縮重がなければ

$$\bar{A} = \sum_i |c_i(0)|^2 A_{ii} \tag{10. 8. 7}$$

となり，$|c_i(0)|^2 = |c_i(t)|^2$ であるから c_i の位相，すなわち τ_0 にも依存しない．これは Birkhoff の第2定理に相当するものである．もしエネルギー固有値に縮重があれば $\bar{A}$ は c_i の位相に依存する．位相についてさらに平均すること(random phase approximation)によって，(10. 8. 7)の結果がえられる．

また Hopf の定理に相当するものは次のようになる．古典力学における分布関数に対応するものは密度マトリックス $\hat{\rho}$ であるが，その運動は

$$\begin{aligned} \hat{\rho}(t) &= \exp\left(-\frac{i}{\hbar}\mathcal{H}t\right)\hat{\rho}(0)\exp\left(\frac{i}{\hbar}\mathcal{H}t\right) \\ &\equiv \hat{U}_{-t}\hat{\rho}(0) \end{aligned} \tag{10. 8. 8}$$

と書かれる．これは(10. 2. 22)に対応するものである．力学量 $\hat{A}$ の平均は

$$\mathrm{tr}[\hat{A}\hat{\rho}(t)] = \mathrm{tr}[\hat{A}\hat{U}_{-t}\hat{\rho}(0)] \tag{10. 8. 9}$$

であって(10. 2. 20)に対応して

$$D=\lim_{\tau\to\infty}\frac{1}{\tau}\int_0^\tau|\mathrm{tr}[\hat{A}\hat{U}_{-t}\hat{\rho}(0)]-\mathrm{tr}[\hat{A}\hat{\rho}^*]|^2dt=0 \qquad (10.8.10)$$

となる $\hat{\rho}^*$ があるかどうかを調べよう．$\hat{\rho}(0)$ は一般に純粋状態の $\hat{\rho}_\nu$ の和である．

$$\hat{\rho}(0)=\sum_\nu w_\nu\hat{\rho}_\nu(0) \qquad (10.8.11)$$

(10.8.10)の左辺は $\hat{\rho}^*$ も(10.8.11)の形に分けられるとして

$$D=\lim_{\tau\to\infty}\frac{1}{\tau}\int_0^\tau\left|\sum_\nu w_\nu\{\mathrm{tr}[\hat{A}U_{-t}\hat{\rho}_\nu(0)]-\mathrm{tr}[\hat{A}\hat{\rho}_\nu^*(0)]\}\right|^2dt \qquad (10.8.12)$$

である．Schwarz の不等式を使い，次に時間平均と $\sum$ の交換ができるとして

$$\begin{aligned}D&\leqq\lim_{\tau\to\infty}\frac{1}{\tau}\int_0^\tau\sum_\nu w_\nu|\mathrm{tr}[\hat{A}U_{-t}\hat{\rho}_\nu(0)]-\mathrm{tr}[\hat{A}\hat{\rho}_\nu^*(0)]|^2dt\\&=\sum_\nu w_\nu\left\{\lim_{\tau\to\infty}\frac{1}{\tau}\int_0^\tau|\mathrm{tr}[\hat{A}U_{-t}\hat{\rho}_\nu(0)]-\mathrm{tr}[\hat{A}\hat{\rho}_\nu^*(0)]|^2dt\right.\end{aligned} \qquad (10.8.13)$$

となるから，純粋状態の密度マトリックス $\hat{\rho}_\nu$ について(10.8.10)が成り立てばよい．すると

$$A(t)=\mathrm{tr}[\hat{A}U_{-t}\hat{\rho}_\nu(0)]=\sum_{i,j}e^{i(E_i-E_j)t/\hbar}A_{ij}\rho_{\nu ji}(0) \qquad (10.8.14)$$

となる．$t\to\infty$ のときに $A(t)$ の中で時間によらない一定値になる項は $E_i=E_j$ となるもので，もし縮重がなければ $\hat{\rho}_\nu^*(0)$ を

$$\sum_i A_{ii}\rho_{\nu ii}(0)\equiv\mathrm{tr}[\hat{A}\hat{\rho}_\nu^*(0)] \qquad (10.8.15)$$

ととればよい．したがって

$$\begin{aligned}D_\nu&\equiv\lim_{\tau\to\infty}\frac{1}{\tau}\int_0^\tau|A(t)-\mathrm{tr}[\hat{A}\hat{\rho}_\nu^*(0)]|^2dt\\&=\lim_{\tau\to\infty}\frac{1}{\tau}\int_0^\tau\left|\sum_\omega e^{i\omega t}g_\nu(\omega)\right|^2dt\end{aligned} \qquad (10.8.16)$$

とかくと

$$\omega=\frac{E_i-E_j}{\hbar} \qquad (10.8.17)$$

$$g_\nu(\omega) = \begin{cases} 0 & (\omega=0 \text{ のとき}) \\ \sum_{i,j} A_{ij}\rho_{\nu ji} \end{cases} \qquad (10.8.18)$$

である．(10.8.18)の i, j についての和は(10.8.17)を満足するすべての i, j の和である．(10.8.16)から

$$D_\nu = \sum_\omega |g_\nu(\omega)|^2 \qquad (10.8.19)$$

この量が十分0に近いためには，どの $|g_\nu(\omega)|$ も十分小さいことが必要である．それはエネルギー固有値が縮重していないこと，共鳴条件がないこと（(i, j)および(i', j')の組をとったとき i と i'，j と j' が等しくない限り，$E_i - E_j \neq E_{i'} - E_{j'}$ であること），$\hat{A}$ のマトリックス要素 A_{ij} の値の0でないものが多数あることなどである(巻末文献(84))．

量子力学系ではしかしながら，$\hat{A}$ の長時間平均(10.8.7)は位相平均と等しいかどうかの問題に困難がある．われわれははじめに混合状態から出発したが，そのときの位相平均の意味は不明である．もしエネルギーが一定のいくつかの状態の混合状態から出発すれば，$\hat{A}$ の位相平均は

$$\frac{1}{n}\sum_i A_{ii}$$

である．ここで和はそのエネルギーの縮重した状態をとり n はその数である．この場合の(10.8.7)の $\bar{A}$ に相当するものは位相の時間変化はすべて同一であるから，(10.8.7)の i の和はこの n 個の状態の和であるが，$|c_i(0)|^2$ が i によらない値をもたないかぎり長時間平均は位相平均と等しくない．

このような立場から von Neumann は粗い観測量を考え，それをマクロなオブザーバブル(macro-observable)とよんだ．von Neumann の導入の仕方は数学的すぎたが，N. G. van Kampen はそれを物理的にした．完全な孤立系はありえないし，量子力学的観測にはつねに不確定性をともない，エネルギーの正確な測定には無限大の時間がかかる．それゆえいつもある誤差の範囲を考えておく必要がある．したがってハミルトニアン $\mathcal{H}$ を対角化してエネルギーの固有値がえられたとき，それを大きさの順序に並べてある幅をもった細胞に分け，その中ではエネルギーが一定とする．こうしてえられたハミルトニアンをマクロなハミルト

ニアン $\mathscr{H}_{\mathrm{m}}$ という．マクロな観測には $\mathscr{H}_{\mathrm{m}}$ が関与する．さらに他の力学量 $\hat{A}$ を考えると，$\mathscr{H}$ と $\hat{A}$ の交換関係は $\mathscr{H}$ を対角化する表示では

$$(\mathscr{H}\hat{A}-\hat{A}\mathscr{H})_{kl}=(E_k-E_l)A_{kl} \tag{10.8.20}$$

である．この量が0になって $\mathscr{H}$ と $\hat{A}$ が交換できるのは $A_{kl}=0$ か，$A_{kl}\neq0$ でも $E_k=E_l$ のときである．マクロな観測では $\mathscr{H}$ も $\hat{A}$ も同時に観測できるのであるから k と l の差の大きいものに対する A_{kl} は0であろう．それゆえ $\mathscr{H}$ の代りに $\mathscr{H}_{\mathrm{m}}$ をとって $A_{kl}\neq0$ のときは $E_k=E_l$ のようにエネルギーを縮重させれば $\mathscr{H}_{\mathrm{m}}$ と $\hat{A}$ とは交換可能であり，両者を同時に対角化することができる．しかし他の量 $\hat{B}$ については，$\mathscr{H}_{\mathrm{m}}$ と $\hat{B}$ とを同時に対角化して，さらに $\hat{A}$ と $\hat{B}$ とを交換できるようにすることは一般にはできない．そこで $\hat{A}, \hat{B}$ の対角要素を縮重させてつくったマクロ作用素 $\hat{A}_{\mathrm{m}}, \hat{B}_{\mathrm{m}}$ に対しては $\mathscr{H}_{\mathrm{m}}$ とも，互いの間でも交換可能にすることができる．それらの完全系がえられたとすると，このようなマクロ作用素で Hilbert 空間を細胞に分けることができる．von Neumann は，こうしてえられた細胞はまだ相当に大きくその中には多数のミクロな状態があり，その細胞エネルギー $E_1, E_2, \cdots$ は縮重せず，かつその2つのエネルギーの差 E_k-E_l はどれをとっても等しくはならないとした．すなわち

$$E_k-E_l=E_{k'}-E_{l'}$$

となるのは $k=k'$, $l=l'$ のときのみとする(共鳴条件の不在)．すでに示したように，これは時間平均が初期値の位相によらないために必要であった．von Neumann は，さらに Hilbert 空間を細胞に分けるとき，その細胞の中のミクロな状態の固有ベクトルのとり方はすべてアプリオリに同一の確率をもっていると仮定して，ミクロカノニカルの平均を行なった．

いま α 番目の細胞の中の1つの状態を $j\alpha$ で表わし，その固有ベクトルを $\omega_{j\alpha}$ とする．j は $1, 2, \cdots, s_\alpha$ とする．すると系の波動関数 $\psi(t)$ は

$$\psi(t)=\sum_{\alpha=1}^{N}\sum_{j=1}^{s_\alpha}c_{j\alpha}(t)\,\omega_{j\alpha} \tag{10.8.21}$$

とかける．N は細胞の数である．この系がマクロな観測で α 状態にある確率は

$$u_\alpha(t)=\sum_{j=1}^{s_\alpha}|(\psi(t), \omega_{j\alpha})|^2=\sum_{j=1}^{s_\alpha}|c_{j\alpha}(t)|^2 \tag{10.8.22}$$

である．$\Psi(t)$ は規格化されているとすると

$$|\Psi(t)|^2 = 1 = \sum_{\alpha=1}^{N} \sum_{j=1}^{s_\alpha} |c_{j\alpha}(t)|^2 \tag{10.8.23}$$

である．1つの細胞の中の固有ベクトルの取り方はすべてアプリオリに等確率であるとすると，$\langle |c_{j\alpha}(t)|^2 \rangle$ は j にかかわらずすべて同じ値をもつからこれを W_α とおくと

$$\langle u_\alpha(t) \rangle = s_\alpha W_\alpha, \qquad \sum_{\alpha=1}^{N} W_\alpha = 1 \tag{10.8.24}$$

となる．もしマクロな作用素 $\hat{A}_{\mathrm{m}}$ を観測したとすると，a^α を細胞 α に対する固有値として

$$\left.\begin{aligned} \hat{A}_{\mathrm{m}} \psi(t) &= \sum_{\alpha, j} a^\alpha c_{j\alpha}(t) \omega_{j\alpha} \\ A(t) &= (\psi(t), \hat{A}_{\mathrm{m}} \psi(t)) = \sum_\alpha a^\alpha \sum_j |c_{j\alpha}(t)|^2 \end{aligned}\right\} \tag{10.8.25}$$

であるから，細胞についてミクロカノニカルな平均をとると

$$\langle A(t) \rangle = \sum_\alpha a^\alpha s_\alpha W_\alpha \tag{10.8.26}$$

である．von Neumann が証明しようとしたことは

$$\lim_{T \to \infty} \frac{1}{T} \int_0^T |A(t) - \langle A(t) \rangle|^2 dt = 0 \tag{10.8.27}$$

である．

量子力学のエルゴード定理はほとんどすべて von Neumann の定理をめぐって，それを批判すると同時にその改善に向けられた．エネルギーに縮重のないこと，共鳴条件の不在は，古典力学系の測度不可分性と類似の役目を果しているように見えるが，厳密には同じものではない．円筒の中で回転する液体では角運動量が保存されるからエルゴード的でないはずである．一方，分子間の相互作用を入れると，エネルギー準位間の共鳴条件の不在をおこさせるようにすることができるであろう．von Neumann の定理によればこの系はエルゴード的であることになる．M. Fierz や I. E. Farquhar, P. T. Landsberg はエネルギーおよびエネルギーの差に縮重がないという条件がなくてもエルゴード性を保証することができることを示した．

von Neumann, van Kampen のマクロなオブザーバブルの導入の仕方は，観

測という過程によるものであるが，G. Ludwig はその系のもっと本質的な性質として導入すべきものであると考えた．そのために識別性(discernibility)という考えを導入し，2つの異なった集合の距離を次の式で定義した．

$$d(\hat{\rho}_1, \hat{\rho}_2) = \frac{1}{\sqrt{2}}\|\sqrt{\hat{\rho}_1}-\sqrt{\hat{\rho}_2}\| \tag{10.8.28}$$

ここで $\hat{\rho}_1, \hat{\rho}_2$ はそれぞれの集合の密度マトリックス，$\|\ \|$ は

$$\|\hat{A}\|^2 = \mathrm{tr}(\hat{A}^\dagger\hat{A}) \qquad (\hat{A}^\dagger \text{ は } \hat{A} \text{ の転置マトリックス})$$

で定義される．この2つの集合における $\hat{A}$ の平均値の差は

$$\begin{aligned}|\langle A_1\rangle-\langle A_2\rangle| &= |\mathrm{tr}(\hat{\rho}_1\hat{A})-\mathrm{tr}(\hat{\rho}_2\hat{A})| \\ &\leqq 2\sqrt{2}\,|\hat{A}|d(\hat{\rho}_1, \hat{\rho}_2)\end{aligned} \tag{10.8.29}$$

となるので，$d(\hat{\rho}_1, \hat{\rho}_2)$ が小さければ $\langle A\rangle$ の差も小さくなることになる．この考えはミクロなオブザーバブルに対するものであるが，Ludwig はマクロな識別性を定義してマクロなオブザーバブルを定義しようとした．しかしそれを系のハミルトニアンから導く方法についてはまだ確立していないので，果して観測の方法と無関係かどうかはわからない．

また A. Loinger らイタリアの人々は，von Neumann のように細胞に分ける方法は物理的にはあまりに一般すぎる結果が出るので，むしろ初期状態についての平均をとることによってエルゴード性を証明しようとした．

von Neumann と全くちがった立場でエルゴード性をしらべようとする研究に S. Golden らの研究がある．Golden, H. C. Longuet-Higgins ははじめから無限系を取り扱い，エネルギー・スペクトルが連続的であるとして，その性格とエルゴード性をむすびつけようとした．また古典系に対する Khinchin の方法を量子系の場合に用いようという試みもある．

量子力学のエルゴード理論は多くの試みにもかかわらず，まだ極めて不十分な状態といわなければならない．古典力学における Kolmogorov-Arnol'd-Moser の理論や Sinai の理論に対応するものが生まれていない．最後に具体的な量子力学の問題に関係するものとしては，次に感受率の問題にふれよう．

b) 断熱過程と感受率

われわれの経験として，断熱過程とは，系を外界から熱的に孤立させ，系のパラメタを変化させることである．準静的な過程ならばそのパラメタの変化の仕方

を十分おそくすればよい．はじめに系が熱平衡にあったとき，一般に断熱変化をさせて十分長く放置するか，準静的に断熱変化を行なえば新しい熱平衡状態に落ち着くものと考えられる．

この過程を記述するには線形応答の理論によればよい．線形応答の理論では第8章にのべたように，熱平衡にある系の外部パラメタを変えたとき，その系の運動は，系自身のハミルトニアンできまるとするからである．

いま無摂動系のハミルトニアンを $\mathcal{H}_0$ とし，$t=0$ 以後に一定の外部パラメタ a に比例する摂動項 $-\hat{A}a$ が加わる場合はもっと簡単である．ハミルトニアンを

$$\mathcal{H} = \mathcal{H}_0 - \hat{A}a \tag{10.8.30}$$

とし，$t=0$ のときの密度マトリックスを $\hat{\rho}_0$ とすると，$t=0$ 以後引きつづいて一定の a が入ると，密度マトリックスは

$$\frac{\partial \hat{\rho}}{\partial t} = \frac{1}{i\hbar}[\mathcal{H}, \hat{\rho}] \tag{10.8.31}$$

に従って運動し，任意の時刻 t では

$$\hat{\rho}(t) = e^{-i\mathcal{H}t/\hbar}\hat{\rho}_0 e^{i\mathcal{H}t/\hbar} \tag{10.8.32}$$

$$\hat{\rho}_0 = e^{\beta(F-\mathcal{H}_0)}$$

ここで $T=1/k\beta$ は $t=0$ のときの系の温度，F はそのときの自由エネルギーである．それゆえ $\mathcal{H}$ の固有値を ε_n $(n=1, 2, \cdots)$ とすると

$$\rho_{nm} = e^{-i(\varepsilon_n-\varepsilon_m)t/\hbar}\rho_{0nm} \qquad (n \neq m)$$

$$\rho_{mm} = \rho_{0mm} = e^{\beta F}\langle m|e^{-\beta\mathcal{H}_0}|m\rangle$$

であり，任意の力学量 $\hat{B}$ の平均は

$$B(t) = \mathrm{tr}(\hat{B}\hat{\rho}) = \sum_{n,m} B_{mn}\rho_{nm} = \sum_{n,m} e^{-i(\varepsilon_n-\varepsilon_m)t/\hbar}B_{mn}\rho_{0nm}$$

とかけ，長時間平均は

$$\lim_{T\to\infty}\frac{1}{T}\int_0^T B(t)\,dt = \sum_m B_{mn}\rho_{0mm} \tag{10.8.33}$$

となる．ここで $\varepsilon_n \neq \varepsilon_m$ の項が消えることは明らかである．一方，$t\to\infty$ になると系は新しい平衡に達しているはずである．そのとき温度は最初のものとちがうので，β は β'，F は F' になっているとすると

$$\hat{\rho}(\infty)=\lim_{T\to\infty}\frac{1}{T}\int_0^T\hat{\rho}(t)\,dt=e^{\beta'(F'-\mathscr{H})} \tag{10.8.34}$$

であり，その時に観測される $\hat{B}$ は,

$$\mathrm{tr}\,B\hat{\rho}(\infty)=\sum_m B_{mm}e^{\beta'(F'-\varepsilon_m)} \tag{10.8.35}$$

であるはずである．熱力学が正しいなら(*10.8.33*)と(*10.8.35*)とは等しいにちがいない．そのためには

$$\rho_{0mm}=e^{\beta'(F'-\varepsilon_m)} \tag{10.8.36}$$

でなければならない．この条件は

$$\frac{\langle m|e^{-\beta\mathscr{H}_0}|m\rangle}{\sum_m\langle m|e^{-\beta\mathscr{H}_0}|m\rangle}=\frac{e^{-\beta'\varepsilon_m}}{\sum e^{-\beta'\varepsilon_m}} \tag{10.8.37}$$

と書き直される．さらに

$$e^{-\beta\mathscr{H}_0}=e^{-\beta(\mathscr{H}+\hat{A}a)}=e^{-\beta\mathscr{H}}\left[1-a\int_0^\beta e^{\lambda\mathscr{H}}\hat{A}e^{-\lambda\mathscr{H}}d\lambda+\cdots\right]$$

$$\langle m|e^{-\beta\mathscr{H}_0}|m\rangle=e^{-\beta\varepsilon_m}(1-a\beta A_{mm})+\cdots$$

の展開をつかって上の関係を書き直すと，(*10.8.37*)が成り立つためには $\beta'=\beta+\varDelta\beta$ として

$$-\frac{\varDelta\beta}{\beta}=a\frac{A_{mm}-\langle A\rangle}{\varepsilon_m-\langle\varepsilon\rangle} \tag{10.8.38}$$

がすべての m について成り立たなければならない．ただし〈 〉は次のカノニカル平均

$$\langle A\rangle=\frac{\sum A_{mm}e^{-\beta\varepsilon_m}}{\sum e^{-\beta\varepsilon_m}} \tag{10.8.39}$$

で与えられる．

いま簡単のために $\hat{B}$ として $\hat{A}$ をとる．$\langle A\rangle$ を a で微分したものは一般に感受率とよばれる量であって，これを χ で示す．

$$\chi=\frac{\partial\langle A\rangle}{\partial a} \tag{10.8.40}$$

この微分の際に等温的または断熱的な条件の下で行なったものを，それぞれ等温,

または断熱の感受率といい，それぞれ T, S の添字をつけることにする．上に求めたものは χ_S とおもわれる．χ_T は統計熱力学で求めることができる．それは

$$\chi_T = \frac{\partial}{\partial a}\mathrm{tr}(\hat{A}\hat{\rho}_T) \tag{10.8.41}$$

$$\hat{\rho}_T = e^{\beta(F-\mathscr{H})}$$

また χ_T と χ_S との間には熱力学的に導かれる一般的な関係がある．

$$\chi_T - \chi_S = \beta\frac{\{\langle\hat{A}\mathscr{H}\rangle - \langle\hat{A}\rangle\langle\mathscr{H}\rangle\}^2}{\langle\mathscr{H}^2\rangle - \langle\mathscr{H}\rangle^2} \geqq 0 \tag{10.8.42}$$

一般の系ではエネルギー準位に(*10.8.38*)のような関係が存在するとは限らない．それゆえ $\hat{B}$ を $\hat{A}$ として(*10.8.33*)で与えられる $\bar{A}$ をつかって(*10.8.40*)から a に比例する量として χ を求めたものは χ_S とは違うだろう．それを χ_{iso} とかき孤立感受率とよぶことにする．χ_{iso} と χ_S とは(*10.8.38*)の条件が満足されないかぎり厳密には等しくない．

以上のことは熱力学的要求とは一致しない．系にエルゴード性があって熱力学の成立が保証されているのならば $\chi_{\mathrm{iso}} = \chi_S$ であるべきである．これは系が十分大きいときに成り立つものと考えられる．一般の系では

$$\chi_T \geqq \chi_S \geqq \chi_{\mathrm{iso}}$$

が証明されている．第1の不等式は系の熱力学的安定性から導かれる((*10.8.42*)を参照)．

なお(*10.8.39*)と(*10.8.40*)から χ_{iso} は

$$\chi_{\mathrm{iso}} = \frac{\sum_m \frac{\partial A_{mm}}{\partial a} e^{-\beta\varepsilon_m}}{\sum_m e^{-\beta\varepsilon_m}} \tag{10.8.43}$$

とかくこともできる．このことは a を変化させるときに分布をかえていないことを意味している．数学的にはエントロピー一定の条件としては強すぎる((*2.4.11*)参照)．これが χ_{iso} と χ_S との違いを生んだ理由であるが，すでにのべたように，ふつうの系では熱力学的極限ではこの両者は一致するはずである．現実に熱力学的極限でこの両者が一致しない例がいくつか知られている．このことは，エネルギー以外に運動の積分が存在することを暗示する．

［第2刷に際して］　新しい進展については文献・参考書の補遺を参照されたい．

文献・参考書

本文で十分説きつくさなかったこと，触れる余裕がなかったこと，さらにつき進んだ問題をみずから学ぼうとする読者のために，参考となる単行書，綜合報告，原論文などを挙げる．紙数の制限のため，多くのものを割愛したが，それらをさぐる手掛りはこれらの文献から得られよう．

歴史的なもの

歴史については「序」に簡単に触れたにすぎないので，統計力学の古典的文献をすこしく挙げよう．

(1) 『気体分子運動論』(物理学古典論文叢書 5)，東海大学出版会 (1971)

(2) 『統計力学』(物理学古典論文叢書 6)，東海大学出版会 (1970)

(1)には Maxwell, Boltzmann, Loschmidt, および Zermelo の論文 8 篇，(2)には Boltzmann の代表的論文 3 篇が収められている．

(3) Boltzmann, L.: *Vorlesungen über Gastheorie*, 2 Bde., J. A. Barth (1912) (英訳 (transl. by Brush, S. G.): *Lectures on Gas Theory*, Univ. of California Press (1964))

(4) Gibbs, J. W.: *Elementary Principles in Statistical Mechanics*, Yale Univ. (1902)(reprint, Dover)

(5) Einstein, A.: *Investigations on the Theory of the Brownian Motion* (ed. by Fürth, R., transl. by Cowper, A. D.), Dover (1956)

(5)には *Ann. Physik*, (4) **17**, 549 (1905); **19**, 371 (1906) など 4 篇の論文の英訳が収められている．

(6) Ehrenfest, P. & Ehrenfest, T.: *The Conceptional Foundations of the Statistical Approach in Mechanics* (transl. by Moravcsik, M. J.), Cornell Univ. Press (1959)

これは *Enzyklopädie der mathematischen Wissenschaften*, Bd. 4, Art 32 (1911)

所載論文の英訳で，物理学の良心と称せられたEhrenfestとその妻による古典統計力学の基礎についての綿密な批判的分析である．また，当時までの量子統計力学の記念碑的な集大成として

(7) Fowler, R. H.: *Statistical Mechanics* (2nd ed.), Cambridge Univ. Press (1936)

があり，Fowler-Darwinの鞍点評価法で一貫している．

全般的な教科書など

統計力学の入門的教科書は今日では数多く，良書も少なくないが，第1章～第3章は平衡系の統計力学の叙述としてはほぼ標準的な行き方をとっているので，ここにあまり多くを挙げる必要はないであろう．わかりにくいところを多少ちがった見方で考え直したり，本文で省かれたところを補足するための手近な入門書としては

(8) 久保亮五:『統計力学』, 共立出版(1953)

(9) 原島鮮:『熱力学・統計力学』, 培風館(1966)

(10) 中村伝:『統計力学』, 岩波書店(1967)

(11) 桂重俊:『統計力学』, 広川書店(1969)

(12) 市村浩:『統計力学』, 裳華房(1971)

などが読み易いであろう．ほぼ同じレベルのわりあい新しい教科書として

(13) Kittel, C.: *Thermal Physics*, John Wiley & Sons (1969) (山下次郎ほか訳:『キッテル熱物理学』, 丸善(1971))

(14) Reif, F.: *Statistical and Thermal Physics*, McGraw-Hill (1965)

(15) Wannier, G. H.: *Statistical Physics*, John Wiley & Sons (1966)

などはアメリカ流の良書である．やや古いがドイツ流のがっちりした名著として

(16) Becker, R.: *Theorie der Wärme*, Springer (1955)

(17) Sommerfeld, A.: *Thermodynamik und Statistik*, Dietrich (1952) (英訳(transl. by Kestin, J.): *Thermodynamics and Statistical Mechanics*, Academic Press (1956)) (大野鑑子訳:『熱力学および統計力学』, 講談社(1969))

入門から，かなり高い程度までの教科書をあげると，豊富な問題と解説が自学に便なものとして

(18) 久保, 市村, 碓井, 橋爪:『熱学・統計力学』(大学演習), 裳華房(1961)
があり,
(19) Landau L. D. & Lifshitz E. M.: *Statistical Physics*, Pergamon (1958) (原書ロシア語, 初版 1951, 2版 1964) (小林秋男ほか訳:『ランダウ-リフシッツ統計物理学(第2版)(上, 下)』, 岩波書店(1966, 1967))
はもっとも有名で, Landau 一流の物理に学ぶところが多い.
(20) Mayer, J. E. & Mayer, M. G.: *Statistical Mechanics*, John Wiley & Sons (1940)
も名著. 特に不完全気体のクラスター展開は著者の創めたものである.
(21) ter Haar, D.: *Elements of Statistical Mechanics*, Holt, Rinehart & Winston (1961) (田中友安, 戸田盛和ほか訳:『熱統計学(I, II)』, みすず書房(1960, 1964))
は Kramers の講義に基づくもので, オランダの統計力学の伝統を感じさせる.
その他次のようなものがある.
(22) 伏見康治編:『量子統計力学』, 共立出版(第1版 1948, 第2版 1967)
(23) Hill, T. L.: *Statistical Mechanics*, McGraw-Hill (1956)
(24) Huang, K.: *Statistical Mechanics*, John Wiley & Sons (1963)
(25) Münster, A.: *Statistische Thermodynamik*, Springer (1956) (英訳: *Statistical Thermodynamics*, Springer (1969))
(26) Flügge, S. (ed.): *Principles of Thermodynamics and Statistics* (*Encyclopedia of Physics*, vol. 3, part 2), Springer (1959)
広汎な応用をふくむ大部な教科書としては(7)のほかに次のものがある.
(27) Fowler, R. H. & Guggenheim, E. A.: *Statistical Thermodynamics*, Cambridge Univ. Press (1939, 1965)
(28) Frenkel, J. I.: *Statistische Physik*, Akademie-Verlag (1957)
(29) Kittel, C.: *Elementary Statistical Physics*, John Wiley & Sons (1958) (斎藤信彦, 広岡一訳:『キッテル統計物理』, サイエンス社(1977))
統計力学の原理について忘れられない古典は
(30) Tolman, R. C.: *The Principles of Statistical Mechanics*, Oxford Univ. Press (1938)

である．原理的な問題を数学的に取り扱っているものには

(31) Khinchin, A. I.(transl. by Gamow, G.): *Mathematical Foundations of Statistical Mechanics*, Dover(1949)(河野繁雄訳:『統計力学の数学的基礎』, 東京図書(1971))

(32) Kurth, R.: *Axiomatics of Classical Statistical Mechanics*, Pergamon (1960)

(33) Penrose, O.: *Foundations of Statistical Mechanics*, Pergamon(1970)

(34) Ruelle, R.: *Statistical Mechanics*, Benjamin(1969)

がある．(34)は最近の新しい発展を中心とし，程度は高い．

相転移(第4章)

前掲の教科書(18), (19), (21)～(27)には，わりあい詳しい叙述がある．そのほかに

(35) Brout, R.: *Phase Transitions*, Benjamin(1965)

(36) Fisher, M.: The Theory of Equilibrium Critical Phenomena, *Reports on Progress in Physics*, **30**, Part 2, 615(1967)

(37) Fisher, M.: The Nature of Critical Points(Brittin, W. E.(ed.): *Lectures in Theoretical Physics*, Univ. of Colorado Press(1965)所収)

(38) Green, H. S. & Hurst, C. A.: *Order-Disorder Phenomena*, Interscience(1964)

(39) 小口武彦:『磁性体の統計理論』, 裳華房(1970)

(40) Stanley, H. E.: *Introduction to Critical Phenomena*, Oxford Univ. Press(1971)

(41) Temperley, H. N. V.: *Changes of State*, Cleaver-Hume Press(1956)

などそれぞれ特色がある．最近の動向を知るには，学会の報告として次のものがある．

(42) Mills, R. E., Asher, E. & Jaffee, R. I.(ed.): *Critical Phenomena in Alloys, Magnets and Superconductors*, McGraw-Hill(1971)

スケーリングやくりこみ群については

(43) Ma, Shang-Keng: *Modern Theory of Critical Phenomena*, Benjamin

(1976)

(44) Pfeuty, P. & Toulouse, G.: *Introduction to the Renormalization Group and Critical Phenomena*(transl. by Barton, G.), John Wiley & Sons(1977)

は入門書的教科書で，本文の記述も(43)に依存したところが多い．次の2点は，くりこみ群の方法を臨界現象について発展させた当のWilsonによる解説で，(45)は本文で省いたε展開法の解説である．

(45) Wilson, K. G. & Kogut, G.: The Renormalization Group and the ε Expansion, *Phys. Report* C. **12**, No. 2, 75(1974)

(46) Wilson, K. G.: The Renormalization Group: Critical Phenomena and the Kondo Problem, *Revs. Modern Phys.*, **47**, 773(1975)

また下記の本は相転移に関する理論や実験のいろいろなトピックスを集めている．

(47) Domb, C. & Green, M. E.(ed.): Phase Transitions and Critical Phenomena, **1～4**, **5**a, **5**b, Academic Press(1972-76)

(48) Stanley, H. E.(ed.): *Cooperative Phenomena near Phase Transitions, A Bibliography with Selected Readings*, MIT Press(1973)

Brown 運動，確率過程(第5章，第6章)

まず数学としての確率過程論の成書もかなり多いが，その2, 3をあげれば

(49) Bartlett, M. S.: *An Introduction to Stochastic Processes*, Cambridge Univ. Press(1956)(津村善郎ほか訳:『確率過程入門』, 東京大学出版会(1968))

(50) Feller, W.: *An Introduction to Probability Theory and Its Applications*, John Wiley & Sons(vol. 1, 1957; vol. 2, 1966)(河田龍夫, 国沢清典監訳:『確率論とその応用(I, II)』, 紀伊国屋書店(1960-70))

(51) 伊藤清:『確率論』, 岩波書店(1953)

特に(50)の vol. 1 は名著で，非数学屋にも取りつきやすい．物理初学者向きには

(52) 寺本英:『マルコフ過程と力学過程』(新物理学進歩シリーズ2), 槇書店(1961)

Einstein の古典的論文(5)は今日でも教育的価値が高い．数学的な Brown 運動論としては

(53) Nelson, E.: *Dynamical Theories of Brownian Motion*, Princeton Univ. Press(1967)

などが入門に役立つ．物理的な Brown 運動については論文選集

(54) Wax, M.(ed.): *Selected Papers on Noise and Stochastic Processes*, Dover(1954)

に収められた Chandrasekhar, S.: *Revs. Modern Phys.*, **15**, 1(1945)と Ming Chen Wang & Uhlenbeck, G. E.: *Revs. Modern Phys.*, **17**, 323(1945)の2篇をすすめるが，(54)には Rice, Doob らの重要な論文が含まれている．第6章についてはさらに

(55) Kubo, R.: A Stochastic Theory of Line Shape and Relaxation (ter Haar, D.(ed.): *Fluctuation, Relaxation and Resonance in Magnetic Systems*, Oliver & Boyd(1962)所収)

(56) Kubo, R.: The Fluctuation-Dissipation Theorem, *Reports on Progress in Physics*, **29**, Part 1, 255(1966)

(57) Mori, H.: Transport, Collective Motion and Brownian Motion, *Progr. Theoret. Phys.* (*Kyoto*), **33**, 423(1965)((69)所収)

(58) Zwanzig, R. W.: Statistical Mechanics of Irreversibility (Brittin, W. E., Downs, B. W. & Downs, J.(ed.): *Lectures in Theoretical Physics*, vol. 3, Interscience(1961)所収)

(59) Mazo, R. M.: *Statistical Mechanical Theories of Transport Processes*, Pergamon(1967)

をすすめる．

気体分子運動論，Boltzmann 方程式(第6章，第8章)

(60) Chapman, S. & Cowling, T. G.: *The Mathematical Theory of Non-Uniform Gases*(3rd ed.), Cambridge Univ. Press(1970)(1st ed., 1931)

(61) Hirschfelder, J. O., Curtiss, C. R. & Bird, R. B.: *The Molecular Theory of Gases and Liquids*, John Wiley & Sons(1954)

(62) Jeans, J.: *An Introduction to the Kinetic Theory of Gases*, Cambridge Univ. Press (1952)

(63) Grad, H.: Principles of the Kinetic Theory of Gases (Flügge, S. (ed.): *Encyclopedia of Physics*, vol. 12 (1958)所収)

(64) Ta You Wou: *Kinetic Equations of Gases and Plasma*, Addison-Wesley (1966)

(64)は教科書的である．Boltzmann 方程式の精細な研究としては Uhlenbeck, Ford ら((101)の vol. 5 所収)の論文は面白い．Boltzmann 方程式の基礎づけについては

(65) Bogoljubov, N.: Problems of a Dynamical Theory in Statistical Physics (1960) ((101)の vol. 1 所収)

が重要な文献である．

線形応答と緩和現象(第7章，第8章)

(66) Fröhlich, H.: *Theory of Dielectrics—Dielectric Constant and Dielectric Loss*, Oxford Univ. Press (1949) (永宮健夫ほか訳:『誘電体論』(物理学叢書 16), 吉岡書店 (1959))

は誘電体についてではあるが，線形不可逆過程の現象論的一般論として読みやすい．Landau-Lifshitz の教科書(19)，および

(67) Landau, L. D. & Lifshitz, E. M.: *Electrodynamics of Continuous Media* (transl. by Sykes, J. B. & Bell, J. S.), Pergamon (1960) (井上健男ほか訳:『電磁気学(I, II)』(理論物理学教程), 東京図書 (1962, 1965))

にも，この問題のすぐれた記述がある．近年の発展について教科書の形でまとめたものはあまりないが，論文集

(68)『統計力学 III—不可逆過程』(新編物理学選集 14), 日本物理学会 (1955)

(69)『不可逆過程の統計力学』(新編物理学選集 40), 日本物理学会 (1968)

に収められた諸論文，特に前者では Onsager, L. & Mashlup, S.: *Phys. Rev.*, **91**, 1505, 1512 (1953), Green, M. S.: *J. Chem. Phys.*, **20**, 1281 (1952), Callen, H. B. & Welton, T. A.: *Phys. Rev.*, **83**, 34 (1951)，後者では Kubo, R.: *J. Phys. Soc. Japan*, **12**, 570 (1957), Kadanoff, L. P. & Martin, P. C.: *Ann. Phys.*, **24**, 419

(1963)は関係が深い．また

(70) Kubo, R.: Some Aspects of the Statistical Mechanical Theory of Irreversible Processes (Brittin, W. E. (ed.): *Lectures in Theoretical Physics*, vol. 1, Interscience (1958) 所収)

(71) Chester, C. V.: The Theory of Irreversible Processes, *Reports on Progress in Physics*, **26**, 411 (1963)

(72) Fujita, S.: *Introduction to Non-equilibrium Statistical Mechanics*, W. B. Saunders (1966)

は参考によいであろう．Nozières-Pines の式(§8.4(b))については

(73) Nozières, P. & Pines, D.: A Dielectric Formulation of the Many Body Problems: Application to the Free Electron Gas, *Nuovo Cimento*, X 9, 470 (1958) (Pines, D. (ed.): *The Many-Body Problem*, Benjamin (1962) 所収)

新しい量子統計力学(第9章)

ここでは Green 関数やダイヤグラム展開法などがさかんに用いられるが，そういう方面の教科書として

(74) 阿部龍蔵:『統計力学』, 東京大学出版会(1966)

(75) Abrikosov, A. A., Gor'kov, L. P. & Dzyaloshinski, I. E. (transl. by Brown, D. E.): *Methods of Quantum Field Theory in Statistical Physics*, Prentice-Hall (1963) (松原武生ほか訳:『統計物理学における場の量子論の方法』, 東京図書(1970))

(76) Bonch-Bruevich, V. L. & Tjablikov, S. V.: *The Green Function Method in Statistical Mechanics*, North-Holland (1962)

(77) Kadanoff, L. P. & Baym, G.: *Quantum Statistical Mechanics*, Benjamin (1962)

(78) Thouless, D. J.: *The Quantum Mechanics of Many-Body Systems*, Academic Press (1961) (松原武生ほか訳:『多体系の量子力学』(物理学叢書 26), 吉岡書店(1965))

(79) Zubarev, D. N.: Double Time Green Functions in Statistical Physics

((69)所収)

をあげておく．(74)は簡明で入門によく，(75)は研究者に便である．量子統計力学はいわゆる多体問題と元来区別はない．多体問題の最近の発展についての綜合報告は数多い．なお，この方面の発展の契機をつくった論文として

(80) Matsubara, T.: A New Approach to Quantum-Statistical Mechanics, *Progr. Theoret. Phys.*(*Kyoto*), **14**, 351(1955)

は忘れられないであろう．

エルゴードの問題(第10章)

(31), (32), (33)のような数学的なものを除いて，ふつうの教科書はこの問題はあまり立ち入らない((21)には少し記述がある)．(19)のように無用としてこれを排する立場もある．(6)は古典であるが，わりあい新しいものをあげると，

(81) 十時東生:『エルゴード理論入門』, 共立出版(1971)

(82) Arnold, V. I. & Avez, A.: *Ergodic Problems of Classical Mechanics*, Benjamin(1968)(吉田耕作訳:『古典力学のエルゴード問題』(数学叢書 20), 吉岡書店(1972))

(83) Farquhar, I. E.: *Ergodic Theory in Statistical Mechanics*, Interscience (1964)

(84) Jancel, R.: *Foundations of Classical and Statistical Mechanics*, Pergamon(1963)

(85) Scuola Internazionale de Fisica "Enrico Fermi", **15**(1960): *Theorie ergodiche*, Academic Press(1961)

(86) ter Haar, D.: Foundations of Statistical Mechanics, *Revs. Modern Phys.*, **27**, 289(1955)

(81), (82)は数学的，(83), (84), (85), (86)は物理向きである．Sinai の論文の解説は国際会議報告(89)にある．

(87) Siegel, C. L. & Moser, J. K.: *Lectures on Celestial Mechanics*, Springer(1971)

この中には KAM の理論の比較的わかりやすい解説がある．また次の本は近く出版されるはずであるが，その中の Berry, M. V.: Regular and Irregular Motion の綜説は大へん面白く，すぐれている．

(88) Helleman, R. & Ford, J.(ed.): *A Primer in Nonlinear Mechanics* (to appear)

統計力学は古くかつ新しい．ここ十数年来のその動向を知るには次に掲げる国際会議の記録が役に立つ．

(89) Prigogine, I.(ed.): *Proceedings of the International Symposium on Transport Processes in Statistical Mechanics*, Interscience(1958)

(90) Proceedings of the IUPAP Conference on Statistical Mechanics, 1962: *J. Math. Phys.*, **4**, No. 2(1963)

(91) Meixner, J.(ed.): *Statistical Mechanics of Equilibrium and Nonequilibrium*, North-Holland(1964)

(92) Thor A. Bak(ed.): *Statistical Mechanics*, Benjamin(1967)

(93) Proceedings of the International Conference on Statistical Mechanics, Kyoto 1968: *Suppl. J. Phys. Soc. Japan*, **26**(1969)

(94) Proceedings of the IUPAP Conference on Statistical Mechanics, Univ. of Chicago 1971: Univ. of Chicago Press(1972)

(95) Proceedings of Van der Waals Centennial Conference on Statistical Mechanics, Aug. 1973, Prins, C. ed., North-Holland(1974)

(96) Statistical Physics, Proceedings of the International Conference, Budapest Hungary, Aug. 1975, Pál, L. & Szépfalusy, P. ed., Akadémiai Kiadó, Budapest(1976)

また小さいセミナーやサマースクールの記録などに面白いものがある．2, 3 を挙げると

(97) Cohen, E. G. D.(ed.): *Fundamental Problems in Statistical Mechanics*, North-Holland(1962)

(98) 1962 Brandeis Lectures, vol. 3: *Statistical Physics*, Benjamin(1963)

(99) 1966 Brandeis University Summer Institute in Theoretical Physics: *Statistical Physics, Phase Transitions and Superfluidity*, 2 vols., Gordon & Breach(1968)

(100) Cohen, E. G. D. (ed.): *Statistical Mechanics at the Turn of the Decade*, Dekker (1971)

オランダを中心として次のシリーズが出版され，重要な文献を含んでいる．

(101) de Boer, J. & Uhlenbeck, G. E. (ed.): *Studies in Statistical Mechanics*, vol. 1 (1962), vol. 2 (1964), vol. 3 (1965), vol. 4 (1969), vol. 5 (1970), North-Holland

上に触れる機会がなかったが，興味ある単行書を補足しておく．

(102) Green, H. S.: *The Molecular Theory of Fluids*, North-Holland (1952)

(103) Rice, S. A. & Gray, P.: *The Statistical Mechanics of Simple Liquids*, Interscience (1965)

(104) Balescu, R.: *Statistical Mechanics of Charged Particles*, Interscience (1963)

(105) de Groot, S. R. & Mazur, P.: *Non-Equilibrium Thermodynamics*, North-Holland (1962)

(106) Prigogine, I.: *Non-equilibrium Statistical Mechanics*, Interscience (1962)

(107) Зубарев, Д.Н.: *Неравновесная статистическая термодинамика*, Наука (1971) (久保亮五，鈴木増雄，山崎義武訳『ズバーレフ非平衡統計熱力学』，丸善 (上 1976，下 1977))

補遺 (第 10 章)

力学系のしめす乱雑な振舞いに対してカオスと名が付けられたのは 1975 年のことであった．カオスの研究の進歩にともなってエルゴードの問題などの統計力学の基礎の課題に対して新しい局面がうまれてきた．その後の発展を詳しく解説する余裕はないので，いくつかの解説と論文をあげておく．

(108) 白野藤生，服部真澄：『エルゴード性とはなにか』，丸善 (1994)

(109) Lebowitz, J. L. & Penrose, O.: Modern Ergodic Theory, *Phys. Today*, 26, 155 (1973)

(110) 本書の英語版の Second edition, Toda, M., Kubo, R. & Saitô, N.: *Statistical Physics* I. *Equilibrium Statistical Mechanics*, Chapter 5 Ergodic

Problems, Springer-Verlag (1983, 1992)

(111) 斎藤信彦：『カオスの物理』(物理学最前線 30)，共立出版(1992)

(112) 田崎秀一：カオスと非可逆性，『科学』，**65**, 811 (1995)

統計力学で使われる粗視化はミクロな力学系とマクロな熱力学系とをむすぶために必要なプロセスである．マクロな時間，空間の1点はミクロには有限な幅をもち，そこではミクロなはげしい挙動がみられるはずである．粗視化とは弱収束(weak convergence)の意味であることがつぎの論文(113)でしめされる．この語は本文(10. 2. 19)式でも論文(109)でも使われているが，カオスによってその物理的な意味がはっきりしたとおもわれる．

(113) Saitô, N. & Shudo, A.: Ergodicity, Irreversibility and Approach to Equilibrium, *J. Phys. Soc. Jpn.*, **62**, 53 (1993)

線形応答理論の基礎には Van Kampen の批判があるが，それに対し本書の英語版の Second edition, Kubo, R., Toda, M. & Hashitsume, N.: *Statistical Physics* II. *Nonequilibrium Statistical Mechanics*, Springer-Verlag (1985, 1991) にも議論がある．カオス理論の立場からは

(114) Saitô, N. & Matsunaga, Y.: Linear Response Theory Reformulated from Chaotic Dynamics, *J. Phys. Soc. Jpn.*, **58**, 3039 (1989)

をみよ．この立場では，本文の§10. 8(b)の感受率の問題は解決される．

量子力学系では正の Lyapunov 指数が存在しないので，古典力学のような意味でのカオスはない．しかしランダム性は波動関数の位相にあらわれる．

(115) N. Saitô and H. Makino: Quantum Chaos and Randomness, J. Phys. Soc. Jpn. 73 (2004) 1706.

位相のランダム性はエルゴード性や量子力学の観測問題等に深い関連がある．なお量子カオス一般については次のものをあげておこう．

(116) M. C. Gutzwiller: Chaos in Classical and Quantum Mechanics, (Springer, 1990)

(117) 長谷川洋：量子系の準位統計——量子カオス序論(物理学最前線 28，共立出版，1990)

(118) 中村勝弘：量子力学におけるカオス(岩波書店，1998)

索　引

C

D

E

F

G

H

I

J

K

L

R

S

Z

■岩波オンデマンドブックス■

現代物理学の基礎 5
統計物理学

1978年 4月26日 [第2版]第1刷発行
2011年 11月25日 新装版発行
2016年 5月10日 オンデマンド版発行

著 者 戸田盛和(とだもりかず) 斎藤信彦(さいとうのぶひこ)
久保亮五(くぼりょうご) 橋爪夏樹(はしつめなつき)

発行者 岡 本 厚

発行所 株式会社 岩波書店
〒101-8002 東京都千代田区一ツ橋 2-5-5
電話案内 03-5210-4000
http://www.iwanami.co.jp/

印刷／製本・法令印刷

ISBN 978-4-00-730415-6 Printed in Japan